智能制造工程专业联盟系列教材

智能制造工艺基础

智能制造工程专业联盟　组　编

卞永明　刘海江　总主编

主　编　张为民

副主编　刘雪梅

参　编　闵峻英　王　昆　王家海　李　晏

郝一舒　肖贵坚　周　冰　余小华

徐　春　林建平　王　亮　陈　灿

赵建华　张书桥　刘宇峰　赵　岩

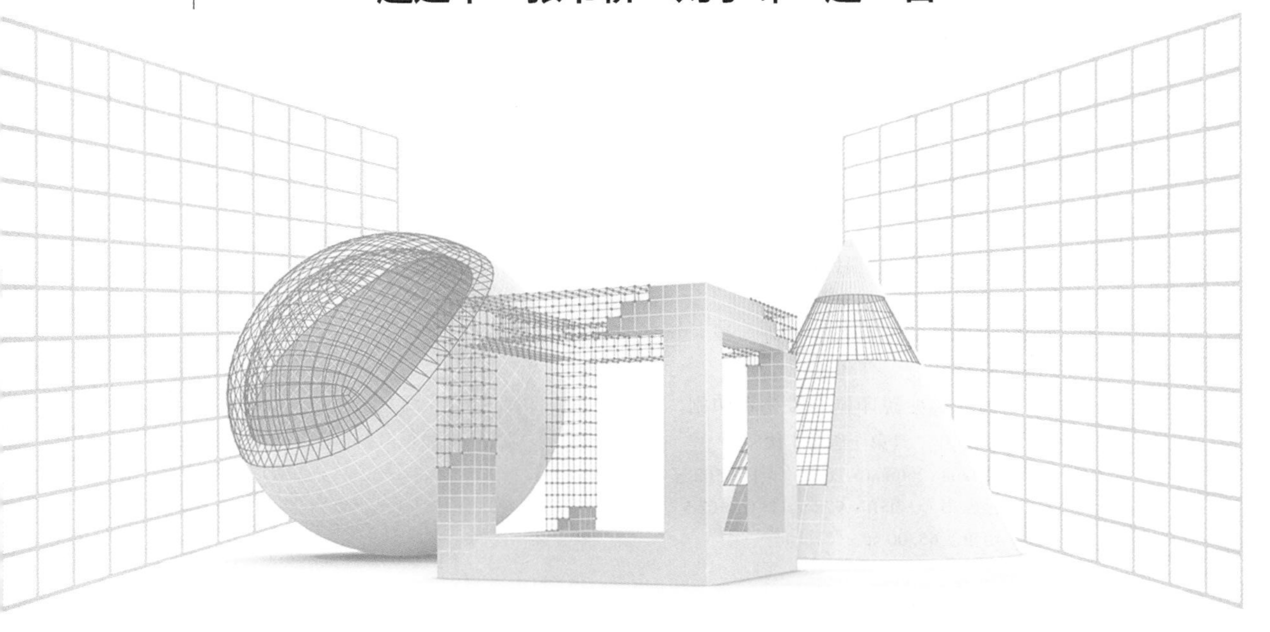

机械工业出版社
CHINA MACHINE PRESS

在人工智能等交叉学科快速发展的推动下，传统制造正在迅速向智能制造转型升级，作为制造技术的基础，工艺技术借助人工智能等新技术获得了高速发展。制造工艺本身既是智能制造的重要支撑，同时也是人工智能等技术应用的重要载体，二者既相互融合又相互促进。本书围绕机械加工过程和工艺的核心问题——做什么、怎么做、用什么工具做，介绍了机械制造工艺的基本概念和理论、工艺技术涉及的范围及作用，以及人工智能在制造过程中的应用等内容，还穿插介绍了典型的智能制造工艺应用案例。

全书共8章，主要包括绪论、机械加工与装配工艺基础、成形加工工艺基础、特种加工工艺基础、智能机床夹具、机械加工质量分析与控制、智能化工艺设计、智能制造工艺典型案例。

本书可作为普通高等院校智能制造工程专业本科生的教材，也可作为机械工程专业大类招生本科生、研究生的教材，还可作为企业工程技术人员的参考书。

图书在版编目（CIP）数据

智能制造工艺基础/张为民主编. —北京：机械工业出版社，2024.4

智能制造工程专业联盟系列教材

ISBN 978-7-111-75612-5

Ⅰ.①智…　Ⅱ.①张…　Ⅲ.①智能制造系统-教材　Ⅳ.①TH166

中国国家版本馆CIP数据核字（2024）第075760号

机械工业出版社（北京市百万庄大街22号　邮政编码100037）

策划编辑：赵亚敏　　责任编辑：赵亚敏

责任校对：曹若菲　陈　越　　封面设计：张　静

责任印制：任维东

河北鑫兆源印刷有限公司印刷

2024年7月第1版第1次印刷

184mm×260mm · 20.25印张 · 502千字

标准书号：ISBN 978-7-111-75612-5

定价：65.00元

电话服务

客服电话：010-88361066

010-88379833

010-68326294

网络服务

机　工　官　网：www.cmpbook.com

机　工　官　博：weibo.com/cmp1952

金　　书　　网：www.golden-book.com

机工教育服务网：www.cmpedu.com

PREFACE

前言

2018年同济大学获批教育部首批智能制造工程“新工科”本科专业，“智能制造工艺”是该专业培养方案中的核心专业课，本书即为该课程的配套教材。

本书围绕制造工艺制定需要考虑的质量、交货期和成本等约束目标，主要讲解工艺设计基础的核心知识点。通过对本课程的学习，学生可以掌握机械加工和装配工艺、成形加工、特种加工、智能机床夹具、机械加工质量分析与控制、智能化工艺设计等基础知识，从而对制造活动有一个总体的了解与把握。

党的二十大报告指出“教育、科技、人才是全面建设社会主义现代化国家的基础性、战略性支撑”。以人工智能等前沿科技驱动的智能制造正是当前我国亟需探研的领域和发展的方向，本书基于“落实立德树人根本任务，培养德智体美劳全面发展的社会主义建设者和接班人”的要求，在部分章节提供了与学习内容有关的反映我国工业一些重大装备设计制造和创新发展的拓展视频，读者可用手机扫描书中二维码直接观看，以加深对相关专业内容的理解。

我国在由制造大国迈向制造强国的过程中面临着全球化及产业转移进程的剧烈变化、产品需求波动及个性化生产越来越突出、降低成本的压力、资源约束、减碳、人口变化以及技术进步等多重挑战，为此，生产系统和制造工艺需要具有柔性，需要具有应对变化和互相连接的能力，要能够迅速应对不确定性。当然，这也是智能制造工程专业本科学生面临的挑战。为此，编者在书中提供了一些人工智能应用于制造工艺的案例，介绍了人工智能等先进制造技术在工艺设计和工艺过程中的融合及应用，可使学生初步具备智能制造工艺设计及智能工艺过程控制的知识与能力。

本书由同济大学张为民主编，各章编写分工：第1章由张为民、宿迁学院赵岩编写；第2章由同济大学王亮、李晏、郝一舒、张为民，重庆大学肖贵坚编写；第3章由上海应用技术大学周冰、徐春，同济大学林建平、闵峻英编写；第4章由同济大学王昆编写；第5章由同济大学王家海，雄克精密机械贸易（上海）有限公司（简称雄克公司）余小华、刘宇峰编写；第6章由李晏、郝一舒、周冰，沈机（上海）智能系统研发设计有限公司（简称沈机智能）陈灿、赵建华编写；第7章由同济大学刘雪梅编写；第8章由上海大众汽车有限公司张书桥、余小华、张为民编写。在本书的编写过程中，同济大学韦厚盛、刘杨博焜、赵立淼、王钧田、彭劼扬等研究生承担了资料的收集、翻译和整理等工作。

特别感谢雄克公司、沈机智能和上海大众汽车有限公司提供了宝贵的智能制造工艺应用案例。

由于编者水平有限，书中难免有疏漏之处，恳请读者批评指正。

编　者

CONTENTS

目 录

第1章 绪论

1.1 智能制造工艺的概念与范围

制造技术发展到今天，综合了机械、电子、信息、材料、能源及现代管理技术，并通过与大数据/区块链、云/边缘计算、人工智能、智能装备等智能技术的深度融合，形成了智能制造技术。作为智能制造的核心技术之一，制造工艺技术也发展到了“智能制造工艺（Intelligent Manufacturing Process Technology）”阶段。

通常，制造工艺是指将原材料转变成零件和产品这一过程中所运用的加工手段、设备等的“技艺（技术）”。随着智能制造的发展，制造工艺本身既是智能制造的重要支撑，同时也是人工智能等技术应用的重要载体，二者既相互融合又相互促进。“智能制造工艺”是指“将原材料转变成零件和产品这一过程中深度融合智能技术的工艺技术”，是多学科技术的集成与融合，涉及制造的对象和过程。从不同的角度比较智能制造工艺与传统制造工艺，可以得出智能制造工艺的特点。例如：从广义工艺的角度，传统工艺聚焦于本企业的工艺规划设计，而智能制造工艺规划则面向制定出产业链/跨企业的优化工艺解决方案；从狭义工艺规划和编制及具体制造过程实现的角度，工艺人员在智能制造工艺规划系统的支持下，以人机一体化的方式开展工艺规划与编制；从制造装备与制造过程控制的角度，智能感知、智能学习、智能决策、智能控制与自主执行则又体现了制造系统智能化的重要特征。

可以将智能制造工艺的技术归纳为 ABCD 技术，即：A——AI（人工智能）技术；B——Big Data/Block Chain（大数据/区块链）及关联的运营模式；C/E——Cloud/Edge Computing（云/边缘计算）技术；D——Domain 基础工艺技术，它涉及的范围和领域非常广泛，其细分领域也独具特色，基础工艺技术是支撑智能工艺的基础，不掌握基础工艺技术，智能制造就只能是空中楼阁，如图 1-1 所示。

“智能制造工艺”是同济大学本科智能制造工程专业的核心专业课，本书为该课程配套教材，主要围绕工艺制订需要考虑的质量、交货期和成本等约束目标讲解工艺设计的重要知识点。通过对本课程的学习，学生可以掌握机械加工、成形加工、特种加工和机器装配等基础知识，从而对制造活动有一个总体的了解与把握。通过对典型的制造方法及其重要工艺参数制定方法的学习，学生可初步具备制订工艺规程的能力；掌握机械加工精度和表面质量的基本理论和基本知识，初步具备分析、解决现场工艺问题的能力；学习人工智能等先进制造技术在工艺设计及工艺过程中的融合及应用，初步具备智能制造工艺设计及智能工艺过程控制的能力。

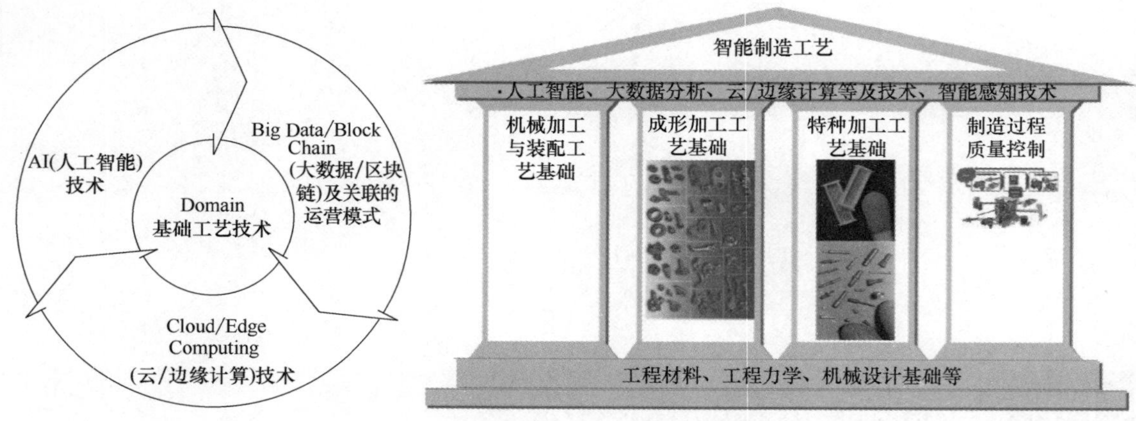

图 1-1 智能制造工艺的范围

1.2 生产过程与生产组织

1.2.1 制造技术发展史

人类社会的发展史就是一部生产制造的发展史。约一万年前的新石器时代，人类采用天然石料制作工具进行采集、狩猎、种植和放牧，以利用自然资源为主。到了青铜、铁器时代，人们开始采矿、冶金、铸锻工具、织布成衣和打造车具，发明了像刀、耙、箭、斧之类的简单机器，满足以农业为主的自然经济，形成了家庭作坊式的手工生产方式，使用的动力主要是人力和畜力，局部利用水力和风力。这种生产方式使人类文明的发展产生了飞跃，促进了人类社会的发展。

18 世纪 60 年代，瓦特蒸汽机的发明，标志工业革命 1.0 时代的到来，开启了机械制造的时代。从这个时代开始，在蒸汽的驱动下，以机器替代人力，经济社会也由农业、手工业转型到工业，生产率有了较大的提高，但机器生产仍然是一种作坊式的，生产率低下的单件生产方式。

19 世纪后期开始的工业 2.0 时代，以西门子的电动机和福特汽车流水线为典型标志，开启了电气化和刚性自动化的时代。通过专业化分工和标准化，在这一时代，大量生产达到了顶峰，并创造出了大量社会财富。

“东方红”拖拉机

焦裕禄主持研制的双筒提升机

20 世纪 70 年代开始持续至今是工业 3.0 时代，也称为信息化时代。主要产物有生物工程、电子计算机、通信技术、原子能、互联网、航天技术、人工材料等。随着多品种、少批量生产兴起，人们对制造过程中的柔性自动化控制程度要求提高，PLC、数控机床、柔性制造系统、各类计算机工业软件成了典型制造工具的标志。

2013 年德国提出工业 4.0 概念，也可称为智能化时代。其背景是制造技术对个性化、全球化和区域化制造挑战的反映，通过大数据、云计算、物联网等新型技术，将实体物理世界与虚拟的赛博空间（Cyberspace）连接起来，实现工厂的智慧制造。第四次工业革命与其说是 Revolution（革命），不如说是 Evolution（进化），即工业技术的演化进化过程，这一进程还将持续很长时间。第一次工业革命到第四次工业革命的历程如图 1-2 所示，四次工业革命的特点如图 1-3 所示。

图 1-2 第一次工业革命到第四次工业革命的历程

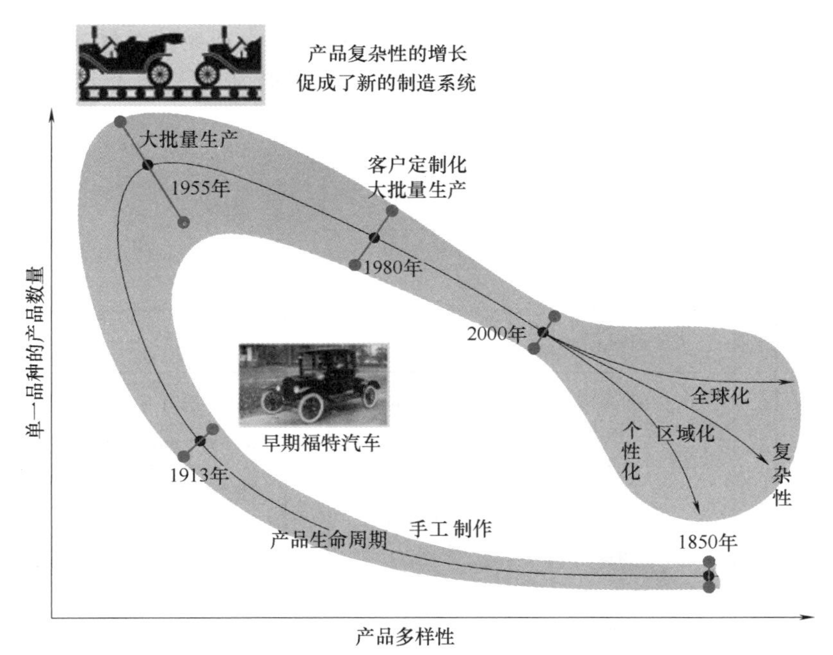

图 1-3 四次工业革命的特点

1.2.2 生产过程与工艺过程

“制造”即人类按照市场要求，运用主观掌握的知识和技能，借助手工或可以利用的客观物质工具，采用有效的工艺方法和必要的能源，将原材料转化为最终物质产品并投放市场的过程。制造业是国民经济和国防建设的重要基础，是立国之本、兴国之器和强国之基。没有强大的制造业，就没有国民经济的可持续发展，更不可能支撑强大的国防事业。

制造的概念有狭义和广义之分：狭义制造是指与物质流（毛坯制造、零件加工和产品装配、检验、包装等）有关的将原材料转变为成品的加工和装配过程；广义制造包括制造企业的产品设计、材料选择、制造生产、质量保证、管理和营销一系列有内在联系的运作和活动。本书后文所提及的制造一般指广义制造。

生产过程指将原材料转变为产品的全过程，包括产品设计、生产组织准备和技术准备、原材料购置、运输和保存，以及毛坯制造、零件加工、产品装配和试验、销售和服务等一系列工作。生产过程包括生产准备过程、工艺过程和生产辅助过程。

工艺过程指在生产过程中，直接改变原材料或毛坯的形状、尺寸、性能，以及相互位置关系，使之成为成品的过程。工艺过程主要包括毛坯的制造（铸造、锻造、冲压等）、热处理、机械加工和装配。

1.2.3 生产组织

生产组织是指为了确保生产的顺利进行所进行的各种人力、设备、材料等生产资源的投入和配置，是生产过程的组织与劳动过程组织的统一。生产过程的组织主要是指生产过程的各个阶段和各个工序在时间上、空间上的衔接与协调，它包括企业总体布局、车间设备布置、工艺流程和工艺参数的确定等，如图 1-4 所示。工艺活动是生产组织活动中的重要基础。

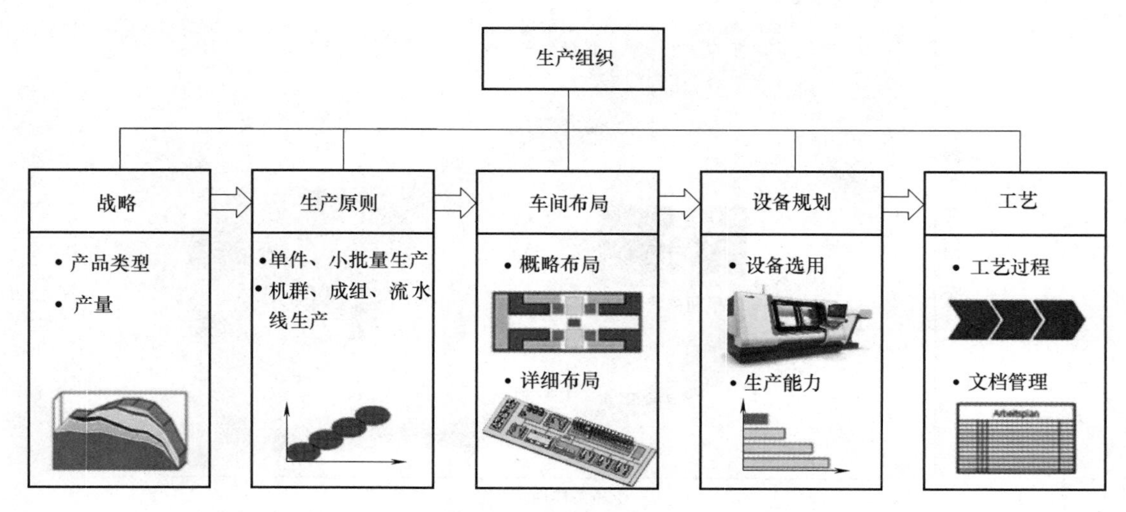

图 1-4 工厂规划的任务

1.3 工艺规划与生产计划

1.3.1 工艺规划概念

工艺规划的主要工作就是确定做什么（生产对象）、怎么做（工艺过程）和用什么设备或手段做。按照工艺规划的时间跨度可以划分为短期工艺计划（即针对具体零部件的工艺设计）、中期工艺规划和长期工艺规划，其工作任务见表 1-1。

表 1-1　根据时间跨度分类的工艺规划工作任务

时间跨度	工作任务	备注
短期工艺规划	制订零件物料清单	根据设计零件明细表制订加工/装配物料清单
	制订加工、装配、检验计划	确定加工流程、工艺参数、加工装配检测工具和预定工时
	数控系统/机器人设备编程	编制数控设备、机器人、机械手的控制程序
	加工设备规划	设计制造专用的加工和检测设备
中期工艺规划	工艺规划准备	设计与生产指导
	成本规划	自产与外协的成本计算及决策
	质量和检验	质量计划指导、检验计划、认证支持
长期工艺规划	物料规划	对当前库存材料种类进行规划，对供货商进行评估和选择
	新工艺方法规划	研发新的加工和装配工艺、设备和辅助设备
	工厂规划	对包括加工工位设计在内的生产区域、加工设备、制造设备进行规划

工艺规划属于生产准备阶段，工艺规划的内容包括工艺路线规划（工序划分、刀具的选择、工装设计）、编制工艺文件（零件清单、工序图、工艺卡、检验卡）、编程（数控编程、机器人编程）和成本核算（经济性比较等），如图 1-5 所示。

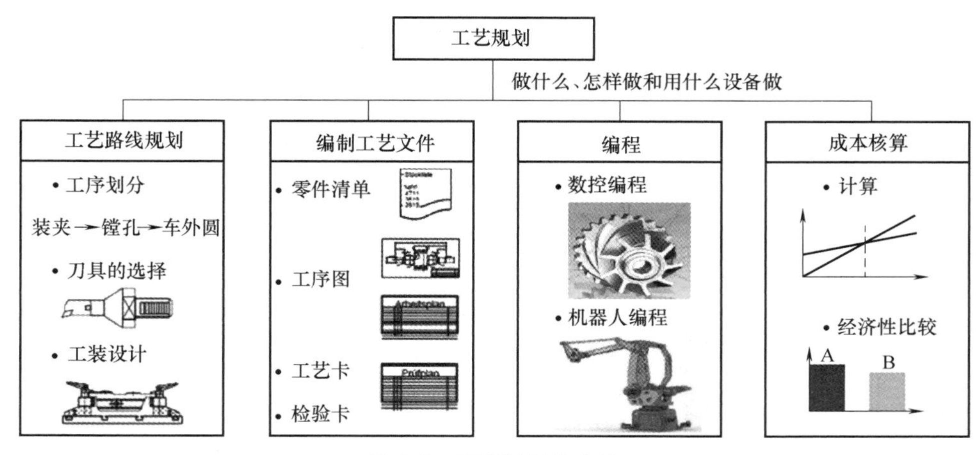

图 1-5　工艺规划的内容

1.3.2 车间生产计划与控制的概念

通常，车间生产计划是指根据订单要求，综合考虑车间的设备、人员、物料等情况制订确定某计划期内生产的产品品种、产量，并确定物料计划、设备和人员任务以及进度安排等计划性工作，即解决生产什么（订单）、生产多少（生产批量）、何时生产（进度计划）、在哪里生产（设备资源安排）和由谁来做（人员安排）等问题。一旦计划获得批准并执行，就需要检查跟踪计划执行情况，并根据实际情况对计划进行适当调整，这一过程称为生产计划控制或生产调度，如图 1-6 所示。

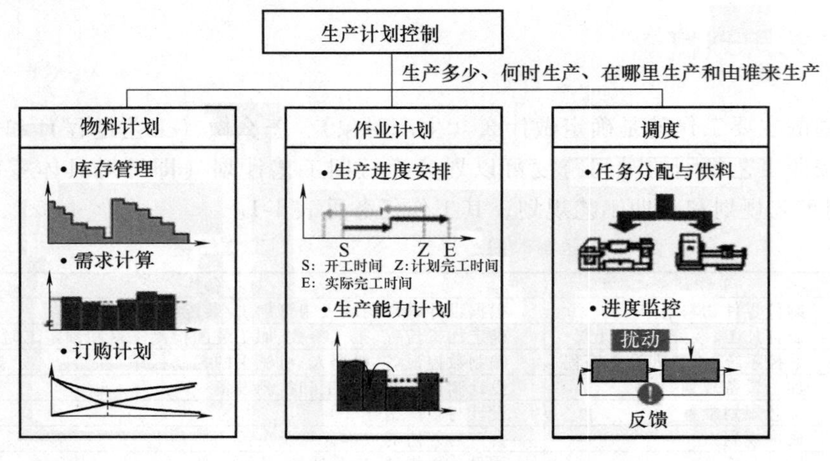

图 1-6 生产计划控制

1.3.3 工艺规划在生产中的重要地位

企业生产的业务展开过程如图 1-7 所示，通常包括产品设计过程、生产准备过程及制造/装配过程。生产准备由工艺规划和生产计划控制组成，生产准备工作处于企业生产计划工作的核心。图 1-8 所示为工艺规划与生产控制的区别与联系。工艺规划是所有工作的基础，可以说是核心的核心，由工艺规划文件派生出的其他文件如图 1-9 所示。

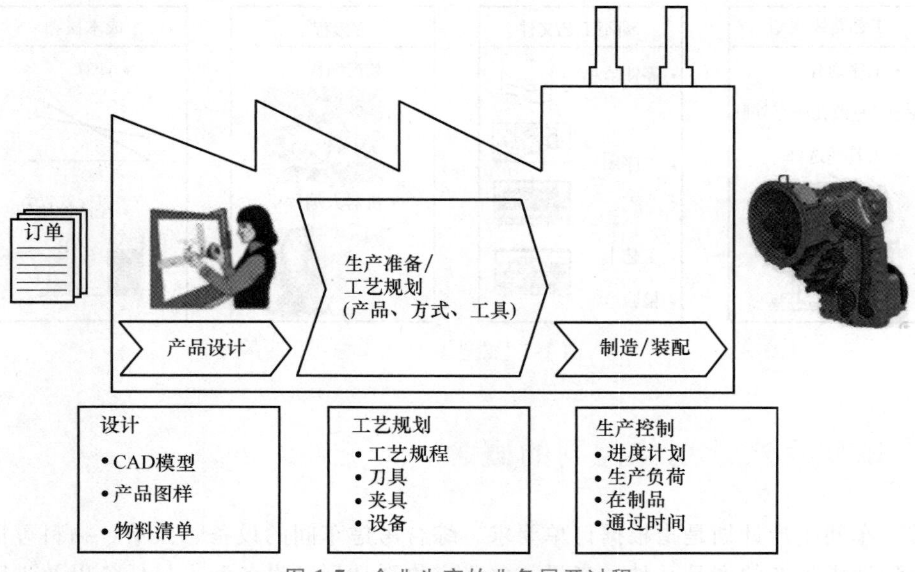

图 1-7 企业生产的业务展开过程

工艺规划			生产控制		
做什么	⟹	加工成品	做什么	⟹	产品
来源	⟹	毛坯	何时做	⟹	进度计划
如何做	⟹	工艺方法	做多少	⟹	批量
所用手段	⟹	加工设备	哪里做	⟹	工位
按照什么样的顺序加工	⟹	加工工序	谁来做	⟹	员工

工艺规划是一次性的规划工作(措施)，其目的是在经济性的前提下确保生产出的产品符合要求

生产控制包括所有与工艺匹配展开生产订单的计划措施

图 1-8　工艺规划与生产控制的区别与联系

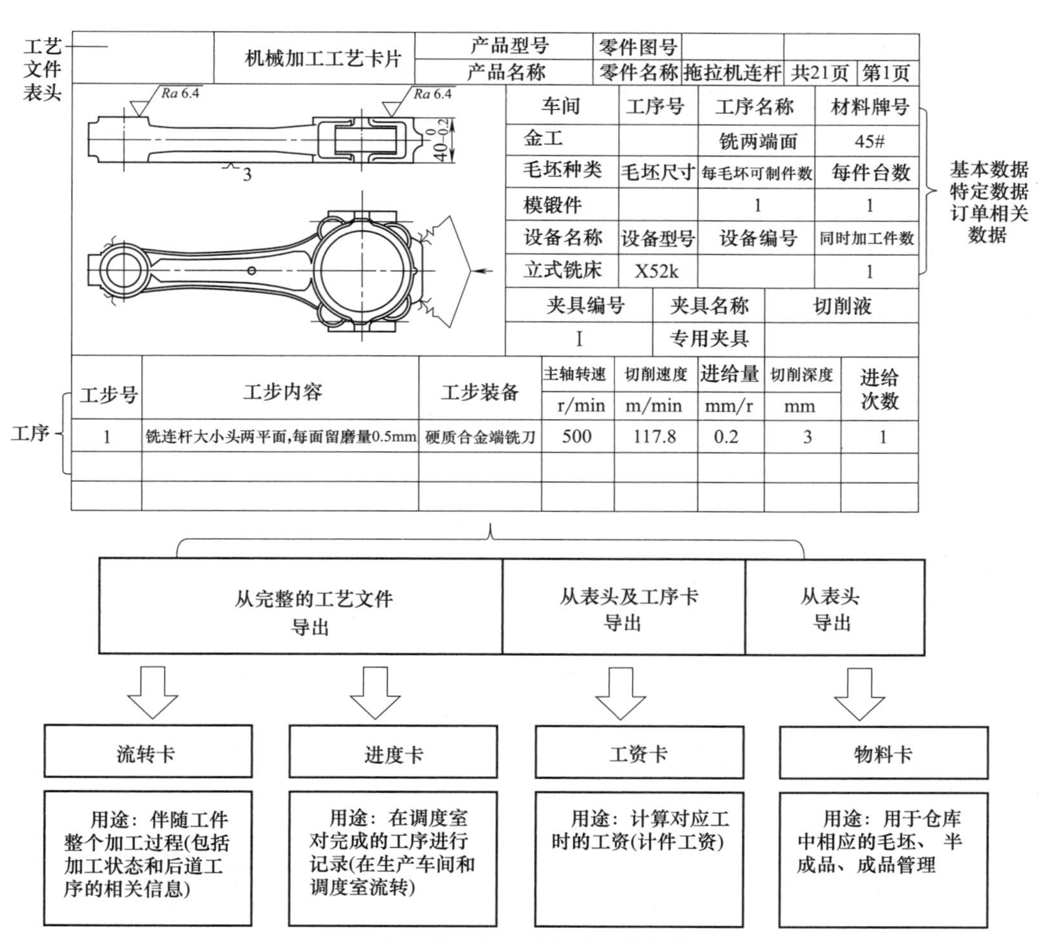

工艺文件表头	机械加工工艺卡片	产品型号	零件图号		
		产品名称	零件名称	拖拉机连杆	共21页 第1页

车间	工序号	工序名称	材料牌号
金工		铣两端面	45#
毛坯种类	毛坯尺寸	每毛坯可制件数	每件台数
模锻件		1	1
设备名称	设备型号	设备编号	同时加工件数
立式铣床	X52k		1

夹具编号	夹具名称	切削液
I	专用夹具	

工步号	工步内容	工步装备	主轴转速 r/min	切削速度 m/min	进给量 mm/r	切削深度 mm	进给次数
1	铣连杆大小头两平面,每面留磨量0.5mm	硬质合金端铣刀	500	117.8	0.2	3	1

图 1-9　由工艺规划文件派生出的其他文件

1.4 零件制造工艺

零件制造工艺方法主要有凝固成形法（铸造、烧结等）、压力加工法（锻造、冲压等）、分离法（车削、钻孔等）、结合法（焊接、胶接等）、涂层法（涂漆、镀锌等）和改变材料特性法（淬火、调质等），如图 1-10 所示。

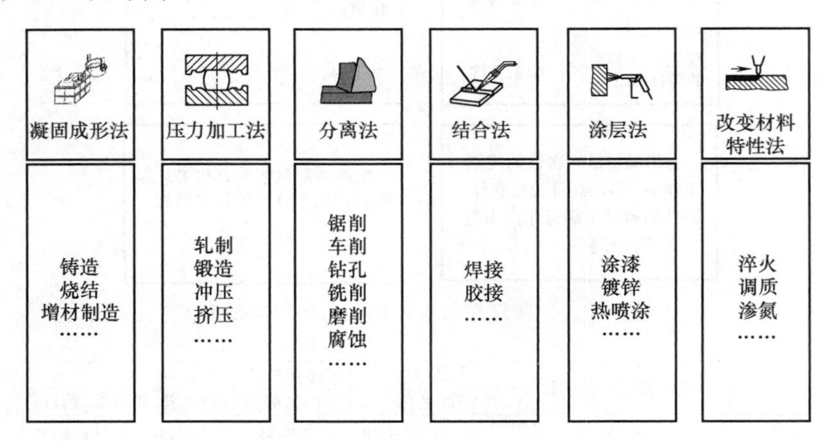

图 1-10　零件制造工艺方法分类

1.4.1 主要零件制造工艺可达精度及选用

主要零件制造工艺可达精度范围见表 1-2。

表 1-2　主要零件制造工艺可达精度范围

工艺方法	可达到精度																				
	公差等级												表面粗糙度 Rz/μm								
	IT5	IT6	IT7	IT8	IT9	IT10	IT11	IT12	IT13	IT14	IT15	IT16	0.25	1	2.5	4	10	16	53	250	1000
铸造																					
焊接																					
模锻																					
精密锻造																					
冲压																					
轧制																					
剪切																					
车削																					
钻削																					
平面铣削																					
刨削																					
拉削																					
外圆磨削																					

注：□ 表示一般可达精度；■ 表示通过特殊方式可达精度。

不同工艺方法的材料利用率和能源消耗如图 1-11 所示。

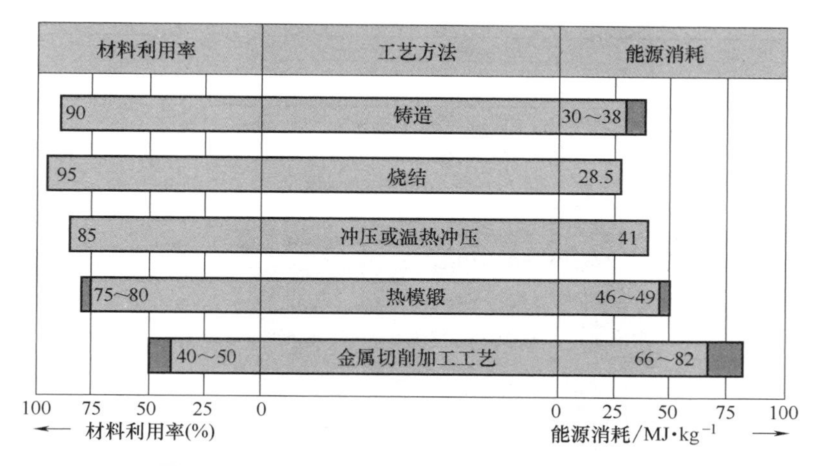

图 1-11　不同工艺方法的材料利用率和能源消耗

在制订零件的成形工艺时，根据形状要素、尺寸、公差和表面特征、材料及其性质等影响因素选用其中某一种工艺方法，或某几种工艺方法的组合。图 1-12 所示为选择工艺方法时考虑的影响因素，目标是实现可持续制造。

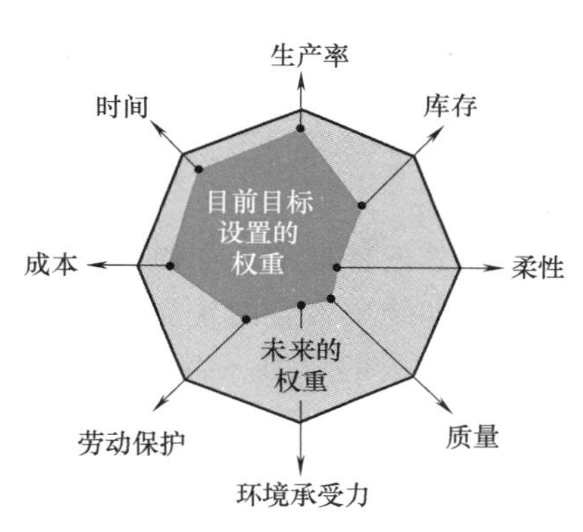

图 1-12　选择工艺方法时考虑的影响因素

过去，生产的目标主要是降低成本并提高生产率。而在如今和未来的工业生产中，减少库存，提高灵活性和质量，以及更加重视人类发展和环境保护方面的问题也显得日益重要。为此，工艺方法的选择还要遵从众多标准，如环境影响标准，工艺方法选择需考虑废料处理问题，如切屑和切削液的处理。

此外，原材料和能源成本也是可持续制造的重要驱动因素。许多原材料和能源是不可再生的，因此节能和资源节约及材料的循环利用是可持续生产的重要组成部分。也正因如此，需要不断改进现有制造工艺技术，例如，随着“近净成形”技术的快速发展，在大量生产中扩大铸造和成形加工的应用范围，可减少切削加工的使用。

面向未来的工艺规划战略除了考虑提高生产率之外，还必须越来越多地考虑制造的灵活性和可靠性。不能再孤立地看待某一项工艺技术过程或仅优化某个工作流程，而必须将其视为一系列上、下游子过程组成的链条。图 1-13 所示为某汽车零件的生产工艺方案选择，方案一为传统的工艺方案；方案二为新的工艺方案，其区别是方案二的车削工序安排在淬火之后并取消了外圆磨削工艺。其原因是：①随着立方氮化硼和陶瓷材料在刀具材料中的应用，当前的刀具已能车削淬火钢，但需要制造高刚性车床；②车削的效率明显高于磨削；③与车削相比，磨削对环保的要求高且需控制磨削烧伤。因此，方案二取消磨削有降低成本、提高效率和改善环境负荷的好处。

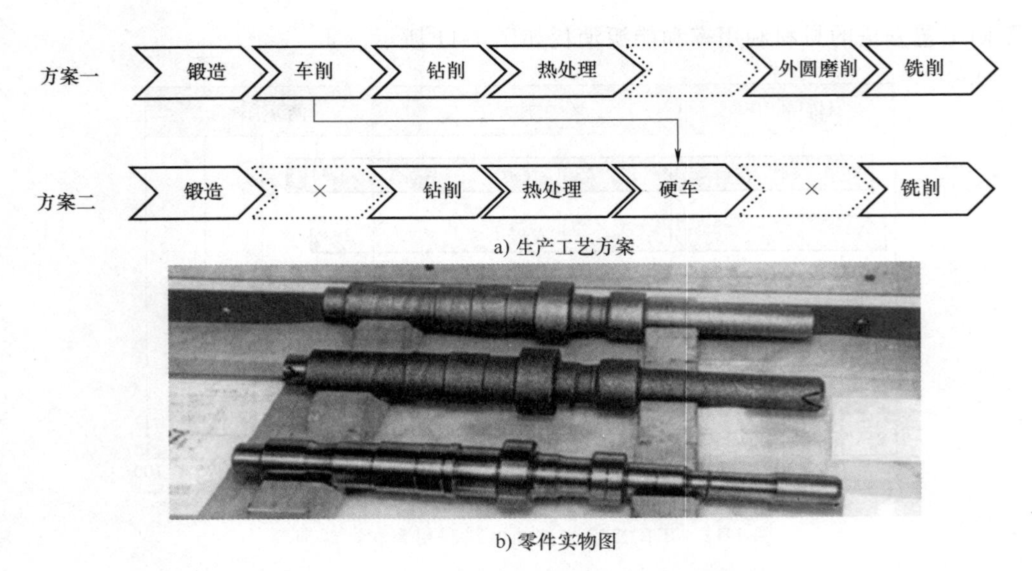

a) 生产工艺方案

b) 零件实物图

图 1-13 某汽车零件的生产工艺方案选择

1.4.2 零件制造工艺的分类

在国外的标准中，如德国标准 DIN 8580，按照物质聚合成产品的过程将工艺方法分成六大类，即物质聚合的建立（组 1）、物质聚合的保持（组 2）、物质聚合的减少或去除（组 3）、物质聚合的增加（组 4 和组 5）及物质聚合的改性（组 6），分别对应表 1-3 中 1~6。

表 1-3 德国标准 DIN 8580 按照物质聚合成产品的过程的工艺方法分类

<table>
<tr><th colspan="8">第一位分类号总类别(定义及聚合方式)</th></tr>
<tr><td>1 凝固成形</td><td>2 压力成形</td><td colspan="3">3 分离</td><td>4 连接</td><td>5 涂层</td><td>6 材料性能改变</td></tr>
<tr><td colspan="8">定义</td></tr>
<tr><td>用无形状的材料制成固体</td><td>固体形状的塑性变形</td><td colspan="3">通过局部材料的去除改变固体形状</td><td>工件装配，包括用无形状的材料的结合</td><td>由无形状的材料形成的牢固黏附层</td><td rowspan="2">改变材料的性质，如扩射、化学反应、晶格位错</td></tr>
<tr><td colspan="7">微粒及组成部分的聚合方式</td></tr>
<tr><td>建立</td><td>保持</td><td colspan="3">减少或去除</td><td colspan="2">增加</td><td>改性</td></tr>
<tr><th colspan="8">第二位分类号组别(举例)</th></tr>
<tr><td>1.1 由液态生成(铸造)</td><td>2.1 压力成形(滚轧、冲挤、锻压)</td><td colspan="3">3.1 去除(剪切)</td><td>4.1 装配(镶嵌)</td><td>5.1 液态涂层(喷漆)</td><td>6.1 通过压力成形强化(锻造)</td></tr>
<tr><td>1.2 由塑性状态(注塑)生成</td><td>2.2 拉压成形(拉丝、冲深)</td><td rowspan="2">切削用几何形状</td><td>3.2 确定的(车削、钻削、铣削)</td><td rowspan="2">切削刃</td><td>4.2 填料</td><td>5.2 塑性态涂层(打腻子)</td><td>6.2 热处理(退火、淬火)</td></tr>
<tr><td>1.3 由糊状或粉末状(陶瓷铸造)生成</td><td>2.3 拉拔成形(长度、宽度、拉深)</td><td>3.3 非确定的(磨削、珩磨、研磨)</td><td>4.3 压装</td><td>5.3 糊状涂层(粉刷)</td><td>6.3 形变热处理</td></tr>
<tr><td>1.4 由颗粒或粉末状态(压制、烧结)生成</td><td>2.4 弯曲成形(借助刀具旋转运动)</td><td colspan="3">3.4 去除(热去除、化学去除)</td><td>4.4 通过凝固成形连接(浇注、塑料重铸)</td><td>5.4 颗粒或者粉末涂层(粉末冶金)</td><td>6.4 烧结、喷烧</td></tr>
</table>

（续）

第二位分类号组别（举例）					
1.5 由碎片或纤维态生成	2.5 剪切成形（扭转）	3.5 拆卸（连接件的松解）	4.5 通过成形连接（铆接、翻边）		6.5 磁化
		3.6 清洗（喷洗）	4.6 焊接连接（熔焊）	5.6 通过焊接（可熔镀层焊接）	6.6 辐射
			4.7 钎焊连接（锡焊、硬钎焊）	5.7 通过钎焊（镀层软钎焊）	6.7 光化学工艺（曝光）
1.8 由气态或蒸气态生成			4.8 粘接	5.8 由气态或者蒸气涂层（真空蒸镀）	
1.9 由离子态（电离、电镀）生成			4.9 编织连接	5.9 由离子状镀层（电镀）	

注：各组工艺技术之间可实现相互结合。

我国机械制造工艺方法类别划分及代码见表 1-4。

表 1-4　我国机械制造工艺方法类别划分及代码（摘自 JB/T 5992—1992）

大类		中类代码									
代码	名称	0	1	2	3	4	5	6	7	8	9
		中类名称									
0	铸造		砂型铸造	特种铸造							
1	压力加工		锻造	轧制	冲压	挤压	旋压	拉拔			其他
2	焊接		电弧焊	电阻焊	气焊	压焊			特种焊接		钎焊
3	切削加工		刃具加工	磨削		钳加工					
4	特种加工		电物理加工	电化学加工	化学加工			复合加工			其他
5	热处理		整体热处理	表面热处理	化学热处理						
6	覆盖层		电镀	化学镀	真空沉积	热侵镀	转化膜	热喷涂	涂装		其他
7											
8	装配包装		装配	试验与检验			包装				
9	其他		粉末冶金	冷作	非金属成形	表面处理	防锈	缠绕	编织		其他

1.5 智能制造工艺发展现状

智能制造工艺技术的发展就是不断吸收机械工程技术、电子信息技术（包括微电子、光电子、计算机软硬件、现代通信技术）、自动化控制理论技术（自动化技术生产设备）、材料科学、能源技术、生命科学及现代管理科学等方面的成果，并将其综合应用于制造业产品设计、制造、管理、销售、使用、服务，以及对报废产品的回收处理的全过程。

（1）仿真与数字孪生技术在工艺技术中的深入应用与发展　仿真技术已在成形、改性与加工工艺中得到深入地应用。这类工艺是将原材料（主要是金属材料）制造加工成毛坯或零部件的过程，其中热加工过程是极其复杂的高温、动态、瞬时过程，其间发生一系列复杂的物理、化学、冶金变化，热加工工艺设计不仅不能直接观察，间接测试也十分困难，大多凭经验进行。近年来，应用计算机技术及现代测试技术形成的热加工工艺模拟及优化设计技术成为热加工的研究热点和前沿技术。应用模拟技术可以对材料热加工（铸造、锻压、焊接、热处理、注塑等）工艺过程进行仿真，预测工艺结果（组织、性能、质量），并通过不同参数的比较优化工艺设计，确保大件一次制造成功，成批件一次试模成功。

仿真/数字孪生技术同样深入应用于机械加工、特种加工及装配过程，并已成为智能制造的重要技术基础。

仿真技术与并行工程技术相结合能够显著缩短产品的开发过程，提高加工效率及加工质量。如图 1-14 上半部分所示，传统的工艺优化过程是在企业各部门内的优化，跨部门优化成本高昂。图 1-14 下半部分为采用并行工程后，新产品模型（CAD 数据）在开发早期就应用于生产准备中，数控（Numerical Control，NC）编程人员创建一个完成度只有 80%的数控程序，在此基础上模拟加工过程和机床行为。由于产品开发多数是变体设计或适应性设计，因此其优点是已有的 NC 程序通常可以复用，仿真结果给出加工过程存在局部缺陷的信息。例如，预测可能由于过高的静载荷或振动造成的超差。如果通过调整数控程序或选择替代夹紧装置或切削刀具不能解决这些问题，则通知负责产品开发设计的工程师，给出是否可以通过修改设计消除薄弱环节，以及所选公差是否适当等反馈。通过全局优化可以显著缩短开发周期，除质量得到更好的保障外，也提高了生产率，降低了刀具成本和机床负载。

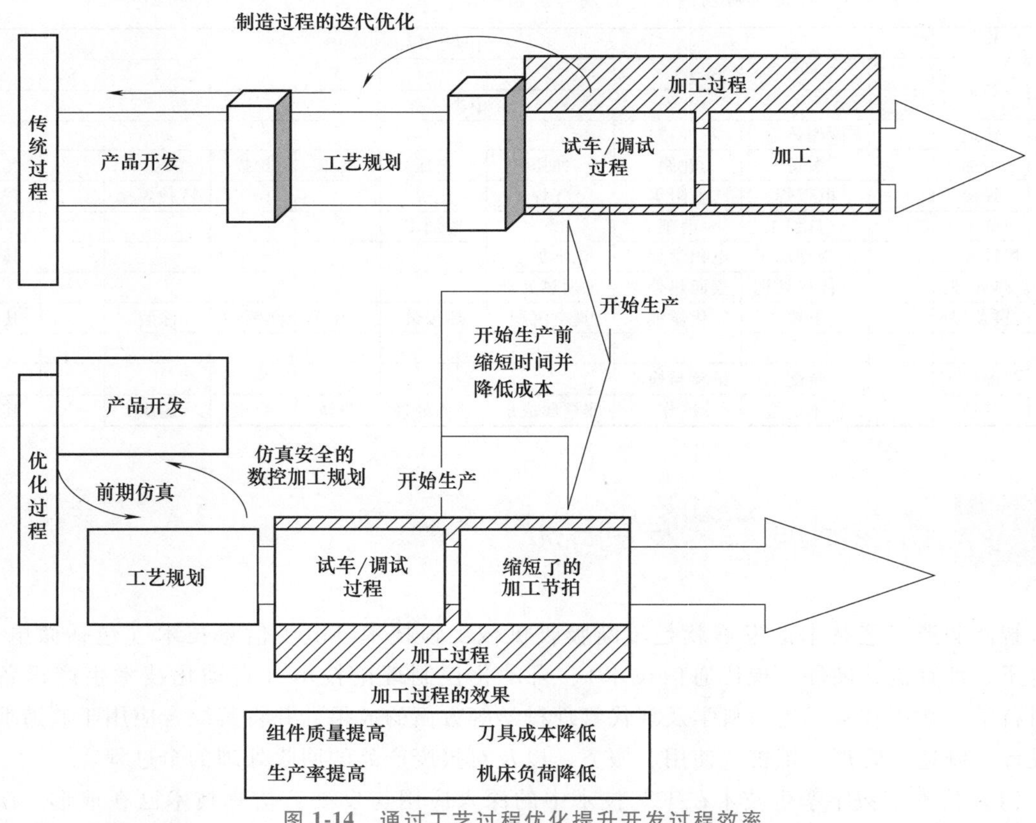

图 1-14　通过工艺过程优化提升开发过程效率

（2）成形精度向近无余量方向发展　毛坯和零件的成形是机械制造的第一道工序。随着精密成形工艺的发展，零件成形的形状、尺寸精度正从“近净成形”（Near Net Shape

Forming）向近无余量成形方向发展。“毛坯”与“零件”的界限越来越小。有的零件成形后，已接近或达到零件的最终形状和尺寸，主要方法有多种形式的精密铸造、精密锻造、精密塑性成形、精密热处理、精密焊接等

（3）机械加工向超精密、超高速方向发展　超精密加工技术目前已进入纳米加工时代，加工精度达 0.025μm，表面粗糙度达 0.0045μm。精密切削加工技术由目前的红外波段向加工可见光波段或不可见紫外线和 X 射线波段趋近。超精加工机床向多功能模块化方向发展。超精加工材料由金属扩大到非金属。目前超高速切削铝合金的切削速度已超过 1600m/min，铸铁的切削速度为 1500m/min。超高速切削已成为解决一些难加工材料加工问题的一条途径。

（4）采用新型能源及复合加工　解决新型材料的加工和表面改性难题，激光、电子束、离子束、分子束、等离子体、微波、超声波、电液、电磁、高压水射流等新型能源或能源载体的引入，形成了多种崭新的特种加工及高密度能切割、焊接、熔炼、锻压、热处理、表面保护等加工工艺或复合工艺，其中以多种形式的激光加工发展最为迅速。这些新工艺不仅提高了加工效率和质量，同时还解决了超硬材料、高分子材料、复合材料和工程陶瓷等新型材料的加工难题。

（5）采用清洁能源及原材料、实现清洁生产　机械加工过程产生大量废水、废渣、废气、噪声、振动、热辐射等，劳动环境条件差，已不适应当代清洁生产的要求。近年来清洁生产成为加工过程的一个新目标，除搞好三废治理外，重在从源头抓起，杜绝污染的产生。其途径为：一是采用清洁能源，如用电加热代替燃煤加热锻坯，用电熔化代替焦炭冲天炉熔化铁液；二是采用清洁的工艺材料开发新的工艺方法，如在锻造生产中采用非石墨型润滑材料，在砂型铸造中采用非煤粉型砂；三是采用新结构，减少设备的噪声和振动，如在铸造生产中，噪声极大的震击式造型机已被射压、静压造型机取代。在模锻生产中，噪声大且耗能多的模锻锤，已逐渐被电液传动的曲柄热模锻压力机、高能螺旋压力机取代。在清洁生产的基础上，满足产品从设计、生产到使用乃至回收和废弃处理的整个周期都符合特定的环境要求的“绿色制造”将成为 21 世纪制造业的重要特征。

（6）智能制造综合信息系统　在传统的自动化技术中，系统层级呈金字塔形如图 1-15 所示，信息技术（Information Technology，IT）与（运营）操作技术（Operational Technology，OT）分离，工艺过程管理处于核心位置，贯穿各层，其特点是严格的通信层次结构。随着智能制造的 IT 与 OT 逐渐融合，自动化金字塔将发展成为一个多维信息系统，通过信息物理系统（Cyber-Physical Systems，CPS）自动访问所有相关数据，以便提供最大程度上的联网和柔性，工艺过程管理的功能也将随之分布在各 CPS 中，具有自主智能和集群智能。

（7）人工智能（AI）技术在智能制造过程中的应用

1）人工智能与工业人工智能。传统的 AI 技术大多定义为对人类思考和活动的模仿，该定义模糊了太多的不确定性。AI 技术发端于 20 世纪 50 年代，以静态程序处理数据并得到结果为特征。AI 技术在 20 世纪 80 年代发展出了机器学习算法并在 21 世纪初通过深度学习引发了 AI 技术应用的爆发，其特点是算法通过对数据处理得到假设，并依据假设得出计算结果，该结果又反馈给算法做适应性调整。AI 技术在工业领域的应用可以称之为“工业人工智能”（Industrial Artificial Intelligence，Industrial AI），工业界通常依据系统独立解决问题的能力来定义系统的“智能等级”，该等级取决于自主程度、问题的复杂程度，以及解决问题方法的有效性等。工业人工智能是一门系统的学科，专注于为工业应用系统快速地开发、

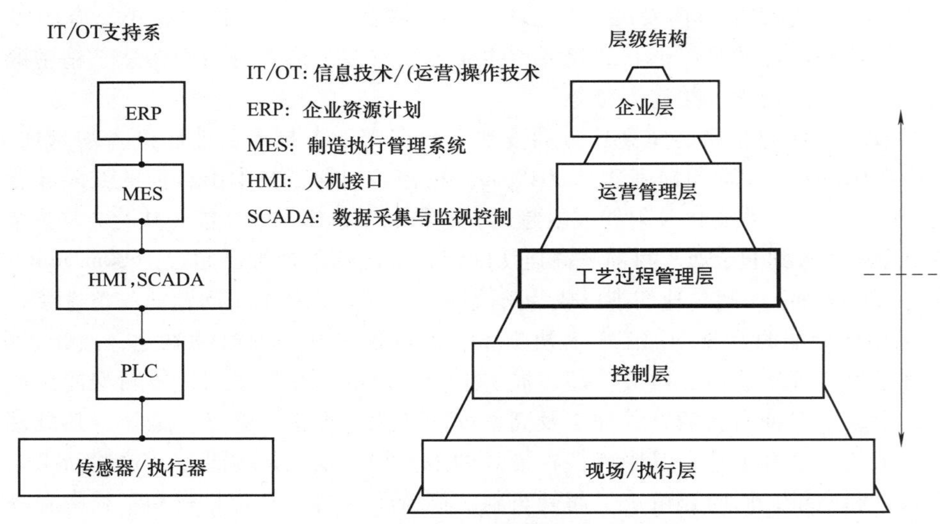

图 1-15　工艺管理是工业自动化分层模型及支持系统的核心

验证和部署各种机器学习算法，提高生产过程及其设备的能源效率、安全性和稳定性等指标，应用的重点是制造装备、交通运输、能源和生产设备自动化等。

2）人工智能在加工过程的应用。人工智能技术按照解决问题的方式及顺序可分为以下七类：检测（Detection）、聚类（Clustering）、分类（Classification）、预测（Prediction）、优化（Optimization）、泛化能力（Generalization Ability）和创造能力（Creative Ability），前一个问题的结果往往是解决后一个问题的前提。在 2006 年之前，经典机器学习中对前五个类别已有了广泛的研究。在深度学习技术出现后，泛化能力和创造能力的应用逐渐出现，可以认为是强人工智能的开始。

① 检测是基于先验知识和分析目标对数据进行处理和特征提取的过程。检测也是对对象进行分析的抽象过程，可提取出能够代表整个事件情况的关键、有效的少量信息。例如，用于故障检测时，某汽车制造企业应用机器视觉技术开发了一套图像采集系统，通过图像样本采集和机器学习智能识别模型快速检测生产线冲压件的缺陷，通过质量检测数据、生产过程和产品设计参数之间的关联，借助大数据分析技术，可形成冲压产品质量问题分析和管理的闭环，从而实现冲压产品质量的精准控制和优化。

② 聚类是指在特定范围的样本中聚合索引的最佳方法。最常用的指标是距离和似然值，其目的是最大限度地提高样本在同一聚类中的相似性，以及样本在不同集群中的差异。聚类也是大型数据挖掘中最常用的工具，聚类算法可根据相似度对输入特征向量进行无监督聚类，使得聚类内部的相似度大于聚类之间的相似度。因为在聚类过程中输入数据没有标签信息，所以聚类只估计数据集并识别模式，聚类结果往往需要专家根据经验来解释每个聚类的特征。如果没有标记的历史数据，可以先将数据与其健康状态进行聚类以识别模式，然后通过将新收集的数据与已识别的健康状态模式进行比较，以获得系统的健康状态。常见的集群算法包括 K-means 集群、DBSCAN 和自组织映射。在制造过程中，聚类算法主要用于识别不同的工作条件和评估系统的健康状况。

③ 分类与聚类算法解决的问题相反，如果我们有一个样本的集合或标签，最好的训练

工具是分类算法。分类是一个典型的监督学习和收敛聚类问题，即取一个新的样本并找到它应该属于的一组。在制造过程中常用分类算法诊断故障或追踪故障原因，利用历史数据和相应的标签建立分类模型。分类模型在分析新收集的数据的过程中，可以估计出可能的故障模式或导致某些类型故障的重要因素。常用的分类算法主要有支持向量机、神经网络和决策树等。

④ 预测是指建立一组显式变量与一组隐式变量之间的映射关系，或者使用可测量的对象来预测不可测量的对象，并使用当前的观察结果来预测未来的状态，隐式变量是离散的。预测很像模式识别和分类，常使用数理统计算法来解决这一类问题，它根据统计原理和概率论识别并估计输入数据集的潜在统计分布形式。数据集可以表示为一个或多个分布函数的组合，数据的每个输入特征向量之间的时间序列关系也可以表示为概率和状态转移函数。统计估计可以用来表示系统的当前状态，或系统的整个衰减过程，并且可以表征不同故障模式和程度下的数据分布。通过对数据分布模式的估计，用户可以加深对设备运行风险的理解，并对其进行量化。常用的统计估计算法有隐马尔可夫模型和高斯混合模型。

⑤ 优化是指在一定的约束条件下，通过调整决策变量来优化目标的过程。该问题可分为数学建模和求解两个过程。数学建模包括目标、约束的定量定义，以及从决策变量到目标的映射关系。预测的准确性是找到最优解的保证，数学求解可以理解为一个搜索框架。在工业场景中，优化算法被用于对工艺及生产调度等方面进行改良。这类问题可以使用回归算法及一些启发式算法来解决，例如，蚁群算法、遗传算法和神经网络等。

⑥ 泛化能力。机器学习的目标是使学得的模型能很好地适用于“新样本”，而不是仅仅在训练样本上工作得很好，即使对聚类这样的无监督学习任务，我们也希望学得的簇划分能适用于未在训练集中出现的样本。学得模型适用于新样本的能力，称为泛化能力。

⑦ 创造能力：创造力是人类智能的基本特征，也是对人工智能的挑战。人工智能技术可以通过三种方式来创造新想法：①将熟悉的想法进行新的组合；②通过探索概念空间的潜力；③通过变革，使以前不可能实现的想法得以产生。

3）人工智能在加工中的应用案例。制造过程具有非线性和时变性等特点，加工过程的某些重要特性很难用精确的数学模型描述。利用人工神经网络的自学习、自组织和良好的知识隐式表达能力，可以构造加工过程性能参数预测模型，并跟踪加工过程的变化。以刀具的剩余使用寿命预测为例，影响刀具寿命和稳定性的因素有很多，如刀具材料、涂层、工件材料和结构、切削参数、冷却条件等。由于加工过程复杂和难以控制，导致刀具的磨损不规则。传统刀具寿命管理的难点在于无法准确预测刀具加工过程中的正常磨损、剥落、断裂等情况。刀具寿命管理是加工者通过经验、加工时间或刀具的切削路程来实现的，过早地更换刀具会导致成本增加，而延迟更换刀具又会导致质量问题，甚至可能对机床造成重大损坏。在刀具状态监控上，应用有监督学习的神经网络可以在加工过程中对刀具状态进行自动识别，而利用无监督的神经网络对刀具状态监测，其结果的收敛速度更快，同时系统具有更高的自组织性、自适应性和柔性。在数据处理部署上可采用 C/E（云/边缘计算）技术，在目标机床上部署边缘智能硬件，对采集到的原始数据进行信号处理和特征提取，然后通过高速通信传输到云计算平台。依靠边缘计算技术，可有效地减少数据传输和计算能力的负担，降低了基础设施的投入成本。

（8）区块链（Blockchain）在智能制造中的应用　区块链本质上是一个去中心化的分布式数据库，其本身由一串使用密码学相关联所产生的数据块构成。即数据块中包含了一定时间内的系统全部信息交流数据，并用密码学的方法予以加密，而每个区块之间的链接关系构成了区块链。去中心化、开放性和不可篡改等是区块链技术的核心特点，这些特点决定了区块链技术的应用十分广泛，只要是多方参与、相互之间缺乏信任的交易行为，都有可能利用区块链技术来解决问题。在智能制造领域，区块链可被应用于设备通信，供应链管理等多个方面。例如，高效处理设备间的大量交易信息，显著降低安装维护大型数据中心的成本，同时还可以将计算和存储需求分散到组成物联网网络的各个设备中，能有效地阻止网络中的任何单一节点或传输通道被黑客攻破，导致整个网络崩溃的情况发生，保护整个信息物理系统的安全。

（9）云/边缘计算（Cloud Computing/Edge Computing）在智能制造中的应用　边缘计算是指在靠近实物或数据源头的一侧，采用网络、计算、存储、应用核心能力为一体的开放平台，就近提供最近端服务。边缘计算处于物理实体和工业连接之间，或处于物理实体的顶端。应用程序在边缘侧发起，产生更快的网络服务响应，满足实时业务、应用智能和安全与隐私保护等方面的需求。随着中央数据处理和面向服务的软件体系结构的云计算机制的扩展，现有的单机控制技术也逐渐模块化和云化。如图 1-16 所示描绘了一个云/边缘计算的场景，基于云端的控制平台的信息物理融合生产系统，可灵活地匹配系统控制，提高工业生产中的信息物理系统效率。如图 1-17 所示为接入云/边缘计算的自主监控机床，机床的各功能部件都是 CPS，具有自主智能，也可从云服务器中检索下载匹配的计算模型，优化机床的加工和运行，并有助于部件商进一步开发和优化部件。

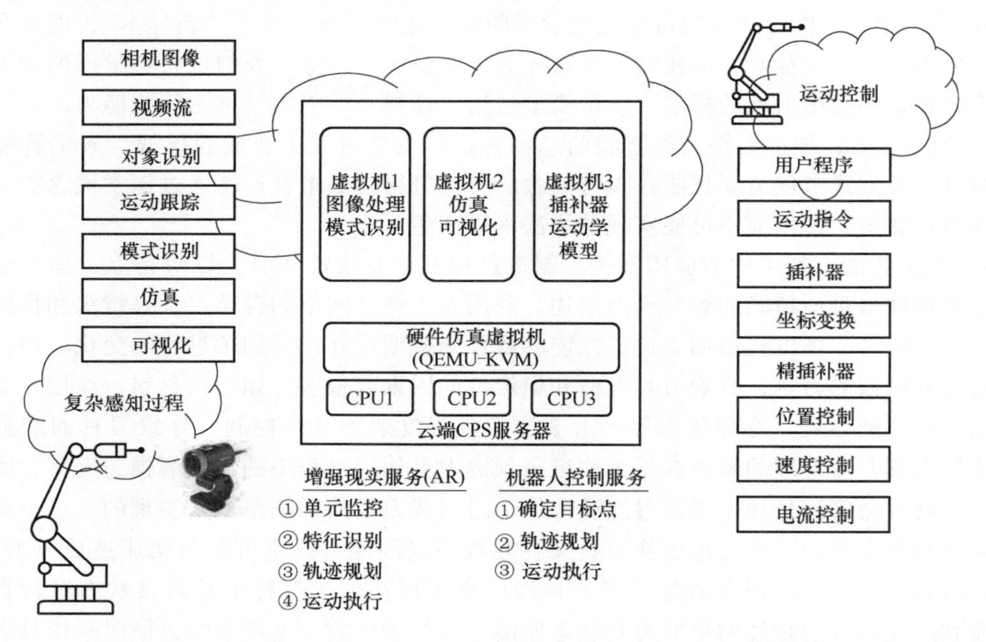

图 1-16　基于服务的云端自动化加工过程管理——面向制造过程的运动控制和图像处理 CPS 示例

（10）大数据（Big Data）在智能制造中的应用　生产中大规模采集的数据具有异构化、非结构化和实时性差异等特点，由于生产数据具有体量大、数据采集速率高和异质性范围广的特点，符合典型的大数据特点（数据的数量大、速率高、异质性范围广），因此被称为生产大数据。智能工艺数据是指从生产大数据中提取的，并转化为生产相关信息和质量相关信息的数据，从中通过 AI 技术实时识别数据库中隐藏的发展趋势、模式和关系，用于预测和

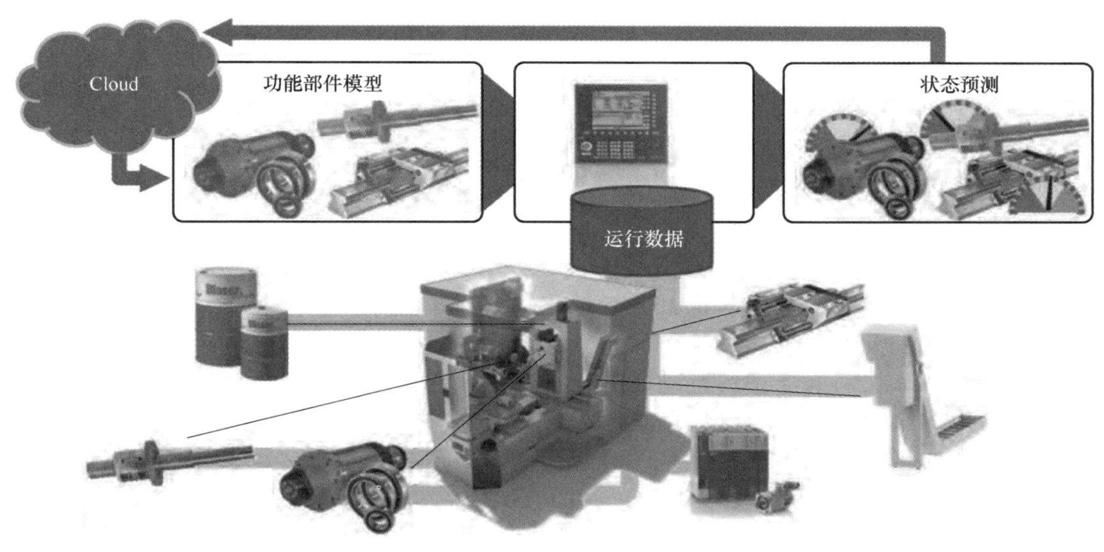

图 1-17 接入云/边缘计算的自主监控机床

评估决策选择，以及应对趋势和影响趋势。如图 1-18 所示展示了工业 4.0 阶段生产大数据技术应用的发展路线，从中可以分析发生了什么、为什么发生，并在此基础上预测将会发生什么，从而制定出应对措施。

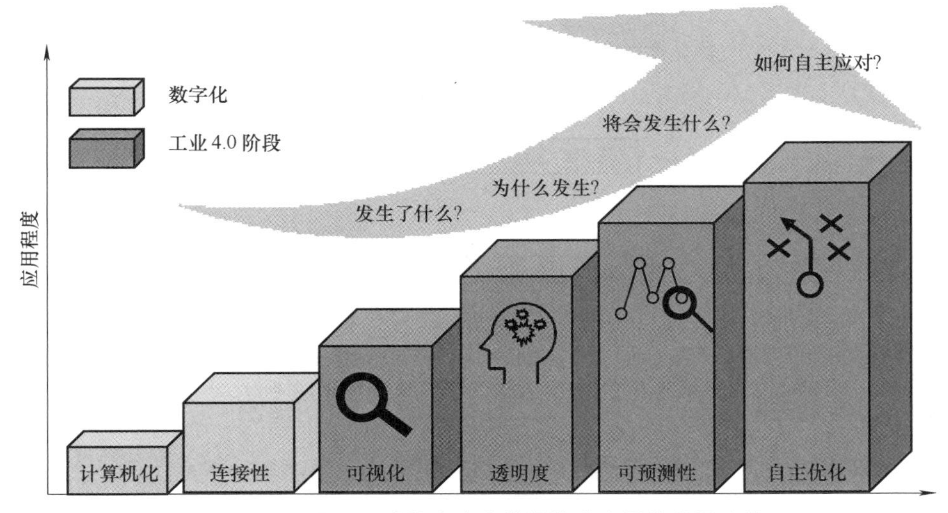

图 1-18 工业 4.0 阶段生产大数据技术应用的发展路线

1.6 本书内容与学习方法

本书前 4 章主要介绍了机械产品中零件的成形方法及设备，包括机械加工、成形加工及一些特种加工方法的基础知识；第 5 章对机床夹具及智能夹持技术进行了介绍；第 6 章分析了机械加工质量的影响因素和控制方法，并介绍了一些对机械加工质量的智能检测和控制方法；第 7 章介绍了智能机械加工和装配工艺规程的设计；第 8 章通过三个智能制造工艺典型案例介绍了智能工艺和过程控制的实际应用。

本书对应的“智能制造工艺”课程重点是零件的制造工艺基础知识，本身就是多学科的集成应用，是相关前期课程的具体应用如图 1-19 所示。因此在学习时需从具体的工艺问题出发，以此为主线学习理解解决问题的技术路线、理论知识及其具体应用，以及实际应用中工艺参数的设定与工作范围。例如，切削原理的基础是理论力学、材料力学和工程材料相关知识，从刀具与零件的相互作用中，就容易领会和掌握相关的专业基础知识。本书在工艺方案、工艺参数优化中介绍了一些人工智能与具体工艺过程相结合的案例，可启发读者学习和了解智能制造工艺的具体应用。

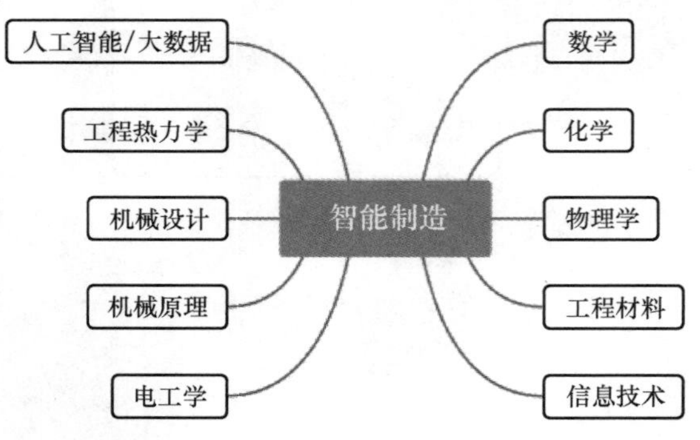

图 1-19 “智能制造工艺”课程涉及的学科

“智能制造工艺”课程涉及的学科如图 1-19 所示。

本书各章节的联系导图，如图 1-20 所示。

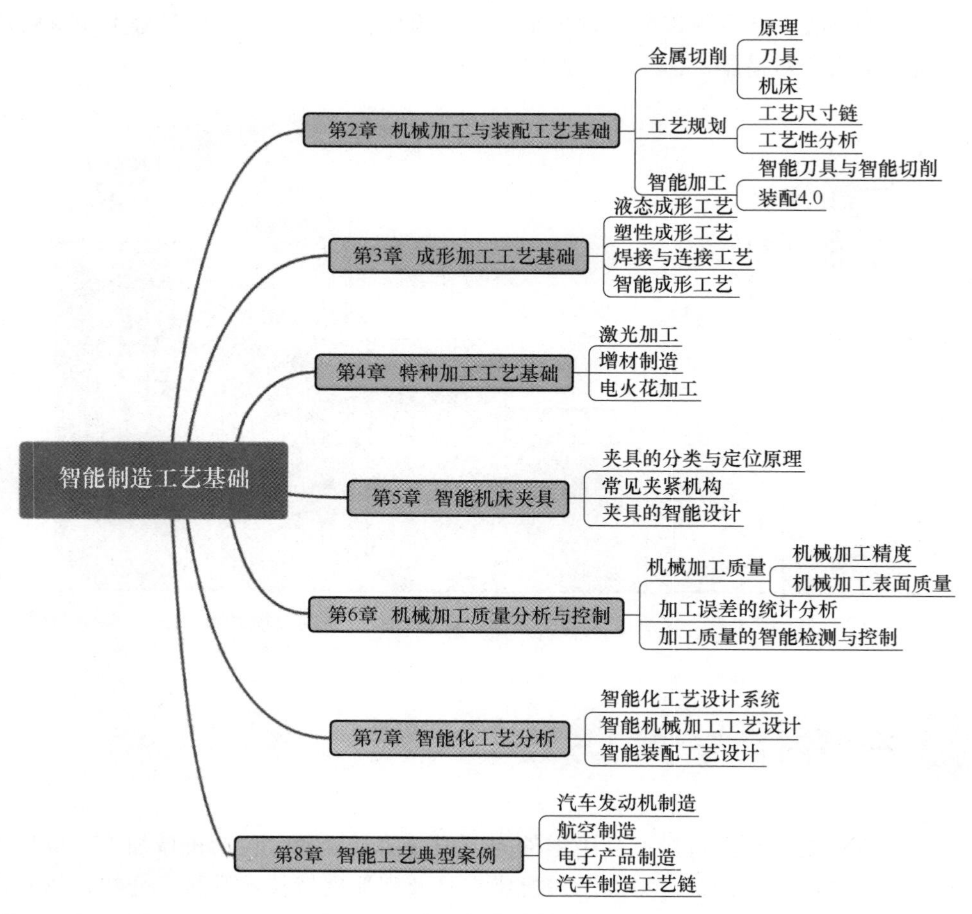

图 1-20 本书各章节的联系导图

思考题

1-1　生产准备划分为哪几部分?

1-2　工艺规程和生产控制的任务有哪些?

1-3　工艺规划制定哪些文件?

1-4　你理解的智能制造工艺是什么?从哪些角度去理解?

1-5　列出六种典型的工艺方法并说明其适用范围。

1-6　在生产过程中人工智能有哪些应用场景?

参考文献

[1] REINHART G. HandbuchIndustrie 4.0 [M]. München: Carl Hanser Verlag, 2017.

[2] TREKHLEB. homemade-machine-learning [CP/OL]. https://github.com/trekhleb/homemade-machine-learning.html.

[3] 周志华. 机器学习 [M]. 北京: 清华大学出版社, 2016.

[4] BODEN M A. Creativity and artificial intelligence [J]. Artificial Intelligence, 1998, 103 (1-2): 347-356.

[5] LEE J. Industrial AI Applications with Sustainable Performance [M]. 上海: 上海交通大学出版社, 2020.

[6] FRITZ A H, Günter Schulze Herausgeber. Fertigungstechnik, 11. neu bearbeitete und ergänzteAuflage [M]. Berlin: Springer Vieweg, 2015.

第2章 机械加工与装配工艺基础

本章摘要

本章内容简介

本章主要介绍了金属切削加工原理、切削加工刀具和机床，以及机械加工工艺规划和装配工艺规程设计。学习过程中需要掌握金属切削的基本概念、刀具材料、不同类型机床的工艺范围及各自的特点，还需要掌握机械加工工艺规程制定的主要内容、步骤及方法，装配工艺规程的原则及保证装配精度的主要方法。

本章关键知识点

1. 金属切削加工的基本概念（切削运动、加工表面、切削三要素和切削用量）；
2. 刀具参考系与刀具角度；
3. 刀具材料及其工作范围；
4. 金属切削原理、切削力与切削热；
5. 刀具寿命；
6. 机床的结构与组成；
7. 工艺规程的主要内容；
8. 尺寸链的定义、组成和计算；
9. 保证装配精度的装配方法。

本章难点

1. 刀具参考系与刀具角度的定义；
2. 切削力和切削温度对刀具磨损的影响与机理；
3. 切削机床的结构特点与技术性能指标；
4. 工艺路线拟定中的基准选择、加工阶段划分、加工顺序确定和尺寸链计算；
5. 装配工艺系统图及装配尺寸链计算；
6. 智能刀具与机床的典型应用。

2.1 金属切削刀具

金属切削加工是利用刀具切去工件毛坯上多余的材料，以获得具有一定尺寸、形状、位置精度和表面质量的机械加工方法。金属切削刀具可通过机械加工的方式将一个毛坯状零件变成所需要的形状，在毛坯零件通过切削加工从而得到所需的零件几何形状的过程中，始终存在着刀具切削工件和工件材料抵抗切削的矛盾，从而产生一系列现象，如切削变形、切削力大小的变化、切削热与切削温度及有关刀具的磨损与刀具寿命、卷屑与断屑等。刀具的好坏直接影响到加工效率、表面质量、加工精度及生产成本等，而刀具的切削性能又取决于刀具结构、切削部分的材料和几何参数。

切削加工的基本条件如下：

1）刀具和工件间要有形成零件结构要素所需的相对运动。这类相对运动由各种切削机床的传动系统提供。

2）刀具材料性能应能够满足切削加工的需要。刀具在切除工件上多余材料时，工作部分将受到切削力、切削热、切削摩擦等的共同作用，且切削负荷很重，工作条件恶劣。因此，刀具材料必须具有适应强迫切除多余材料这一特定过程的性能，如足够的强度和刚度、高温下的耐磨性等。

3）刀具必须具有一定的空间几何结构。零件上的多余材料被刀具从工件上切除的本质，仍然是材料受力变形直至断裂破坏，只是完成这个过程的时间很短，材料变形破坏的速度很快。为了确保加工质量，尽量减少动力消耗和延长刀具寿命，刀具切削部分的几何结构和表面状态必须能适应切削过程的综合要求。

2.1.1　金属切削加工的基本概念

1. 表面成形运动和辅助运动

（1）表面成形运动　刀具的切削作用是通过刀具与工件之间的相互作用和相对运动来实现的。刀具与工件间的相对运动称为切削运动，即表面成形运动。按组成情况不同，可分为简单成形运动和复合成形运动；按作用情况不同，可分为主运动和进给运动。

1）主运动。主运动是刀具与工件之间的相对运动。一般主运动速度最高，消耗功率最大，通常只有一个主运动。

2）进给运动。进给运动是配合主运动实现依次连续不断地切除多余金属层的刀具与工件之间的附加相对运动。进给运动可以是多个，也可以是一个；可以是连续的，也可以是步进的。

（2）辅助运动。辅助运动可实现机床的各种辅助动作，为表面成形创造条件。辅助运动包括切入运动、切出运动、调整运动、分度运动，以及其他各种空行程运动。

2. 切削形成的加工表面

在刀具与工件的相对运动过程中形成了三个表面，如图 2-1 所示。待加工表面，即将被切去金属层的表面；加工表面（过渡表面），即切削刃正在切削着的表面；已加工

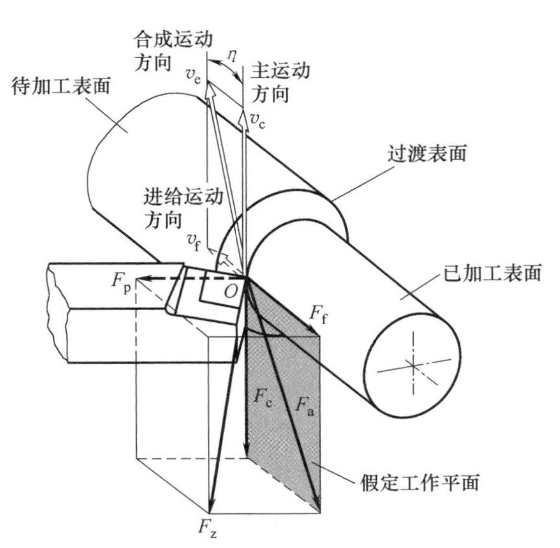

图 2-1　切削运动与加工表面

表面，即已经切去一部分金属而形成的新表面。

3. 切削用量三要素

在切削加工过程中，需要针对不同的工件材料、刀具材料和其他技术经济要求来选定适宜的切削速度 v_c、进给量 f（或进给速度 v_f），还要选定适宜的背吃刀量 a_p。v_c、f、a_p 称为切削用量三要素。

（1）切削速度 v_c　切削速度是指切削刃上选定点相对于工件的主运动的瞬时速度，单位为 m/min，计算公式见式（2-1）：

$$v_c = \frac{\pi dn}{1000} \tag{2-1}$$

式中　d——工件或刀具上某一点的回转直径，单位为 mm；

n——工件或刀具的转速，单位为 r/min。

（2）进给量 f　进给量是指工件或刀具每回转一周时两者沿进给运动方向的相对位移，单位是 mm/r。

对于铣刀、铰刀、拉刀、齿轮滚刀等多刃切削工具，在它们进行工作时，还应规定每一个刀齿的进给量 f_z，即后一个刀齿相对于前一个刀齿的进给量，单位是 mm/z（毫米/齿）；进给速度是工件或刀具进给运动方向的速度，单位为 mm/min，式（2-2）是进给速度 v_f 与进给量 f 的换算关系。

$$v_f = fn = f_z zn \tag{2-2}$$

（3）背吃刀量 a_p　背吃刀量是指刀具切削刃与工件的接触长度在同时垂直于主运动和进给运动方向上的投影值。对于车削和刨削加工来说，背吃刀量 a_p 为工件上已加工表面和待加工表面间的垂直距离，单位为 mm。

外圆柱表面车削：

$$a_p = \frac{d_w - d_m}{2} \tag{2-3}$$

钻孔：

$$a_p = \frac{d_m}{2} \tag{2-4}$$

式中　d_m——已加工表面直径，单位为 mm；

d_w——待加工表面直径，单位为 mm。

4. 切削用量和切除量

从工件材料表面被去除下来的部分称为切除量，它由工件的初始状态定义，并且与所产生的切屑量不同，这是因为切屑在产生的过程中发生了较大的塑性变形。在计算切除量时，需要研究的是主动切削的几何尺寸，如切削用量和运动尺寸。为了简化切除量的计算，我们假设刀具有直的切削刃，刀尖锋利，倾角可忽略，副切削刃的偏角为 0°。直刃无倾角刀具的切削用量和切除量（切削层参数）如图 2-2 所示，d 为已加工工件直径。

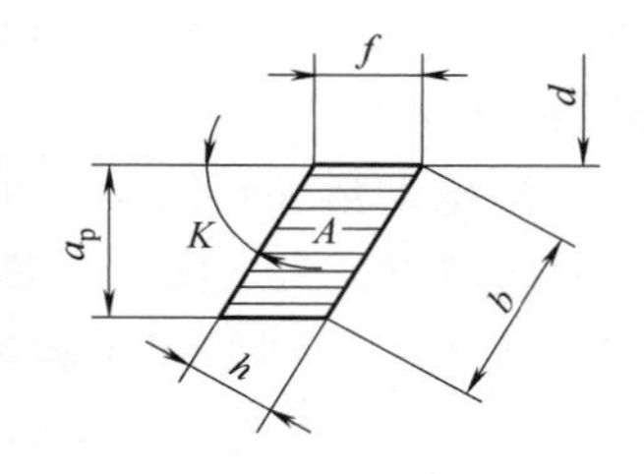

图 2-2　直刃无倾角刀具的切削用量和切除量（切削层参数）

（1）切削厚度　通过主偏角 K 可以定义出切削厚度 h。这描述了切削截面的厚度，并在简化计算中作为名义切削厚度。切削厚度 h 的计算式为：

$$h = f\sin K \tag{2-5}$$

（2）切削宽度　切削宽度 b 是切削截面的宽度，它对应简化计算中主切削刃的长度，也作为名义切削宽度，其计算式为：

$$b = \frac{a_p}{\sin K} \tag{2-6}$$

（3）切削截面积　切削截面积 A 表示在切削过程中被切除部分的截面面积，并且由背吃刀量 a_p 和进给量 f 确定。

$$A = a_p f = bh \tag{2-7}$$

2.1.2　刀具角度

1. 刀具切削部分的组成

切削刀具的种类很多，结构也多种多样。外圆车刀是最基本、最典型的切削刀具，其切削部分（又称刀头）由前刀面、主后刀面、副后刀面、主切削刃、副切削刃和刀尖组成，其结构如图 2-3 所示。其各部分定义分别为如下。

1）前刀面，即刀具上与切屑接触并相互作用的表面。

2）主后刀面，即刀具上与工件过渡表面相对并相互作用的表面。

3）副后刀面，即刀具上与工件已加工表面相对并相互作用的表面。

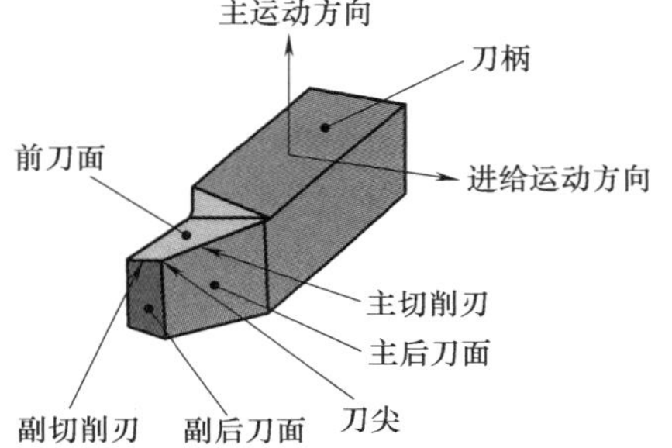

图 2-3　车刀切削部分的结构

4）主切削刃，即前刀面与主后刀面的交线，它承担主要切削工作。

5）副切削刃，即前刀面与副后刀面的交线，它协同主切削刃完成切削工作，并最终形成已加工表面。

6）刀尖，即连接主切削刃和副切削刃的一段切削刃，它可以是一段小的圆弧，也可以是一段直线。

其实各类刀具，如刨刀、钻头、铣刀等，都可以看作车刀的演变和组合。刨刀切削部分的形状与车刀相同；钻头可以看作两把一正一反并在一起同时车削孔壁的车刀，因而有两个主切削刃，两个副切削刃，还增加了一个横刃；铣刀可看作由多把车刀组合而成的复合刀具，其每一个刀齿都相当于一把车刀。各种刀具切削部分的形状如图 2-4 所示。

2. 确定刀具角度的参考平面

为了确定刀具前刀面、后刀面及切削刃在空间的位置，首先应建立参考系。它是一组用于定义和规定刀具角度各基准坐标的平面。这样就可以用刀具前刀面、后刀面和切削刃相对于各基准平面的夹角来表示它们在空间的位置，这些夹角就是刀具切削部分的几何角度。

刀具要从工件上切除材料，必须具有一定的切削角度，也正是切削角度才决定了刀具切削部分各表面的空间位置。要确定和测量刀具角度，必须引入三个相互垂直的参考平面，刀具静止参考系有正交平面参考系、法平面参考系、假定工作平面参考系和背平面参考系，其中常用的是正交平面参考系，如图 2-5 所示为正交平面参考系，因该刀具切削刃恰巧与进给方向垂直，所以也是背平面参考系。

（1）基面 p_r 基面是通过主切削刃上选定点，并与该点切削速度垂直，即与主运动方向相垂直的平面。

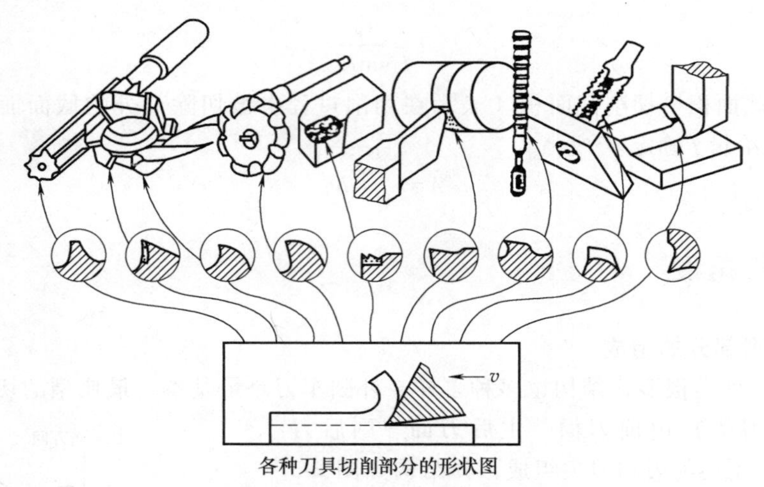

图 2-4 各种刀具切削部分的形状

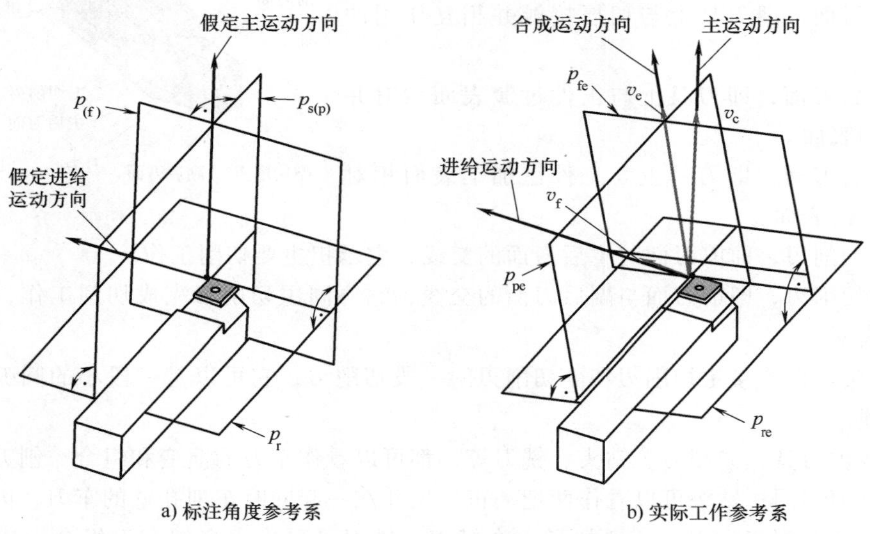

图 2-5 正交（背）平面参考系

（下标字母“e”表示在工作参考系中）

（2）切削平面 $p_{s(p)}$ 切削平面是通过主切削刃上选定点，与切削刃相切且垂直于该点基面的平面。

（3）正交平面 $p_{o(f)}$（在刀具静止参考系中为假定工作平面 p_f） 正交平面是通过主切削刃上选定点，并与主切削刃在基面上的投影相垂直的平面。

在背平面参考系中，基面与正交平面参考系一致，另外定义了假定工作平面 p_f（通过切削刃上选定点与假定进给方向平行且垂直于基面的平面）和背平面 p_p（通过切削刃上选定点，同时垂直于假定工作平面和基面的平面）。

3. 刀具的标注角度

刀具的标注角度是制造和刃磨刀具所需要的，并在刀具设计图上予以标注的角度，刀具的标注角度主要有五个，下面以车刀为例，表示了几个角度的定义，正交平面参考系刀具的标注角度如图 2-6 所示。

（1）前角 γ_o 前角是在正交平面内测量的前刀面与基面之间的夹角。前角表示前刀面的倾斜程度，有正、负和零值之分。刀具前刀面在基面之下时为正前角，刀具前刀面在基面之上时为负前角。前角一般在 -10° ~ 20°之间选取。

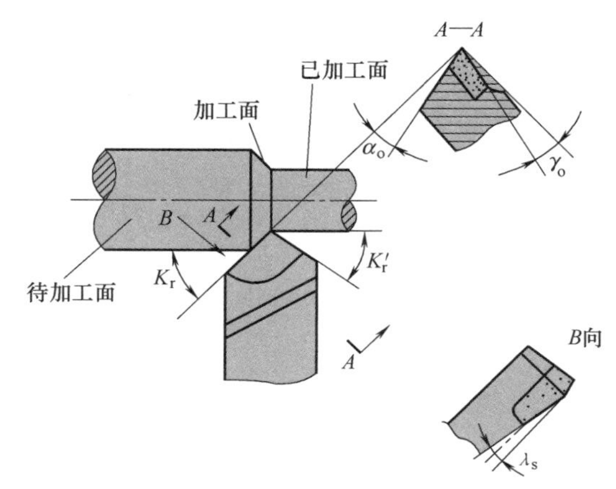

图 2-6 正交平面参考系刀具的标注角度

前角选择的原则是：前角的大小主要解决刀头的坚固性与锋利性的矛盾。因此，首先要根据加工材料的硬度来选择前角。加工材料的硬度高，前角取小值，反之取大值。其次，要根据加工性质来考虑前角的大小，粗加工时前角要取小值，精加工时前角应取大值。

（2）后角 α_o 后角是在正交平面内测量的主后刀面与切削平面之间的夹角，后角表示主后刀面的倾斜程度，一般为正值。后角不能为零或负值，一般在 6° ~ 12°之间选取。

后角选择的原则是：首先，考虑加工性质，精加工时，后角取大值；粗加工时，后角取小值；其次，考虑加工材料的硬度，加工材料硬度高，后角取小值，以增强刀头的坚固性，反之，后角应取大值。

（3）主偏角 K_r 主偏角是在基面内测量的主切削刃在基面上的投影与进给运动方向的夹角。主偏角一般为正值。

主偏角的选用原则是：首先考虑车床、夹具和刀具组成的车削工艺系统的刚性，如车削工艺系统刚性好，主偏角应取小值，这样有利于提高车刀使用寿命和改善散热条件及表面粗糙度。其次要考虑加工工件的几何形状，当加工台阶时，主偏角应取 90°；加工中间切入的工件时，主偏角一般取 60°。

（4）副偏角 K_r' 副偏角是在基面内测量的副切削刃在基面上的投影与进给运动反方向的夹角，副偏角一般为正值。

副偏角的选择原则：首先考虑车刀、工件和夹具有足够的刚性，才能减小副偏角；反之，应取大值。其次，考虑加工性质，精加工时，副偏角可取 10° ~ 15°；粗加工时，副偏角可取 5°左右。

（5）刃倾角 λ_s 刃倾角是在切削平面内测量的主切削刃与基面之间的夹角。

当主切削刃呈水平时，$\lambda_s=0°$；刀尖为主切刃上最高点时，$\lambda_s>0°$；刀尖为主切削刃上最低点时，$\lambda_s<0°$，如图 2-7 所示。刃倾角一般在 -6° ~ 6°之间选取。刃倾角对排屑方向有影响。

4. 刀具的工作角度

需要说明的是，标注角度是在刀尖与工件回转轴线等高、刀杆纵向轴线垂直于进给方向，以及不考虑进给运动的影响等条件下确定的。在实际的切削过程中，由于刀具的安装位置和进给运动的影响，会造成切削速度和进给速度方向的改变，从而改变三个参考平面位置，造成刀具工作角度与标注角度不同，如图 2-7 所示。

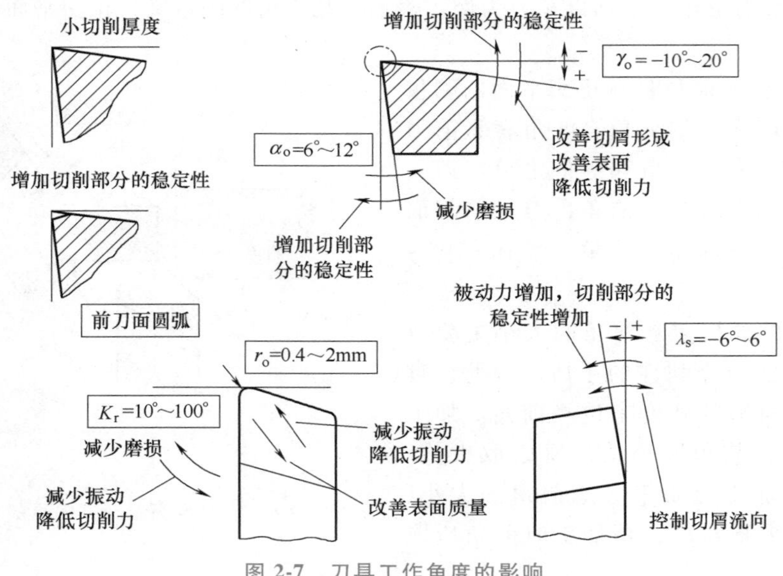

图 2-7 刀具工作角度的影响

由于通常的进给速度远小于主运动速度，因此，在一般的安装条件下，刀具的工作角度近似等于标注角度（误差不超过 1%）。这样在大多数场合下（如普通车、镗孔、端铣、周铣）不必进行工作角度的计算。只有在角度变化值较大时（如车螺纹或丝杠、铲背和钻孔时，研究钻心附近的切削条件或刀具特殊安装时），才需要计算工作角度。

2.1.3 刀具材料

在传统的机械加工中，刀具材料、刀具结构和刀具几何形状是决定刀具切削性能的三大要素，其中刀具材料起着关键作用，在刀具使用中还应考虑“刀具系统”。刀具材料对刀具使用寿命、加工效率、加工质量和加工成本等都有很大影响，因此要重视刀具材料的正确合理选择。

1. 刀具材料需具备的基本性能

刀具材料需具备的基本性能如图 2-8 所示。

（1）硬度和耐磨性　刀具材料的硬度必须高于工件材料的硬度，一般要求在 60HRC 以上。刀具材料的硬度越高，耐磨性就越好。

（2）强度和韧性　刀具材料应具备较高的强度和韧性，以便承受切削力、冲击和振动，防止刀具脆性断裂和崩刃。

（3）性能和经济性　刀具材料应具备良好的锻造性能、热处理性能、焊接性能和磨削加工性能等，而且要追求高的性能价格比。

（4）耐热性　刀具材料的耐热性要好，要能承受高的切削温度，具备良好的抗氧化能力。

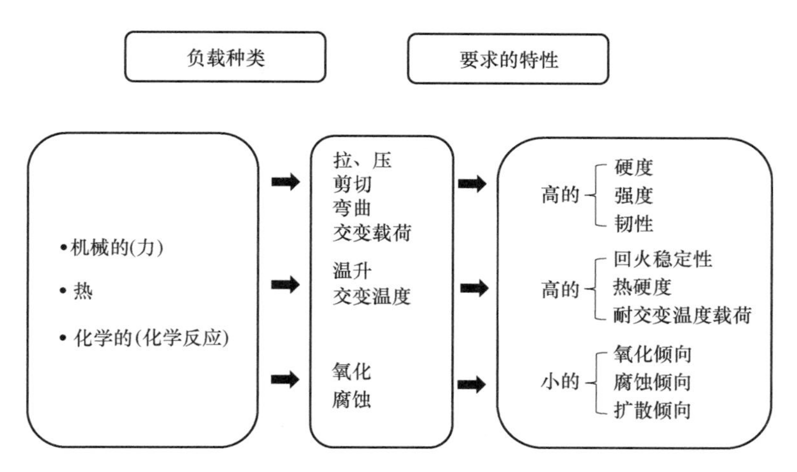

图 2-8　刀具材料需具备的基本性能

2. 刀具材料的选择

（1）高速钢（High Speed Steel，HSS）刀具　高速钢是一种加入了较多的 W、Mo、Cr、V 等合金元素的高合金工具钢。高速钢刀具在强度、韧性及工艺性等方面具有优良的综合性能，在复杂刀具，尤其是孔加工刀具、铣刀、螺纹刀具、拉刀、切齿刀具等一些刃形复杂刀具的制造中，高速钢仍占据主要地位。高速钢刀具易于磨出锋利的切削刃。按用途不同，高速钢可分为通用型高速钢和高性能高速钢。通用型高速钢一般可分为钨钢和钨钼钢两类。这类高速钢含碳的质量分数为 0.7%～0.9%，耐热性约为 500～600℃，切削普通碳素钢允许的切削速度为 40～60m/min，可切削硬度在 250～280HBW 以下的大部分结构钢和铸铁。

（2）硬质合金刀具　按主要化学成分区分，硬质合金可分为碳化钨基硬质合金和碳（氮）化钛［TiC（TiN）］基硬质合金。其中碳化钨基硬质合金包括钨钴类（YG）、钨钴钛类（YT）和添加稀有碳化物类（YW）三类，耐热性为 850～1000℃，切削普通碳素钢允许的切削速度可达 120m/min。在相同刀具寿命下，切削速度比高速钢提高 4～10 倍。硬质合金刀具材料的分类和性能见表 2-1。

（3）涂层刀具　根据涂层方法不同，涂层刀具可分为化学气相沉积（CVD）涂层刀具和物理气相沉积（PVD）涂层刀具。根据基体材料的不同，涂层刀具可分为硬质合金涂层刀具、高速钢涂层刀具，以及在陶瓷和超硬材料上的涂层刀具等。根据材料的性质又可分为硬涂层刀具和软涂层刀具，以及受欢迎的纳米涂层刀具。涂层刀具的切削速度比未涂层刀具可提高 2 倍以上，并允许有较高的进给量。不同涂层材料的刀具，切削性能不一样。例如，TiN 涂层摩擦系数小，常用做面层；Al_2O_3 涂层硬、隔热，可阻止切屑与基体的化学反应；TiCN 涂层与基体结合强度高。

（4）金刚石刀具　金刚石刀具主要有以下三种：①天然金刚石刀具，它是公认的、理想的和不能代替的超精密加工刀具；②PCD 金刚石刀具，适用于有色金属和非金属的精切，很难达到超精密镜面切削；③CVD 金刚石刀具，CVD 金刚石的性能与天然金刚石十分接近，在一定程度上又克服了它们的不足。金刚石刀具的切削刃可以磨得非常锋利，金刚石的导热系数及热扩散率高，切削热容易散出，刀具切削部分温度低。金刚石的热膨胀系数比硬质合金小几倍，由切削热引起的刀具尺寸的变化很小。

（5）立方氮化硼（CBN）刀具　立方氮化硼刀具具有极为稳定的化学性能，与铁系材料到1200~1300℃时也不起化学反应，可广泛应用于铸铁的高速切削。具有较好的导热性，导热性仅次于金刚石。CBN具有与金刚石相近的硬度和强度，CBN的耐热性可达1400~1500℃，比金刚石的耐热性（700~800℃）几乎高一倍。并且具有较低的摩擦系数，从而可减小切削时的切削力，降低切削温度，提高加工表面质量。CBN可分为CBN单晶和聚晶立方氮化硼（Polycrystalline Cubic Bornnitride，PCBN）。PCBN刀具又可分为整体PCBN刀片和与硬质合金复合烧结的PCBN复合刀片。PCBN复合刀片是在强度和韧性较好的硬质合金上烧结一层0.5~1.0mm厚的PCBN而成的，其性能兼有较好的韧性和较高的硬度及耐磨性，它解决了CBN单晶刀片抗弯强度低和焊接困难等问题。

（6）陶瓷刀具　陶瓷刀具材料一般可分为氧化铝基陶瓷、氮化硅基陶瓷和复合氮化硅-氧化铝基陶瓷三大类。其中，以氧化铝基和氮化硅基陶瓷刀具材料的应用最为广泛。氮化硅基陶瓷的性能更优于氧化铝基陶瓷：①硬度高、耐磨性能好，可以加工传统刀具难以加工的高硬材料，适合于高速切削和硬切削（指对高硬度（>54HRC）材料直接进行切削加工）；②耐高温、耐热性好，陶瓷刀具在1200℃以上的高温下仍能进行切削，同时可以实现干切削，从而可省去切削液；③化学稳定性好，陶瓷刀具不易与金属产生粘接，且耐腐蚀、化学稳定性好，可减小刀具的粘接磨损；④摩擦系数低，陶瓷刀具与金属的亲合力小，摩擦系数低，可降低切削力和切削温度。

在选择刀具材料时，可根据材料韧性、抗弯强度、最高切削速度、耐磨性以及耐热性等性能来综合考虑，如图2-9所示。

表2-1　硬质合金刀具材料的分类和性能（根据ISO的切削应用组）

ISO的硬质合金分类号	按箭头方向增长	组成成分			维氏硬度	抗弯强度	弹性模量	热膨胀
		WC	TiC+Tac	Co				
		%	%	%	HV30	N/mm	N/mm	μm/m grd
P02	↑磨损情况和硬度 ↓切削速度	33	59	8	1650	800	440000	7.5
P03		32	56	12	1500	1000	430000	8
P04		62	33	5	1700	1000	500000	7
P10		56	36	9	1600	1300	530000	6.5
P15		71	20	9	1500	1400	530000	6.5
P20		76	14	10	1500	1500	540000	6
P25		70	20	10	1450	1750	550000	5.5
P30		82	8	10	1450	1800	560000	5.5
P40		74	12	14	1350	1900	560000	5.5
M10		84	10	6	1700	1350	580000	5.5
M15		81	12	7	1550	1550	570000	5.5
M20		82	10	8	1550	1650	560000	5.5
M40		79	6	15	1350	2100	540000	5.5
K03		92	4	4	1800	1200	630000	5
K05		92	2	6	1750	1350	630000	5
K10		92	2	6	1650	1500	630000	5
K20		92	2	6	1550	1700	620000	5
K30		93		7	1400	2000	600000	5.5
K40		88		12	1300	2200	580000	5.5

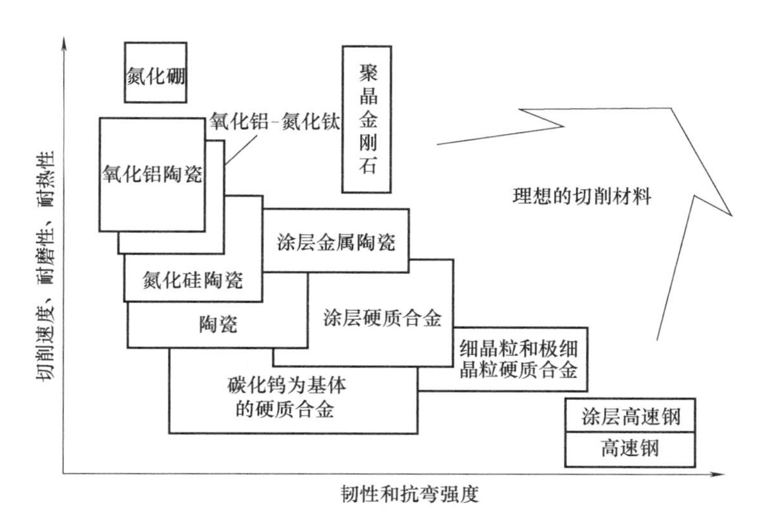

图 2-9　根据韧性和耐磨性对切削材料进行分类

2.1.4　常用金属切削刀具种类及其用途

按刀具的加工形态可分为：①车削刀具，即车床上使用的刀具，其最基本的特征是工件与机床主轴一起做旋转运动，刀具只做轴向进给运动；②旋转刀具，在铣削类机床上使用，包括铣床、钻床、镗床，攻丝机床及各类加工中心，其最基本的特征是刀具与机床主轴一起做旋转运动，工件只做轴向进给运动；③特种刀具，如齿轮加工刀具。

1. 车刀

车刀是应用最广的一种单刃刀具，也是学习和分析各类刀具的基础，主要用于各种车床上，如加工外圆、内孔、端面、螺纹和车槽等。

车刀按结构可分为整体车刀、焊接车刀、机夹车刀、可转位车刀和成形车刀。其中，可转位车刀的应用日益广泛，在车刀中所占的比例逐渐增加。

2. 孔加工刀具

孔加工刀具按其用途可分为两大类：一类是钻头，它主要用于实心材料上钻孔（有时也用于扩孔）。根据钻头构造及用途不同，又可分为麻花钻、扁钻、中心钻及深孔钻等；另一类是对已有孔进行再加工的刀具，如扩孔钻、铰刀及镗刀等。

3. 铣刀

铣刀是多刃回转刀具，它的每一个刀齿相当于将一把车刀固定在铣刀的回转面上，它的切削基本规律与车削相似，但铣削是断续切削，切削厚度和切削面积随时在变化，因此，铣削具有一些特殊性。铣刀在旋转表面或端面上具有刀齿，铣削时铣刀的旋转运动是主运动，工件的直线运动是进给运动。常用的铣刀有圆柱平面铣刀、端铣刀、盘铣刀、锯片铣刀、立铣刀、键槽铣刀、角度铣刀和成形铣刀等。

4. 磨削刀具——砂轮

磨削是目前半精加工和精加工的主要加工方法之一。砂轮则是磨削加工中的重要刀具，砂轮一般安装在平面磨床、外圆磨床和内圆磨床上，也可安装在砂轮机上刃磨刀具。根据不同的用途、磨削方式和磨床类型，砂轮被制成各种形状和尺寸，常用的砂轮有平形砂轮、筒形砂轮、双斜边砂轮、杯形砂轮、碗形砂轮和碟形砂轮等。

5. 拉刀

拉刀是用于拉削的成形刀具。拉刀常用于成批和大量生产中加工圆孔、花键孔、键槽、平面和成形表面等，生产率很高。按加工表面分为内拉刀和外拉刀；按拉削方式分为普通式、轮切式和综合式拉刀；按受力不同分为拉刀和推刀。

6. 其他刀具

（1）螺纹刀具　在各种传动机构、紧固件和测量工具等很多方面，都广泛应用螺纹。螺纹的加工需要用到螺纹刀具。根据螺纹的形状、表面粗糙度、公差等级和生产批量的不同，其加工方法及所采用的刀具也各不相同。

按加工螺纹的方法，螺纹刀具可分为螺纹车刀、螺纹梳刀、丝锥和板牙、螺纹铣刀、螺纹砂轮和螺纹滚压工具。

（2）齿轮刀具　齿轮刀具是用于切削齿轮齿形的刀具，此类刀具结构复杂、种类繁多。按其工作原理，可分为成形法刀具和展成法刀具两大类。

2.2 金属切削原理

2.2.1 切屑的形成机理及种类

切削过程中的基本物理现象包括切削变形、切削力、切削温度和刀具磨损等。切削过程中的各种物理现象都是以切屑形成过程为基础的。了解切屑的形成过程，对理解切削规律及其本质是非常重要的，现以塑性金属材料为例，说明切屑的形成及切削过程中的变形情况。

在金属切削过程中，预留在工件表面上的金属层在刀具作用下转变成切屑，从刀具前刀面上流出，在工件上形成已加工表面。在这个过程中，工件材料在刀具的作用下发生弹性和塑性变形，从而产生一系列物理现象如下：

1）产生切削变形形成切屑，存在卷屑与断屑等问题。

2）产生切削力，存在工艺系统变形等问题。

3）产生切削热并使切削区域温度升高，存在加工精度和表面质量等问题。

4）刀具磨损及其他现象。

通过实验研究表明，切削过程的实质是金属材料在刀具的挤压下产生剪切滑移变形。

1. 切屑的形成机理

切削过程中的切削变形大致可分为三个区域，如图 2-10 所示。

（1）第一变形区　剪切滑移区域，切削层金属从开始塑性变形到金属晶粒的剪切滑移基本完成，这一过程区称为第一变形区，如图 2-10 中的 1 区所示。它是金属切削变形过程中最大的变形区。

物理现象：产生切屑。

（2）第二变形区　切屑形成与流出区，切屑沿前刀面排出时进一步受到前刀面的挤压和摩擦，使得切屑靠近前刀面的部分金属纤维化，其方向基本上与前刀面平行，如图 2-10 中的 2 区称为第二变形区。

物理现象：产生积屑瘤。

（3）第三变形区　已加工表面形成区，已加工表面受到切削刃钝圆部分和后刀面的挤压和摩擦，产生变形与回弹，造成加工表层金属强度和硬度升高，而塑性和韧性降低，这一区域如图 2-10 中的 3 区所示称为第三变形区。

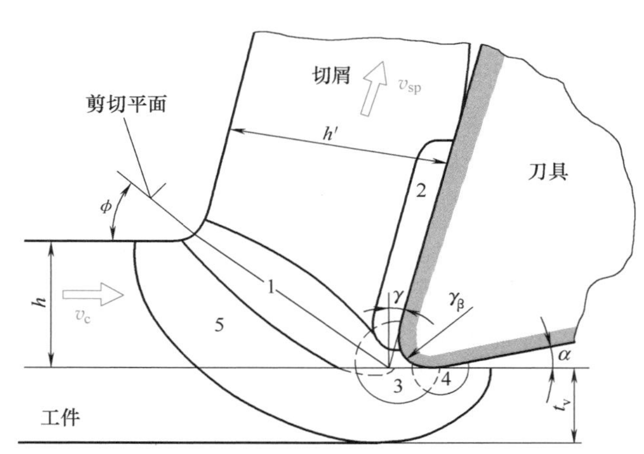

图 2-10　金属切削过程中的切削变形区域示意图

1—剪切区　2—前面的二次剪切区　3—挤压和分离区的二次剪切区　4—后面上的二次剪切区　5—前导变形区　γ—前角　α—后角　ϕ—剪切角　t_v—变形率

物理现象：产生加工硬化。

这三个变形区汇集在切削刃附近，应力比较集中而且复杂，金属的被切削层在此分离，一部分变成切屑，一部分留在已加工表面上。

2. 切屑的种类

由于工件材料不同，切削条件不同，切削过程中的变形程度也就不同，因而所产生的切屑种类也就多种多样，归纳起来可分为以下四种类型：带状切屑、节状切屑（单元切屑/挤裂切屑）、粒状切屑（单元切屑）和崩碎切屑，如图 2-11 所示。

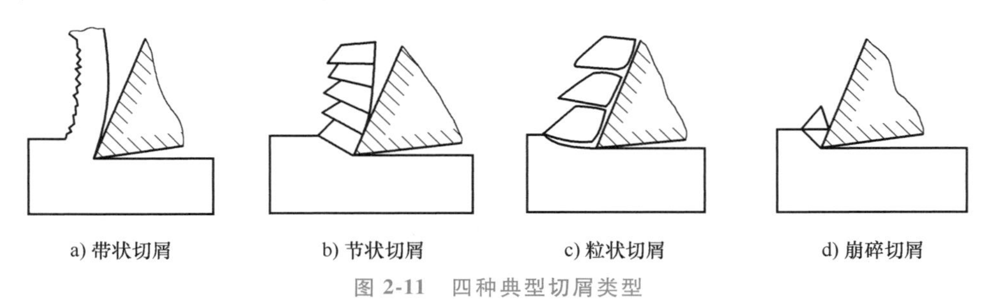

a) 带状切屑　b) 节状切屑　c) 粒状切屑　d) 崩碎切屑

图 2-11　四种典型切屑类型

（1）带状切屑特征　带状切屑内表面是光滑的，外表面是毛茸呈带状。该类切屑形成条件：加工塑性金属材料，切削厚度较小、切削速度较高、刀具前角较大时，容易得到这类切屑。对切削过程的影响：切削过程比较平稳，塑性变形均匀，切削力波动小，已加工表面粗糙度较小。缺点：切屑不易处理。

（2）节状切屑（挤裂切屑）特征　节状切屑外表面呈锯齿形，内表面有裂纹。形成条件：在切削速度比形成带状切屑的切削速度略低，切削厚度较大，工件材料塑性较差的情况下产生。

（3）粒状切屑（单元切屑）特征　粒状切屑呈梯形。当切屑形成时，如果整个剪切面上的剪应力超过了材料的破裂强度，则整个单元被切离，成为梯形粒状切屑。形成条件：在切削速度比形成带状切屑的切削速度更低，切削厚度更大，工件塑性更差的情况下产生。

（4）崩碎切屑特征　崩碎切屑呈不规则碎块状，工件加工表面凹凸不平。形成条件：在切削脆性金属时产生。

切削脆性金属时，由于材料的塑性很小、抗拉强度较低，刀具切入后，切屑层内靠近切削刃和前刀面的局部金属未经明显的塑性变形就在张应力状态下发生脆断，形成不规则的碎块状切屑，工件加工表面由凹凸不平的小坑组成。

以上是四种典型切屑，但实际现场加工获得的切屑形状是多种多样的。从切屑控制的角度出发，切屑的分类如图 2-12 所示。

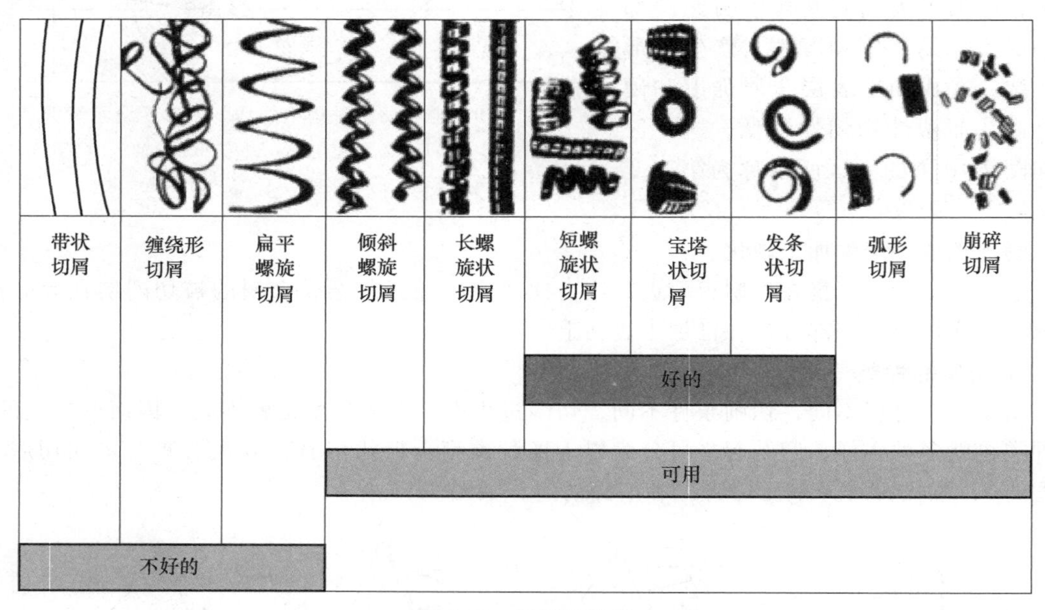

图 2-12　切屑的分类

3. 加工硬化与残余应力

（1）刀具的磨损和刀具寿命　切削过程中，刀具在高压高温和强烈的摩擦条件下，切削刃会逐渐变钝直至失去正常的切削能力。刀具的磨损形态有正常磨损和非正常磨损两种：刀具在设计、制造与合理使用情况下，切削过程中逐渐的磨损为正常磨损；非正常磨损是指破损（裂纹、崩刃、破碎等）和卷刃（切削刃塑性变形）。刀具正常磨损呈现为以下两种形式。

1）前刀面磨损。当切削塑性材料，切削速度和切削厚度较大时，切屑对前刀面的压力大、摩擦剧烈、温度高，在前刀面上切削刃附近形成月牙洼磨损，如图 2-13a 所示，其首先在距离刀刃 KM 处（切削温度最高点）形成一个小凹坑，随着磨损加剧，月牙洼逐渐加深。磨损程度以最大深度 *KT* 表示。

2）后刀面磨损。切削脆性材料或以较低切削速度和较小切削厚度切削塑性材料时，前刀面上摩擦不大，温度较低，这时的磨损主要发生在后刀面，如图 2-13a 所示。

刀尖部分：散热差、强度低、磨损严重；

中间部位：磨损较均匀，平均磨损带宽度以 *VB* 表示；

边界处：切削刃与待加工表面相交处磨损严重。

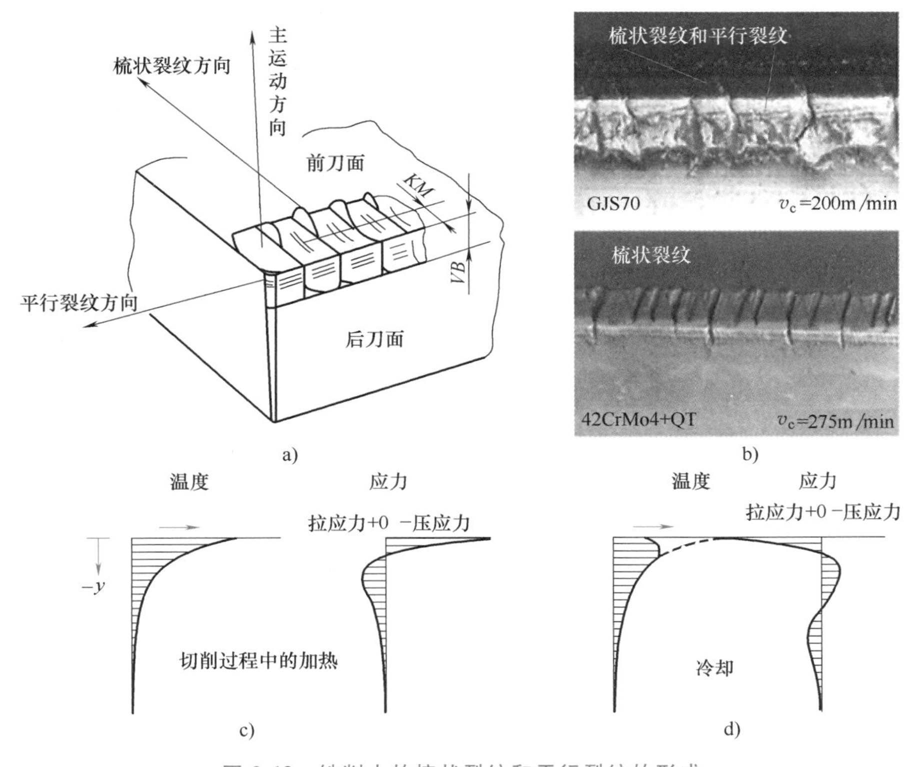

图 2-13　铣削中的梳状裂纹和平行裂纹的形成

（2）磨钝标准　刀具允许达到的最大磨损量称为“磨钝标准”，通常以 1/2 背吃刀量处磨损带宽度 *VB* 表示。

对于一般刀具，常以后刀面磨损带高度 *VB* 的允许极限值作为磨钝标准；对于定尺寸刀具和自动化生产中的精加工刀具，常以径向磨损量 *NB* 的允许值作为磨钝标准。

（3）刀具寿命　刃磨或换刃后的刀具，自开始切削直到磨损量达到磨钝标准为止的切削时间，称为刀具寿命，符号为 *T*，单位为 min 或 s。

2.2.2　积屑瘤

切削钢、球墨铸铁和铝合金等塑性材料时，在切削速度不高，而又能形成带状切屑的情况下，常有一些从切屑和工件上来的材料冷焊（黏结）并层积在前刀面上，形成硬度很高的楔块，它能够代替刀面和切削刃进行切削，这个楔块称为积屑瘤，如图 2-14 所示。

1. 积屑瘤的特点

1）积屑瘤的化学性质与工件材料相同，说明积屑瘤是来自工件材料（切屑底层），并逐渐堆积形成的。

2）积屑瘤的硬度是工件材料的 2~4 倍，稳定时可代替切削刃进行切削。

3）积屑瘤是一个动态结构，不稳定，其产生、成长和脱落过程反复进行。

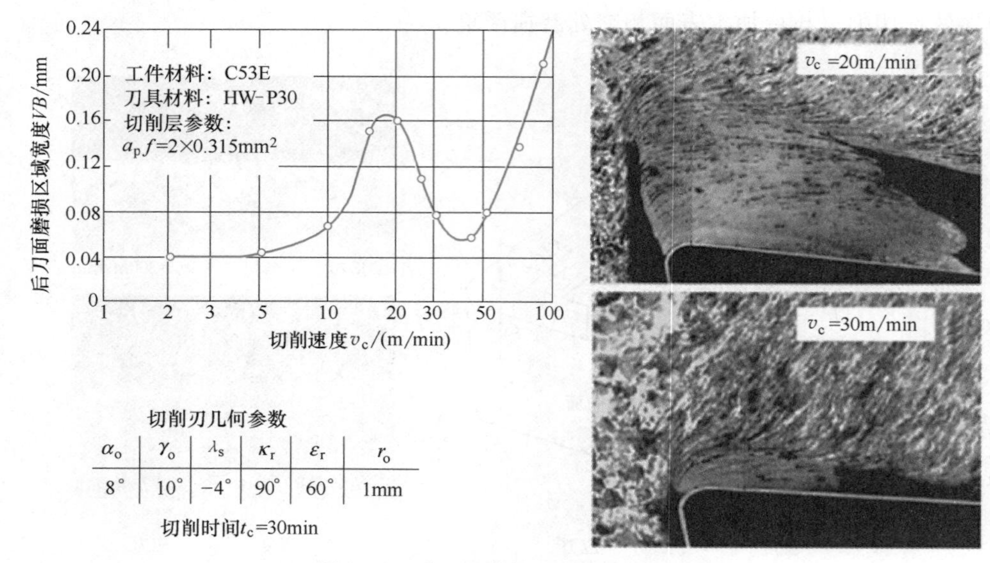

图 2-14　后刀面磨损和积屑瘤的生长

2. 积屑瘤对加工的影响

1）稳定的积屑瘤可以代替切削刃和前刀面进行切削，从而保护切削刃和前刀面，减少刀具的磨损。

2）积屑瘤的存在使刀具在切削时具有更大的实际前角，减小了切屑的变形，并使切削力下降。

3）积屑瘤具有一定的高度，其前端伸出切削刃之外，如图 2-14 所示，使实际的切削厚度增大。

4）在切削过程中积屑瘤是不断地生长和破碎的，所以积屑瘤的高度也是在不断地变化的，从而导致实际切削厚度不断地变化，引起局部过切，使零件的表面粗糙度增大。同时部分积屑瘤的碎片会嵌入已加工表面，影响零件表面质量。

5）不稳定的积屑瘤不断地生长、破碎和脱落，积屑瘤脱落时会剥离前刀面上的刀具材料，造成刀具的磨损加剧。

3. 积屑瘤的利弊

加工种类不同，积屑瘤的利弊也不同。

（1）粗加工　加工表面质量的要求不高时，积屑瘤对粗加工是有利的。生成积屑瘤后实际切削前角变大，切削力减小，从而降低能量消耗；或者可增大切削用量，使劳动生产率得以提高；积屑瘤还能保护刀具，减少磨损。

（2）精加工　精加工要求较高的尺寸精度和较小的表面粗糙度，因此应避免产生积屑瘤。精加工时避免积屑瘤常用的方法有：

1）选择低速或高速加工，避开容易产生积屑瘤的切削速度区间。例如，高速钢刀具采用低速宽刀加工，硬质合金刀具采用高速精加工。

2）采用冷却性和润滑性好的切削液，减小刀具前刀面的粗糙度等。

3）增大刀具前角，减小前刀面上的正压力。

4）采用预先热处理，适当提高工件材料的硬度、降低其塑性，减小工件材料的加工硬化倾向。

2.2.3　切削力与切削功率

1. 切削力的来源

1）克服被加工材料对弹性变形和塑性变形的抗力。

2）克服切屑对刀具前刀面的摩擦阻力和工件表面对刀具后刀面的摩擦阻力。

2. 切削力的分解

图 2-15 所示为车削外圆时的切削力，为了便于测量、研究和计算，常将切削合力 F_z 分解为三个相互垂直的分力。

（1）主切削力 F_c（主切削力）　在主运动方向上的分力，它与加工表面相切，并与基面垂直。F_c 用于计算刀具强度、设计机床零件、确定机床功率等。

（2）进给力 F_f（进给抗力）　在进给运动方向上的分力，它处于基面内，与进给方向相反。F_f 用于设计机床进给机构和确定进给功率等。

（3）背向力 F_p（切深抗力）　在垂直于工作平面的分力，它处于基面内并垂直于进给方向。F_p 用来计算工艺系统刚度等。它也是使工件在切削过程中产生振动的力。

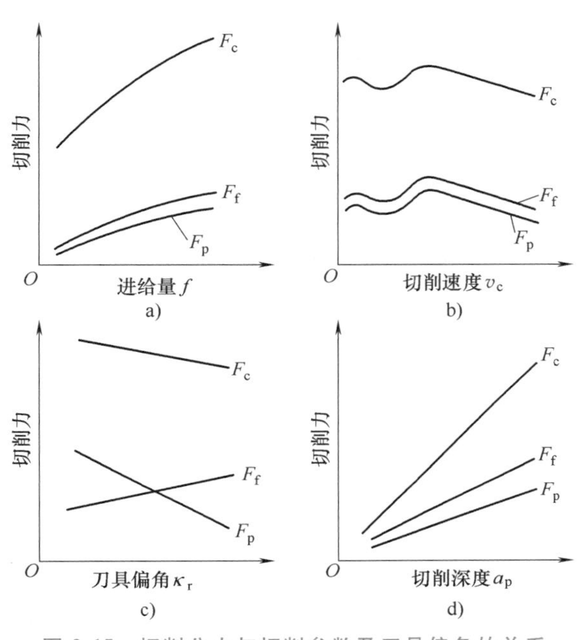

图 2-15　切削分力与切削参数及刀具偏角的关系

3. 切削功率和切削力的计算

根据功率的一般定义 $P_z=P_c+P_f+P_p=F_cv_c+F_fv_{f-}+F_pv_p$，切除量 V 为切削层参数和切削长度的乘积 $V=Al_c$，以及切削速度的定义 $v_c=\frac{l_c}{t}$，对于车削，可将功率计算公式简化为：

$$P_z=F_zv_z\approx F_cv_c \tag{2-8}$$

引入切削层为 1mm^2 的单位切削力 k_c，一般切削力方程是：

$$F_c=k_cA \tag{2-9}$$

式中　z——坐标方向；

F_z——切削力；

F_c——主切削力。

单位切削力不是恒定的，其主要影响因素有：工件材料、切削用量、刀具几何角度、切削刃微观几何形貌（如修棱、刃口钝化）和刀具材料等。

（1）切削层横截面和单位切削力的关系　切削层参数 A 的计算公式为：

$$A=bh=a_pf \tag{2-10}$$

可以基于 Kienzle 力学模型，计算出垂直作用于该表面的主切削力 F_c 为：

$$F_c=k_cA \tag{2-11}$$

其中，k_c 为单位切削力，单位为 N/mm^2，是切削层参数 $A=1mm^2$ 时的切削力，非常量，与切削厚度 h、前角 γ、切削速度 v_c、工件材料类型和切削层的形状有关，切削宽度 b 几乎不改变单位切削力。

单位切削力 k_c 随切削厚度 h 变化而变化，并考虑了由于工件表面形状、前角 γ 和切削速度 v_c 等其他因素影响导致的近似最大偏差可能性（忽略切削材料的影响）。图 2-16 所示为对于具有相同切削厚度 h 的相同材料单位切削力可有±(30%~40%) 的变化。

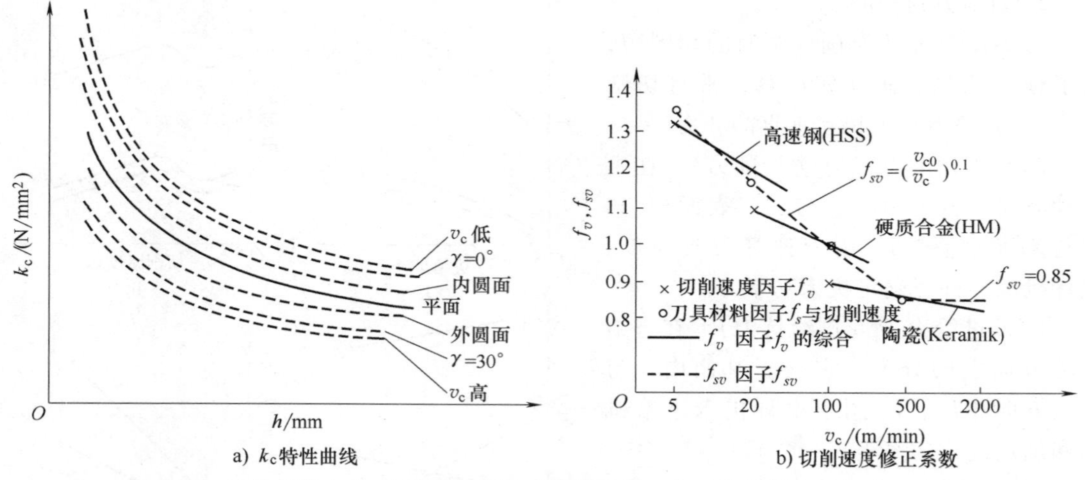

图 2-16 单位切削力 k_c 的特性曲线及其切削速度（与刀具材料相关）修正系数

基于定义切屑横截面 $bh=1×1mm^2$ 的单位切削力为 $k_{c1.1}$，Kienzle 和 Victor 通过实验制成了 $k_{c1.1}$ 基本值表（表 2-2），其中，硬质合金车刀 $\alpha_o=5°$，$\gamma_o=6°$（对于铸件取 2°），$\kappa_r=45°$，$\lambda_o=4°$，$r_s=1mm$，$v_{co}=100m/min$。单位主切削力 k_c 计算双对数如图 2-17 所示。k_c 计算公式为：

$$k_c=k_{c1.1}h^{-z} \tag{2-12}$$

常用车削切削力公式为：

$$F_c=k_{c1.1}bh^{1-z} \tag{2-13}$$

表 2-2 车削力系数计算表

工件材料	材料牌号（DIN 标准）	$1-z$	$k_{c1.1}$ /(N/mm²)	$1-x$	$k_{f1.1}$ /(N/mm²)	$1-y$	$k_{p1.1}$ /(N/mm²)
E295(St 50)	1.0050	0.74	1990	0.2987	351	0.5089	274
E360(St 70)	1.0070	0.70	2260	0.3835	364	0.5067	311
C15	1.0401	0.78	1820	0.1993	333	0.4648	260
C45E(Ck 45)	1.1191	0.86	2220	0.3248	343	0.5244	263
C60E(Ck 60)	1.1221	0.82	2130	0.2877	347	0.5870	250
15CrMo5	1.7262	0.83	2290	0.2488	290	0.4430	232
16MnCr5	1.7131	0.74	2100	0.3024	391	0.5410	324
17CrNi6	1.5919	0.70	2260	0.2750	326	0.5352	247
20MnCr5	1.7147	0.75	2140	0.3190	337	0.4778	246
30CrNiMo8	1.6580	0.80	2600	0.3844	355	0.5657	255
34CrMo4	1.7220	0.79	2240	0.3190	337	0.3715	237
37MnSi5	1.5122	0.80	2260	0.3622	259	0.7432	277

（续）

工件材料	材料牌号（DIN 标准）	1-z	$k_{c1.1}$ /(N/mm^2)	1-x	$k_{f1.1}$ /(N/mm^2)	1-y	$k_{p1.1}$ /(N/mm^2)
42CrMo4	1.7225	0.74	2500	0.3295	334	0.5239	271
51CrV4	1.8159	0.74	2220	0.2345	317	0.6160	315
EN-GJL-200（GGL-20）	EN-JL1030	0.75	1020	0.3010	240	0.5400	178
EN-GJL-250（GGL-25）	EN-JL1040	0.74	1160	0.3020	251	0.5410	190
EN-GJS-600-3（GGG-60）	EN-JS1060	0.83	1480	0.2400	290	0.5657	240

注：表中 x，y，z 分别为计算 F_f、F_p 和 F_c 的修正系数。

（2）刀具几何形状的影响　单位切削力 k_c 随着前角 γ 增加而减小，如图 2-18 所示。

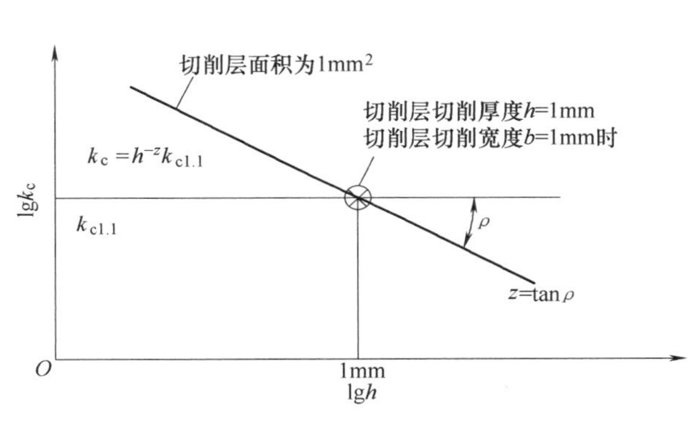

图 2-17　单位主切削力 k_c 计算双对数图

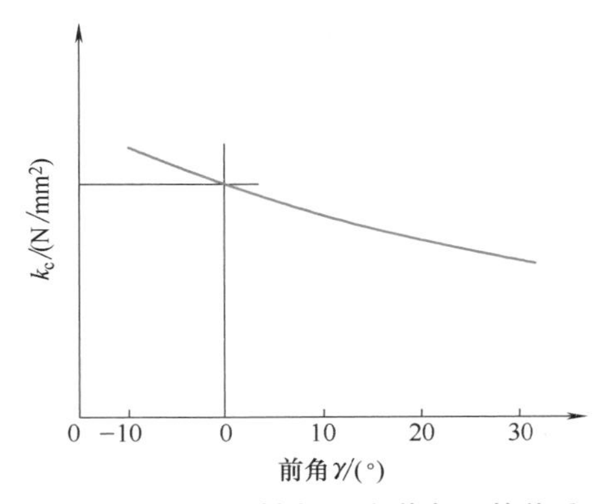

图 2-18　单位切削力 k_c 和前角 γ 的关系

后角 α 对切削力的影响要小些，后角增加，切削力减小。

（3）刀具材料的影响　刀具材料对切削力的影响相对较小。在其他切削条件不变的情况下，刀具材料的改变只会对切削力有少量影响。在研究中发现用硬质合金代替高速钢，切削力将会下降约 10%。

（4）切削速度的影响　切削力 F_c 随切削速度 v_c 的变化趋势如图 2-19 所示。

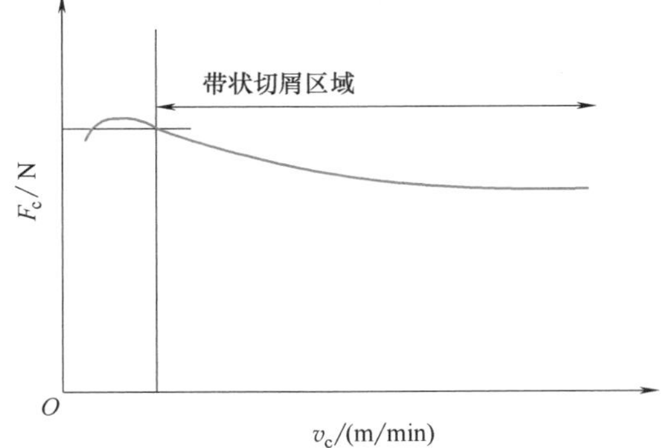

图 2-19　切削力 F_c 随切削速度 v_c 的变化趋势

（5）工件形状的影响　待切削表面的形状也会影响切削力的大小。在其他条件相同的情况下，当主切削面从外圆形状（如外轮车削）变为平面形状（如刨削）或内圆形状（如内车削）时，切削面会变大。然而，剪切面积增加的一部分中有一些是无效的，因为切屑的挤压，剪切角的值略有增大。切削力 F_c 的影响因素主要是工件待切削表面形状从外圆变为平面，以及从平面变为内圆，F_c 将增加 10%～15%。

切削力的变化体现在计算公式中必须要乘以修正系数，这里用形状系数 f_f 表示，其数值可以查表确定。

(6) 刀具磨损的影响　切削力的计算值是基于锋利的刀具所得出的。但在使用过程中刀具会有磨损，使得切削刃变钝，切边含有圆角，以及前后刀面变得粗糙。

(7) 其他因素的影响　除了上文所提到的因素以外，还存在其他一系列因素能够影响切削力的大小，有时不可忽略。例如，切削方式、材料特性的变化、冷作硬化、润滑剂的使用、切削刃几何形状、切削刃表面质量和切削刃的数量等。这些情况下的修正系数则必须根据需求自行确定，这样才能够得出最可靠的取值。

考虑到所有已知影响切削力的因素，很容易提出相应的修正因子，于是获得 k_c 计算公式为：

$$k_c = k_{c1.1} f_h f_\gamma f_\lambda f_s f_v f_f f_{st} \tag{2-14}$$

式中　f_h——切削厚度因子；

f_γ——前角因子；

f_λ——刃倾角因子；

f_s——刀具材料因子；

f_v——切削速度因子，$f_{sv}=\left(\dfrac{v_{c0}}{v_c}\right)^{0.1}$；

f_f——工件形状因子；

f_{st}——磨损因子。

2.2.4　切削热与切削温度

切削过程变形和摩擦所消耗的功绝大部分转变为切削热。切削热（包括由它导致的切削温度）是影响金属切削状态的重要物理因素之一，切削时所消耗能量的 97%~99%转化为热能。大量的热能使切削区的温度升高，直接影响到刀具的寿命和工件的加工精度及表面质量。因此研究切削热和切削温度对生产实践有着重要的指导意义。

切削热的来源有两方面：一是切屑与前刀面、工件与后刀面之间的摩擦，这是切削热的主要来源；二是切削层金属在刀具的作用下发生弹性变形和塑性变形。

影响切削温度的因素包括切削用量、刀具的几何参数、工件材料和切削液。图 2-20 所示为车削过程中工件、切屑及刀具中的切削热和温度分布，工件材料为钢，屈服极限 k_f=

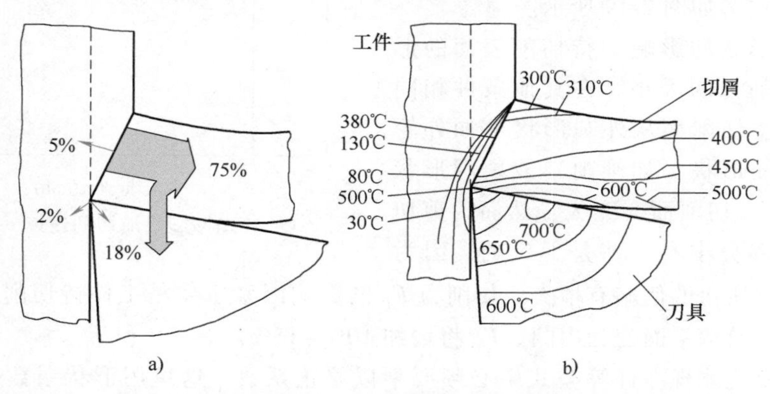

图 2-20　车削过程中工件、切屑及刀具中的切削热和温度分布

850N/mm^2，刀具材料为 HW-P20，切削速度 $v_c=60\text{m/min}$，切削厚度 $h=0.32\text{mm}$，刀具前角 $\gamma_o=10°$。图 2-21 所示为前刀面温度与切削速度关系，刀具材料为 HW-P10，HW-P30，高速钢 HS12-1-4-5；工件材料为 C53E；切削刃几何参数为 $\alpha_o=6°$，$\gamma_o=6°$，$\lambda_s=0°$，主偏角 $\kappa_r=70°$，刀尖圆弧半径 $\varepsilon_r=84°$，$r_\varepsilon=0.8\text{mm}$；切削层参数 $a_pf=3\times0.25\text{mm}^2$，切削时间 $t_c=15\text{s}$。图 2-22 表示了不同材料在不同切削速度下的切削温度，也是采用高速切削的重要实验依据。

Kronenberg 使用热电偶方法得出切削温度经验公式为：

$$T=\frac{C_0k_cv_c^{0.44}A^{0.22}}{K^{0.44}(\rho c)^{0.56}}=C_1v_c^{0.44}A^{0.22} \tag{2-15}$$

式中　C_0、C_1——常数；

k_c——单位切削力；

A——切削层截面积；

K——导热系数；

ρ——密度；

c——比热容。

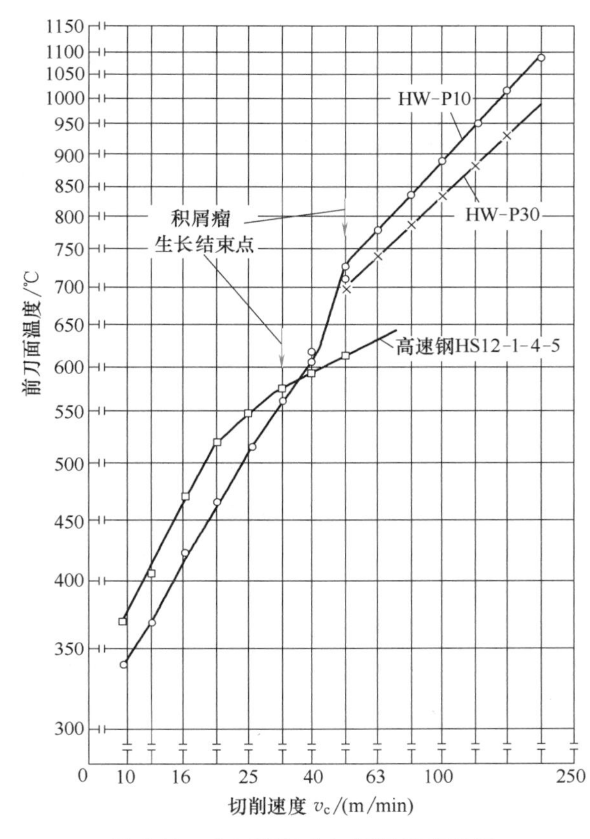

图 2-21　前刀面温度与切削速度关系

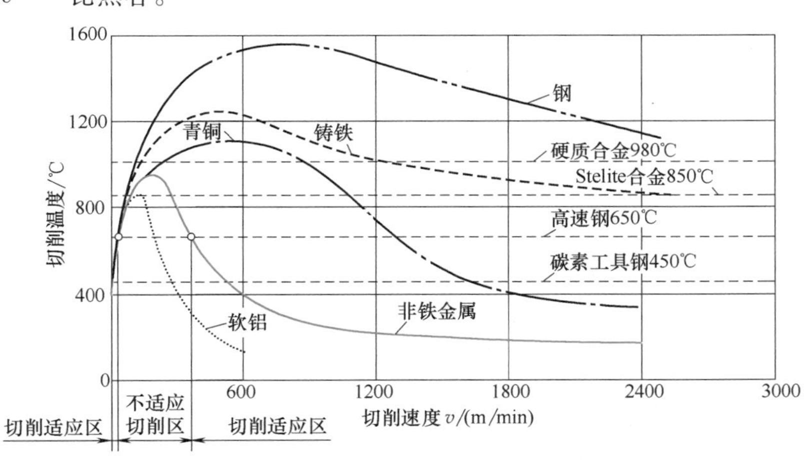

图 2-22　Salomon 切削温度与切削速度曲线

2.2.5　切削液

切削液具有冷却、润滑、清洗和防锈等作用，可分为水溶性和非水溶性切削液。

(1) 金属切削液的定义　金属切削加工液（简称切削液）是在金属切削或磨削过程中，用于润滑、冷却加工工件和刀具的液体，兼有清洗和防锈的功能，属于广义的金属加工液范畴。

(2) 金属切削液的作用　润滑、冷却、清洗和防锈。

金属切削液可分为油基和水基：油基包括植物油、动物油、矿物油等；水基包括乳化液、微乳化液和合成液等。

2.2.6 刀具寿命及可加工性

一把新刀（或重新刃磨过的刀具）从开始使用直至达到磨钝标准所经历的实际切削时间，称为刀具寿命。对于可重磨刀具，刀具寿命指的是刀具两次刃磨之间所经历的实际切削时间；而对其从第一次投入使用直至完全报废（经刃磨后亦不可再用）时所经历的实际切削时间，称为刀具总寿命。显然，对于不重磨刀具，刀具总寿命即等于刀具寿命；而对于可重磨刀具，刀具总寿命则等于其平均寿命乘以刃磨次数。应当明确，刀具寿命和刀具总寿命是两个不同的概念。

对于某些切削加工，当工件、刀具材料和刀具几何形状选定之后，切削速度是影响刀具寿命的最主要因素。提高切削速度，刀具寿命就降低，这是由于切削速度对切削温度影响最大，因而对刀具磨损影响最大所致。固定其他切削条件，在常用的切削速度范围内，取不同的切削速度 v_1，v_2，v_3，……进行刀具磨损试验，可得刀具寿命方程式为：

$$v_c = CT^{\frac{1}{k}} \tag{2-16}$$

式中　v_c——切削速度，单位为 m/min；

T——刀具寿命，单位为 min；

k——指数，表示 v-T 间影响的程度；

C——系数，与刀具、工件材料和切削条件有关。

一些常用刀具切削不同材料时 k 和 C 的参考取值，见表 2-3。

表 2-3　刀具寿命泰勒公式系数表

工件材料牌号 (DIN 标准)	刀具材料					
	无涂层硬质合金		涂层硬质合金		氧化物陶瓷(钢) 氮化物陶瓷(铸铁)	
	C/(m/min)	k	C/(m/min)	k	C/(m/min)	k
St 50-2	299	-3.85	385	-4.55	1210	-2.27
St 70-2	226	-4.55	306	-5.26	1040	-2.27
Ck 45 N	299	-3.85	385	-4.55	1210	-2.27
16 MnCr S 5 BG	478	-3.13	588	-3.57	1780	-2.13
20 MnCr 5 BG	478	-3.13	588	-3.57	1780	-2.13
42 CrMo S 4 V	177	-5.26	234	-6.25	830	-2.44
X 155 Cr V Mo V5 1 G	110	-7.69	163	-8.33	570	-2.63
X 40 CrMo V 5 1 G	177	-5.26	234	-6.25	830	-2.44
GG-30	97	-6.25	184	-6.25	2120	-2.50
GG-40	53	-10.0	102	-10.0	1275	-2.78

注：表格数值适用于 $a_p=1$mm，$f=1$mm，$VB=0.4$mm 的情况。

工件材料被切削加工的难易程度，称为材料的可加工性。

衡量材料可加工性的指标很多，一般来说，良好的可加工性是指：①刀具寿命较长或一定寿命下的切削速度较高；②在相同的切削条件下切削力较小，切削温度较低；③容易获得好的表面质量；④切屑形状容易控制或容易断屑。但衡量一种材料可加工性的好坏，还要看具体的加工要求和切削条件。例如，纯铁切除余量很容易，但获得光洁的表面比较难，所以精加工时认为其可加工性不好；不锈钢在普通机床上加工不困难，但是在自动机床上加工难以断屑，则认为其可加工性较差。

在生产和试验中，通常只取某一项典型指标来反映材料可加工性的好坏。最常用的指标是一定刀具寿命下的切削速度 v_T 和相对加工性 K_r。

v_T 的含义是指当刀具寿命为 T 时，切削某种材料所允许的最大切削速度。v_T 越高，表示材料的可加工性越好。通常取 $T=60\text{min}$，则 v_T 写作 v_{60}。

可加工性的概念具有相对性，即某种材料可加工性的好与坏，是相对于另一种材料而言的。在判别材料的可加工性时，一般以切削正火状态的 45 钢的 v_{60} 作为基准，写作 $(v_{60})_j$，而把其他各种材料的 v_{60} 同它相比，其比值 K_r 称为相对加工性，即：

$$K_r = v_{60}/(v_{60})_j$$

常用材料的相对加工性 K_r 分为 8 级，见表 2-4。$K_r>1$ 的材料，其加工性比 45 钢好；$K_r<1$ 的材料，其加工性比 45 钢差。K_r 实际上也反映了不同材料对刀具磨损和刀具寿命的影响。

表 2-4　常用材料的相对加工性等级

相对加工性等级	材料名称及种类		相对加工性 K_r	代表性材料
1	很容易切削的材料	一般有色金属	>3.0	铜铝合金、铝镁合金
2	容易切削的材料	易切削钢	2.5~3.0	15Cr 退火、自动机钢
3		较易切削钢	1.6~2.5	30 钢正火
4	普通材料	一般钢与铸铁	1.0~1.6	45 钢、灰铸铁
5		稍难切削材料	0.65~1.0	2Cr13 调制、85 钢
6	难切削材料	较难切削材料	0.5~0.65	45Cr 调制、65Mn 调制
7		难切削材料	0.15~0.5	50CrV 调制、某些钛合金
8		很难切削材料	<0.15	镍基高温合金

2.2.7　智能刀具和智能加工

制造过程中追求的目标是提高质量、降低成本及提高生产力。为了充分掌握制造过程中的状态，人们研究了各种监测过程参数的新方法。智能刀具就是将传感器与切削刀具进行集成，以监测并帮助控制切削过程。

20 世纪 90 年代第一代智能刀具诞生于德国，智能刀具和智能切削在精密加工，尤其是工业 4.0 时代获得了大量的关注，智能切削系统包括四个主要部分：增强刀具、传感器、信息传输，以及信号处理与分析。与传统刀具相比，智能刀具显著的优点在于能在线监测其工作性能，传感器可以实时获取刀具温度和受力情况；当智能刀具获得某些超限信号时，预警信号将传递给控制系统，以采取相应的措施。基于传感器的智能切削刀具具有自治和自学习能力，这将有利于提升材料去除率、提高加工质量、降低表面粗糙度、降低成本，以及优化切削条件。智能切削刀具具有的特征包括即插即用、自主运行、自我状态监控、自动位置调整、自学习和与高度自动化的 CNC 环境兼容等。

而智能加工主要聚焦在加工过程上，为了提高加工过程的可靠性，通过集成传感器、刀具和机床技术来优化加工性能，智能加工具有以下优点：

1）缩短刀具路径及加工时间；

2）提高加工件表面质量；

3）最大化提高切削刀具寿命和加工性能；

4）提升加工复杂工件时的精度和效率，如薄壁件、空心圆柱、细长轴等；

5）实现自我监控及过程优化；

6）实现自学习和在加工过程中的性能提升；

7）动态感知切削过程，包括切削力、切屑的形成及切削区内的反应等。

智能刀具中常用的传感器有薄膜传感器（如应力薄膜传感器、温度薄膜传感器、磁性薄膜传感器），声表面波（Surface Acoustic Wave，SAW）传感器，微纳测力传感器，以及光纤传感器等。智能刀具可以分为基于切削力测量的智能刀具、基于温度测量的智能刀具等，并且可集成振动辅助加工系统、内置冷却系统、快速刀具伺服系统，智能夹头与智能夹具等，实现切削加工的实时监测和工艺参数优化，进一步提高刀具寿命和加工效率，并获得稳定的表面质量。

基于切削力测量的智能刀具开发典型流程如图 2-23 所示，通过压电陶瓷薄膜传感器、声表面波传感器等采集加工过程中的特性变化，或通过电容传感器测量振动信息，将采集的信号进行相应的处理，并配合切削力建模及相应的信号特征提取分析等算法，获得刀具的各向切削力，同时也可实时监测刀具的磨损特性。

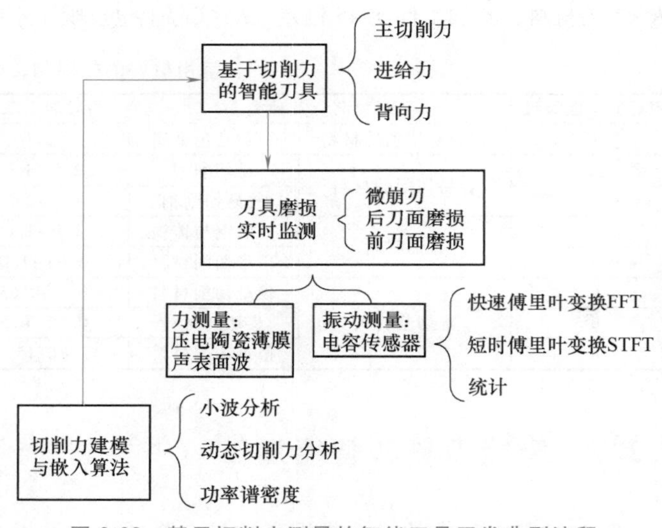

图 2-23　基于切削力测量的智能刀具开发典型流程

其中采用声表面波应变传感器测量切削力的工作原理如图 2-24 所示，将应变式的声表面波传感器集成在刀具系统中，可实现实时监控的功能，刀柄上布置 SAW 传感器，切削力引起应变导致声表面波传感器上的固有频率发生变化，传感器通过天线把信号传输给接收器，然后进行信号的处理与分析。

1. 智能刀具应用案例

目前已有厂商开发了安装执行器或传感器的刀具，实现刀具和机床控制之间的数据交换，它们可以增加机床的柔性，提高加工质量，从而提升经济效益。通过广泛使用的机床控制自动配置功能把刀具参数和最优预设值输入到机床控制系统中，通过自动传输刀具预设值，可以避免手动输入可能产生的错误及耗时问题。除此之外，还能够在切削过程中进行连续的数据交换，实现过程参数的调节（图 2-25)。一般情况下，过程参数通过表格方式静态

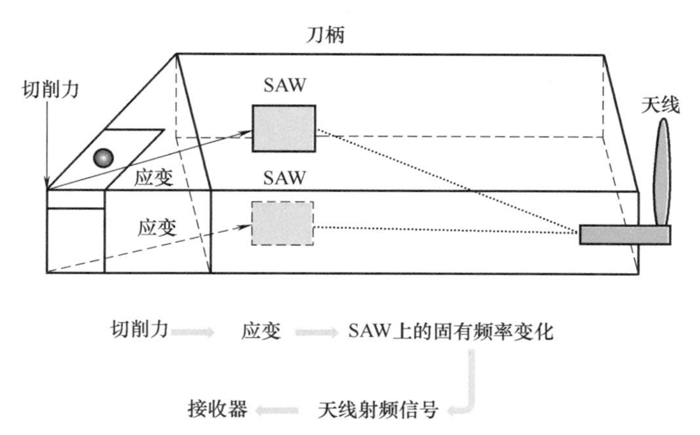

图 2-24　采用布置在刀柄上的 SAW 传感器的切削力测量工作原理简图

地预设刀具参数，操作人员根据实际的切削条件，如负载和生产率等进行手动调整。但在加工非均质材料或切削刃切入工件占比不确定的情况下，如在切削铸造件时，使用切削过程控制系统能显著提高切削效率。

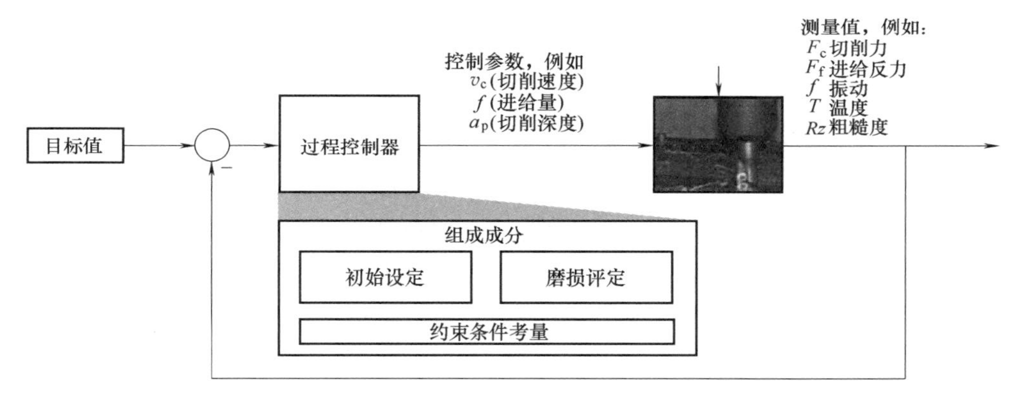

图 2-25　过程控制可以自动响应制造过程的变化

根据刀具的应用场合，设定不同的工艺控制目标，根据测得的输出参数，调整控制参数以适应当前切削。控制器中存有刀具的初始参数，能将扭转、弯曲和拉压载荷限制在允许范围内，并对刀具磨损进行评定，从而可以更好地按刀具的真实状态进行加工，提高刀具的使用寿命并且降低成本。

图 2-26 所示为安装了状态监测传感器的刀具结构。该刀具安装了应变片、加速度传感器和热电偶。应变片可用于检测刀具的机械变形，然后通过刀具上的处理单元换算成变形的力和转矩。通过在线控制调节切削深度或进给速度，可避免过高的刀具载荷或工件受力。加速度传感器可用于测量刀具的振动频率和振幅，如果转速不合适，可能会产生异常的振动，一方面会降低工件表面质量，另一方面会增加刀具的磨损。为此，处理单元可在线控制刀具转速，避免异常振动。另外，智能刀具还可以将刀具剩余使用寿命的数据传给生产环境中的其他系统，以便及时更换刀具，使得刀具和机床利用率最大化。在图 2-26 中传感器被直接安装在刀具上，对于较小的刀具，如钻头或端面铣刀，刀具通常没有足够的空间安装传感器，此时，可将传感器安装在刀柄中。

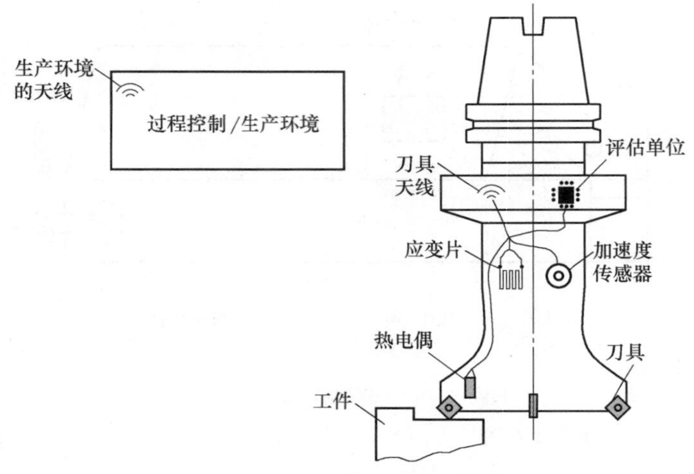

图 2-26　安装了状态监测传感器的刀具结构

对于贵重的专用刀具，使用传感器集成技术及在线监控和工艺控制，可极大地提高效率。例如，对于涡轮盘叶片的加工，刀具寿命的设定非常保守，因此通常会提前更换刀具，导致不必要的更换时间和刀具成本。使用集成传感器测量加工过程中刀具的温度和切削力，并通过建立刀具磨损模型确定刀具当前的磨损状态，可预测加工过程中的刀具寿命。

智能刀具除了自动调整工艺参数，优化加工过程之外，还有其他的应用可能性。例如，在加工过程中对零件进行检测，并在必要时进行后处理；或通过接触传感器来监测表面粗糙度。粗糙度测量对污染或冷却润滑剂残留物很敏感。因此，为可靠地集成粗糙度测量，必须使用具有高鲁棒性的测量方法，或者保护接触传感器免受加工过程中的负面影响。类似于粗加工过程的负载相关进给控制，在精加工时可以根据表面粗糙度控制进给量。在这两种情况下，通过与加工并行的质量检测，实现对机床参数进行最佳设置，从而提高经济效益。

2. 智能可调控刀具应用案例

可调控刀具指刀具的切削刃在切削时位置可调的刀具，可用于通用机床上加工特殊零件。通过额外的 NC 轴控制切削刃运动，工件在一次装夹中就能加工出复杂的轮廓、凹面或非圆孔。图 2-27 所示为可调控刀具工作原理示例，在通用镗铣机床上实现类似车削的工艺，工件不运动，调控车刀部分垂直于旋转轴运动，在孔中完成凹槽切削。

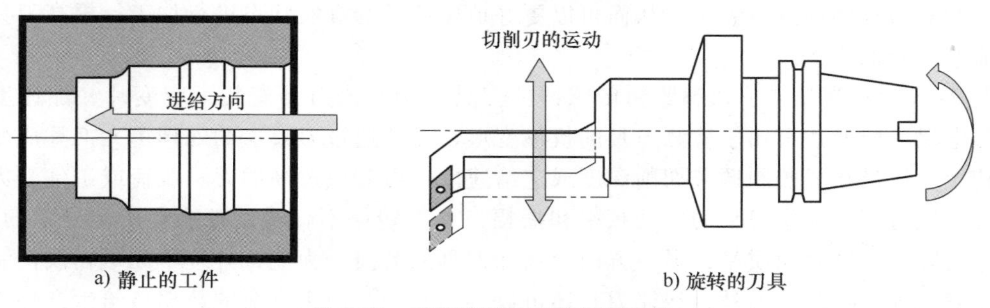

图 2-27　可调控刀具工作原理示例

通过在刀具上安装测量装置，由机床控制系统计算实际几何形状和目标几何形状之间的偏差，调整切削刃自动补偿。可调控刀具也可加工非圆孔做变形补偿，例如，内燃机中的活塞孔的加工。由于内燃机工作时承受强烈的机械负载和热负载，活塞孔易在工作时产生变形，导致孔壁与活塞销之间发生剧烈摩擦，进而增加油耗。为此，在加工时考虑工作变形并进行补偿，以使得孔在工作载荷下达到期望的最佳形状。在此过程中需监控切削刃位置，并且能高动态地调控刀具完成加工。另外，可调控刀具适应混合加工。例如，激光或超声波振动辅助切削加工。激光照射适用于高强钢加工，可延长铣刀的使用寿命。超声波辅助切削加工时，在传统加工运动上叠加了额外的高频振动，在切削刃处产生几个微米的振幅，并由此在切削加工过程中引起高频的断屑。与传统的加工过程相比，超声波辅助切削具有单位时间切削量增加、工件表面质量改善，以及刀具寿命延长等优点。通过将超声波激振器集成到机床控制系统和切削力的测量中，可有目的的干预切削过程，抑制不期望问题（如颤振的影响）的出现。

2.2.8　智能刀具监控

2.2.7 节介绍的智能刀具及智能切削需在刀具上集成传感器。然而，也可以使用未集成在刀具上的传感器对刀具进行监测。首个刀具监控系统出现于 20 世纪 80 年代后期，用于对切削刃磨损的控制。

刀具磨损非常复杂，且常以复合形式发生。然而无论磨损的类型如何，刀具监控系统应满足以下要求：

1）确保检测过程稳定（如有可能，自动调整过程参数）。

2）在线或在机床上进行误差检测。

3）利用补偿减少由切削刃磨损引起的加工误差。

4）机床的损害预防。

5）降低成本。

由于刀具磨损的复杂性，通常采用两种信号采集方法。一种是使用机床内部的传感器，这种类型的状态监控称为无传感器监控，不需要额外的外加传感器。但此方法对信号的适用性提出了严格的要求，例如，过低的采样频率导致信息密度太小，成为应用的障碍。另外一种方法是使用附加的外部传感器，为此必须对机床进行扩展。对于硬件集成，传感器必须与机床或附加的运算单元集成，以确保信号得到正确的处理。使用外部传感器的优势很明显，所使用的系统可以根据用户的要求来定制。其缺点是成本较高，并且会增加机床的整体复杂性。

无论信号源如何，都必须满足信号的要求，以提高监控的鲁棒性和可靠性。鉴于信号的有效性，良好的信噪比（可通过滤波器实现）或低灵敏度非常重要。简便的可测量性和少量必要的附加组件，使得对某些信号的监测更具有吸引力。传感器信号可在时域或变换到频域中（如傅里叶变换、小波变换或加博变换）进行研究。

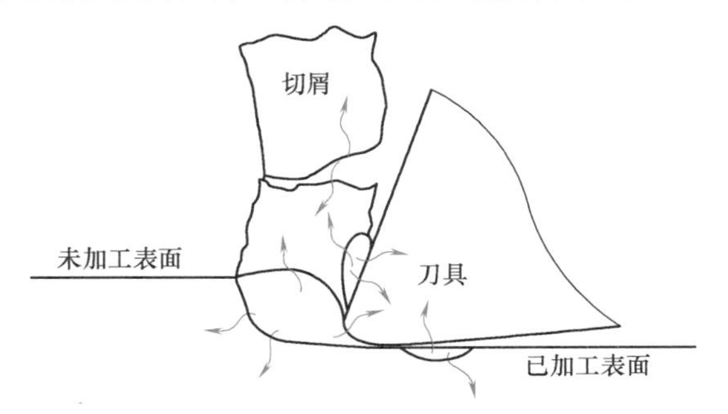

图 2-28　通常情况下刀具中噪声产生的位置

（图中〔表示噪声声源位置）

（1）噪声的产生　在切削加工过程中，工件会被刀具挤压，产生塑性变形，从而在变形区中释放能量，并且以声波形式向外发射。图 2-28 所示为通常情况下刀具中噪声产生的位置。噪声的起因可以用于以下状态的监控。

1）刀具破损。

2）工件的塑性变形。

3）切屑的塑性变形。

4）刀具和切屑之间的摩擦。

5）刀具和加工工件表面之间的摩擦。

6）切屑与刀具之间的碰撞。

7）切屑断裂。

除了发出声波之外，在加工过程中还会产生大量的热量。温度对刀具磨损的类型和速率都有影响；进一步，温度对切屑和刀具之间的摩擦，以及刀具和新加工表面之间的摩擦也有影响。

（2）静态和动态切削力　确定刀具磨损的最常见方法一般是监测主切削力信号。因为刀具的磨损会导致刀具和工件之间产生更高的摩擦力，从而使切削力的信号发生明显变化。近年来，人工智能在刀具监控方面有越来越多的应用。模糊方法、演化方法和人工神经网络在刀具监控中扮演着越来越重要的角色，例如，基于神经模糊系统描述精铣过程的刀具磨损等。

（3）振动　由于作用力矩和作用力的影响，系统会发生振动。在刀具磨损的情况下，由切削力引起的振动有着重要的影响。直接测量切削运动是很困难的，因此可通过测量其他量来获得与位移相关的结果。例如，通过加速度传感器检测加速度来获取振动信息，分析车刀的振动，并且使用奇异谱分析（Singular Spectrum Analysis，SSA）进行评定。根据其结果进行分析，磨损和记录的信号之间具有良好的关联性。为了对磨损状态做出最终的合理说明，需要使用人工神经网络再次进行处理。

（4）其他方式　除了上面的三种磨损测试外，过去几年中还开发了许多其他确定刀具磨损的方法，包括光学方法、超声波分析等。此外，还可通过测量电动机的电流来研究磨损情况，通过作用力和作用力矩间接确定磨损情况。

（5）传感器信号的连接　尽管上述方法仅使用一个主信号源，并已在许多方面得到成功使用，但可能还需要将过程及测量信号结合起来处理。这意味着要使用多个传感器获取不同来源的信号，其最终目标是确定出同样的磨损参数。不同传感器信号的组合，其目标通常是增加信息明确度并由此提高可靠性。例如，在铣床上使用三个传感器且采用两种物理效应，一是使用附加在主轴上的加速度传感器，二是在工件上安装接触传感器和非接触式麦克风来测量声发射。

2.3 金属切削机床

2.3.1 概述

1. 金属切削机床的定义及其在国民经济中的地位

金属切削机床是用切削方法将金属毛坯加工成机器零件的机器，是制造机器的机器，称为“工作母机”。机床是机械制造业的核心和基石，各类机械制造企业装备的优质高效的机床设备，促进了机械制造业生产能力和工艺水平的提高。机床工业的技术水平代表了一个国家的制造业水平。随着科学技术的发展，现代数控机床成为制造业信息化的重要基础，是提高产品质量和劳动生产率必不可少的物质手段，是实现制造业自动化、柔性化和智能化生产的基础。《国家中长期科学和技术发展规划纲要》中将数控机床列为十六个重大专项之一，确定了机床工业在国民经济中的重要地位。《中国制造 2025》也将高档数控机床、机器人等列为十大重大发展的领域，进一步凸显了机床的战略地位。

2. 金属切削机床分类

机床常用的分类方法有以下几种。

1）按加工性质、所用刀具和机床的用途，机床可分为车床、钻床、镗床、磨床、齿轮加工机床、螺纹加工机床、铣床、刨插床、拉床、锯床和其他机床共十一类。这是最基本的分类方法。在每一类机床中，又按工艺范围、布局形式和结构性能的不同分为十组，每一组又分为若干系。

2）按机床的通用性程度，同类机床又可分为通用机床（万能机床）、专门化机床和专用机床。

① 通用机床的工艺范围宽，通用性好，能加工一定尺寸范围、多种类型的零件，可完成多种工序，如卧式车床、卧式升降台铣床、万能外圆磨床等。通用机床的结构往往比较复杂，生产效率也较低，故适用于单件、小批量生产。

② 专门化机床只能加工一定尺寸范围内的某一类或几类零件，完成其中的某些特定工序，如曲轴车床、凸轮轴磨床、花键铣床等即是如此。

③ 专用机床的工艺范围最窄，通常只能完成某一特定零件的特定工序，如车床主轴箱的专用镗床、车床导轨的专用磨床等。组合机床也属于专用机床。

同类机床按工作精度又可分为普通机床、精密机床和高精度机床。

3）按机床的重量和尺寸，机床可分为手动、机动、半自动和自动机床。

4）按自动化程度，机床可分为手动、机动、半自动和自动机床。

5）按主要工作器件的数目，机床可分为单轴机床、多轴机床、单刀机床和多刀机床。

3. 机床型号的编制

机床型号是机床产品的代号，用以表明机床类型、通用性和结构特性，以及主要技术参数等。我国现有机床型号是按照 GB/T 15375—2008《金属切削机床　型号编制方法》编制的（近些年许多机床厂家对新开发的机床也自行给定型号）。机床型号由汉语拼音字母和阿拉伯数字按一定规律组合而成。通用机床型号表示方法，如图 2-29 所示。

（1）机床的分类及其代号　机床按其工作原理，分为车床、钻床、镗床、磨床、齿轮加工机床、螺纹加工机床、铣床、刨插床、拉床、锯床和其他机床共十一个大类。必要时，需要用分类代号表示，如磨床类可分为 M、2M 和 3M。机床的分类和代号见表 2-5。

表 2-5　机床的分类和代号

类别	车床	钻床	镗床	磨床			齿轮加工机床	螺纹加工机床	铣床	刨插床	拉床	锯床	其他机床
代号	C	Z	T	M	2M	3M	Y	S	X	B	L	G	Q
读音	车	钻	镗	磨	二磨	三磨	牙	丝	铣	刨	拉	割	其

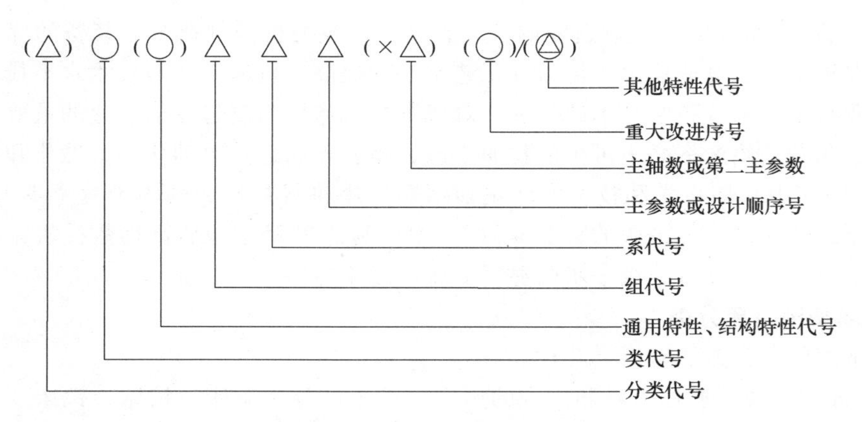

图 2-29 通用机床型号表示方法

注意：①有“( )”的代号或数字，当无内容时，则不表示，若有内容，则不带括号；②有“○”符号的，为大写的汉语拼音字母；③有“△”符号的，为阿拉伯数字；④有“△”符号的，为大写的汉语拼音或阿拉伯数字，两者兼有。

(2) 机床的通用特性、结构特性代号 机床的通用特性、结构特性代号用大写的汉语拼音字母表示，位于代号之后。通用特性代号有统一的固定含义，对于各类机床的意义相同，见表 2-6。例如，“MGB”表示半自动高精度磨床，“CM”表示精密车床。如果某类型机床仅有某种通用特性，而无普通型的，则通用特性不必表示。例如，C1107 型单轴纵切自动车床，由于这类自动车床没有“半自动型”，所以不需要用字母“Z”表示。

表 2-6 机床的通用特性代号

通用特性	高精度	精密	自动	半自动	数控	加工中心（自动换刀）	仿形	轻型	加重型	柔性加工单元	数显	高速
代号	G	M	Z	B	K	H	F	Q	C	R	X	S
读音	高	密	自	半	控	换	仿	轻	重	柔	显	速

对主参数值相同，而结构、性能不同的机床，在型号中用结构特性代号表示。当型号中有通用特性代号时，结构特性代号应排在通用特性代号之后。结构特性代号为汉语拼音字母，通用特性代号中已有的字母和“I”“O”两个字母不能使用，以免混淆。例如，CA6140 中的“A”表示其与 C6140 型机床在结构上有区别。

(3) 机床组、系的划分 在每一类机床中，按工艺范围、布局形式及结构等将机床分为若干组，每一组又分为若干个系列，见表 2-7。例如，CA6140 中的“61”表示车床中的第 6 组、第 1 系列，为卧式车床。

表 2-7 常用机床组、系列代号及主参数

类	组	系列	机床名称	主参数的折算系数	主参数
车床	1	1	单轴纵切自动车床	1	最大棒料直径
	1	2	单轴横切自动车床	1	最大棒料直径
	1	3	单轴转塔自动车床	1	最大棒料直径
	2	1	多轴棒料自动车床	1	最大棒料直径
	2	2	多轴卡盘自动机床	1/10	卡盘直径
	2	6	立式多轴半自动车床	1/10	卡盘直径
	3	0	回轮车床	1	最大棒料直径

（续）

类	组	系列	机床名称	主参数的折算系数	主参数
车床	3	1	滑鞍转塔车床	1/10	卡盘直径
	3	3	滑枕转塔车床	1/10	卡盘直径
	4	1	曲轴车床	1/10	最大工件回转直径
	4	6	凸轮轴车床	1/10	最大工件回转直径
	5	1	单柱立式车床	1/100	最大车削直径
	5	2	双柱立式车床	1/100	最大车削直径
	6	0	落地车床	1/100	最大工件回转直径
	6	1	卧式车床	1/10	床身上最大回转直径
	6	2	马鞍车床	1/10	床身上最大回转直径
	6	4	卡盘车床	1/10	床身上最大回转直径
	6	5	球面车床	1/10	刀架上最大回转直径
	7	1	仿形车床	1/10	刀架上最大回转直径
	7	5	多刀车床	1/10	刀架上最大回转直径
	7	6	卡盘多刀车床	1/10	刀架上最大回转直径
	8	4	轧辊车床	1/10	最大工件直径
	8	9	铲齿车床	1/10	最大工件直径
钻床	1	3	立式坐标镗床	1/10	工作台面宽度
	2	1	深孔钻床	1/10	最大钻孔直径
	3	0	摇臂钻床	1	最大钻孔直径
	3	1	万向摇臂钻床	1	最大钻孔直径
	4	0	台式钻床	1	最大钻孔直径
	5	0	圆柱立式钻床	1	最大钻孔直径
	5	1	方柱立式钻床	1	最大钻孔直径
	5	2	可调多轴立式钻床	1	最大钻孔直径
	8	1	中心孔钻床	1/10	最大工件直径
	8	2	平端面中心孔钻床	1/10	最大工件直径
镗床	4	1	立式单柱坐标镗床	1/10	工作台面宽度
	4	2	立式双柱坐标镗床	1/10	工作台面宽度
	4	6	卧式坐标镗床	1/10	工作台面宽度
	6	1	卧式镗床	1/10	镗轴直径
	6	2	落地镗床	1/10	镗轴直径
	6	9	落地铣镗床	1/10	镗轴直径
	7	0	单面卧式精镗床	1/10	工作台面宽度
	7	1	双面卧式精镗床	1/10	工作台面宽度
	7	2	立式精镗床	1/10	最大镗孔直径

（4）机床主参数、设计顺序号　机床主参数是表示机床规格大小的一种参数，它直接反映机床的加工能力大小，用折算系数表示，见表 2-7，位于系列代号之后。某些通用机床，当无法用一个主参数表示时，则用设计顺序号表示；有的机床还用第二主参数来补充表示其工作能力和加工范围，如补充给出最大工件长度、最大跨度等。在 GB/T 15375—2008《金属切削机床　型号编制方法》中，对各种机床的主参数有明确规定。

（5）主轴参数或第二主参数　对于多轴车床、多轴钻床等，其主轴数置于主参数后，用“×”分开，读作“乘”。第二主参数一般指最大工件长度、最大跨度和工作台面长度等，也用折算值表示。

（6）机床的重大改进顺序号　当机床的性能及结构布局有重大改进时，则在原机床型号的尾部加重大改进序号，按 A、B、C、D 的顺序选用，如“M1432A”表示是在 M1432 基础上的第一次重大改进。

4. 机床技术性能指标

机床的技术性能是根据使用要求提出和设计的，对机床的要求通常包括以下内容，如图 2-30 所示。

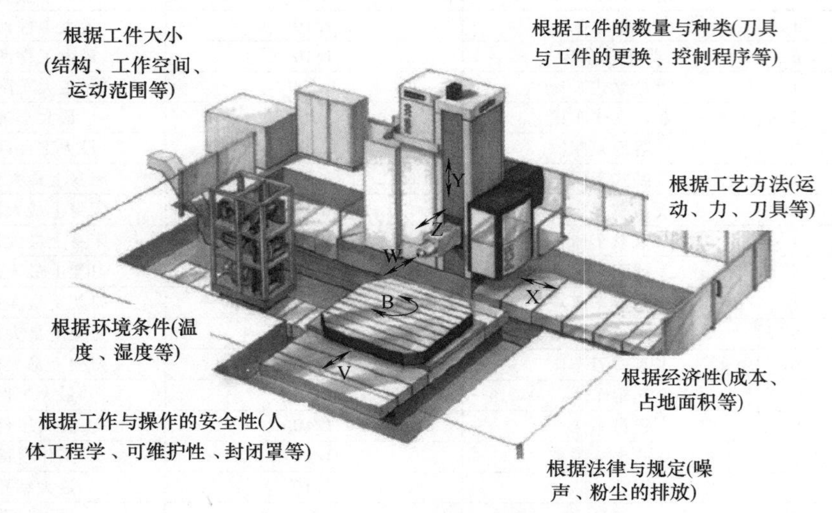

图 2-30　对机床的要求

（1）机床的工艺范围　机床的工艺范围是指在机床上加工的工件类型和尺寸，能够加工完成何种工序，以及使用什么刀具等。不同的机床，有宽窄不同的工艺范围。通用机床具有较宽的工艺范围，在同一台机床上可以满足较多的工艺需要，适用于单件、小批量生产。专用机床是为特定零件的特定工序而设计的，自动化程度和生产率都较高，但它的加工范围很窄。数控机床则既有较宽的工艺范围，又能满足零件较高精度的要求，并可实现自动化加工。

（2）机床的技术参数　机床的主要技术参数包括尺寸参数、运动参数与动力参数。

1）尺寸参数——具体反映机床的加工范围，包括主参数、第二主参数，以及与加工零件有关的其他尺寸参数。

2）运动参数——指机床执行件的运动速度。例如，主轴的最高转速与最低转速、刀架的最大进给量与最小进给量（或进给速度）。机床的运行评价指标见表 2-8。

3）动力参数——指机床电动机的功率。有些机床还给出主轴允许承受的最大转矩等其他内容。

表 2-8　机床的运行评价指标

评价项目	理论计算	实际经验
技术指标的评价	运动过程，包括碰撞检测、控制系统机构的动态特性	工件与刀具装夹面的尺寸、工作空间，以及切削运动的转速、速度、加速度，工艺过程，定位调整的实现
性能的评价	对功能部件与整机的静态力、动态力和热应力导致的变形的计算	功能部件与机床的制造与装配精度（功能表面的形位误差）、运动的精确性、构件相对位置关系（几何精度），以及运动（导轨精度、定位精度）
	效率计算	功能部件与整机的静态力、动态力、热应力导致的变形的实验，功率与效率
可用性的评价	加工能力、可维护性、可靠性、人体工程学、工作与操作的安全性，与其他工艺和机床的接口设计，可扩展性和工序集成	
环境影响的评价	灰尘、噪声、油雾的产生，电气干扰，废料清除，机床回收等	
经济性的评价	价格，占地面积，能源与媒介的消耗，维护成本，生产率（速度、切削性能、刀具寿命等）	

5. 机床精度和刚度

加工中要保证被加工工件达到要求的精度和表面粗糙度，并能在机床长期使用中保持这些要求，机床本身必须具备的精度称为机床精度，它包括几何精度、运动精度、传动精度、定位精度、工作精度及精度保持性等几个方面。各类机床按精度可分为普通精度级、精密级和高精度级。以上三种标准公差等级均有相应的精度标准，其公差若以普通级为 1，则三种标准公差等级大致比例为 1 : 0.4 : 0.25。在设计阶段主要从机床的精度分配、元件及材料选择等方面来提高机床精度。

（1）几何精度　几何精度是指机床空载条件下，在不运动（机床主轴不转或工作台不移动等情况下）或运动速度较低时各主要部件的形状、相互位置和相对运动的精确程度。如导轨的直线度、主轴径向圆跳动及轴向窜动、主轴中心线对滑台移动方向的平行度或垂直度等。几何精度直接影响加工工件的精度，是评价机床质量的基本指标。它主要取决于结构设计、制作和装配质量。

（2）运动精度　运动精度是指机床空载并以工作速度运动时，主要零部件的几何位置精度。如高速回转主轴的回转精度。对于高速精密机床，运动精度是评价机床质量的一个重要指标。它与结构设计及制造等因素有关。

（3）传动精度　传动精度是指机床传动系各末端执行件之间运动的协调性和均匀性。影响传动精度的主要因素是传动系统的设计，传动元件的制造和装配精度。

（4）定位精度　定位精度是指机床的定位部件运动到规定位置的精度。定位精度直接影响被加工工件的尺寸精度和形位精度。机床构件和进给控制系统的精度、刚度及其动态特性，机床测量系统的精度都将影响机床定位精度。

（5）工作精度　加工规定的试件，用试件的加工精度表示机床的工作精度。工作精度是各种因素综合影响的结果，包括机床自身的精度、刚度、热变形，刀具、工件的刚度及热变形等。

（6）精度保持性　在规定的工作期间内保持机床所要求的精度，称为精度保持性。影响精度保持性的主要因素是磨损。磨损的影响因素十分复杂，如结构设计、工艺、材料、热处理、润滑、防护和使用条件等。

机床刚度指机床系统抵抗变形的能力。作用在机床上的载荷有重力、夹紧力、切削力、传动力、摩擦力和冲击振动干扰力等。按照载荷的性质不同，可分为静载荷和动载荷。不随时间变化或变化极为缓慢的力称为静载荷，如重力、切削力的静力部分等。凡随时间变化的力，如冲击振动及切削力的交变部分等都称为动载荷。故机床刚度相应地分为静刚度及动刚度，后者是抗振性的一部分，习惯所说的刚度一般指静刚度。

2.3.2　常用普通机床

1. 车床

在一般机器制造厂中，车床约占金属切削机床总台数的 20%～35%。主要用于加工内外圆柱面、圆锥面、端面、成形回转表面，以及内外螺纹面等。

车床类机床的运动特征是：主运动为主轴做回转运动，进给运动通常由刀具来完成。

车床加工所使用的刀具主要是车刀，还可用钻头、扩孔钻和铰刀等孔加工刀具。

车床的种类很多，按用途和结构的不同有卧式车床、立式车床、转塔车床、自动和半自动车床，以及各种专门化车床等。其中卧式车床是应用最广泛的一种。卧式车床的经济加工精度一般可达到 IT8 左右，精车的表面粗糙度值 Ra 可达 1.25~2.5μm。

（1）CA6140 型卧式车床

1）CA6140 型卧式车床的特点。其结构具有典型的卧式车床布局，通用性程度较高，加工范围较广，适合于中、小型的各种轴类和盘套类零件的加工；能车削内外圆柱面、圆锥面、各种环槽、成形回转面及端面；能车削常用的米制、英制、模数制及径节制四种标准螺纹，也可以车削加大螺纹、非标准螺距及较精密的螺纹；还可以进行钻孔、扩孔、铰孔、滚花和压光等工作。

2）CA6140 型卧式车床传动链。机床传动系统图是表示机床运动传递关系的示意图。在传动系统中，用简单的符号表示各种传动元件（可参考 GB/T 4460—2013《机械制图机构运动简图用图形符号》），按照运动传递的先后顺序，以展开图的形式绘出各传动元件的传动关系。机床传动系统图常画在一个能反映机床外形和各主要部件相互位置的投影面上，并尽可能地画在机床外形的轮廓线内。该图只表示传动关系，而不表示各元件的实际尺寸和空间位置。此外，在机床传动系统图中，通常还须注明齿轮及涡轮的齿数（有时还须注明模数）、蜗杆头数、带轮直径、丝杠的螺距和线数、电动机的功率和转速，以及传动轴的编号等。传动轴的编号通常从动力源（电动机）开始，按运动顺序和传递顺序，以罗马数字Ⅰ、Ⅱ、Ⅲ、Ⅳ等表示。

为了实现加工过程中所需的各种运动，机床传动链必须具备以下三个部分：

① 执行件。执行件指执行机床运动的部件，如主轴、刀架和工作台等，其任务是带动工件或刀具完成一定形式的运动（旋转运动或直线运动）和保持准确的运动轨迹。

② 动力源。动力源指提供运动和动力的装置，是执行件的运动来源。普通机床通常采用三相异步电动机作为动力源，现代数控机床的动力源采用直流或交流调速电动机和伺服电动机。

③ 传动装置。传动装置指传递运动和动力的装置，通过它把动力源的运动和动力传给执行件。通常，传动装置同时还需完成变速、变向和改变运动形式等任务，使执行件获得所需要的运动速度、运动方式和运动形式。

传动装置把机床执行件和动力源（如把主轴和电动机），或者把执行件（如把主轴和刀架）连接起来，构成传动链。

3）传动链的性质。根据传动链性质，传动链可以分为两大类：外联系传动链和内联系传动链。

① 外联系传动链。外联系传动链是联系动力源（如电动机）和机床执行件（如主轴、刀架和工作台等）之间的传动链，使执行件得到运动，而且改变运动的速度和方向，但不要求动力源和执行件之间有严格的传动比关系。例如，车削螺纹时，从电动机传到车床主轴的传动链就是外联系传动链，它只决定车螺纹速度的快慢，而不影响螺纹表面的成形。再如，在卧式车床上车削外圆柱表面时，由于工件旋转与刀具移动之间不要求严格的传动关系，两个执行件的运动可以相互独立调整，所以传动工件和传动刀具的两条传动链都是外联系传动链。

② 内联系传动链。内联系传动链是指所联系的执行件之间的相对速度及相对位移量有严格的要求，以确保执行件运动轨迹的传动链。例如，在卧式车床上用螺纹车刀车螺纹时，

为了保证所需螺纹的导程，而联系主轴和刀架之间的这条传动链，就是一条对传动比有严格要求的内联系传动链。再如，用齿轮滚齿刀加工直齿圆柱齿轮时，为了得到正确的渐开线齿形，滚刀转 $1/k$ 转（k 是滚刀头数）时，工件就必须转 $1/z$ 转（z 为齿轮齿数）。同样，联系滚刀旋转和工件旋转的传动链，由于必须保证两者的严格运动关系，故而它也是内联系传动链。若这条传动链的传动比不准确，就不可能展成正确的渐开线齿形。由此可见，在内联系传动链中，各传动副的传动比必须准确不变，不应有传动比不可靠的摩擦传动副（如 V 带传动副）或是瞬时传动比有变化的传动副（如链传动副）。

下面以 CA6140 型卧式车床为例介绍机床传动链相关知识。图 2-31 所示为 CA6140 型卧式车床的传动系统图。

4）CA6140 型卧式车床的主运动传动链。主运动传动链的两个末端是主电动机与主轴，其作用是把动力源（电动机）的运动及动力传给主轴，使主轴带动工件旋转，实现车削主运动，并满足卧式车床主轴变速和换向的要求。

如图 2-31 所示，运动由电动机（7.5kW，1450r/min）经 V 带传动副 $\phi130/\phi230$ 传至主轴箱中的轴Ⅰ。在轴Ⅰ上装有双向多片离合器 M1。当压紧离合器 M1 左部的摩擦片时，轴Ⅰ的运动经齿轮副 56/38 或 51/43 传给轴Ⅱ，从而使轴Ⅱ获得两种转速。当压紧离合器 M1 右部的摩擦片时，轴Ⅰ的运动经右部摩擦片及齿轮 50 传至轴Ⅶ上的空套齿轮 34，然后再传给轴Ⅱ，它的转向方向与经 M1 左部传动时相反，且反转转速只有一种。当离合器 M1 处于中间位置时，其左部和右部的摩擦片都没有被压紧，空套在轴Ⅰ上的齿轮 56、51 和齿轮 50 都不转动，轴Ⅰ的运动不能传至轴Ⅱ，因此主轴Ⅵ停止转动。

轴Ⅱ的运动可分别通过三对齿轮副 22/58、30/50 或 39/41 传至轴Ⅲ，正转共有 $2\times3=6$ 种转速。运动由轴Ⅲ传到主轴Ⅵ有两条线路：

① 高速传动路线。主轴Ⅵ上的滑移齿轮 50 移至左端，与轴Ⅲ上右端的齿轮 63 啮合，于是运动就由轴Ⅲ经齿轮副 63/50 直接传给主轴，使主轴得到 450~1400r/min 的 6 种高转速。

② 低速传动路线。主轴Ⅵ上的滑移齿轮 20 移至右端，使主轴上的齿形离合器 M2 啮合，于是轴Ⅲ的运动就经齿轮副 20/80 或 50/50 传给轴Ⅳ，然后再由轴Ⅳ经齿轮副 20/80 或 51/50 传给轴Ⅴ，再经齿轮副 26/58 和齿形离合器 M2 传给主轴Ⅵ，使主轴Ⅵ获得 10~500r/min 的低转速。

在分析机床传动系统时，为简便起见，常用传动路线表达式来表示。CA6140 型卧式车床主运动传动链的传动路线表达式为：

$$\begin{pmatrix}\text{主电动机}\\7.5\text{kW}\\1450\text{r/min}\end{pmatrix}-\frac{\phi130}{\phi230}-\text{Ⅰ}-\left\{\begin{array}{l}\begin{array}{c}\text{M1（左）}\\\text{（正转）}\end{array}-\left\{\begin{array}{c}\frac{56}{38}\\\frac{51}{43}\end{array}\right\}-\\\begin{array}{c}\text{M1（右）}\\\text{（反转）}\end{array}\frac{50}{34}-\text{Ⅶ}-\frac{34}{30}\end{array}\right\}-\text{Ⅱ}-$$

$$\left\{\begin{array}{c}\frac{39}{41}\\\frac{30}{50}\\\frac{22}{58}\end{array}\right\}-\text{Ⅲ}-\left\{\begin{array}{l}-\frac{63}{50}-\underset{\text{(左移)}}{\text{M2}}-\\\left\{\begin{array}{c}\frac{20}{80}\\\frac{50}{50}\end{array}\right\}-\text{Ⅳ}-\left\{\begin{array}{c}\frac{20}{80}\\\frac{51}{50}\end{array}\right\}-\text{Ⅴ}-\frac{26}{58}-\underset{\text{(右移)}}{\text{M2}}-\end{array}\right\}-\text{Ⅵ(主轴)}$$

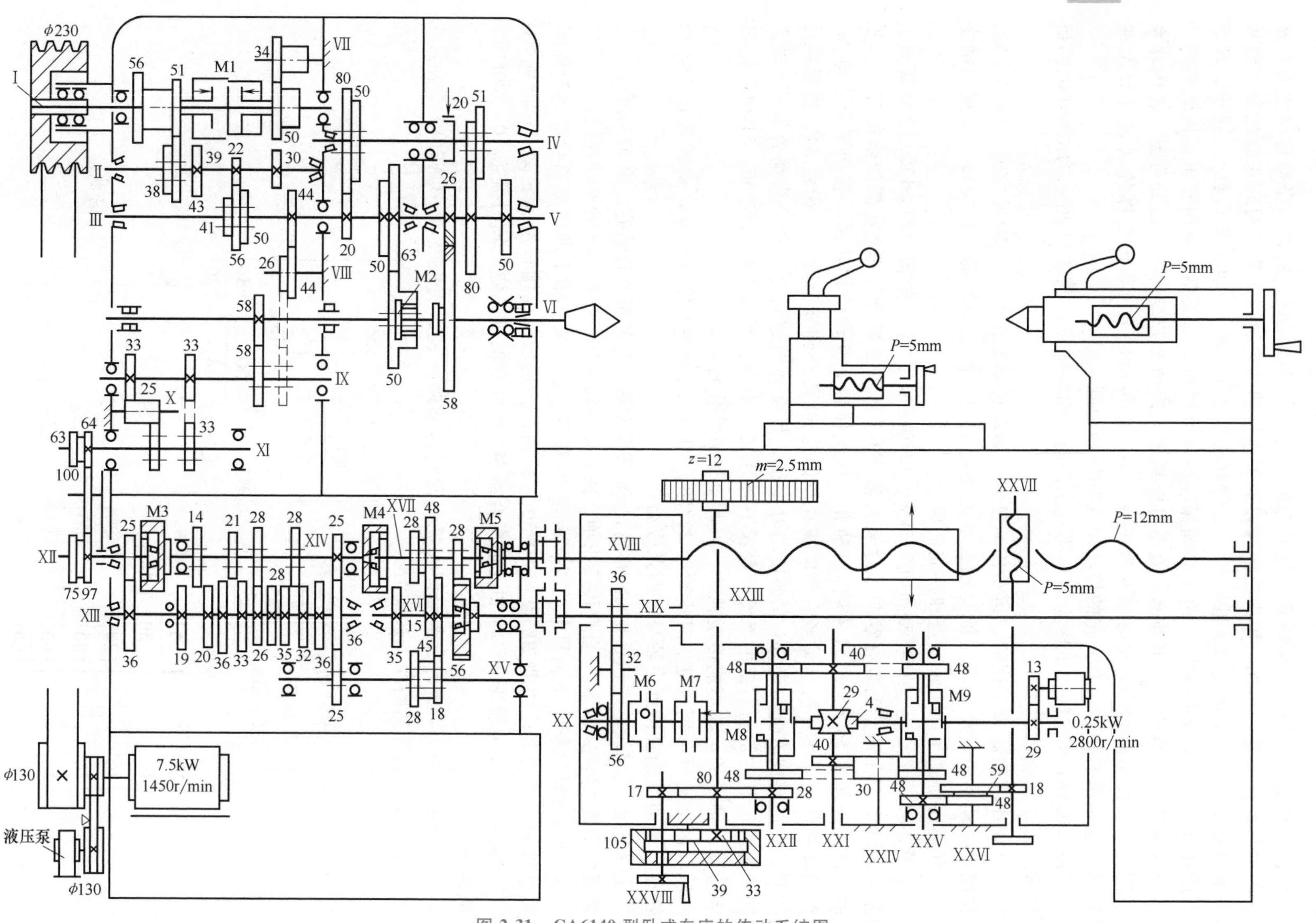

图 2-31 CA6140 型卧式车床的传动系统图

由传动路线表达式可以清楚地看出从主电动机至主轴Ⅵ各种转速的传动关系。根据传动系统图分析机床的传动关系时，首先应弄清楚机床有几个执行件，工作时有哪些运动，它的动力源是什么，然后按照运动的传递顺序，从动力源至执行件依次分析各传动轴之间的传动结构和传动关系。从传动系统图中看懂传动路线是认识和分析机床的基础，通常的方法是“抓两端，连中间”。也就是说，在了解某一条传动链的传动路线时，首先，应搞清楚此传动链两端的末端件是什么即“抓两端”；其次，再找到它们之间的传动联系即“连中间”，这样就很容易找出传动路线。在分析传动结构时，应特别注意齿轮、离合器等传动件与传动轴之间的连接关系（如固定、空套或滑移），从而找出运动的传递关系。在分析传动系统图时应与传动原理图和传动框图联系起来。

由机床传动系统图和传动路线表达式可以看出主轴转速级数。主轴正转时，利用各滑动齿轮轴向位置的各种不同组合，共可得到 $2\times3\times(1+2\times2)=30$ 种传动主轴的路线。又经过计算可知，从轴Ⅲ到轴Ⅳ的 4 条传动路线的传动比为：

$$n_{主轴}=1450\text{r/min}\times\frac{130}{230}\times\frac{51}{43}\times\frac{22}{58}\times\frac{20}{80}\times\frac{20}{80}\times\frac{26}{58}\approx10\text{r/min}$$

应用上述运动平衡式，可以计算出主轴正转时的 24 级转速为 10～1400r/min。同理，也可计算出主轴反转时的 12 级转速为 14～1580r/min。主轴反转通常不是用于切削，而是用于车削螺纹时，在完成一次切削后使车刀螺纹沿螺纹线退回，而不断开主轴和刀架间的传动链，以免在下一次切削时发生“乱扣”现象。为了节省退回时间，主轴反转转速比正转转速高。

（2）立式车床　立式车床适用于加工直径大而高度小于直径的大型工件，按其结构形式可分为单柱式和双柱式两种。立式车床的主参数用最大车削直径的 1/100 表示。例如，C5112A 型单柱立式车床的最大车削直径为 1200mm。

由于立式车床的工作台处于水平位置，因此对笨重工件的装卸和找正都比较方便，工件和工作台的质量比较均匀地分布在导轨面和推力轴承上，有利于保持机床的工作精度和提高生产率。

（3）转塔车床　与卧式车床相比，转塔车床在结构上的明显特点是没有尾座和丝杠。卧式车床的尾座由转塔车床的转塔刀架所代替。

在转塔车床上，根据工件的加工工艺情况，预先将所用的全部刀具安装在机床上并调整好，每组刀具的行程终点位置由可调整的挡块来加以控制。加工时用这些刀具轮流进行切削。机床调整好后，加工每个工件时不必再反复地装卸刀具及测量工件尺寸。因此，在成批加工复杂工件时，转塔车床的生产率比卧式车床高。

2. 钻床

钻床是孔加工的主要机床。在钻床上主要用钻头进行钻孔。在车床上钻孔时，工件旋转，刀具做进给运动。而在钻床上加工时，工件不动，刀具做旋转主运动，同时沿轴向移动做进给运动。故钻床适用于加工外形较复杂，没有对称回转轴线的工件上的孔，尤其是多孔加工，如加工箱体、机架等零件上的孔。除此之外，在钻床上还可以完成扩孔、铰孔、锪平面及攻螺纹等工作。

钻床的主参数是最大钻孔直径。根据用途和结构不同，钻床可分为立式钻床、台式钻床、摇臂钻床、深孔钻床及中心孔钻床等。立式钻床和摇臂钻床如图 2-32 所示。

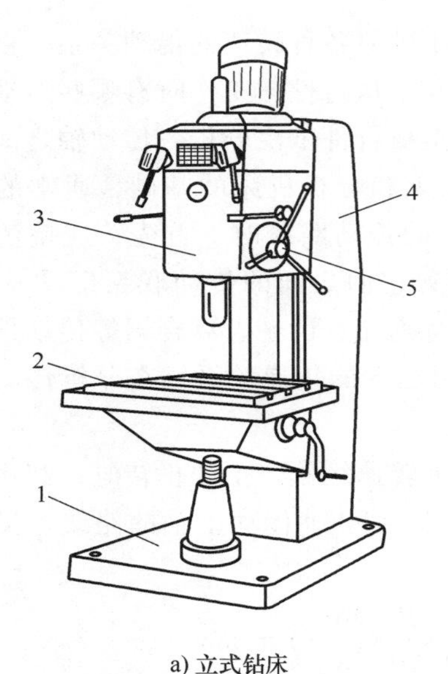

a) 立式钻床

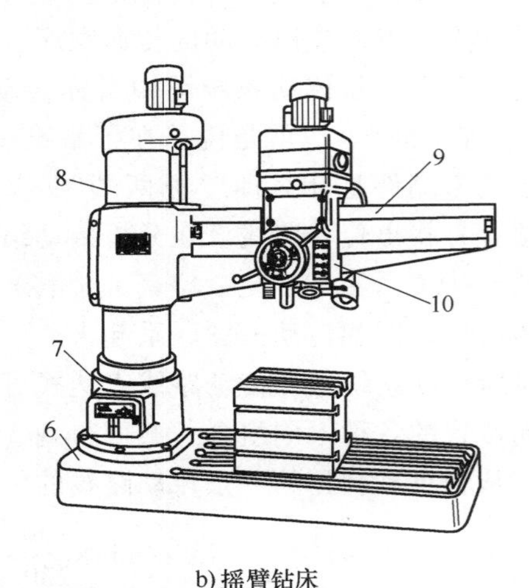

b) 摇臂钻床

图 2-32 立式钻床和摇臂钻床示意图

1、6—底座 2—工作台 3、10—主轴箱 4—立柱 5—手柄 7—内立柱 8—外立柱 9—摇臂

3. 铣床

铣床是用铣刀进行铣削加工的机床。通常铣削的主运动是铣刀的旋转，工件或铣刀的移动为进给运动，这有利于采用高速切削。其生产效率比刨床高。铣床适应的工艺范围较广，可加工各种平面、台阶、沟槽和螺旋面等。

铣床的主要类型有升降台式铣床、床身式铣床、龙门铣床、工具铣床、仿形铣床，以及数控铣床等。图 2-33～图 2-35 所示为常用铣床示意图。

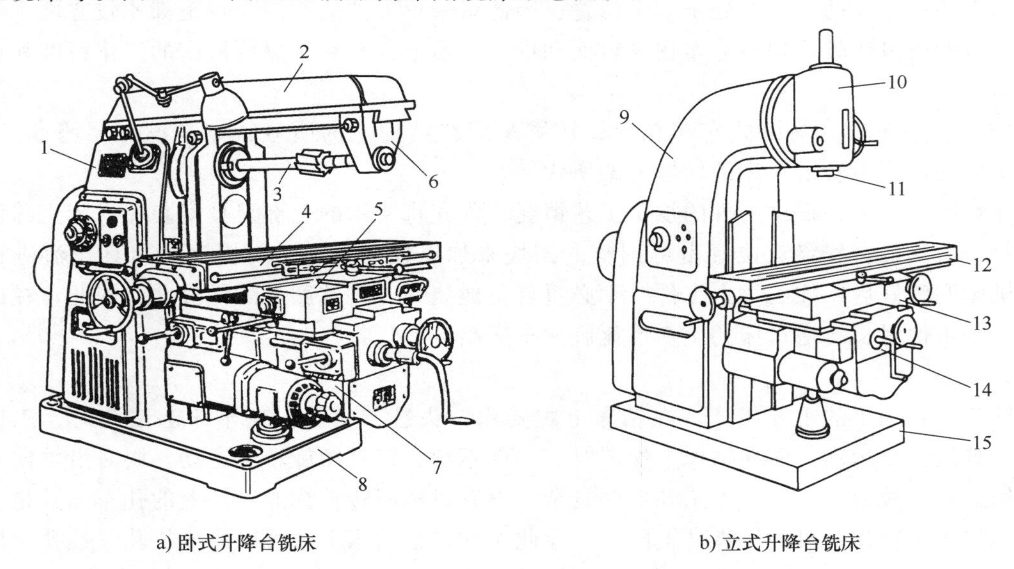

a) 卧式升降台铣床　　b) 立式升降台铣床

图 2-33 升降台式铣床

1、9—床身 2—悬梁 3—主轴刀杆 4、12—工作台 5—滑座 6—刀杆支架 7、14—升降台 8、15—底座 10—立铣头 11—主轴 13—床鞍

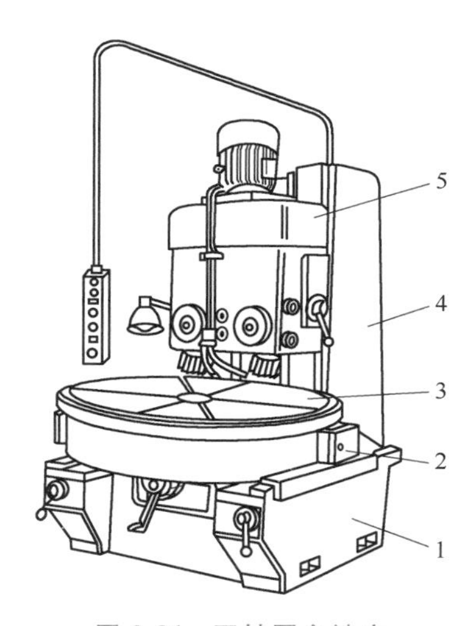

图 2-34　双轴圆台铣床

1—床身　2—滑座　3—工作台　4—立柱　5—主轴箱

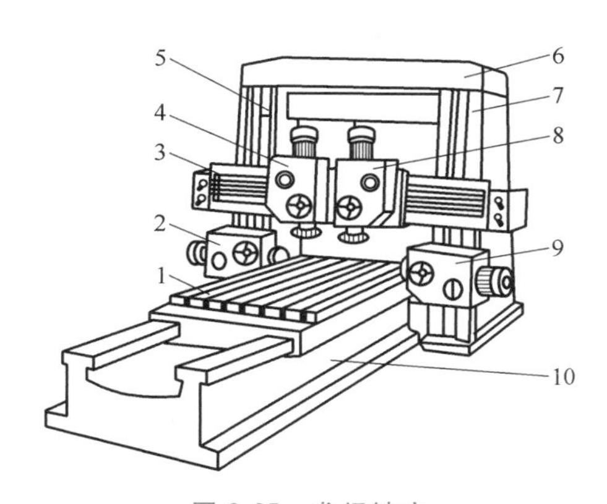

图 2-35　龙门铣床

1—工作台　2、9—卧式铣削头　3—横梁　4、8—立铣头　5、7—立柱　6—顶梁　10—床身

4. 磨床

磨削加工所使用的机床称为磨床。由于磨削加工容易得到高的加工精度和好的表面质量，所以磨床主要应用于零件精加工。近年来由于科学技术的发展，现代机械零件对精度和表面质量的要求越来越高，各种高硬度材料应用日益增多。同时，由于精密铸造和精密锻造工艺的发展，有可能将毛坯直接磨成成品。此外，高速磨削和强力磨削工艺的发展，进一步提高了磨削效率。因此，磨床的使用范围日益扩大，它在金属切削机床中所占的比例不断上升。目前，在工业发达国家中，磨床在机床总数中的比例已经达 30%～40%。磨床的种类很多，主要类型有以下几种：

1）外圆磨床，包括万能外圆磨床、普通外圆磨床和无心外圆磨床等，M1432B 型万能外圆磨床如图 2-36 所示。

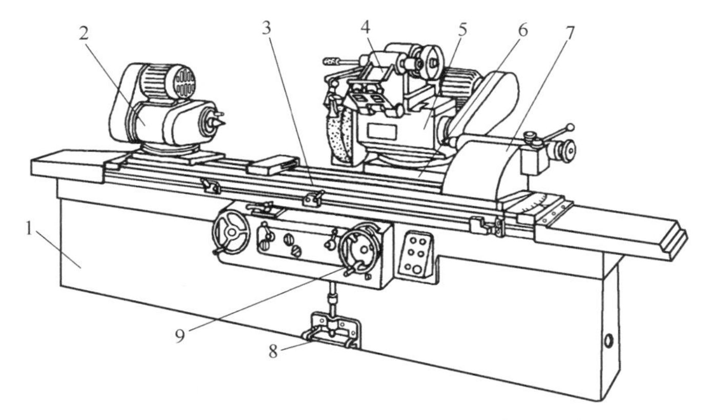

图 2-36　M1432B 型万能外圆磨床

1—床身　2—头架　3—工作台　4—内圆磨具　5—砂轮架　6—滑鞍　7—尾座　8—脚踏操纵板　9—手柄

2）内圆磨床，包括普通内圆磨床、无心内圆磨床和行星式内圆磨床等。

3）平面磨床，包括卧轴矩台平面磨床、立轴矩台平面磨床、卧轴圆台平面磨床和立轴圆台平面磨床等。图 2-37 和图 2-38 所示分别为卧轴矩台平面磨床和立轴圆台平面磨床。

4）工具磨床，包括曲线磨床、钻头沟背磨床和丝锥沟槽磨床等。

5）刀具刃磨床，包括万能工具磨床、拉刀刃磨床和滚刀刃磨床等。

6）各种专门化磨床，是指专门用于某一类零件的磨床，如曲轴磨床、凸轮轴磨床、花键轴磨床、活塞环磨床、齿轮磨床和螺纹磨床等。

7）其他磨床，如珩磨机、研磨机、抛光机、超精机和砂轮机等。

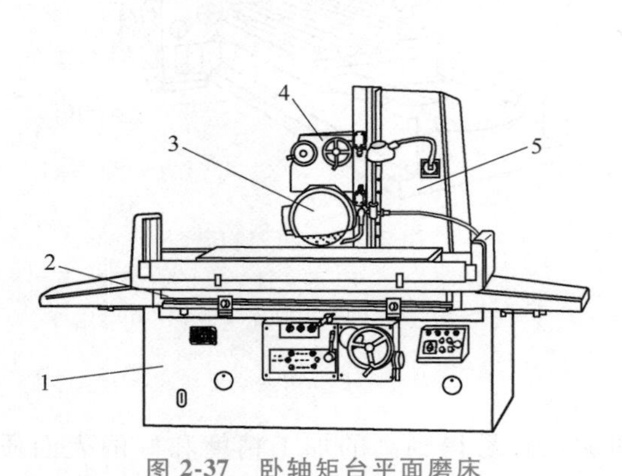

图 2-37　卧轴矩台平面磨床

1—床身　2—工作台　3—砂轮架　4—滑座　5—立柱

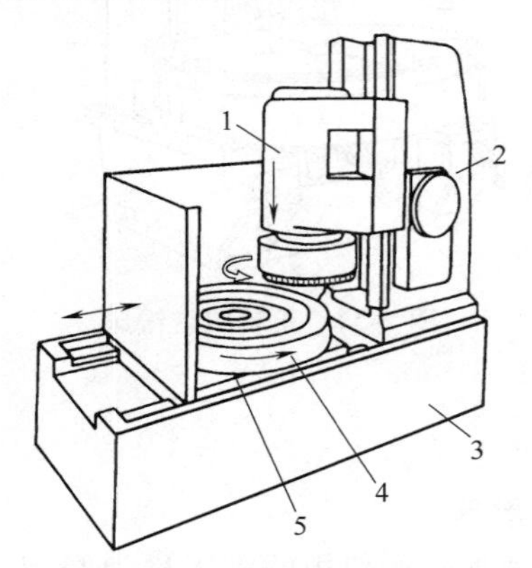

图 2-38　立轴圆台平面磨床

1—砂轮架　2—立柱　3—床身　4—工作台　5—床鞍

2.3.3　数控机床

1. 概述

数控技术是指用数控装置的数字化信息来控制机械执行预定的动作，而数字化信息对机床的运动及其加工过程进行控制的机床，称为数控机床。

（1）数控机床的结构　组成数控机床的结构包括数控装置、伺服系统、机床本体和测量装置等，各部分的功能及作用分别为：

1）数控装置 CNC 是数控机床的核心，它的功能是接收由输入装置送来的信号，经过数控装置的系统软件或逻辑电路进行编译、运算和逻辑处理后，输出各种信号和指令，控制机床的各个部分进行规定的、有序的动作。

2）伺服系统是数控系统的执行部分，它由伺服驱动电路和伺服驱动装置（电动机）组成，并与机床上的执行部件和机械传动部件组成数控机床的进给系统。它根据数控装置发来的速度和位移指令控制执行部件的进给速度、方向和位移。

3）机床本体包括主运动部件、进给运动执行部件、工作台、刀架及其传动部件和床身立柱等支承部件，此外还有冷却、润滑、转位和夹紧装置等。

4）测量装置用来直接或间接测量执行部件的实际位移或转动角度等运动情况，是保证机床精度的信息来源，具有十分重要的作用。

（2）数控机床的特点

1）加工精度高。数控机床按预定的加工程序自动加工零件，不需要人工干预，加之数控机床本身刚度好，精度高，还可以利用软件进行精度校正和补偿，因此可以获得比机床本身精度还要高的加工精度和重复定位精度。中、小型数控机床的定位精度可达 0.005mm，重复定位精度可达 0.002mm。

2）生产效率高。数控机床刚度好，可以进行大切削用量的强力切削，有效地节省机动时间，还具有自动变速、自动换刀、自动交换工件和其他辅助操作自动化等功能，使辅助时间缩短，而且无需工序间的检测和测量。

3）自动化程度高。数控机床的加工是输入编好的零件加工程序后自动完成的，除了装卸零件、操作键盘和观察机床运行之外，其他的机床动作都是自动连续完成的。

4）对加工对象的适应性强。数控机床是一种高度自动化和高效率的机床，可适应不同品种和尺寸规格工件的自动加工。当加工对象改变时，只要改变数控加工程序，就可改变加工工件的品种，为复杂结构的单件、小批量生产及试制新产品提供了便利。

5）经济效益好。数控机床在单件、小批量生产的情况下，可节省划线工时，减少调整、加工和检验时间，节省直接生产费用和工装费用。数控机床的加工精度稳定，降低了废品率，使生产成本进一步下降。

（3）数控机床的优势　可编程逻辑控制器（Programmable Logical Controller，PLC）是一种以微处理器为基础的通用型自动控制装置，用于完成数控机床的各种逻辑运算和顺序控制，如机床起停、工件装夹、刀具更换和切削液开关等辅助动作。PLC 还接受机床操作面板的指令：一方面直接控制机床的动作；另一方面将有关指令送往 CNC，用于加工过程控制。CNC 系统中的 PLC 有内置型和独立型。

数控机床的操作是通过人机操作面板实现的，人机操作面板由数控面板和机床面板组成。数控面板是数控系统的操作面板，由显示器和手动数据输入（Manual Data Input，MDI）键盘组成，又称为 MD 面板。显示器的下部常设有菜单选择键，用于选择菜单。键盘除各种符号键、数字键和功能键外，还可以设置用户定义键等。操作人员可以通过键盘和显示器实现系统管理，对数控程序及有关数据进行输入、存储和编辑修改。在加工中，屏幕可以动态地显示系统状态和故障诊断报告等。此外，数控程序及数据还可以通过磁盘或通信接口输入。

机床操作面板主要用于手动方式下对机床的操作，以及自动方式下对机床的操作或干预。其上有各种按钮与选择开关，用于机床及辅助装置的起停、加工方式选择和速度倍率选择等，还有数码管及信号显示等。中、小型数控机床的操作面板常和数控面板做成一个整体，但二者之间有明显界限。数控系统的通信接口，如串行接口，常设在机床操作面板上。

（4）数控机床的发展趋势　进入 21 世纪以来，随着数控技术的不断发展和应用领域的扩大，它对国计民生的一些重要行业（IT、汽车、轻工、医疗等）的发展起着越来越重要的作用，因为这些行业所需装备的数字化已是现代发展的大趋势。总体而言，数控机床呈现以下三个发展趋势：

1）高速、高精密化。高速、精密是机床发展永恒的目标。为满足这个复杂多变市场的需求，当前机床正向高速切削、干切削和准干切削方向发展，加工精度也在不断地提高。另一方面，电主轴和直线电动机的成功应用，陶瓷滚珠轴承、高精度大导程空心内冷和滚珠螺母强冷的低温高速滚珠丝杠副及带滚珠保持器的直线导轨副等机床功能部件的面市，也为机床向高速、精密发展创造了条件。

2）高可靠性。数控机床的可靠性是数控机床产品质量的一项关键性指标。数控机床能否发挥其高性能，实现高精度和高效率，并获得良好的效益，关键取决于其可靠性的高低。

3）数控机床设计CAD化、结构设计模块化。随着计算机应用的普及及软件技术的发展，CAD技术得到了广泛发展。CAD不仅可以替代人工完成繁琐的绘图工作，更重要的是可以进行设计方案选择和大件整机的静、动态特性分析、计算、预测及优化设计，可以对整机各工作部件进行动态模拟仿真。在模块化的基础上，在设计阶段就可以看出产品的三维几何模型和逼真的色彩。采用CAD还可以大大提高工作效率，提高设计的一次成功率，从而缩短试制周期，降低设计成本，提高市场竞争力。

2. 数控车床

数控车床按数控系统的功能划分，可分为以下几类：

（1）经济型数控车床　采用步进电动机和单片机对普通车床的车削进给系统进行改造后形成的简易型数控车床。成本较低，自动化程度和功能都比较弱，车削加工精度也不高，适用于要求不高的回转类零件的车削加工。

（2）全功能型数控车床　现今全世界很多国家都有自主的全功能型数控车床面世，其中较为典型的有日本、中国和德国等，这些数控车床一般采用闭环或半闭环控制系统，具有高刚度、高精度和高效率等特点。

（3）车削中心　车削中心是以全功能型数控车床为主体，并配置刀库、换刀装置、分度装置、铣削动力头和机械手等，实现多工序复合加工的机床。在工件一次装夹后，它可完成回转类零件的车、铣、钻、铰和攻螺纹等多种加工工序，其功能全面，但价格较高。

（4）FMC数控车床　FMC数控车床是一个由数控车床、机器人等构成的柔性加工单元。图2-39所示为宝鸡机床集团有限公司设计的BRX10柔性加工单元。它能实现工件搬运、装卸的自动化和加工调整准备的自动化。该柔性加工单元采用两台CK7620P数控车床对面布置、配有M-10iA六轴工业机器人、八工位旋转料库，结构紧凑、布局灵活、加工效率高，可以完成工件的全部车削和钻孔、镗削加工。该柔性加工单元可达到车削工序加工与物流传送的自动化，实现长时间无人值守加工。

图2-39　BRX10柔性加工单元

数控车床刚性好，制造和对刀精度高，能方便和精确地进行人工补偿和自动补偿，所以能加工尺寸精度要求较高的零件。此外数控车削的刀具运动是通过高精度插补运动和伺服驱动来实现的，再加上机床的刚性好和制造精度高，所以它能加工对母线直线度、圆度、圆柱度等形状精度要求高的零件。对于圆弧及其他曲线轮廓，加工出的形状和图样上所要求的几何形状的接近程度比用仿形车床要高得多。

数控车床有恒线速切削功能，所以可以选用最佳线速度来切削锥面和端面，使车削后的表面粗糙度既小又一致，加工出表面粗糙度小而均匀的零件。

数控车床不但能车削任何等导程的直、锥和端面螺纹，而且能车削变导程与变导程之间平滑过渡的螺纹。数控车床车削螺纹时主轴转向不必像普通车床那样交替变换，它可以一刀又一刀不停顿地循环，直到完成，所以数控车床车削螺纹的效率很高。

3. 数控铣床

（1）数控铣床加工及其功能特点

1）数控铣床加工。铣床的加工表面形状一般是由直线、圆弧或其他曲线所组成。普通铣床操作者根据图样的要求，不断改变刀具与工件之间的相对位置，再与选定的铣刀转速相配合，使刀具对工件进行切削加工，便可加工出各种不同形状的工件。

数控铣床加工是把刀具与工件的运动坐标分割成最小的单位量，即最小位移量。由数控系统根据工件程序的要求，使各坐标移动若干个最小位移量，从而实现刀具与工件的相对运动，以完成零件的加工。

2）功能特点。数控铣削加工除了具有普通铣床加工的特点外，还有如下特点：

① 零件加工的适应性强、灵活性好，能加工轮廓形状特别复杂或难以控制尺寸的零件，如模具类零件、壳体类零件等。

② 能加工普通机床无法加工或很难加工的零件，如用数学模型描述的复杂曲线零件及三维空间曲面类零件。

③ 能加工一次装夹定位后，需进行多道工序加工的零件。

④ 加工精度高、加工质量稳定可靠，数控装置的脉冲当量一般为 0.001mm，高精度的数控系统可达 0.1μm，另外，数控加工还避免了操作人员的操作失误。

⑤ 生产自动化程度高，可以减轻操作人员的劳动强度，有利于生产管理自动化。

⑥ 生产效率高，数控铣床一般不需要使用专用夹具等专用工艺设备，在更换工件时只需调用存储于数控装置中的加工程序、装夹工具和调整刀具数据即可，因而大大缩短了生产周期。其次，数控铣床具有铣床、镗床、钻床的功能，使工序高度集中，大大提高了生产效率。另外，数控铣床的主轴转速和进给速度都是无级变速，因此有利于选择最佳切削用量。

（2）数控铣床系统的分类

1）冷却系统。机床的冷却系统是由冷却泵、出水管、回水管、开关及喷嘴等组成的。冷却泵安装在机床底座的内腔里，冷却泵将切削液从底座内储液池抽至出水管，然后经喷嘴喷出，对切削区进行冷却。

2）润滑系统及方式。润滑系统是由润滑油泵、分油器、节流阀和油管等组成的。机床采用周期润滑方式，用润滑油泵，通过分油器对主轴套筒、纵横向导轨及三向滚珠丝杆进行润滑，以提高机床的使用寿命。

从数字控制技术特点看，由于数控机床采用了伺服电机，应用数字技术实现了对机床执行部件工作顺序和运动位移的直接控制，传统机床的变速箱结构被取消或部分取消了，因而机械结构也大大简化了。数字控制还要求机械系统具有较高的传动刚度和无传动间隙，以确保控制指令的执行和控制品质的实现。同时，由于计算机水平和控制能力的不断提高，同一台机床上允许更多功能部件同时执行所需要的各种辅助功能，因而数控机床的机械结构比传统机床具有更高的集成化功能。

（3）数控铣床的分类　常用的分类方法是按数控铣床主轴的布局形式来分类的，分为立式数控铣床、卧式数控铣床和立卧两用数控铣床。

1）立式数控铣床。立式数控铣床一般可以进行三坐标联动加工，目前三坐标立式数控铣床占大多数。此外，还有机床主轴可以绕 X、Y、Z 坐标轴中其中一个或两个做数控回转运动的四坐标和五坐标立式数控铣床。一般来说，机床控制的坐标轴越多，尤其是要求联动的坐标轴越多，机床的功能、加工范围及可选择的加工对象也越多。但随之而来的就是机床结构更加复杂，对数控系统的要求更高，编程难度更大，设备的价格也更高。

立式数控铣床也可以通过增加附加数控转盘、采用自动交换台、增加靠模装置等来扩大其功能、加工范围及加工对象，进一步提高生产率。图 2-40 所示为德国 UnionChemnitz 公司生产的立柱移动式铣床，这种机床专为中型工件的加工而设计，对于加工单件、中小型的工件具有很高的灵活性。在交换站，各铣头可实现自动交换，因此立柱可移动铣床可最大限度地扩大机床应用范围。

图 2-40　立柱移动式铣床

2）卧式数控铣床。卧式数控铣床与通用卧式铣床相同，其主轴轴线平行于水平面。为了扩大加工范围和扩充功能，卧式数控铣床通常采用增加数控转盘或万能数控转盘来实现四坐标、五坐标加工。这样，不但工件侧面上的连续回转轮廓可以加工出来，而且可以实现在一次安装中，通过转盘改变工位，进行“四面加工”。尤其是通过万能数控转盘可以把工件上各种不同的角度或空间角度的加工面摆成水平来加工。

3）立卧两用数控铣床。目前，立卧两用数控铣床正逐步增多。由于这类铣床的主轴方向可以更换，在一台机床上既可以进行立式加工，又可以进行卧式加工，其应用范围更广，功能更全，选择加工对象的余地更大，给用户带来了很大的方便。尤其是当生产批量小，品种多，又需要立、卧两种方式加工时，用户只需购买一台这样的机床就可以了。图 2-41 所示的就是西班牙尼古拉斯科雷亚集团开发的 FOX 桥式铣床，这种铣

图 2-41　立卧两用数控铣床

床是一种创新设计，结合了传统的粗加工与高性能加工的速度和精度。FOX 型铣床还包括可控制机床垂直轴温度的独特系统，从而确保滑枕几何精度的稳定性。

4. 数控磨床

（1）基于 PLC 控制的磨床　采用 PLC 控制的砂带磨床就是以 PLC 为控制器，通过控制砂带磨床的动作从而实现砂带磨削的自动化。PLC 是采用微电脑技术制造的通用自动控制装置。它以顺序控制为主，能完成逻辑判断、定时、计数、记忆和算术运算等功能，既能控制开关量，也能控制模拟量，控制规模从几十个点到上万个点。它具有高可靠性，能适应工业现场的高温、冲击、振动等恶劣环境，主要用于机械设备、生产流水线和生产过程的自动控制。此外，它还能与计算机进行通信，构成由计算机集中管理，PLC 进行分散控制的分布式控制管理系统。

（2）CNC 磨床　在现代化的磨床设计中，加入数控系统，根据磨床的特点和待加工工件的特点，进行相应的数控编程进而控制机床工作，极大地提高了工作效率和加工精度。

（3）基于柔性机器人系统的磨床　柔性磨削抛光加工系统主要由机器人、磨削抛光设备、力控制设备、三维扫描仪、离线编程软件、校准技术和在线控制技术等组成，覆盖了磨削抛光工艺的各个方面，先进的技术使得该系统能够处理各种复杂形状的工件，并且保证了工件的加工质量和产品的一致性。

目前国内外复杂几何形状工件（航空叶片、汽轮机叶片、人体关节、洁具等）的磨削抛光工艺都是由人工完成的，不仅具有加工效率低、产品一致性难以保证、生产人员工作环境恶劣等弊端，同时管理成本较高。机器人磨削抛光系统通过配置机器人系统、磨削抛光机构、交互式磨削抛光系统软件和三维测量系统等，实现了复杂形状工件磨削抛光的自动化，提高了成品率，并极大地缩短了加工时间。利用安装在机器人上的力传感器，实时地反馈给机器人加工时的受力信息，使得系统能够实现均匀磨削。

5. 加工中心

加工中心是用于加工复杂形状工件的高效率自动化机床，备有刀库，具有自动换刀功能，是对工件一次装夹后进行多工序加工的数控机床。

（1）加工中心的特点

1）工序集中。加工中心集钻孔、扩孔、铰孔、铣端面等工序于一身，工件一次装夹能够完成初加工、半精加工和精加工。

2）备有刀库，能自动换刀。加工中心备有完成一定范围内加工的各种刀具，刀库种类很多，常见的有盘式和链式两类，链式刀库存放刀具的容量较大。换刀机构在机床主轴与刀库之间交换刀具，常见的为机械手，也有不带机械手而由主轴直接与刀库交换刀具的，称为无臂式换刀装置。

3）有自动转位工作台。为了实现轮流使用多种刀具，使工件一次装夹完成多种加工，加工中心可配备转位工作台。

4）加工精度高。由于减少了装卸工件和换刀的次数，消除了由于多次安装造成的定位误差，加工中心的定位精度可高达 0.002mm。

5）生产效率高。由于减少了装卸工件和换刀的次数，大大减少了工件装夹、测量和机床的调整时间，减少了工件周转、搬运和存放的时间，使机床的切削时间利用率高于普通机床的 3~4 倍，同时为了缩短非切削时间，有的加工中心配有两个自动交换工件的托板。一个装着工件在工作台上加工，另一个则在工作台外装卸工件，机床完成加工循环后自动交换托板，使装卸工件与切削加工的时间相重合。

（2）加工中心的分类　按照机床的外观，加工中心可分为立式、卧式、龙门式和万能加工中心几种类型。由于加工中心种类比较多，所以在选用加工中心时需根据自身需要考虑以下几点。

1）加工中心种类，如零件以回转面为主，则可选用车削中心，如其上还有键槽、小平面、螺孔等需加工，要选择带动力头的车削中心，带有分度的 C 轴等。对箱体零件的加工往往选择卧式加工中心，对模具、叶片等的加工则宜选用立式加工中心。

2）根据加工表面及曲面的复杂程度，决定其联动轴数。一般采用三轴三联动或三轴两联动式。对复杂曲面加工，往往需要四轴三联动，甚至五轴五联动。

3）根据工件尺寸范围考虑其尺寸、型号，主要考虑 X、Y、Z 轴行程及工件大小、承重，再考虑其标准公差等级要求。加工中心导轨有的采用贴塑导轨，有的采用滚动导轨。贴塑导轨负载能力较大，适宜较重载切削的工况；滚动导轨磨损小，运动速度快，适宜切力较小的工况。当切削力过大时，为了提高机床刚性，还往往选用龙门式结构的加工中心。

4）其他功能。加工中心往往还带有接触式测头，测头占一把刀具的刀位，可以由程序控制调出，检测加工表面的精度，以防止较大切削力情况下变形过大。有些加工中心还有自适应控制功能，即根据电动机功率来自动调整切削用量，以达到提高生产率、保护设备和刀具的目的。

加工中心适于加工形状复杂、工序多、精度要求较高、需要多种类型的普通机床和众多刀具夹具，且经多次装夹和调整才能完成加工的零件，其加工的主要对象有箱体类零件，盘、套、板类零件，外形不规则零件，复杂曲面，需要刻线、刻字、刻图案的零件，以及其他需要特殊加工的零件。下列零件为加工中心的主要加工对象：

1）中、小批量轮番生产并具有一定复杂程度的零件。

2）有多个不同位置的平面和孔系加工的箱体或多棱体零件。

3）有较高的位置精度要求，更换机床加工时很难保证加工要求的零件。

4）对加工精度一致性要求较高的零件。

5）切削条件多变的零件，如某些零件由于形状特点需切削、钻孔、攻螺纹等。

6）可成组安装在工作台上，进行多品种混流加工的零件。

7）结构和形状复杂，普通加工时操作难度大、工时长、加工效率低的零件。

8）可镜像加工的零件等。

由于加工中心的加工质量、加工效率高，并具备高度的精确性，其应用越来越广。

2.3.4　智能切削机床

1. 概述

智能机床就是对制造过程能够做出决定的机床。智能机床了解制造的整个过程，能够监控、诊断和修正在生产过程中出现的各类偏差，并且能为生产提供最优化方案。此外，还能计算出所使用的刀具、主轴、轴承和导轨的剩余寿命，让使用者清楚其剩余使用时间和替换时间。

早在 20 世纪 80 年代，美国就曾提出研究发展“适应控制”机床，但由于许多自动化环节如自动检测、自动调节、自动补偿等没有解决，虽有各种试验，但进展较慢。后来在电加工机床（EDM）方面，首先实现了“适应控制”，通过对放电间隙、加工工艺参数进行自动选择和调节，以提高机床加工精度、效率和自动化。随后，由美国政府出资创建的机构——智能机床启动平台（SMPI），一个由公司、政府部门和机床厂商组成的联合体对智能机床进行了加速研究。2006 年 9 月在国际制造技术展（IMTS）展会上展出的日本 MAZAK 公司研发制造的智能机床，则向未来理想的“适应控制”机床方面前进了一大步。日本这种智能机床具有六大特色。①具有自动抑制振动的功能；②能自动测量和自动补偿，减少高速主轴、立柱、床身热变形的影响；③具有自动防止刀具和工件碰撞的功能；④具有自动补充润滑油和抑制噪声的功能；⑤数控系统具有特殊的人机对话功能，在编程时能在监测画面上显示出刀具轨迹等，进一步提高了切削效率；⑥对机床故障能进行远距离诊断。

在 21 世纪，数控机床将在现有技术基础上，由机械运动的自动化向信息控制的智能化方向发展。其发展速度和高度将取决于人才、科研、创新、合作四个方面。2006 年 MAZAK 展出的智能机床也还需要进一步完善、提高，如在机、电、液、气、光元件和控制系统方面；在加工工艺参数的自动收集、存储、调节、控制、优化方面；在智能化、网络化、集成化后的可靠性、稳定性、耐用性等方面，都还需要进行深入研究。

2. 智能车床

新兴工业时代，智能数控车床能满足快速大批量加工节拍、节省人力成本、提高生产效率等要求，成为越来越多工厂的理想选择。例如，沈阳机床股份有限公司的 i5T5 智能车床，一方面通过自动抑制振动、减少热变形、防止干涉、自动调节润滑油量、减少噪音等，可提高机床的加工精度和效率；另一方面，通过数控系统的开发创新，使得车床能够收容大量信息，并对各种信息进行储存、分析、处理、判断、调节、优化和控制。此外，i5T5 智能车床还具有工夹具数据库、对话型编程、刀具路径检验、工序加工时间分析、开工时间状况解析、实际加工负荷监视、加工导航、调节、优化，以及适应控制等重要功能。

随着市场经济的发展和科学技术的进步，要求产品不断更新换代，产品的个性化需求也越来越强烈，设计并制造能适应中、小批量生产，满足多品种加工特点，具有可调、快速、装配灵活的数控式智能车床，是当前智能车床发展的一个重要趋势。同时，不断扩大智能车床的工艺范围，提高其在线自动检测能力，实现加工过程中的深度学习能力，也是智能车床发展中需要解决的一个重要问题。

3. 智能磨床

智能磨削机床与传统磨削机床的不同之处在于，智能磨削机床是将磨削加工仿真与实际加工做到“无缝衔接”，所以智能磨削机床的重点就是磨削自动化仿真及磨削智能控制。

（1）磨削自动化加工仿真　计算机仿真技术是以多种学科和理论为基础，以计算机及其相应的软件为工具，通过模拟试验的方法来分析和解决问题的一门综合性技术。

现在，计算机仿真技术已经在磨削自动化加工领域得到了较广泛的应用，如图 2-42 所示为砂带磨削过程仿真。通过计算机仿真技术可以在复杂的磨削加工过程中得到不同输入参数下的各种磨削温度场的变化，分析不同加工参数对磨削弧区温度的影响，从而发现磨削温度场的变化规律。应用仿真技术还可以对砂带磨削温度场进行优化，在改变加工参数的条件下，使磨削温度场的温度变化趋向于合理，从而减少磨削烧伤的产生，为深入研究砂带磨削加工机理创造了条件。另外，通过计算机模拟可以预测和估计砂带磨削行为和磨削质量，为砂带磨削过程优化、智能控制、虚拟磨削创造了必要的前提。国外已经建立了复杂零件砂带磨削过程动力学模型，开发了磨削振动仿真的微机通用软件，采用数字仿真方法研究了高效砂带平面磨削振动的原理和软件。

图 2-42　砂带磨削过程仿真

（2）磨削加工过程中的智能控制　砂带磨削加工是一个复杂的过程，兼有高速微切削和高速滑擦摩擦的特征。如果把磨削过程的输入条件加以细分，则有三十多个可变因素，而磨削过程包含的各种物理现象中有大量随机因素，在以往磨削问题研究中，大致采用以下两种方法。

1）用数理统计和随机过程等数学方法研究磨削工艺参考输入条件和输出的关系，讨论某些输入参数变化对输出的影响规律，并从中建立数学优化模型。

2）从切削理论和摩擦学等方面来研究砂带磨削过程的各种物理现象，从而讨论一些有关的基本问题，这种研究方式往往会涉及多种基础学科。

人工神经网络以其特殊的处理问题的方法，特别适用于砂带磨削加工过程的研究。下面以模糊神经网络在磨削参数决策系统中的应用来进行阐述。

1）模糊神经网络模型。神经网络具有自学习能力和大规模的并行处理能力，在认知处理上比较擅长。而模糊系统能够充分利用学科领域的知识，能以较少的规则来表达知识，在技能处理上比较擅长。模糊逻辑和神经网络分别是模仿人脑的部分功能，模糊逻辑主要模仿人脑的逻辑思维，具有较强的结构性知识表达能力；神经网络模仿人脑神经元的功能，具有强大的自主学习能力和数据直接处理能力。因此，二者结合的模糊神经网络既能表示定性知识，又具有强大的自主学习能力和数据处理能力。

由两个或两个以上模糊神经元相互连接而形成的网络就是模糊神经网络（FNN），模糊神经网络继承了常规神经网络的学习算法，但由于模糊信息的特殊性，又形成了一些独有的算法，BP 算法是多层前向网络最常用的学习算法，并在模糊神经网络中得到了广泛的应用。

2）基于模糊神经网络的磨削参数决策系统。基于模糊神经网络的磨削参数决策系统的应用，如图 2-43 所示。

该系统包括专家系统（知识库、信息推理机、规则库）和加工参数模糊神经网络。首先，我们从专家或有经验的加工者处获得经验组成知识库。当系统从使用处获取初始状况

（工件材质、砂带材质、切削液种类、砂带磨损状况）和加工要求（加工精度、工件表面烧伤度、表面微裂纹程度、表面粗糙度）时，信息推理机根据输入参数从知识库中提取出最适当的磨削参数（工件进给速度、砂带线速度、磨削深度）作为初始磨削参数传给磨削过程。由于系统给出的磨削参数是由上层推理机从知识库中提取实际经验值，该经验值在当前加工条件下是否合理是未知的，所以要对其进行检验，即在试磨阶段和磨削过程中，需抽查部分工件并将抽检结果反馈给作为修正的前馈神经网络（Feedforward Neural Network，FNN）（A），加工结果同加工要求的差值被作为 FNN（A）的输入量，而 FNN（A）的输出量作为磨削参数的修正量对信息推理机决策出的初始磨削参数进行修正。同理，FNN（B）的输出反映机床的状况（如切削液种类等）对磨削质量的影响，对信息推理机决策出的初始磨削参数进行修正。

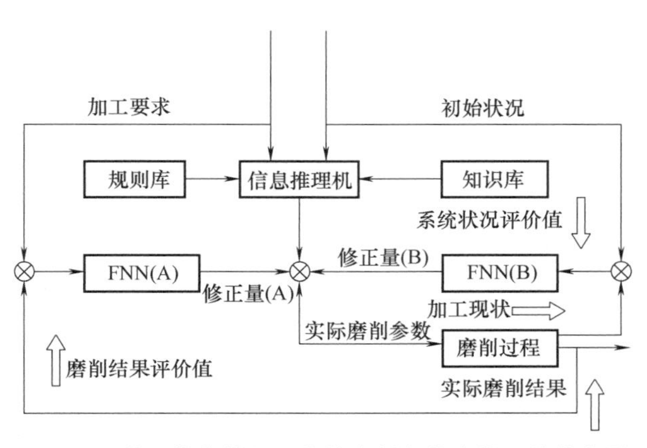

图 2-43　基于模糊神经网络的磨削参数决策系统的应用

FNN（A）和 FNN（B）的结构，如图 2-44 所示。

系统中 FNN 的参数模糊化与反模糊化选择三角形作为求属度函数，输出参量的反模糊化采用重心法，神经网络的算法采用前述的 BP 算法，模糊推理规则采用 24 条形如证 if-Then 的模糊推理规则。

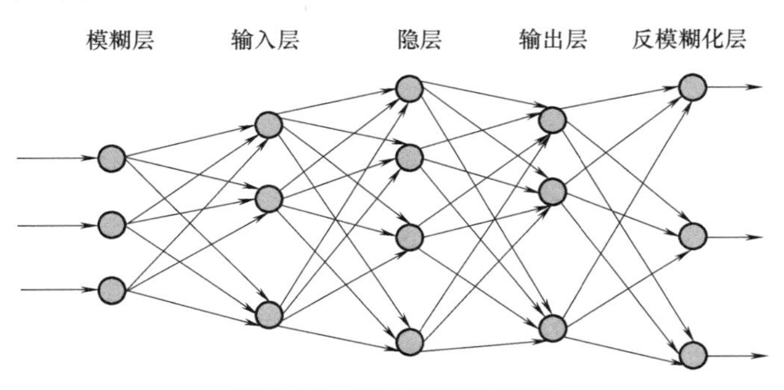

图 2-44　三层前馈型 FNN

系统中输入量是砂带粒度及材料、工件材质及尺寸精度、表面质量要求、机床当前状况、冷却状况等，输出则是对应的最优磨削参数（如砂带线速度、工件进给速度等）。以不同的运行条件和不同的磨削参数进行实验，获得一系列样本，对 FNN 进行反复训练，直到稳定为止，训练好的 FNN 便可以用于实际的决策过程。

3）磨削加工的专家系统。虽然近年来柔性制造系统（Flexible Manufacturing System，FMS）被人们所关注。FMS 适用十种以上，甚至对几十种的多品种中等批量生产十分有效。但对于单件、小批量、多品种的生产有成本高、效率低的缺点。磨削加工作为终加工工序，其对磨削比能、磨削烧伤及裂纹的控制，要比其他加工方法困难得多，往往是通过专家经验和理解来保证磨削加工质量的。针对这一问题，为适应多品种、少量生产形态的高效率加工，提出了专家型磨削加工系统，以期优化磨削，保证磨削加工质量。

专家型砂带磨削加工系统具体结构图如图 2-45 所示，其主要构成有专家和磨床（磨削动态）CNC 装置。在 CNC 系统中有 CNC 装置、人机对话控制、诊断和命令信息生成、监视信息处理、磨削知识数据库、测量控制、通信信息处理及示教学习处理等。

(3) 机械系统的特征　以前的生产系统都是通过中央处理机对每个机床进行操作控制的。希望每台设备能忠实地执行指令的自动化机器。为了应对生产环境和生产规模的频繁变化，出现了自律分散型生产系统，这种生产系统的每台机床设备都是具有高度意志和决定能力的机械系统。这样的机械系统具有以下四个特点。

1) 普遍性。无论什么样的生产环境，机械系统都能用通用的生产知识开始运行，且具有所必要的最小限度的生产持续能力。

2) 亲和性。为了获得人类的技巧和机械的固有特性，机械系统能积极接受人类所意识到的许多事例。

3) 专家性。机械系统本身能持续操作，把人类思考判断的事例，以类似人类的经验存储起来，并进一步利用和提高解决问题的能力，即具有专家能力。

4) 自律性。无论生产环境如何变化，机械系统能稳定保持自身内部状态的能力。

应特别指出的是，在多品种、少量生产，每个品种生产件数非常少的情况下，具有很多不同的操作经验。自动收集提炼和应用这些经验，降低新产品的加工时间和加工工艺，增加机械系统的自主学习，提高生产率，是今后研究的重点。

(4) 专家型自律机械系统的基本概念　该机械系统是以加工、计测、运输等生产活动的动作和运营为对象的。这种对象构成包含机械系统、控制系统、管理计算机的人，且是以协调和人类的关系为前提而构成的，如图 2-46 所示。这里的控制系统不仅仅是人们的动作机能，而且是反映专家的技术爱好及内心世界的机械知识库。这种机械是由行动、认识、思考和学习四种基本机能构成的。

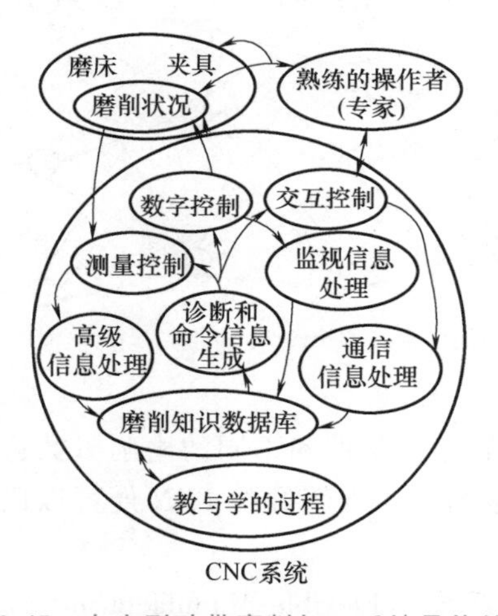

图 2-45　专家型砂带磨削加工系统具体结构

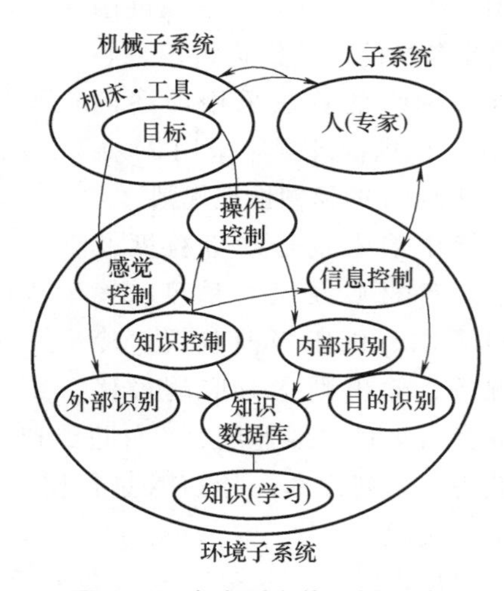

图 2-46　专家型自律机械系统

知识库：设定为与初始机械相关的通用基本知识，适应于环境变化进行动态学习，更新知识而获得新的知识。四种基本机能有如下基本任务。

1) 行动机能部由知觉控制、运动控制及通信控制组成。能传送控制系统内部和人们的信息交流，给予机械系统以高精度、高效率的运动指令。

2) 认识机能部包括控制系统内部的认识（内界认识）、机械系统的认识（外界认识）及对人们的目的和意志的认识（目的认识）、理解感觉信息的收集和行动规范。

3）思考机能部是根据正确的内部、外界认识及目的认识，决定实现所给予的目的和意志的手段。

4）专家机能部主要是去除矛盾、冗长和不符合目的的知识，并汲取适应生产环境的新知识及动态的更新知识库。

4. 智能加工中心

智能加工中心是智能制造系统中的一种重要智能机器，其不仅仅监控加工过程，还具备更高层次的智能行为。通过分析整个加工过程，可以总结出在智能制造环境下，智能加工中心应具备的主要功能。

（1）智能加工中心的功能　包括感知功能、决策功能、控制功能、通信功能和学习功能五方面。

1）感知功能。

① 加工对象感知。在多品种、小批量生产中，加工系统要处理的工件种类很多，智能加工中心要能识别出待加工的工件。在生产批量很小时，难以准备高精度的毛坯，工件的定位、装夹差别较大，这时若按预先制定的工艺规程进行粗加工，往往产生切削余量过大或切削刃在毛坯表面滑动等不正常事件，这就要求智能加工中心能在线感知待加工毛坯的特性和安装位置，并生成合适的数据加工代码。

② 系统状态感知。识别系统自身各子部件状态和整体状态，以及加工过程状态，系统的加工能力与其状态密切相关。状态感知是系统能够实现自治的基础，也是与其他智能机器进行加工任务协商求解的基础。

感知功能的实现主要依赖于对自身结构和行为的理解，以及多种传感器信号的收集、特征提取和信息融合。

2）决策功能。智能加工中心在感知的基础上，要通过决策作出自身的价值判断，理解其在整个制造系统中的地位与作用，与其他智能机器的关系，并确定自身的行为方式。重要的方面有加工要求和任务分析、工艺规划、交流与协商等，如通过加工要求和任务分析判断不能顺利完成任务时，则通过与环境的协商求得服务与支持，重新调整与其他智能机器的关系，最终取得并接收能承担的工作负荷。决策反映了智能加工中心的价值认同。

3）控制功能。控制包括两个方面，即操作与控制。操作是指根据决策结果进行处理；控制是指以优化的方式完成加工任务，并保证加工过程得到可靠的监视与维护，提高加工效率和可靠性。

4）通信功能。

① 与 CAM/CAD 的智能通信，用于数据与知识交流，支持并行工程策略。

② 与其他加工单元和设备的智能通信，用于交流状态信息，协调加工负荷，对加工任务进行协商求解。

③ 与人类专家和操作人员的智能通信。良好的人机交互环境，为人提供所需信息，为智能机器提供或维护知识单元，做出相关决策。

5）学习功能。根据决策、控制和加工指令，以及由此引起的状态变化和最终加工任务，学习与积累相关知识，改进决策和控制策略；也包括从人类专家和其他智能机器直接获取知识。

（2）智能加工中心的知识处理

1）知识领域。智能加工中心的知识处理主要集中在以下两个方面。

① 智能加工中心与其他智能机器和人员之间的交流。制造系统中各部门在独立完成各自任务的同时，又相互协调，以平衡负荷，提高整体经济效益。在通常的计算机集成制造系统（Computer Intergrated Manufacturing System，CIMS）中，加工设备处于整个递阶控制结构的底层，由工作站实现集中控制，各加工设备不能直接联系，而设备作业规划是在单元控制级完成的，这种结构下，一旦某台加工设备发生意外故障，损失部分或全部加工能力，则整个作业计划将不能顺利完成，这是目前递阶控制制造系统的缺点之一。智能加工中心的设计要能有效地处理上述问题，它感知自身的状态，在失去部分或全部加工能力后，通过其他相关智能机器通信协商，力图在局部范围内重新分配作业任务，以最小的代价消化任务波动。

② 加工对象特征抽取与表达。智能加工中心内部集成了感知、决策、控制等子系统，这些子系统要共享部分信息与知识，还要经常交换信息与数据，要提高各子系统间相互联系的效率，需要有合适的信息表达方式。由于整个加工过程是围绕加工对象进行的，加工对象的特征在知识处理系统中具有重要的地位，因此要从 CAD/CAM 系统传来的产品数据模型或数控加工代码（NC 代码）中抽取智能加工中心所需的各种特征知识。

2）基于 NC 代码的知识获取与表达。知识获取实质上就是操作类的实例化过程，即为操作类建立一个分类关系表达，知识获取体现为在各分类层次上对类实例的实例变量取值。操作类的分类层次关系如图 2-47 所示。下一层次操作类除完全继承上一层次类实例变量外，还有自身特殊的实例变量，如操作类的实例变量有操作序号、坐标值、运动增量、主轴转速、进给速度和刀具号等；切削类除继承这些变量外，还有新的变量——切入位置和切出位置等。

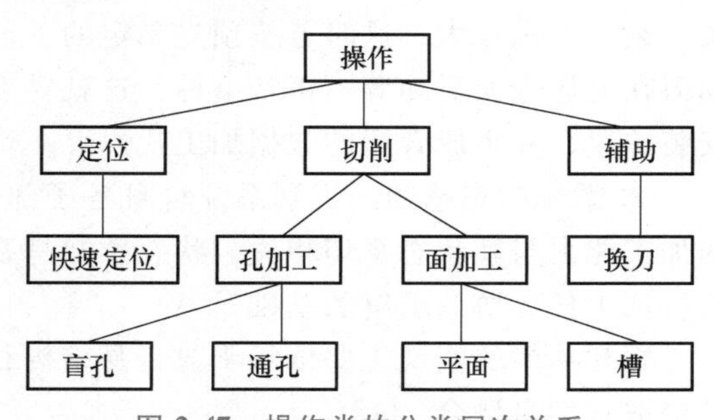

图 2-47 操作类的分类层次关系

NC 代码语法分解：NC 代码由多个指令组成，代码中一个指令单位称为程序段，程序段结束标志用“;”或回车符表示。构成程序段的要素是程序字，程序字由地址和后续的数值构成，地址规定其后续数字的意义，如 F20 表示进给速度为 20mm/min。NC 代码的语法分解就是将 NC 代码分成若干有独立意义的程序字，提供给下一阶段处理使用。

语义分析：语义分析是 NC 代码知识获取的重要步骤，有几个目的，一是语法检查，分析各程序字是否合法；二是范围校验，分析运动或选择是否越界；三是程序字分类和特征提取。

2.4 机械加工工艺规划

2.4.1 工艺规程的内容

工艺规程是在具体的生产条件下说明并规定工艺过程的工艺文件。根据生产过程工艺性质的不同，有毛坯制造、零件机械加工、热处理、表面处理，以及装配等不同的工艺规程。

其中规定零件制造工艺过程和操作方法等的工艺文件称为机械加工工艺规程。用于规定产品或部件的装配工艺过程和装配方法的工艺文件称为机械装配工艺规程。它们是在具体的生产条件下，确定的最合理或较合理的制造过程和方法，并按规定的形式书写成工艺文件，用来指导制造过程。

2.4.2　机械制造工艺规程的格式

最常用的机械加工工艺规程卡片和机械加工工序卡片的格式见表 2-9 和表 2-10。

表 2-9 所示的机械加工工艺规程卡片是简要说明零件机械加工过程以工序为单位的一种工艺文件，主要用于单件、小批量生产和中批量生产的零件，大批大量生产可酌情自定。该卡片是生产管理方面的文件。

表 2-9　机械加工工艺规程卡片格式

<table>
<tr><td rowspan="4">（工厂名）</td><td rowspan="4">机械加工工艺卡片</td><td colspan="2">产品名称及型号</td><td></td><td colspan="2">零件名称</td><td></td><td colspan="2">零件图号</td><td colspan="2"></td></tr>
<tr><td rowspan="3">材料</td><td>名称</td><td></td><td rowspan="2">毛坯</td><td>种类</td><td></td><td rowspan="2">零件质量/kg</td><td>毛重</td><td></td><td>每页</td></tr>
<tr><td>牌号</td><td></td><td>尺寸</td><td></td><td>净重</td><td></td><td>共页</td></tr>
<tr><td>性能</td><td></td><td colspan="2">每料件数</td><td></td><td>每台件数</td><td></td><td>每批件数</td><td></td></tr>
</table>

<table>
<tr><td rowspan="2">工序</td><td rowspan="2">安装</td><td rowspan="2">工步</td><td rowspan="2">工序内容</td><td rowspan="2">同时加工零件数</td><td colspan="4">切削用量</td><td rowspan="2">设备名称及编号</td><td colspan="3">工装名称及编号</td><td rowspan="2">技术等级</td><td colspan="2">工时定额/min</td></tr>
<tr><td>背吃刀量/mm</td><td>切削速度/(m/min)</td><td>转速/(r/min)或往返次数</td><td>进给量/(mm/r)</td><td>夹具</td><td>刀具</td><td>量具</td><td>单件</td><td>准备~终结</td></tr>
<tr><td></td><td></td><td></td><td></td><td></td><td></td><td></td><td></td><td></td><td></td><td></td><td></td><td></td><td></td><td></td><td></td></tr>
<tr><td colspan="2">更改内容</td><td colspan="14"></td></tr>
<tr><td colspan="2">编制</td><td colspan="2"></td><td colspan="2">抄写</td><td></td><td colspan="2">校对</td><td colspan="2"></td><td colspan="2">审核</td><td></td><td>批准</td><td></td></tr>
</table>

表 2-10 所示的机械加工工序卡片是在工艺规程卡片的基础上，进一步按照每道工序所编制的一种工艺文件。一般具有工序简图（图上应标明定位基准、工序尺寸及公差、几何公差和表面粗糙度要求，用粗实线表示加工部位等），并详细说明该工序中每个工步的加工内容、工艺参数、操作要求，以及所用设备和工装等。工序卡片主要用于大批大量生产中所有的零件，中批生产中复杂产品的关键零件，以及单件、小批量生产中的关键工序。

表 2-10　机械加工工序卡片格式

(厂名全称)	机械加工工序卡片	产品型号		零(部)件图号		文件编号	
		产品名称		零(部)件名称			共　页
							第　页

(工序简图)	车间	工序号	工序名称	材料牌号
	毛坯种类	毛坯外形尺寸	每坯件数	每台件数
	设备名称	设备型号	设备编号	同时加工件数
	夹具编号	夹具名称	切削液	
			工序时间	
			准终	单件

	工步号	工作内容	工艺设备	主轴转速/(r/min)	切削速度/(m/min)	进给量/(mm/r)	背吃刀量/mm	走刀次数	工时定额	
									基本	辅助
描图										
描校										
底图号										
装订号										

											编制(日期)	审核(日期)	会签(日期)		
	标记	处数	更改文件号	签字	日期	标记	处数	更改文件号	签字	日期					

实际生产中并不需要各种文件俱全，标准中允许结合具体情况作适当增减。未规定的其他工艺文件格式，可根据需要自定。

2.4.3　制订工艺规程的原则与步骤

在制订机械加工工艺规程时，必须有下列原始资料作为依据，它包括以下内容：

1）产品的全套装配图和零件图。

2）产品质量的验收标准。

3）产品的生产纲领和生产类型。

4）生产条件。

5）有关手册、标准及指导性文件。

在获得上述原始资料的基础上，可按下列步骤进行工艺规程的编制：

1）对零件进行工艺分析，结合零件图和装配图，了解零件在产品中的功用、工作条件，熟悉其结构、形状和技术要求，对零件进行结构工艺性审查。

2）确定毛坯。

3）拟订工艺路线。

4）确定各工序的加工余量，计算工序尺寸及公差。

5）确定各工序所采用的工装及工艺设备。

6）确定各主要工序的切削用量和工时定额。

7）确定各主要工序的技术要求及检验方法。

8）工艺方案的技术经济分析。

9）填写工艺文件。

拟订零件的机械加工工艺路线主要包括选择定位基准、确定各表面加工方法、安排各表面加工顺序等。这是制订工艺规程的关键，应提出几个方案，择优选择。

2.4.4 机械加工工艺规程设计

1. 毛坯的选择

毛坯制造是零件生产过程的一部分。根据零件的技术要求、结构特点、材料和生产纲领等方面的情况，合理地确定毛坯的种类、毛坯的制造方法、毛坯的形状和尺寸等，不仅影响到毛坯制造的经济性，而且影响到机械加工的经济性。

（1）毛坯种类的确定　毛坯的种类很多，常用毛坯类型及其比较见表 2-11。

表 2-11　常用毛坯类型及其比较

比较内容	毛坯类型				
	铸件	锻件	冲压件	焊接件	轧材
成形特点	液态下成形	固态下塑性变形	同锻件	永久性连接	同锻件
对原材料工艺性能要求	流动性好，收缩率低	塑性好，变形抗力好	同锻件	强度高，塑性好，液态下化学稳定性好	同锻件
常用材料	灰铸铁、球墨铸铁、中碳钢及铝合金、铜合金等	中碳钢及合金结构钢	低碳钢及有色金属薄板	低碳钢、低合金钢、不锈钢及铝合金等	低、中碳钢，合金结构钢、铝合金、铜合金等
金属组织特征	晶粒粗大、疏松，杂质无方向性	晶粒细小、致密	拉伸加工后沿拉伸方向形成新的流线组织，其他工序加工后原组织基本不变	焊缝区为铸造组织，熔合区和过热区有粗大晶粒	同锻件
力学性能	灰铸铁力学性能差、球墨铸铁、可锻铸件及铸钢件较好	比相同成分的铸钢件好	变形部分的强度、硬度提高，结构刚度好	接头的力学性能可达到或接近母材	同锻件

（续）

比较内容	毛坯类型				
	铸件	锻件	冲压件	焊接件	轧材
结构特征	形状一般不受限制,可以相当复杂	形状一般比铸件简单	结构轻巧,形状可以较复杂	形状、尺寸一般不受限制，结构较轻	形状简单，横向尺寸变化小
零件材料利用率	高	低	较高	较高	较低
生产周期	长	自由锻周期短，模锻周期长	长	较短	短
生产成本	较低	较高	批量越大,成本越低	较高	低
主要适用范围	灰铸铁件用于受力不大或承压为主的零件,或要求有减震、耐磨性能的零件;其他铁碳合金铸件用于承受重载或复杂载荷的零件;机架、箱体等形状复杂的零件	用于对力学性能,尤其是强度和韧性要求较高的传动零件和工具、模具	用于以薄板成形的各种零件	主要用于制造各种金属结构,部分用于制造零件毛坯	形状简单的零件
应用举例	机架、床身、底座、工作台、导轨、变速箱、泵体、阀体、带轮、轴承座、曲轴、齿轮等	机床主轴、传动轴、曲轴、连杆、齿轮、凸轮、螺栓、弹簧、锻模、冲模等	汽车车身覆盖件,电器及仪器、仪表壳及其零件,油箱,水箱,各种薄金属件	锅炉、压力容器、化工容器、管道、厂房构架、吊车构架、桥梁、车身、船体、飞机构件,重型机械的机架、立柱、工作台等	光轴、丝杆、螺栓、螺母、销子等

在具体选择毛坯类型时，要综合考虑零件所用材料的工艺性（可塑性、可锻性）及零件对材料所提出的力学性能要求，同时考虑零件的形状及尺寸大小、生产批量，毛坯车间现有的生产条件及采用先进毛坯制造方法的可能性等多方面的因素。改进毛坯制造方法以提高毛坯精度，采用净型和准净型毛坯，实现少、无屑加工是毛坯生产的发展方向。

（2）毛坯尺寸和形状　在确定毛坯的类型及制造方法后，要确定毛坯的尺寸和形状，其步骤是：

1）根据毛坯类型及制造方法估计加工表面的工序数目。

2）确定每道工序加工余量并计算总余量。

3）将原工件尺寸加上各表面的总加工余量即构成毛坯的雏形，毛坯尺寸的制造公差可查阅有关手册，精密毛坯还需根据需要给出相应的几何公差。

有了毛坯的雏形后，即可绘制锻件图，但还应根据结构工艺性进行修改。例如，铸件和锻件要考虑分模面、预制孔、模锻斜度和圆角等。另外，对有些毛坯还要考虑工艺性、工艺凸台等的设置。

2. 定位基准的选择

在编制工艺规程时，正确地选择各道工序的定位基准，对保证零件的加工质量，提高生产率，改善劳动条件和简化夹具结构等都有重大影响。定位基准有粗基准和精基准之分，在工件加工的第一道工序中，只能用毛坯上未加工的表面作为定位基准，这种定位基准称为粗基准；用加工过的表面作为定位基准，这种定位基准称为精基准。下面介绍定位基准的选择原则：

（1）粗基准的选择　粗基准的选择，一般情况下也就是第一道工序定位基准的选择，往往是为了加工后续工序的精基准。在选择粗基准时，重点考虑两方面：一是加工表面的余量分配；二是保证加工面与不加工面间的相互位置精度。因此，粗基准的选择要遵循下列原则。

1）选择不加工面为粗基准。对于同时具有加工表面与不加工表面的工序，为了保证加工面与不加工面间的相互位置要求，应以不加工面为粗基准。

如图 2-48 所示的毛坯零件，毛坯在铸造时内外圆有偏心，若加工后的内孔 B 与外圆 A 有同轴度要求，则选不需加工的外圆 A 作为粗基准镗削内孔 B，这样镗孔时，虽加工余量不均匀，但可使镗孔后的内孔和外圆具有较好的同轴度，即壁厚均匀，外形对称。

2）选择加工余量最小的面为粗基准。若工件上有几个不需要加工的表面，则应以其中与加工表面间的位置精度要求较高者作为粗基准；若工件上每个表面都要加工，则应以加工余量最小者为粗基准，以保证该表面在后续工序中不会因余量不足而报废。例如，图 2-49 所示阶梯轴，ϕ50mm 外圆的余量比 ϕ100mm 外圆的余量小，所以应选余量小的小端外圆为粗基准，先加工 ϕ100mm 外圆，然后再以 ϕ100mm 外圆为精基准加工出 ϕ50mm 外圆，这样可使小端外圆有足够而均匀的余量，反之，则可能使小端外圆余量不足。

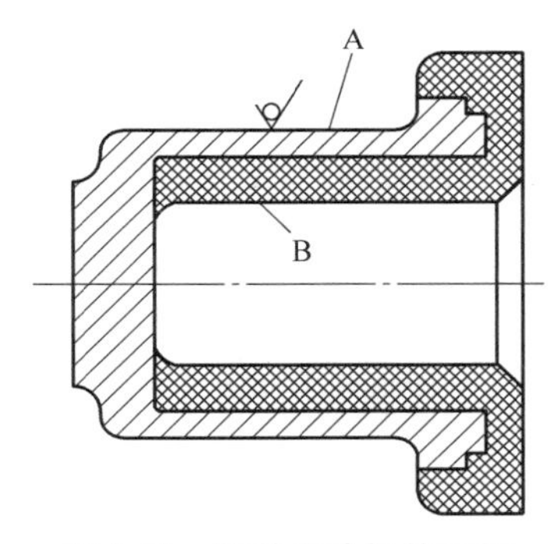

图 2-48　粗基准选择的实例

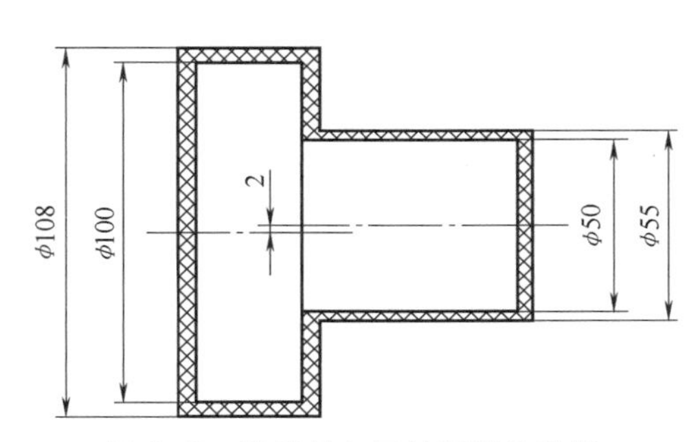

图 2-49　阶梯轴加工的粗基准选择

3）选择重要表面为粗基准。若首先保证重要表面的加工余量均匀，则应以该表面为粗基准。例如，图 2-50 所示床身导轨的加工，铸造床身毛坯时，导轨面向下放置，使其表层金属组织细致均匀，没有气孔、夹砂等缺陷。因此，希望在加工时只切去一层薄而均匀的余量，保留组织细密耐磨的表层，且达到较高的加工精度，故而应先以导轨面为粗基准加工床脚平面，然后再以床脚平面为精基准加工导轨面，如图 2-50a 所示，这时床脚平面加工余量可能不均匀，但加工后的床脚底面与床身导轨的毛坯表面基本平行，所以以其为精基准可保证导轨面加工余量均匀。反之如图 2-50b 所示，由于这两个毛坯平面误差很大，将导致导轨面的余量很不均匀甚至余量不够。

4）尽量选用位置可靠、平整光洁的表面作为粗基准。应避免选用有飞边、浇口、冒口或其他缺陷的表面作为粗基准，以保证定位准确，夹紧可靠。

5）粗基准一般不重复使用。在同一尺寸方向，粗基准通常只允许使用一次，这是因为

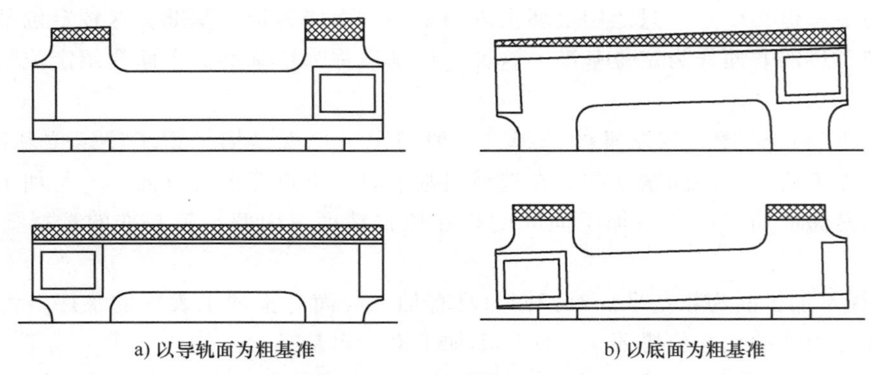

图 2-50 床身导轨面的两种定位方案的比较

粗基准一般都很粗糙，重复使用同一粗基准所加工的两组表面之间的位置误差会相当大。

（2）精基准的选择 选择精基准应考虑的主要问题是保证加工精度，特别是加工表面的相互位置精度，以及实现装夹的方便、可靠、准确，其选择原则如下：

1）基准重合原则。直接选用设计基准为定位基准，采用基准重合原则可以避免由定位基准与设计基准不重合引起的定位误差（即基准不重合误差），尺寸精度和位置精度能可靠地得到保证。如图 2-51 所示的零件简图，A 面是 B 面的设计基准；B 面是 C 面的设计基准。在用调整法铣削 B 面和 C 面时，若分别用 A 面和 B 面定位，二者均符合基准重合原则。以 A 面为定位基准，用调整法来加工 C 面，零件图上的设计尺寸 $c_{0}^{+\delta_c}$ 则为间接保证的尺寸。显然，工序尺寸的公差 δ_b 增加了加工的难度。

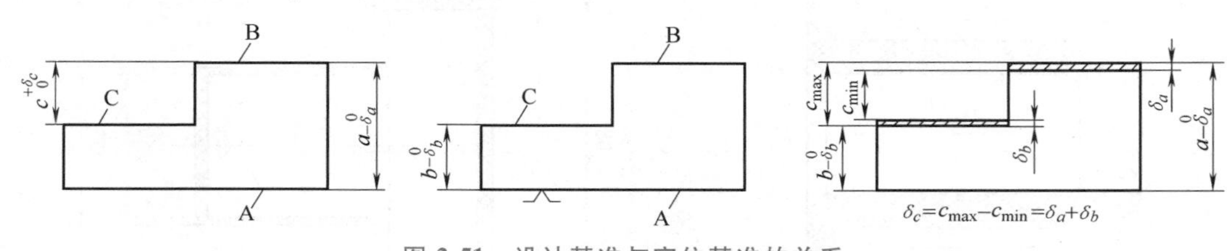

图 2-51 设计基准与定位基准的关系

2）基准统一原则。同一零件的多道工序尽可能选择同一个定位基准，称为基准统一原则。这样可保证各加工表面间的相互位置精度，避免或减少因基准转换而引起的误差，并且简化了夹具的设计和制造工作。如轴类零件，采用顶尖作为统一的定位基准加工各阶外圆表面，可保证各阶外圆表面之间的同轴度误差。

3）自为基准原则。精加工或光整加工工序要求余量小而均匀，用加工表面本身作为精基准，称为自为基准原则。该加工表面与其他表面之间的相互位置精度则由先行工序保证。如图 2-52 所示，在导轨磨床上磨削床身导轨。工件安装后用百分表对其导轨表面找正，此时的床身底面仅起支承作用。此外，用浮动铰刀铰孔，用圆拉刀拉孔，用无心磨床磨外圆，研磨等都是自为基准的例子。

4）互为基准原则。为使各加工表面间有较高的位置精度，或为使加工表面具有均匀的加工余量，有时可采取两个加工表面互为基准反复加工的方法，称为互为基准原则。例如，车床主轴为保证主轴轴颈与前端锥孔的同轴度要求，常以主轴颈表面和锥孔表面互为基准反复加工。又如，加工精密齿轮时，当把齿面淬硬后，需要进行磨齿，因其淬硬层较薄，故磨削

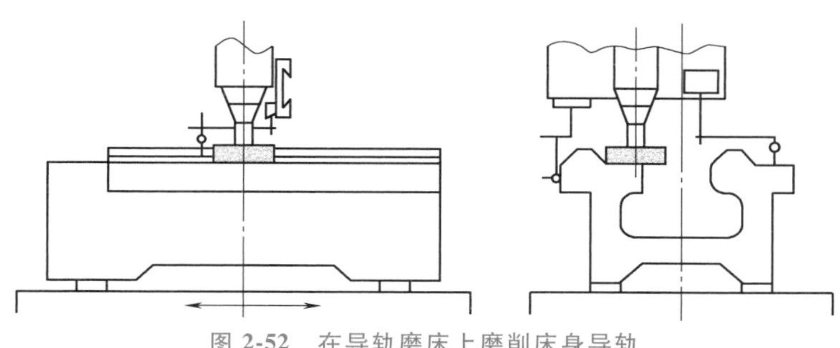

图 2-52 在导轨磨床上磨削床身导轨

余量要小而均匀。为此，就需先以齿面分度圆为基准磨内孔，再以内孔为基准磨齿面，这样加工不仅可以使磨齿余量小而均匀，而且还能保证齿轮分度圆对内孔有较小的同轴度误差。

3. 工艺路线的拟订

（1）经济精度 加工经济精度是指在正常的加工条件下（采用符合质量的标准设备、工装和标准技术等级的工人，不延长加工时间）所能保证的加工精度，各种加工方案的经济精度和适用范围见表 2-12。

表 2-12 各种加工方案的经济精度和适用范围

序号	加工方案	经济标准公差等级	表面粗糙度值 $Ra/\mu m$	适用范围
外圆表面加工方案				
1	粗车	IT11 以下	50~12.5	适用于各种金属加工(淬火钢除外)
2	粗车—半精车	IT10~IT8	6.3~3.2	
3	粗车—半精车—精车	IT8~IT7	1.6~0.8	
4	粗车—半精车—精车—滚压(或抛光)	IT8~IT7	0.2~0.025	
5	粗车—半精车—磨削	IT8~IT7	0.8~0.4	不宜用于有色金属加工,主要用于淬火钢的加工,也可用于未淬火钢的加工
6	粗车—半精车—粗磨—精磨	IT7~IT6	0.4~0.1	
7	粗车—半精车—粗磨—精磨—超精加工(或轮式超精磨)	IT5	0.1~0.012	
8	粗车—半精车—精车—金刚石车	IT7~IT6	0.4~0.025	主要用于要求较高的有色金属加工
9	粗车—半精车—粗磨—精磨—超精磨或镜面磨	IT5 以上	0.025~0.006	用于极高精度要求的外圆加工
10	粗车—半精车—粗磨—精磨—研磨	IT5 以上	0.1~0.006	
孔加工方案				
11	钻	IT13~IT11	12.5	用于加工铸铁钢及铸铁的实心毛坯,也可用于加工有色金属(但表面粗糙度稍大,孔径小于 15mm)
12	钻—铰	IT10~IT8	6.3~1.6	
13	钻—粗铰—精铰	IT8~IT7	1.6~0.8	
14	钻—扩	IT11~IT10	12.5~6.3	同上,但孔径大于 15~20mm
15	钻—扩—铰	IT9~IT8	3.2~1.6	
16	钻—扩—粗铰—精铰	IT7	1.6~0.8	
17	钻—扩—机铰—手铰	IT7~IT6	0.4~0.1	
18	钻—扩—拉	IT9~IT7	1.6~0.1	用于大批大量生产(精度视拉刀精度而定)
19	粗镗(或扩孔)	IT13~IT11	12.5~6.3	用于除淬火钢外各种材料的加工,毛坯有铸出孔或锻出孔
20	粗镗(粗扩)—半精镗(精扩)	IT10~IT8	3.2~1.6	
21	粗镗(扩)—半精镗(精扩)—精镗(铰)	IT8~IT7	1.6~0.8	
22	粗镗(扩)—半精镗(精扩)—精镗—浮动镗—刀精镗	IT7~IT6	0.8~0.4	

（续）

序号	加工方案	经济标准公差等级	表面粗糙度值 $Ra/\mu m$	适用范围
孔加工方案				
23	粗镗（扩）—半精镗—磨孔	IT8~IT7	0.8~0.4	主要用于淬火钢的加工，也可用于未淬火钢的加工，但不宜用于有色金属的加工
24	粗镗（扩）半精镗—粗磨—精磨	IT7~IT6	0.2~0.1	
25	粗镗—半精镗—精镗—金刚镗	IT7~IT6	0.4~0.05	主要用于对精度要求高的有色金属的加工
26	钻—（扩）—粗铰—精铰—珩磨 钻—（扩）—拉—珩磨 粗镗—半精磨—精镗—珩磨	IT7~IT6	0.2~0.025	用于对精度要求很高的孔的加工
27	以研磨替代方案26中的珩磨	IT6以上	0.1~0.006	
平面加工方案				
28	粗车—半精车	IT10~IT8	6.3~3.2	用于端面加工
29	粗车—半精车—精车	IT8~IT7	1.6~0.8	
30	粗车—半精车—磨削	IT8~IT6	0.8~0.2	
31	粗刨（或粗铣）—精刨（或精铣）	IT10~IT8	6.3~1.6	一般用于不淬硬平面的加工（端铣的表面粗糙度可较小）
32	粗刨（或粗铣）—精刨（或精铣）—刮研	IT7~IT6	0.8~0.1	用于精度要求较高的不淬硬平面的加工，批量较大时宜采用宽刃粗刨方案
33	粗刨（或粗铣）—精刨（或精铣）—宽刃精刨	IT7	0.8~0.2	
34	粗刨（或粗铣）—精刨（或精铣）—磨削	IT7	0.8~0.2	用于加工精度要求较高的淬硬平面或不淬硬平面
35	粗刨（或粗铣）—精刨（或精铣）—粗磨—精磨	IT6~IT5	0.4~0.025	
36	精刨—拉	IT9~IT7	0.8~0.2	用于大量生产，较小的平面的加工（精度视拉刀精度而定）
37	粗铣—精铣—磨削—研磨	IT5以上	0.1~0.006	用于高精度平面的加工

（2）加工阶段的划分　为保证零件加工质量及合理地使用设备和人力，机械加工工艺过程一般可分为粗加工、半精加工、精加工和光整加工四个阶段。

1）粗加工阶段。粗加工阶段主要任务是切除毛坯的大部分加工余量，使毛坯在形状和尺寸上尽可能接近成品。因此，该阶段应采取措施，尽可能提高生产率。

2）半精加工阶段。该阶段要切除粗加工后留下的误差和表面缺陷层，使被加工表面达到一定的精度，为主要表面的精加工做好准备，同时完成一些次要表面的加工（如钻孔、攻螺纹、铣键槽等）。

3）精加工阶段。保证各主要表面达到图样的全部技术要求，此阶段的主要目标是保证加工质量。

4）光整加工阶段。对于零件上精度和表面粗糙度要求很高（IT6级以上，表面粗糙度值 Ra 为 $0.2\mu m$ 以下）的表面，应安排光整加工。此阶段的主要目标是减小表面粗糙度或进一步提高尺寸精度，一般不用于纠正形状误差和位置误差。

通过划分加工阶段，首先可以逐步消除粗加工中由于切削热和内应力引起的变形，消除或减少已产生的误差，减小表面粗糙度。其次，可以合理使用机床设备。粗加工时加工余量大，切削用量大，可在功率大、刚性好、效率高而精度一般的机床上进行，充分发挥机床的潜力。精加工时在较为精密的机床上进行，既可以保证加工精度，也可以延长机床的使用寿命。

此外，通过划分加工阶段，便于安排热处理工序，充分发挥每一次热处理的作用，消除粗加工时产生的内应力，改变材料的力学、物理性能，还可以及时发现毛坯的缺陷，及时报废或修补，以免因继续盲目加工而造成工时浪费。

4. 加工顺序的安排

（1）机械加工顺序的安排　机械加工顺序的安排主要取决于基准的选择与转换，在设计时遵循以下原则：

1）基面先行。精基准选定后，机械加工首先要选定粗基准，把精基准面加工出来。例如，在加工轴类零件时，一般是以外圆为粗基准来加工中心孔，再以中心孔为精基准来加工外圆、端面等。

2）先主后次。零件的主要工作表面、装配基面应先加工，从而能及早发现毛坯中主要表面可能出现的缺陷。次要表面的加工可穿插进行，放在主要表面加工到一定的精度之后，最终精加工之前进行。

3）先粗后精。通过划分加工阶段，各个表面先进行粗加工，再进行半精加工，最后进行精加工和光整加工，从而逐步提高表面的加工精度与表面质量。

4）先面后孔。对于箱体、支架等零件，平面的轮廓尺寸较大，一般先加工平面以作为精基准，再加工孔和其他表面。

有些表面的最后精加工安排在部装或总装过程中进行，以保证较高的配合精度。

（2）热处理工序的安排　热处理工序在工艺路线中的安排主要取决于零件的材料及热处理的目的。

1）预备热处理。预备热处理主要目的是改善可加工性，消除毛坯制造时的残余应力，常用的方法有退火、正火和调质，预备热处理一般安排在粗加工之前，但调质通常安排在粗加工之后。

2）消除残余应力处理。消除残余应力热处理主要是消除毛坯制造或机械加工过程中产生的残余应力。常用的方法有时效和退火，最好安排在粗加工之后，精加工之前。对精度要求一般的零件，在粗加工之后安排一次时效或退火，可同时消除毛坯制造和粗加工的残余应力，减小后续工序的变形。对精度要求较高的复杂铸件，在加工过程中通常安排两次时效处理，即铸造—粗加工—时效—半精加工—时效—精加工。对于高精度的零件，如精密丝杠、精密主轴等，应安排多次时效处理，甚至采用冰冷处理稳定尺寸。

3）最终热处理。最终热处理主要目的是提高零件的强度、表面硬度和耐磨性。常用淬火—回火及各种化学处理（渗碳淬火、渗氮、液体碳氮共渗等），最终热处理一般安排在半精加工之后，精加工工序（磨削加工）之前进行。氮化处理由于氮化层硬度很高、变形很小，因此应安排在粗磨和精磨之间。

（3）辅助工序的安排　辅助工序主要包括检验、清洗、去毛刺、去磁、倒棱边、涂防锈油及平衡等。其中检验工序是主要的辅助工序，是保证产品质量的主要措施，它一般安排在粗加工全部结束以后、精加工开始以前，零件在不同车间转移前后，重要工序之后，特种性能（磁力探伤、密封性等）检验之前和零件全部加工结束之后。

5. 工序的集中与分散

（1）工序集中及其特点　工序集中就是将工件的加工集中在少数几道工序内完成，每道工序的加工内容较多。

工序集中可采用技术上的措施集中，如多刃、多刀加工，多轴机床、自动机床、数控机床加工等。也可采用人为的组织措施集中，称为组织集中，如普通车床的顺序加工。工序集中有以下特点：

1）采用高效的专用设备和工艺装备，生产率高。

2）工序数目少，可减少机床设备数量、操作工人数及生产所需的面积，还可简化生产计划和生产组织工作。

3）工件装夹次数少，易于保证各个加工表面间的相互位置精度，还能减少辅助时间，缩短生产周期。

4）较多采用结构复杂的专用设备和工装，投资大，生产准备周期较长，调整维修复杂，产品交换困难。

（2）工序分散及其特点　工序分散就是将工件的加工分散在较多的工序内进行，每道工序的加工内容很少，最少时每道工序仅完成一个简单的工步。工序分散的特点是：

1）每台机床完成较少的加工内容，机床、工具和夹具结构简单、调整方便，对工人的技术水平要求低，生产适应性强，转换产品较容易。

2）便于选择更合理的切削用量，减少基本时间。

3）所需设备及工人人数多，生产周期长，生产所需面积大，运输量也较大。

2.4.5 工艺尺寸链

下面仅介绍最基本的线性尺寸链问题。

1. 尺寸链的定义、组成和尺寸链图的画法

如图 2-53 所示为套筒零件的两种尺寸链，先加工外圆、车端面，再钻孔、切断，然后调头装夹，车另一端面，保证全长尺寸 $50_{-0.17}^{\ 0}$。所以总是用游标深度卡尺直接测量大孔深度以保证尺寸 $10_{-0.36}^{\ 0}$。

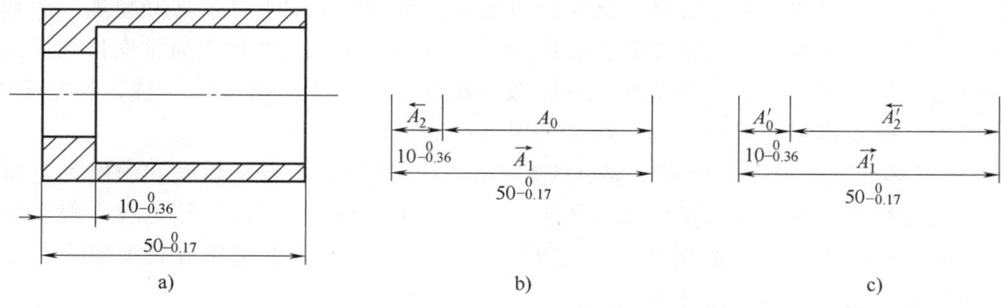

图 2-53　套筒零件的两种尺寸链

这种由相互联系的，按一定顺序首尾相接构成封闭形式的一组尺寸就定义为尺寸链。

组成尺寸链的各个尺寸称为尺寸链的环，这些环又可以分为封闭环和组成环。

（1）封闭环　最终被间接保证精度的那个环称为封闭环。

（2）组成环　除封闭环以外的其他环都称为组成环。组成环又可按它对封闭环的影响性质分为以下两类。

1）增环。当其余各组成环不变，而这个环增大使封闭环也增大的称为增环。例如，图 2-54b 中尺寸 A_1 就是增环。为明确起见，可加标一个正向的箭头，如 $\overrightarrow{A}_1$。

2）减环。当其余各组成环不变，而这个环增大反而使封闭环减小的称为减环。例如，图 2-54b 中尺寸 A_2 就是减环。为明确起见，可加标一个反向的箭头，如 $\overleftarrow{A}_2$。

尺寸链的画法可归结为：

1）首先确定间接保证的尺寸，并把它定为封闭环。

2）从封闭环起，按照零件上表面间的联系，依次画出有关的直接获得的尺寸（大致按比例），作为组成环，直到尺寸的终端回到封闭环的起端形成一个封闭图形。必须注意：要使组成环环数最少。

3）按照各尺寸首尾相接的原则，可顺着一个方向在各尺寸线上标终端箭头。凡是箭头方向与封闭环箭头方向相同的尺寸就是减环，箭头方向与封闭环箭头相反的尺寸就是增环。

必须注意：

1）工艺尺寸链的构成，取决于工艺方案和具体的加工方法。

2）确定哪一个尺寸是封闭环，是解尺寸链的决定性的一步。

工艺尺寸链的特征：

1）一个尺寸链只能解一个封闭环。

2）封闭环的公差等于各组成环公差之和。

2. 尺寸链的基本计算式

计算工艺尺寸链可以用极大极小法或概率法。概率法主要用于生产批量大的自动化及半自动化生产方面，这里只介绍极大极小法。

用极大极小法计算尺寸链封闭环的基本计算式如下。

（1）封闭环的公称尺寸　封闭环的公称尺寸就等于组成环公称尺寸的代数和，即：

$$A_0 = \sum_{i=1}^{m} \overrightarrow{A}_i - \sum_{j=m+1}^{n-1} \overleftarrow{A}_j \tag{2-17}$$

式中　A_0——封闭环的公称尺寸；

$\overrightarrow{A}_i$——增环的公称尺寸；

$\overleftarrow{A}_j$——减环的公称尺寸；

m——增环的环数；

n——包括封闭环在内的总环数。

（2）封闭环的极限尺寸

$$A_{0\max} = \sum_{i=1}^{m} \overrightarrow{A}_{i\max} - \sum_{j=m+1}^{n-1} \overleftarrow{A}_{j\min} \tag{2-18}$$

$$A_{0\min} = \sum_{i=1}^{m} \overrightarrow{A}_{i\min} - \sum_{j=m+1}^{n-1} \overleftarrow{A}_{j\max} \tag{2-19}$$

（3）封闭环的上极限偏差与下极限偏差

$$\mathrm{ES}(A_0) = \sum_{i=1}^{m} \mathrm{ES}(\overrightarrow{A}_i) - \sum_{j=m+1}^{n-1} \mathrm{EI}(\overleftarrow{A}_j) \tag{2-20}$$

$$\mathrm{EI}(A_0) = \sum_{i=1}^{m} \mathrm{EI}(\overrightarrow{A}_i) - \sum_{j=m+1}^{n-1} \mathrm{ES}(\overleftarrow{A}_j) \tag{2-21}$$

（4）封闭环的公差 $T(A_0)$

$$T(A_0) = \sum_{i=1}^{m} T(\overrightarrow{A}_i) + \sum_{j=m+1}^{n-1} T(\overleftarrow{A}_j) \tag{2-22}$$

设计工作中，通常是根据已给定的封闭环的公差，决定各组成环的公差，解决这类问题可以有以下三种方法：

1）按等公差值的原则分配封闭环的公差，即：

$$T(A_i)=\frac{T(A_0)}{n-1} \tag{2-23}$$

这种方法在计算上比较方便，但从工艺上讲是不够合理的，可以有选择地使用。

2）按等公差级的原则分配封闭环的公差，即各组成环的公差根据其基本尺寸的大小按比例分配，或是按照公差表中的尺寸分段及某一公差等级，规定组成环的公差，使各组成环的公差符合下列条件：

$$\sum_{i=1}^{n-1} T(A_i) \leqslant T(A_0) \tag{2-24}$$

最后加以适当的调整，这种方法从工艺上讲是比较合理的。

3）组成环的公差亦可以按照具体情况来分配，实质上仍是从工艺的观点考虑。

3. 工艺尺寸链分析与计算的实例

例 2-1：加工图 2-54a 所示零件，设 1 面已加工好，现以 1 面定位，加工 3 面和 2 面，其工序简图如图 2-54b 所示，试求工序尺寸 A_1 与 A_2。

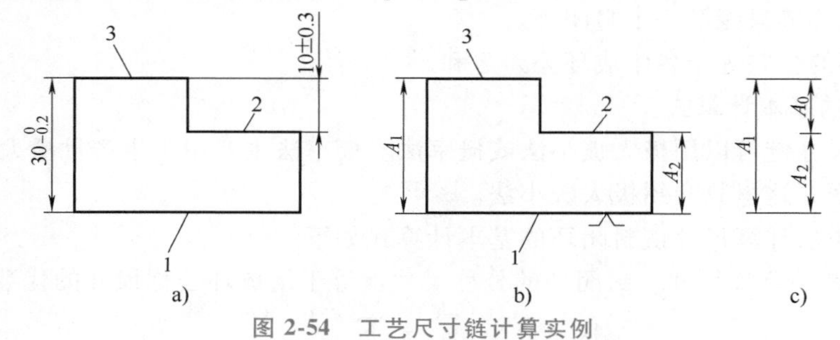

图 2-54　工艺尺寸链计算实例

解：$A_1=30_{-0.2}^{0}$。

$A_0=A_1-A_2$，$A_2=A_1-A_0=(30-10)\text{mm}=20\text{mm}$

$ES_0=ES_1-EI_2$，$EI_2=ES_1-ES_0=(0-0.3)\text{mm}=-0.3\text{mm}$

$EI_0=EI_1-ES_2$，$ES_2=EI_1-EI_0=[-0.2-(-0.3)]\text{mm}=0.1\text{mm}$

即 $A_2=20_{-0.3}^{+0.1}\text{mm}$，或按“入体”原则表示为 $A_2=20.1_{-0.4}^{0}\text{mm}$。

2.5 装配工艺规程设计

2.5.1 概述

1. 装配的概念

按规定的技术要求，将零件或部件进行配合和连接，使之成为成品或半成品的工艺过程称为装配。把零件装配成部件的过程，称为部装；把零件和部件装配成最终产品的过程，称为总装。部装和总装统称为装配。

2. 装配工作的主要内容

（1）清洗机器　装配过程中，零部件的清洗对保证产品的装配质量和延长产品的使用寿命均有重要的意义，特别对于像轴承、密封件、精密耦合元件，以及有特殊清洗要求的工件更为重要。清洗的目的是去除制造、储藏和运输过程中所黏附的切屑、油脂和灰尘，以保证装配质量。清洗的方法有擦洗、浸洗、喷洗和超声波清洗等。

清洗工艺的要点主要是清洗液（如煤油、汽油、碱液及各种化学清洗液等）及其工艺参数（如温度、时间、压力等）。清洗工艺的选择需根据工件的清洗要求，工件材料，批量大小，油脂、污物性质及其黏附情况等因素确定。此外，还需注意工件清洗后应具有一定的中间防锈能力。清洗液的选择应与清洗方法相适应。

（2）连接　将两个或两个以上的零件结合在一起。装配过程就是对装配的零部件进行正确的连接，并使各零部件相互之间具有符合技术要求的配合，以保证零部件之间的相对位置准确，连接强度可靠，配合松紧适当。按照部件或零件连接方式的不同，连接可分为固定连接与活动连接两类。固定连接时零件相互之间没有相对运动；活动连接时零件相互之间在工作时，可按规定的要求做相对运动。

连接的种类共有 4 类，见表 2-13。

表 2-13　连接的种类

固定连接		活动连接	
可拆卸的	不可拆卸的	可拆卸的	不可拆卸的
螺栓、键、销、楔件等	铆接、焊接、压合、热压等	箱件与滑动轴承、活塞与套筒等动配合零件	任何活动的铆接头

（3）校正、调整与配作　装配过程中，特别是单件、小批量生产的条件下，为了保证装配精度，常需要进行一些校正、调整和配作工作。这是因为完全靠零件装配互换法去保证装配精度往往是不经济的，有时甚至是不可能的。

校正是指各零部件间相互位置的找正、找平及相应的调整工作。在产品的总装和大型机械基体件的装配中常需进行校正。如卧式车床总装过程中，床身安装水平及导轨扭曲的校正，主轴箱主轴中心与尾座套筒中心等高的校正，水压机立柱的垂直度校正等。常用的校正方法有平尺校正、角尺校正、水平仪校正、光学校正和激光校正等。

调整是指相关零部件相互位置的调节。除了配合校正工作去调节零部件的位置精度外，运动副间的间隙调节也是调整的主要内容，如滚动轴承内、外圈及滚动体之间间隙的调整，镶条松紧的调整，齿轮与齿条啮合间隙的调整等。

配作是指在装配中，零件与零件之间或部件与部件之间的钻削、铰削、刮削和磨削加工。钻削和铰削加工多用于固定连接，其中钻削加工多用于螺纹连接，铰削则多用于定位销孔的加工。刮削多用于运动副配合表面的精加工，如按床身导轨配刮工作台或溜板的导轨面，按轴颈配刮轴瓦等。配刮可以提高工件尺寸精度和形位精度，减小表面粗糙度，提高接触刚度。因此，在机器装配或修理中，刮削仍是一种重要的工艺方法。但刮削的生产率低、劳动强度大。

（4）平衡　对于转速较高，运动平稳性要求高的机器（如精密磨床、内燃机等），为了防止使用中出现振动，影响机器的工作精度，装配时对其旋转零部件（整机）需进行平衡试验。旋转体的不平衡是由旋转体内部质量分布不均匀引起的。消除旋转零件或部件不平衡的工作称为平衡。平衡的方法有静平衡法和动平衡法两种。

对旋转体内的不平衡量一般可采用下述方法校正：①用补焊、铆接、胶接或螺纹连接等方法加配质量；②用钻、铣、锉等机械加工方法去除不平衡质量；③在预制的平衡槽内改变平衡块的位置和数量（如砂轮的静平衡）。

（5）验收　试验机械产品装配完成后，根据有关技术标准的规定，对产品进行较全面的验收和试验工作。各类产品检验和试验工作的内容、项目是不相同的，其验收和试验工作的方法也不相同。

此外，装配工作的基本内容还包括涂装、包装等工作。

3. 装配精度与装配尺寸链

产品的装配精度是装配后实际达到的精度。对装配精度的要求是根据机器的使用性能要求提出的，它是制订装配工艺规程的基础，也是合理地确定零件的尺寸公差和技术条件的主要依据。它不仅关系到产品质量，也关系到制造的难易和产品的成本。因此，正确地规定机器的装配精度是机械产品设计所要解决的重要问题之一。产品的装配精度包括：零件间的距离精度（零件间的尺寸精度，配合精度，运动副的间隙、侧隙等），位置精度（相关零件间的平行度、垂直度等），接触精度（配合、接触、连接表面间规定的接触面积及其分布等），相对运动精度（有相对运动的零部件间在运动方向和运动位置上的精度等）。

机器由零部件组装而成，机器的装配精度与零部件制造精度直接相关。例如，图 2-55 所示卧式普通车床主轴中心线和尾座中心线对床身导轨有等高要求，这项装配精度要求就与主轴箱、尾座和底板等有关部件的加工精度有关。可以从查找影响此项装配精度的有关尺寸入手，建立以此项装配要求为封闭环的装配尺寸链，如图 2-55b 所示。其中 A_1 是主轴箱中心线相对于床身导轨面的垂直距离，A_3 是尾座中心线相对于底板 3 的垂直距离，A_2 是底板相对于床身导轨面的垂直距离，A_0 则是尾座中心线相对于主轴中心线的高度差，这是在床身上装主轴箱和尾座时所要保证的装配精度要求。A_0 是在装配中间接获得的尺寸，是装配尺寸链的封闭环。由图 2-55 所示的装配尺寸链可知，主轴中心线与尾座中心线相对于导轨面的等高要求与 A_1、A_2、A_3 三个组成环的基本尺寸及其精度直接相关，可以根据车床装配的精度要求通过解算装配尺寸链来确定有关部件和零件的尺寸要求。

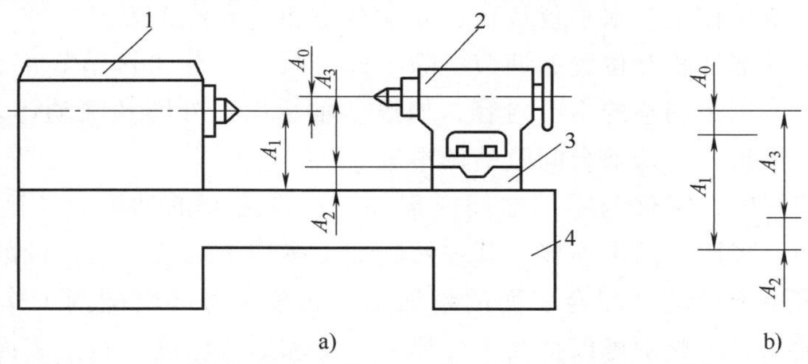

图 2-55　卧式普通车床主轴中心线与尾座中心线的等高性要求

1—主轴箱　2—尾座　3—底板　4—床身

在根据机器的装配精度要求来设计机器零部件尺寸及其精度时，必须考虑装配方法的影响。装配方法不同，计算装配尺寸链的方法也不同，所得结果差异很大。对于某一给定的机器结构，设计师可以根据装配精度要求和所采用的装配方法，通过计算装配尺寸链来确定零部件有关尺寸的标准公差等级和极限偏差。

2.5.2　装配工艺规程的制订

装配工艺规程是指导装配生产的主要技术文件，是生产技术准备工作的主要内容之一。在制订装配工艺规程时应遵循优质高效、低成本的原则，力争提前交货，尽早进入市场。同时还应注意体现减轻装配工作的劳动强度。

1. 制订装配工艺规程的原则

（1）保证机械产品的装配技术要求　机械产品的装配质量不仅取决于零件的加工精度，还取决于产品结构的装配工艺性，装配生产的组织、管理和装配工人的技术水平等。在制订装配工艺规程时应注意以下几个措施。

1）制订严格的装配程序和装配规程，尤其是关键部位的装配工艺规程应十分详细周全。主要的螺钉、螺母应规定用测力扳手紧固；主要的齿轮副均要测量齿轮的啮合间隙和轴的转矩；主要轴承的安装应采用专用工装进行，以保证获得规定的侧隙和预紧力。

2）制订严格的质量检查措施。机械产品制造的全过程始终包含着各种质量检查的工作内容。它包含零件的质量检查、部件装配的质量检查和总装后的质量检查。为了保证机械产品的最终质量，必须制订严格的各环节的质量检查措施和产品试验的验收规范。

3）应重视装配环境的净化措施。干净整洁的工作环境是保证装配质量的必要条件。关键部件的装配应对装配车间内的环境提出更为严格的净化要求。

（2）提高装配工作效率、缩短装配周期、降低装配成本　装配工作的生产效率与成本取决于装配过程的机械化、自动化程度，也与产品结构的装配工艺性密切相关。在产品的设计阶段就应充分考虑产品的装配工艺性，它包含两个方面的主要内容：①尽可能减少产品中单个零件的数量；②改善零件的装配工艺性。因此，在制订装配工艺规程的过程中也应体现提高效率与降低成本的原则。

（3）减轻装配工作的劳动强度　机械产品的装配工作大多数还是以手工劳动为主。装配劳动量在产品制造的总劳动量中占有相当大的比例（机器制造行业中大约占 20%），装配工作的局部机械化并不能改变这种情况。因此，在制订装配工艺规程时还应体现减轻装配工作劳动强度的原则。

2. 装配工艺规程的主要内容

1）制订出经济合理的装配顺序，并根据所设计的结构特点和要求，确定机械产品各部分的装配方法。

2）选择和设计装配中需用的工装，并根据产品的生产批量确定其复杂程度。

3）规定部件装配技术要求，使之达到整机的技术要求和使用性能。

4）规定产品的部件装配和总装配的质量检验方法及使用工具。

5）确定装配中的工时定额。

6）其他需要提出的注意事项及要求。

3. 制订装配工艺规程的步骤和方法

（1）产品分析

1）研究产品装配图及装配技术要求。

2）对产品结构进行尺寸分析，用装配尺寸链验算装配精度要求，以确认结构尺寸的合理性。

3）分析产品结构的装配工艺性。

（2）确定装配工艺方法与装配的组织形式

1）装配工艺方法的选择。合理的装配工艺方法不仅能保证装配精度，还能提高装配工作效率和降低生产成本。应结合生产类型和具体生产条件，运用尺寸链原理，由工艺人员与设计人员共同确定装配工艺方法。

2）装配组织形式的选择。装配组织形式按产品在装配过程中是否移动分为固定式和移动式两种。固定式装配是指装配工作在一个固定地点进行，多用于单件、小批量生产中或重型产品的成批生产中（如机床汽轮机的装配）。移动式装配是将零部件用输送带或小车按装配顺序从一个装配地点移动到下一个装配地点，各装配地点分别完成一部分装配工作，在最后的装配地点完成产品的最后装配工作。移动式装配常用于大批大量的生产中，如汽车的装配。

（3）划分装配单元、选择装配基准件、确定装配顺序和绘制装配工艺流程图

1）划分装配单元。为了组织装配工作的平行流水作业和合理安排装配顺序，在制订装配工艺规程的过程中划分装配单元是一项重要工作。装配单元可分为五个等级，即零件、合件、组件、部件和机器。图 2-56 所示为装配单元系统示意图。

① 零件。零件是组成机器的基本单元。一般零件都是预先装成合件、组件或部件才进入总装，直接装入机器的零件不太多。

② 合件。合件可以是若干零件永久连接（焊接、铆接等）或者是连接在一个“基准零件”上的少数零件的组合。

③ 组件。组件是指一个或几个合件与几个零件的组合。

④ 部件。部件是指一个或几个组件、合件和零件的组合。

⑤ 机器。机器也称产品，它是由上述全部装配单元结合而成的整体。

2）选择装配基准件。无论哪一级的装配单元都要选定某一零件或比它低一级的组件作为装配基准件。装配基准件通常应是产品的主要零、部件。它的体积和重量较大，有足够的支承面，可以满足陆续装入其他零、部件作业的需要和稳定性需求。基准件还应有利于装配过程中的检测，工序间的传递、输送和翻身转位等作业。

3）确定装配顺序。产品的装配顺序是由产品的结构和装配组织形式决定的，从基准件开始并遵循以下原则。

① 预处理工序先行。零件的清洗、倒角、去毛刺和飞边等工序要安排在前。

② 先下后上。先安装处于机器下部的有关零件，再安装处于机器上部的零部件，使机器在整个装配过程中重心始终处于稳定状态。

③ 先内后外。使先装部分不至于成为后续装配作业的障碍。

④ 先难后易。开始装配时，基准件上有较开阔的安装调整、检测空间，应先进行较难装配零部件的装配工作。

⑤ 先重大后轻小。先安排体积、重量较大的零部件。

⑥ 先精密后一般。先将影响整台机器精度的零、部件安装调试完毕，再安装一般要求

的零、部件。

⑦ 安排必要的检验工序。对产品质量和性能有影响的工序，检验合格后方可进行后工序作业。

4）绘制装配工艺流程图。装配顺序主要根据装配单元的划分来确定，即根据单元系统图，画出装配工艺流程示意图如图 2-57 所示。此项工作是制订装配工艺过程的重要内容之一。在绘制时，先画一条横线，左端绘出长方格，表示所装配产品基准零件或合件、组件、部件，右端也绘出长方格，表示部件或产品。然后，将能直接进入装配的零件，按照装配顺序画在横线上面，再把能直接进行装配的部件（或合件、组件），按照装配顺序画在横线的下面，使所装配的每一个零件和部件都能表示清楚，没有遗漏。由图可以看出该部件的构成及其装配过程。装配是由基准件开始的，沿水平线自左向右到装配成部件为止。进入部件装配的各级单元依次是：一个零件、一个组件、三个零件、一个合件、一个零件。在装配过程中有两次检验工序，其中组件、合件的构成及其装配过程也可从图 2-57 中看出。

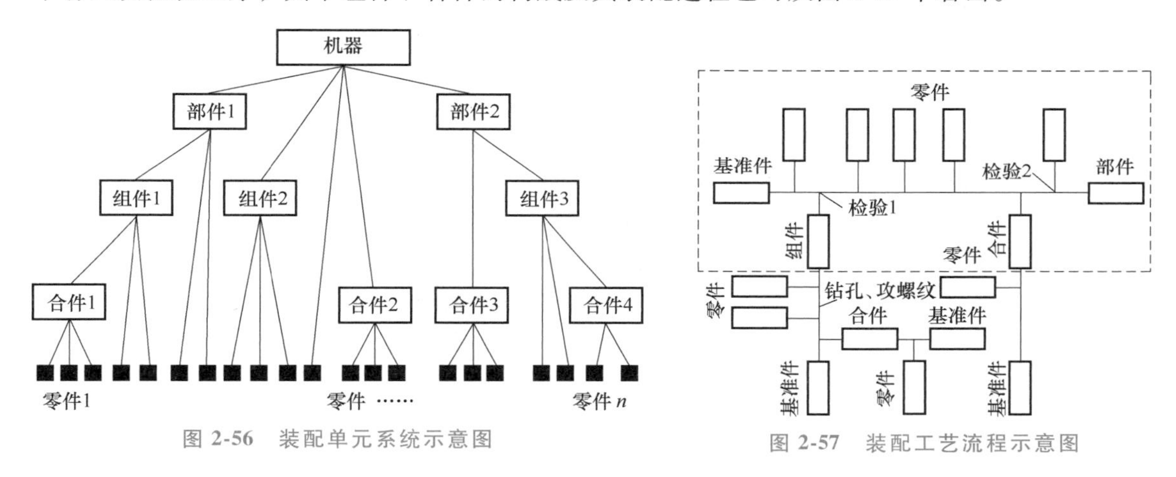

图 2-56　装配单元系统示意图

图 2-57　装配工艺流程示意图

（4）装配工序的划分与工序内容设计　装配顺序确定后，就可将工艺过程划分为若干个工序，并进行具体装配工序的设计。工序的划分常和工序设计一起进行。工序设计的主要内容如下。

1）制订工序的操作规范。例如，过盈配合所需的压力，紧固螺栓联结的预紧力矩，装配环境要求等。

2）选择装配所需的设备与工装。若需用专用设备与工装时，应提出设计任务书。

3）确定工时定额并协调各工序内容。在大批大量生产时，要平衡各工序的节拍，均衡生产。

（5）填写工艺文件　在前述工作内容完成并确定之后，应填写有关的装配工艺文件。装配工艺文件主要有两种，即装配工艺过程卡和装配工序卡。

需要注意的是：装配工艺过程卡和装配工序卡的制订要视组装需要而定。在单件、小批量生产时，通常不制订装配工艺卡片，而是按装配图和装配系统图进行装配。成批生产时，通常根据装配系统图制订部件装配工艺卡片和产品总装配工艺卡片。其中每一道工序都应简要地说明工序内容、所需设备和时间定额等。大批量生产时，应为每一道工序单独制订工序卡，详细说明该工序的工艺内容。

2.5.3 装配方法

一台机器所能达到的装配精度既与零、部件的加工质量有关，还与所采用的装配方法有关。生产中经常采用四种保证装配精度的装配方法，现分述如下。

1. 互换装配法

采用互换装配法时，被装配的每一个零件不需要经任何挑选、修配和调整就能达到规定的装配精度要求。用互换装配法，其装配精度主要取决于零件的制造精度。根据零件的互换程度，互换装配法可分为完全互换装配法和统计互换装配法。

（1）完全互换装配法

例 2-2：图 2-58 所示为齿轮与轴的装配关系图，轴是固定不动的，齿轮在轴上回转，要求齿轮与挡圈的轴向间隙为 0.1～0.35mm。已知：$A_1=30$mm，$A_2=5$mm，$A_3=43$mm，$A_4=3_{-0.05}^{\ 0}$mm（标准件），$A_5=5$mm。现采用完全互换装配法装配，试确定各组成环尺寸和极限偏差。

解：1）画装配尺寸链图，校验各环公称尺寸。依题意，轴向间隙为 0.1～0.35mm，则封闭环 $A_0=0_{+0.10}^{+0.35}$mm，封闭环公差 $T_0=0.25$mm。A_3 为增环，A_1、A_2、A_4、A_5 为减环，ξ 为尺寸链组成环误差传递系数在线性尺寸链中增环 $\xi=+1$，减环 $\xi=-1$，因此$\xi_3=+1$，$\xi_1=\xi_2=\xi_4=\xi_5=-1$，装配尺寸链如图 2-58 所示。

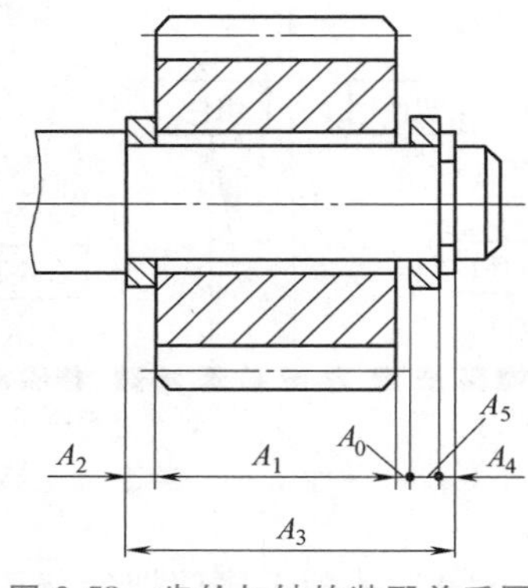

图 2-58 齿轮与轴的装配关系图

封闭环公称尺寸为：

$$A_0=\sum_{i=1}^{m}\xi_1 A_i=A_3-(A_1+A_2+A_4+A_5)$$
$$=[43-(30+5+3+5)]\text{mm}=0$$

由计算可知，各组成环公称尺寸无误。

2）确定各组成环公差和极限偏差。计算各组成环平均极值公差为：

$$T_{\text{av1}}=\frac{T_0}{\sum_{i=1}^{m}|\xi_i|}=\frac{T_0}{m}=\frac{0.25}{5}\text{mm}=0.05\text{mm}$$

以平均极值公差为基础，根据各组成环尺寸、零件加工难易程度，确定各组成环公差。

A_5 为一垫圈，易于加工和测量，故选 A_5 为协调环。A_4 为标准件 $A_4=3_{-0.05}^{\ 0}$mm，$T_4=0.05$mm，其余各组成环根据其尺寸和加工难易程度选择公差为：$T_1=0.06$mm，$T_2=0.04$mm，$T_3=0.07$mm，各组成环公差等级约为 IT9。

A_1、A_2 为外尺寸，按基轴制（h）确定极限偏差：$A_1=30_{-0.06}^{\ 0}$mm，$A_2=5_{-0.04}^{\ 0}$mm，A_3 为内尺寸按基孔制（H）确定其极限偏差为 $A_3=43_{\ 0}^{+0.07}$mm。

封闭环的中间偏差 Δ_0 为：

$$\Delta_0=\frac{\text{ES}_0+\text{EI}_0}{2}=\frac{0.35+0.1}{2}\text{mm}=0.225\text{mm}$$

各组成环的中间偏差分别为：

$$\Delta_1=-0.03\text{mm}, \Delta_2=-0.02\text{mm}, \Delta_3=0.035\text{mm}, \Delta_4=-0.025\text{mm}$$

3）计算协调环极值公差和极限偏差。

协调环 A_5 的极值公差为：

$$\begin{aligned} T_5 &= T_0-(T_1+T_2+T_3+T_4) \\ &= [0.25-(0.06+0.04+0.07+0.05)]\text{mm}=0.03\text{mm} \end{aligned}$$

协调环 A_5 的中间偏差为：

$$\begin{aligned} \Delta_5 &= \Delta_3-\Delta_0-\Delta_1-\Delta_2-\Delta_4 \\ &= [0.035-0.225-(-0.03)-(-0.02)-(-0.025)]\text{mm} \\ &= -0.115\text{mm} \end{aligned}$$

协调环 A_5 的极限偏差 ES_5，EI_5 分别为：

$$\text{ES}_5=\Delta_5+\frac{T_5}{2}=\left(-0.115+\frac{0.03}{2}\right)\text{mm}=-0.10\text{mm}$$

$$\text{EI}_5=\Delta_5-\frac{T_5}{2}=\left(-0.115-\frac{0.03}{2}\right)\text{mm}=-0.13\text{mm}$$

所以，协调环 A_5 的尺寸和极限偏差为：

$$A_5=5_{-0.13}^{-0.10}\text{mm}$$

最后可得各组成环尺寸和极限偏差为：

$$A_1=30_{-0.06}^{\ 0}\text{mm}, A_2=5_{-0.04}^{\ 0}\text{mm}, A_3=43_{\ 0}^{+0.07}\text{mm}, A_4=3_{-0.05}^{\ 0}\text{mm}, A_5=5_{-0.13}^{-0.10}\text{mm}$$

完全互换装配法的优点是：装配质量稳定可靠；装配过程简单，装配效率高；易于实现自动装配；产品维修方便。其不足之处是：当装配精度要求较高，尤其是在组成环数较多时，组成环的制造公差规定得较严，零件制造困难，加工成本高。所以，完全互换装配法适用于在成批生产、大量生产中装配那些组成环数较少或组成环数虽多但装配精度要求不高的机器结构。

（2）统计互换装配法　统计互换装配法又称不完全互换装配法。其实质是将组成环的制造公差适当放大，使零件容易加工，这会使极少数产品的装配精度超出规定要求，但这种事件是小概率事件，很少发生，从总的经济效果分析，仍然是经济可行的。

为便于与完全互换装配法比较，现仍以图 2-58 所示装配关系为例加以说明。

例 2-3： 在图 2-58 中，已知：$A_1=30\text{mm}$，$A_2=5\text{mm}$，$A_3=43\text{mm}$，$A_4=3_{-0.05}^{\ 0}\text{mm}$（标准件），$A_5=5\text{mm}$，装配后齿轮与挡圈间轴向间隙为 0.1～0.35mm。现采用统计互换装配法装配，试确定各组成环尺寸和极限偏差。

解：1）画装配尺寸链图、校验各环公称尺寸，与**例 2-2** 过程相同。

2）确定各组成环公差和极限偏差。该产品在大批大量生产条件下，工艺过程稳定，各组成环尺寸趋近正态分布，$k_0=k_i=1$，$e_0=e_i=0$，则各组成环平均平方公差为：

$$T_{\text{avq}}=\frac{T_0}{\sqrt{m}}=\frac{0.25}{\sqrt{5}}\approx 0.11\text{mm}$$

A_3 为一轴类零件，较其他零件相比较难加工，现选择较难加工零件 A_3 为协调环。以平均平方公差为基础，参考各零件尺寸和加工难易程度，从严选取各组成环公差。

$T_1=0.14\text{mm}$，$T_2=T_5=0.08\text{mm}$，其公差等级为 IT11。$T_4=3_{-0.05}^{\ 0}\text{mm}$（标准件），$A_4=0.05\text{mm}$，由于$A_1$，$A_2$，$A_5$皆为外尺寸，其极限偏差按基轴制（h）确定，则$A_1=30_{-0.14}^{\ 0}\text{mm}$，$A_2=5_{-0.08}^{\ 0}\text{mm}$，$A_5=5_{-0.08}^{\ 0}\text{mm}$ 各环中间偏差分别为：

$$\Delta_0=0.225\text{mm},\Delta_1=-0.07\text{mm},\Delta_2=-0.04\text{mm},\Delta_4=-0.025\text{mm},\Delta_5=-0.04\text{mm}$$

3）计算协调环公差和极限偏差。

$$\begin{aligned}T_3&=\sqrt{T_0^2-(T_1^2+T_2^2+T_5^2+T_4^2)}\\&=\sqrt{0.25^2-(0.14^2+0.08^2+0.05^2+0.08^2)}\ \text{mm}\\&=0.16\text{mm}\ （只舍不进）\end{aligned}$$

协调环 A_3 的中间偏差为：

$$\begin{aligned}\Delta_0&=\textstyle\sum_{i=1}^{m}\xi_i\Delta_i=\Delta_3-(\Delta_1+\Delta_2+\Delta_4+\Delta_5)\\\Delta_3&=\Delta_0+(\Delta_1+\Delta_2+\Delta_4+\Delta_5)\\&=[0.225+(-0.07-0.04-0.025-0.04)]\text{mm}=0.05\text{mm}\end{aligned}$$

协调环 A_3 的上下极限偏差 ES_3、EI_3 分别为：

$$ES_3=\Delta_3+\frac{T_3}{2}=\left(0.05+\frac{1}{2}\times0.16\right)\text{mm}=0.13\text{mm}$$

$$EI_3=\Delta_3-\frac{T_3}{2}=\left(0.05-\frac{1}{2}\times0.16\right)\text{mm}=-0.03\text{mm}$$

所以，协调环 $A_3=43_{-0.03}^{+0.13}\text{mm}$。

最后可得各组成环尺寸和极限偏差为：

$$A_1=30_{-0.14}^{\ 0}\text{mm},A_2=5_{-0.08}^{\ 0}\text{mm},A_3=43_{-0.03}^{+0.13}\text{mm},A_4=3_{-0.05}^{\ 0}\text{mm},A_5=5_{-0.08}^{\ 0}\text{mm}$$

统计互换装配法的优点是：扩大了组成环的制造公差，零件制造成本低；装配过程简单，生产率高。其不足之处是：装配后有极少数产品达不到规定的装配精度要求，需采取另外的返修措施。统计互换装配法适用于在大批大量生产中装配那些装配精度要求较高且组成环数又多的机器结构。

2. 分组装配法

在大批大量生产中，装配精度要求特别高同时又不便于采用调整装置的部件时，若用互换装配法装配，会造成组成环的制造公差过小，加工很困难或成本较高，此时可以采用分组装配法装配。

采用分组装配法装配时，组成环按加工经济精度制造，然后测量组成环的实际尺寸并按尺寸范围分成若干组，装配时被装零件按对应组号进行装配，达到装配精度要求。现以汽车发动机活塞销孔与活塞销的分组装配为例来说明分组装配法的原理与方法。

在汽车发动机中，活塞销和活塞销孔的配合要求是很高的，图 2-59a 所示为某生产厂汽车发动机活塞销 1 与活塞销孔 3 的装配关系 2 为卡圈，销子和销孔的基本尺寸为 28mm，在冷态装配时要求有 0.0025~0.0075mm 的过盈量。若按完全互换法装配，需将封闭环公差 T_0（$T_0=0.0075\text{mm}-0.0025\text{mm}=0.0050\text{mm}$）均等地分配给活塞销直径 d（$d=\phi28_{-0.0025}^{\ 0}\text{mm}$）与活塞销孔直径 D（$D=\phi28_{-0.0075}^{-0.0050}\text{mm}$），制造这样精确的销孔和销子是很困难的，也是不经济的。生产上常用分组装配法来保证上述装配精度要求，方法如下。

将活塞销和活塞销孔的制造公差同向放大 4 倍，让 $d=\phi28_{-0.010}^{\ 0}$mm，$D=\phi28_{-0.015}^{-0.005}$mm。然后在加工好的一批工件中，用精密量具测量，将销孔孔径 D 与销子直径 d 按尺寸从大到小分成 4 组，分别涂上不同颜色的标记。装配时让具有相同颜色标记的销子与销孔相配，即让大销子配大销孔、小销子配小销孔，保证达到上述装配精度要求。图 2-59b 给出了活塞销和活塞销孔的分组公差带位置。

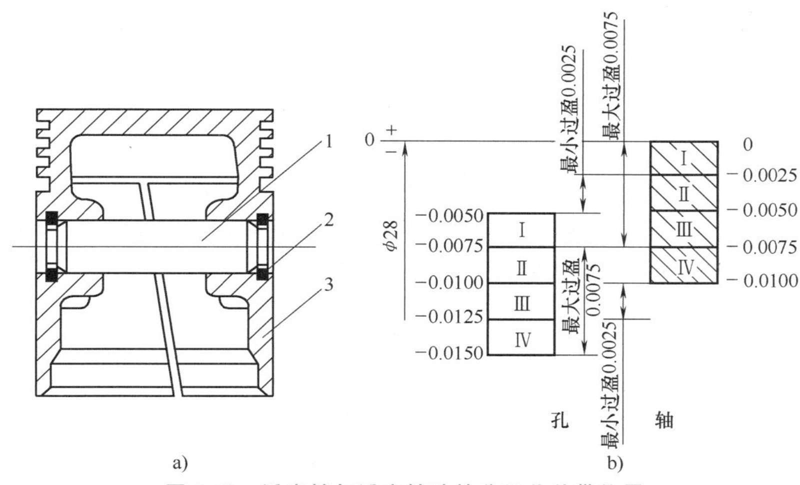

图 2-59　活塞销与活塞销孔的分组公差带位置

采用分组装配法最好能使两个配件的尺寸分布曲线具有完全相同的对称分布曲线，如果尺寸分布曲线不相同或不对称，则将造成各组相配零件数不等而不能完全配套，造成浪费。

采用分组装配法时，零件的分组数不宜太多，否则会因零件测量、分类、保管和运输工作量的增大而使生产组织工作变得相当复杂。

分组装配法的主要优点是：零件的制造精度不高，但却可获得很高的装配精度；组内零件可以互换，装配效率高。不足之处是：增加了零件测量、分组、存储、运输的工作量。分组装配法适合在大批大量生产中装配那些组成环数少而装配精度又要求特别高的机器结构。

3. 修配装配法

在单件和小批量生产中装配那些装配精度要求高、组成环数又多的机器结构时，常用修配法装配。采用修配法装配时，若各组成环均按该生产条件下经济可行的精度等级加工，装配时封闭环所积累的误差，势必会超出规定的装配精度要求。为了达到规定的装配精度，装配时需修配装配尺寸链中某一组成环的尺寸，此组成环称为修配环。为减少修配工作量，应选择那些便于进行修配的组成环作为修配环。

在采用修配法装配时，要求修配环必须留有足够但又不是太大的修配量，现举例说明如下。

例 2-4： 现以图 2-55 所示卧式车床装配为例加以说明。在装配时，要求尾座中心线比主轴中心线高 0~0.06mm。已知：$A_1=202$mm，$A_2=46$mm，$A_3=156$mm，现采用修配装配法，试确定各组成环公差及其分布。

解：1）建立装配尺寸链。依题意可建立装配尺寸链，如图 2-55b 所示。其中，封闭环 $A_0=0_{\ 0}^{+0.06}$mm，$T_0=0.06$mm，A_1 为减环，$\xi_1=-1$，A_2、A_3 为增环，$\xi_2=\xi_3=+1$。

校核封闭环尺寸如下：

$$A_0 = \sum_{i=1}^{m} \xi_1 A_i = (A_2 + A_3) - A_1$$
$$= [(46+156)-202]\text{mm} = 0$$

按完全互换装配法的极值公式计算各组成环平均公差为：

$$T_{av1} = \frac{T_0}{m} = \frac{0.06}{3}\text{mm} = 0.02\text{mm}$$

显然，各组成环公差太小，零件加工困难。现采用修配装配法装配，确定各组成环公差及其极限偏差。

2）选择补偿环。从装配图可以看出，组成环 A_2 为底板，其表面积不大，工件形状简单，便于刮研和拆装，故选择 A_2 为补偿环。A_2 为增环，修配后封闭环尺寸变小。

3）确定各组成环公差。根据各组成环加工方法，按经济精度确定各组成环公差，A_1、A_3 可采用镗模镗削加工，取 $T_1 = T_3 = 0.10\text{mm}$。底板采用半精刨加工，取 A_2 的公差 $T_2 = 0.15\text{mm}$。

4）计算补偿环 A_2 的最大补偿量。

$$T_{01} = \sum_{i=1}^{m} |\xi_i| T_i = T_1 + T_2 + T_3 = (0.10 + 0.15 + 0.10)\text{mm} = 0.35\ \text{mm}$$
$$F_{max} = T_{01} - T_0 = (0.35 - 0.06)\text{mm} = 0.29\text{mm}$$

5）确定各组成环（除补偿环外）的极限偏差。A_1、A_3 都是表示孔位置的尺寸，公差常选为对称分布。

$$A_1 = (202 \pm 0.05)\text{mm}, A_3 = (156 \pm 0.05)\text{mm},$$

各组成环的中间偏差为：

$$\Delta_1 = 0\text{mm}, \Delta_3 = 0\text{mm}, \Delta_0 = +0.03\text{mm}$$

6）计算补偿环 A_2 的极限偏差。补偿环 A_2 的中间偏差为：

$$\Delta_0 = \sum_{i=1}^{m} \xi_1 \Delta_i = (\Delta_2 + \Delta_3) - \Delta_1$$
$$\Delta_2 = \Delta_0 + \Delta_1 - \Delta_3 = (0.03 + 0 - 0)\text{mm} = 0.03\text{mm}$$

补偿环 A_2 的极限偏差为：

$$ES_2 = \Delta_2 + \frac{T_2}{2} = \left(0.03 + \frac{1}{2} \times 0.15\right)\text{mm} = 0.105\text{mm}$$

$$EI_2 = \Delta_2 - \frac{T_2}{2} = \left(0.03 - \frac{1}{2} \times 0.15\right)\text{mm} = -0.045\text{mm}$$

所以补偿环尺寸为：

$$A_2 = 46_{-0.045}^{+0.105}\text{mm}$$

7）演算装配后封闭环极限偏差。

$$ES_0 = \Delta_0 + \frac{T_{01}}{2} = \left(0.03 + \frac{1}{2} \times 0.35\right)\text{mm} = +0.205\text{mm}$$

$$EI_0 = \Delta_0 - \frac{T_{01}}{2} = \left(0.03 - \frac{1}{2} \times 0.35\right)\text{mm} = -0.145\text{mm}$$

由题意可知，封闭环要求的极限偏差为：

$$ES_0'=0.06\text{mm},EI_0'=0\text{mm}$$

则：

$$ES_0-ES_0'=(0.205-0.06)\text{mm}=+0.145\text{mm}$$

$$EI_0-EI_0'=(-0.145-0)\text{mm}=-0.145\text{mm}$$

故补偿环需改变±0.145mm，才能保证原装配精度不变。

8）确定补偿环 A_2 尺寸。在本装配中，补偿环底板 A_2 为增环，被修配后，底板尺寸减小，尾座中心线降低，即封闭环尺寸变小。所以，只有当装配后封闭环实际最小尺寸（$A_{0\min}=A_0+EI_0$）不小于封闭环要求的最小尺寸（$A'_{0\min}=A_0+EI_0'$）时，才可能进行修配，否则即便修配也不能达到装配精度要求。故应满足如下不等式：

$$A_{0\min}\geqslant A'_{0\min} \text{ 即 } EI_0\geqslant EI_0'$$

根据修配量足够且最小原则，应有：

$$A_{0\min}=A'_{0\min} \text{ 即 } EI_0=EI_0'$$

本例题则应：

$$EI_0=EI_0'=0$$

为满足上述等式，补偿环 A_2 应增加 0.145mm，封闭环最小尺寸 $A_{0\min}$ 才能从−0.145mm（尾座中心低于主轴中心）增加到 0（尾座中心与床头主轴中心等高），以保证具有足够的补偿量。所以，补偿环最终尺寸为：

$$A_2=46^{+0.25}_{+0.10}\text{mm}$$

由于本装配有特殊工艺要求，即底板的底面在总装时必须留有一定的修刮量，而上述计算是按 $A_{0\min}=A'_{0\min}$ 条件求出 A_2 尺寸的。此时最大修刮量为 0.29mm，符合总装要求，但最小修刮量为 0，这不符合总装要求，故必须再将 A_2 尺寸放大些，以保留最小修刮量。从底板修刮工艺来说，最小修刮量留 0.1mm 即可，所以修正后 A_2 的实际尺寸应再增加 0.1mm，即

$$A_2=46^{+0.35}_{+0.20}\text{mm}$$

4. 调整装配法

装配时用改变调整件在机器结构中的相对位置或选用合适的调整件来达到装配精度的装配方法，称为调整装配法。

调整装配法与修配装配法的原理基本相同。在以装配精度为要求的封闭环建立装配尺寸链时，除调整环外，各组成环均以加工经济精度制造，扩大了组成环制造公差累积造成的封闭环过大的误差，需通过调节调整件相对位置的方法消除，最后达到装配精度要求。调节调整件相对位置的方法有可动调整法、固定调整法和误差抵消调整法三种。

（1）可动调整法　图 2-60a 所示结构是靠动螺钉 1 来调整轴承外环相对于内环的位置，从而使滚动体与内环、外环间具有适当间隙，动螺钉 1 调到位后，用螺母 2 压紧。图 2-60b 所示结构为车床刀架横向进给机构中丝杠螺母副间隙调整机构，丝杠与螺母间隙过大时，可拧动螺钉 1，调节撑垫 4 的上下位置，使螺母 2、螺母 5 分别靠紧丝杠 3 的两个螺旋面，以减小丝杠 3 与螺母 2、螺母 5 之间的间隙。

可动调整法的主要优点是：零件制造精度不高，但却可获得比较高的装配精度；在机器

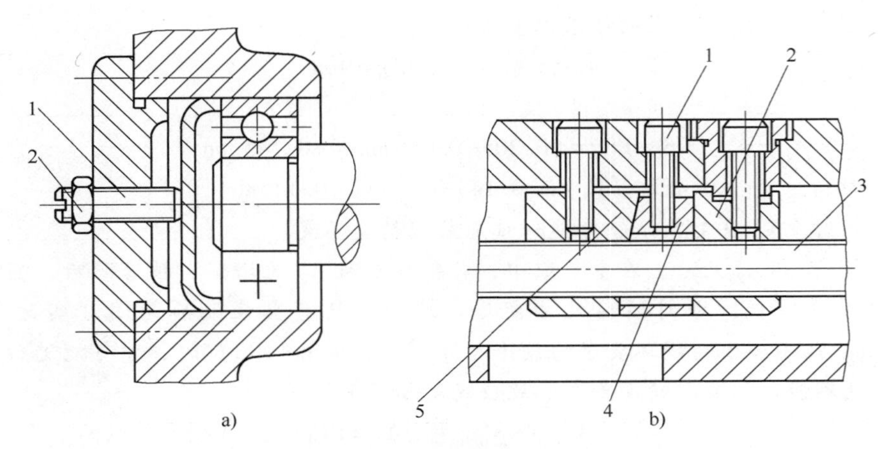

图 2-60 可动调整法装配示例

1—动螺钉 2、5—螺母 3—丝杠 4—撑垫

使用中可随时通过调节调整件的相对位置来补偿由于磨损、热变形等原因引起的误差，使之恢复到原来的装配精度；它比修配法操作简便，易于实现。不足之处是：需增加一套调整机构，增加了结构复杂程度。可动调整装配法在生产中应用甚广。

（2）固定调整法 在以装配精度为要求的封闭环建立装配尺寸链时，组成环均按加工经济精度制造，由于扩大了组成环制造公差累积造成的封闭环过大的误差，通过更换不同尺寸的固定调整环进行补偿，达到装配精度要求。这种装配方法称为固定调整装配方法。

例 2-5： 如图 2-61 所示，装配后要求保证间隙 $A_0=0.2^{+0.1}_{0}$mm。若用完全互换法装配，则四个组成环能分配到的平均公差仅为 $\overline{T}=\dfrac{0.1}{4}=0.025$mm。这一要求较高，制造厂认为不经济。同时又考虑到小齿轮端面与固定轴肩中加一垫片有利于补偿，故决定采用固定调整法。又因为该机械的装配属于大批量生产流水作业，要求装配迅速，有一定节奏，故垫片尺寸应事先进行计算，然后按计算尺寸制造。制造成各档尺寸的垫片，在装配时可根据实际间隙，选取相应的垫片，故称为分组垫片调整法。计算方法如下：

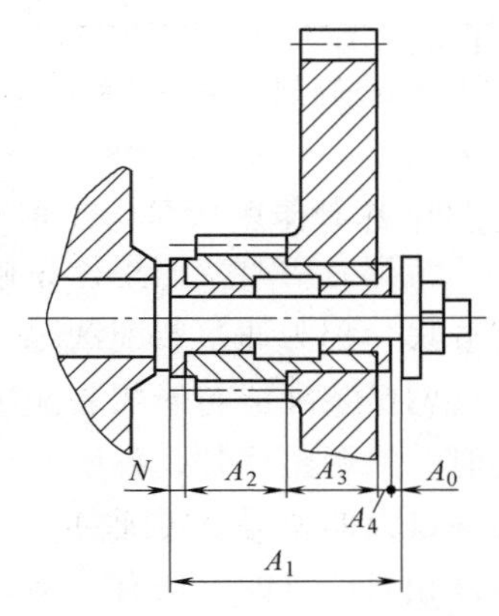

图 2-61 固定调整法示例

解： 1）决定垫片厚度的公称尺寸及公差：

$$N=2\text{mm}, T_N=0.02\text{mm}$$

2）修改结构尺寸。在原设计中：

$$A_1=21.2\text{mm}, A_2=10\text{mm}, A_3=10\text{mm}, A_4=1\text{mm}$$

现将 A_1 加长，改为：

$$A'_1=A_1+N=(21.2+2)\text{mm}=23.2\text{mm}$$

3）决定组成环性质，验证基本尺寸。

$$\begin{aligned}A_0&=A'_1-(A_3+N+A_2+A_4)\\&=(23.2-10-2-10-1)\text{mm}=0.2\text{mm}\end{aligned}$$

4）确定组成后的加工经济精度。它们的尺寸及其极限偏差如下：

$$A'_1=23.2^{+0.12}_{0}\text{mm}, A_2=10^{0}_{-0.1}\text{mm}, A_3=10^{+0.1}_{0}\text{mm}, A_4=1^{0}_{-0.08}\text{mm}$$

5）计算超差量：

$$A'_0=0.2^{+0.3}_{-0.1}\text{mm}$$

间隙变动范围是 0.1～0.5mm，$T(A'_0)=0.4$mm。所以超差量是：

$$\delta=T(A'_0)-T(A_0)=(0.4-0.1)\text{mm}=0.3\text{mm}$$

此超差量应予以补偿，故 δ 为补偿量。

6）确定垫片的分档数 m。假如垫片做的绝对精确，没有公差，则分档数 m 可按下式计算：

$$m=\left[\frac{T(A'_0)}{T(A_0)}\right]=\left[\frac{\delta}{T(A_0)}\right]+1$$

但事实上垫片是不可能做得绝对精确的，故必须把垫片的加工误差 T_N 考虑进去，得到：

$$m=\left[\frac{T(A'_0)}{T(A_0)-T(N)}\right]=\left[\frac{\delta+T_N}{T(A_0)-T_N}\right]+1$$

上式中 [ ] 表示对 [ ] 内取整数（只进不舍）。

由于 $T_N=0.2$mm，因此得到：

$$m=\left[\frac{0.3+0.02}{0.1-0.02}\right]+1=5$$

7）确定补偿范围的尺寸分档及各档垫片尺寸。因为间隙公差 $T(A'_0)=0.4$mm，共分 5 档（表 2-14），故各档公差为：

$$\frac{T(A'_0)}{m}=\frac{0.4}{5}\text{mm}=0.08\text{mm}$$

表 2-14　间隙尺寸分档

级数(分档数)	间隙尺寸分档/mm	垫片尺寸及其偏差/mm	装配后得到的间隙范围/mm
1	2.10～2.18	$1.88^{+0.02}_{0}$	0.2～0.3
2	2.18～2.26	$1.96^{+0.02}_{0}$	0.2～0.3
3	2.26～2.34	$2.04^{+0.02}_{0}$	0.2～0.3
4	2.34～2.42	$2.12^{+0.02}_{0}$	0.2～0.3
5	2.42～2.50	$2.20^{+0.02}_{0}$	0.2～0.3

2.6 零件的工艺性分析

2.6.1 分析研究产品的装配图和零件图

熟悉产品的性能、用途、工作条件，明确各零件的装配位置及其作用，了解及研究各项技术条件制订的依据，找出其主要技术要求和关键技术问题。

对装配图和零件图进行工艺性审查。主要的审查内容有：图样上规定的各项技术条件是否合理，零件的结构工艺性的好坏，图样上是否缺少必要的尺寸、视图或技术条件。过高的精度、过小的表面粗糙度要求和其他技术条件会使工艺过程复杂，加工困难。应尽可能减少加工和装配的劳动量，达到好造、好用及好修的目的。如果发现有问题，则应及时提出，并会同有关设计人员共同讨论研究，按照规定手续对图样进行修改与补充。所谓具有良好的结构工艺性，应是在不同生产类型的具体生产条件下，对于零件毛坯的制造、零件的机械加工、机器产品的装配和维修，都能采用较经济的方法进行。

2.6.2 零件的结构工艺性分析

零件的结构工艺性是指所设计的零件在能满足使用要求的前提下制造的可行性和经济性。结构工艺性的问题比较复杂，它涉及毛坯制造、机械加工、热处理和装配等各方面的要求。表 2-15 中列举了一些零件机械加工结构工艺性对比的示例。

表 2-15 零件机械加工结构工艺性对比的示例

序号	结构工艺性不好(A)	结构工艺性好(B)	说明
1	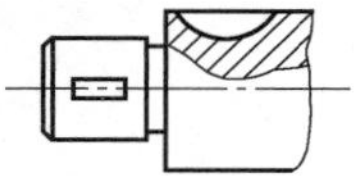	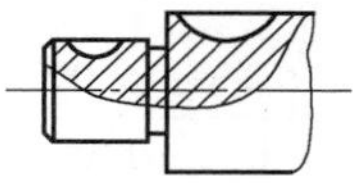	结构 B 中键槽的尺寸、方位相同，则可在一次装夹中加工出来全部键槽，以提高生产率
2	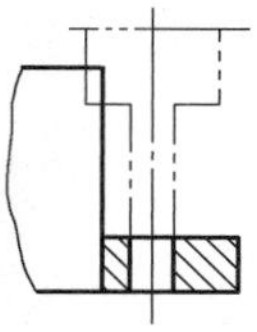	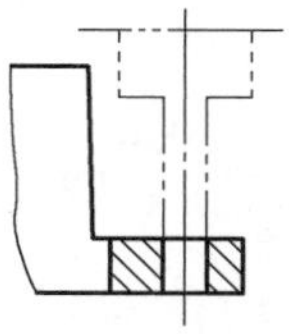	结构 A 的加工面不便引进刀具
3	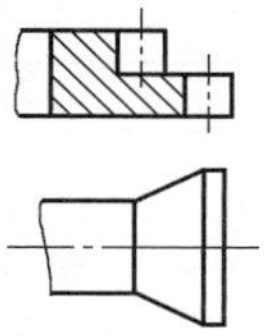	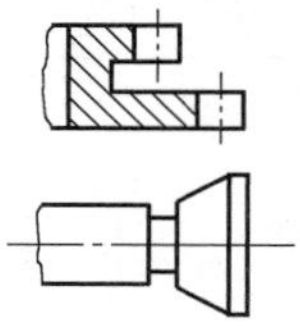	结构 B 有退刀槽，保证了加工的可能性，从而减少刀具(砂轮)的磨损
4	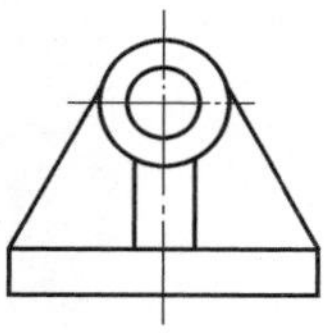	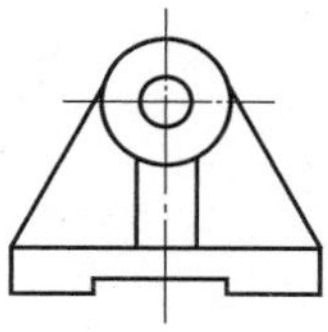	结构 B 的底面接触面积小，加工量小，稳定性好
5	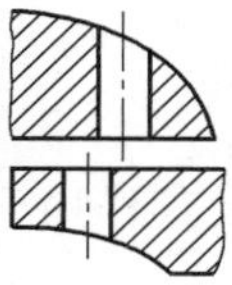	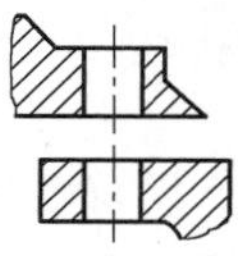	加工结构 A 上的孔时，钻头容易引偏

（续）

序号	结构工艺性不好(A)	结构工艺性好(B)	说明
6	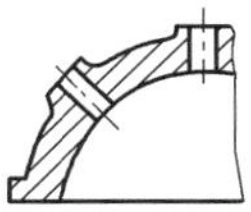	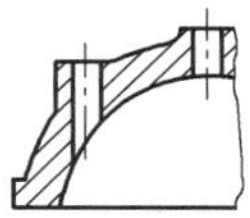	结构 B 中被加工表面的方向一致，可以在一次装夹中进行加工
7	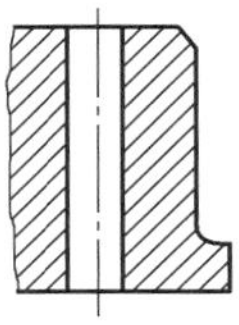	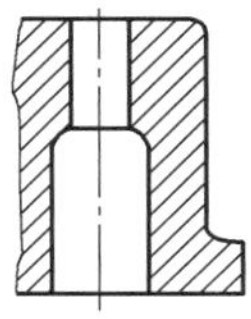	结构 B 避免了深孔加工
8	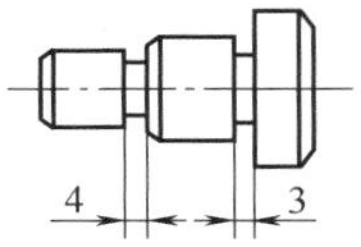 4　3	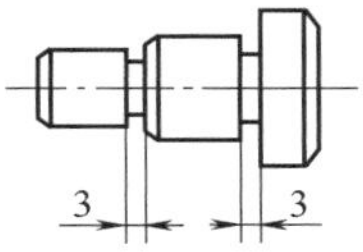 3　3	结构 B 的两个凹槽尺寸相同，可减少刀具种类，减少换刀时间
9			结构 B 的三个凸台表面高度相同，可在一次加工中加工完成
10	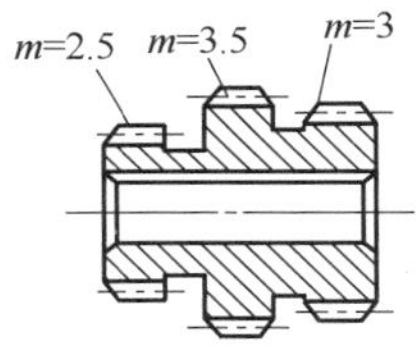 m=2.5　m=3.5　m=3	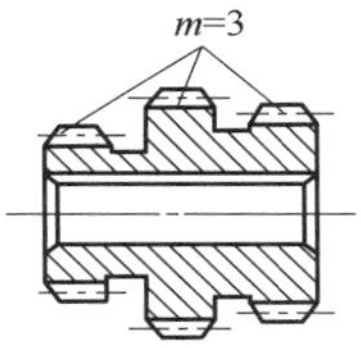 m=3	结构 A 需要三种模数的齿轮刀具，结构 B 只需要一种

2.7 本章小结

本章从金属切削原理出发，介绍了切屑的形成过程，论述了金属材料切削变形的主要特点、影响因素及在切削过程中的切削力、切削热、切削温度与工件材料、刀具及机床切削用量工件的关系，建立起加工对象（工件材料）、刀具选用（切削工具）和机床（提供动力）之间的联系。

工艺规程设计给出了系统性的零件由毛坯到成品的工艺路线拟定、工艺内容确定的分析与设计过程。在装配工艺规程设计中介绍了产品整体与零件的关系，通过保证装配精度的方法了解设计要求和制造要求的相互关系。

学习并掌握上述内容，可以为后续学习智能制造工程中的智能刀具、智能机床和智能工艺过程及智能生产过程的设计与优化建立理论基础。

思　考　题

2-1　什么是切削用量三要素？

2-2　确定外圆车刀切削部分几何形状最少需要几个名义角度？试画图样并标出这些名

义角度。

2-3　怎样划分切削变形区？第一变形区有哪些变形特点？

2-4　影响切削力的主要因素有哪些？试论述其影响规律。

2-5　解释下列机床型号：X4325、Z3040、T4163、CK6132、MGK1320A。

2-6　举例说明通用机床、专门化机床和专用机床的主要区别是什么，它们各自的使用范围是什么？

2-7　试分析卧轴矩台平面磨床与立轴圆台平面磨床在磨削方法、加工质量及生产效率等方面有何不同，它们的适用范围有何区别？

2-8　加工中心与数控车床、数控铣床、数控镗床等的主要区别是什么？

2-9　试简述粗、精基准的选择原则。

2-10　一般情况下，机械加工过程都要划分为几个阶段进行，为什么？

2-11　简述工序集中、工序分散的工艺特征，以及各适用于什么场合？

2-12　在安排加工顺序时有哪些原则需要遵循？

2-13　图 2-62 所示为齿轮轴断面图，要求保证轴径尺寸 $\phi28^{+0.024}_{+0.008}$mm 和键槽深 $t=4^{+0.16}_{0}$mm。其工艺过程为：①车外圆至尺寸 $\phi28.5^{0}_{-0.10}$mm；②铣键槽槽深至尺寸 H；③热处理；④磨外圆至尺寸 $\phi28^{+0.024}_{+0.008}$mm。

试求工序尺寸 H 及其极限偏差。

2-14　如图 2-63 所示，以工件底面 1 为定位基准镗孔 2，然后以同样的定位基准镗孔 3。两孔距离的设计尺寸 $25^{+0.40}_{+0.05}$mm，不是直接获得的，试分析：

① 加工后，如果 $A_1=60^{+0.2}_{0}$mm，$A_2=35^{0}_{-0.2}$mm，尺寸 $25^{+0.40}_{+0.05}$mm 是否能得到保证？

② 如果在加工时确定 A_1 的尺寸为 $60^{+0.2}_{0}$mm，A_2 为何值时才能保证尺寸 $25^{+0.40}_{+0.05}$mm 的精度？

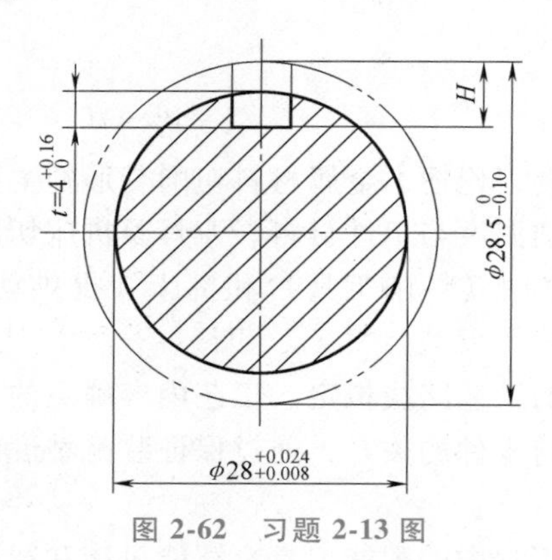

图 2-62　习题 2-13 图

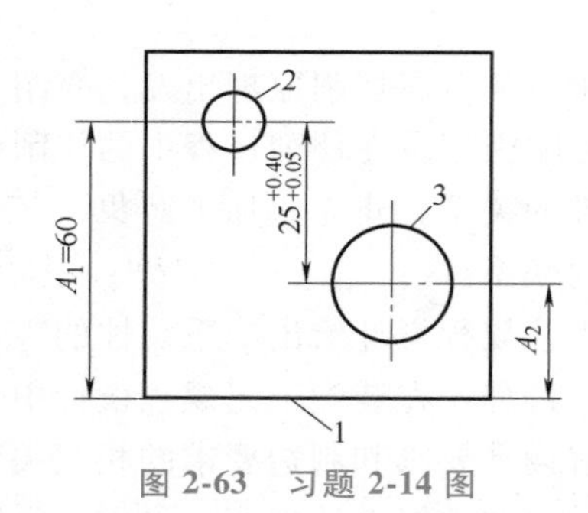

图 2-63　习题 2-14 图

2-15　什么是零件、合件、组件和部件？什么是机器的总装？

2-16　保证装配精度的尺寸链解算方法有哪几种？各适用于什么装配场合？

2-17　什么是装配精度？影响装配精度的因素有哪些？

2-18　零件加工精度和装配精度之间的关系是什么？试举例说明。

2-19　说明装配尺寸链中的组成环、封闭环、协调环和补偿环的含义是什么？它们各有何特点。

2-20　什么是装配尺寸链的最短路线原则？为什么应遵循这一原则？

2-21　极值法与概率法解装配尺寸链有何不同？它们各用于何种情况？

2-22　保证机器或部件装配精度的主要方法有哪几种？

2-23　分组装配法适用于什么场合？如果相配合的工件公差不相等，能否适用分组装配？

2-24　修配装配法适用条件是什么？采用修配装配法获得装配精度时，选取修配环的原则是什么？

2-25　什么是调整装配法？可动调整法、固定调整法和误差抵消调整法各有什么优缺点？

2-26　什么是固定调节件的补偿能力和级差？为什么应严格控制调节件的制造公差？

2-27　设有一轴、孔配合，若轴的尺寸为 $\phi 80_{-0.10}^{0}$mm，孔的尺寸为 $\phi 80_{0}^{+0.20}$mm，试用极值法和概率法（不完全互换法）装配，分别计算其封闭环公称尺寸、公差和分布位置。

2-28　减速器中某轴上的尺寸为 $A_1=40$mm，$A_2=36$mm，$A_3=4$mm，要求装配后齿轮轴向间隙 $A_0=0_{+0.10}^{+0.25}$mm，结构如图 2-64 所示。试用极值法确定 A_1、A_2、A_3 的公差及其分布位置。

2-29　图 2-65 所示为车床溜板与床身导轨装配图，为保证溜板在床身导轨上准确移动，装配技术要求规定其配合间隙为 0.01~0.03mm。试用修配法确定各零件有关尺寸及其公差。

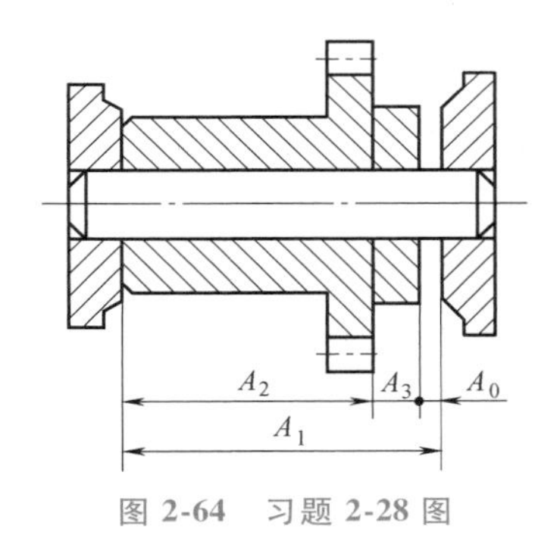

图 2-64　习题 2-28 图

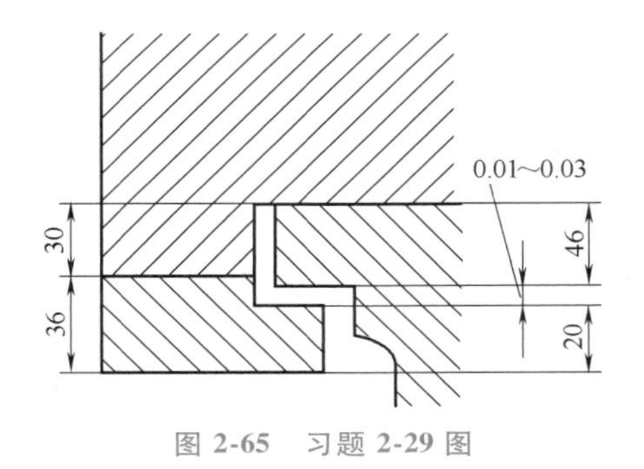

图 2-65　习题 2-29 图

2-30　图 2-66 所示为传动轴装配图。现采用调整法装配，以右端垫圈为调整环 A_1，装配精度要求 $A_0=0.05\sim0.20$mm（双联齿轮的端面跳动量）。试采用固定调整法确定各组成零件的尺寸及公差，并计算加入调整垫片的组数及各组垫片的尺寸及公差。（给定 $T_{104}=0.2$mm、$T_{8.5}=0.05$mm、$T_{115}=0.3$mm；左端垫圈为标准件，尺寸及公差为 $2.5_{-0.12}^{0}$mm）

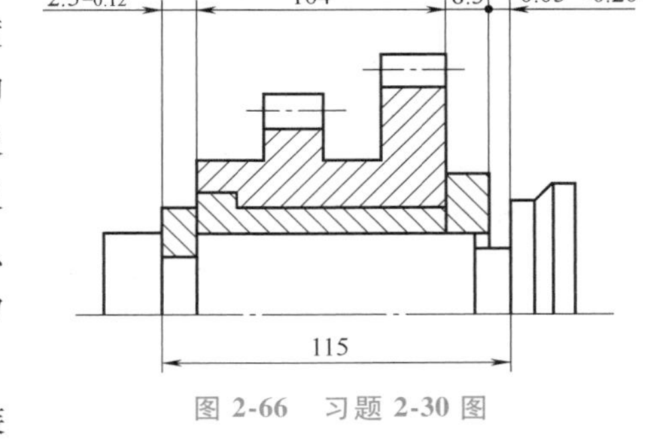

图 2-66　习题 2-30 图

2-31　图 2-67 所示为摇杆机构中摆杆与滑块的装配图。槽与滑块配合间隙要求 0.03~0.05mm，采用修配法装配，先修配摇杆槽两侧面至尺寸 $A_1=100$mm，公差 $T_{A_1}=0.1$mm，滑块宽度尺寸按经济精度加工至 $A_2=100$mm，公差 $T_{A_2}=0.06$mm，试用修配法解此装配尺寸链，确定 A_1、A_2

的上、下偏差，并计算最大修配量 Z_{Kmax}。

2-32　图 2-68 所示为曲轴轴颈与齿轮装配图，结构设计中采用固定调整法装配，保证间隙 $A_0=0.01\sim0.06$mm。现选取 A_2 为调整补偿件。试求调整件的分级数及各组尺寸。已知 $A_1=43.5^{+0.10}_{+0.05}$mm，$A_2=2.5$mm，$A_3=38.5^{\ 0}_{-0.01}$mm，$A_4=2.5^{\ 0}_{+0.04}$mm，调整补偿件的制造公差为 $T_{A_K}=0.01$mm。

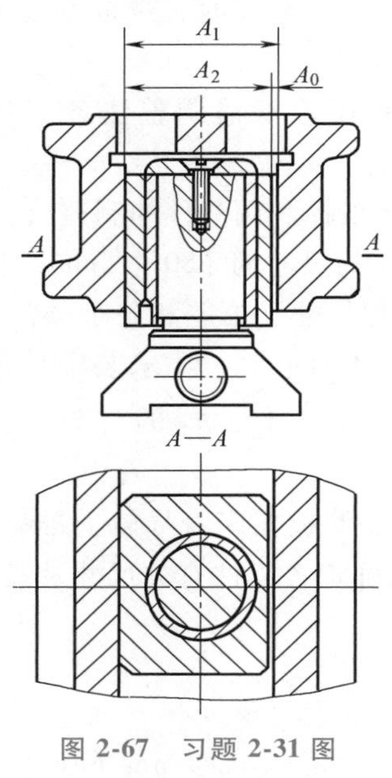

图 2-67　习题 2-31 图

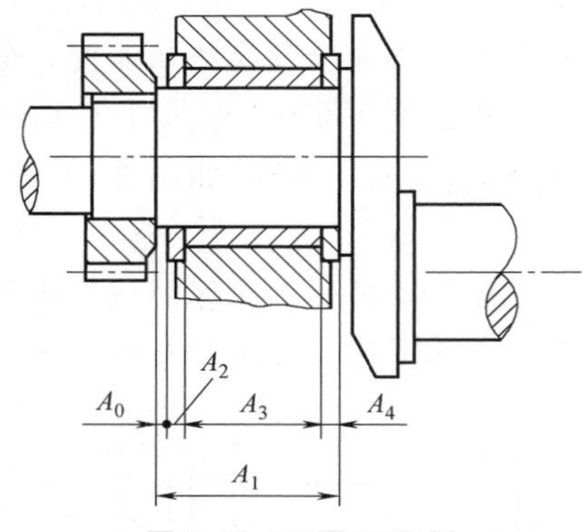

图 2-68　习题 2-32 图

2-33　图 2-69 所示为主轴法兰盘装配图，根据技术要求，主轴前端法兰盘与主轴箱端面间应保持有 0.38~0.95mm 间隙。已知推力球轴承与双列滚子轴承的轴向尺寸与上、下极限偏差分别为 $A_{25}=25^{\ 0}_{-0.12}$mm；$A_{41}=41^{\ 0}_{-0.12}$mm。试确定与装配精度有关的零件尺寸 A_{24}，A_{94} 和 A_4 的公差及其上、下极限偏差。（注：分别按极值法与概率法解此装配尺寸链）

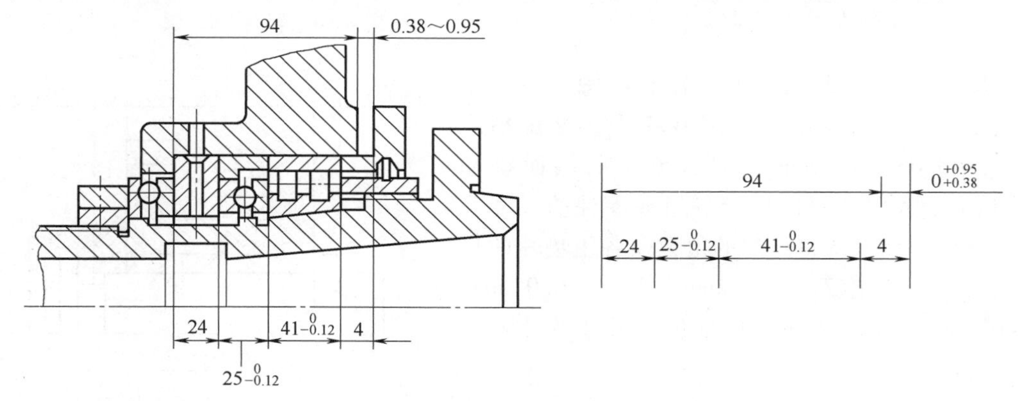

图 2-69　习题 2-33 图

2-34　什么是结构工艺性？结构工艺性分析主要包括哪些工作？

2-35　图 2-70a 所示为某零件轴向设计尺寸简图，其部分工序如图 2-70b~d 所示。试校核工序图上所标注的工序尺寸及公差是否正确，如有错误，应如何改正？

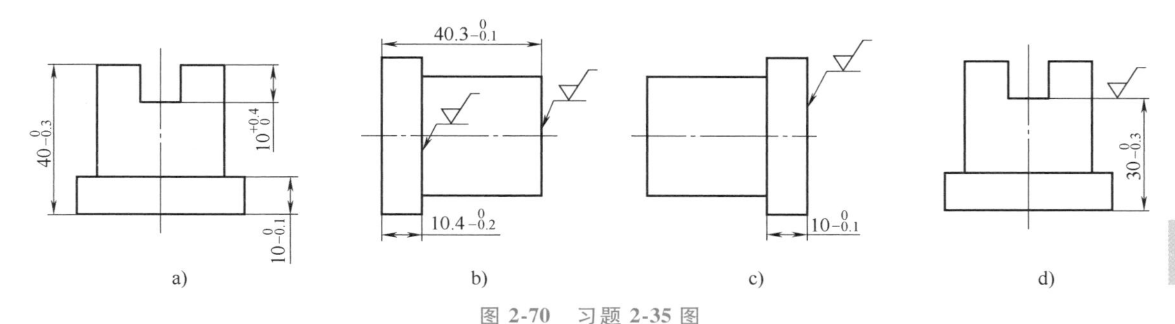

图 2-70　习题 2-35 图

参考文献

[1] FRITZ A H. Fertigungstechnik, 12., neu bearbeitete und ergänzteAuflage [M]. Berlin: Springer Vieweg, 2018.

[2] PAUCKSCH E, HOLSTEN S, LINβ M, TIKAL F. Zerspantechnik-Prozesse, Werkzeuge, Technologien 12., vollständig überarbeitete und erweiterte Auflage [M]. Berlin: Springer Vieweg, 2008.

[3] CIRP. CIRP Encyclopedia of Production Engineering [M]. Springer Berlin Heidelberg, 2019.

[4] DENKENA B, TÖNSHOFF H K Spanen-Grundlagen, 3., bearb. u. erw [M]. Berlin: Auflage. Springer, 2011.

[5] ABELE E. Technologie der Fertigungsverfahren [M]. PTW TU Darmstadt Manuskript. 2009.

[6] KLOCKE F, KÖNIG W. Fertigungsverfahren 1, Achte Auflage [M]. Berlin: Springer, 2008.

[7] WECK M, BRECHER C. Werkzeugmaschinen-Maschinenarten und Anwendungsbereiche [M]. Berlin: Springer, 2005.

[8] 卢秉恒. 机械制造技术基础 [M]. 4 版. 北京：机械工业出版社，2018.

第3章 成形加工工艺基础

本章摘要

本章内容简介

本章主要介绍了非切除性的加工工艺方法，包括铸造、锻造、挤压、冲裁和焊接等。学习过程中需要掌握材料成形方法的主要分类，常用的特种铸造方法以及它们的特点和适用范围，塑性成形工艺特点以及焊接与连接工艺特点。最后，本章还介绍了在智能成形工艺过程中涉及的对象、测试和控制方法。

本章关键知识点

中国创造：笔头创新之路

1. 材料成形方法的主要分类；
2. 常用的特种铸造方法、特点及适用范围；
3. 塑性成形的主要特点及适用范围；
4. 粉末热锻与一般锻造的区别；
5. 板料成形的工艺及其特点；
6. 常用的焊接方法分类、特点及适用范围；
7. 焊接接头的组成。

本章难点

1. 铸造过程缩孔和缩松的产生原因及防止方法；
2. 铸造内应力的分析；
3. 焊接缺陷的种类、形成原因、危害以及防止措施。

3.1 成形技术概述

3.1.1 材料成形定义

材料成形是指借助于某些非切除性加工方法对材料进行加工，获得所需零件（毛坯）的尺寸形状、组织和性能的工艺方法。

3.1.2 材料成形方法的分类

材料成形过程中通常会同时出现形状、结构和性能三方面的变化，根据材料在成形过程中的特点，即根据材料形状尺寸、性能改变情况，材料成形方式主要有凝固成形、塑性成形、焊接成形、表面成形、粉末压制和塑料成型等。若按制件的公差大小，还可分为一般成形和精密成形。根据原料成分特点，材料成形方法包括金属材料成形、无机非金属材料成型、聚合物材料成型和复合材料成型四大类，本章主要围绕金属材料成形进行介绍。

（1）金属材料成形　它包括铸造成形、塑性成形（锻压、冲压、轧制等）和焊接成形。金属材料常规成形方法分类如图 3-1 所示。

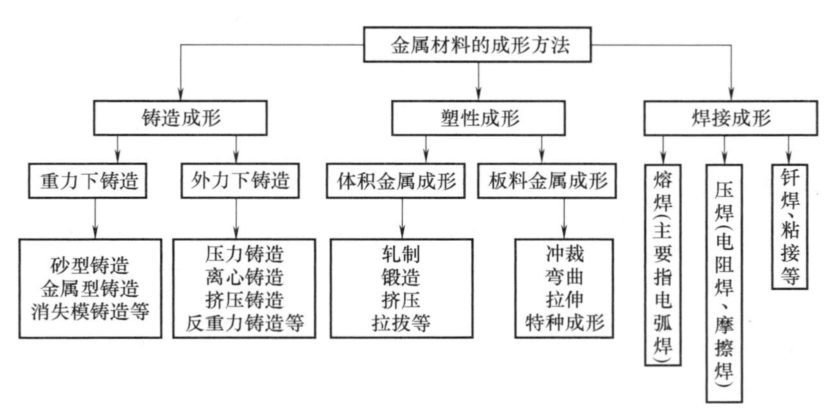

图 3-1　金属材料常规成形方法分类

（2）无机非金属材料成型　它包括陶瓷成型（塑性滚压成型法、注浆成型法、粉料压力成型法和特种成型法四种）、玻璃成型（吹制法、拉制法、压制法和吹-压制法四种）等。

（3）聚合物材料成型　它包括液态聚合物材料成型（如环氧树脂的浇注成型等）、固态聚合物材料成型（塑料的注射成型、挤出成型等）。

（4）复合材料成型　它主要指树脂基复合材料成型（如玻璃纤维增强塑料）等。

3.2 液态成形工艺

液态材料成形也称为凝固成形，或称为铸造。凝固成形是将液态金属充填到与欲成形零件的形状和尺寸相适应的铸型空腔中，待其冷却后，获得所需形状的零件或毛坯的工艺。铸造的基本工艺流程为：液态金属→充型→凝固收缩→铸件。

凝固成形的方法很多，如图 3-2 所示。有砂型铸造、熔模铸造、金属型铸造、高压铸造、低压铸造、离心铸造等。由于铸型材料及液态金属引入铸型方法的不同，导致其凝固条件不同，最终成形件的性能也会产生差异。

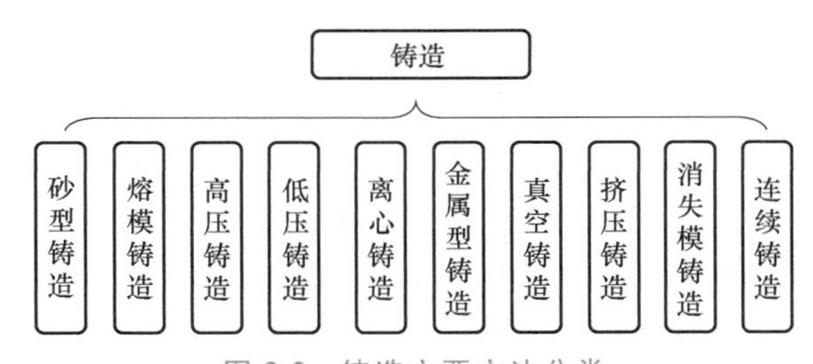

图 3-2　铸造主要方法分类

铸造几乎适用所有能够熔化成液态的金属及其合金，尤其适合塑性差的材料或形状非常复杂的零件成形。适合铸造的原材料非常广泛，设备投资少，操作简单，毛坯加工余量小，省工省料。但是，铸件的凝固过程不易控制，普遍存在铸造缺陷，导致其力学性能和质量稳定性不如锻件，尤其是铸件的冲击韧性低于锻件。

3.2.1 液态成形工艺基础

铸造性能是保证铸件质量的重要因素，合金的铸造性能包括流动性、收缩性、吸气性、偏析等。在合金熔化过程中，不吸气不氧化，在浇注充型过程中流动性好，易充满型腔，凝固时收缩量小，不变形和开裂，这种合金被认为具有良好的铸造性能，易获得完整而优质的铸件。

1. 合金的流动性

流动性是指液态金属的流动能力。流动性能够提高合金的充型能力，有利于制备薄壁复杂铸件。合金充型时流动性差容易造成冷隔、浇不足等铸造缺陷。合金的流动性可用螺旋试样测定法进行测定，如图 3-3 所示，液态合金在螺旋线型的型腔中流动的长度代表流动性的好坏。螺旋试样长度越长，流动性越好。在常用铸造合金中，铸铁和硅黄铜的流动性最好，铝硅合金次之，铸钢最差。

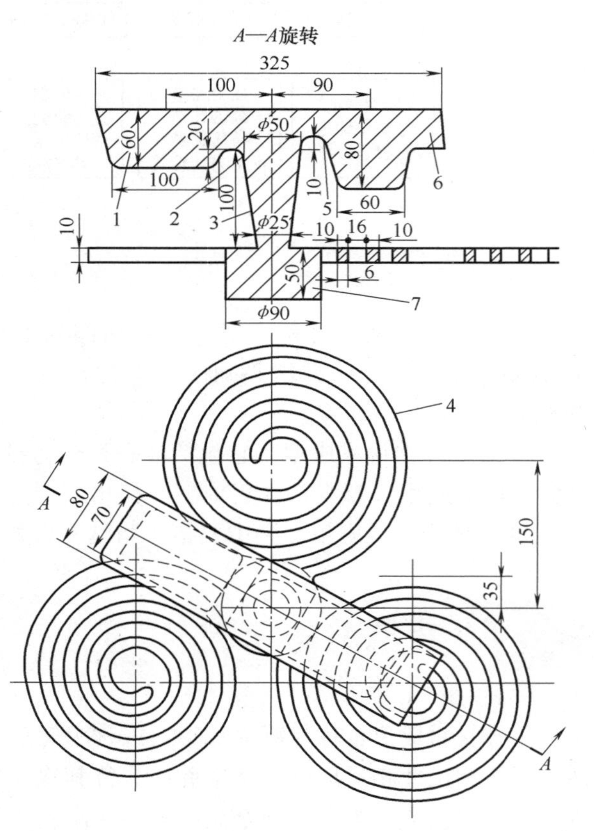

图 3-3 测定合金流动性的螺旋试样

1—浇口杯 2—低坝 3—直浇道 4—螺旋 5—高坝 6—溢流道 7—全压井

影响合金流动性的因素有成分、浇注条件和模具等，其中成分影响最为显著。

（1）化学成分 结晶特性对合金的流动性影响很大，纯金属和共晶成分合金的结晶温度范围窄，流动性好；远离共晶成分的亚共晶和过共晶合金结晶温度范围宽，流动性差。

（2）浇注条件

1）浇注温度：浇注温度越高，合金凝固所需时间长，流动距离远，充型效果好。但浇注温度过高会造成大的凝固收缩量，不利于减少缩孔、疏松等铸造缺陷。

2）充型压力：增大液态合金充型压力能改善其流动性。高压铸造时合金所受的压力较大，流动性好，可以用于薄壁、轮廓精细的复杂零件的成形。重力铸造只能用于厚壁铸件的成形，可增加内浇口截面、直浇口高度或提高浇包位置来改善合金的流动性。

3）浇注系统结构：复杂的浇注系统会增加熔体流动阻力，应合理设计充型浇道的位置和横截面积。

（3）铸型条件　金属铸型与液态合金热交换速度快，冷却快，合金充型能力差。提高铸型温度能够减少铸型与液态合金间的冷却速度，增加流动性。金属铸型的排气能力也要增强，避免充型时型腔内气体压力增加，阻碍液态合金流动。

（4）铸件结构　铸件结构如壁厚、尺寸大小和复杂程度等都会影响液态合金的流动，对充型能力也有较大影响。

2. 合金的凝固方式

液态金属的凝固结晶包括形核和长大两个过程，化学成分、形核条件和冷却速度等因素都会影响最终的凝固组织。铸件凝固时截面上液相、固相和糊状凝固区同时存在，铸件的凝固方式可分为逐层凝固、糊状凝固和中间凝固，如图 3-4 所示。当液态合金的凝固方式为逐层凝固时，固液界面间没有糊状区，熔体的充型能力强，较少出现缩孔、缩松铸造缺陷；糊状凝固时，液固相并存的糊状区贯穿整个截面，容易出现粗大疏松组织，大多数合金凝固方式介于两者之间，为中间凝固。

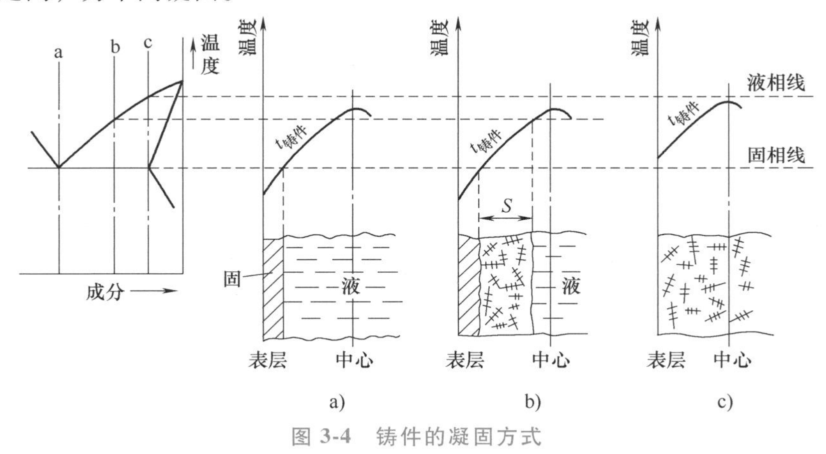

图 3-4　铸件的凝固方式

a）逐层凝固　b）糊状凝固　c）中间凝固

合金的凝固结晶温度范围是影响凝固方式的主要因素。合金的凝固结晶温度范围较大，则凝固区域越宽，越趋向于糊状凝固；凝固结晶温度范围越窄，越趋向于逐层凝固。同时，铸件凝固时的温度梯度也会对凝固区域产生影响，减小温度梯度有利于缩小凝固区宽度。因此，倾向于逐层凝固的灰铸铁、铝硅合金等合金的铸造性能好；倾向于糊状凝固的铝铜合金、球墨铸铁等合金铸造性能差，需要改善工艺以缩小凝固区域。

3. 合金的收缩

（1）合金收缩　金属存在热胀冷缩的特性，合金的收缩是指合金熔体从液态凝固到固态时发生的体积或尺寸减小的现象。合金的收缩特性常常导致许多铸造缺陷。过热的合金熔体在冷却到室温的过程中，其总的体积收缩分为液态收缩阶段、凝固结晶收缩阶段和固态收缩阶段，见表 3-1。

表 3-1　合金收缩的三个阶段

液态收缩（$T>T_{液}$）	是产生缩孔、缩松的基本原因
凝固结晶收缩（$T_{液}>T>T_{固}$）	
固态收缩（$T<T_{固}$）	是产生内应力、变形和裂纹的基本原因

注：T 代表熔体温度；$T_{液}$ 代表液相线温度；$T_{固}$ 代表固相线温度。

（2）铸件的缩孔与缩松　铸件凝固时，由于合金液态收缩和凝固收缩量大于固态收缩，导致铸件最后凝固的位置没有合金液补缩，就会发生缩孔和缩松。大而集中的孔洞称为缩孔，小而分散的孔洞称为缩松，如图 3-5 所示。

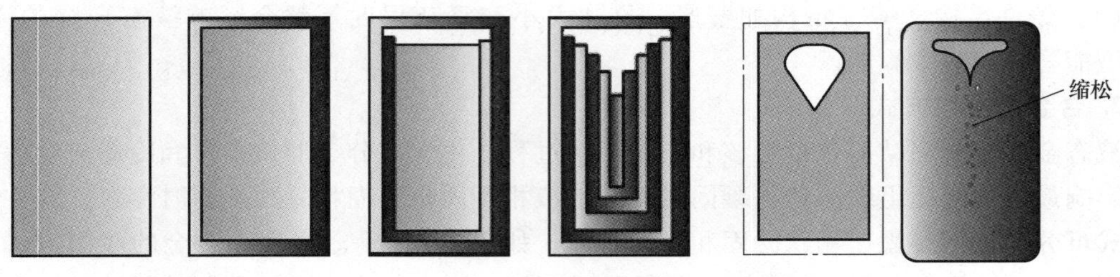

图 3-5　缩孔与缩松的形成过程

缩孔、缩松是铸件的主要缺陷，严重影响铸件的性能。通常熔体的浇注温度越高，越容易产生缩孔、缩松。实践证明，通过在热节或容易出现缩孔、缩松的位置设置补缩冒口或冷铁，控制铸件各位置有序的“顺序凝固”，能够较好地消除缩孔、缩松缺陷，如图 3-6 所示。

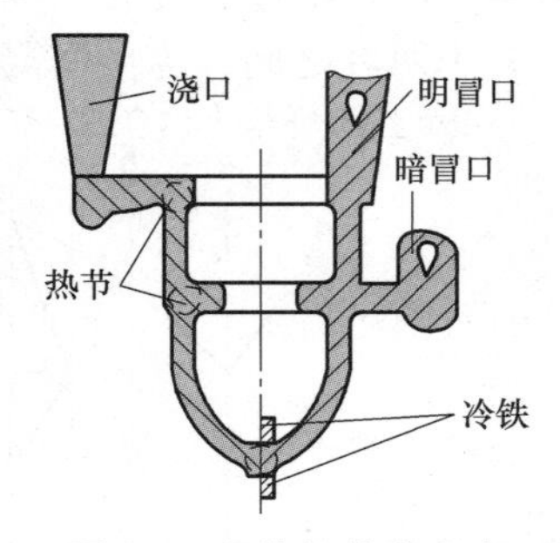

图 3-6　阀体的铸造方案

（3）铸造应力与变形　铸件冷却凝固过程中会产生收缩，如果冷却不均匀则收缩也不均匀，当固态收缩受到阻碍时，就会引发内应力，产生铸造应力。

铸造应力分为热应力和机械应力。它们的区别：热应力是由铸件各部分冷热不均收缩不同而产生的内应力，机械应力是铸件在固态弹性状态收缩时受到阻碍产生的内应力；热应力是永久应力，机械应力是暂时力，当外界的阻碍条件消失后机械应力也消失。

铸件的铸造应力常常导致铸件开裂或尺寸变形、加工精度低而造成损失。因此必须防止铸件产生铸造应力与变形，主要防止措施如下：

1）铸件设计时应尽可能壁厚均匀、形状对称，以减少冷热收缩不均。

2）应采用“同时凝固”的铸造工艺方法，减少不均匀冷却。

3）可采用反变形工艺，即在模型上预先留出反变形量（如机床导轨上凹），以抵消壁厚不均匀、细长易变形杆类和板类铸件的变形。

4）去应力退火（时效处理）。对于重要铸件必须进行时效处理。时效处理宜在粗加工之后进行，既可消除原有铸造应力，又可将粗加工产生的内应力一并消除。

（4）铸件的开裂　铸件在冷却凝固过程中，由于铸造内应力超过当前温度下材料的强度极限时就会产生裂纹。裂纹是最严重的的铸造缺陷，如果不能及时发现，危害巨大。

裂纹按照形成原因可分为热裂纹和冷裂纹。两者的区别：热裂纹是铸件在温度较高的凝固末期，因铸造应力超过该温度下的强度极限引起的开裂；冷裂纹是较低温度时，铸件在弹性状态受的拉应力超过该温度下的强度极限引起开裂。热裂纹的形状特征：长度较短、缝隙较宽、裂纹弯折不规则（沿晶扩展），表面发黑成氧化色。冷裂纹的形状特征：表面光滑，长度较小，裂纹呈直线或圆滑曲线（穿晶扩展），颜色光亮未氧化。热裂纹和冷裂纹发生的位置通常在形状复杂的铸件的尖角和变截面位置，因为这些位置会引起应力集中，从而导致铸造应力过大，可以通过合理设计铸件结构，选择低收缩合金，改善铸型条件和合金凝固顺序来改善裂纹缺陷。

3.2.2　砂型铸造

1. 砂型铸造的工艺过程

砂型铸造是液态金属浇入砂型内的空腔凝固来生产铸件的铸造方法。砂型铸造的工艺过程如图 3-7 所示，流程包括木模和芯盒制备、造型和造芯、砂箱合型、合金浇注、落砂清理和铸件加工等步骤。为了低成本高效地制备出合格铸件，需要合理地制定出铸造工艺方案，需要考虑的工作包括确定铸件的浇注位置、分模面和型芯，还应确定铸件的加工余量、起模斜度、收缩率、浇注系统，以及冒口和冷铁的位置等。

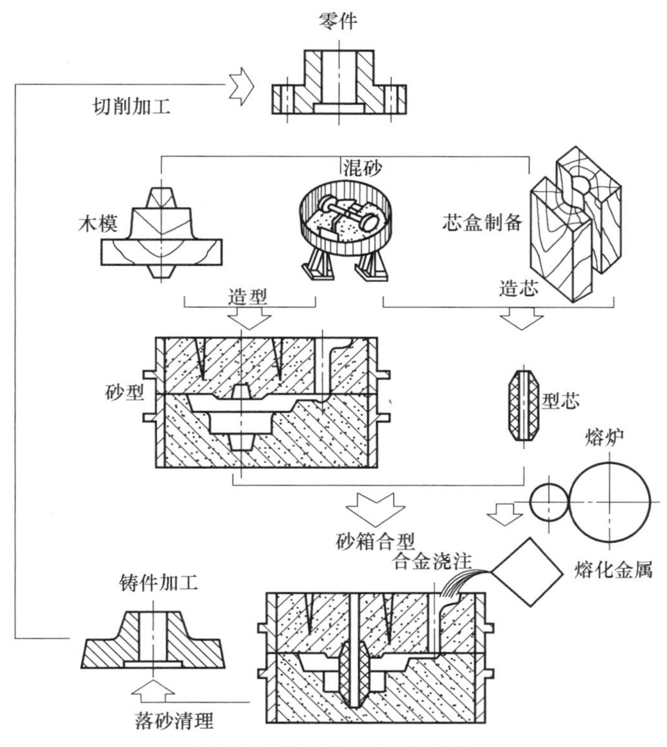

图 3-7　砂型铸造工艺过程

2. 铸型组成及造型方法

砂型铸造的铸型是用型砂造型制成的，是最常用的铸型。砂型一般由上型、下型、型芯、型腔和浇注系统组成，如图 3-8 所示。根据砂型的特征造型可分为两箱造型、三箱造型和脱箱造型；根据模型的特征造型又可分为整模造型、分模造型、活块造型和刮板造型。

造型既可以手工造型也可以机器造型。手工造型方法比较灵活、适应性好、成本低，主要适合单件或少量制备，尤其是大型或复杂铸件。机器造型的表面质量和精度较高、效率高、劳动条件好，比较适合中、小型铸件批量生产。根据紧砂和起模方式可分为气动微震压实、射压、高压和抛砂等造型方法。

3. 砂型铸造的应用特点

砂型铸造能够制备形状复杂的毛坯件，其适应性好、成本低，适合塑性差的金属成形，但由于常出现铸造缺陷，其力学性能较差。铸件的表面粗糙度取决于铸型的造型方法及造型材料，Ra 为 12.5~400μm。如采用树脂砂、机器造型可改善铸件的外观质量，则铸件的表面粗糙度 Ra 可达 12.5~50μm。

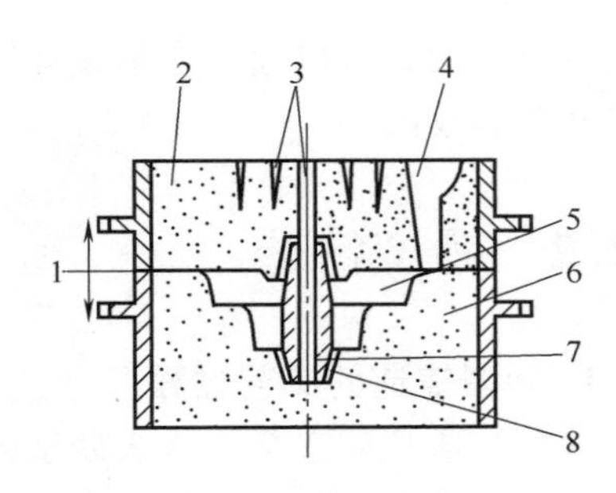

图 3-8 铸型组成

1—分模面 2—上型 3—出气孔 4—浇注系统 5—型腔 6—下型 7—型芯 8—芯头芯座

4. 合金的吸气性

各种铸造合金，尤其是有色合金在熔炼和浇注时处于液态的合金熔体吸收气体的性能称为合金的吸气性。

合金中吸收的气体存在的形式有三种：溶解、化合、气泡。在一定的温度和压力条件下，合金吸收气体的饱和浓度，称为该条件下的溶解度。气体在固态合金中的溶解度很小，并随温度的升高少量增加；当合金升温到熔点以上时，气体在液态合金中的溶解度急剧增加，因此要比在固态合金中溶解的气体多很多。合金中的气体若与合金中某元素的亲和力较大，则会形成化合物存在于合金中，如氧在铁液中，可形成 FeO、Al_2O_3 等氧化夹渣。当合金中的气体含量超过其溶解度时，则以分子状态（气泡）的形式存在于合金液中，例如在冷凝过程中，随着温度降低溶解度下降，会析出过饱和气体，若这些气体来不及从合金液中逸出，将在铸件中形成气孔、针孔，从而降低铸件的力学性能和致密性。

合金吸气的气体种类主要有 H_2、O_2、N_2。下面介绍熔炼和浇注凝固时吸气的主要来源。氢气：主要为混砂时加入的水分、有机黏结剂和附加剂的分解、黏土砂中的结晶水、铸型返潮等；氧气：主要为熔炼添加的炉料或氧化物分解、黏土砂中的碳酸盐分解、有机黏结剂和附加剂的分解、炉衬或型砂中的水分和氧气等；氮气：主要为炉料中的氮、含氮的黏结剂、炉气及出炉时气氛中的氮气等。

为减少合金的吸气性，可缩短熔炼时间；选用烘干过的炉料；在熔剂覆盖层下或在保护性气体介质中或在真空中熔炼合金；进行精炼除气处理；提高铸型和型芯的透气性；降低造型材料中的含水量和对铸型进行烘干等措施。

5. 合金的偏析

液态合金在铸型中凝固以后，铸件断面上各个部分及晶粒与晶界之间存在化学成分的不均匀现象，称为偏析。铸造生产中，想要获得化学成分完全均匀的铸件几乎是不可能的。根据偏析产生的范围大小可分为晶内偏析、区域偏析、密度偏析。

（1）晶内偏析　特征是在一个晶粒范围内，晶内和晶界处的化学成分不一致，熔点高的组元往往多分布于晶内，而熔点低的组元则往往多分布于晶界。如锡青铜铸件，晶粒内含铜多，而晶界处含锡多。当合金的结晶温度范围越宽、铸件的冷却或结晶速度越快时，晶内偏析越严重。为防止晶内偏析，可以采用细化晶粒的措施，以缩短原子的扩散距离；或适当提高浇温，以延缓冷却速度，以达到延长原子的扩散时间等。对已产生晶内偏析的铸件，可通过长时间的扩散退火来减轻晶内偏析。

（2）区域偏析　特征是在铸件的整个断面上，各部位的成分不一致的现象。区域偏析又分正向偏析和逆向偏析两类。所谓正向偏析是指铸造合金中，熔点较低的组元集中分布在铸件的中心或上部区域，其含量从铸件的先凝固区到其后凝固区逐渐递增。而逆向偏析则正好相反，熔点较低的组元集聚在铸件边缘。如硅黄铜铸件易出现正向偏析，即铸件中心含硅量较高；锡青铜件则易产生逆向偏析，即铸件表层中锡含量较多。通常结晶温度范围较小的合金，倾向于产生正向偏析；结晶温度范围较宽的合金结晶时形成发达的树枝晶的合金，则易产生逆向偏析。即使采用均匀化扩散退火也无法消除区域偏析，原因是偏析元素需经长距离的扩散，故区域偏析应以预防为主，一般措施有：选择成分合适的合金、合理设计铸件结构避免厚大断面、正确控制冷却速度等。

（3）密度偏析　特征是由于合金中组元密度的不同所引起的偏析现象。密度偏析的产生，有以下几种情况：①合金中的两组元在液态下互不相溶，如铜-铝合金，当此类合金在液态放置过久时，将发生分层现象，密度大的组元沉在下面，密度小的组元浮在上面；②液态合金在搅拌不均的情况下，由于选择凝固所生成的晶体，其密度与母液不同，或上浮或下沉，形成密度偏析，如巴氏合金中的铅基合金或锡基合金的偏析；③铸件的凝固方向也会影响密度偏析。若铸件的凝固顺序是自下而上，对于初生晶的密度较大的合金而言，其密度较小的低熔点相很容易上浮，会加剧密度偏析；反之，当初生晶体的密度较小时，会减轻密度偏析。总之，对易产生密度偏析的合金而言，必须采取防止措施，如控制熔炼工艺使合金成分均匀；尽量缩短液态合金的放置时间；加快冷却速度及合理控制铸件的凝固方向等。

3.2.3 金属型铸造

金属型铸造又称永久型铸造，是在重力作用下将高温熔化的液态材料浇注到金属铸型型腔中的工艺方法，主要用于有色合金铸件的大批量生产。

1. 金属型构造及铸造工艺

金属型主要采用铸铁或铸钢制成，其内腔可用金属型芯或砂芯组成。金属型要根据铸件形状和成形特性来进行结构设计，金属型的分模面可以是垂直、水平和复合的。金属型需要设置出气孔及通气槽，多数金属型设有推杆机构，便于将铸件从型腔中推出。

金属型铸造工艺流程如图3-9所示。金属型与熔体换热很快，为获得合格的铸件和延长金属型寿命，必须严格控制生产工艺。

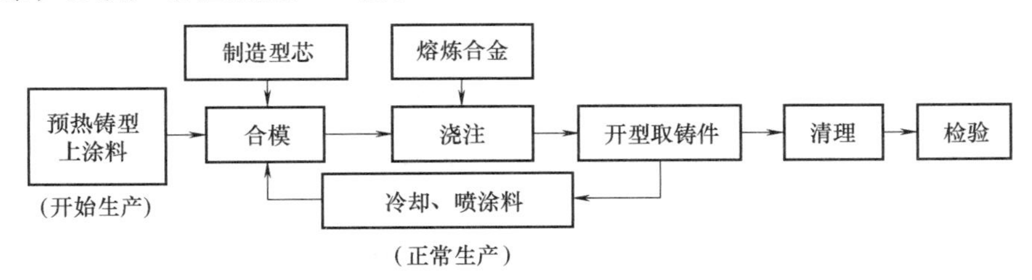

图3-9　金属型铸造工艺流程图

1）喷刷涂料。起到减缓凝固冷却、减缓熔体冲刷的作用，厚度约为0.1~0.2mm。

2）金属型预热。减缓铸型对金属液的激冷作用，有利于保证铸件质量。铸造铸铁件的金属型预热到250~350℃，铸造有色金属件的金属型预热到100~250℃。

3）控制合适的出型时间。金属型铸件凝固后会继续收缩，应尽早出型，以减少降温时的机械应力，否则时间过长会导致出型困难，裂纹倾向变大。

4）防止铸铁件产生白口。灰铸铁件用金属型浇注时，由于冷却速度大易产生白口组织，为此在成分设计、铁液处理方面应充分注意，壁厚也不应太薄。

2. 金属型铸造的特点及适用范围

与砂型铸造相比，金属型铸造的优点：

1）金属型与合金熔体换热快，冷却速度快，铸件组织致密，力学性能较高。如铝合金铸件抗拉强度可增加10%～20%，伸长率约提高1倍。

2）铸件具有较高的尺寸精度和表面质量，加工余量小，材料利用率高。

3）便于机械化生产，可实现一型多铸，生产率高。

但金属型铸造的应用也有如下的限制：

1）模具成本高，铸造高熔点合金时模具寿命短。

2）铸件不宜过薄，外形尤其内腔不宜复杂，否则可能浇不足。

3）金属型冷却速度快，易造成铸件浇不足、冷隔和开裂等缺陷。

4）铸件质量均一性差，对铸型温度、合金温度和浇注速度，以及出模时间和涂料敏感，控制难度大。

3.2.4 熔模铸造

熔模铸造是用易熔材料制成模型，然后在模型上涂挂耐火材料，经硬化之后，再将模型熔化、排出型外，从而获得无分模面的铸型，经高温焙烧后即可填砂浇注的铸造方案。熔模铸造是少、无屑加工中最重要的工艺方法，因广泛采用蜡质材料，故又称为“失蜡铸造”。

1. 熔模铸造的工艺过程

熔模铸造是用可熔（溶）性一次模和一次型（芯）使铸件成形的铸造方法。现代熔模铸造工艺流程如图3-10所示。将模料压入压型中制造熔模、打开压型取出熔模、组合模组、将模组浸入涂料桶中，上涂料、撒砂、让型壳干燥，重复数次上涂料撒砂和干燥型壳工序，形成确定厚度的型壳，脱除型壳中模料、型壳焙烧、将金属液浇入热态型壳、脱除型壳和清理铸件。熔模铸造工艺流程框图如图3-11所示。

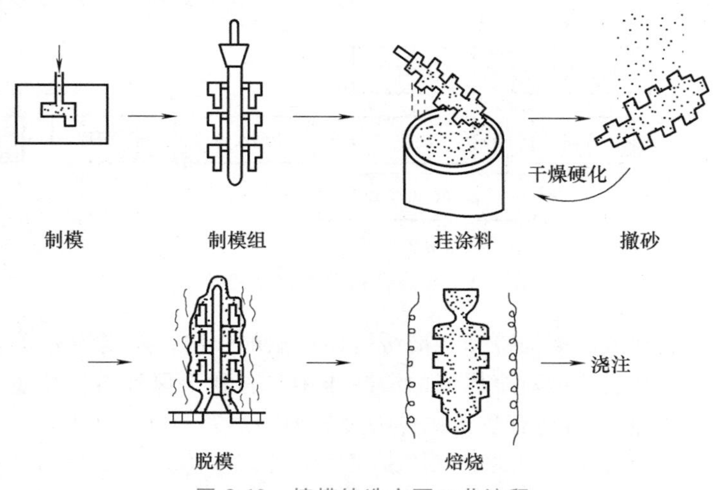

图 3-10 熔模铸造主要工艺流程

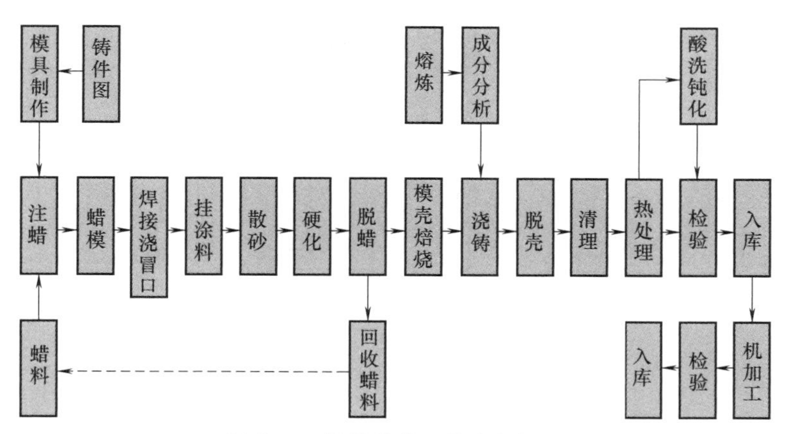

图 3-11 熔模铸造工艺流程框图

2. 熔模铸造的特点及适用范围

1）铸件精度高、表面质量好。铸件尺寸精度可达 CT4～CT6 级，表面粗糙度 *Ra* 可达 0. 4～3. 2μm。

2）可铸造形状复杂的铸件。能生产出形状复杂、难以用其他方法生产的零件，如飞机发动机空心叶片。能铸造最小壁厚 0. 5mm，最小孔径 0. 5mm，轮廓尺寸从几毫米到上千毫米，质量从 1g 到接近 1000kg 的铸件，大大减少了铸件的切削加工余量，并可实现无余量铸造。可以用熔模铸造的整铸件代替多个零件组成的部件，从而降低成本和零件重量。

3）合金材质不受限制。型壳由高级耐火材料制成，能适应各种合金的铸造，如铝、镁、铜、钛、铸铁、碳素钢、不锈钢、合金钢和镍钴基高温合金熔模铸件。

4）生产灵活性高、适应性强。工装模具可采用多种材料和工艺制造，大批量采用金属压型，小批量采用易熔合金压型等，样品研制可采用快速原型代替蜡模。

5）成本高，难以进行机械自动化生产。材料贵、工艺繁杂、生产周期长，铸件成本比砂型铸造高数倍。

综上所述，熔模铸造可以用于高熔点合金、形状复杂、难加工的精密铸件成批大量制备。目前已在飞机、汽车、机床、汽轮机、仪表、兵器等制造行业得到广泛应用。

3. 2. 5 高压铸造

高压铸造，简称压铸，它是将金属熔体在高压下快速充填（压）入金属模的型腔内，并在压力下快速凝固而获得铸件的一种特种铸造方法。“高压、高速”是压铸区别于金属型铸造的重要特征。压铸时，金属液所受的压强可达 30～70MPa，充填速度为 0. 5～50m/s，充型时间为 0. 01～0. 2s，而砂型、金属型铸造则是靠金属液自身的重力充填型腔，铸件凝固时不受压力作用。

压铸是在压铸机上进行的，压铸机分为热室和冷室压铸机，冷室压铸机又分为卧式和立式压铸机。卧式压铸机压射缸与压室水平放置、充填过程合金液流程短，合金消耗少，能量损失小，有利于传递最终压力，操作简单，维修方便，生产率高。卧式压铸机压铸过程示意图如图 3-12 所示。

闭合压型，将定量的金属液通过注液孔注入压射室。压射冲头向前推进，金属液被压入压型中。铸件凝固后，动模（左半边）开启，铸件借顶杆的前伸动作被顶出。

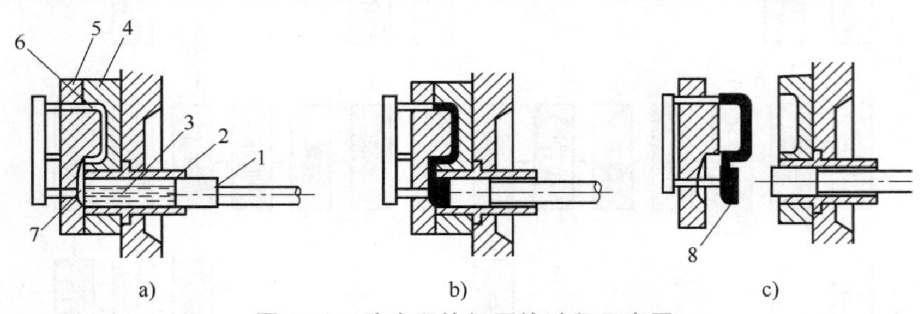

图 3-12　卧式压铸机压铸过程示意图

a）合型　b）压铸　c）开型

1—压射冲头　2—压室　3—液态金属　4—定型　5—动型　6—型腔　7—浇道　8—余料

压铸过程中熔体在压力下充型和凝固，决定了压铸生产和压铸件具有一系列的特点：

1）可清晰地铸出完整无缺的薄壁（1~6mm）、形状复杂、轮廓清晰的铸件，具有显著的优越性。

2）压铸件尺寸精度高，表面质量高，表面粗糙度 Ra 为 3.2~0.8μm，近净成形，加工余量少。

3）合金液充填速度极快，压铸件组织致密，有较高的强度和表面硬度（R_m 比砂型铸件高 25%~30%）。

4）在压铸中可以采用镶铸法来制造出有特殊要求的零件，如在压铸零件的特殊部位铸入（嵌入）磁铁、铜套、钢衬垫、金属管和绝缘材料等。

5）效率高，易于机械自动化生产。生产能力为 50~150 次/h，最高可达 500 次/h。

6）缺点是设备和模具投资大，成本高。

压铸零件种类丰富，应用广泛，几乎涉及所有工业部门，如汽车、船舶等交通运输领域；计算机、通讯器材、手机、电器仪表等电子领域；机床、纺织、建筑、农机工业等机械制造领域；国防工业、医疗器械、家用电器以及日用五金等。压铸件所用材料多为铝合金，约占 70%~75%，锌合金约占 20%~25%，镁合金的应用较少但正在逐渐扩大。

随着真空压铸、抽气加氧压铸、双冲头压铸以及半固态压铸技术的成熟应用，压铸件的应用范围不断扩大。压铸机的发展趋势是实现系列化、智能化和大型化，并在此基础上实现高精度、高效率和加工单元柔性化生产。

3.2.6　低压铸造

低压铸造是指在气体的低压（0.02~0.06MPa）作用下，将合金熔体由下而上压入铸型型腔，并在一定压力下凝固结晶获得铸件的一种特种铸造方法。低压铸造是介于重力铸造和高压铸造之间的一种铸造方法。

1. 低压铸造原理

低压铸造的基本原理图如图 3-13 所示。它是将干燥的压缩空气通入密封坩埚内，使金属液在表面 0.02~0.06MPa 气体压力下，沿升液管自下而上地上升充型，并在压力下凝固的

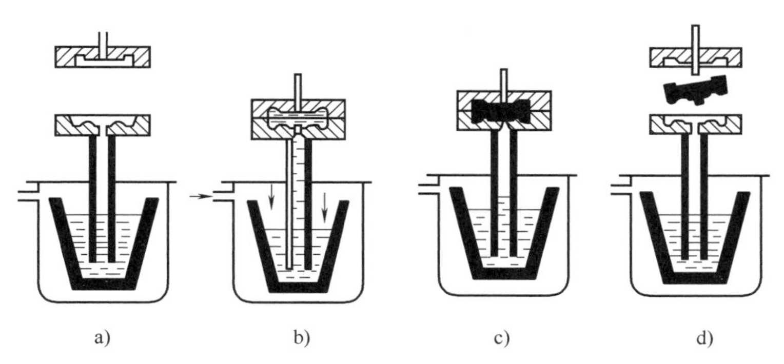

图 3-13 低压铸造基本原理图

a）浇注前准备 b）加压充型 c）凝固泄压 d）取出铸件

过程。待铸件凝固后，卸掉气压，使升液管和浇道中的金属熔体流回坩埚。

（1）低压铸造的优点

1）适用合金广泛，充型压力和充型速度控制方便。

2）合金熔体自下而上充型，流动平稳易于控制，气孔、夹渣等缺陷较少。

3）金属液在低压下充型，流动性较好，能得到轮廓清晰形状复杂的薄壁件。

4）低压铸造时，浇口截面尺寸足够大，且开在厚壁处，有利于铸件实现由上而下的顺序凝固，兼起补缩作用，省去了冒口，金属利用率提高到90%~98%。

5）设备和工艺过程都较简单，容易实现机械化和自动化。

（2）低压铸造的缺点

1）升液管（浇注管）长期浸入金属液中，腐蚀严重。

2）低压铸造每个铸型必须配套专用熔炉，无法与其他铸型合用，故投资费用比金属型铸造高。

低压铸造已广泛应用于交通运输、器械仪表等机器零件制造上，主要用于较精密复杂的中大、小型铸件，尤其适用于铝、镁合金铸件。

2. 低压铸造工艺过程

低压铸造生产工艺过程，如图3-14所示，其主要包括以下四道基本工序：

1）金属熔炼及模具或铸型的准备。

2）浇注前的准备：包括坩埚密封、升液管内扒渣、密封测试、配模和紧固铸型等。

3）浇注：包括升液、充型、增压、凝固、卸压和冷却等。

4）脱模：包括松型脱模和取出铸件。

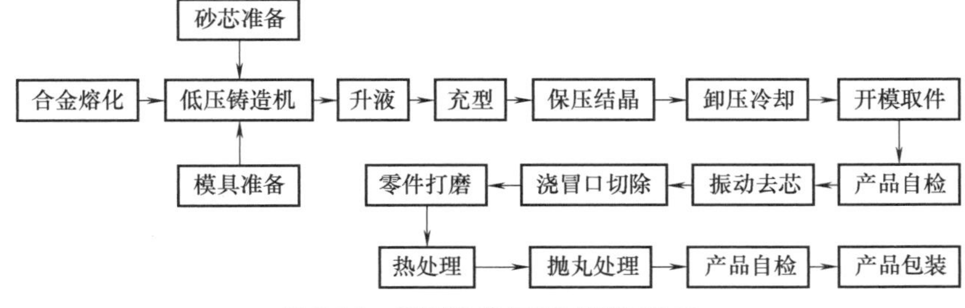

图 3-14 低压铸造工艺过程流程图

3.2.7 离心铸造

离心铸造是指将合金熔体浇入高速（250~1500r/min）旋转的铸型中，使其在离心力的作用下充填铸型并凝固结晶成铸件的一种特种铸造方法，如图3-15所示。其分类按照铸型绕旋转轴旋转的方向可分为卧式离心铸造、立式离心铸造和倾斜式离心铸造。铸件内腔不用型芯时可生产管、筒、环类铸件。型腔内设有型芯时，称为半离心铸造，可生产叶轮、辐条轮、圆盘等。当有多个型腔时又称离心式浇注，可生产成型件、磨球等。

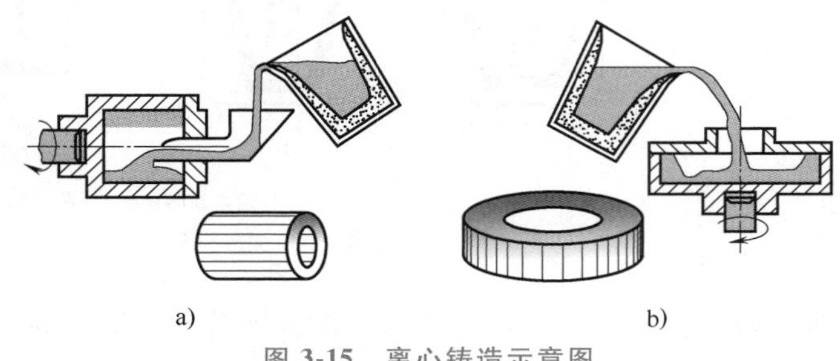

图 3-15 离心铸造示意图

a）浇水平轴旋转 b）绕垂直轴旋转

1. 离心铸造的基本方式

离心铸造必须在离心铸造机上进行，离心铸造机主要包括主机和浇注、水冷、出件等装置。根据铸型旋转轴空间位置的不同，离心铸造机可分为立式离心铸造机和卧式离心铸造机两大类。卧式离心铸造机的铸型绕水平轴旋转，立式离心铸造机的铸型绕竖直轴旋转，卧式离心铸造机铸出的圆筒型铸件在轴向和径向的壁厚都是相同的，适合生产长度较大的管类铸件。立式离心铸造的优点是便于固定铸型和浇注，但容易出现铸件上薄下厚不均匀的现象，而且铸件高度越大，壁厚差别越大，因此主要用于高度小于直径的圆环类铸件。

2. 离心铸造工艺原理

在离心加速度作用下，离心铸造时合金液在铸型内随着铸型做圆周运动，合金液质点就产生了离心力，它使合金液离开中心紧靠铸型，且所受离心力比重力大许多倍，合金液中凝固的晶粒有沉向铸件外层的趋势，由于合金液的每一个质点都在离心力场下，受到的离心力能克服补缩途中的阻力，合金液由内层向外层对晶粒间的缩松进行补缩，不易产生缩孔、缩松等缺陷，铸件组织致密。而离心浇注时的散热过程主要是通过型壁进行，所以铸件的凝固顺序是由外壁向内表面进行的。

在离心铸造中铸型转速的高低对铸件质量有重要影响。转速高低决定着铸型中合金液所受离心力的大小和合金液所受重力倍数的大小。如转速过低，铸件即使成形，其中也可能存在夹杂、组织不致密，甚至壁厚不均匀等现象。如转速太高，铸件可能出现成分偏析加剧、结晶组织粗大及裂纹等问题。此外转速过高，对铸型与离心机的构造均提出更高的要求，所以铸型转速应适宜为好。离心浇注最低转速是使铸件成形的基本条件，适宜转速是保证铸件内在质量的必要条件。

3. 离心铸造的特点

1）铸件组织致密。合金液在离心力作用下充填和凝固，极少存在气孔、缩孔、夹渣等缺陷，铸件密度提高1%~2%，硬度提高5%~11%，抗拉强度提高4%~20%。

2）铸件具有自由表面。合金液在铸型中能形成圆柱形或锥形自由表面，不需要型芯就可以铸造圆筒铸件。

3）工艺出品率高。浇注后浇道无残留合金，工艺出品率可达95%以上。

4）提高了合金液充填能力。离心铸造比较适用于流动性较差的合金或薄壁铸件，铸件的最小壁厚可到 1mm 左右。

5）便于双金属铸造。分层浇注，可铸造液-液、固-液双金属铸件；

6）浇注中异相质点可移动。由于合金液中不同质量的质点在离心力作用下的移动，可铸造梯度材料和复合材料；

7）加重了偏析倾向。对于易产生重力偏析的合金，采用离心铸造会使偏析加重。

3.2.8　液态注射（塑）成型

塑料注射成型技术是加工塑料的最普遍方法之一，适用于全部热塑性塑料和部分热固性塑料（约占塑料总量的 1/3），注塑机广泛应用于各类塑胶行业。

注塑机工作原理是已塑化好的粘流态塑料在螺杆的推力下，注入闭合好的模膛内，经固化定型后得到制品的工艺过程，如图 3-16 所示。

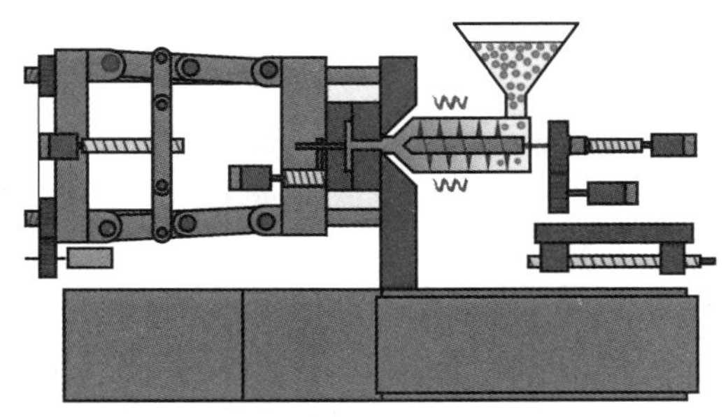

图 3-16　塑料的液态注射（塑）成型

注射成型工艺流程主要包括：塑料粒子的塑化→注射充模→保压凝固→开模取件。物料从料斗进入有加热圈的料筒内进行熔化，料桶内有旋转的搅拌杆，搅拌杆对物料进行搅拌使之塑化，并将熔融物料在高速、高压的条件下注射到模具型腔内，熔融物料进入模具内进行保压冷却后，开模，顶出，取出零件。

注塑机主要由注射、合模机构、机身、液压系统、加热装置、控制系统和加料装置等组成。其合模部分、液压等机械部分与压铸非常类似。

注塑机根据合模结构和注射结构的相对位置可分为卧式注塑机和立式注塑机，根据塑化方式分为柱塞式注塑机和螺杆式注塑机。卧式注塑机的合模和注射部分在同一水平线上，且模具沿水平方向打开。立式注塑机的合模和注射部分在同一垂直中心线上。卧式机和立式机主要的区别在于注塑量和注塑尺寸，尺寸较大的用卧式机，尺寸较小的用立式机。

3.3　塑性成形工艺

3.3.1　塑性成形及其特点

在外力作用下使金属材料发生塑性变形而不破坏其完整性的能力称为塑性。金属的塑性成形也称为压力加工，是对坯料施加外力，使其产生塑性变形，以改变尺寸、形状并改善性能，用以制造毛坯（或零件）的成形方法。除铸铁等少数塑性较差的材料外，钢和大多数有色合金均可通过塑性加工成形。

与金属切削加工、铸造、焊接相比，金属塑性成形主要有以下优点：

1）塑性成形通过固态金属的塑性变形（固态金属的流动）而得到一定形状坯件。因此，这种加工方法会使金属内部组织改善，特别是锻造工艺，一方面压合铸造组织内部的气孔等缺陷，使组织致密；另一方面使金属的晶粒细化，提高了工件的综合力学性能。

2）塑性加工成形，坯料形状和尺寸发生改变而体积或面积基本不变，与切削加工相比可节约金属材料和加工工时，材料利用率高。另一方面还能提高零件使用寿命。

3）工件的尺寸精度高，不少精密塑性成形零件可以直接使用。

4）生产效率高，适用于大批量生产。

金属塑性成形主要有以下缺点：

1）特大型和微型金属零件塑性成形难度大。

2）大多数塑性成形需要模具，是一种对工装要求较高的制造工艺。

3.3.2 塑性成形方法

按照工件形状分，常用的塑性成形方法有体积成形和板料成形两大类。体积成形是利用一定的设备和加工模具使金属块料进行塑性变形而体积重新分配，得到所需形状工件的成形方法，主要有锻造、轧制和挤压等；板料成形是利用一定的设备和模具使金属板料发生塑性变形，得到一定形状工件的成形方法，主要有冲裁、弯曲、拉延和胀形。按成形时工件的温度高低分，塑性成形方法有热成形、冷成形和温成形。热成形是指再结晶温度以上的成形，如热锻、热轧、热挤压和热冲压等；冷成形是指再结晶温度以下的成形，如冷冲压、冷锻、冷轧和冷挤压等；温成形是指温度介于热成形和冷成形之间的成形，如温锻和温挤压等。生产实际中，这些加工方法可单独使用，亦可组合使用，并且通过各种加工方法的相互渗透和合理组合，开发出许多新的塑性成形方法，使塑性成形的应用范围进一步扩大，如液态模锻、超塑性成形和数字化塑性成形等。

常用的塑性成形方法分类如图 3-17 所示。

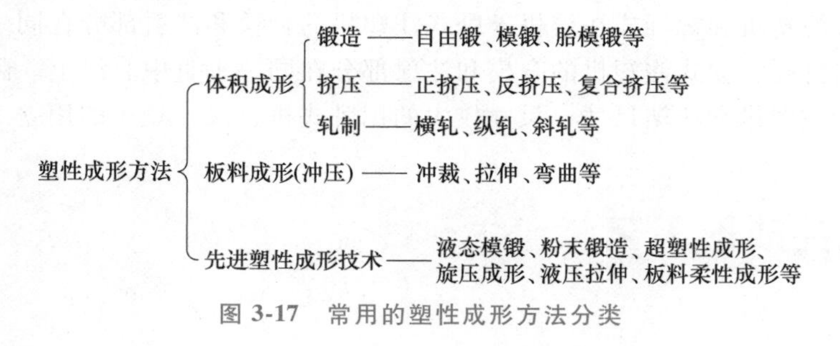

图 3-17 常用的塑性成形方法分类

3.3.3 体积成形

1. 锻造

锻造是用锻锤运动锤击或用压力机压头压缩工件，使金属坯料发生塑性变形，获得具有一定形状、尺寸和性能的工件的塑性成形方法。锻造分类较多，按材料变形温度分为热锻、温锻和冷锻；按成形力的来源分为手工锻造和机器锻造；按使用的设备和工具不同分为自由锻、模锻和胎模锻。

（1）自由锻　自由锻造是利用冲击力或压力使金属在上下砧面间各个方向自由变形，不受任何限制而获得所需形状及尺寸和一定力学性能的锻件的一种加工方法，简称自由锻。自由锻有手工锻和机器锻之分。随着机械制造业的迅速发展，在现代生产中主要采用机器锻造。根据使用的锻压设备不同，又分为锤锻和压力机锻两种。前者以锻造中、小型锻件为主，后者主要用以锻制大锻件。

1）自由锻的特点。自由锻所用工具简单，吨位小；自由锻无模具，坯料上只有锤头作用的部位产生变形，属于材料局部变形；自由锻工艺简单、通用性强、灵活性大、成本低。适合单件、小批量生产。成批大量生产时，则应采用模锻。大型锻件大都在水压机上锻造。

2）自由锻应用范围。自由锻主要用于生产形状较简单，尺寸精度和表面质量要求不高的工件。适用于单件、小批量生产。自由锻锻件质量范围大，由不足 1kg 到 300t。在重型机械中，自由锻是生产大型或特大型锻件的重要成形手段。

3）自由锻设备。自由锻根据所用设备对坯料施加外力的性质不同，分为锻锤和液压机两类。锻锤是依靠锤头产生的冲击力使金属坯料变形，一般生产 1500kg 以下的中、小型锻件。液压机是依靠产生的静压力使金属坯料变形，常见的有油压机和水压机两种，由于水压机能够产生很大的压力，因此能锻造质量达 300t 以上的锻件，是重型机械厂锻造生产的主要设备。

4）自由锻工序。锻件的成形过程是由各种变形工序组成的。根据工序的性质和变形量的不同，自由锻工序可分为基本工序、辅助工序和修整工序三大类。

① 基本工序。基本工序包括镦粗、拔长、冲孔及扩孔、弯曲、扭转、错移等。

a. 镦粗：指减小坯料高度、增加其横截面积的锻造工序。主要有平砧镦粗（完全镦粗）、垫环镦粗和局部镦粗三种形式，如图 3-18 所示。用于制造高度小、截面积大的饼块、盘套类工件，如齿轮、圆盘。其次可以作为冲孔前的准备工序，或增加以后拔长锻造比的用途。

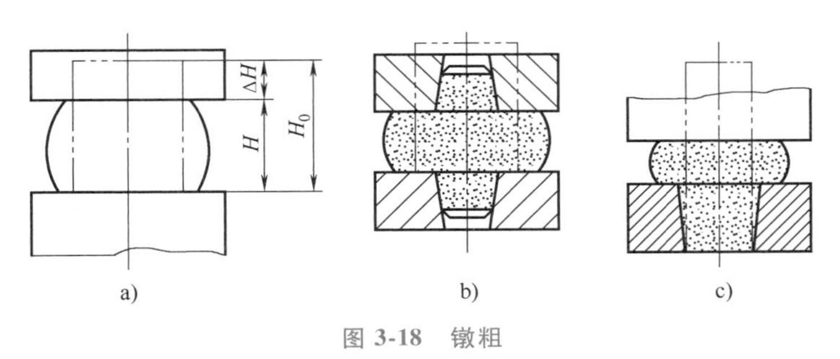

图 3-18　镦粗

a）平砧镦粗　b）垫环镦粗　c）局部镦粗

b. 拔长：使坯料横截面积减小、长度增大的工序。主要有平砧拔长和芯轴拔长两种形式。拔长的变形特点是横截面积或壁厚减小，长度增加，如图 3-19 所示。主要用于制造长而截面小的轴类、杆类锻件的生产，如轴、拉杆和曲轴等，以及生产制造空心件，如炮筒、汽轮机主轴和套筒等。

c. 冲孔及扩孔：使坯料具有通孔或盲孔的工序，主要有实心冲孔、垫环冲孔、冲头扩孔和芯轴扩孔等方式，如图 3-20 所示。一般较厚的锻件需双面冲孔，如图 3-20a 所示，较薄

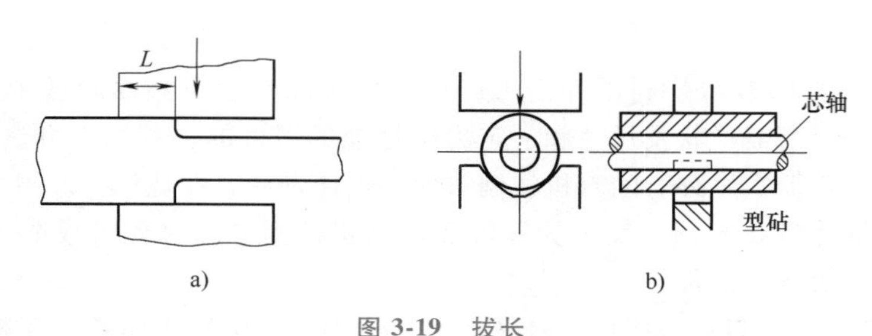

图 3-19 拔长

a）平砧拔长 b）芯轴拔长

的锻件可单面冲孔如图 3-20b 所示。圆环或圆筒的孔，冲孔后还应进行芯轴扩孔。主要用于制造空心工件，如齿轮坯、圆环和套筒等，如果要去除质量较低的中心部分，也可以采用这种冲孔方式。

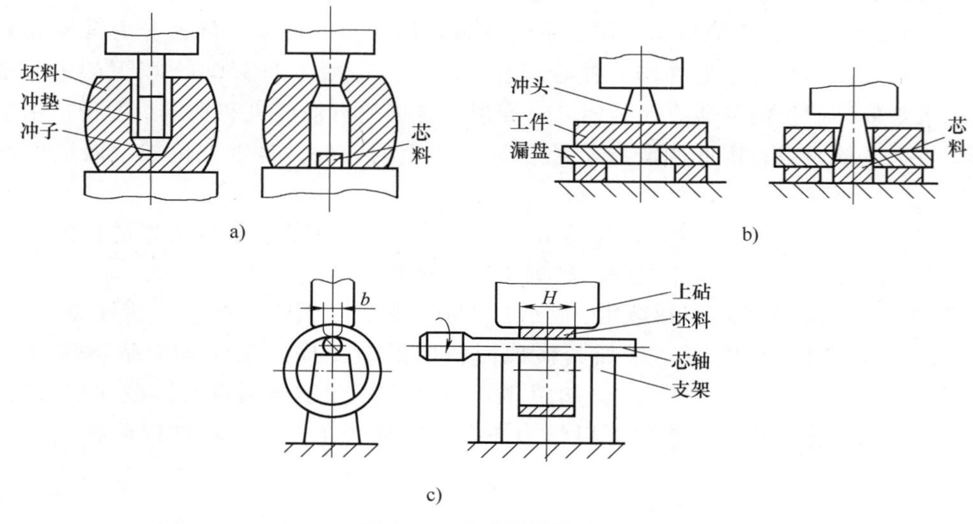

图 3-20 冲孔及芯轴扩孔

a）实心冲孔 b）垫环冲孔 c）芯轴扩孔

d. 弯曲：使坯料轴线弯曲产生一定曲率的工序。

e. 扭转：使坯料的一部分相对于另一部分绕其轴线旋转一定角度的工序。

f. 错移：使坯料的一部分相对于另一部分平移错开的工序，是生产曲轴类工件所必需的工序。

② 辅助工序：辅助工序是为基本工序操作方便而进行的预先变形工序，如分段压痕、压钳口、压肩、钢锭倒棱和预锻钳柄等。

③ 修整工序：修整工序是精整锻件外形尺寸，修整锻件表面不平，以及减少锻件表面缺陷而进行的工序，如校正、滚圆和平整等。修整工序的变形量通常很小。

自由锻是一种通用性较强的工艺方法，能锻出各种锻件。按锻造工艺特点，自由锻件可分为六大类：饼类锻件、空心类锻件、轴杆类锻件、曲轴类锻件、弯曲类锻件和复杂形状锻件等。

（2）模锻　模锻是指在金属锻模上进行锻造，使坯料受压变形从而得到与模具相同、所要求形状的锻件。

1）模锻的特点。模锻与自由锻相比具有以下优点：锻件尺寸和精度较高，机械加工余量小，材料利用率高；能够锻造出形状复杂的锻件，锻件内部流线分布可控；操作简便，劳动强度低，生产率高。模锻的缺点：设备和模具要求高，工件体积大时需要设备吨位较大，锻模寿命低。

2）模锻的应用。模锻适合于大批量生产形状较复杂的中、小型锻件。受模锻设备吨位的限制，锻件质量不能太大，一般在 150kg 以下。

3）模锻设备。模锻设备主要有空气模锻锤、液压锻锤和压力机等。

4）锻模的结构。形状简单的工件可直接用一套模具模锻（终锻）成形。对形状较复杂的工件，其模锻工序可分为制坯和模锻，模锻包括预锻和终锻，其模具可分为制坯模膛和模锻模膛两大类。

① 制坯模膛。对于形状复杂的模锻件，原始坯料进入模锻模膛前，先放在制坯模膛制坯，按锻件最终形状做初步变形，使金属合理分布并能很好地充满模膛。制坯模膛有以下几种；

a. 拔长模膛：主要用途是减少坯料某部分的横截面积，以增加该部分的长度。操作时一边送进坯料，一边翻转。

b. 滚压模膛：用它来减少坯料某部分的横截面积，以增加另一部分的横截面积，使其按模锻件的形状来分布。操作时须不断翻转坯料。

c. 弯曲模膛：对于弯曲的杆状锻件需用弯曲模膛来弯曲坯料。

d. 切断模膛：它使上模的角上与下模的角上组成一对刃口，用它从坯料上切下已锻好的锻件，或从锻件上切下钳口。

几种常用的制坯模膛如图 3-21 所示。

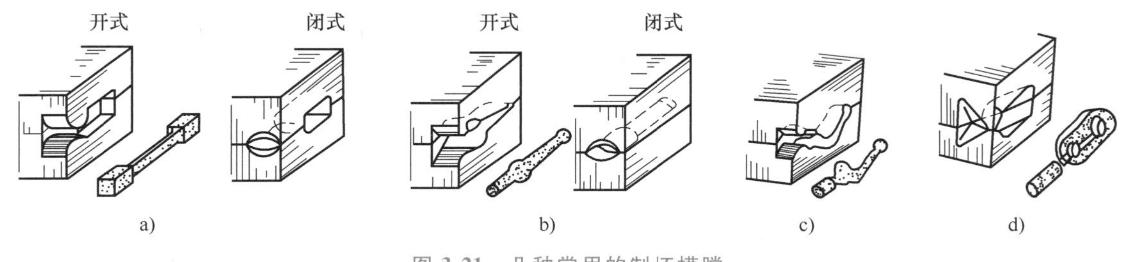

图 3-21　几种常用的制坯模膛

a）拔长模膛　b）滚压模膛　c）弯曲模膛　d）切断模膛

② 模锻模膛。模锻模膛可分为终锻模膛和预锻模膛两种。

a. 终锻模膛：其作用是使坯料最后变形到锻件所要求的形状和尺寸，因此它的形状应和锻件的形状相同。但是由于锻件冷却时要收缩，终锻模膛的尺寸应比锻件尺寸放大一个收缩量。钢件的收缩量取 1.5%。模膛四周有飞边槽，锻造时部分金属先压入飞边槽内形成飞边，飞边很薄，最先冷却，可以阻碍金属从模膛内流出，以促使金属充满模膛，同时容纳多余的金属。对于具有通孔的锻件，由于不可能靠上、下模的凸起部分把金属完全挤压掉，故终锻后在孔内留下一个薄层金属，称为冲孔连皮，如图 3-22 所示，把冲孔连皮和飞边去掉后，才能得到有通孔的模锻件。

b. 预锻模膛：作用是使坯料变形到接近于锻件的形状和尺寸，这样再进行终锻时，金属容易充满终锻模膛，同时减少了终锻模膛的磨损，延长了锻模的使用寿命。预锻模膛的尺寸和形状与终锻模膛相近，只是模锻斜度和圆角半径稍大，没有飞边槽。

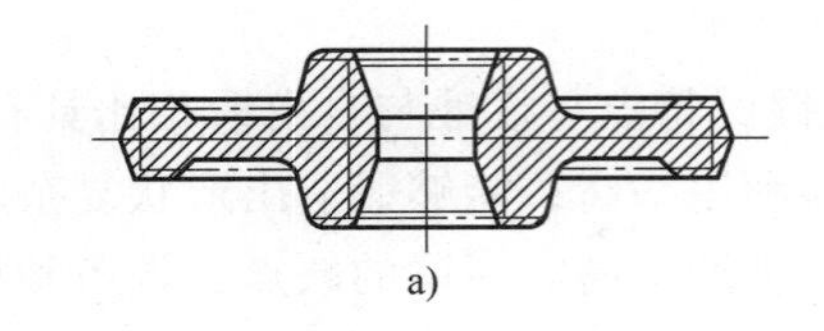

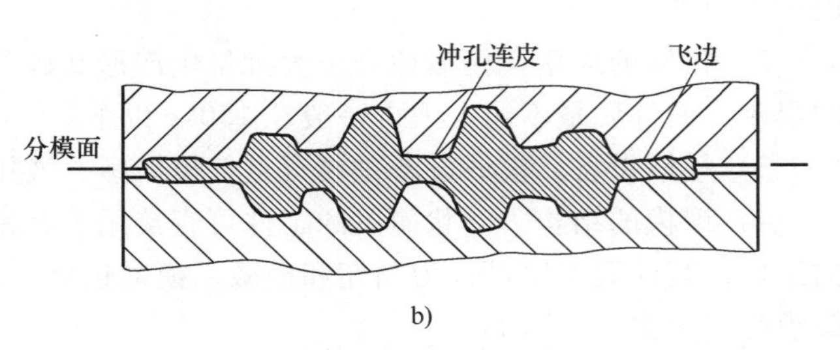

图 3-22 模锻件的冲孔连皮

a）模锻件图 b）锻模中的模锻件

一般一套模锻模具上只有一个模膛，但形状复杂的小型模锻件根据需要可在锻模上安排多个模膛。

图 3-23 所示为弯曲连杆锻件的锻模（下模）及模锻工序图。锻模上有五个模膛，坯料经过拔长、滚压、弯曲三个制坯工序，使截面变化，并使轮廓与锻件相适应，再经预锻、终锻制成带有飞边的锻件，最后在切边模上切去飞边。

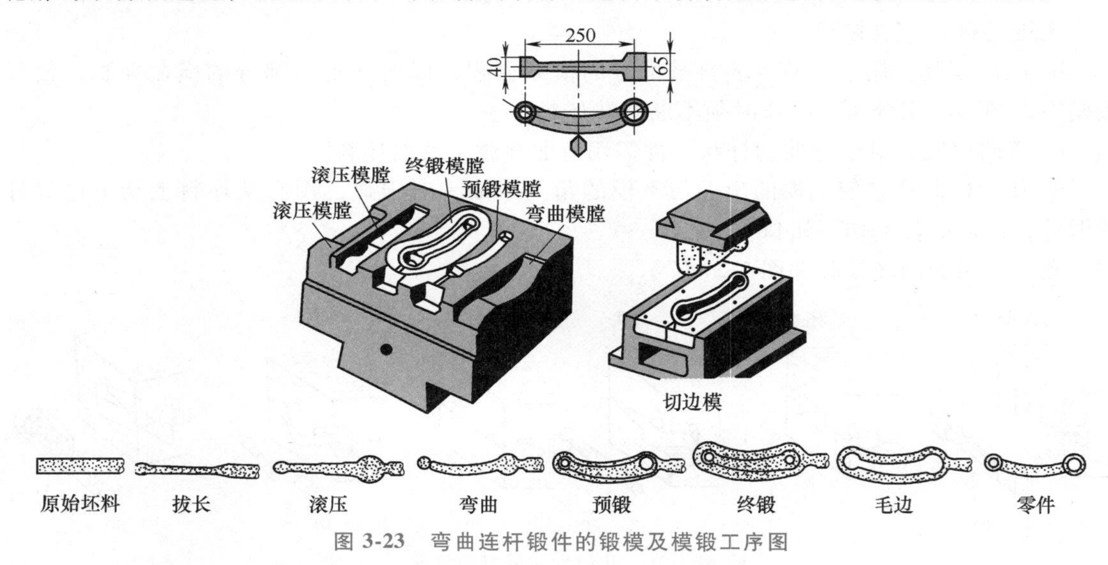

图 3-23 弯曲连杆锻件的锻模及模锻工序图

（3）胎模锻 胎模锻是在自由锻设备上使用可移动模具生产模锻件的一种锻造方法。所用移动模具称为胎模。胎模结构简单，形式多样，但不固定在上下砧座上。一般选用自由锻方法制坯，然后在胎模中终锻成形。

1）胎模锻的特点及应用。与自由锻相比，胎模锻具有生产效率高、锻件尺寸精度高、表面质量好、余块少，可节约金属、降低成本等优点。与模锻相比，胎模锻具有成本低、使用方便等优点。但胎模锻的锻件精度和生产率不如锤上模锻高，且胎模寿命短。胎模锻造适用于中、小批量生产，缺少模锻设备的中、小型工厂常常应用胎模锻方式生产。

2）胎模的结构。常用胎模结构主要有扣模、筒模和合模三种类型。

① 扣模：主要是用来对坯料进行全面或局部扣形，多用于生产杆状非回转体锻件。

② 筒模：形状呈套筒形，主要用于锻造齿轮、法兰盘等回转体类锻件，如图 3-24 所示。

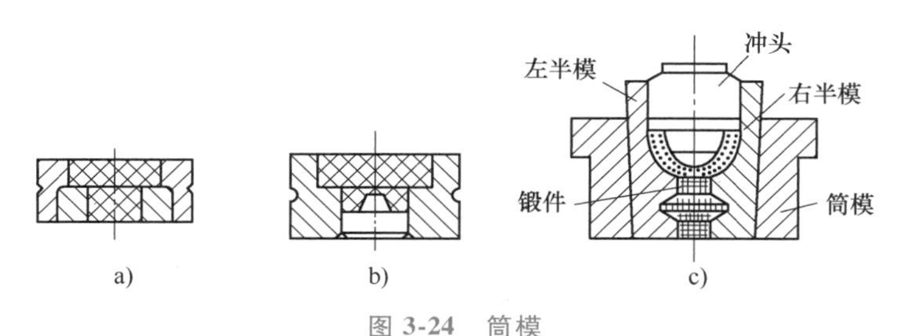

图 3-24 筒模

a）镶块筒模 b）带垫模筒模 c）组合筒模

③ 合模：通常由上模和下模两部分组成。为了使上下模吻合且不使锻件产生错模，经常用导柱等定位。合模多用于生产形状较复杂的非回转体锻件，如连杆、叉形件等锻件。

（4）特殊锻造工艺

1）精密模锻。目前采用的精密模锻方法有三种：高温精锻，中温精锻和低温精锻。

高温精锻时坯料在控制气氛中加热，以防止坯料产生氧化和脱碳。通常采用的是少氧化焰加热炉，炉温为 1200℃时，$V_{CO_2}/V_{CO}\leqslant 0.3$，$V_{H_2O}/V_{H_2}\leqslant 0.8$，便可实现少氧化加热，此时的空气过剩系数控制在 0.5 左右。

中温精锻是在尚未产生强烈氧化的温度范围内加热坯料并完成精锻的一种加工方法。中温精锻是防止氧化与脱碳的另一条途径。毛坯加热后只要有足够的塑性，适当的变形抗力，且无明显的氧化现象，同样可以达到精密模锻的目的。

低温精锻取消毛坯锻前加热，不存在坯料氧化问题。但如何保证毛坯的冷态塑性和较小的变形抗力，则需要采取一些特殊的工艺措施。

2）粉末热锻。根据粉末预成形坯是否经过烧结可以分为两种类型：粉末锻造和粉末烧结锻造，前者是粉末预成形坯未经预烧结而进行热锻，后者是粉末预成形坯经过预烧结后进行热锻。目前多数采用后者，并在保护气氛中进行烧结，使之具有一定的强度，再将预成形坯加热到锻造温度，保温后迅速地放入模膛中进行锻造，一次即可锻成合乎设计要求的锻件。

粉末热锻与一般锻造相比，一方面它吸收了普通模锻工艺的特点，将粉末预成形坯通过加热锻造的途径，提高制品的密度，从而使制品的性能接近甚至超过同类熔铸制品水平；另一方面，粉末热锻又保持了粉末冶金工艺制坯的特点。

3）多向模锻（多柱塞模锻）。在几个方向上同时对毛坯进行锻造的一种工艺。多向模锻是在具有多分模面的型槽内进行。

多向模锻液压机是在普通液压机的基础上增设两个侧向水平工作缸，如图 3-25 所示。

在活动横梁，工作台上和液压机的侧向工作缸上各安装一模块（或冲头），最多装有四个模块，并由模块和冲头组成一副具有封闭型槽的模具。这种液压机称为四工位多向模锻液压机。

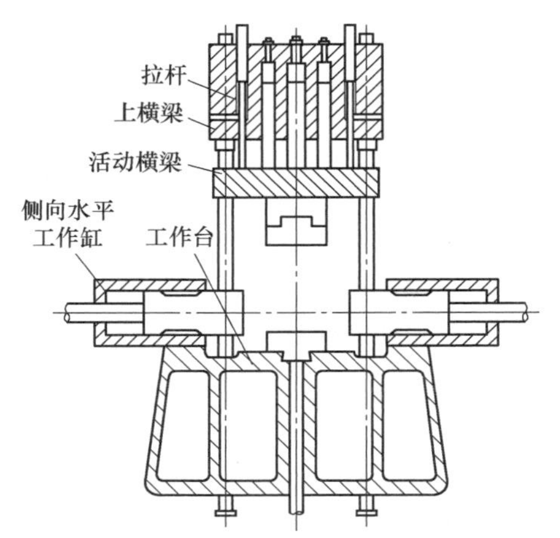

图 3-25 四工位多向模锻液压机

2. 挤压

挤压是采用挤压杆（或凸模）将放在挤压筒（或凹模）内的坯料压出模孔或流入特定的孔隙而成形的塑性加工方法。挤压可以生产管、棒、型、线材以及各种机械零件。挤压有多种分类方法。按金属流动及变形特征分类，有正向挤压、反向挤压和复合挤压。按挤压温度分类，有热挤压、温挤压及冷挤压。热挤压和冷挤压是挤压的两大分支，在冶金工业系统中主要应用热挤压，通常称挤压，机械工业中主要应用冷挤压与温挤压。

（1）正向挤压　挤压时金属制品的流出方向与挤压杆的运动方向相同的挤压方法，称为正向挤压，也称直接挤压，如图 3-26 所示。正向挤压又可分为实心材挤压、空心材挤压和其他挤压。

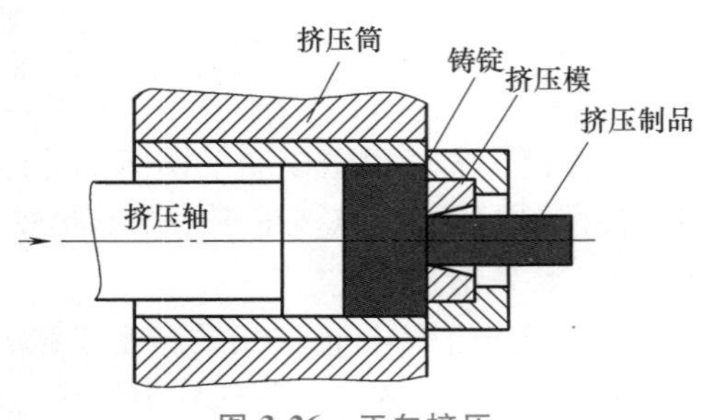

图 3-26　正向挤压

（2）反向挤压　挤压时金属制品的流出方向与挤压杆的运动方向相反的挤压方法，称为反向挤压，也称间接挤压。反向挤压的特点是挤压杆固定不动，挤压筒在主柱塞力的作用下向前移动，而使挤压杆逐步进入挤压筒。反向挤压的优点：在挤压过程中锭坯表面与挤压筒内壁之间无相对运动，不存在摩擦；变形比较均匀；挤压力比正向挤压小，成品率、生产率高。缺点是制品外接圆直径受挤压杆限制，一般比正向挤压小 30%，长度也受限制，表面质量不如正向挤压，反向挤压又可分为实心材反向挤压与空心材反向挤压，如图 3-27 和 3-28 所示。

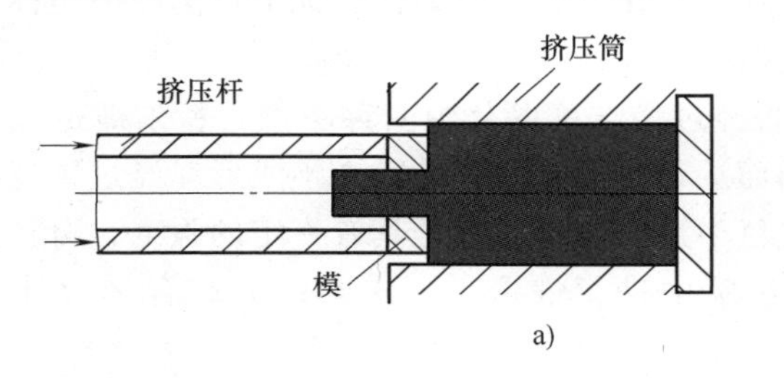

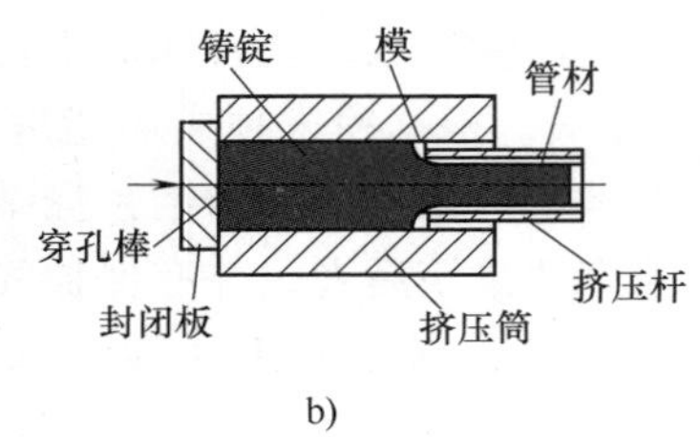

图 3-27　实心材反向挤压

a）实心铸锭与可动挤压杆　b）实心铸锭与固定挤压杆

（3）复合挤压　同时出现正向挤压和反向挤压。即一部分金属制品流出方向与挤压杆运动方向相同，同时一部分金属制品流出方向与挤压杆运动方向相反，又可以分为杯-杯型、杯-杆型以及杆-杆型，如图 3-29 所示。

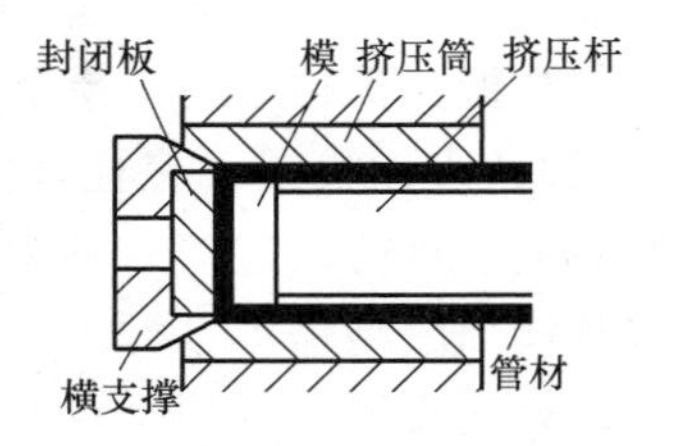

图 3-28　空心材反向挤压

3. 拉拔

拉拔是对金属坯料施以拉力，使之通过模孔以获得与模孔截面尺寸、形状相同的制品的塑性加工方法。拉拔是管材、棒材、型材以及线材的主要生产方法之一。拉拔一般皆在冷状态下进行，但是对一些在常温下强度高、塑性差的金属材料，如某些合金钢和钼、铍、钨，以及六方晶格的锌、镁合金等，则采用中温拉拔和高温拉拔。

拉拔按制品截面形状，可分为实心材拉拔与空心材拉拔。

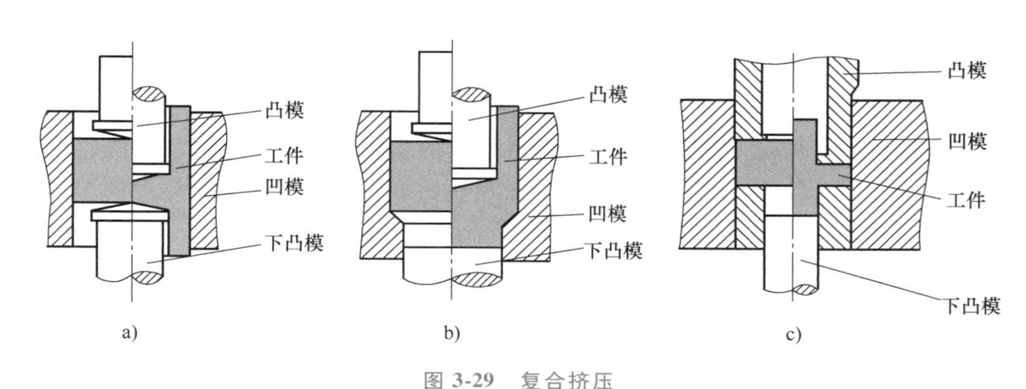

图 3-29　复合挤压

a）杯-杯型　b）杯-杆型　c）杆-杆型

（1）实心材拉拔　实心材拉拔主要包括棒材、型材及线材的拉拔，如图 3-30 所示。

（2）空心材拉拔　空心材拉拔主要包括管材及空心异型材的拉拔。对于空心材拉拔有图 3-31 所示的几种基本方法。

1）空拉，即管坯内部不放芯头，以减小管坯外径为目的拉拔。拉拔后的管材壁厚一般会略有变化，壁厚或者增加，或者减小。经多次空拉的管材，内表面粗糙，严重时会产生裂纹。空拉法适用于小直径管材、异型管材、盘管拉拔以及减径量很小的减径与整形拉拔。

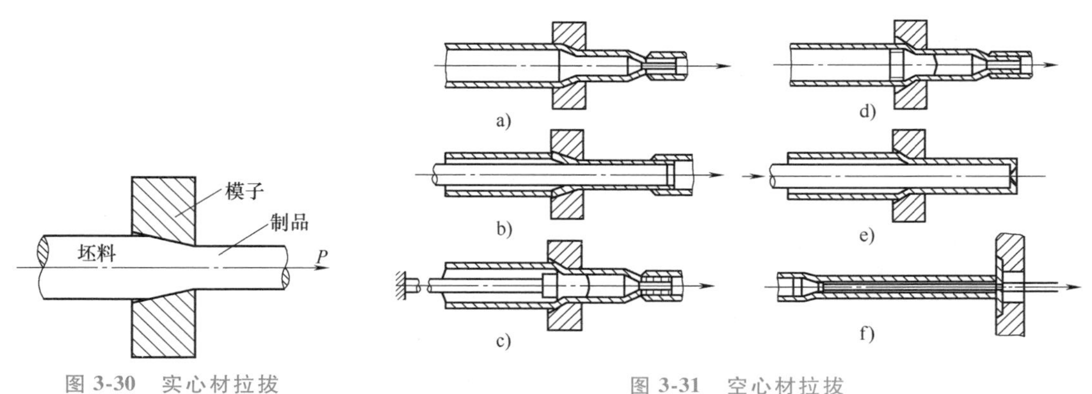

图 3-30　实心材拉拔

图 3-31　空心材拉拔

a）空拉　b）长芯杆拉拔　c）固定芯头拉拔　d）游动芯头拉拔
e）顶管法　f）扩径拉拔

2）长芯杆拉拔即将管坯自由地套在表面抛光的芯杆上，使芯杆与管坯一起拉过模孔，以实现减径和减壁的拉拔方法，如图 3-31b 所示。由于芯杆长度略大于拉拔后管材的长度，拉拔之后，需要用脱管法或滚轧法取出芯杆。

3）固定芯头拉拔即拉拔时将带有芯头的芯杆固定，管坯通过模孔实现减径或减壁，如图 3-31c 所示。固定芯头拉拔的管材内表面质量优于空拉材方法。但这种方法拉拔细管较困难，且不能生产长度较大的管材。

4）游动芯头拉拔即在拉拔过程中芯头不固定在芯杆上，靠其外形的力平衡被稳定在模孔中，如图 3-31d 所示。游动芯头拉拔是管材拉拔较为先进的一种方法，非常适合于长管和盘管生产，对于提高拉拔生产率、成品率和管材内表面质量极为有利。但是与固定芯头拉拔相比，游动芯头拉拔的难度较大，工艺条件和技术要求较高，配模有一定限制，故不可能完全取代固定芯头拉拔。

5）顶管法也称艾尔哈特法，即将芯杆套入带底的管坯中，操作时管坯连同芯杆一同由模孔中顶出，从而对管坯进行加工，如图 3-31e 所示。在生产难熔金属和贵金属短管材时常用此种方法。它也适合于生产 $\phi300 \sim \phi400$mm 以上的大直径管材。

6）扩径拉拔即管坯通过扩径后，直径增大，壁厚和长度减小，这种方法主要是由于受设备能力限制，不能在生产大直径的管材时采用，如图 3-31f 所示。

4. 轧制

轧制是将金属坯料通过一对旋转轧辊使材料截面减小、形状改变、长度增加的塑性变形加工方法。轧制是生产钢材最常用的生产方式。轧制工艺按照产品类型可以分为板带轧制、管材轧制、型材轧制，以及棒、线材轧制四种基本类型；按金属材料变形温度范围可以分为热轧和冷轧工艺；按金属板材厚度可分为薄板（厚度<4mm）、中板（厚度范围为 4~20mm）、厚板（厚度范围为 20~60mm）和特厚板（厚度>60mm，最厚达 700mm）。在实际工作中，中板和厚板统称为“中厚板”。按两个工作轧辊轴向与轧件运动方向的夹角，可以分为纵轧、横轧、斜轧三种形式，如图 3-32 所示。按两个轧辊表面线速度的异同可以分为同步轧制和异步轧制。根据轧辊的形状可以分为平辊轧制、孔型轧制和切分轧制。

轧制可生产板带材、简单断面和复杂断面型钢、管材、回转体（如变断面的轴、齿轮等）、各种周期断面型材、丝杠、麻花钻头和钢球等。

（1）根据金属材料变形温度分类

1）冷轧工艺。即在低于回复温度下对材料进行轧制的工艺。与热轧相比，冷轧产品尺寸精度高、表面光洁、强度高。冷轧变形抗力大，适用于轧制塑性好、尺寸小的线材、薄板类材料等。

2）热轧工艺。即将材料加热到再结晶温度以上进行轧制的工艺。热轧变形抗力小、变形量大、生产效率高，适合轧制较大断面尺寸，塑性较差或变形量较大的材料。

（2）依据工作轧辊轴向与轧件运动方向的夹角分类

1）纵轧工艺。即两个工作轧辊旋转方向相反，轧件的纵轴线与轧辊轴线垂直，如图 3-32a 所示。

2）横轧工艺。即两个工作轧辊旋转方向相同，轧件的纵轴线与轧辊轴线平行，如图 3-32b 所示。

3）斜轧工艺。即两个工作轧辊的旋转方向相同，轧件的纵轴线与轧辊轴线成一定的倾斜角，如图 3-32c 所示。

（3）根据轧辊速度分类

1）同步轧制：金属坯料通过线速度相等的上下工作辊，轧制时轧件主要受到轧辊的压缩。这种轧制方式是最常见的轧制生产工艺，如图 3-33a 所示。

2）异步轧制：金属坯料通过线速度不等的上、下工作辊，轧制时轧件除受到上、下轧辊压缩作用外，还承受两辊面对轧件形成摩擦力方向相反的搓轧，如图 3-33b 所示。与常规同步轧制相比，能显著减少轧制道次和中间退火次数，尤其是轧制薄而硬的带材时，可大幅度降低轧制压力，得到良好的板型。

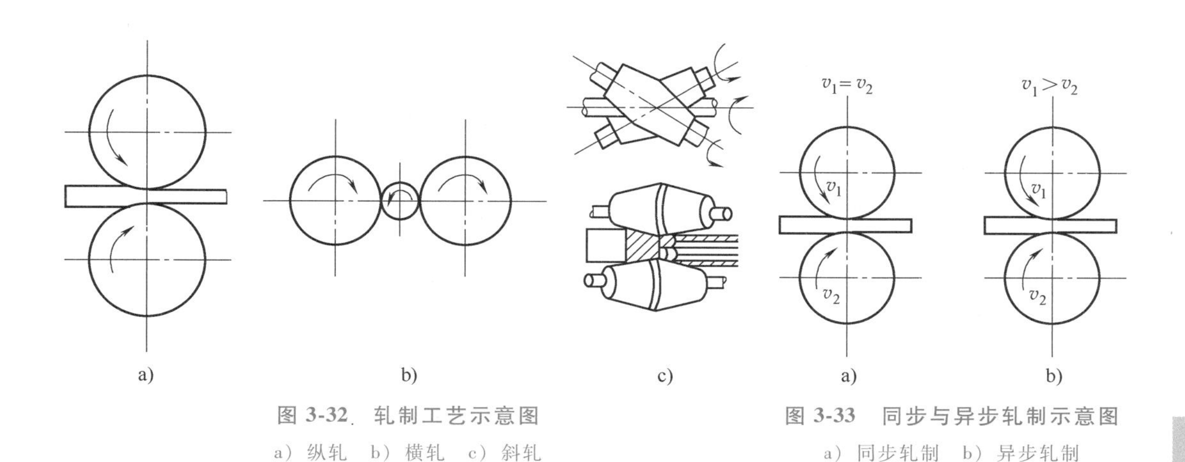

图 3-32　轧制工艺示意图

a）纵轧　b）横轧　c）斜轧

图 3-33　同步与异步轧制示意图

a）同步轧制　b）异步轧制

（4）根据轧辊的形状分类

1）平面辊轧制是指金属材料在圆柱形轧辊下进行轧制，如图 3-34 所示，这种轧制常常用于制作各种厚度的板材。

2）孔型轧制是指在二辊或三辊轧机上，靠轧辊的轧槽组成的孔型把锭坯热轧成各种断面形状的型材的工艺，如图 3-35 所示。

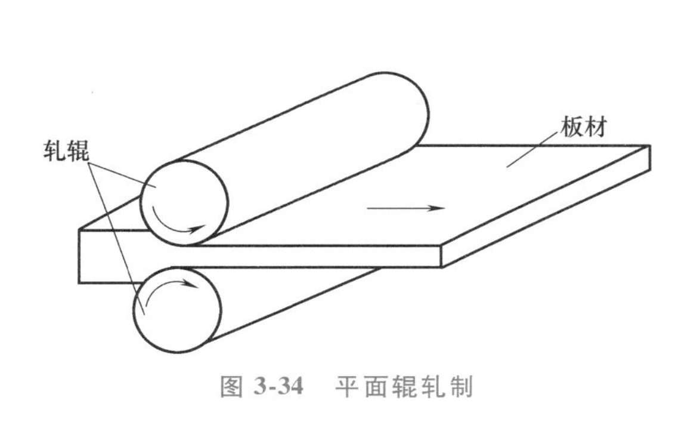

图 3-34　平面辊轧制

图 3-35　孔型轧制

3）切分轧制是指在型钢轧机上利用特殊轧辊孔型和导卫装置将一根轧件沿纵向切成两根（或多根）轧件，进而轧出两根（或多根）成品轧材的轧制工艺。根据切分过程有无辅助装置，可将切分轧制方法分为孔型切分轧制法和工具切分轧制法两大类。

① 孔型切分轧制法，也称辊切法。通过特殊设计的孔型，利用孔型中切分楔的作用，在轧制过程中使并联轧件在塑性变形的同时分开，把一根轧件沿纵向直接切分成两根或两根以上的单根轧件。这种切分轧制的特点无需增加其他设备，从而减少因增加生产环节带来的各种可能的故障，具有生产率高、能耗少、成品成本低的特点，如图 3-36 所示。

② 工具切分轧制法是利用孔型先将轧件轧成连接带很薄的并连轧件，然后借助专用工具使并联轧件分开的轧制方法。根据变形机理不同，又可以分为拉分法、错动法和扭转法等。以上均为无屑加工，在钢坯生产过程中，也有用火焰切割使并联轧件分开的。

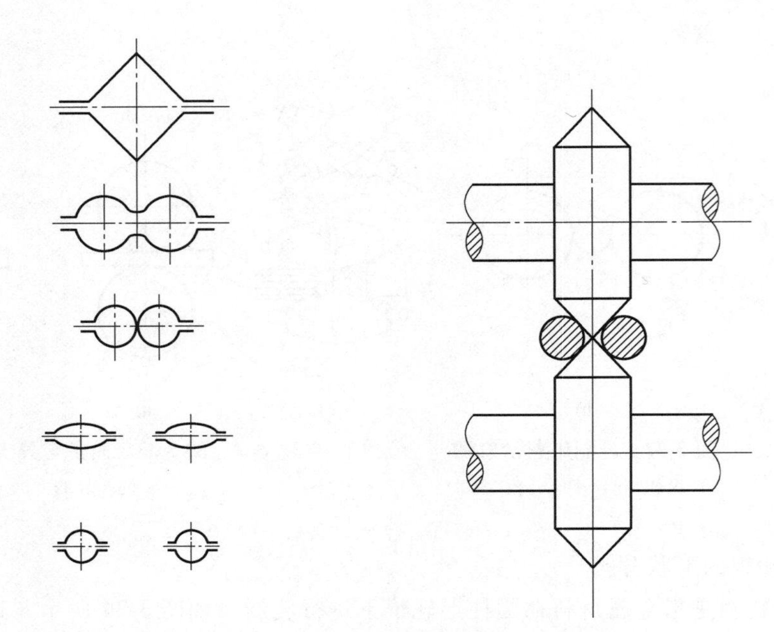

图 3-36　孔型切分系统及装置示意图

3.3.4　板料成形

板料成形主要用于加工板材零件，是通过模具对毛坯施加外力，使之产生塑性变形或分离，从而获得一定尺寸、形状和性能的工件的加工方法。所用设备主要为压力机。过去人们认为冲压加工通常是在室温下进行的，不需要加热，因此也称为冷冲压。但随着高强度钢板出现以及厚板料（厚度超过 8~10mm）时，需要将钢板进行加热才能进行冲压成形，这种冲压加工被称为热冲压。

板料成形主要工艺有冲裁、弯曲、拉深、胀形和翻边等。

1. 冲裁

利用模具使板料产生分离的冲压工序叫冲裁，它包括冲孔、落料、切边和切口等。冲裁可以直接出成品零件，也可以为弯曲、拉深和翻边等工序准备坯料。一般冲裁主要指落料和冲孔工序。从板料上冲下所需形状的零件（或坯料）叫做落料，在工件上冲出所需形状的孔（冲去的部分为废料）叫做冲孔。

2. 弯曲

将平板、型材或管材等坯料弯成具有一定角度、曲率和形状的工序叫做弯曲，常见弯曲有 V 形弯曲、U 形弯曲，如图 3-37 所示。弯曲在冲压生产中占有很大的比重，如汽车纵梁、自行车把、电器仪表外壳和门窗铰链等零件，都是用弯曲方法制成的。尽管弯曲方法各有不同，但弯曲过程及特点具有共同的规律。

3. 拉深

拉深也叫拉延，是利用平板坯料通过模具变形成为开口空心零件的冲压工艺方法。用拉深方法可以制成筒形、阶梯形、锥形、半球形、盒形和其他不规则的薄壁零件。如果与其他

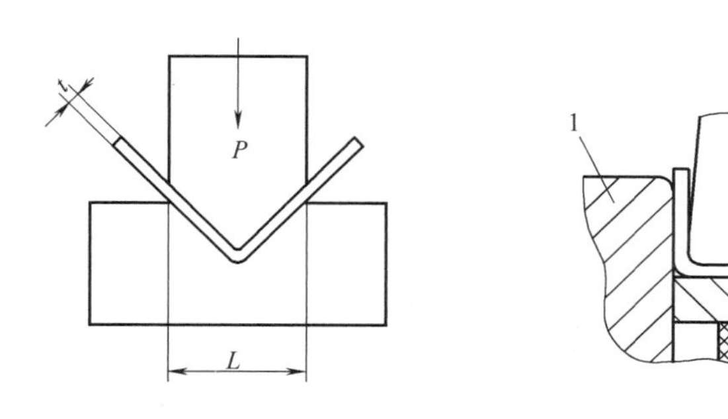

图 3-37　常见的 V 形弯曲和 U 形弯曲

1—凹模　2—凸模　3—顶板　4—顶杆

冲压成形工艺配合，还可制造形状极为复杂的零件，如图 3-38 所示。常常应用在汽车、航空航天、电机电器、仪表、电子等工业部门。

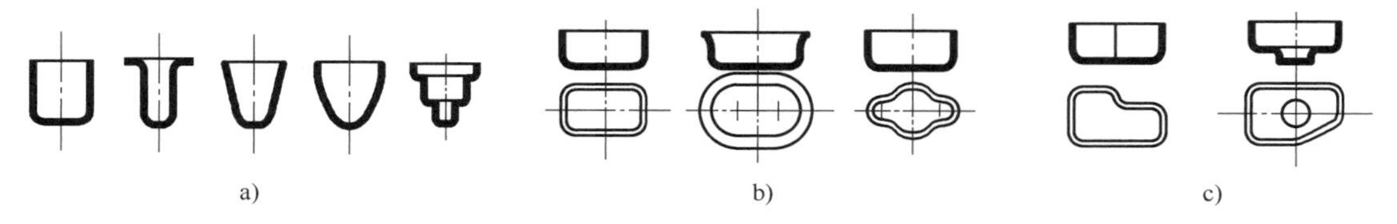

图 3-38　拉深制件示意图

a）轴对称旋转体零件　b）轴对称盒形件　c）不称对称复杂件

4. 胀形

利用模具迫使板料厚度减薄、表面积增加，获得所要求的几何形状零件的冲压加工方法叫做胀形。胀形可以用刚性模、橡胶模，也可用液体、气体的压力实现胀形，如图 3-39 所示。

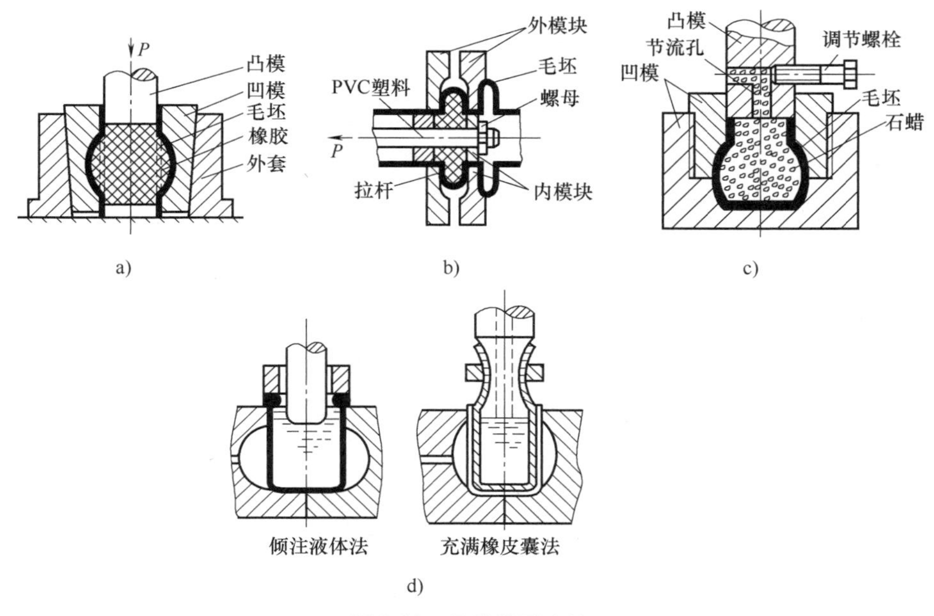

图 3-39　几种胀形方法

a）橡胶凸模胀形　b）PVC 塑料凸模胀形波纹管　c）石蜡胀形　d）液体凸模胀形

5. 翻边

将工件的孔边缘或外边缘在模具的作用下翻成竖立的直边，或带有一定角度的直边的工序称为翻边，如图 3-40 所示。根据制件边缘的性质和应力状态的不同，翻边可以分为内孔翻边和外缘翻边。外缘翻边又可分为外凸的外缘翻边（图 3-40f）和内凹的外缘翻边（图 3-40e）两种。此外，根据竖边壁厚的变化，可分为变薄翻边和不变薄翻边。翻边主要是为了在冲压件上制出与其他零件配合或装配的部位，如连接边、铆钉孔、螺纹底孔和轴承座等。

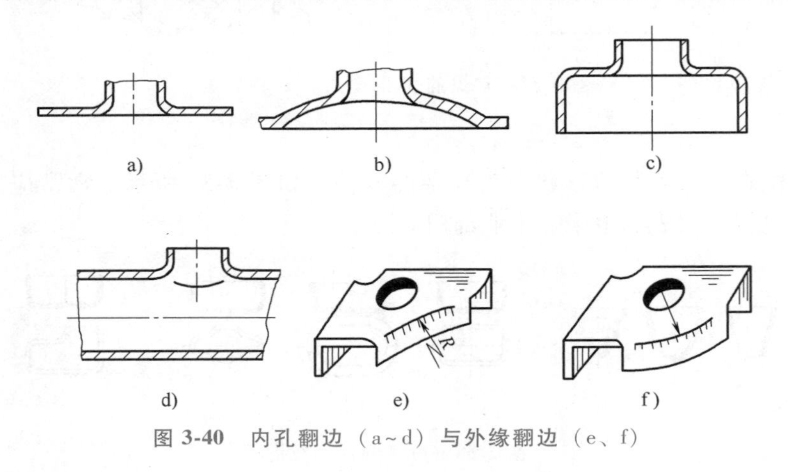

图 3-40　内孔翻边（a~d）与外缘翻边（e、f）

3.3.5　其他成形

1. 旋压成形

旋压又称赶形，即将平板或半成品坯料套在芯棒上，用顶块压紧，芯棒（模）、坯料和顶块均随主轴旋转，操纵赶棒迫使坯料逐步贴紧芯模，而获得所要求的工件形状，如图 3-41 所示。旋压加工所用的设备和模具都非常简单，各种形状旋转体的拉深、翻边、缩口、胀形和卷边都可以制造，并且机动灵活。这种成形方法早就在 10 世纪初由我国发明并应用，14 世纪才传到欧洲。随着航空和航天事业的飞速发展，旋压加工得到了更加广泛的应用和进一步发展。

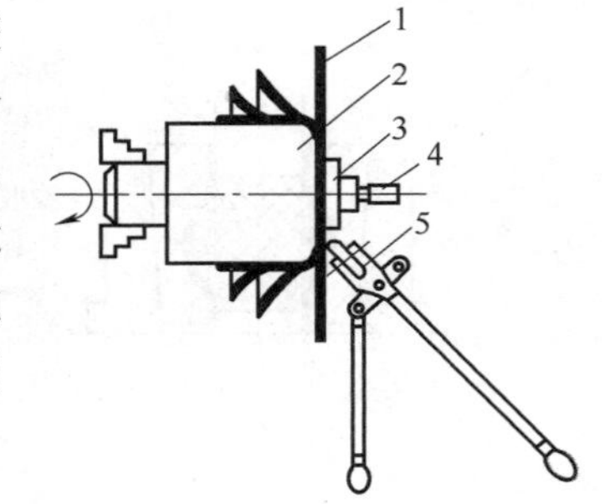

图 3-41　旋压成形

1—毛坯　2—芯模　3—顶块
4—顶尖　5—赶棒

2. 爆炸成形

爆炸成形是把化学能在极短的时间内转化为周围介质（空气或水）中的高压冲击波，并以脉冲波的形式作用于坯料上，使它产生塑性变形，从而得到所需工件的成形方法。冲击波对坯料作用的时间非常短，仅数微秒到数十微秒，只占全部变形时间的很小部分。这种高速变形条件，使某些难加工的金属板坯的塑性加工性能发生了一系列有利的变化。爆炸成形示意如图 3-42 所示。

爆炸成形属于软模成形性质，不需要刚性凸模和凹模同时对坯料施加外力，而是以空气或水作为介质代替凸模的作用，这就可简化模具结构，更适合加工某些形状特殊很难加工的

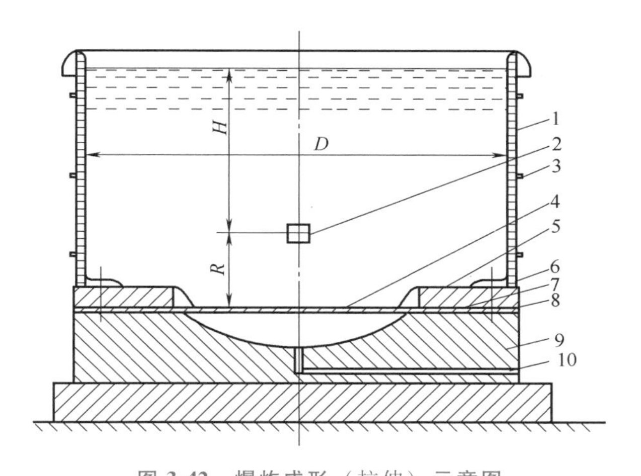

图 3-42　爆炸成形（拉伸）示意图

1—纤维板　2—炸药　3—绳索　4—坯料　5—密封袋　6—压边圈　7—密封圈　8—定位圈　9—凹模　10—抽真空孔

零件。用爆炸成形的方法可进行冲裁、拉深、冲孔、翻边、胀形和弯曲等工序。

3.4 焊接与连接工艺

焊接通常是指金属的焊接，是通过加热或加压的工艺将两种或两种以上的同种或异种材料连接成一体的成形方法。焊接技术在机器制造、造船、建筑工程、电力设备生产、航空及航天等行业应用十分广泛。

连接是指用螺钉、螺栓和铆钉等紧固件将两种分离型材或零件连接成一个复杂零件或部件的过程。常用的机械紧固件主要有螺栓、螺钉和铆钉。

3.4.1　焊接方法的分类

根据加热程度和工艺特点，焊接可分为熔焊、压焊和钎焊，分类如图 3-43 所示。熔焊是将工件焊接处局部加热到熔化形成熔池，冷却凝固后形成焊缝的过程。它包括气焊、电弧焊、电渣焊、等离子弧焊、气体保护焊和电子束焊等。压焊是指在焊接过程中无论加热与否，均需要加压的焊接方法，它包括摩擦焊、扩散焊、

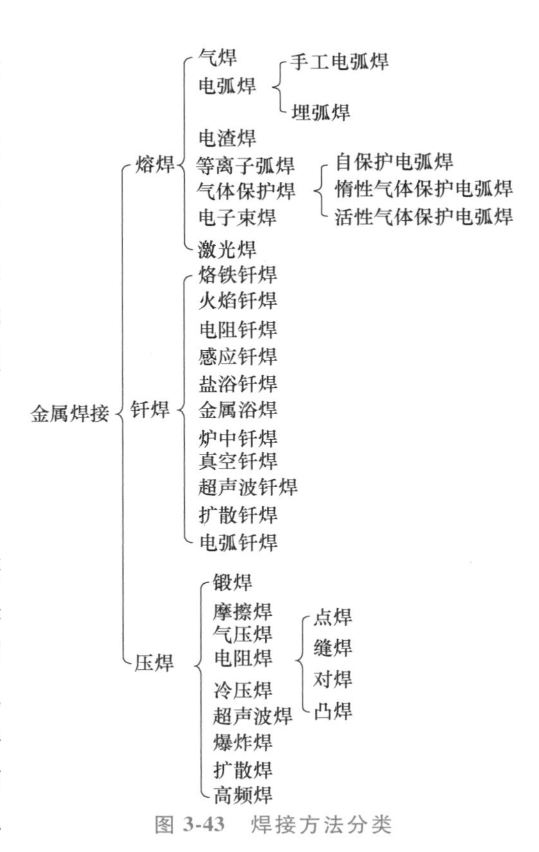

图 3-43　焊接方法分类

超声波焊、爆炸焊、冷压焊、气压焊和高频焊等。钎焊是将熔点低于被焊金属的钎料熔化后，填充到接头间隙，与被焊金属相互扩散从而实现连接焊件的方法，它包括烙铁钎焊、火焰钎焊、电阻钎焊、感应钎焊、炉中钎焊、真空钎焊、超声波钎焊和扩散钎焊等，按钎料的液相线温度又可以分为软钎焊和硬钎焊。

3.4.2 焊接工艺基础

焊接工件经历加热、熔化、冶金、凝固结晶、固态相变后形成焊接接头，焊接接头由焊缝、熔合区和热影响区组成，如图 3-44 所示。实践表明，焊接质量主要取决于焊缝的组织和性能，但熔合区和焊接热影响区的组织性能往往比焊缝还要复杂，成为薄弱环节，这一点在焊接合金钢时特别明显。

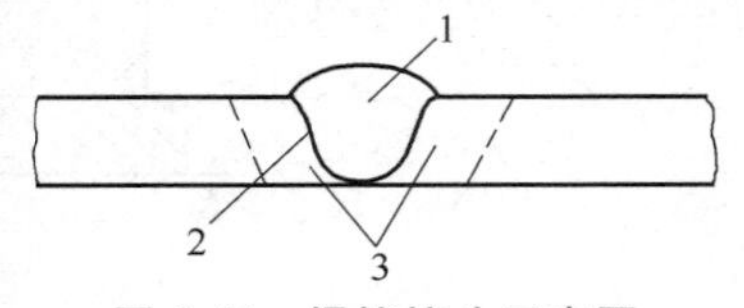

图 3-44 焊接接头示意图

1—焊缝 2—熔合区 3—热影响区

1. 熔池

熔焊时，在热源的作用下焊条或焊丝与焊接母材会发生局部熔化，母材上所形成的液态金属池叫熔池。焊接过程中的物理、化学反应短时间内都集中在焊接熔池这一局部高温区域内，因此存在着很大程度上成分、组织和性能的不均匀性。

焊接开始的时候，熔池并不稳定，之后进入准稳定时期不再变化，并随热源做同步运动。其形状、尺寸和质量取决于母材的种类和焊接工艺条件。电弧焊熔池的形状如图 3-45 所示，其轮廓为温度等于母材熔点的等温面。在一般情况下，电流增加，熔池的熔宽（B_{max}）减少，熔深（H_{max}）增大；电弧电压增加，熔宽增大，熔深减小；增大电弧能量（增大电流或电弧电压），熔池长度 L 增加。

在热源移动过程中，焊接熔池中的液态金属也处于运动状态，一方面趋向于从熔池头部向尾部流动，同时处在熔池尾部表面的液态金属在重力作用下，又会有向熔池中心降落的趋势，会出现对流和搅拌等相对运动，如图 3-46 所示。一般在小体积熔池中，易于在尾部形成涡流。熔池内液态金属的强烈运动有利于提高焊缝质量，一方面能够混合熔化母材和填充金属，使焊缝金属成分均匀，另一方面有利于气体和非金属夹杂物的外逸，加速冶金反应，消除焊接缺陷。

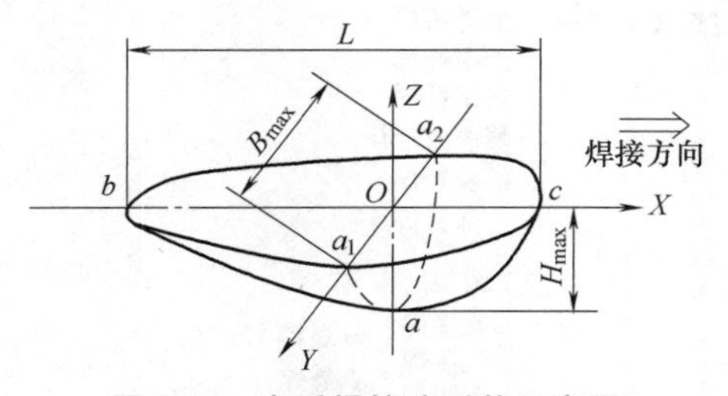

图 3-45 电弧焊熔池形状示意图

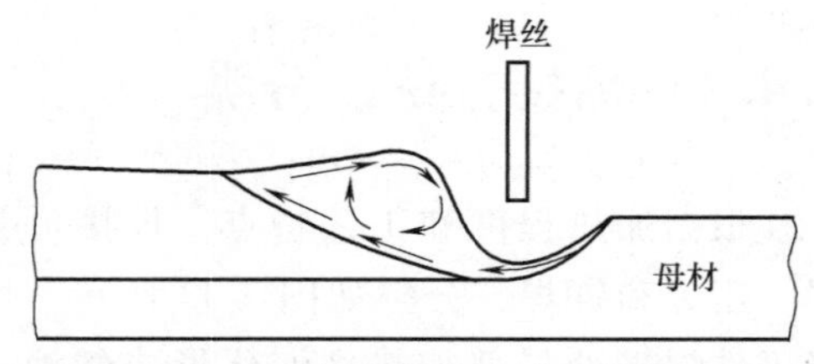

图 3-46 埋弧焊接熔池中液态金属流动

2. 焊缝的形成

随着热源的离开，熔池温度逐渐下降，液态金属开始凝固并发生固态相变，成为焊缝。因为焊缝金属在形成过程中，有些合金元素被烧损，有些杂质元素则可能会增加，同时伴随着化学和物理冶金问题，所以焊缝成分、组织和性能往往会与母材有很大的区别。可通过多种加工手段来改善母材的性能，而焊缝金属一般不进行再加工，只能依靠合金化和调整焊接工艺来控制其组织和性能。

焊缝金属一般由填充金属和局部熔化母材组成，填充金属同母材成分往往不同，特别是异质金属焊接或合金堆焊时尤为明显。焊缝金属中局部熔化的母材所占的比例称为熔合比。熔合比不同，即使采用同一焊接材料，焊缝的化学组成也不会相同，因而在性能上便有差异（见表 3-2）。通过改变熔合比可以达到调节焊缝金属化学成分与性能的目的。熔合比与焊接方法、焊接工艺参数、接头尺寸形状、坡口形状、焊道数目以及母材热物理性质都有关系。从图 3-47 中看出，对比不同的接头形式，改变焊接工艺参数或采用不同的坡口形状等，都能引起熔合比的变化。焊接工艺条件对低碳钢焊缝熔合比的影响见表 3-2。

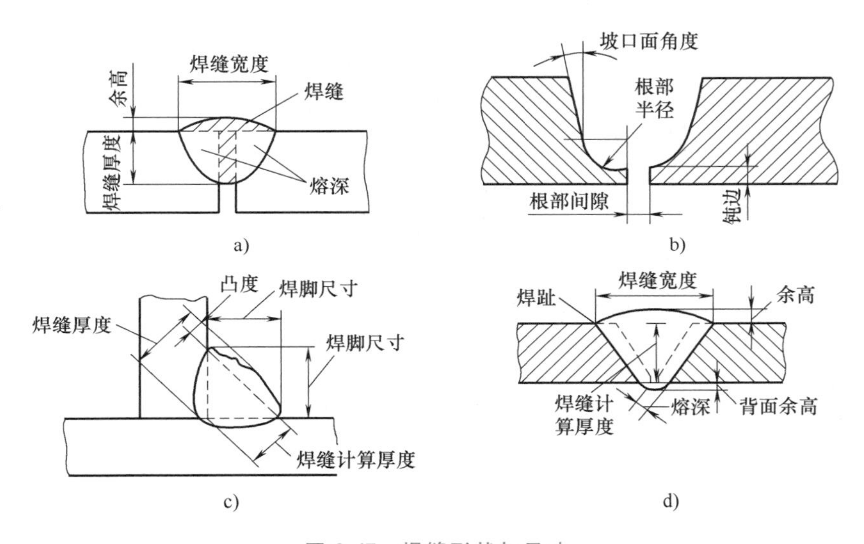

图 3-47　焊缝形状与尺寸

a）对接 I 型坡口焊缝　b）对接 U 型坡口焊缝　c）角焊缝　d）对接 V 型坡口焊缝

表 3-2　焊接工艺条件对低碳钢焊缝熔合比的影响

焊接方法	焊条电弧焊							埋弧焊
接头形式	不开坡口对接	V 形坡口对接			角接或搭接		堆焊	对接
板厚/mm	2~14	4	6	10~20	2~4	5~20	—	10~30
熔合比	0.4~0.6	0.25~0.5	0.2~0.4	0.2~0.3	0.3~0.4	0.2~0.3	0.1~0.4	0.45~0.75

3. 热影响区的形成

在焊接热源影响下，焊缝两侧未熔化的母材发生组织和性能变化的区域，称为热影响区（Heated Affected Zone，HAZ）。焊缝附近的母材金属在局部加热的条件下一般要经历温度随时间由低到高达到最大值再由高到低的热循环变化过程。

1）距离焊缝中心不同部位的点所经历的最高温度（峰值温度）不同，距离越远，所经历的最高温度越低，且最高温度的降低速率越小。

2）距离焊缝中心不同部位的点到达最高温度所需时间不同，距焊缝越近，到达最高温度所需时间越短。

3）距离焊缝中心不同部位点加热速率和冷却速率都不同，距离焊缝中心越远，其加热速率和冷却速率越小。

由此可见，焊接过程中焊件的不同部位经历了各异的热循环过程，不仅会造成母材局部组织和性能的不均匀变化，也会使焊接区域产生扭曲、残余应力和变形等。应当注意的是，这种热循环对不同金属的 HAZ 又会有不同的作用机理，引起不同的组织性能变化，导致 HAZ 局部性能下降，劣于母材而成为焊接接头中薄弱的环节，对接头性能造成不利的效果，降低焊接结构的综合性能。

4. 焊接缺陷

焊接缺陷是影响焊接质量的重要因素，在焊接生产中必须采取措施加以防止。焊接缺陷一般包括工艺缺陷和冶金缺陷。工艺缺陷是指咬边、焊瘤和未焊透等，大多是由操作工艺造成的，只要选择合适的焊接方法和焊接材料，优化工艺参数，严格工艺管理，此类缺陷不难解决。而冶金缺陷主要是指各种裂纹、气孔、偏析及夹杂等。这种缺陷是在液相冶金和固相冶金过程中产生的，影响因素极为复杂，对接头质量影响较大。还有一类影响极大的焊接问题是焊接变形，一直是导致焊接结构件，特别是大型构件产生主要质量问题的原因。

（1）焊接裂纹　焊接裂纹是危害最大的焊接缺陷，是焊接结构和压力容器发生突然破坏造成灾难性事故的重要原因之一，也是在各种焊接缺陷中要防止的重点。焊接裂纹一方面会直接降低焊接接头的有效承载面积，另一方面会在裂纹尖端造成应力集中，使局部应力大幅度超过平均应力，造成突然的脆性破坏。

焊接裂纹的产生具有复杂性和隐蔽性，其防治非常困难。焊接裂纹缺陷如图 3-48 所示。焊接裂纹有的在焊后立即产生，有的要延续一段时间才产生，有的在使用过程中经一定外界条件的诱发才产生。焊接裂纹产生的位置既可能在焊缝，也可能在热影响区，可能在表面，也可能在内部，有时呈现为宏观裂纹，有时呈现为微观裂纹，难以用肉眼发现，即使用 X 射线探伤、超声波检测等手段也常造成漏检。

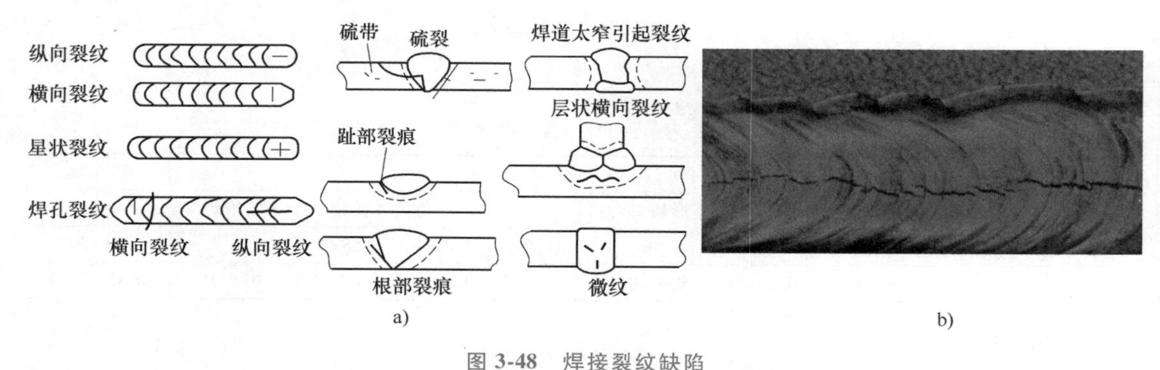

图 3-48　焊接裂纹缺陷

a）不同位置焊接裂纹　b）焊接热裂纹实物照片

焊接热裂纹是焊接时焊缝和热影响区的温度冷却到固相线附近时所产生的裂纹，焊接冷裂纹是焊后冷却至较低温度下产生的。冷裂纹的存在往往会导致恶性事故的发生，尤其是在高压容器、船舶、桥梁等焊接结构运行过程中，一旦发生事故，危害极大。除热裂纹和冷裂纹外，在特定条件下还可能出现再热裂纹、层状撕裂和应力腐蚀裂纹等，都必须引起注意。

（2）焊缝中的气孔　气孔是指焊缝中有气孔形成的孔洞。既会降低焊缝致密性，又会削弱焊缝的有效承载面积，显著降低焊缝强度、塑性和韧性，也会引起应力集中，诱导裂纹产生，降低焊缝的动载强度和疲劳强度。

在焊接生产过程中产生气孔的原因很多，只要稍不注意就有产生气孔的可能。焊接气孔件如图 3-49 所示。例如，焊材选择不当或受潮、烘干不足，坡口表面有铁锈或油污，焊接工艺参数不合适，以及对焊接区保护不良等。

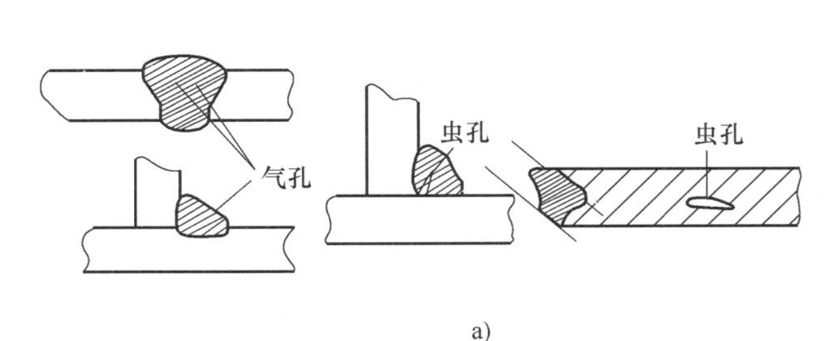

a)

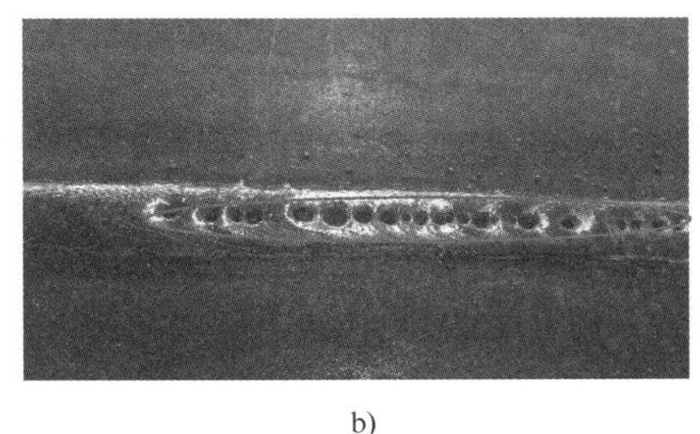

b)

图 3-49　焊接气孔缺陷

a）不同位置焊接气孔　b）焊缝气孔实物图

形成气孔的气体有氢、氮、一氧化碳和水蒸气等。高温下液态金属对氢和氮溶解度较高，在冷却凝固结晶时，焊缝金属对氢和氧的溶解度突然下降，来不及逸出，残留在金属中，主要表现为氢气孔，在对焊接区保护不好时也可能出现氮气孔。一氧化碳气体主要是由于熔池中的冶金反应产生的，它不溶于液态金属，多表现为条虫状，沿结晶方向分布。当熔池中的氢和氧较多时，也会形成水蒸气气孔。

（3）焊缝中的偏析与夹杂　焊接的熔化和冷却过程很快，焊缝中的成分来不及扩散均匀化，造成分布不均匀，出现偏析现象，这会影响焊缝的各种性能。

焊缝在凝固结晶时存在选择性结晶，先结晶的固相成分比较纯，后结晶的固相杂质多，且焊接过程冷却较快，因此焊缝存在较大的成分不均匀性。焊缝结晶时通常表现为柱状晶，柱状晶的内部溶质含量低，晶界溶质含量高，并富集了较多的杂质，因此也存在不同程度的组织偏析。细晶粒的焊缝金属，晶界增多，成分和组织的偏析程度较弱。

焊接过程中，材料在冶金反应过程中会产生一些脱氧脱硫化合物，残存在焊缝中，形成非金属夹杂。焊接夹杂如图 3-50 所示。夹杂物的种类、形态及分布与焊接方法、焊条种类及焊缝成分有关。

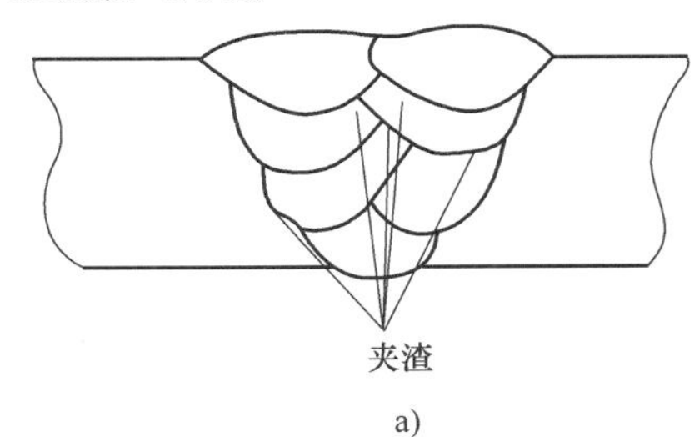

a)

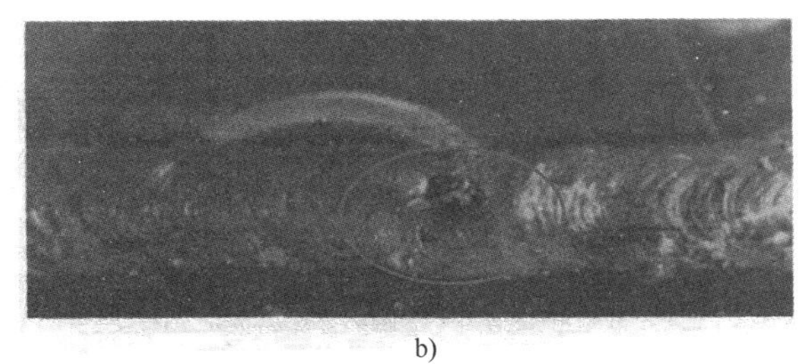

b)

图 3-50　焊接夹杂

a）夹杂位置示意图　b）焊缝表面夹杂

焊缝中的夹杂物主要包括氧化物、硫化物和氮化物三类。氧化物夹杂的主要成分包括 SiO_2、MnO_2、TiO_2 和 Al_2O_3 等，它们多以硅酸盐的形式存在，由于其熔点一般低于金属，在焊缝中易形成低熔点夹层而引起热裂纹。硫化物夹杂主要来源于焊条药皮和焊剂，经冶金反应后转入熔池，在后续凝固结晶过程中，析出硫化物夹杂。当硫化物夹杂以 FeS 形式存在时，其熔点较低并存在于晶界，容易导致热裂纹。当对焊缝保护不良时，容易出现氮化物夹杂；如焊接低碳钢及低合金钢时，焊缝中出现氮化物夹杂 Fe_4N，它是一种硬脆相，以针状分布在晶内和晶界，当其含量较高时，会急剧降低焊缝的塑性和韧性。

上述三类夹杂物对焊缝质量不利，尤其是当宏观的大颗粒夹杂物出现时，会严重恶化焊缝的力学性能，使塑性、韧性急剧降低。但当夹杂物以细小的显微颗粒呈均匀弥散分布时，对塑性、韧性影响较小，而且还可提高焊缝金属的强度。

(4) 焊接变形　焊接变形是焊接过程中被焊工件受到不均匀的温度场作用而产生的形状和尺寸的变化。焊接变形对焊件的结构安装精度有很大影响，过大的变形也将降低结构的承载能力。

焊件的材料、结构和焊接工艺都会影响焊件的变形程度。焊件材料导热越快，温度梯度越大，变形越显著；材料热膨胀系数大，收缩量也大，变形流量也大；焊件结构受到约束时，焊接变形会相应减少。焊件结构在变形过程中既受到自身结构约束也受到外在结构约束，一般复杂结构自身约束作用占主导地位，通常需要对结构板的厚度及筋板或加强筋的位置数量进行优化，以减少焊接变形。影响焊接变形的主要因素包括焊接方法、焊接输入能量、构件固定及焊接顺序等。其中焊接顺序对焊接变形影响较显著，一般情况下可通过改变焊接顺序来改变应力分布及状态，减少焊接变形。多道焊及焊接工艺参数也对焊接变形有十分重要的影响。

可以通过焊接工艺设计和减少焊接过程中的冷热循环引起的收缩变形来预防和减少焊接变形。在焊缝设计方面，要合理选择焊接尺寸和形式，合理安排焊接位置，尽量减少不必要的焊缝。在焊接工艺措施方面，可采用焊前预防措施、焊接过程控制措施和焊后矫正措施等。焊前预防措施主要包括预防变形、预拉伸和刚性固定组装法等；焊接过程控制主要可采用合理的焊接方法和焊接规范参数，选择合理的焊接顺序，以及采用随焊两侧加热、随焊碾压和随焊跟踪激冷等措施；焊后校正主要包括整体或局部加热校正和机械矫正法。机械矫正法包括静力加压矫直法、焊缝滚压法和锤击法等。

3.4.3　典型熔焊方法

1. 手工电弧焊

(1) 手工电弧焊原理　手工电弧焊是用手工操作焊条进行焊接的，是发展最早、应用最广的一种电弧焊接方法。它以焊条作为电极和填充金属，利用焊条与工件之间产生的电弧将焊接局部加热熔化，焊条焊芯和母材熔化后融合在一起形成熔池，包在焊条外面的药皮熔化后形成熔渣并释放气体，在气、渣的联合保护下，通过高温下熔池的冶金反应得到优质焊缝。手工电弧焊过程如图 3-51 所示。向前移动焊条时，在电弧热作用下焊条和工件持续熔化形成新的熔池，原来的熔池则冷却结晶形成焊缝，熔池表面的熔渣也凝固成渣壳。

(2) 手工电弧焊的特点与应用　手工电弧焊设备简单，操作灵活，适应性强，但手工电弧焊对焊工操作技术要求高，且焊接时要经常更换焊条，比自动焊接生产效率低，不适用于薄板和活泼金属，以及低熔点金属及其合金。

2. 埋弧焊

（1）埋弧焊原理　埋弧焊是以电弧作为热源加热、熔化焊丝和母材，焊丝端部、电弧和工件被一层可熔化颗粒状焊剂覆盖，无可见电弧和飞溅的一种焊接方法。

埋弧焊的焊接过程由四部分组成，如图 3-52 所示：①焊剂由软管堆敷到焊接区；②焊丝经导电嘴送入焊接区；③焊接电源连接导电嘴和工件产生电弧；④送丝机构、焊剂堆覆装置和焊接控制盘等通常装在小车上来实现焊接电弧的移动。

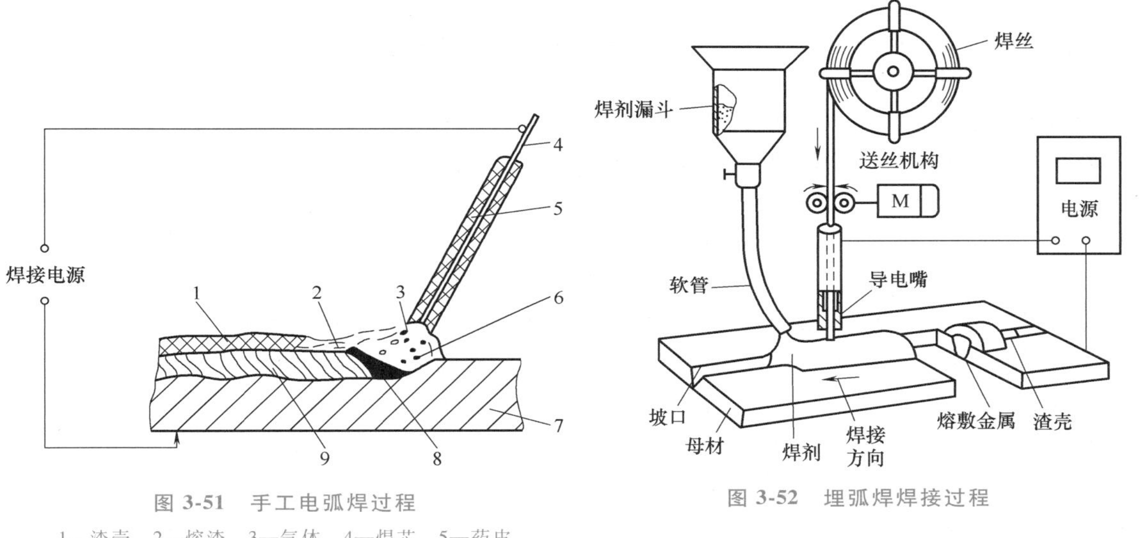

图 3-51　手工电弧焊过程

1—渣壳　2—熔渣　3—气体　4—焊芯　5—药皮　6—金属熔滴　7—焊件　8—熔池　9—焊缝

图 3-52　埋弧焊焊接过程

埋弧焊焊缝形成过程如图 3-53 所示，焊缝的底部是熔池，顶部是熔渣，熔池被熔渣和焊剂蒸气覆盖，不与空气接触，熔池随着焊丝与电弧向前移动，熔池金属随之冷却凝固形成焊缝，熔渣则凝固成渣壳覆盖在焊缝表面。熔渣既起到保护焊缝的作用，还与熔化金属发生冶金反应，影响焊缝金属的成分和性能。未熔化的焊剂在焊后另行回收。

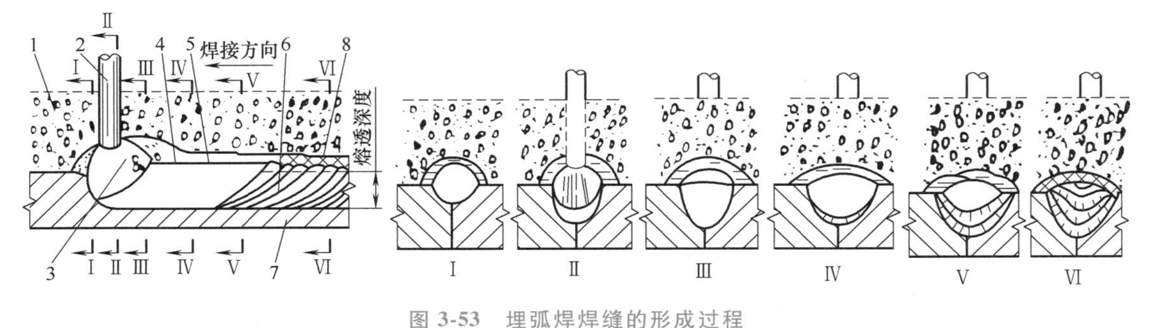

图 3-53　埋弧焊焊缝的形成过程

1—焊剂　2—焊丝　3—电弧　4—熔池　5—熔渣　6—焊缝　7—焊件　8—渣壳

埋弧焊分为自动埋弧焊和半自动埋弧焊两种，前者送丝和电弧的移动均由焊接小车完成，后者焊丝送进由机械完成，电弧的移动需手持焊枪移动完成，劳动强度大，目前已很少使用。埋弧焊的焊丝可分为单丝、双丝和多丝，以及钢带、药芯焊丝等。

(2) 埋弧焊的特点及应用　相比于焊条电弧焊，埋弧焊的焊接电流大，熔深大，焊接速度快，以 8~10m 厚的钢板对接为例，单丝埋弧焊焊接速度达 30~50m/h；埋弧焊可自动化操作，劳动条件好，同时工艺参数稳定，有熔渣熔剂覆盖保护，焊缝质量高，性能稳定，气孔、裂纹等焊接缺陷少。但埋弧焊只适用于平焊和角焊，其他位置埋弧焊皆需要特殊装置，埋弧焊不宜焊厚度小于 1mm 的薄件。

埋弧焊适用于中厚板长焊缝和环焊缝的焊接，在船舶、压力容器、重工、交通、核电和机械设备领域有广泛应用。埋弧焊的材料从碳素结构钢发展到低合金结构钢、不锈钢、耐热钢以及一些有色金属材料，埋弧焊工艺也可用于金属表面耐磨或耐腐蚀合金层的堆焊。

3. 钨极惰性气体保护焊 (TIG)

(1) 钨极惰性气体保护焊原理　钨极气体保护电弧焊是一种不熔化极气体保护电弧焊，以钨或钨合金为电极，用惰性气体代替熔渣来保护熔池，利用电极与母材金属（工件）之间产生的电弧热熔化母材和填充焊丝的焊接过程。英文名称为 Tungsten Inert Gas Welding，TIG。在铝的高质量焊接和建筑应用方面，TIG 焊扮演着重要的角色。

TIG 焊可选择直流、交流和脉冲三种焊接电源。焊接铝、镁及其合金时应优先选择交流焊接电源，其他金属一般选择直流正极性。根据惰性保护气体，TIG 焊可分为钨极氩弧焊和钨极氦弧焊，氩气价格低一些，工业上主要用钨极氩弧焊。

TIG 焊既可以手工焊也可以自动焊。手工焊时，焊枪的运动和焊丝的送进均由焊工操作完成，自动焊时分别通过焊枪或工件的移动装置及送丝机构完成这两个动作。TIG 焊的焊接过程如图 3-54 所示。焊接时钨电极不熔化，与母材之间产生电弧，熔化母材和填充焊丝，氩气从焊枪的喷嘴中喷出形成保护层，防止氧、氮焊接区金属损害，获得优质焊缝。

(2) TIG 焊的工艺特点

1) 采用惰性气体保护，不用焊剂也可以焊接几乎所有金属，焊后无须去渣，应用范围广。

2) 焊接工艺性能好，电弧稳定，明弧无渣、无飞溅，焊缝美观，质量高。

3) 全位置焊接，是单面焊双面成形的理想焊接方法，能进行脉冲焊接，适合于薄板或热敏感材料焊接。

4) TIG 电弧的阳离子受阴极电场加速，冲击阴极表面，具有破碎清理阴极表面氧化膜的作用，从而获得纯净的焊缝金属。

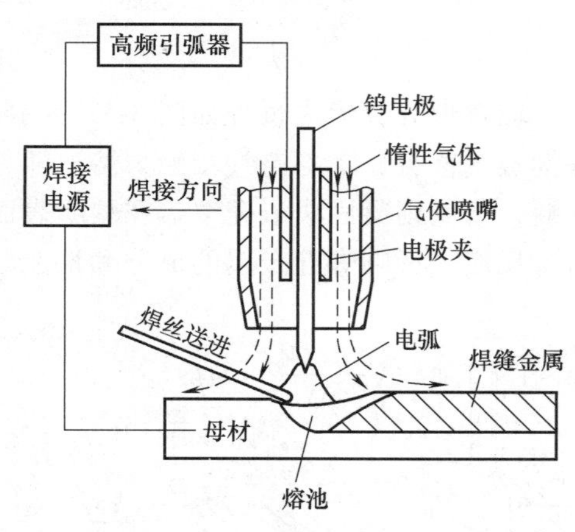

图 3-54　TIG 焊焊接过程示意图

(3) TIG 焊的缺点及其局限性

1) 焊接熔深较浅，速度较慢，生产率较低，惰性气体成本较高。

2) 钨极载流能力有限，过大的焊接电流会损耗钨电极并污染焊接接头，降低接头力学性能，特别是塑性和冲击韧度。

3) 焊前要进行表面清洗、除油、去锈等准备工作。焊接时气体的保护效果受周围气流的影响较大，需采取防风措施。

（4） TIG 焊的应用范围

1） 适焊的材料。钨极氩弧焊几乎可焊接所有金属和合金，因成本较高，主要用于焊接不锈钢和耐热钢、铝、镁、钛和铜等有色金属及其合金。对于铅、锡、锌这种低熔点的易蒸发的金属焊接操作比较困难，一般不用 TIG 焊。对有低熔点合金镀层的碳素钢，焊前须去掉镀层，否则熔入焊缝金属中会降低接头性能。

2） 适焊的焊接接头和位置。TIG 焊适用性好，属于全位置焊接。常规的对接、搭接、T 形接和角接等接头，只要结构上可达要求，均能焊接。薄板（厚度不大于 2mm） 卷边接头，搭接点焊接头均可以焊接。

3） 适焊的板厚与产品结构　薄壁产品如箱盒、箱格、隔膜、壳体、蒙皮、喷气发动机叶片、散热片、鳍片、管接头和电子器件的封装等均可采用 TIG 焊生产。TIG 焊特别适用于薄板焊接，焊接的厚度可达 0.1mm。若从生产率考虑，以 3mm 以下的薄板焊接最适宜，5mm 以下可开坡口单道焊。

对较大厚度的工件可多层焊或多层多道焊，重要厚壁构件如压力容器、管道和汽轮机转子等对接焊缝的根部熔透焊道或其他结构窄间隙焊缝的打底焊道，为了保证焊接质量，可采用 TIG 焊。

手工 TIG 焊宜用于结构形状较复杂的焊件和难以接近的部位或间断的短焊缝的焊接，自动 TIG 焊适用于焊接长焊缝，包括纵缝、环缝和曲线焊缝。

4. 熔化极气体保护电弧焊

（1） 熔化极气体保护电弧焊原理及分类　熔化极气体保护电弧焊（GMAW） 采用连续等速送进可熔化的焊丝，在气体保护下电弧熔化焊丝与母材，冷却凝固形成金属间的结合，如图 3-55 所示。

熔化极气体保护电弧焊根据焊丝的种类不同可分为实心焊丝和药芯焊丝，实心焊丝的种类较多，其成分大都与母材相适应，而药芯焊丝主要应用于黑色金属，其焊接工艺性能好，生产效率高和成本低，发展迅速，产量在国内大幅增加。熔化极气体保护电弧焊的保护气体有：Ar、He、CO_2。根据保护气体不同，GMAW 可分为 MIG、MAG、CO_2 焊，如图 3-56 所示。

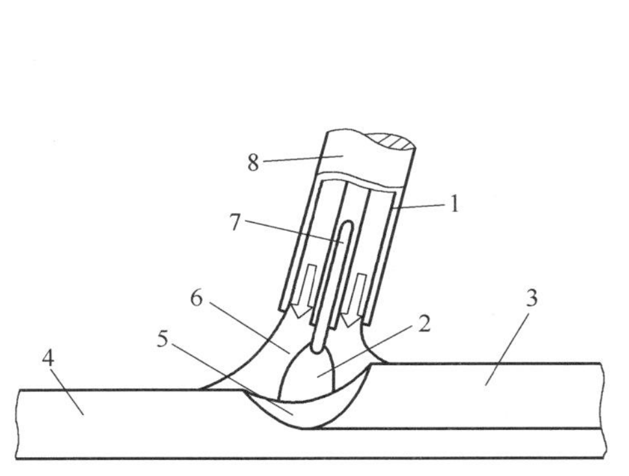

图 3-55　熔化极气体保护电弧焊示意图

1—导电管　2—电弧　3—焊缝金属
4—母材　5—熔池　6—保护气体
7—熔化极　8—喷嘴

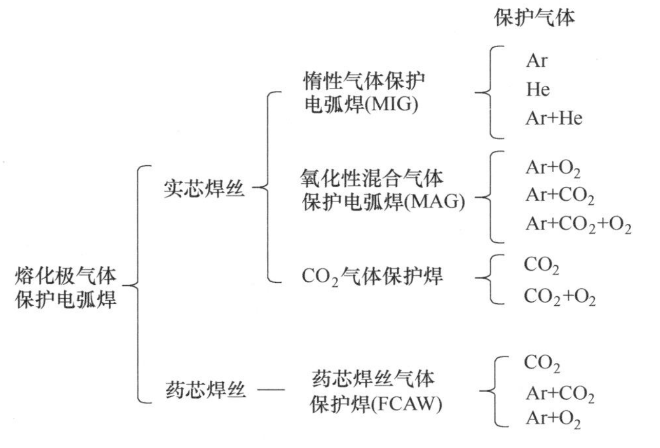

图 3-56　熔化极气体保护电弧焊的分类

根据焊接电流和熔滴过渡形式的不同，其他的还有喷射过渡电弧焊、脉冲电弧焊和短路过渡电弧焊。喷射过渡电弧焊焊接飞溅小，焊缝成形美观，而焊接电流较大。脉冲电弧焊却能在低于临界电流的低电流区间稳定焊接，适用于焊接薄板和空间位置焊缝。短路过渡电弧焊适用于薄板和全位置焊，但其焊缝不十分理想，且焊接飞溅较大。近几年，由于逆变焊机的应用，这些问题已有很大改善。

总之，熔化极气体保护电弧焊的主要优点是焊接区有气体保护，明弧无渣、便于观察，易于实现机械自动化焊接和全位置焊接，而且通常使用细丝和大电流，焊丝的熔敷率很高，焊接变形小，熔渣少而便于清理，是一种高效节能的焊接方法。

(2) 熔化极氧化性混合气体保护电弧焊（MAG） 熔化极氧化性混合气体保护焊可采用短路过渡、喷射过渡和脉冲喷射过渡进行焊接，用于平焊、立焊、横焊、仰焊以及全位置焊。$Ar+CO_2$ 被用来焊接低碳钢和低合金钢，常用混合比为 $\omega_{Ar}=70\%\sim80\%$。混合 $Ar+O_2$ 可用于碳素钢、低合金钢、不锈钢、高合金钢以及高强钢的焊接，常用混合比为 $\omega_{Ar}=95\%\sim99\%$。混合三元气体 Ar、O_2、CO_2 气体焊接低碳钢、低合金钢比采用二元混合气体的焊缝成形、接头质量、熔滴过渡和电弧稳定性要好，常用混合比为 $\omega_{Ar}=80\%$、$\omega_{CO_2}=15\%$、$\omega_{O_2}=5\%$。

(3) CO_2 气体保护焊 CO_2 气体在电弧高温下，分解出的原子态氧具有强氧化性，可以与电弧气氛中自由态的氢结合成不溶于金属的水蒸气与羟基（OH）从而减弱氢元素的有害作用，使焊缝含氢量低，抗裂性好，抗氢气孔能力强，抗锈能力强。但 CO_2 气体电弧焊由于有氧化性，合金元素易烧损，主要用于低碳钢及低合金钢等黑色金属的焊接。对于不锈钢，由于对焊缝金属有增碳现象，影响抗晶间腐蚀性能。因此，只能应用于对焊缝性能要求不高的不锈钢焊件。

(4) 药芯焊丝气体保护焊 药芯焊丝气体保护焊的区别在于焊丝内部装有焊剂混合物，结合了手工电弧焊和普通熔化极气体保护电弧焊的特点，是一种气渣联合保护方法，保护气常用 CO_2 或 $Ar+CO_2$。

5. 激光焊接技术

(1) 激光焊接概述 激光焊接是采用大功率密度的激光束为热源，照射材料表面，光能转化成热能，使焊接部位熔化，再冷却凝固的连接过程。激光焊接的焊缝深宽比大，热影响区小，焊缝质量好。激光焊接和电弧焊焊缝的截面图比较如图 3-57 所示。相比于电弧，激光束易于控制，能够更方便地实现自动化和智能化。采用大焦深的激光系统，还可实现特殊场合下的焊接，如远距离在线焊接，高精密真空环境焊接。这些特点是传统的焊接方法所不具备的，目前广泛用于汽车、飞机和航天器焊接等。

(2) 激光焊接特点 激光焊接的优点主要有：①能量密度高度集中，焊接时加热和冷却速度极快，热影响区小，焊接工艺稳定，焊接应力和变形很小，焊缝表面和内在质量好，性能高；②非接触加工，适合焊接难以接触的部位，能够焊接高熔点、高脆性的难熔金属、陶瓷、有机玻璃和异种材料；③激光可控性好，易于与机器人配合，自动化程度和生产效率高；④绿色环保，没有污染，不受电磁干扰，不需要真空保护。

激光焊接的缺点主要有：①焊接淬硬性材料时接头容易变硬脆；②激光能量较高造成合金元素蒸发，易形成焊缝气孔和咬边；③焊件装配、夹持及激光束调整精度要求高；④激光的能源转换率低，设备昂贵，成本高。

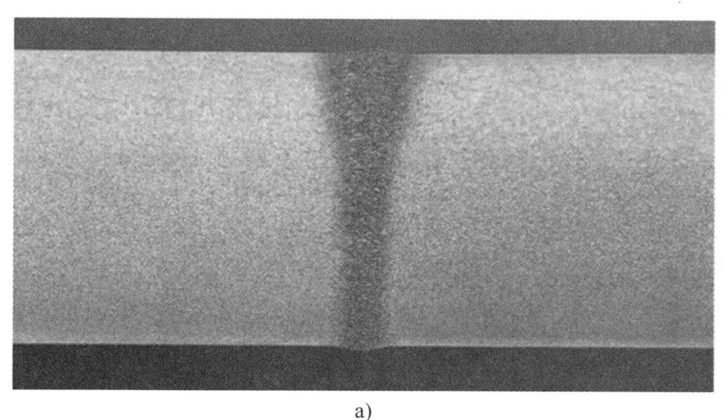

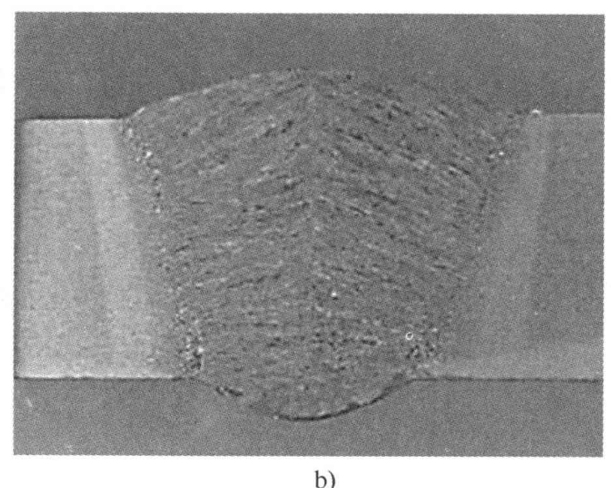

a)　　　　b)

图 3-57 激光焊和电弧焊焊缝截面形状比较

a）激光焊 b）电弧焊（埋弧焊）

（3）激光焊接分类 根据激光器类型，激光焊接一般分为 CO_2 和 YAG 激光焊。YAG 激光焊的波长短，实际功率密度高，熔深大，适合反射率高的铝、铜材料。YAG 激光可采用光纤传输，更加灵活方便，特别适合于多工作台、机械手和机器人操作。

根据激光器工作方式，激光焊接可分为连续焊和脉冲焊。脉冲焊类似于点焊，一个激光脉冲形成一个焊点，焊点有一定重叠，可获得连续焊缝。脉冲焊主要用于微型、精密零件和电子元器件的焊接。

根据激光焊接的机理不同，激光焊接一般分为激光热导焊和激光深熔焊。热导焊的激光功率密度为 $10^5 W/cm^2$ 左右，靠热传导进行焊接，焊缝深度小于 2.5mm，焊缝的深宽比最大为 3∶1。深熔焊的功率密度在 $10^6 \sim 10^7 W/cm^2$ 范围内，焊缝的深宽比最大可达 12∶1。

（4）激光焊接机理 激光焊接设备由激光器、光束变换系统和计算机控制系统组成。激光焊接原理与实际焊接齿轮图如图 3-58 所示。

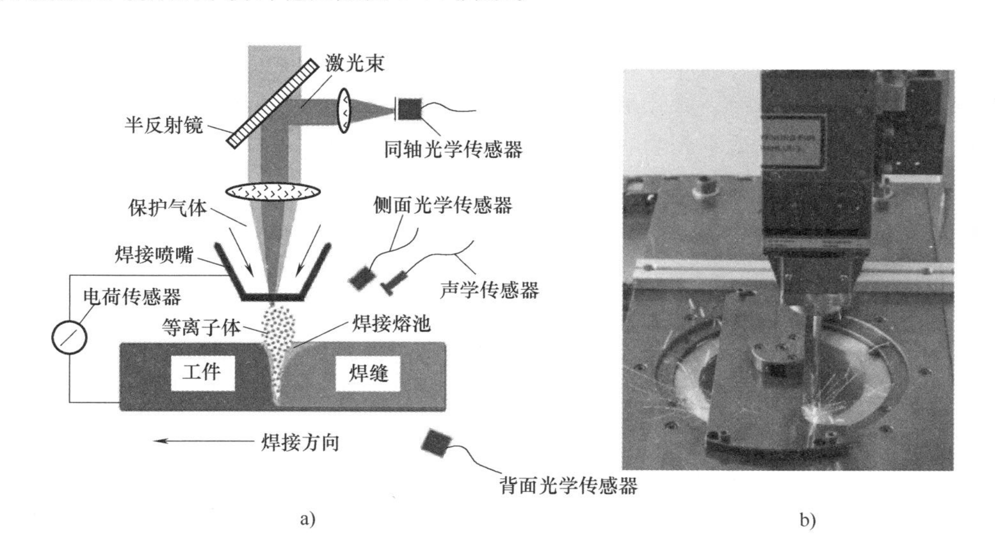

a)　　　　b)

图 3-58 激光焊接原理与实际焊接齿轮图

a）激光焊接工作原理 b）激光焊接齿轮的同步环实例

1）激光热导焊的原理。热导焊时，激光的能量密度不是太高，激光辐射能量只作用于材料表面，表层10~100nm的薄层熔化后表面温度继续升高，靠热传导熔化下层材料，在两材料连接区的部分形成溶池，随着激光束运动，溶池中的熔融金属随之凝固，形成焊缝，如图3-59所示。该焊接方法主要用于薄（厚度1mm左右）、小零件的焊接加工。

2）激光深熔焊的原理。当激光功率密度较高，达到10^6~10^7W/cm^{2}时，照射到材料时，材料表面发生熔化和气化而形成匙孔，如图3-60所示。

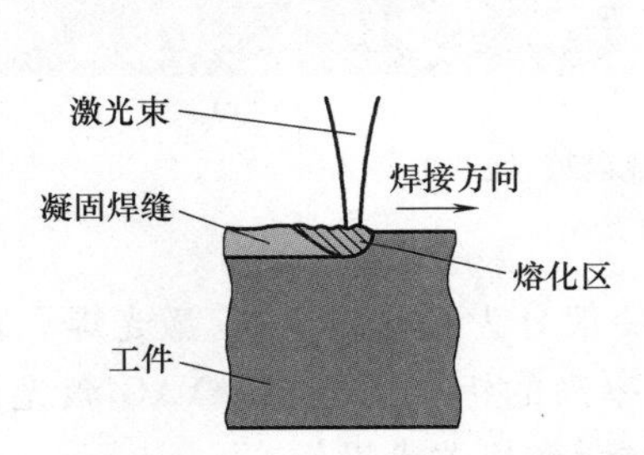

图3-59 激光热导焊基本原理

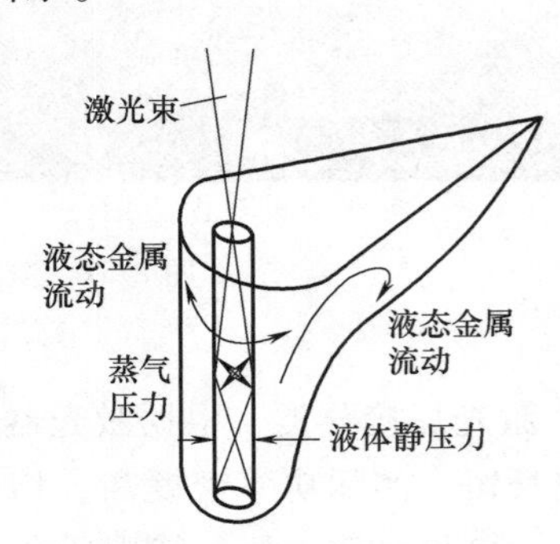

图3-60 激光深熔焊原理

激光可以直射到匙孔底部，产生匙孔效应，能够将射入的激光能量完全吸收，使匙孔内的平衡温度达到25000℃，使孔腔周围金属熔化。随着激光束移动，材料逐渐在熔池前沿熔化，并绕着孔穴流动到熔池的后方凝固。激光焊接过程极快，焊接速度达到每分钟数米。高能量密度的激光在有限窄区域内加热，热影响区很小。

激光焊和电子束焊都属于高能密度焊。电子束焊一般在真空环境下进行，焊缝美观，质量好，但焊接大型结构需要大真空室，设备成本大，抽真空时间太长，效率低。激光焊接无需真空环境，实施方便，对焊件尺寸和形状限制较小，一般采用气体保护提高焊接质量。

激光焊接的有效利用功率很低，因为大部分能量被材料反射而损失掉，而电子束不被材料反射，大部分被吸收用来加热焊件。焊接大厚板时优先选用电子束焊，焊接薄板时优先选用激光焊。在几千瓦功率内，激光器成本低于电子束焊机。在几万瓦功率内，电子束焊机成本低。在中间功率，两者成本相当。

3.4.4 压焊与钎焊方法

1. 电阻焊

电阻焊是利用电流通过焊件及接触处产生电阻热，将工件之间的接触表面熔化而实现连接的焊接方法。电阻焊需要施加压力，既防止出现电弧，又能够锻压焊缝金属。电阻焊包括点焊、缝焊、凸焊及对焊等。

（1）点焊　点焊是指对点电极施加压力，电流通过工件产生电阻热形成点焊缝的焊接方法。点焊有双面点焊和单面点焊，比较适合焊接薄壁冲压低碳钢结构，也可焊接铝、镁及其合金，适用于大批量生产。

（2）缝焊　缝焊是利用连续电极电流通过工件所产生的电阻热并施加压力形成连续焊缝的方法。可分为连续缝焊、断续缝焊和步进缝焊。缝焊可在直线或曲线上进行焊接，相比于点焊，优点是可获得具有密封性的焊接接头，搭边宽度较小。缺点是焊接电流比点焊大。

（3）凸焊　凸焊是在焊件接合面上预先加工出凸起点，然后与另一焊件表面相接触、加压、加热，凸起点压溃后可形成焊点。优点是在一个焊接循环内可同时焊接多个焊点；焊点尺寸比点焊小，可采用小搭接量和小点距；可焊厚度比大的零件。缺点是有些凸起点需要额外工序加工；同一电极焊接多个焊点时，工件的对准和凸点的尺寸精度要求较高。

（4）对焊　对焊是利用电流通过两对接工件产生的电阻热，使接触面达到塑性状态后顶锻完成的焊接。对焊包括电阻对焊和闪光对焊，电阻对焊先加压后通电，适用于断面简单，小直径工件对接；闪光对焊先通电后加压，适合大部分金属。

电阻焊的特点在于焊接电流大，通电时间短，设备贵、复杂，生产率高，适用于大批量生产，主要用于焊接厚度小于 3mm 的薄壁金属件。各类钢材、铝、镁等有色金属及其合金均可焊接。另外，电阻焊焊前必须将电极、工件的接触表面清理干净，有利于获得稳定的焊接质量。

2. 摩擦焊

（1）摩擦焊原理　摩擦焊是在压力作用下，使被焊工件接触面的金属相互摩擦，利用摩擦热达到热塑化状态，利用金属间的扩散和再结晶实现连接的一种焊接方法。在摩擦焊过程中，材料在足够的摩擦压力和相对运动速度条件下，被焊材质随着摩擦进行，温度不断上升，结合面很快形成热塑性层，在适当的时刻，停止工件间相对运动，同时施加较大的挤压力使焊缝金属获得进一步锻造，形成优质焊接接头。

（2）摩擦焊优点

1）焊接接头质量高。摩擦焊接头连接质量好，性能高。焊接界面不发生熔化，无焊接凝固缺陷，焊合区金属为致密锻造组织，晶粒细化、夹杂物弥散分布。

2）适合异种材质连接。摩擦焊可用于焊接同种金属和异种金属，如铝-钢、铝-铜、钛-铜以及镍合金和钢材料，甚至可以焊接金属和非金属，如铝和陶瓷的焊接。

3）生产效率高。焊接过程简单，控制参数少，生产效率高，适合批量化生产。对工件焊接面要求低，可大大减少焊前准备时间。

4）焊接尺寸精度高。摩擦焊可以实现高精度的焊接，专用机可保证焊后长度公差为 0.2mm，偏心度为 0.2mm。

5）设备易于机械自动化。摩擦焊过程虽需要施加较大的焊接压力，但设备操作简单，易于机械化、自动化。摩擦焊机通用性强，可焊接不同形状、材料和尺寸的工件。

6）生产成本低、环境好、节省能源。摩擦焊接不需要填充材料和保护气体（钛合金除外），焊前无需特殊清理，焊接过程不产生烟雾、弧光和其他有害气体，无需安装排烟换气装置，摩擦过程产生的热全部用于接触面上，耗电量仅为闪光焊机的 8%～10%，功率消耗仅为传统焊接的 20%，节能环保。

（3）摩擦焊缺点与局限性

1）旋转摩擦焊仅适合焊接高强度回转体构件，焊件必须依靠旋转进行焊接，接头形式和工件断面形式受限，对非圆形截面、盘状和薄壁管零件焊接较困难。

2）受摩擦焊机功率和压力的限制，不能焊接断面尺寸较大的工件。

3）搅拌摩擦焊仅适合轻合金（如铝、镁合金等）材料的对接和搭接焊，对于高强度材料如钢钛合金及粉末冶金材料焊接较困难。

4）摩擦焊压力较大，不适合薄壁的管件或工件。

5）摩擦焊设备复杂，投资较大。

（4）摩擦焊工业应用　摩擦焊现已广泛应用于汽车、拖拉机、自行车、机械制造、家电、纺织、阀门、石油、工具和电缆等工业部门。在汽车工业用于焊接涡轮增压器、变速器和齿轮的轴、驱动轴、后桥、排气阀、液压油缸和启动制动用凸轮等；在工程机械工业用于焊接液压缸、活塞杆、法兰与法体的连接等；在石化工业用于普通碳素钢与耐蚀合金的焊接、钻头与钻杆焊接等。而铜铝焊接更有效地解决了输变电工程中的抗腐蚀问题。在航空、航天工业领域，除了钢合金外，大量高温合金材料、双金属材料、不锈钢材料，以及铝合金材料也采用了摩擦焊工艺进行焊接。其中采用摩擦焊焊接的航空、航天零件包括发动机连体齿轮、发动机压缩机转子、飞机起落架部件、飞机发动机部件和飞机叶片等。在兵器工业，搅拌摩擦焊在坦克、装甲车、兵器和各型炮弹上有典型应用。

实际工业生产中使用的摩擦焊机大多数是旋转式的，所加工的焊接接头99%以上为对接接头。工件除圆形外，还有六边形、八边形、矩形和椭圆形等，近几年搅拌摩擦焊应用也使摩擦焊产品扩展到大尺寸的板材和型材的对接和搭接焊。

3. 扩散焊接

（1）扩散焊接的概念　扩散焊接是将工件在高温下加压，但不产生可见变形和相对移动的固态焊方法。扩散焊接是以间接热为能源，依靠原子间相互扩散，在界面生成扩散层，形成可靠连接接头的焊接过程。

（2）固相扩散焊接原理　扩散焊接过程大致分为三个阶段。第一阶段为物理接触阶段，在高温和外加压力的作用下，微观不平的材料表面局部位置发生塑性变形，接触面积逐渐增大，最终整个连接面达到可靠接触。第二阶段是随着扩散焊接时间延长，接触界面的某些点形成活化中心进行局部化学反应。被连接界面局部区域原子间相互作用，达到由物理吸附到化学结合的能量过渡，形成相应的化学键，伴随着界面晶界迁移和微孔减少。第三阶段是在接触部分形成结合层，该层逐渐向体积方向发展，最终形成可靠的连接接头，如图3-61所示。这三个过程是相互交叉进行的，在扩散、再结晶的作用下形成固态冶金结合，在接头区域可以生成固溶体或金属间化合物，因此应控制温度和时间等工艺参数，优化接头质量。

（3）扩散焊接的优点

1）焊接接头无熔焊缺陷，质量及性能好，可靠性高。可实现难焊材料和异种材料的连接。

2）精度高、变形小，可以实现精密接合，一般不需要再进行机械加工。

3）可以进行大端面接头的连接，如异种复合板材制造、大端面圆柱体的连接，还可以进行多层或多个相同接头的同时连接。

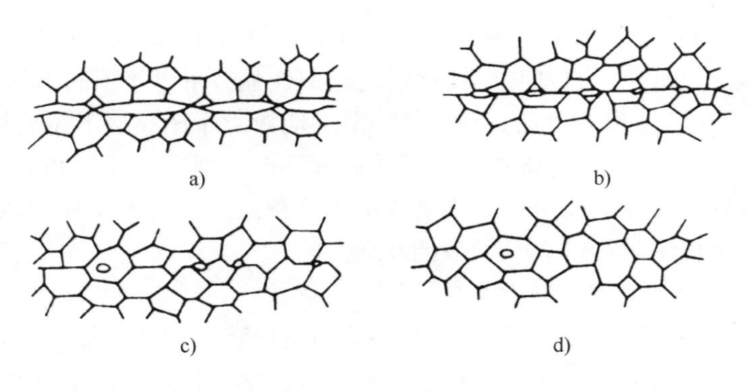

图3-61　扩散焊接过程示意图

a）凹凸不平的初始接触　b）变形和交界面的形成（第一阶段）
c）晶界迁移（第二阶段）　d）体积扩散及微孔消除（第三阶段）

4）可以采用多种中间层进行固相扩散连接和液相扩散连接，采用合适的中间层可减少接头的残余应力。

（4）扩散焊接的缺点

1）需要在真空或保护气氛的环境下同时加热和加压，需要专业的设备。无法进行连续式批量生产。

2）扩散焊接时热循环时间长，成本较高。

3）接合表面要求严格，焊前要清理表面氧化物，对表面粗糙度也有要求。

4）设备一次性投资较大，且连接工件尺寸受到设备的限制。

5）接头的质量检测困难。

4. 钎焊

（1）钎焊的概念　钎焊是指将低于焊件熔点的钎料和焊件同时加热到钎料熔化温度后，利用液态钎料填充固态工件的缝隙，使金属互相连接的焊接方法。钎焊前要对焊件的表面进行清理，保证焊件的润湿性，有利于保证钎焊接头质量。根据钎料熔点的不同，可分为硬钎焊和软钎焊。

钎焊的热源可以很多样，不限于化学反应热或间接热源。钎焊工艺及设备的发展包括：①电弧钎焊；②瞬态液相钎焊；③红外钎焊；④真空钎焊；⑤直流电阻钎焊；⑥扩散钎焊；⑦高频钎焊；⑧微电子钎焊（激光软钎焊、再流焊和波峰焊）；⑨钎焊自动化。

（2）钎焊工艺　钎焊的生产工艺包括焊前表面处理、装配、安置钎料、钎焊、后处理等工序。钎焊接头普遍采用搭接形式。钎焊前必须仔细地清除焊件表面的油污、漆、氧化物和杂物等。大多数钎焊方法中，需要将钎料预先安置在接头上。钎焊时，液态钎料在重力作用和毛细作用下沿着缝隙填充钎缝，在这个过程中，既有母材向钎料的溶解，也有钎料向母材的扩散，液态钎料和母材发生相互物理化学作用，从而影响钎焊接头性能。当钎料填满间隙、保温一定时间后，开始冷却凝固形成钎焊接头，如图 3-62 所示。

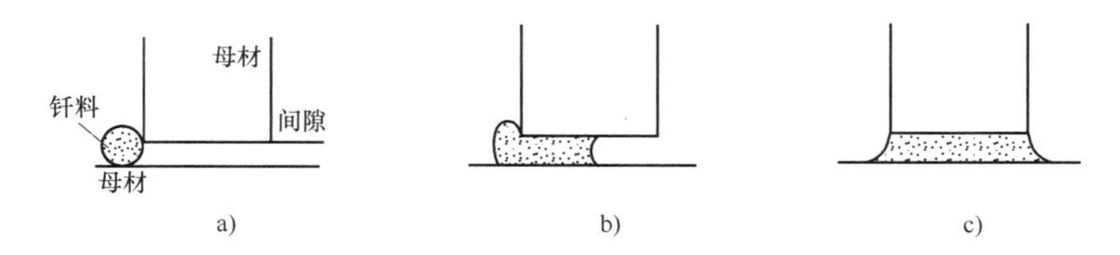

图 3-62　钎焊过程示意图

a）放置钎料，并对钎料和母材加热　b）钎料熔化，并开始流入接头间隙
c）钎料填满间隙，凝固后形成钎焊接头

（3）钎焊的优缺点　同熔焊方法相比，钎焊具有以下优点：

1）钎焊接头平整，钎焊温度低，母材无熔焊的热影响区，对母材性能影响小；

2）焊件变形小，尺寸精度高；

3）某些钎焊方法可同时焊接多个焊件、多接头，生产效率高；

4）适用于复杂的多钎缝焊件，可实现异种金属、金属与非金属的连接。

但是，钎焊接头强度低，耐热性差，焊前清理要求严格，钎料较贵。

3.4.5 铆接

1. 铆接的概述

利用铆钉将两个或两个以上的零件或构件连接成一个整体的方法称为铆接。铆接时，用工具连续锤击或用压力机压缩铆钉，使其变形而充满铆钉孔或型腔。虽然铆接可用焊接代替，但铆接具有使用方便、工艺简单和连接可靠等特点，在机械、桥梁制造和设备维修等方面仍得到广泛应用。

铆接根据使用工具可以分为机械铆接和手工铆接。按照结合部分是否活动，可分为活动铆接和固定铆接，固定铆接可以分为强固铆接、紧密铆接和强密铆接。

强固铆接要求铆钉能承受强大的作用力，保证构件有足够、可靠的连接强度，适用于屋架、桥梁、车辆、立柱和横梁等。紧密铆接要求铆钉承受较小的均匀压力，构件的接合非常紧密，铆缝中常夹有橡胶或其他填料来防止漏水和漏气等，常用于贮存液体或气体的薄壁结构的铆接，如水箱、气箱和油罐等。强密铆接既要求铆钉能承受大的作用力又要求构件的接合紧密，能防止液体或气体的渗漏，如压缩空气罐、高压容器和蒸气锅炉等。

根据构件不同，铆接可分为搭接、对接和角接3种，接头形式如图3-63所示。

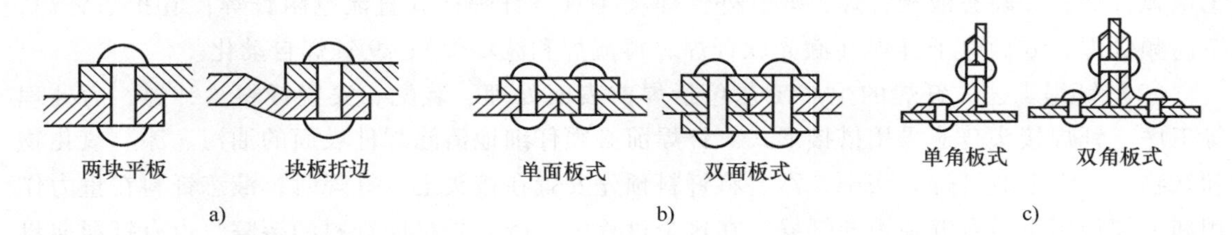

图3-63 铆接接头形式

a）搭接 b）对接 c）角接

2. 铆接工艺过程

铆接的工艺过程包括钻孔、插入铆钉、顶模顶住铆钉、铆成形。通俗地讲，就是在两个板上打孔，然后放入铆钉，用铆钉枪将铆钉铆死，从而把两个板子连接在一起。铆接分冷铆和热铆。热铆时铆钉需要加热，所需的外力比冷铆要小得多，常用在塑性差、大直径的铆钉上。

铆接的方法有手工铆、气动铆和液压铆三种。手工铆通常是用于冷铆小铆钉，手工铆的关键在于铆钉插入钉孔后，应将钉顶严、顶紧，然后再用手锤（铆钉锤）击打伸出孔外的钉杆，将其打成粗帽状或打平。气动铆是利用压缩空气为动力，推动气缸内的活塞板块的往复运动，冲打安装在活塞杆上的冲头，在急剧的锤击下完成铆接工作。液压铆是利用液压原理进行铆接的方法。它具有压力大、动作快和适应性较好等特点。液压铆接无噪声，且能大大减轻体力劳动，是目前一种较理想的铆接方法。

3. 铆接的缺陷与预防

铆接时操作方法及工艺规范选择不合适，均会造成铆接缺陷。铆接缺陷会减弱铆接构件的连接强度，严重时会造成铆接构件的报废。

3.5 智能成形工艺过程控制

3.5.1 智能成形控制对象

生产技术的发展使得对金属零件进行快速精确的成形和温度调控得以实现。智能成形制造技术致力于优化产品状态，例如，通过控制汽车中的 B 柱等零部件的局部强度和延展性，优化其在服役和碰撞中的性能表现，通过更精确地控制材料组成、热处理和几何形状来消除生产过程中的不确定性。这些不确定性与组织演化、接触面、后处理和工艺扰动有关。

以铸造为例，当金属被铸造并初次凝固时，即使其成分受到严格控制，也无法控制决定固体晶粒结构的晶核形成模式。因此，晶粒尺寸的分布及其组成、相组成和方向都受到随机不确定性的影响，如图 3-64 所示。这种变化会对后续处理的结果，以及由此获得的产品力学性能带来不确定性，给铸造成形的智能控制带来了挑战。

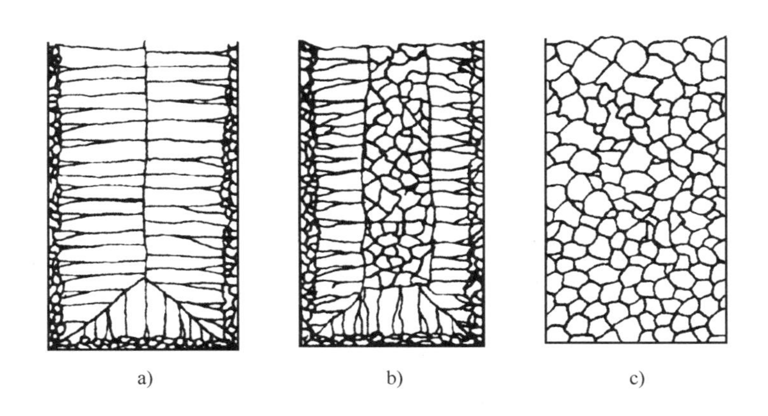

图 3-64　铸件的几种组织

a）柱状晶为主　b）部分柱状晶+等轴晶　c）等轴晶

又如金属的热成形制造，成形产品的几何精度、表面质量和微观结构受到模具、设备的弹性变形，以及模具与工件之间传热的影响。反过来，这些相互作用取决于润滑、表面氧化和模具的磨损。然而，这些机制又会在接触面和整个加工过程中发生变化。例如，图 3-65 展示了在实验室高度可控拉拔试验环境下模具和工件之间的摩擦系数的变动情况，这种变化至今还很难完全预测，是智能成形制造的重要方向。

在许多金属成形生产中，产品的力学性能会在加工的主要工序完成后继续演化，例如后处理带来的很高的不确定性。图 3-66 为同一材料折弯不同角度时零件回弹的变化。另外，非预期的工艺扰动可能会使工艺状态偏离预期状态，特别是在环境温度以上进行的工艺过程。例如，如果待加工材料从预热炉和轧机入口输送到热轧机之间出现延迟，那么进入热轧机的材料的冷却时间就会比预期要更长，同时由于传热和热胀冷缩，工作轧辊的热膨胀在带材之间会产生变化。当设备在空闲状态重新启动后或在不同产品之间的切换过程中操作，带来的不确定性尤其巨大。

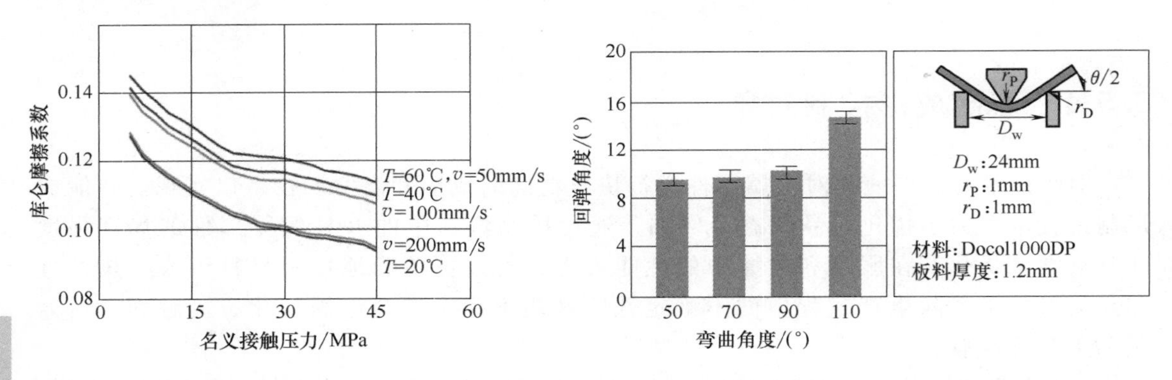

图 3-65 拉伸试验中摩擦系数随温度和速度的变化

图 3-66 高强钢 Docol1000DP 板材空气环境中折弯不同角度时回弹的变化

由于成形工艺过程日益复杂，人们对产品的质量要求和种类要求（即产品个性化）越来越高，传统成形工艺已无法实现这些要求。在成形过程中需要实时调整工艺参数以响应被加工材料的性能演变（波动）、非预期的工艺扰动、甚至是用户的个性化需求等。智能成形工艺过程控制就是要实时获取或智能识别材料变化过程的属性，然后通过过程模型、控制模型以及智能算法来控制成形零件的性能或质量等相关的变量，最终提升产品质量和性能控制。

3.5.2 智能成形的测试方式

最早可追溯至亨利福特时期，所有的制造商都会将客户关心的产品特性作为质量保障的一部分进行测量，并且这种测量过程的自动化程度也越来越高。

1. 传感器与表征设备

表 3-3 总结了可用于测量位移、表面特性、力、温度、微观结构、缺陷、残余应力和材料属性的传感器。还列出了可测量属性的领域（点、线、体积表面），可将传感器分类为接触或非接触传感器，给出了传感器在金属成形或相关过程中使用的实例。

通过直接使用表 3-3 中的传感器还可以测量诸如裂纹和起皱之类的缺陷。然而一旦工件中出现缺陷，通常无法改变后续的控制动作以将其消除，因此使用预控制来防止形成缺陷，例如控制损伤积累显得更有意义。另外，很多损伤是不能被直接观察到的，但是可以通过过程模型评估出来。

图 3-67 给出了工艺参数和产品特性之间的映射关系，展示了金属成形过程中驱动和最终产品特性之间可能存在的联系。图 3-67 中说明了设备和工件之间的双向交互，以确定产品属性如何随新的执行器设置而发展。例如，如果工件已经是比较热的状态，则模具温度的升高可能相比工件最初温度较低时导致的变化更小。

表 3-3　用于测量金属成形过程的传感器

测量指标	传感器/技术	领域
尺寸误差	机械从动件	P
	直接感应	P(CL)
	激光线三角测量	L(CL)
	剪影	L(CL)
	内孔窥视仪	L(CL)
	激光扫描	S(CL)
	立体视觉相机	S(CL)
	立体管道镜	S(CL)
	X 射线断层扫描	V(CL)
载荷	测力传感器	P,S
	压电(PE)传感器	P
	压阻(PR)传感器	P
缺陷/微观结构/残余应力/材料特性	磁粉检测技术	D,S
	热成像	D,S(CL)
	光学显微镜	G,S(CL)
	涡流检测技术	D,V(CL)
	感应光谱学	M,V(CL)
	射线照相和体层摄影术	Dρ,V(CL)
	X 射线衍射(XRD)	GE,V(CL)
	超声波/声学方法	DEG,V(CL)
	声波发射传感器	DF,V(CL)
表面粗糙度/缺陷	探针扫描仪	Z,L
	光学表面测量	Z,P(CL)
	电容技术	Z,P(CL)
	立体光学显微镜	Z,S(CL)
	扫描电子显微镜	Z,S(CL)
	声波发射测量	*Ra*,L
	感应技术	*Ra*,S(CL)
	阻抗/表面效应技术	*Ra*,S(CL)
	摩擦测量	*Ra*,S
	液体渗透技术	D,S
温度	热电偶	C,P
	双金属温度计	C,P
	光纤温度传感器	C,P
	集成电路(IC)温度传感器	C,P
	不可逆/状态可变的温度传感器	B,P(CL)
	液晶温度指标	DI,P(CL)
	液体玻璃温度计	C,P
	压电(PE)温度传感器	C,P
	热敏电阻	C,P
	温控器	B,P
	光学高温计	C,S(CL)

注：表中 P 表示点，L 表示线，S 表示面，V 表示体，CL 表示非接触测量，Z 表示到传感器距离，*Ra* 表示粗糙度，D 表示缺陷，DI 表示离散，C 表示连续，B 表示二进制，G 表示晶粒尺寸，M 表示微观结构，ρ 表示密度，E 表示残余应力，F 表示塑性变形的特征。

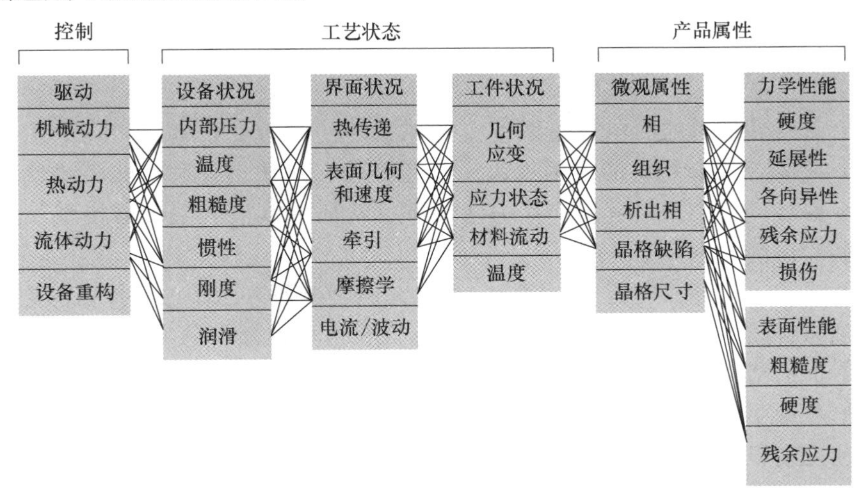

图 3-67　金属成形过程中的产品属性

图 3-67 中闭环控制的重要问题是要检测哪些传感器与要驱动哪些激励之间存在严重的脱节。金属成形过程中的许多特性（特别是那些和微观结构相关的）不能被直接测量，或

者不能够用非破坏或在线的方式测得。因此，金属成形过程的传感与过程模型（或“观测器”）非常重要。

2. 传感器系统的设计

为避免一个执行器抵消另一个执行器的空间不稳定性，执行器应该是线性独立的并且是理想正交的。采用合理的传感器排列设计可以解决这些问题：如果两个传感器本质上检测相同的量，它们可以串联使用以预测所考虑属性的不确定性。但是，为了监视 M 个空间模式，系统必须至少有 M 个传感器，且空间轨迹充分独立便于每个模式解耦。

许多用于在线测量的传感器测得的信号都是标量。然而，有些传感器可以扫描整个工件轮廓，有些使用例如立体相机或光学高温测量成像的，则能够在大范围内显示图像。在这种情况下，传感器的空间分辨率可能远大于在线控制系统可用驱动的空间分辨率，并且必须对信号进行滤波，为可以控制的那些空间模式提供信息。对于线扫描设备和成像系统，样本之间的时间定义了可以准确检测的最大动态频率。在较高频率下误差信号的任何变化都是难以观察到的。

3. 观测器：使用模型预测来确定不能通过传感器直接检测的变量

到目前为止，还没有传感器可以实时在线地“看到”金属工件的大部分内部特征，即使是测量残余应力的 X 射线也只能穿透表面以下几毫米。因此，只有当控制工程语言中的“观测器”模型能够预测内部性能时，才能控制工件的内部性能。对于大部分产品，或在一些如拉深等工艺过程中，板料与模具紧紧贴合，并且只有部分工件对传感器来说是“可见的”，因此必须推断出工件中其他部位的特性。

通过开发观测表面的观测器能够预测许多内部属性。例如，广泛采用的 JMAK 关系可通过评估工件的初始微观组织、材料性能参数、温度历程和应变与应变速率历史预测晶粒尺寸的变化。这些变量可以通过测量表面温度和位置随时间变化推断出来。类似的相关研究表明，未来也可以通过测量表面来预测内部损伤的演变。

3.5.3 智能成形控制模型

除了具有近线性行为的简单标量系统（通常是单个参数在已知设定点的附近范围内产生微小波动）之外，控制系统的应用取决于工艺模型，以便选择和优化将要使用的执行器的设定点。前面已经提到，只有在产品的内部质量特征可以被“观测器模型”预测的情况下，才能控制其内部质量。

模型是金属成形闭环控制的核心要素，此外材料性能研究、塑性和损伤理论以及先进仿真模型的发展将持续地改善模型的预测能力。然而，仿真模型中的变量一般是离散描述的，通常涉及离散值的精细网格，与金属成形相关的材料的高度非线性特性、不同尺度的耦合现象，以及变形过程中经历的几何大变形都会限制仿真模型的应用。因此，尽管根据摩尔定律，计算的速度在提升，但随着模型复杂度的增加，金属成形模型的求解时间仍然很长。提升的计算能力完全被日益精细的模型掩盖，并且对大部分实际工艺过程而言，模型的求解时间比工艺操作过程的时间还长。因此，闭环控制建模的挑战在于找到模型误差的可接受范围，从而减少求解时间，使优化的模型能够在线使用。

目前在 V 型折弯的闭环控制中主要采用最简化的建模方法，采用 PID 控制器调整冲裁深度，以补偿弯曲角度的回弹（见 3.5.4 节）。多种模型已经应用在回弹控制中，包括神经网络或模糊逻辑、回归分析和简单的冲裁力数据库。在带材轧制中，性能演化模型已被广泛应用于设计轧制时刻和温度历程，从而在带材中产生理想的晶粒尺寸分布。这项工作大部分应用于离线情况，但最近也应用到在线模型。下面讨论现有的方法是如何满足这些要求的：

1. 模型要求

如果优化问题的在线求解需要一个时间 T，那么这就定义了控制器的采样时间，因此控制系统的动态带宽变动范围就被限制在小于 $1/2T$ 的频率内。例如，在批量生产拉深件的工艺中，会在许多天内生产相同的产品，解决优化问题并在批量生产过程中调整执行器设置是很有意义的。但是，一般来说完整的解决方案耗时过长，因此需要一些近似的模型形式。

给定研究工艺模型的一系列方法，包括对模型分辨率和简化的不同选择，就会有一些函数将模型求解时间与模型误差联系起来，比如，$T_{\text{model}}=S(\Delta)$。控制操作的采样时间 T 必须大于 T_{model}（$T>T_{\text{model}}$），因此，对于每个设计模型，都可以通过求解以便预测可控扰动的最大数值。或者给定扰动，权衡模型求解时间和误差 S。到目前为止，这种分析方法尚未得到发展，但将对未来闭环控制系统的设计提供思路。此外该方法还可以扩展为在给定的求解速度下，将日益精确的传感器反馈数值结合到改善模型预测精度的应用中去。

2. 模型分类

图 3-68 所示为现有的金属成形性能演化建模方法。x 轴表示分辨率的定性描述，从单个测量的粗略描述到精细明确的数值表示。y 轴表示建模中使用的近似程度，从最简单的设定点附近的线性变化到最详细复杂的微观结构的多尺度表示。曲线轨迹用来表示相同速度，每个都表示分辨率和近似程度之间的权衡关系，图的右上方方向表示求解速度增加。

除了许多 PID 控制示例之外，迄今为止用于在线质量控制的工艺模型建模的其他常见方法是使用元模型，诸如人工神经网络或响应面法。这些方法通过由仿真或实验方法获得现有的经验数据库来插值获得对当前操作步骤的工艺行为的预测。这对于与已测试的加工工艺相类似的加工工艺行为而言是很有效的，但其预测能力较弱。未来可能将这种统计方法与分析方法相结合，以提高在未经测试的操作区域中预测成功的概率。

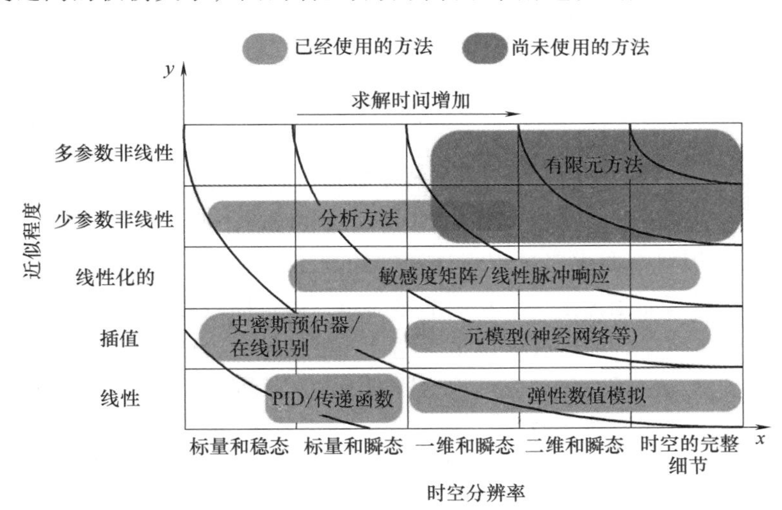

图 3-68　模型求解速度与精度之间的权衡

3. 在线控制成形工艺模型概述

实现在线控制的快速解决方案的需求推动了线性模型的实际应用。当前 V 型折弯和带钢轧制通常使用离线非线性建模方法来预测某些生产运行的设定点，以创建在线使用的线性模型。

图 3-69 中的空间和时间带宽图，为以后的模型开发提供了启示。如果控制系统的设计

只是为了消除特定空间带宽内的干扰，那么所需的模型只需处理低于此阈值的空间模式。因此，尽管变形金属的非线性行为以及工件与设备在成形过程中的相互作用通常由划分的精细仿真网格确定，但在未来仍有可能开发一种简化的工艺模型，它只预测那些要控制的模式的行为。例如，如果轧机只有足够的执行能力来控制交叉方向质量特性（轮廓或平整度）的扰动的二次和四次的分量，则对于控制目的而言，预测模型的高阶响应没有意义。

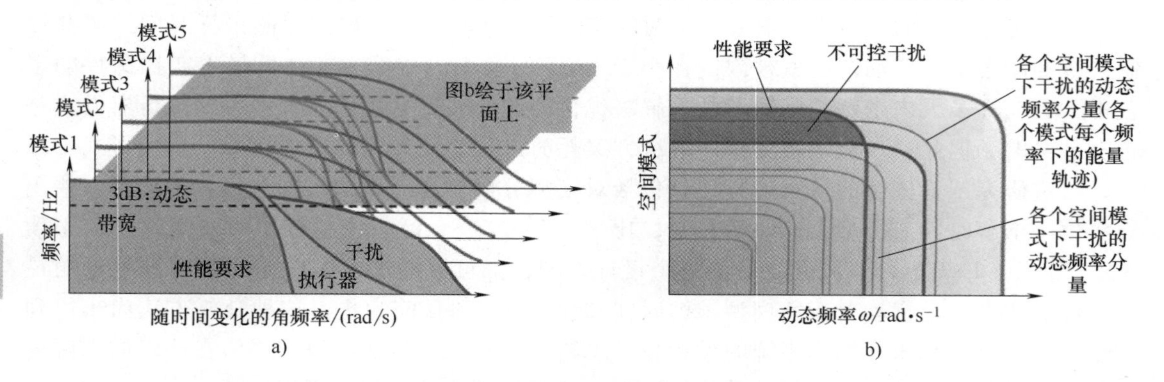

图 3-69　干扰、控制系统和性能要求在空间模式和动态带宽的映射

a）各个模式等级曲线　b）动态带宽和每个模式下不可控区域的轨迹曲线

虽然重点主要是速度和精度的权衡，但未来对微观结构质量特性的控制，取决于新的理论发展。目前还没有基本的模型能够预测一般金属在工艺参数改变情况下带来的微观结构的演变，不断提高对冶金技术的理解将使今后工艺控制的范围更广。这就需要将原子尺度上的现象（如与扩散有关的现象）与宏观尺度上的现象（如工件和设备之间的相互作用）耦合起来。

3.5.4　应用

前面介绍了目前金属成形过程中零件性能的闭环控制系统的基本框架及其未来发展方向。下面介绍金属成形过程中，尤其是板材塑性成形及体积成形中零件性能闭环控制的具体应用：

1. 板料弯曲成形过程零件性能的闭环控制

板料弯曲是为了得到精确的弯曲角，但弯曲过程不可避免会受到板料几何形状和性能的不确定性影响。目前已有多位学者进行了板料弯曲过程零件性能的闭环控制系统研究，通常可输入的激励源包括冲程和通过传感器测得的一系列零件的弯曲角或一个零件多个冲程的弯曲角。

在一些早期的方法中，相关学者测试了 V 形弯试验过程的力-位移曲线并记录到数据库中。随后对新的材料进行同样的试验，运用模糊控制器将所获得的试验结果与材料对应起来，并预测冲程深度，以便获得所需零件回弹后的角度。

图 3-70 所示为自由弯曲条件下的控制系统。系统采用了增量方法以获得指定的弯曲角：冲头下降形成局部的弯曲，然后冲头抬起。同时测量了局部弯曲过程的力位移曲线、弯曲角和回弹角，并用以上参数描述工件材料。通过以上操作可以计算获得最终角度所需要的冲程。与上面提到的统计方法相比，这里提出的方法可以应用于所有材料，无论之前该材料已经重复过多少次试验。该方法可以将角度误差控制在±0.5°，并且所需的计算速度对于工业应用来说也是很快的。

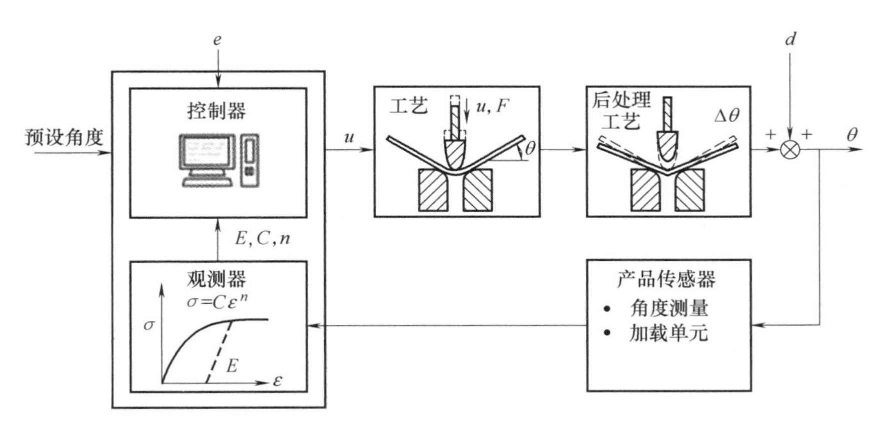

图 3-70 自由弯曲条件下的控制系统

为使该方法更适用于量产场合，对图 3-70 的方法进行了修正，该方法使用两个侧边的凸模，首先过弯曲，然后反向弯曲至目标角度。基于大批量产量的试样采用了回归模型预测所需的冲程，获取目标角度。针对高强钢弯曲出现的大回弹问题，采用级进模，并且在弯曲位置前布置感应加热装置。通过闭环控制在弯曲前调整工件的温度，从而修正板料回弹后的最终角度。

2. 拉深成形过程中避免撕裂和起皱的控制

拉深工艺在来料不确定和工件与模具摩擦变化的工况下进行，并且必须避免起皱和撕裂这两种零件失效形式。为了解决这一问题，用于控制压边圈压力分布的执行机构数量正在逐步增加，并且正在开发新的传感器来监测冲压冲程中的材料流动和应力。新兴的闭环控制策略不断发展，通过调整压边圈压力的分布，实现指定的边缘材料流动，尽管工艺复杂，但这些控制策略致力于通过离线模型追踪工艺流程。

有两种方法来增加驱动从而控制压边圈中的材料流动：分段压边圈和驱动拉延筋。如图 3-71 所示，可通过使用多个独立的液压、气压弹簧或压电执行器来实现零件周围压边力的分布式控制。

为了实现对压边圈施加分段驱动，需要设计新的压边圈。这可以通过多种方法实现，也可以改进分段力施加的位置。或者可以使用主动拉延筋控制系统来控制限制工件流动的周向力。使用分段拉延筋的液压驱动这种方法已在工业零件中得到验证。

拉深控制的传感器的发展主要集中在监测冲头冲程期间通过压边圈的材料流动。可以通过线性位移传感器、激光三角测量、滚球、非接触光学传感器、非接触感应线圈、涡流传感器或安装在模具表面附近保护层下的一系列压电传感器来实现。当前开发的用于测量材料流动的各种传感器见表 3-4，尽管其中一些传感器尚未进行工业鲁棒性测试。

表 3-4 拉深工艺中使用的传感器

传感器	优点	缺点
位移传感器	可靠性好	承载能力受几何特征限制
滚球传感器	可压缩并集成到模具中；可检测流动方向	受灰尘影响较大；弱化模具
压电薄膜	高分辨率和测量敏感性；测量整个面积	需要处理大量输出信号；整合较复杂
光学传感器	可压缩并集成到模具中；可检测流动方向	受灰尘影响较大；弱化模具
激光三角测量	无接触测量；整合简单	受灰尘影响较大；受集合特征限制
感应线圈/涡流	集成到模具中；高分辨率	需要处理大量输出信号；需要对标；弱化模具

除了材料流动外，还可以在拉深工艺中监测其他变量，如图 3-72 所示。在凸凹模之间可以使用位移传感器来监测起皱的高度和波长，或者在凸凹模上安装压电式载荷传感器监测摩擦力。红外热成像技术可以用来对比各个部分与其前阶段的温度分布差异，以此来预测工艺条件的变化。微胀形试验可以在拉深过程中在线监测材料硬度。一种新型的传感器可以嵌入到拉深冲头的侧壁上，用来估计拉深过程中零件侧壁的应力，或者可以使用“内视镜”（可放置在模具内的小型电荷耦合器件，Charge Coupled Device，CCD）来监测冲头冲程期间板材的三维变形，例如监测压边圈内的起皱变化。

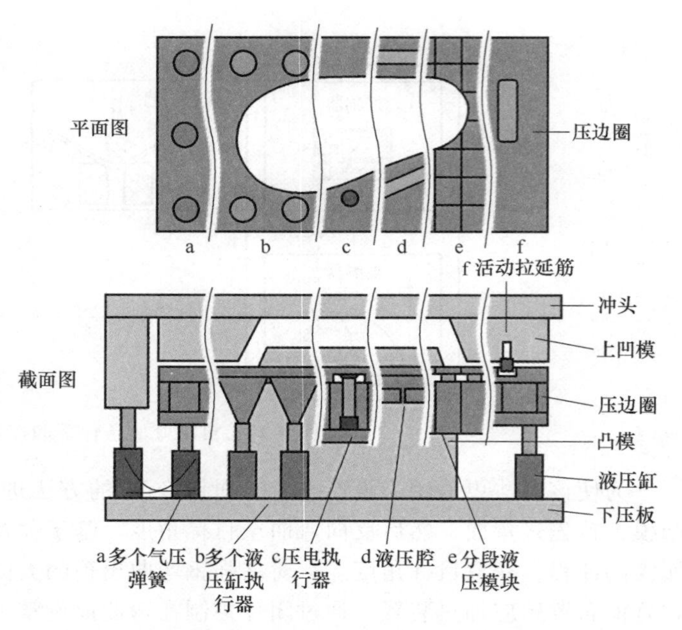

图 3-71　拉深工艺中控制材料流动的执行器

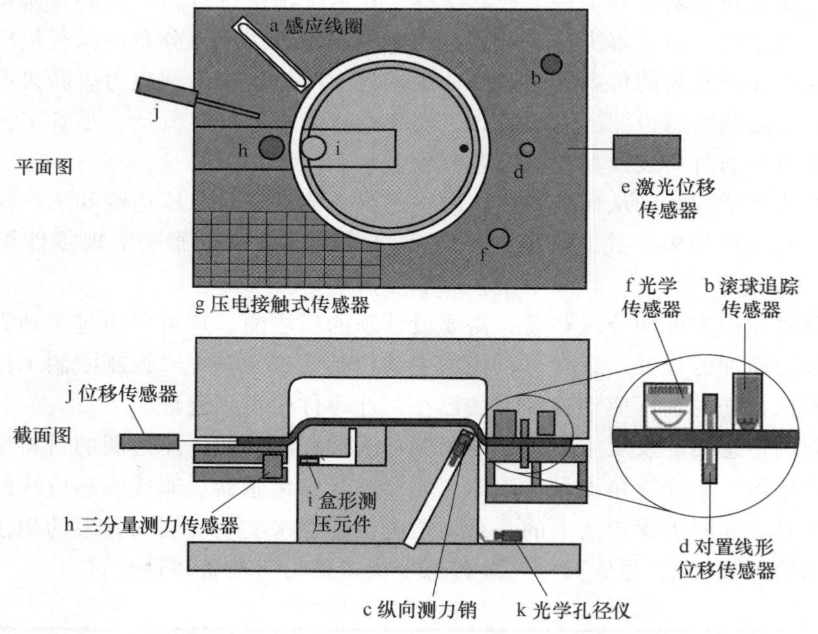

图 3-72　拉深工艺中检测材料流动的传感器

这些新的执行机构和传感器的存在使得在每个冲压行程中有两种形式的控制作用：平均压边力可以随着冲压下降而变化，压边力在零件周围的分布可以调整。拉深工艺中材料流动闭环控制典型示意图，如图 3-73 所示，通过获取某一时刻下法兰外圈的流入量控制内圈的压边力。

设备的开发将推动拉深工艺闭环控制能力进一步扩展。随着伺服压力机的最新发展，出

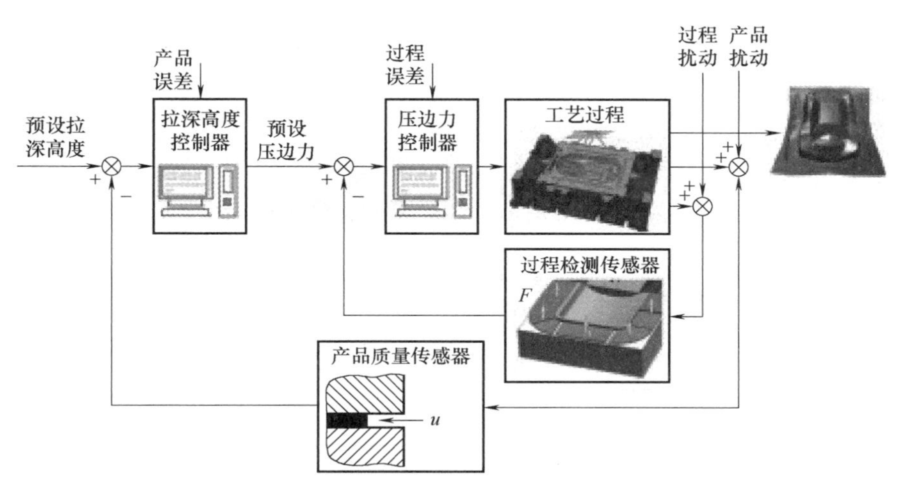

图 3-73　拉深工艺中材料流动闭环控制典型示意图

现了一种方法能够实现对冲头行程进行完全控制。早期关于这种可能性的研究集中在拉深冲程中凸模局部退出实现润滑剂流动到模具中。未来的发展趋势可能允许更复杂的冲头运动和压边力控制相结合。

3. 开式模锻成形中几何尺寸和晶粒尺寸的控制

开式模锻面临来料几何形状和微观组织（孔隙和气孔）以及加工过程中工件温度的不确定性。时间历程的目标是设置单独的冲程，使应变分布相对均匀，应变足够大以闭合孔隙并开始再结晶，同时实现目标几何形状。执行机构允许选择每个行程的位置和深度。表面几何形状和温度在某种程度上是可以感知的，但产品的质量在很大程度上取决于其内部的微观结构。目前主要是由熟练的操作员来实现其控制，操作员辅助系统正在开发中，以提供有关内部微观结构的预测信息。

目前，求解时间长、模型不准确等问题限制了自动闭环控制的应用，但图 3-74 给出了一种“人在环上”控制系统。传感器和观测器用于预测零件的内部微观结构，然后自动辅助系统向操作员建议下一步行动方案。

快速模型是这种系统的先决条件。单冲程的等效应变可由合模比和下降高度确定。通过计算找到闭合孔隙所需的最小应变。将这些结果结合起来，为真实应变建立经验的平方正弦函数，获得均匀等效应变。

基于有限元结果，等效应变可建模为余弦函数，通过控制配合尺寸来改善合模高度。测量数据并进行半自动分析，与锻件超声波检测结果进行比较。根据用于开坯和镦粗的高斯函数，可以预测内部的等效应变。随后，利用温度模型对其进行扩展，通过使用孔隙闭合率、能耗等快速模型，可以比较不同的工艺方法。

4. 热轧环件成形的几何形状与微观组织控制

环件的径-轴向热轧成形受到空气中冷却和变形过程中加热的影响，整个过程是在工件温度不确定的情况下进行，因此必须关注两个关键的工艺问题：导致非圆度的力学不稳定性和导致几何缺陷（鱼尾纹、波纹、圆锥形、空腔和碟形）的材料无约束流动。环件轧制设备没有热驱动（用于加热或冷却），但变形速率可以通过执行机构运动进行调整。环件的几何结构（或温度）可以通过非接触式传感器监测。环件轧制的工艺模型必须能够在整个加

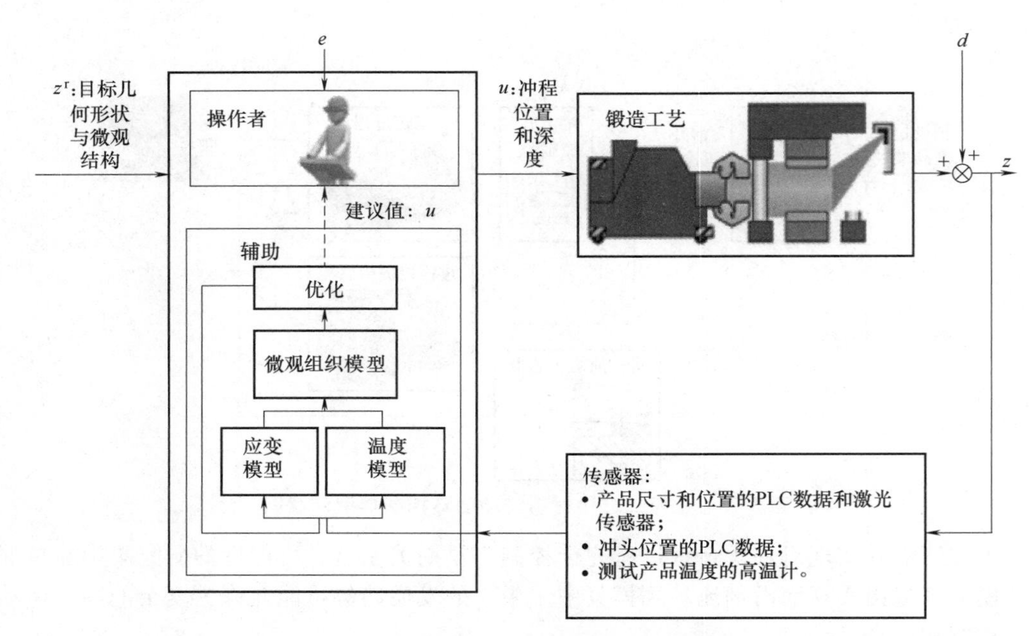

图 3-74　开式模锻的在线辅助系统示意图

工过程中处理瞬态条件，因而求解缓慢并且闭环控制在很大程度上受限于跟踪执行机构运动的规划时间，如图 3-75 所示，工具位置传感器的反馈用于实现预定的减速时间，并调整导向辊以控制环件中心。

目前的环形几何传感器的测试量通常是标量，正在开发基于在线摄像的新方法。在线摄像机和图像处理软件可用于在工艺过程中检测环件的完整二维几何结构，在工艺过程中对环件的外表面进行连续的激光测量可检测形状误差。在没有形成表面氧化物的情况下，热像仪还可以用来监测环件表面温度 。

有限元模型可以预测整个环件的体积应变、应变速率和温度（这些是微观组织变化的驱动因素）的演变，并已扩展到使用 Oyane 准则来预测孔隙积聚。这些模型表明，图 3-75 中控制参数的影响是相互依赖的，但在环件上具有不同的分布影响。因此，简化线性模型的做法并不可取。

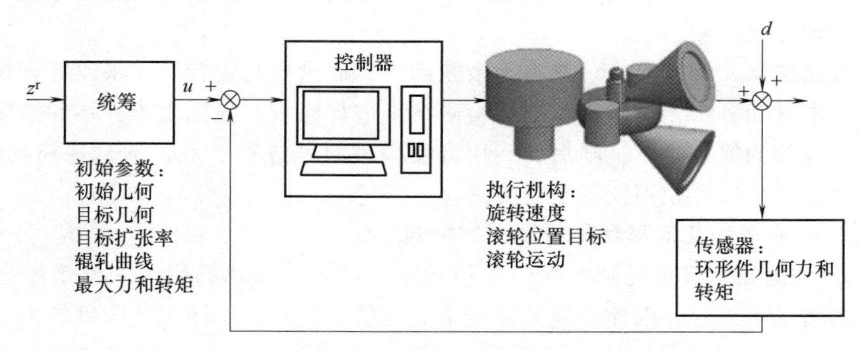

图 3-75　环形件轧辊设备的闭环控制

此外，尽管出现了新形式的环件几何控制，但目前尚未实现环件轧制过程中微观组织性能的在线闭环控制。然而，所需系统的组件都在开发中，现有的控制算法可应用于轧制过程的有限元模拟，从而揭示几何控制如何影响环件温度分布。在未来控制中增加热驱动可获得所需的微观组织。

3.6 本章小结

迄今为止，大多数成形过程的智能化应用都旨在控制产品几何形状或部分性能。由于材料微观结构演变模型主要取决于工件应变、应变率和温度，需要有足够的传感器来监测大多数工件表面的这些变量。

智能成形技术从本质上看就是成形过程的智能化，以达到成形零部件的控形控性的目的，而材料的成形过程涉及材料、工艺以及成形路径等，具有很大地不确定性，本节的出发点是对材料成形过程尽可能地应对和消除这些不确定性。零件性能预测技术的发展为消除这种不确定性创造了很好的机会。本章描述了在金属成形产品性能预测和控制方面的研究和发展机会的广度。对性能预测的科学理解发展迅速，可减少工艺结果的不确定性。如果能够迅速做出预测，那么就可以控制现有工艺，从而达到更高的产品质量和性能。

未来的成形工艺将需要越来越多的智能因素，比如对材料和非预期工艺扰动的智能识别，运用智能算法根据所需产品性能进行智能控制等，从而快速响应人们对产品质量以及个性化要求的提升。

思　考　题

3-1　材料成形方法的主要分类有哪些？
3-2　举例说明某一零件从原料到最终成形零件的工艺处理过程？
3-3　铸造的定义？常用的特种铸造方法有哪些？各有什么特点及适用范围？
3-4　什么是合金的充型能力？影响充型能力的主要因素有哪些？
3-5　缩孔和缩松产生原因是什么？如何防止？
3-6　什么是铸件的冷裂纹和热裂纹？防止裂纹的主要措施有哪些？
3-7　铸件产生铸造内应力的主要原因是什么？如何减小或消除铸造内应力？
3-8　砂型铸造与金属型铸造工艺过程的区别和适用范围？
3-9　高压铸造和低压铸造工艺过程的区别和适用范围？
3-10　不同铸造成形方法的主要铸造缺陷的类型有哪些，并举例说明形成原因？
3-11　塑性成形的主要特点是什么？主要分类有哪些？各有什么特点及适用范围？
3-12　简述自由锻、模锻、胎模锻的特点，适用范围和工艺过程？
3-13　简述粉末热锻的定义、分类与特点，与一般锻造的区别？
3-14　简述挤压的分类，并说明正挤压、反挤压和复合挤压的区别和特点？
3-15　简述几种空心管材的拉拔特点？
3-16　按不同的分类方法对轧制工艺进行分类，并描述其特点？

3-17　板料成形的工艺有哪些，描述其特点？

3-18　板料冲压时何为弯曲回弹，有哪些措施减少回弹？

3-19　焊接的定义？常用的焊接方法分类有哪些？各有什么特点及适用范围？

3-20　焊接接头由哪几部分组成？为什么说焊接接头是一个不均匀体？影响焊接接头力学性能的影响因素有哪些？

3-21　焊接缺陷的种类有哪些？形成原因及危害？防止措施有哪些？

3-22　埋弧焊和气体保护焊有哪些区别？

3-23　激光焊接的原理、特点和应用？

3-24　压力焊的特点和分类，并说明摩擦焊的原理和应用范围？

3-25　钎焊的工艺过程，并说明为什么要做好焊前清理？

参考文献

[1] ALLWOOD J M, DUNCAN S R, CAO J, et al. Closed-loop control of product properties in metal forming [J]. CIRP Annals-Manufacturing Technology, 2016, 65: 573-596.

[2] POLYBLANK J A, A LLOWOOD J M, DUNCAN S R. Closed-loop control of product properites in metal forming: A review and prospectus [J]. Journal of Materials Processing Technology, 2014, 214 (11): 2333-2348.

第4章 特种加工工艺基础

本章摘要

本章内容简介

特种加工亦称“非传统加工”，泛指用电能、热能、光能、电化学能、化学能、声能及特殊机械能等能量达到去除或增加材料的加工方法，从而实现材料被去除、变形、改变性能或被镀覆等。在智能制造中，特种加工工艺的应用越来越广泛。本章重点简述常见的特种加工工艺，如激光加工、增材制造、电火花加工，以及智能技术在这些加工工艺中的应用。

本章关键知识点

1. 激光加工的基本原理和特点；
2. 增材制造原理；
3. 增材制造的种类、特点和应用范围；
4. 电火花加工原理和特点。

本章难点

1. 激光加工的基本工艺规律；
2. 增材制造的流程和组成部分。

4.1 激光加工

激光加工（Laser Machining，LM）是利用高能量密度的激光束使工件材料熔化、蒸发和汽化而予以去除的高能束加工。根据光和物质相互作用的机理，激光束加工可大体分为激光热加工和激光冷加工。前者是指激光束作用于物体所引起的快速热熔效应的各种作用工过程；后者是指激光束作用于物体，借助高密度高能光子引发或控制光化学反应的各种加工过程。

4.1.1 激光加工的基本原理和特点

（1）激光及其特性 人们平常看见的光叫普通光，其波长为0.4~0.76μm，可见光还可根据波长的不同分为红、橙、黄、绿、青、蓝、紫等。激光是能产生受激辐射，并输出大量在频率、相位、传播方向和偏振方向都与外来光子一致的光，其原理如图4-1所示。激光不仅具有反射、折射、绕射及干涉等一般光的共性，还具有单色性好、相关性好、方向性好和强度高的特性。

(2) 激光加工的基本原理　太阳光是非单色光，能量密度不大，经凸镜聚焦后，只能达到几毫米直径的光斑，焦点附近的温度仅有300℃左右，能量密度也不高，所以太阳光不能加工工件。激光则不同，激光是单色光，强度高、相干性和方向性好，通过一系列光学系统，可将激光束聚焦成光斑直径小到几微米、能量密度高达 $10^8 \sim 10^{10}$W/cm²，能产生 10^4℃以上的高温，并能在千分之几秒甚至更短的时间内使任何可熔化、不可分解的材料熔化、蒸发、气化而达到加工的目的。

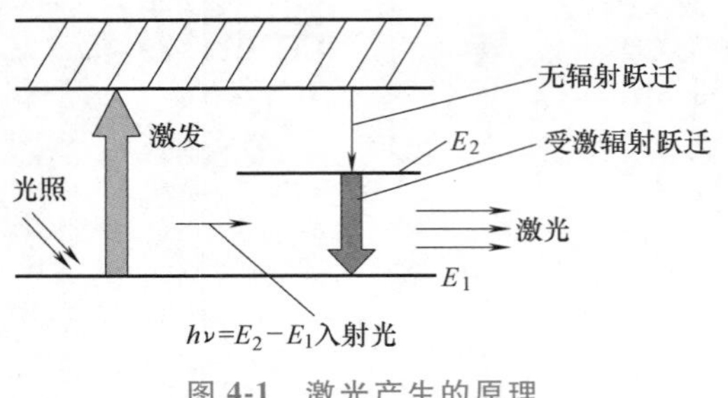

图 4-1　激光产生的原理

可以认为，激光加工是以激光为热源对工件材料进行热加工。其加工过程大体分为以下几个阶段：激光束照射工件材料，工件材料吸收光能；光能转化为加热能，使工件材料无损加热；工件材料被熔化、蒸发、气化并溅出，被去除或破坏；作用结束工作区冷凝。

1) 光能的吸收及其能量转化。激光束照射工件材料表面时，光的辐射能一部分被反射，一部分被吸收，并对材料加热，还有一部分因热传导而损失。这几部分能量消耗的相对值，取决于激光的特性和激光束持续照射时间和工件材料性能。

2) 工件材料的加热。光能转换成热能的过程就是工件材料的加热。激光在微米级厚度的金属表面层内被吸收，使金属中自由电子的热运动能增加，并与晶格碰撞中的极短时间内($10^{-11} \sim 10^{-10}$s)将电子能量转化为晶格热振动能，引起工件材料温度升高，同时按热传导规律向周围或内部传播，改变工件材料表面或内部各加热点的温度。

对于非金属材料，一般导热性很小，在激光照射下，其加热不是依靠自由电子。当激光波较长时，光能可直接被材料的晶格吸收而加剧热振荡；当激光波较短时，光能激励原子壳层上的电子。这种激励通过碰撞而传播到晶格上，使光能转换为热能。

工件材料加热后，进入稳定的熔化、气化过程。但是，不同的工件材料，其热学物理特性亦不同。一方面，工件材料的熔点、沸点、气化热等越高，所消耗的热量则越大；另一方面，工件材料的导热系数越大，热传导损失越大，工件材料的温升越慢。当激光功率一定时，照射时间越长，热损也越大；激光功率密度的空间分布越分散，被辐射工件表面的温升越慢。

3) 工件材料的熔化、气化及去除。只有在足够功率密度的激光束照射下，工件材料表面才能达到熔化、气化的温度，从而使工件材料气化蒸发或熔融溅出，达到去除的目的。当激光功率密度过高时，工件材料在表面气化，并在深处熔化；当激光功率密度过低，则能量就会扩散分布，加热面积较大，致使焦点处熔化深度很小。因此，要满足不同激光束加工的要求，必须合理选择相应的激光功率密度和作用时间。

4) 工件加工区的冷凝。激光辐射作用停止后，工件加工区材料便开始冷凝，其表层将发生一系列变化，形成特殊性能的新表面层。而新表面层的性能取决于加工要求、工件材料和激光性能等复杂因素。一般激光束加工工件表面所受的热影响区很小，在薄材料上加工，气化是瞬时的，熔化则很少，对新表面层的金相组织没有显著影响。

（3）激光加工的特点

1）激光加工不需要加工工具，不存在工具损耗、无机械加工变形、加工速度快、热影响区小，可通过调节光束能量、光斑直径及光束移动速度来实现各种加工，包括微细加工和自动化加工。

2）激光的功率密度高，几乎可以加工所有可熔化、不可分解的金属、非金属材料。透明材料（如玻璃）只要采取一些色化和打毛措施，也可加工。

3）可透过透明介质（如玻璃）、惰性气体或空气对工件加工。这在某些特殊情况下（如真空管道内的焊接加工）便显得十分重要和方便了。

4）激光束易于导向、聚焦和发散，可与数控机床、机器人等结合，构成各种灵活的加工系统，有利于对传统加工工艺、传统机床和设备进行改造。

5）激光加工是一种热加工，影响因素很多，故加工精度难以保证和提高。此外，激光对人体有害，须采取相应防护措施。

4.1.2　激光加工的基本设备

激光加工的基本设备由激光器、激光器电源、光学系统及机械系统等四大部分组成，如图4-2所示。

1）激光器。激光器是激光加工的重要设备，其作用是将电能转变成光能，产生所需要的激光束。

2）激光器电源。根据加工工艺的要求，激光器电源为激光器提供所需要的能量，包括电压控制、储能电容组、时间控制及触发器等。

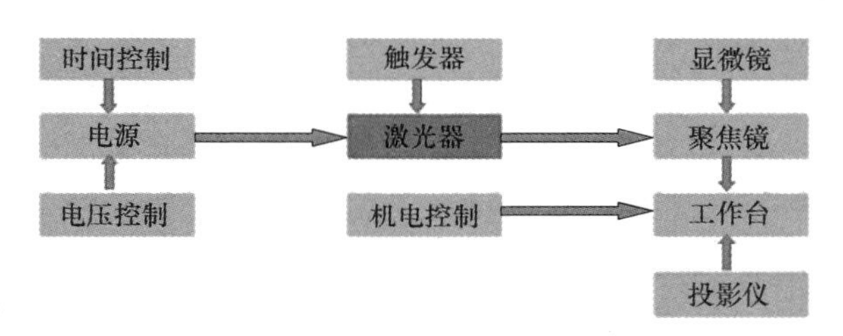

图4-2　激光加工设备的组成

3）光学系统。将光束聚焦并观察和调整焦点位置，包括显微镜瞄准、激光束聚焦及加工位置的显示等。

4）机械系统。机械系统主要包括床身、可在多坐标范围内移动的工作台及机电控制系统等。随着电子技术的发展，已采用数字计算机来控制工作台的移动，实现激光加工的连续操作，激光加工机的种类也越来越多，结构形式不一。

4.1.3　激光加工的基本工艺规律

（1）激光照射面的能量分布　目前使用的激光器所输出的激光，经聚焦后光斑直径为10μm左右。在此光斑内的能量分布并不均匀，而是呈贝塞尔函数分布。在光斑中心的光强最大，离开中心点便逐渐减弱。

增大激光束的功率或减小焦距和波长都能提高焦点中心的光强。波长和焦距增大，光斑面积也增大，最大光强自然会减小。由于激光加工是一种热加工，应当尽可能减少热传导损失。因此，采用脉冲照射是较有效的。

（2）影响激光加工的主要因素　激光加工多用于各种材料的小孔、窄缝等微细加工。

其整个加工过程一般只需千分之一秒便可完成，但这个短暂的过程会发生一系列热现象和物理现象。因此，影响激光加工的形状、尺寸精度和表面粗糙度等的因素很多，且十分复杂。现以应用广泛的精密激光打孔为例，讨论影响激光加工的主要因素：

1）辐射参数。若激光的输出功率大，照射时间长，工件表面所获得的光能就大，加工的孔就大而深，且锥度较小。但是，照射时间（即脉宽）过长，不仅热损失增大、能量使用效率降低，而且激光热源的加热强度减弱。这样材料的气相减少，液相增多，材料去除少，加工质量差，甚至可能出现堵孔。相反，照射时间过短，加工过程来不及完成，达不到加工目的。一般加工深小孔，照射时间较长；加工浅大孔，照射时间较短。

激光输出的光强脉冲波形，既影响孔的纵切面形状，又影响孔壁的表面质量。孔的最终形状、尺寸精度和孔壁表面质量，很大程度上取决于激光脉冲波形，如图 4-3a 所示。波形的前沿陡，材料可在小区域内迅速达到蒸发温度，进口小，热影响区小；尾沿陡，孔的形状、尺寸精度和孔壁表面质量好。就精密加工而言，前沿控制在 8～10μm，可获得良好的进口形状；尾沿短于 8μm，可获得较高质量的孔壁。

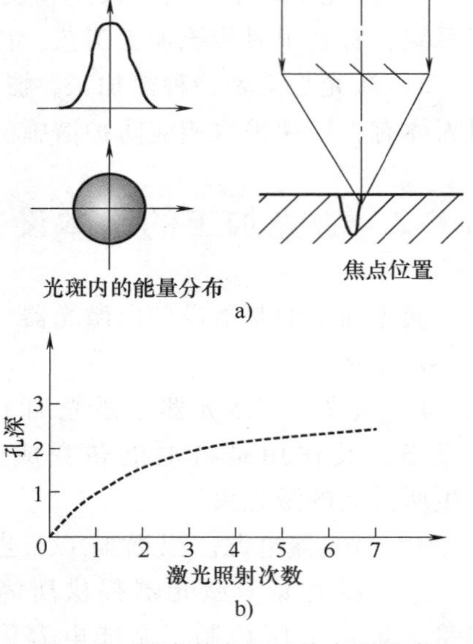

图 4-3　影响激光加工的主要因素

2）激光照射次数。脉冲激光束照射工件表面一次，加工深度是孔径的 5 倍左右，且锥度较大。如果激光束多次照射，则深度将大大增加，锥度减小，而孔径几乎不变。但是，孔的深度并不与照射次数成正比，当加工到一定深度后，由于孔内壁的反射、透射和激光的散射或吸收，以及抛出力减小、排屑困难等原因，孔的前端能量密度不断减小，加工量逐渐减小，甚至不能继续打下去，如图 4-3b 所示。

3）焦距与发散角。发散角小的激光束，经短聚焦的聚焦物镜以后，在焦面上可以获得更小的光斑和更高的功率密度。焦面上的光斑直径小，所打的孔也小，而且由于功率密度大，激光束对工件的穿透力也大，打出的孔就深，且锥度小。所以，要设法减小激光束的发散角，并尽可能用短焦距。但是焦距不是越短越好，焦距过短，光束离开焦点时发散就大，功率密度反而降低，去除材料减少。焦距过大，若超过 120mm，聚焦光斑大，功率密度也降低，致使打孔困难，且孔质量较差。

4）焦点位置。激光束焦点相对于工件表面的位置对加工孔的形状、深度都有很大影响。在辐射能量相同的条件下，当焦点位置很低时，透过工件表面的光斑直径较大，不仅会产生很大的喇叭口，而且由于能量密度的减小而影响孔深或增大孔的锥度。当焦点位置逐步提高，孔深便随之增加。若焦点位置太高，在工件表面的光斑直径也较大，能量密度降低，孔深减小，孔形尺寸增大，随着工件表面材料的去除，光斑直径将不断增大，甚至大到无法加工。一般，激光的实际焦点在工件的表面或略低于工件表面，可获得较好的加工效果。

5）光斑内的能量分布。激光束经聚焦后，光斑内各部分的光强是不同的。在基模光束聚焦的情况下，焦点的中心强度最大，越是远离中心，光强越小，且能量是以焦点为轴心对称分布的。这种光束加工的孔是正圆形的，用其来切割加工则切缝是对称的。当激光束受到工作物质、光学系统等因素的影响，不是基模光束聚焦时，其能量分布是不对称的，加工的孔不是圆形，切割的切缝也不是对称的。当焦点附近出现两个光斑（存在基模和高次模），所加工的孔或切割的切缝将产生异变。因此，要保证加工精度，必须实现基模光束输出。

4.1.4　激光加工的应用

几十年来，激光加工以其自身和结合多种技术的特点，得到迅速发展及广泛的工业应用。目前，激光加工的主要应用有打孔、切割、焊接、金属表面的激光强化、微调和存储等。

（1）激光束打孔　激光加工的主要应用领域之一，就是对几乎任何材料的小孔、窄缝等进行微细加工和精密加工，如图 4-4 所示。目前，在生产上已应用于火箭发动机和柴油机的燃料喷嘴加工、化学纤维喷丝头打孔、钟表及仪表中的宝石轴承打孔、金刚石拉丝模加工，以及集成电路碳化钨劈刀引线小孔加工等方面。例如，钟表行业加工宝石轴承小孔：ϕ0.12~ϕ0.18mm、深 0.6~1.2mm，采用工件自动传送，激光束自动连续打孔，每秒钟可加工 12 个孔。又如，生产化学纤维用的硬质合金喷丝板，通常在直径为 100mm 的喷丝板上加工 12000 多个 ϕ60μm 的小孔，过去用传统方法加工，需 4~5 名熟练工人干一星期，现在用数控激光加工机，不用半天时间即可完成。再如，在 0.1mm 厚的铜板上，加工 ϕ0.004mm 微孔；在 10mm 厚的不锈钢板上，加工 ϕ2mm 的小孔；在硬脆的红、蓝宝石上，加工 ϕ0.3mm、深径比 50∶1 的小孔；在陶瓷上，加工 ϕ0.005mm 小孔等，都可以用激光束加工完成，且仅需千分之一秒便可完成；用钕玻璃激光器代替电火花打孔机在燃烧泵上打放油孔；凸轮轴油孔、螺栓孔等都采用激光来打，工效高，尺寸精度好。

激光束打孔设备发展很快，一些较先进的激光束打孔机都采用闭路电视对加工过程和加工质量进行监视，通过瞄准光学系统，用视频监视器来决定工件的位置，可以同时调节焦点，将工件表面置于聚焦透镜的焦面上，十分安全。

内燃机、燃气轮机和火箭发动机的燃料喷嘴。要求喷嘴小孔有较高的尺寸精度，且喷嘴小孔与零件有准确的空间位置。图 4-4 为喷嘴的两种结构形式。材料为不锈钢。采用传统钻削加

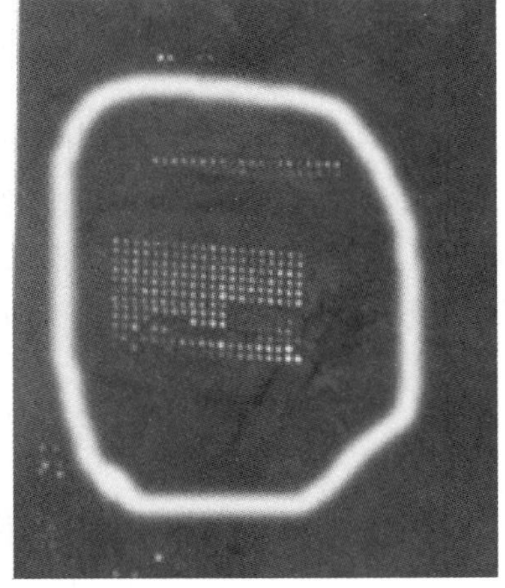

图 4-4　激光束打孔的应用

工，速度低、工具消耗大、夹具须有钻头导向套，结构复杂，还要有较好的操作技术水平。

（2）激光束切割　激光束切割采用连续或重复脉冲工作方式，切割过程中激光束边照射，边与工件做相对移动。生产上，一般都是移动工件，若是直线切割，还可借助于柱面透镜将激光束聚焦成线，以提高切割速度。

激光束切割的切缝窄、切割边缘质量好、噪声小，几乎无切割残渣；切割速度快，成本也不高；激光束既可以切割金属材料，又可以切割非金属材料，如图 4-5 和 4-6 所示。由于激光辐射能以极小的惯性快速偏转，又能切割任意形状，因此，激光束可用于各种材料的切割。例如，采用同轴吹氧工艺切割金属材料，可提高切割速度和切口质量；切割纸张、木材等易燃材料时，可采用同轴吹保护气体（二氧化碳、氩气、氮气等），能防止烧焦和切口缩小；采用喷气切割塑料时，切缝宽可控制在 0.025mm 以下，且切口平直、光洁；切割陶瓷、玻璃和石英等脆性材料时，采用热应力切割；对布料还可作分层切割，切口边缘光滑质量好，制衣时可不再拷边。又如，YAG 激光器输出的激光已成功地应用于半导体划片，重复频率为 5~20Hz，划片速度为 10~30mm/s，宽度 0.06mm，成品率达 99%以上，比金刚石划片优越得多，可将一平方厘米的硅片切割成几十个集成电路块或几百个晶体管管芯。同时，还用于化学纤维喷丝头的型孔加工，精密零件的窄缝切割与划线以及雕刻等。

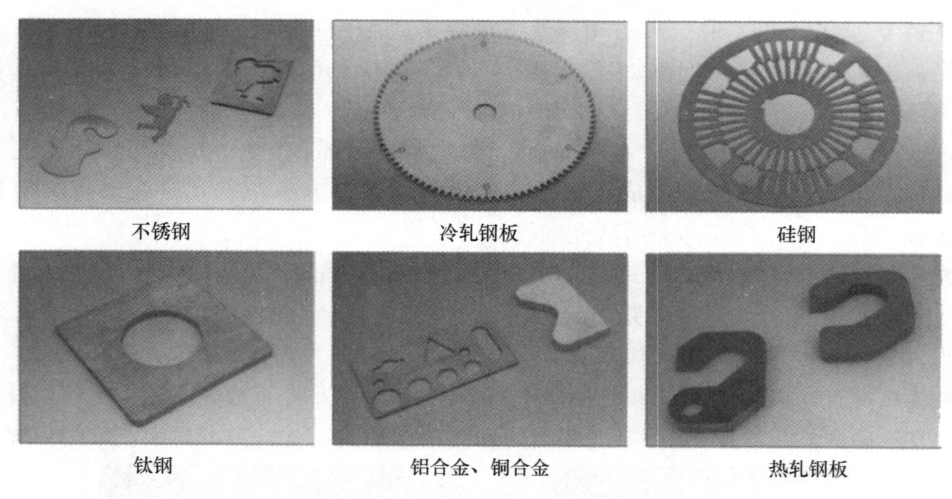

图 4-5　激光束切割加工金属材料的应用

（3）激光束焊接　激光束焊接是利用激光束聚焦到工件表面，使辐射作用区表面的金属“烧熔”粘合而形成焊接接头。因此，激光束焊接所需要的能量密度较低（一般为 104~106 W/cm），通常可采用减小激光输出功率来实现。如果加工区域不需限制在微米级的小范围内，也可通过调节焦点位置来减小工件被加工点的能量密度，如图 4-7 所示。

激光照射时间短，焊接过程极为迅速，不仅有利于提高生产率，而且被焊材料不易氧化，焊点小、焊缝窄、热影响区小，故焊接变形小、精度高，适用于微型、精密、排列密集和受热敏感的焊件。

激光束不与被焊材料接触，也不产生焊渣，不需要去除工件的氧化膜，故可以焊接难以接近的部位，甚至可以透过透明材料进行焊接。激光束焊接适用于绝缘导体、微型仪器仪表、微电子元件和集成电路内外引线等的焊接；可焊接同种金属，也可焊接异种金属，甚至

筛孔、网栅 模切板 木板

薄有机板、塑料 厚有机板 纸张、皮革、橡胶板、石棉板

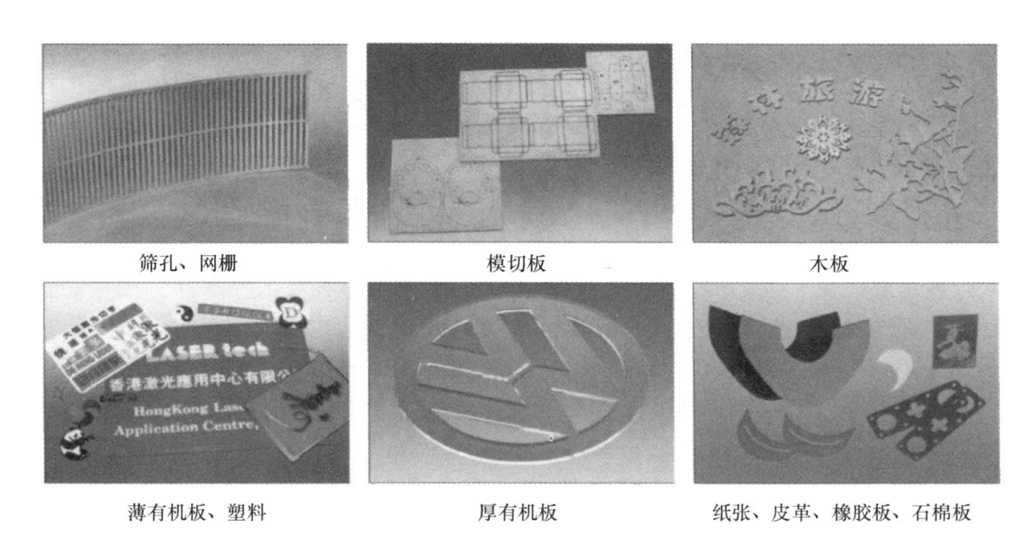

图 4-6 激光束切割加工非金属材料的应用

还可焊接金属与非金属材料；可以进行薄片间的焊接、丝与丝之间的焊接，也可进行薄膜焊接和缝焊；适用于其他焊接方法难以或无法进行的焊接。

激光束焊接的厚度，可从零点几毫米到 20mm，焊接速度为 10~1000mm/s。例如，超薄板（厚度 0.2mm 以下）的激光焊接已应用于英国 CMB 公司罐头盒生产线上。用激光束焊接罐头盒纵缝，每秒可焊接 10 条，每条缝长 120mm，并可对焊接情况进行实时监测。用 10kW 激光器可单道焊接厚度为 18mm 的工件；用 25kW 激光器可焊接厚度为 30mm 的工件。在汽车制造业，车身部件及其组装均已采用激光束焊接逐步取代传统的电阻点焊；汽车上各种材料、厚度的车门框等也都采用激光束焊接。在电子工业，采用 YAG 激光器焊接显像管电子枪，并用于生产线上。集成电路引线、继电器和微机键盘等采用激光束焊接均已获得成功。通过光纤传输的多路激光束进行多点或多组件焊接越来越普及。在远离装配区的位置装置一台中心激光器，由技工操作将激光能量用光纤传输到需要加工的地点，从而最大限度利用 YAG 激光器系统的焊接效果。预计 21 世纪末，激光束焊接，尤其是精密焊接还会有更大发展。

（4）激光强化　金属表面的激光强化是一项高新技术，激光强化可使金属工件表面显著地提高硬度、强度、耐磨性、耐蚀性和高温性等性能，从而提高产品质量，延长产品使用寿命、降低产品成本。激光强化包含激光淬火、激光涂覆、激光合金化、激光冲击硬化、激光非晶化和微晶化等。

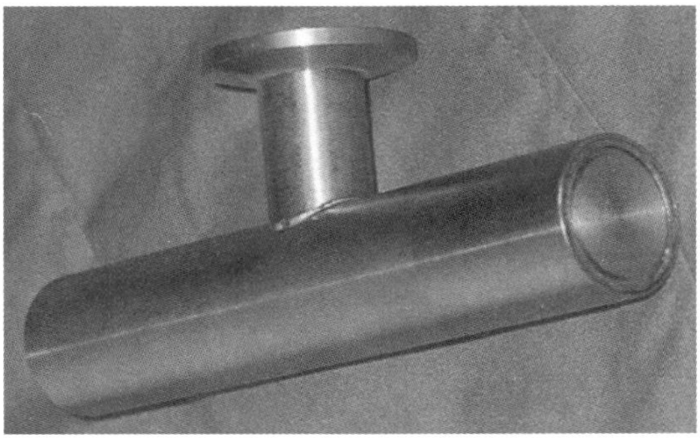

图 4-7 激光束焊接的应用

目前，激光强化已在汽车、机车、机床与工具、模具与刀具和军工等许多工业部门应用与开发，被称为激光束加工应用的第二代。

激光淬火是利用激光束快速扫描工件，使其表层温度急剧上升，而工件基体仍处于冷态。由于热传导的作用，工件表层的热量迅速传到工件其他部位，在瞬间可进行自冷火，实现工件表面相变硬化。因此，不同于一般的热

处理淬火，具有以下优点：

1）对于深孔、盲孔、小孔和槽壁等特殊部位，只要光束能照射到的部位均可进行。

2）淬硬层深度可精确控制，组织细化，硬度比一般淬火可提高15%~20%，铸铁经淬火后耐磨性可提高3~4倍。

3）自冷淬火，无需油或水等介质。可对大型零件进行局部淬火，对形状复杂的零件淬火也较方便。

4）加热速度极快、工艺周期短、生产率高、成本低、易实现数控或计算机控制。

动力转向箱体的激光淬火实例：箱体材料为可锻铸铁，内径为ϕ89mm、长为125mm，精度要求高，内径公差为±0.0025mm，偏心不大于0.005mm，有一只活塞在内孔中做往复运动、内表面易磨损。采用15台激光器可实现日产3000件的激光淬火生产线，使耐磨性提高10倍。

激光涂覆将粉末撒在金属工件表面，并利用激光束加热至全部熔化。同时工件表面亦有微量熔融，光束离去后涂覆材料便迅速凝固，形成与基体材料牢固结合的涂覆层（不是与基体形成新的合金表层）。此项技术常用于一些贵金属或重要零件方面的有效使用。例如，对镍基合金涡轮叶片利用激光涂覆钴基合金后，可提高叶片的耐热、耐磨耗性能，与传统的热喷涂工艺相比，缩短了生产时间，质量稳定，且消除了由于热作用导致的裂纹。

激光束在材料加工上的应用，除了以上介绍的打孔、切割、焊接、金属表面强化外，还有激光微调、录像与存贮、动平衡去重、激光打标、激光涂料剥除和激光快速成形技术等，具有很大开发和应用潜力。展望未来，激光加工将从增大激光输出功率和开发新波长光源两大方向发展，去开辟更多新的应用领域。

4.2 增材制造

增材制造也称为增量制造、快速成型、快速制造等，是近30年来全球先进制造领域兴起的一项集光、机、电、计算机及新材料等学科于一体的先进制造技术。与切削等材料“去除法”不同，该技术通过将粉末、液体及片状等离散材料逐层堆积成三维实体，因此被通俗称为“3D打印”。增材制造被美国测试和材料协会定义为“一种利用三维模型数据通过连接材料获得实体的工艺，通常为逐层叠加，是与去除材料的制造方法截然不同的工艺”。该技术发展至今仅有约30年的发展历程，但随着科技的进步和人们生活水平的日益提高，增材制造在复杂结构快速制造、个性化定制方面显现出来的优势越来越受到重视。

4.2.1 增材制造的原理

尽管增材制造系统发展中使用了不同的技术，但他们的基本原理都相同，如图4-8所示。

1）先用计算机辅助设计与制造（CAD-CAM）软件建模，设计出零件的模型。构建的实体模型，必须为一个明确定义了的封闭容积的闭合曲面。这意味着这些数据必须详细描述模型内、外及边界。如果构建的是一个实体模型，则这一要求显得多余，因为有效的实体模型将自动生成封闭容积。这一要求确保了模型所有水平截面都是闭合曲线，这对于增材制造十分关键。

2）构建了实体或曲面后，要转化为特定的文件格式，用于制造设备。常见的文件格式为 STL（Stereolithography）。STL 文件格式是利用最简单的多边形和三角形逼近模型表面。曲度大的表面需采用大量三角形逼近，这就意味着弯曲部件的 STL 文件可能非常大。

3）计算机程序分析定义制作模型的 STL 文件，然后将模型按照某一坐标轴线分层为截面切片。通过打印设备将液体或粉末材料固化后，形成截面切片，然后层层结合形成 3D 模型。

一般而言，增材制造系统可以概括为四个基本部分：输入、方法、材料和应用。

(1) 输入　输入指要用数字化信息描述 3D 实体，即数字化模型。由两种方法获得：一个是计算机设计模型，一个是物理实体或零件的扫描模型。计算机设计模型可由计算机辅助设计（CAD）系统建立，计算机设计模型可以是平面模型，也可以是立体模型。从物理实体扫描获得的 3D 数据模型就不是那么直观。它要求通过一种称为逆向工程的方法获得数据。在逆向工程中，广泛使用的设备，如坐标测量仪（CMM）或激光数字化扫描仪，通过扫描格式捕捉实体模型的数据点，然后在 CAD 系统中进行重建。

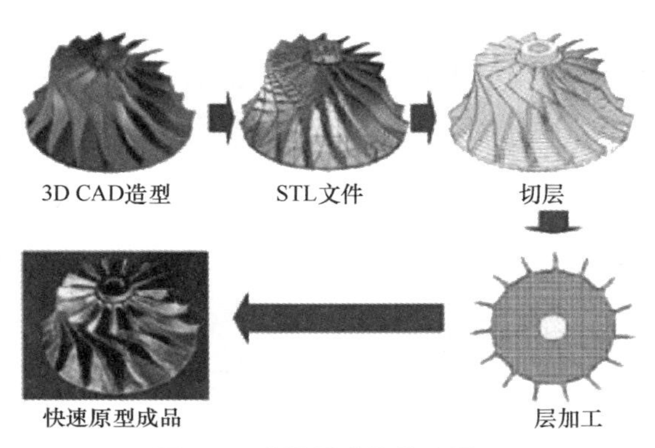

图 4-8　增材制造的基本原理

(2) 方法　根据当前的增材制造系统的大型供应商，可以归为以下几类：光固化类；剪切与黏连类；熔化和固化类；连接或黏结类等。而光固化类又可进一步划分为单激光束类、双激光束类和蒙面灯类等。

(3) 材料　原材料有以下几种形态：固态、液态或粉末。固态材料有多种形式如颗粒、线材或层压片状。当前应用的材料包括纸、聚合物、蜡、树脂、金属和陶瓷。

(4) 应用　大多数增材制造系统制造的零件在实际使用前都需要经过抛光或修整处理。应用方面可以分为：设计；工程分析和规划；制造和模具等。众多行业都受益于增材制造，这些行业包括但不限于航空、汽车、生物医学和个人消费等。

4.2.2　常见的增材制造工艺

1. 光固化成型（Stereo Lithography Apparatus，SLA）

光固化成型技术是最成熟和应用最广泛的增材制造技术。它以光敏树脂为原料，通过计算机，这种方法能简捷、全自动地制造出表面质量和尺寸精度较高、几何形状复杂的原型。用特定波长与强度的激光聚焦到光固化材料表面，使之由点到线，由线到面顺序凝固，完成一个层面的绘图作业，然后升降台在垂直方向移动一个层片的高度，再固化另一个层面，这样层层叠加构成一个三维实体，如图 4-9 所示。

要实现光固化快速成型，感光树脂的选择也很关键。它必须具有合适的黏度，固化后达到一定的强度，在固化时和固化后要有较小的收缩和扭曲变形。更重要的是，为了高速、精密地制造一个零件，感光树脂必须具有合适的光敏性能，不仅要在较低光照能量下固化，且树脂的固化深度也应合适。

工艺过程：光固化成型的制作一般可以分为前处理、原型制作和后处理三阶段。

1）前处理阶段主要是对原型的 CAD 模型进行数据转换、确定摆放方位、施加支撑和切片分层，实际上是为原型制作准备数据。

2）光固化成型过程是利用专用的光固化快速成型设备，需要提前启动光固化快速成型设备系统，使得树脂材料达到预设的合理温度，激光器点燃后也需要一定的稳定时间。

3）首先，清洗模型，去除多余的液态树脂。然后，去除并修整原型的支撑。接着，去除逐层硬化形成的台阶纹路。最后，做后固化处理。

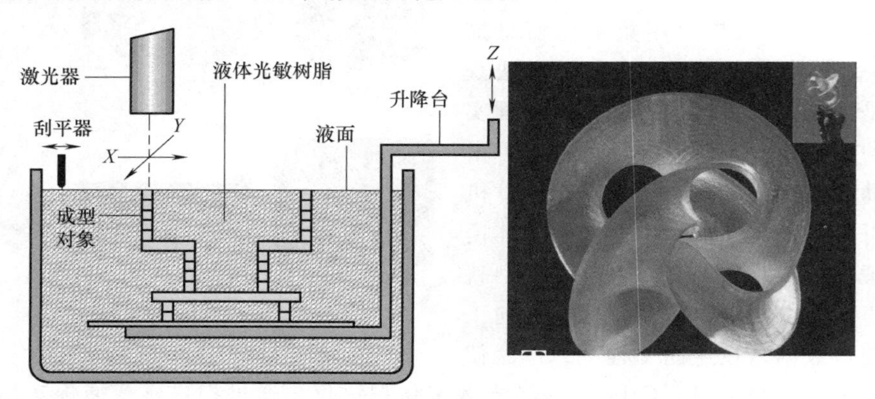

图 4-9 SLA 基本原理和加工结果示例

SLA 工艺优点：

1）光固化成型法是最早出现的快速原型制造工艺，成熟度高。

2）由 CAD 数字模型直接制成原型，加工速度快，产品生产周期短，无需切削工具与模具。

3）可以加工结构外形复杂或使用传统手段难以成型的原型和模具。

4）使 CAD 数字模型直观化，降低错误修复成本。

5）为实验提供试样，可以对计算机仿真计算的结果进行验证与校核。

6）可联机操作，可远程控制，利于自动化生产。

但是，其缺点也相当明显：

1）SLA 系统造价高昂，使用和维护成本过高。

2）SLA 系统是需要对液体进行操作的精密设备，对工作环境要求苛刻。

3）成型件多为树脂类，其强度、刚度、耐热性有限，不利于长时间保存。

2. 激光选区烧结（Selective Laser Sintering，SLS）

激光选区烧结，由美国德克萨斯大学奥斯汀分校的 Dechard CR 于 1989 年研制。激光选区烧结，又称 SLS，采用红外激光器作能源，使用的造型材料多为粉末材料。其原理如图 4-10 所示。加工时，首先将粉末预热到稍低于其熔点的温度，然后在刮平滚子的作用下将粉末铺平。激光束在计算机控制下根据分层截面信息进行有选择地烧结，一层完成后再进行下一层烧结，全部烧结完后去掉多余的粉末，就可以得到零件。

SLS 工艺最大的优点在于选材较为广泛，如尼龙、蜡、ABS、树脂裹覆砂（覆膜砂）、

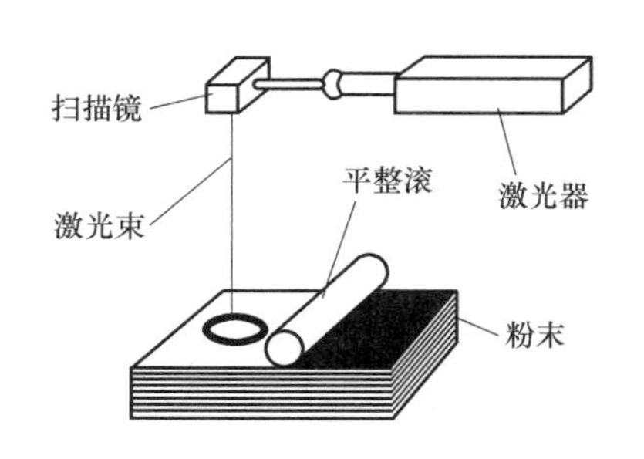

图 4-10　SLS 基本原理和加工结果示例

聚碳酸酯（Poly Carbonates）、金属和陶瓷粉末等都可以作为烧结对象。粉床上未被烧结部分成为烧结部分的支撑结构，因而无需考虑支撑系统（硬件和软件）。SLS 工艺与铸造工艺的关系极为密切，如烧结的陶瓷型可作为铸造之型壳、型芯，蜡型可做蜡模，热塑性材料烧结的模型可做消失模。

在成型的过程中因为是把粉末烧结，所以工作中会有很多粉状物体污染办公空间，一般设备要有单独的办公室放置。另外成型后的产品是一个实体，一般不能直接装配进行性能验证。另外产品存储时间过长后会因为内应力释放而变形。对容易发生变形的地方要设计支撑，表面质量一般。生产效率较高，运营成本较高，设备费用较贵。能耗通常在 8000W 以上。材料利用率约 100%。

因此该类成型方法具有制造工艺简单、柔性度高、材料选择范围广、材料价格便宜、成本低、材料利用率高和成型速度快等特点。针对以上特点，SLS 法主要应用于铸造业，并且可以用来直接制作快速模具。

3. 分层实体制造（Laminated Object Manufacturing，LOM）

分层实体制造法是利用背面带有粘胶的箔材或纸材通过相互粘结成形的，如图 4-11 所示。单面涂有热熔胶的纸卷套在纸辊上，并跨过支撑辊缠绕在收纸辊上。伺服电动机带动收纸辊转动，使纸卷沿某一方向移动一定距离。工作台上升至与纸面接触，热压辊沿纸面自右向左滚压，加热纸背面的热熔胶，并使这一层纸与基板上的前一层纸黏合。CO_2 激光器发射的激光束跟踪零件的二维截面轮廓数据进行切割，并将轮廓外的废纸余料切割出方形小格，以便于成形过程完成后的剥离。每切制完一个截面，工作台连同被切出的轮廓层自动下降至一定高度，重复下一次工作循环，直至形成由一层层横截面粘叠的立体纸质原型零件。然后剥离废纸小方块，即可得到性能类似硬木或塑料的“纸质模样产品”。

在分层实体快速成型机上，截面轮廓被切割和叠合后所成的制品。其中，所需的工件被废料小方格包围，剔除这些小方格之后，便可得到三维工件。

LOM 工艺优点如下：

1）原材料价格便宜，原型制作成本低。

2）制件尺寸大。

3）无须后固化处理，无需设计和制作支撑结构，废料易剥离。

LOM 工艺缺点如下：

1）不能直接制作塑料工件。

2）工件的抗拉强度和弹性不够好。

3）工件易吸湿膨胀。

4）工件表面有台阶纹，需要后续打磨。

4. 熔丝沉积成型（Fused Deposition Modeling，FDM）

熔丝沉积成型是一种将各种热熔性丝状材料（蜡、ABS和尼龙等）加热熔化成形的方法，又被称为熔丝成型（Fused Filament Modeling，FFM）、熔丝制造（Fused Filament Fabrication，FFF）。

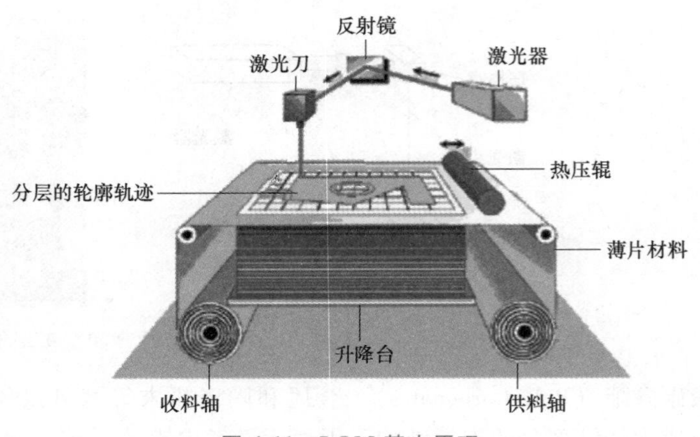

图 4-11　LOM 基本原理

FDM 工艺加工原理如图 4-12 所示，热熔性材料的温度始终稍高于固化温度，而成型的部分温度稍低于固化温度。热熔性材料挤出喷嘴后，随即与前一个层面熔结在一起。一个层面沉积完成后，工作台按预定的增量下降一个层厚度，再继续熔喷沉积，直至完成整个实体零件。

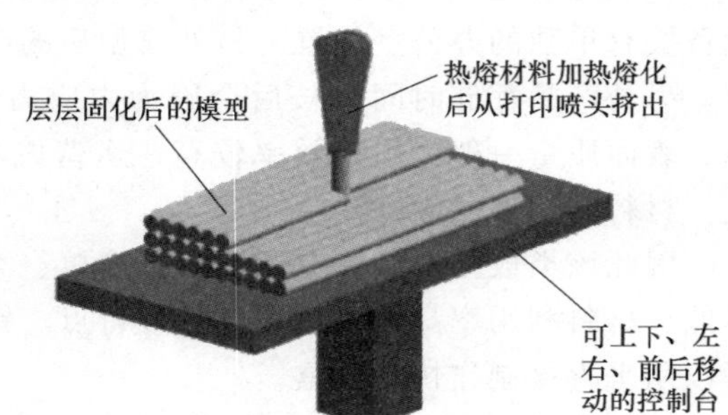

图 4-12　FDM 工艺加工原理

熔丝沉积成型工艺包括前处理、成型加工过程和后处理三个部分，前处理主要包括零件的三维建模、模型切片处理、切片文件的校验与修复、模型摆放位置的确定，以及加工参数的确定；成型加工过程是指零件被加工制造的阶段；后处理是指零件加工完成后，为了满足使用工况需求，对其表面和支撑结构进行修复处理的过程。

FDM 工艺具体流程为：先用 CAD 软件建构出物体的 3D 立体模型图，将物体模型图输入 FDM 装置。FDM 装置的喷嘴会根据模型图，一层一层移动，同时 FDM 装置的加热头会注入热塑性材料（例如：丙烯腈-丁二烯-苯乙烯共聚物树脂、聚碳酸酯、聚苯砜树脂、聚乳酸和聚醚酰亚胺等）。材料被加热到半液体状态后，在电脑的控制下，FDM 装置的喷嘴就会沿着模型图的表面移动，将热塑性材料挤压出来，在该层中凝固形成轮廓。FDM 装置会使用两种材料来执行打印工作，分别是用于构成成品的建模材料和用作支架的支撑材料，透过喷嘴垂直升降，材料层层堆积凝固后，就能由下而上形成一个 3D 打印模型实体。打印完成的实体，就能开始最后的步骤，剥除固定在零件或模型外部的支撑材料或用特殊溶液将其溶解，即可使用该零件了。

熔丝沉积成型技术之所以能够得到广泛应用，主要是由于其具有其他快速成型工艺所不具备的优势，具体表现为以下几方面：

1）成型材料广泛。熔丝沉积成型技术所应用的材料种类很多。主要有 PLA、ABS、尼龙、石蜡、铸蜡和人造橡胶等熔点较低的材料，以及低熔点金属、陶瓷等丝材，这可以用来制作金属材料的模型件或 PLA 塑料、尼龙等零部件和产品。

2）成本相对较低。因为熔丝沉积成型技术不使用激光，与其他使用激光器的快速成型技术相比较而言，它的制作成本很低。除此之外，其原材料利用率很高并且几乎不产生任何污染，而且在成型过程中没有化学变化的发生，在很大程度上降低了成型成本。

3）后处理过程比较简单。熔丝沉积成型技术所采用的支撑结构很容易去除，尤其是模型的变形比较微小，原型制件的支撑结构只需要经过简单的剥离就能直接使用。出现的水溶性支撑材料使支撑结构更易剥离。

4）此外，熔丝沉积成型技术还有以下优点：用石蜡成型的制件，能够快速直接地用于失蜡铸造；能制造任意复杂外形曲面的模型件；可直接制作彩色的模型制件。

当然，和其他快速成型工艺相比较而言，熔丝沉积成型技术在以下方面还存在一定的不足：

1）只适用于中、小型模型件的制作。

2）成型零件的表面条纹比较明显。

3）厚度方向的结构强度比较薄弱，因为挤出的丝材是在熔融状态下进行层层堆积，而相邻截面轮廓层之间的粘结力是有限的，所以成型制件在厚度方向上的结构强度较弱。

4）成型速度慢、成型效率低。在成型加工前，熔丝沉积成型技术需要设计并制作支撑结构，同时在加工过程中，需要对整个轮廓的截面进行扫描和堆积，因此需要较长的成型时间。

4.3 电火花加工

4.3.1 电火花加工原理

电火花加工（Electrical Discharge Machining，EDM）是通过工件和工具电极间的放电而有控制地去除工件材料，以及使材料变形、改变性能或被镀覆的特种加工。工件和工具电极间充有通常是液体的电解质。在去除材料的范畴中，常见的放电加工方式有电火花加工和电弧加工两大类，且以前者为主。电火花加工的结构方法，如图 4-13 所示。

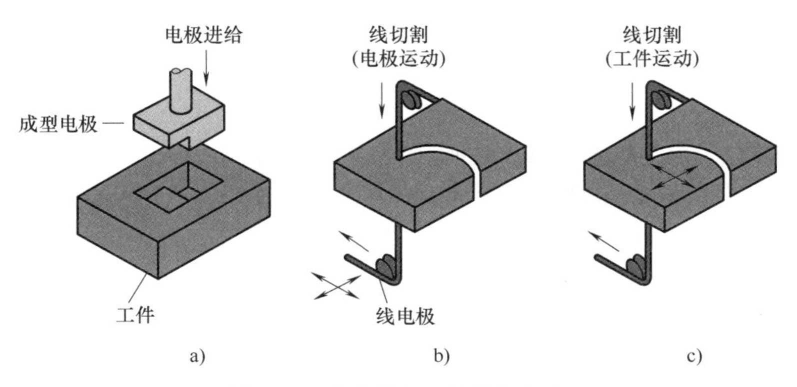

图 4-13　电火花加工的结构方法

a）用电镀微电极进行水槽侵蚀　b）线切割　c）用可移动工件进行线切割

电器开关的触点在闭合或断开时往往出现伴随着噼啪响声的蓝白色火花，这种现象称为火花放电，其结果是金属表面被腐蚀成许多细小的凹坑，称为电腐蚀。显然，电腐蚀现象对于电器是有害的，然而从另一个角度却给人们以启示，导致了一种新的金属去除方法的产生，这就是在 20 世纪 40 年代开始研究和逐步应用到工业生产中的电火花加工。

放电形式必须是瞬时的脉冲性放电，矩形波脉冲电源的电压波形，如图 4-14 所示。脉冲宽度一般为 $10^3 \sim 10^7$s，相邻脉冲之间有一个间隔，这样才能使热量从局部加工区传导扩散到非加工区。否则就会像持续电弧放电那样，使工件表面烧伤而无法用于尺寸加工。

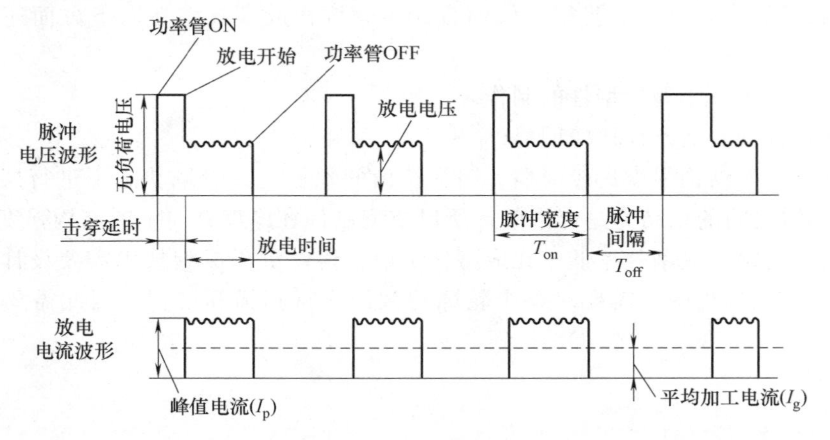

图 4-14 脉冲电源的放电电压及电流波形

研究表明，电腐蚀的主要原因是火花放电时，放电通道中瞬时产生大量的热，达到的高温足以使任何金属材料局部熔化甚至气化而被蚀除。将电腐蚀应用于金属加工的必备条件如下：

1）火花放电必须在有较高绝缘强度的液体介质中进行，这样既有利于产生脉冲性放电，又能使加工过程中产生的金属屑、焦油和炭黑等电蚀产物从电极间隙中悬浮排出，同时还能冷却电极和工件表面。

2）必须有足够的脉冲放电强度，一般局部集中电流密度高达 $10^5 \sim 10^8$ A/cm^2，以实现金属局部熔化和气化。

3）工具电极和工件表面间必须保持一定放电间隙，通常为数微米到数百微米，这就要控制工具电极随着工件表面的蚀除而向前进给，以保持放电间隙。

上述问题的综合解决是通过电火花加工设备来实现的，电火花加工原理如图 4-15 所示。

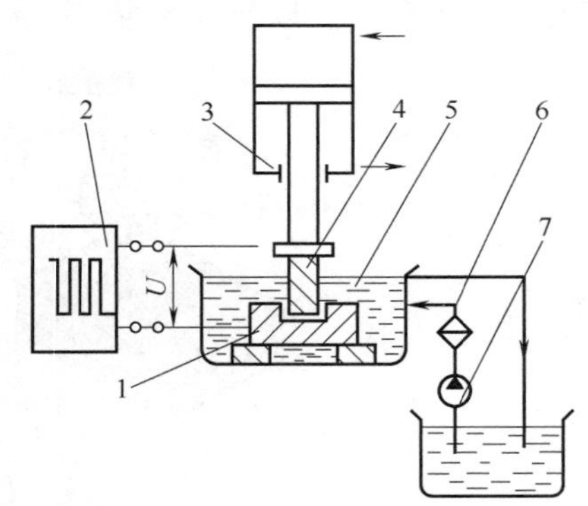

图 4-15 电火花加工原理

1—工件 2—脉冲电源 3—自动进给装置 4—工具电极 5—工作液 6—过滤器 7—泵

自动进给装置可使工具和工件间持续保持一个很小的放电间隙。当电源接通时，脉冲电压将在工具和工件之间的某一间隙最小处或绝缘强度最低处击穿液体介质，从而产生火花放电，瞬时高温将高达 1000℃以上，使工具和工件表面的局部金属熔化和气化而被蚀除，各自形成一个小凹坑。脉冲放电结束后，液体介质在正常情况下会恢复绝缘，待第二个脉冲电压到来时，上述过程又会重复，因而在工具和电极表面又会形成一个新的小凹坑。如此循环往复，形成一秒钟成千上万次放电的结果，使整个加工表面由无数个小凹坑所组成如图 4-16 所示。随着工具电极不断向工件进给，工具的轮廓便复印在工件上，最终加工成所需的零件。

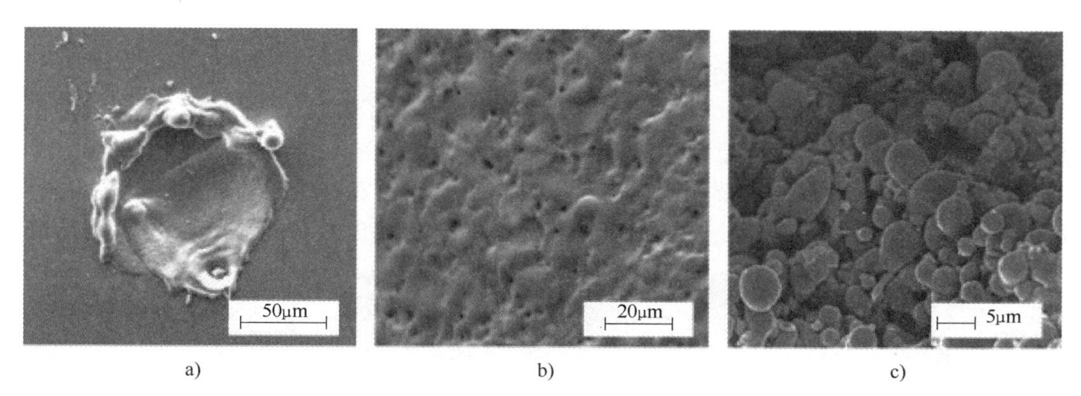

图 4-16　电火花加工表面

a）单个放电凹坑　b）表面形貌特征　c）去除的颗粒

电火花加工的放电机理如图 4-17 所示。研究电极表面的金属材料蚀除的微观过程，将有助于掌握电火花加工的基本规律，以便能对电火花加工的进给装置、脉冲电源和机床等提出合理的要求。

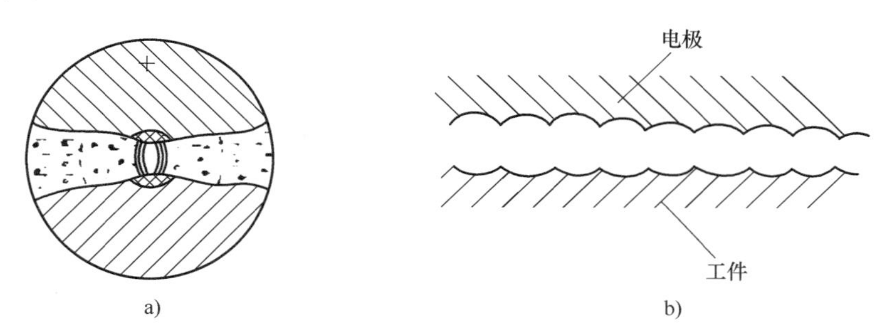

图 4-17　电火花加工的放电机理

a）单个脉冲加工后　b）多个脉冲加工后

实验结果表明，放电腐蚀的微观过程是电动力、电磁力、热力和流体动力等综合作用的过程。一般认为在浸没于液体电介质中的工件和工具电极之间的间隙里接连不断地发生大致分为三个阶段的物理过程：极间液体电介质的电离；等离子放电通道和气泡的形成、扩展及热蚀；电蚀产物的抛出和极间液体电介质性能的复原。及时地将电蚀产物排离极间间隙并使该处的液体电介质完全恢复绝缘性能，是使上述物理过程随着脉冲电压反复施加在间隙两端而周而复始的必要条件之一。

4.3.2　电火花加工的特点

电火花加工已成为现代工业不可缺少的加工手段，并得到越来越广泛的应用，其根本原因就在于它具有传统机械加工所无可比拟的如下主要特点：

1）被加工材料的可加工性主要取决于材料的电学、热学性能，而与材料的力学性能几乎无关。这就使电火花加工能以柔克刚，用较软的工具加工较硬和较韧的材料。例如，用纯铜或石墨的工具电极加工淬火钢、不锈钢和硬质合金，甚至可以加工各种超硬材料。

2）加工中工具电极与工件不直接接触，故没有显著的“切削力”，适用于加工各种弹性薄壁件，对于大件加工也不会出现因同时加工的面积大而引起加工变形的问题。

3）由于可以将电极的形状“复印”到工件上，特别适合加工各种型孔、空间曲面及一些复杂形状的表面。这些特点已使电火花制造成为机械制造领域中的一种难以替代的加工方法。如前所述，电火花加工主要用于加工导电材料，但在一定条件下也可加工半导体材料甚至是绝缘体材料。电火花加工主要应用于模具成型加工和小孔加工，如图 4-18 所示。

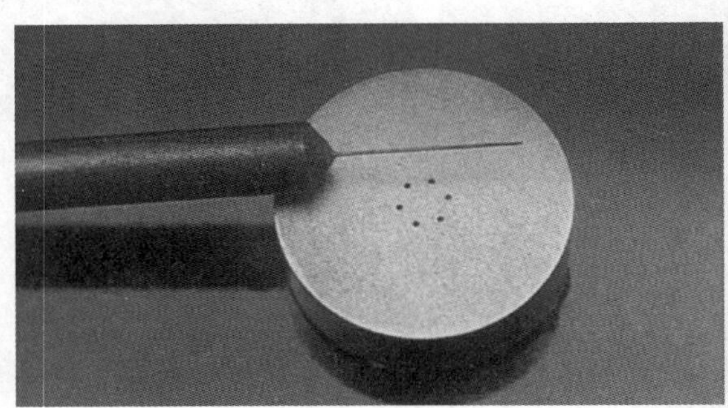
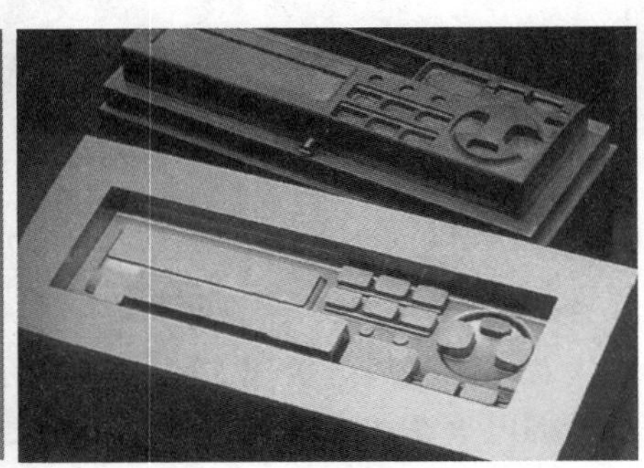

图 4-18　电火花加工的应用

4.4　智能技术在特种加工中的应用

4.4.1　智能技术在激光加工中的应用

激光加工过程中工件的定位多采用机械式的人工定位，这种定位方式自动化程度不高，定位精度和加工效率受人为因素影响很大。将智能相机系统应用于激光加工中，利用图像处理算法，自动识别与定位工件，生成切割加工轨迹，由运动控制系统完成工件切割，形成智能激光切割加工。

普通的激光切割机不具备机器视觉功能，因而不能自动识别待切割的工件。智能激光切割机将嵌入式机器视觉技术用于激光切割机中，利用图像处理算法实现工件的自动识别与定位。在得到工件的定位信息后，系统把预先生成的轨迹文件转换成运动控制器能执行的运动指令，从而控制激光头的运动与激光器的开关，完成对工件的自动切割。要实现上述工艺过程，工件的识别与定位技术是关键。激光精确切割时，切割工件旁均印有用于定位的标志。

激光切割机识别和定位加工对象主要是用图像匹配算法来实现。图像匹配是图像处理领域中的关键技术，并且在机器视觉、卫星遥感和医学图像处理等众多领域中得到了广泛的应用。图像匹配就是根据已知的模板图，在另一幅搜索图中寻找与模板相匹配的子图像的过程，如图 4-19 所示，T 为模板图，S 为搜索图，S^{ij} 为与模板图相同大小的搜索子图。

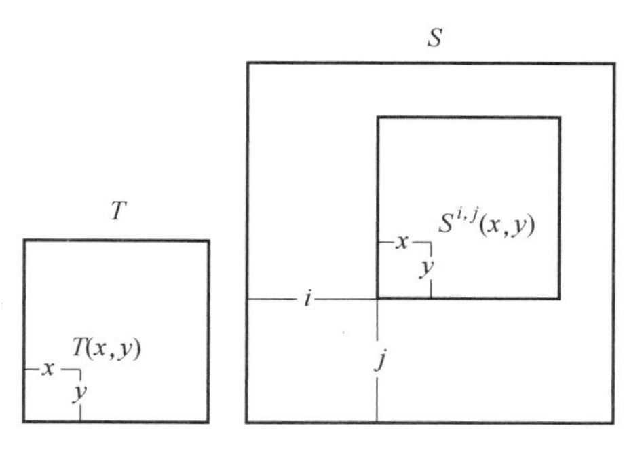

图 4-19　激光加工中的模板图和智能搜索图

目前图像匹配算法可分为两大类基于灰度的匹配和基于特征的匹配。灰度匹配算法是利用图像的灰度信息，在搜索图中寻找与模板图的距离最小或相似度最高的子图像为最佳匹配。灰度匹配经典算法主要有平均绝对差法、归一化互相关法、序贯相似性检测法、小波变换法和投影匹配法等。特征匹配算法是在模板图和搜索图中提取点、线或区域等显著特征，然后建立两幅图像间特征的匹配对应关系，从而得出匹配结果。特征匹配算法主要有不变矩匹配法、特征点匹配法和边缘几何特征法等。基于灰度的匹配算法简单易行，匹配精度高，经过优化可以满足嵌入式实时系统的要求，而特征匹配算法提取特征和建立匹配关系的计算方法比较复杂，运算量大，不适合嵌入式实时系统。

在激光切割机的顶盖中央安装全局相机，它的视场大小要求是能拍摄到切割机的整个加工区域。在激光切割机的激光头处安装局部相机，它会跟随切割机运动系统同步移动，视场大小要求能拍摄到清晰的十字定位标志。两台相机通过网络口与 PC 通信，激光切割机的步进电机由运动控制卡控制，如图 4-20 所示。在匹配定位前，需要利用全局相机采集目标模板图像。将待切割样品摆正放于视场中，以四个十字定位标志的中心位置作为矩形模板的四个角点，截取并保存模板图。

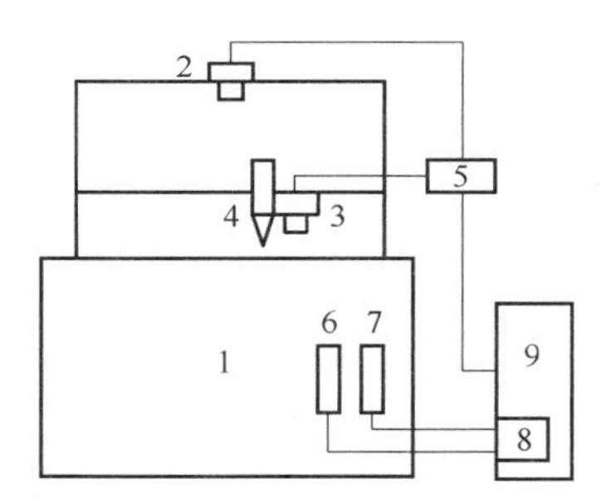

图 4-20　激光切割加工的智能定位平台

1—激光切割机　2—全局相机　3—局部相机　4—激光头　5—交换机　6—X 轴电机　7—Y 轴电机　8—运动控制卡　9—PC

将待切割对象放置于切割机加工区域内，由全局相机拍摄搜索图，比对准备阶段采集的模板图像，采用改进的圆投影匹配算法和极坐标角度估算方法，计算目标的匹配位置和旋转角度。根据匹配位置和旋转角度，以及模板的宽高，通过二维旋转公式可以得到四个十字标志的坐标位置，将它们乘以全局相机的标定系数，转换成实际的距离，最终求得四个十字标志中心在加工区域的实际物理位置。

在激光切割机的加工过程中，激光头的运动路径为工件的边缘轨迹以及加工完成的轨迹段到下一段待加工轨迹段之间的路径，工件的边缘轨迹为要出激光来切割的路径，而两段轨迹间的路径为不出激光的空行程。工件的总切割时间等于出激光进行切割的时间与不出激光的空行程时间之和。为了能提高加工效率，可以对切割路径进行优化，尽量缩短激光头不发出激光的空行程距离，使切割机能在同样时间内加工更多的工件。

最基本的优化方法是最短距离法。从加工起始点开始，寻找距离最近的一个轨迹段的起点，并把该轨迹段作为首先切割的轨迹，然后以该轨迹段的终点作为下一个起始点，在剩下的待切割轨迹段中寻找最近的一段轨迹作为第二段切割轨迹，依次类推，直到所有轨迹段都排好顺序。在实际加工时，经常遇到图形的轨迹轮廓有嵌套的情况，如图 4-21a 所示。

假定切割起始点在左下方，按照最短距离法，最外面的矩形轨迹为最先切割的轨迹，切割完外层轨迹后，工件脱离了底板，位置会发生偏移，里面嵌套着的两个轨迹段就不能被准确地切割。所以为了保证切割的精确性，在有轨迹嵌套的情况下，应该先加工内部的轨迹段，对属于同一层的轨迹段按照最短距离法来排序，由内向外依次加工。继续分析上面的例子，按嵌套关系，应该先加工轨迹2或3，最后加工轨迹1，而轨迹2更接近左下角切割起始点，所以最终的加工顺序为2—3—1，加工轨迹如图4-21b所示。

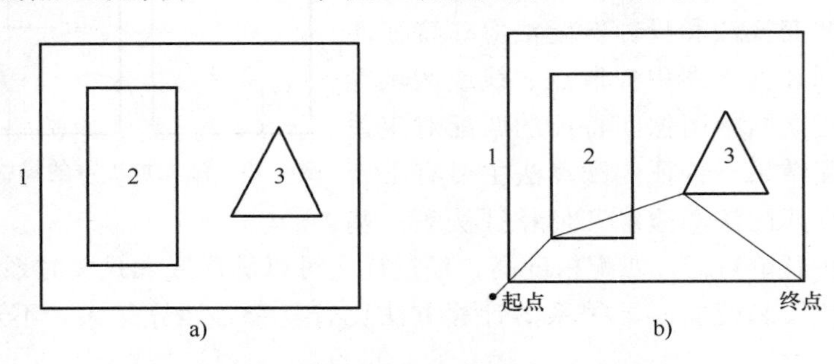

图4-21　激光切割加工的轨迹优化示例

a）有轨迹嵌套的图形　b）优化后的切割路径

4.4.2　智能技术在电火花加工中的应用

电火花高速穿孔机是为进行快速开孔、大深径比钻孔、复杂型腔面穿孔而专用设计的一种电火花加工机床，广泛应用于航空发动机涡轮叶片气膜冷却孔和柴油喷油器喷孔的加工。在穿孔加工中，排屑不畅将引起不确定性的回退，进给过快将造成电极与工件之间的黏着状态。这些现象都将影响加工过程稳定性，难以保证穿孔的加工效率和加工质量。通过设计基于嵌入式平台的智能控制系统可以解决大深径比，小孔加工的稳定性问题。

电火花加工伺服过程既包含运动控制也涉及物理过程，具有明显的时变性和随机性，因而一直以来都是国内外学者的研究重点，也是工业界提升加工性能的主要难题。从最早的自适应控制策略解决电火花成型机伺服加工问题，到现在模糊控制、神经网络等在工业界的应用，电火花伺服控制算法几乎涉及以上全部控制理论。由于放电过程的影响因素众多，包括脉冲电源参数、极间距离、工件与电极材料，以及形状、冲液压力与类型、碎屑大小与位置等，很难对整个过程进行精确的物理建模，因而不同控制理论都具有特殊的应用前景。经典控制理论提供了基本的系统分析工具，可以用来获取电火花伺服过程在时域与频域上的特征，将单一要素的影响转变成系统的先验知识。现代控制理论为分析电火花加工过程多变量之间的关系提供了理论基础，在稳定性分析和可靠性分析等方面对电火花伺服过程进行深度优化。最优控制理论一方面要求控制对象的数学模型，另一方面又允许模型的摄动误差，这非常有利于分析穿孔过程的随机性和稳定性因素，而且其控制算法非常适合于嵌入式平台实现，因而在电火花过程控制领域得到广泛应用。智能控制充分利用加工工艺经验和数据分析加工过程多因素之间的联系，不需要复杂的建模过程，因而被越来越多地应用于电火花加工。

思　考　题

4-1　激光器工作的基本原理是什么？产生激光的基本条件有哪些？激光加工的原理是什么？有何特点？

4-2　除光的共性外，激光具有哪些特性？激光加工中的能量转换过程是什么？

4-3　激光冲击成形的机理是什么？为什么在加工中需要在工件表面增加一层特殊的约束层？影响激光加工的主要因素有哪些？

4-4　增材制造技术的基本原理是什么？

4-5　增材制造技术的五种典型工艺是什么？

4-6　增材制造技术与传统机械加工有什么区别？它们都有什么优缺点？

4-7　SL 和 SLS 技术的相同点和不同点？各自的应用范围有哪些？

4-8　电火花加工原理是什么？有何特点？电火花加工的三个必要条件是什么？

4-9　电火花加工为什么不能采用恒速进给系统？

4-10　电火花加工的极性效应是什么？如何利用极性效应减小工具损耗？

4-11　请举一实例说明智能技术在特种加工中的应用。

4-12　请查阅相关文献，简要介绍三种除本章介绍的特种加工工艺，说明其原理及特点。

参 考 文 献

[1]　WORGULL M Microstructured Mold Inserts for Hot Embossing [M]. Boston: William Andrew Publishing, 2009.

[2]　刘志东，高长水. 电火花加工工艺及应用 [M]. 北京：国防工业出版社，2011.

[3]　罗钟铉，刘成明. 灰度图像匹配的快速算法 [J]. 计算机辅助设计与图形学学报，2005，17 (5)：966-970.

[4]　陈皓，马彩文，陈岳承，等. 基于灰度统计的快速模板匹配算法 [J]. 光子学报，2009，38 (6)：1586-1590.

[5]　LI C L, HUI K C. Feature recognition by template matching [J]. Computers & Graphics, 2000, 24 (4): 569-582.

[6]　LIN Y H, CHEN C H. Template matching using the parametric template vector with translation, rotation and scale invariance [J]. Pattern Recognition, 2008, 41 (7): 2413-2421.

[7]　饶华铭. 智能激光切割机控制算法研究 [D]. 广州：暨南大学，2011.

[8]　叶龙. 电火花穿孔加工过程系统辨识与自适应控制 [D]. 上海：上海交通大学，2019.

第 5 章　智能机床夹具

本章摘要

本章内容简介

本章从夹具的定位基准和常见的夹具定位元件两个方面介绍了夹具在不同工况下的应用方式，另外介绍了产生夹具定位误差的原因及计算方法。需要注意的是，不同的夹具有着各自的优缺点，适用对象也不相同。因此，应当根据具体的场景和定位需求来选择合适的夹具及定位方式。此外，还需要及时根据加工质量反馈计算、调整夹具误差，确保机床精度和加工质量。最后，本章介绍了智能制造背景下夹具敏捷设计的概念，并总结归纳了敏捷设计的流程和关键技术。

本章关键知识点

1. 夹具设计基准和工艺基准的基本概念；
2. 常见的工件定位方式及各自的适用场景；
3. 工件在夹具中定位的基本步骤和常见问题；
4. 典型定位元件的应用；
5. 产生定位误差的原因及其计算；
6. 夹紧装置的作用和基本要求；
7. 夹紧力三要素的选择；
8. 典型夹紧机构的原理及其适用场景；
9. 夹具智能设计的意义和基本流程；
10. 夹具智能设计的关键技术。

本章难点

1. 定位误差计算；
2. 夹紧力作用点和方向的选择，以及夹紧力大小的计算；
3. 复杂夹具的智能模块化设计概念。

5.1 夹具的作用及分类

早在 19 世纪后期欧美工场中出现车床的同时，就应用了卡盘夹持工件，虽然当时两者不可分割，但却是最早出现的夹具。随着机床行业的发展，现在我国习惯的将除机床主机外，用于扩大机床加工功能和使用范围的辅助装置称为机床附件，例如：分度头、回转工作台、卡盘、虎钳、顶尖、吸盘、刀架和刀柄等。机床夹具则指在机床上实施机械加工过程中按照工艺要求，迅速、方便而可靠地实现工件的定位与夹紧，并在加工过程中保持工件和机床之间正确的相对位置的工装。不仅是机床和机械加工，其他工艺过程和生产过程中也需要保持工件和设备之间的相对位置，就出现了焊接夹具、检测夹具、装配夹具和自动化夹具等，因此“夹具”其实是以上夹持工装的总称。

夹具是制造系统中与工件直接接触的工装，作为机加工的组成部分对零件加工的质量、生产率和产品成本都有着直接的影响。因此，无论在传统制造还是现代化制造系统中，夹具都是重要的工装。

1. 夹具的作用

（1）保证加工精度和质量　用夹具装夹工件，能准确确定工件与刀具、机床之间的相对位置关系，可以有效地保证加工精度，稳定产品质量。

（2）提高生产效率，降低加工成本　夹具能快速地将工件定位和夹紧，可以缩短加工辅助时间，进而有效地缩短加工工时，提高生产效率，降低加工成本。

（3）减轻工人劳动强度，改善工人劳动条件　夹具采用机械、气动、液动夹紧装置，可以有效减轻工人在生产工作中的劳动强度。

（4）扩大机床的工艺范围　利用机床夹具，能够扩大机床的加工范围，例如，在车床或钻床上使用镗模可以代替镗床镗孔，使车床、钻床具有镗床的功能。

（5）保障操作安全和便于工人掌握　复杂或精密工件的操作夹持技术持续优化的同时，夹具的操作也更加简便。先进的智能夹具使操作持续向简单化和人性化发展，对操作工人的技术等级要求也逐步降低。

2. 夹具的分类

（1）按夹具所适用的工艺过程分类　夹具可分为：机床夹具、装配夹具、焊接夹具、检验夹具等。

（2）按夹具的通用程度和结构特点分类　夹具可分为：通用夹具、专用夹具、可调夹具、成组夹具、组合夹具和随行夹具等。

1）通用夹具是指其结构已经标准化，且具有较大适用范围的夹具。特点是能较好地适应加工工序和加工对象的变换。例如，车床用的三爪卡盘和四爪卡盘，机用虎钳，铣床用的平口钳及分度头等。

2）专用夹具是针对某一工件的某道工序专门设计制造的夹具。专用夹具适用于在产品相对稳定、产量较大的场合应用。

3）可调夹具是基于相似工件的相似工序而设计的通用性夹具，具有加工对象品种数量多而不确定，其调整构件较多，适用范围广泛的特点。

4）成组夹具是专为加工成组工艺中某一族（组）零件而设计的可调夹具。当改换加工同组内另一种零件时，只需调整或更换夹具上的个别元件，即可加工出同组内的另外一种零件。成组夹具适用于在多品种、中小批生产中应用。

5）组合夹具是用一套由不同形状、规格和用途的标准化元件和部件组装而成的夹具系统。组合夹具的结构灵活多变，设计和组装周期短，夹具零部件能够长期重复使用，适用于在多品种单件小批量生产或新产品试制等场合应用。

6）随行夹具是一种在自动化生产线上使用的移动式夹具。工件在随行夹具上装夹后，夹具连同被加工工件一起经由自动化生产线依次从一个工位移到下一个工位，直到工件在退出自动化生产线加工时，才将工件从夹具上卸下。随行夹具除了具备装夹工件的功能之外，还担负着在自动化生产线上各工序间输送工件的任务。

（3）按夹具企业实际应用的动力源分类　在精密夹具企业中，夹具分类是按照实际生产的现场配备动力源类型进行分类，即根据夹具动力源通常可分为：手动夹具、气动夹具、液压夹具、电动夹具、电永磁夹具和真空夹具等。

5.2 夹具的定位原理及典型定位元件

5.2.1 常见的夹具定位基准

常见的夹具定位基准通常分为设计基准和工艺基准：

1. 设计基准

设计基准通常是指在零件图上用来确定其他点、线、面的位置的基准。

设计基准通常由该零件在产品结构中的功用来确定。如图 5-1 所示，顶面 B 的设计基准是底面 D；孔Ⅳ的设计基准在垂直方向为底面 D，在水平方向是导向面 E；孔Ⅱ的设计基准是孔Ⅲ和孔Ⅳ的轴线（在图 5-1 中由 R_2 及 R_3 两个尺寸标注）。

2. 工艺基准

工艺基准是指在零件加工及装配过程中使用的基准，工艺基准又可以分为定位基准、测量基准、装配基准和调刀基准。

（1）定位基准　定位基准是指在加工中使工件在机床或夹具上占有正确位置所采用的基准。通常指工件与夹具定位元件接触或配合的表面，也称定位基面。

如图 5-1 所示，主轴箱箱体的孔以底面 D 和导向面 E 定位，此时，底面 D 和导向面 E 就是加工时的定位基准。

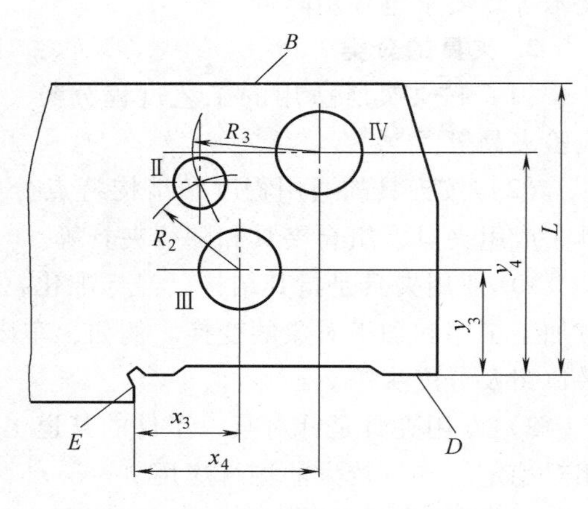

图 5-1　主轴箱箱体

（2）测量基准　测量基准是在检验时使用的基准。例如，在检验车床主轴时，用支承轴颈表面作为测量基准。

（3）装配基准　装配基准是在装配时用来确定零件或部件在产品中位置所采用的基准。例如，主轴箱箱体的底面 D 和导向面 E、活塞的活塞销孔、车床主轴的支承轴颈都是他们的装配基准。

（4）调刀基准　在零件加工前对机床进行调整时，为了确定刀具的位置，还要用到调刀基准。

注意：

1）作为基准的点、线、面在工件上不一定具体存在（例如，孔的中心、轴线和对称面等），而常由某些具体的表面来体现，这些表面就可称为基面。

2）作为基准，可以是没有面积的点和线或很小的面，但是代表这种基准的点和线在工件上所体现的具体基面总是有一定面积的。例如，代表轴线的中心孔锥面，用 V 形块使支承轴颈定位，理论上是两条线，但实际上由于弹性变形的关系也还是有一定的接触面积的。

3）上面所分析的都是尺寸关系的基准问题，表面位置精度（平行度、垂直度等）的关系也是一样，例如，图 5-1 中顶面 *B* 对底面 *D* 的平行度，孔Ⅳ轴线对底面 *D* 和导向面 *E* 的平行度，也同样具有基准关系。

5.2.2　常见工件定位的方式

1. 直接找正定位法

该方法是用百分表、划线盘或目测直接在机床上找正工件，使其获得正确位置的定位方法。使用直接找正法定位时，工件的定位基准是所找正的表面。如图 5-2 所示。图 5-2a 为在磨床上用四爪单动卡盘装夹套筒磨内孔，先用百分表找正工件的外圆再夹紧，以保证磨削后的内孔与外圆同轴，工件的定位基准是外圆。图 5-2b 为在牛头刨床上用直接找正法刨槽，以保证槽的侧面与工件右侧面平行，工件的定位基准是右侧面。直接找正定位法生产率低，找正精度取决于工人的技术水平，一般多用于单件、小批量生产或位置精度要求特别高的工件。

2. 划线找正定位法

该方法是先在毛坯上按照零件图划出中心线、对称线和各待加工表面的加工线及找正线（找正线和加工线之间的距离一般为 5mm），然后将工件装上机床，按照划好的线找正工件在机床上的正确位置。划线找正定位时工件的定位基准是所划的线，如图 5-3 所示。图 5-3a 为某箱体的加工要求（局部），划线过程如下：①找出铸件孔的中心 *O*，并划出孔的中心线Ⅰ和Ⅱ，按尺寸 *A* 和 *B* 检查 *E*、*F* 面的余量是否足够，如果不够再调整中心线Ⅰ；②按照图样尺寸 *A* 要求，以孔中心为划线基准，划出 *E* 面的找正线Ⅲ；③按照图样尺寸 *B* 划出 *F* 面的找正线Ⅳ，如图 5-3b 所示。加工时，将工件放在可调支承上，通过调整可调支承的高度来找正划好的线Ⅲ，如图 5-3c 所示。这种定位方法生产率低、精度低，一般多用于单件、小批量生产中加工复杂而笨重的零件，或毛坯精度低而无法直接采用夹具定位的场合。

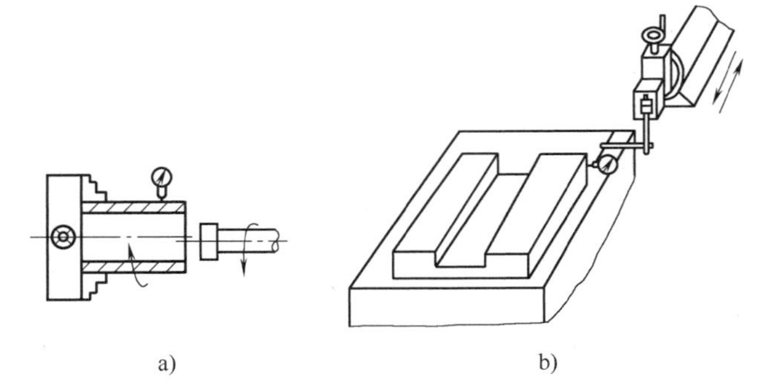

图 5-2　直接找正定位法

a）磨内孔时工件的找正　b）刨槽时工件的找正

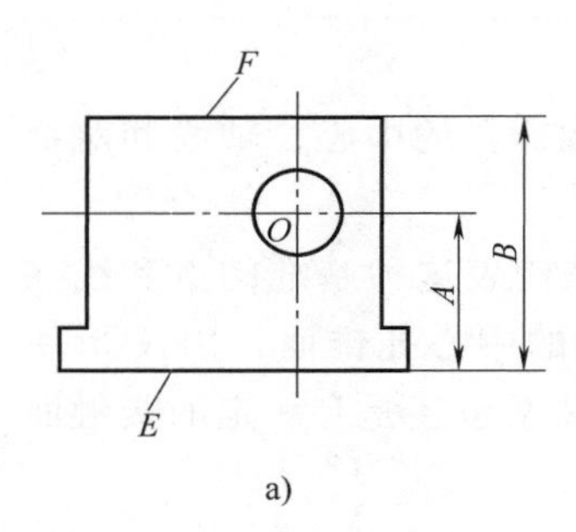

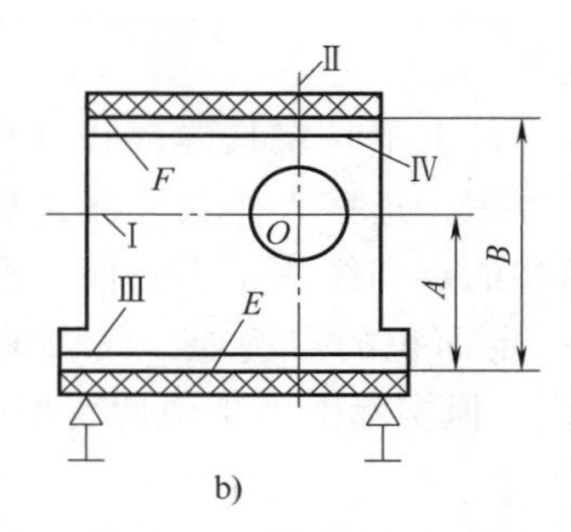

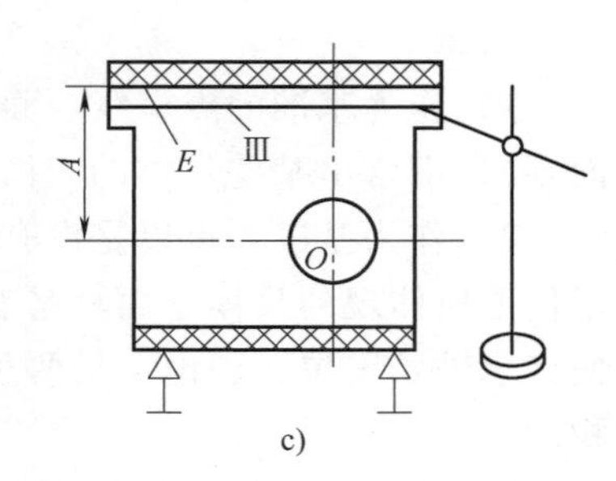

图 5-3 划线找正定位法

3. 夹具定位法

当夹具是按照被加工工序要求专门设计时，可以采用夹具定位法。夹具上的定位元件能使工件相对于机床与刀具迅速调整到正确位置，不需要划线找正或直接找正就能保证工件的定位精度。用夹具定位生产率高，定位精度较高，目前广泛应用于成批及大量生产中。

5.2.3 工件在夹具中的定位

定位的目的是使工件在夹具中相对机床、刀具占有确定的位置，并且应用夹具定位工件，还能使同一批工件在夹具中的加工位置一致性好。在夹具设计中，定位方案不合理，工件的加工精度就无法保证。因此，工件定位方案的确定是夹具设计中首先要解决的问题。

1. 六点定位原理

如图 5-4a 所示，任一刚体在空间都有六个自由度，即 x、y、z 三个坐标轴的移动自由度 $\vec{x}$、$\vec{y}$、$\vec{z}$，以及绕这三个坐标轴的转动自由度 $\overset{\frown}{x}$、$\overset{\frown}{y}$、$\overset{\frown}{z}$。假设工件是一刚体，要使它在机床上（或夹具中）完全定位，就必须限制它在空间的六个自由度。如图 5-4b 所示，用六个定位支撑点与工件接触，并保证支撑点合理分布，使每个定位支撑点限制工件的一个自由度，便可以将工件六个自由度完全限制，这样工件在空间的位置也就被唯一确定。由此可见，要使工件的位置完全定位就必须限制工件在空间的六个自由度，即工件的“六点定位原理”。

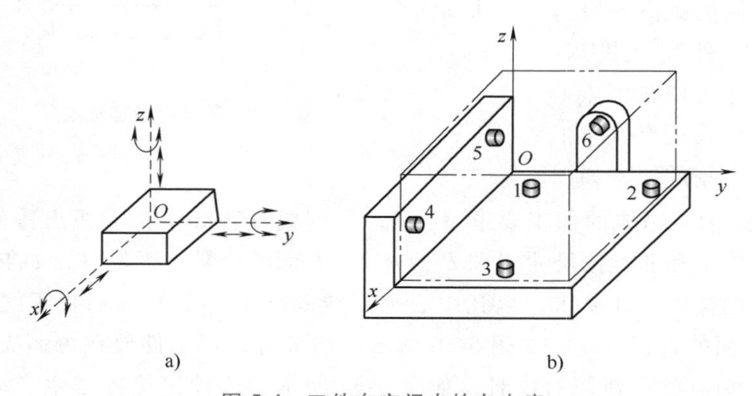

图 5-4 工件在空间中的自由度

在使用“六点定位原理”进行零件定位问题分析时，应注意如下几点：

1）定位就是限制自由度，通常用合理布置定位支承点的方法来限制工件的自由度。

2）定位支承点限制工件自由度的作用，应理解为定位支承点与工件定位基准面始终保持紧贴接触。若二者脱离，则意味着失去定位作用。

3）一个定位支承点仅限制一个自由度，一个工件仅有六个自由度，所设置的定位支承点数目，原则上不应超过六个。

4）分析定位支承点的定位作用时，不考虑力的影响。工件的某一自由度被限制，是指工件在这一方向上有确定的位置，并非指工件在受到使其脱离定位支承点的外力时，不能运动，欲使其在外力作用下不能运动，是夹紧的任务；反之，工件在外力作用下不能运动，即被夹紧，也并非是说工件的所有自由度都被限制了。因此，定位和夹紧是两个概念，不能混淆。

5）定位支承点是由定位元件抽象而来的，在夹具中，定位支承点总是通过具体的定位元件体现，至于具体的定位元件应转化为几个定位支承点，需结合其结构进行分析。

2. 工件定位时的常见问题

在夹具设计和定位分析中，还经常会遇到以下问题：

（1）完全定位和不完全定位问题　对于图 5-4b 中的长方体工件，xOy 平面上的定位支承点限制了该工件的三个自由度$\widehat{x}$、$\widehat{y}$、$\vec{z}$，xOz 平面上的两个定位支承点限制了该工件的两个自由度$\vec{y}$、$\widehat{z}$，yOz 平面上的一个定位支承点限制了工件沿 x 轴移动的自由度$\vec{x}$。因而，这样分布的六个定位支承点，限制了工件全部六个自由度，称为工件的“完全定位”。

然而，并非所有工件在夹具中都需要完全定位，究竟应限制哪些自由度，需要根据具体加工需求确定。如图 5-5a 所示，在工件上铣键槽，在沿三个轴的移动和转动方向上都有尺寸及位置要求，所以加工时必须完全限制六个自由度，即要“完全定位”。图 5-5b 中，在工件上铣台阶面，在 y 方向无尺寸要求，故只需限制五个自由度，即不限制工件沿 y 轴的移动自由度$\vec{y}$，对工件的加工精度无影响，工件在这一方向上的位置不确定只影响加工时的进给行程而已。这种允许少于六点的定位称为“不完全定位”或“部分定位”。图 5-5c 中铣削工件上平面，只需保证 z 方向的高度尺寸及上平面与工件底面的位置要求，因此只要在底平面上限制三个自由度$\widehat{x}$、$\widehat{y}$、$\vec{z}$ 就足够，亦称为“不完全定位”。显然，在此情况下，不完全定位是合理的定位方式。

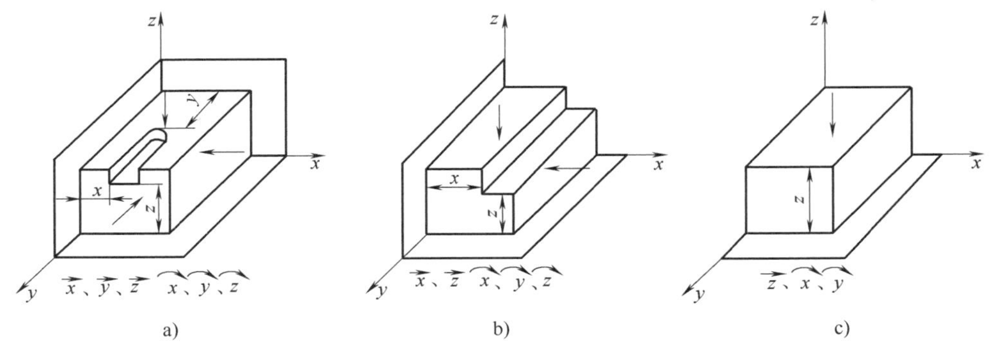

图 5-5　工件应限制自由度的确定

（2）过定位和欠定位问题　在加工中，如果工件的定位支承点数少于应限制的自由度数，则必然导致达不到所要求的加工精度。这种工件定位点不足的情况，称为“欠定位”。例如图 5-5a 中，若在 zOx 平面内不设置定位支承点，则在定程切削中就难以保证 y 方向尺寸要求。显然，欠定位在实际生产中，是绝对不允许出现的。

反之，如果工件的某一个自由度同时被一个以上的定位支承点重复限制，则对该自由度的重复限制会产生矛盾，这种情况被称为“过定位”或“重复定位”。

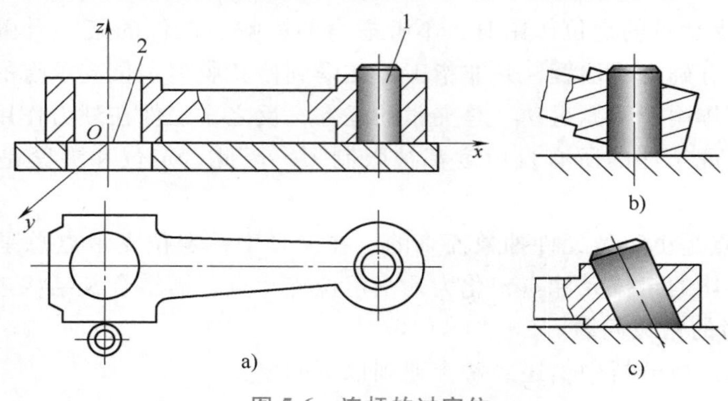

图 5-6　连杆的过定位

1—长圆柱销　2—支承板

如图 5-6 所示，加工连杆大孔的定位方案中，长圆柱销 1 限制了$\vec{x}$、$\vec{y}$、$\widehat{x}$、$\widehat{y}$ 四个自由度，支承板 2 限制$\widehat{x}$、$\widehat{y}$、$\vec{z}$ 三个自由度。其中，$\widehat{x}$、$\widehat{y}$ 被两个定位元件重复限制，产生过定位。若工件孔与端面垂直度误差较大，且孔与销间隙又很小，则定位情况如图 5-6b 所示，定位后工件歪斜，端面只有一点接触。若长圆柱销 1 的刚度好，压紧后连杆将变形；若刚度不足，压紧后长圆柱销 1 将歪斜，工件也可能变形如图 5-6c 所示，二者都会引起加工大孔的位置误差，使连杆两孔的轴线不平行。

综上所述，在考虑工件的定位问题时要注意：工件理论上所要限制的自度应当根据加工要求所确定，欠定位是不允许的。工件实际定位所限制的自由度要具体情况具体分析，有时为了承受切削力或简化夹具结构，允许将不需要限制的自由度加以限制，但一般应避免出现过定位。而过定位只能在满足提高工件定位面以及夹具定位元件的加工精度的前提下使用。例如，虽然球体上通铣平面只需限制一个自由度，但在考虑定位方案时，往往会限制两个自由度，如图 5-7a 所示，或限制三个自由度的方案，如图 5-7b 所示。

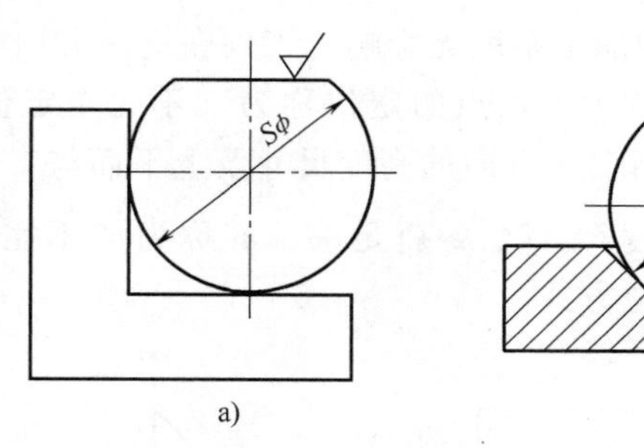

图 5-7　球体上通铣平面

3. 典型定位元件与定位方式

（1）平面定位　以平面作为工件的定位基面是最常见的定位方式之一。例如，在箱体、床身、机座和支架等零件的加工中，大多采用平面定位。

1）主要支承：用来限制工件的自由度，起定位作用。

① 固定支承。固定支承有支承钉和支承板两种形式，如图 5-8 所示。

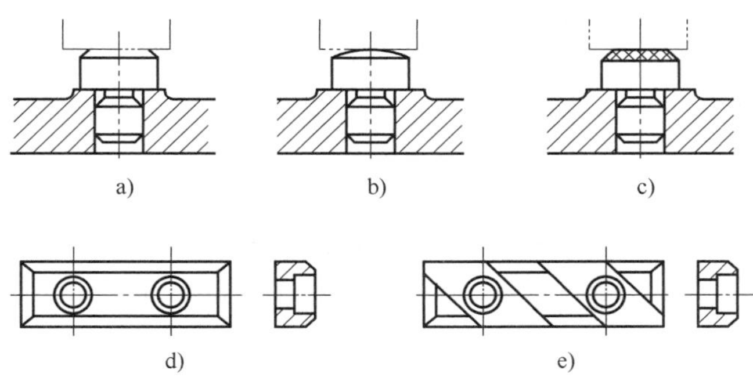

图 5-8　支承钉和支承板

当工件以未经加工的表面定位时，常采用球头支承钉，如图 5-8b 所示。齿纹头支承钉如图 5-8c 所示，当用在工件侧面时，能增大摩擦系数，防止工件滑动。当工件以加工过的平面定位时，可采用如图 5-8a 所示的平头支承钉或支承板。图 5-8d 所示支承板的结构简单，制造方便，但孔边切屑不易清除干净，故适用于侧面和顶面定位。图 5-8e 所示支承板便于清除切屑，适用于底面定位。

② 可调支承。可调支承是指支承钉的高度可以人为调节。如图 5-9 所示为几种常用的可调支承。调整时要先松后调，调好后用防松螺母锁紧。

可调支承主要用于工件以毛坯表面定位或定位基面的形状复杂（如成形面、台阶面等），以及各批毛坯的尺寸、形状变化较大时的情况。可调支承在一批工件加工前调整一次。在同批工件加工中，它的作用与固定支承相同。

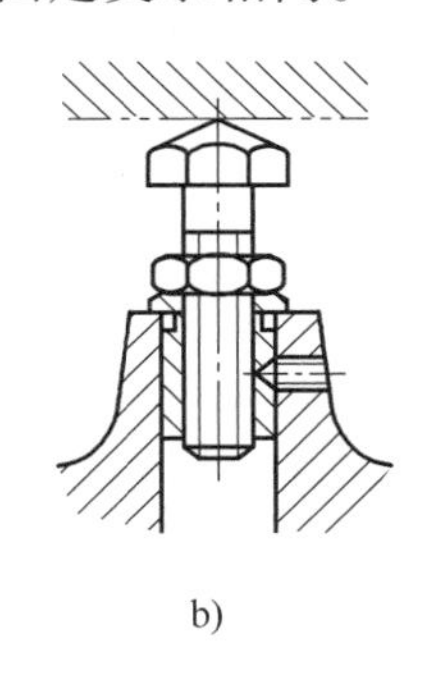
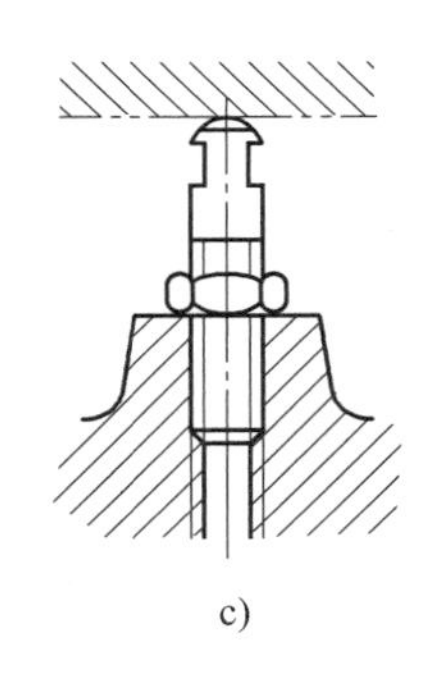
a)　b)　c)

图 5-9　可调支承

③ 自位支承。在工件定位过程中，能自动调整位置的支承称为自位支承。图 5-10 所示为夹具中常见的几种自位支承。其中图 5-10a、图 5-10b 是两点式自位支承，图 5-10c 为三点式自位支承。这类支承的工作特点是支承点的位置能随着工件定位基面的不同而自动调节，

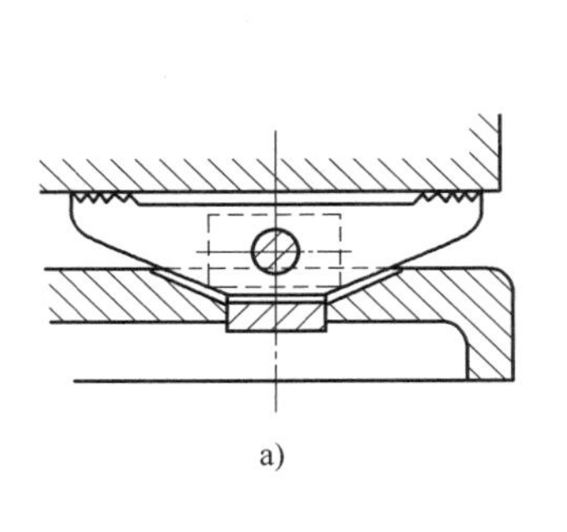
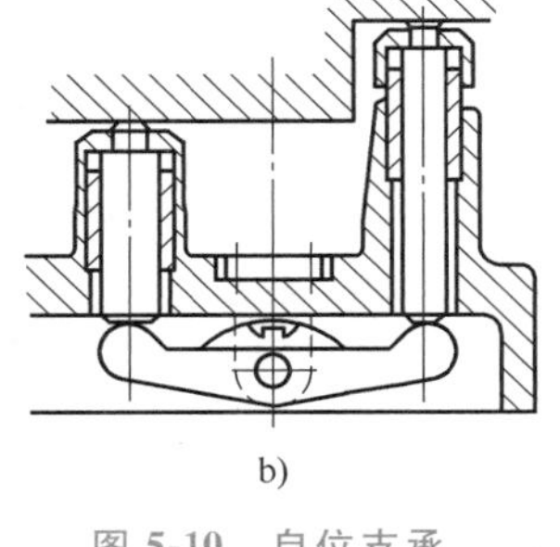
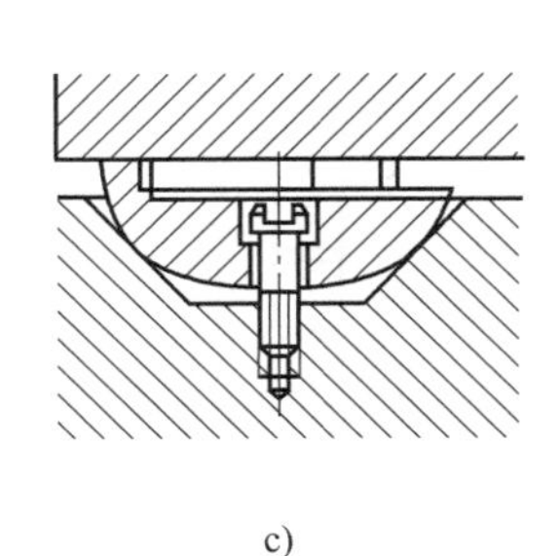
a)　b)　c)

图 5-10　自位支承

定位面压下其中一点，其余点便上升，直至各点都与工件接触。接触点数的增加，提高了工件的装夹刚度和稳定性，但其作用仍相当于一个固定支承，只限制工件一个自由度。

2）辅助支承。辅助支承通常用来提高工件的装夹刚度和稳定性，不起定位作用。辅助支承的工作特点是待工件定位夹紧后，再调整支承钉的高度，使其与工件的有关表面接触并锁紧。每安装一个工件就要调整一次辅助支承。此外，辅助支承还可起预定位的作用。

如图 5-11 所示，工件以内孔及端面定位，钻右端小孔。由于右端为一悬臂，钻孔时工件刚性差。若在 A 处设置固定支承，属于过定位，有可能会破坏左端的定位。此时可在 A 处设置一辅助支承，承受钻削力，既不破坏定位，又增加了工件的刚性。

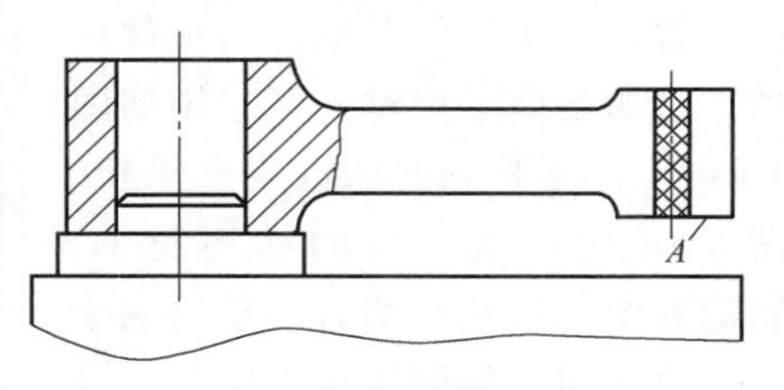

图 5-11 辅助支承的应用

图 5-12 为夹具中常见的三种辅助支承。图 5-12a、图 5-12b 为螺旋式辅助支承。图 5-12c 为自位式辅助支承，支承销在弹簧的作用下与工件接触，转动手柄使顶柱将支承销锁紧。

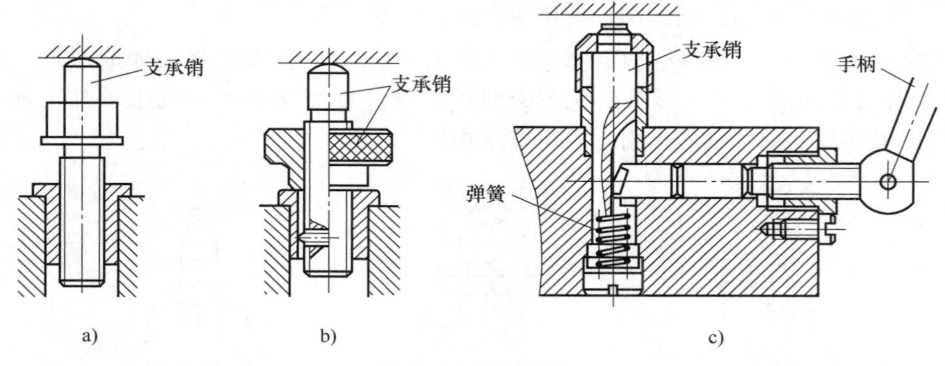

图 5-12 辅助支承

（2）孔定位　工件以圆孔表面作为定位基面时，常用以下定位元件：

1）圆柱销（定位销）。图 5-13 为常用定位销的结构。当工件孔径较小（D = 3 ~ 10mm）时，为增加定位销的刚度，避免销子因受撞击而折断损坏，或热处理时淬裂，通常把根部倒成圆角。这时夹具体上应有沉孔，使定位销的圆角部分沉入孔内从而不妨碍定位。当大批大量生产时，为了便于定位销的更换，可采用图 5-13d 所示的带衬套的结构形式。

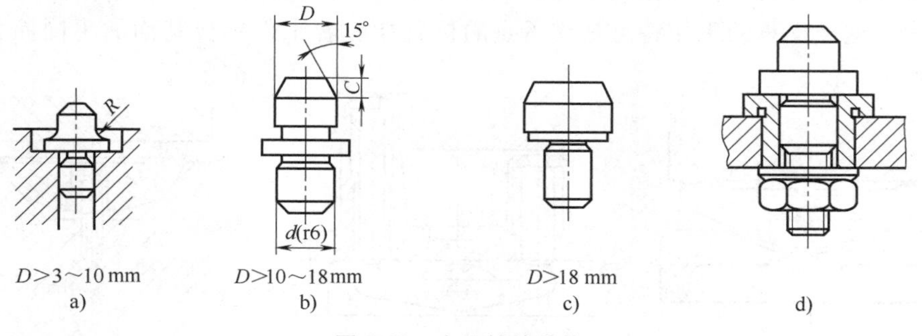

图 5-13 定位销的结构

2）圆柱心轴。如图 5-14 所示为常用圆柱心轴的结构形式。图 5-14a 为间隙配合心轴，其定位部分直径按 h6、g6 或 f7 制造，装卸工件较为方便，但定心精度不高。为了减少因配合间隙而造成的工件倾斜，工件通常以孔和端面联合定位，因而要求工件定位孔与定位端面有较高的垂直度，最好能在一次装夹中加工出来。圆柱心轴使用开口垫圈来夹紧工件，从而实现快速装卸，开口垫圈的两端面应互相平行。当工件内孔与端面垂直度误差较大时，宜改用球面垫圈。

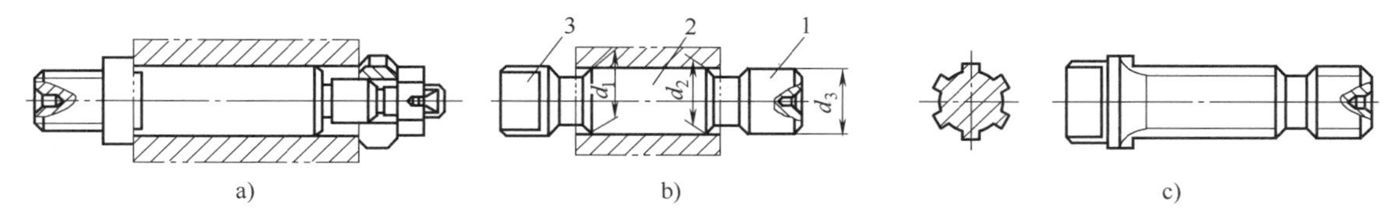

图 5-14　圆柱心轴的结构形式

1—导向部分　2—工作部分　3—传动部分

图 5-14b 所示为过盈配合心轴，由导向部分 1、工作部分 2 及传动部分 3 组成。导向部分的作用是使工件迅速而准确地套入心轴。工作部分的基本尺寸等于孔的最大极限尺寸。心轴两边的凹槽是供车削工件端面时退刀用的。这种心轴制造过程简单，定心准确，不用另设夹紧装置，但装卸工件不便，易损伤工件定位孔，因此多用于定心精度要求高的精加工。

图 5-14c 所示为花键心轴，用于加工以花键孔定位的工件。当工件定位孔的长径比 $L/d>1$ 时，工作部分可略带锥度。在设计花键心轴时，应根据工件的不同定位方式来确定定位心轴的结构，其配合可参考上述两种心轴。

3）圆锥销。图 5-15 为工件以圆孔在圆锥销上定位的示意图，它限制了工件的三个自由度。图 5-15a 用于毛坯孔的定位，图 5-15b 用于已加工孔的定位。

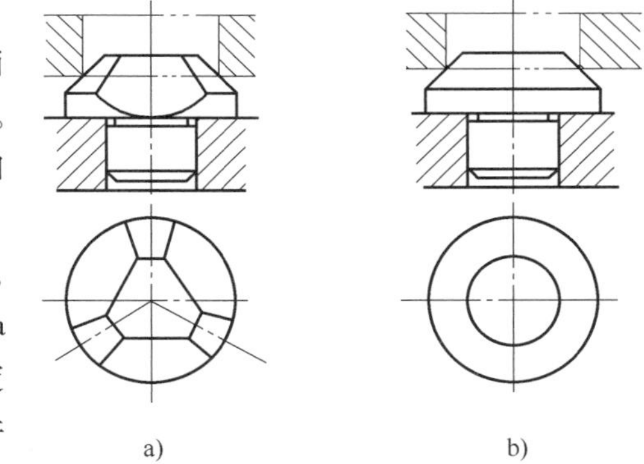

图 5-15　圆锥销定位

工件在单个圆锥销上定位容易倾斜，为此，圆锥销经常与其他定位元件组合定位。图 5-16a 为圆锥-圆柱组合心轴，锥度部分使工件准确定心，圆柱部分可减少工件倾斜。图 5-16b 为工件在双圆锥销上定位。图 5-16c 为以工件底面作为主要定位基面，圆锥销是活动的，即使工件的孔径变化较大，也能准确定位。以上三种定位方式均限制工件的五个自由度。

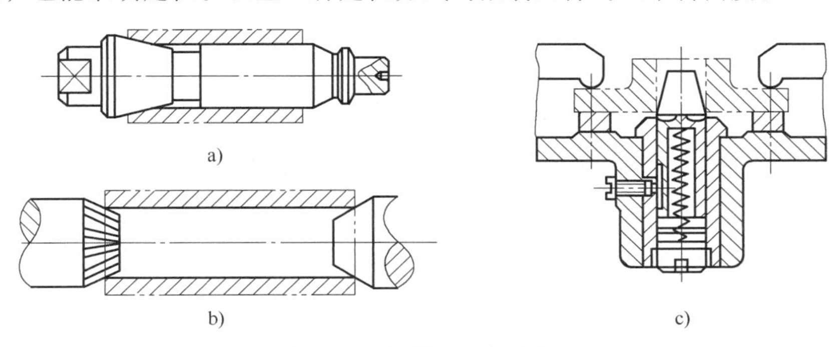

图 5-16　圆锥销组合定位

4）圆锥心轴（小锥度心轴）。如图5-17所示，当工件在锥度心轴上定位时，靠工件定位圆孔与心轴的弹性变形夹紧工件，心轴锥度 K 见表5-1。

这种定位方式的定位精度较高，且不用另设夹紧装置，但工件的轴向位移误差较大，传递的扭矩较小，适用于工件定位孔精度不低于IT7的精车和磨削加工。

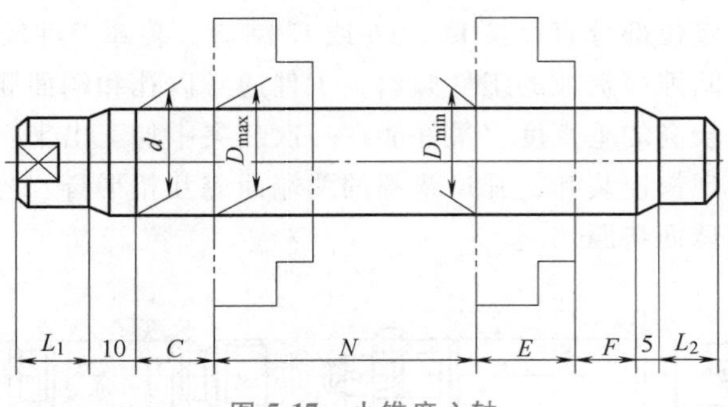

图5-17 小锥度心轴

表5-1 高精度心轴锥度推荐值

工件定位孔直径 D/mm	8~25	25~50	50~70	70~80	80~100	>100
锥度 K	$\frac{0.01}{2.5D}$	$\frac{0.01}{2D}$	$\frac{0.01}{1.5D}$	$\frac{0.01}{1.25D}$	$\frac{0.01}{D}$	$\frac{0.01}{0.75D}$

（3）外圆定位　当工件以外圆柱面定位时，常使用如下定位元件：

1）V形块定位。如图5-18所示，V形块两工作平面间的夹角有60°、90°和120°三种，其中以90°应用最广，且其结构已标准化。V形块设计、安装的基准是心轴的中心。故V形块在夹具中的安装尺寸 T（定位高度）是V形块的主要设计参数，用来检验V形块制造、装配的精度。由图5-18可求出：

$$T=H+OC=H+(OE-CE) \tag{5-1}$$

而

$$OE=\frac{d}{2\sin\left(\frac{\alpha}{2}\right)} \tag{5-2}$$

$$CE=\frac{N}{2\tan\left(\frac{\alpha}{2}\right)} \tag{5-3}$$

所以

$$T=H+0.5\left(\frac{d}{\sin\left(\frac{\alpha}{2}\right)}-\frac{N}{\tan\left(\frac{\alpha}{2}\right)}\right) \tag{5-4}$$

当　$\alpha=90°$时，$T=H+0.707d-0.5N$

图5-19所示为常用V形块结构。其中图5-19a用于较短的已加工外圆表面定位，而图5-19b用于毛坯外圆表面定位和阶梯面定位，图5-19c则用于较长的已加工外圆表面定位和相距较远的两个面之间的定位。V形块不一定采用整体结构的钢件，可在铸铁底座上镶淬硬垫板，如图5-19d所示。

2）定位套定位。图5-20为常用的两种定位套。为了限制工件沿轴向

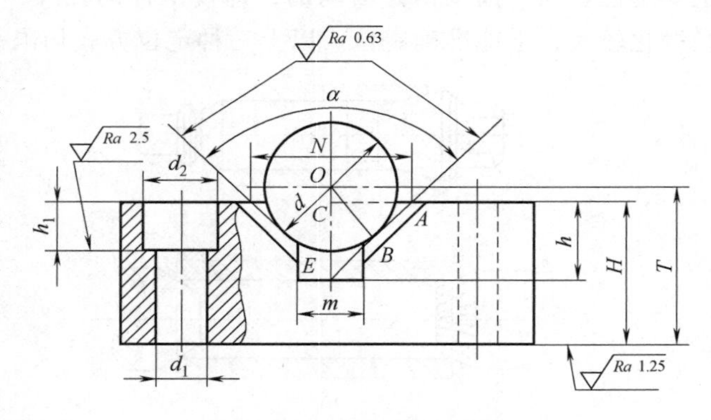

图5-18 V形块的结构尺寸

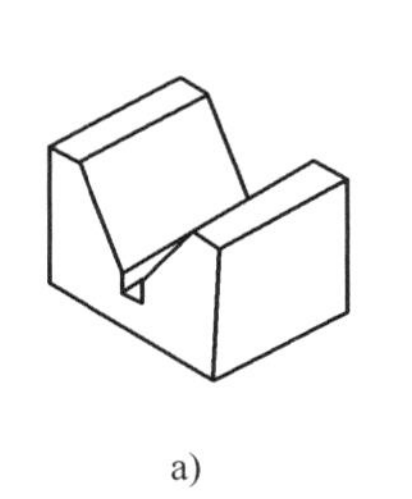

a)

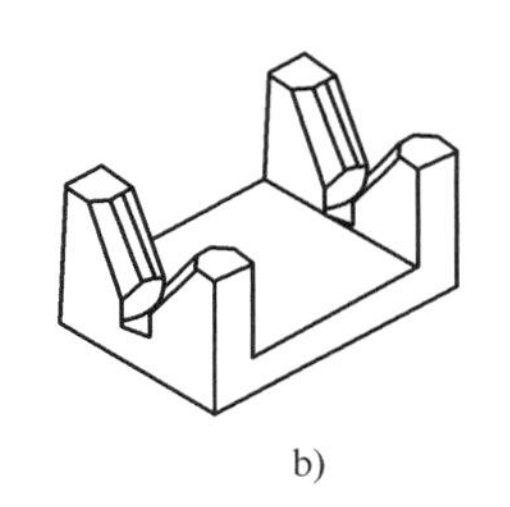

b)

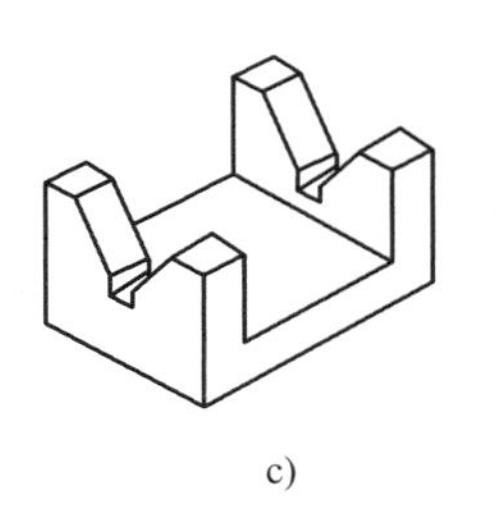

c)

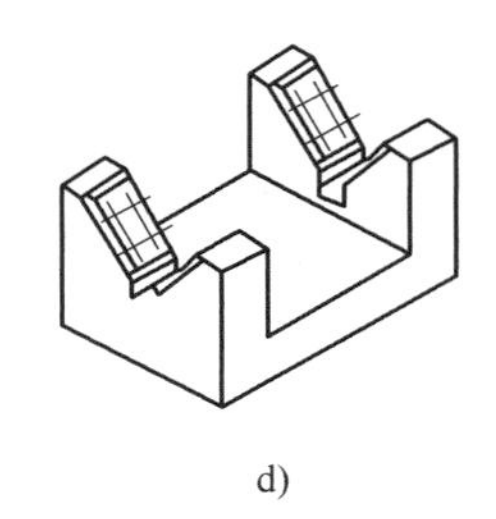

d)

图 5-19　常用 V 形块的结构

的自由度，常与端面联合定位。用端面作为主要定位面时，应控制套的长度，以免夹紧时工件产生不允许出现的形变。定位套结构简单，容易制造，但定心精度较低，一般用于已加工表面定位。

3）圆锥套定位。图 5-21 为工件在圆锥套中定位。工件以圆柱端部在反顶尖的锥孔中定位，锥孔中有齿纹，以便带动工件旋转。顶尖体的锥柄部分插入机床的主轴孔中。

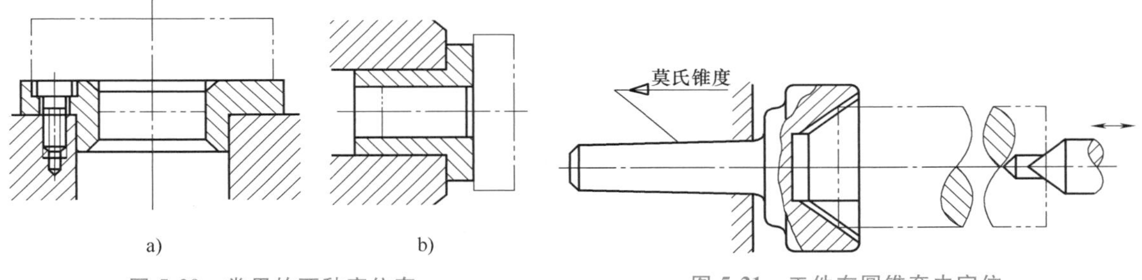

a)　b)

图 5-20　常用的两种定位套

图 5-21　工件在圆锥套中定位

常见典型定位元件及其组合所能限制的自由度见表 5-2。

表 5-2　典型定位元件及其组合所能限制的自由度

工件定位基准面	定位元件	定位方式及所限制的自由度	工件定位基准面	定位元件	定位方式及所限制的自由度
平面	支承钉	$\vec{y}\cdot\hat{z}$　$\vec{x}$　$\vec{z}\cdot\hat{x}\cdot\hat{y}$	平面	固定支撑与自位支承	$\vec{y}\cdot\hat{z}$　$\vec{z}\cdot\hat{x}\cdot\hat{y}$
	支承板	$\vec{y}\cdot\hat{z}$　$\vec{z}\cdot\hat{x}\cdot\hat{y}$		固定支撑与辅助支承	$\vec{y}\cdot\hat{z}$　$\vec{z}\cdot\hat{x}\cdot\hat{y}$

（续）

工件定位基准面	定位元件	定位方式及所限制的自由度
圆孔	定位销（心轴） 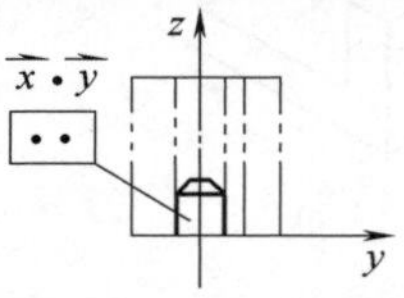 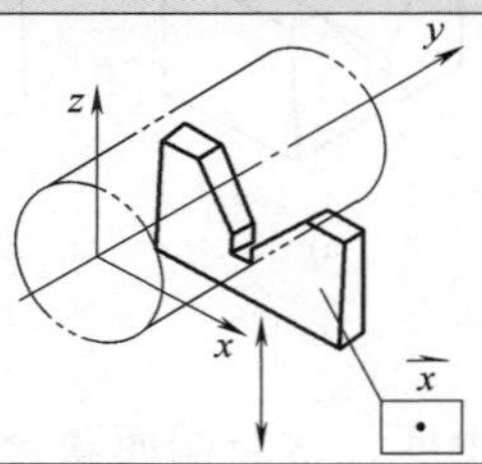	$\vec{x}\cdot\vec{y}$
		$\vec{x}\cdot\vec{y}$，$\overset{\frown}{x}\cdot\overset{\frown}{y}$
	锥销	$\vec{x}\cdot\vec{y}\cdot\vec{z}$
		$\overset{\frown}{x}\cdot\overset{\frown}{y}$；$\vec{x}\cdot\vec{y}\cdot\vec{z}$
外圆柱面	支承板或支承钉 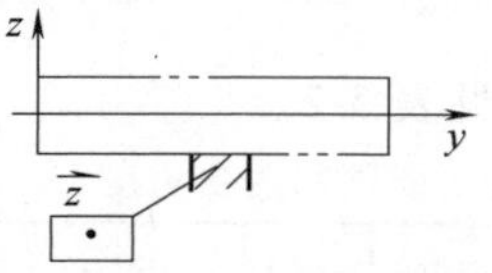 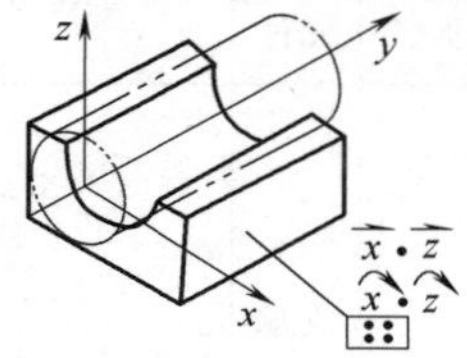	$\vec{z}$
		$\vec{z}\cdot\overset{\frown}{x}$
	V形块 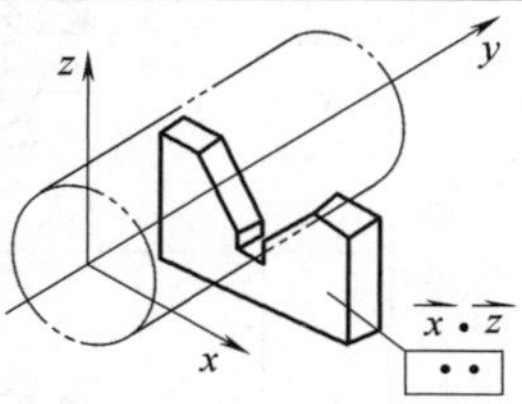 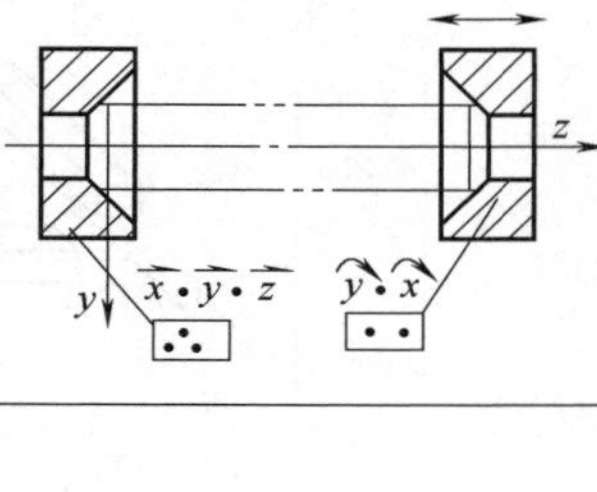	$\vec{x}\cdot\vec{z}$
		$\vec{x}\cdot\vec{z}$，$\overset{\frown}{x}\cdot\overset{\frown}{z}$
外圆柱面	V形块	$\vec{x}$
	定位套	$\vec{x}\cdot\vec{z}$
		$\vec{x}\cdot\vec{z}$，$\overset{\frown}{x}\cdot\overset{\frown}{z}$
	半圆孔	$\vec{x}\cdot\vec{z}$
		$\vec{x}\cdot\vec{z}$，$\overset{\frown}{x}\cdot\overset{\frown}{z}$
	锥套	$\vec{x}\cdot\vec{z}\cdot\vec{y}$
		$\vec{x}\cdot\vec{y}\cdot\vec{z}$；$\overset{\frown}{y}\cdot\overset{\frown}{x}$

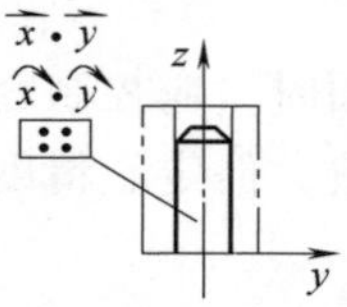

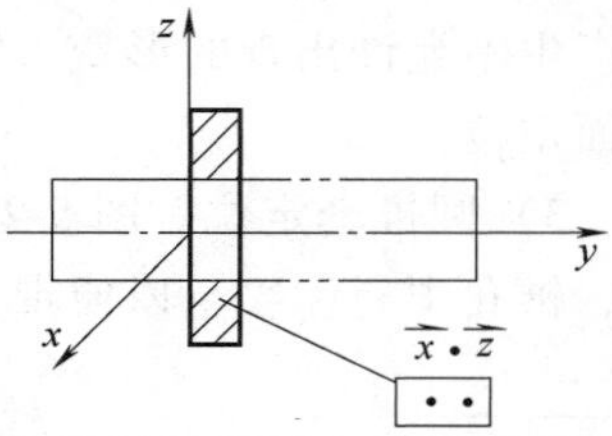

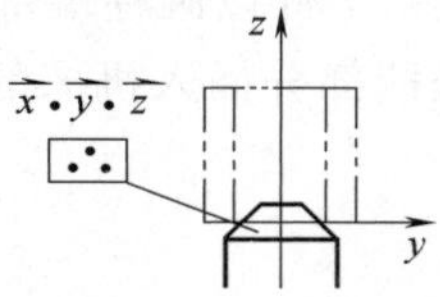

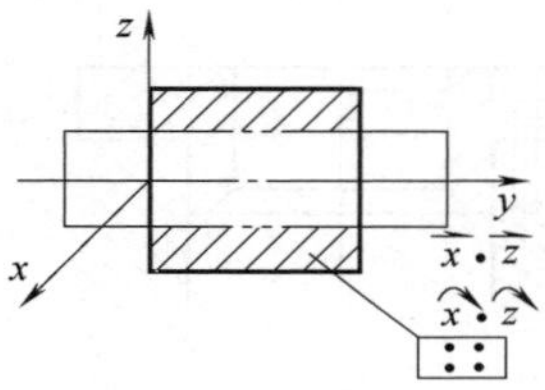

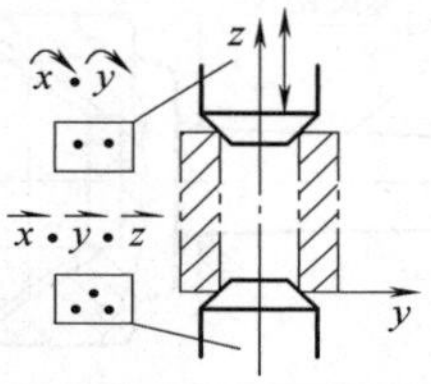

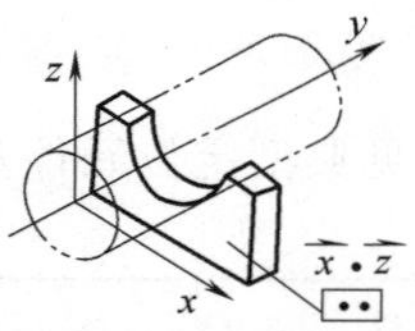

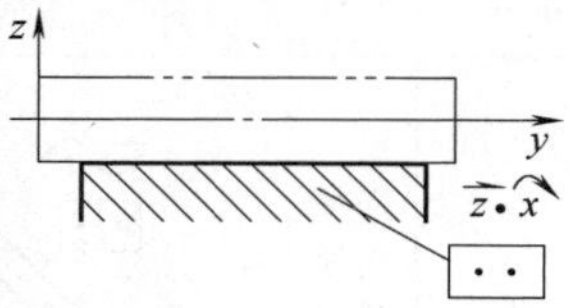

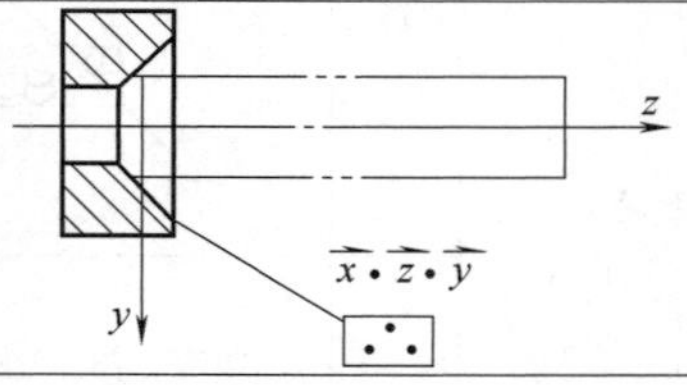

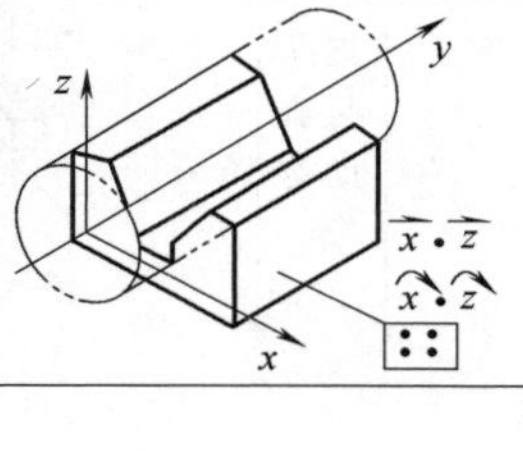

（续）

工件定位基准面	定位元件	定位方式及所限制的自由度	工件定位基准面	定位元件	定位方式及所限制的自由度
锥孔	顶尖	$\vec{x}\cdot\vec{y}\cdot\vec{z}$　$\widehat{y}\cdot\widehat{x}$	锥孔	锥心轴	$\vec{x}\cdot\vec{y}\cdot\vec{z}$　$\widehat{y}\cdot\widehat{x}$

注：□内点数表示相当于支承点的数目；□外注表示定位元件所限制工件的自由度。

（4）组合表面定位　实际生产中，一般工件都是以两个或两个以上的表面作为定位基准，即采用组合定位方式完成定位。

组合定位的方式很多，生产中最常用的是“一面两孔”定位，如加工箱体、杠杆和盖板等。采用“一面两孔”定位，易于做到工艺过程中的基准统一，保证工件的位置精度，减少夹具设计和制造的工作量。

当工件采用“一面两孔”定位时，两孔可以是工件结构上原有的结构，也可以是为定位需要而专门加工出来的工艺孔。相应的定位元件是支承板和两个定位销。某箱体镗孔时以“一面两孔”定位的示意图如图 5-22 所示。

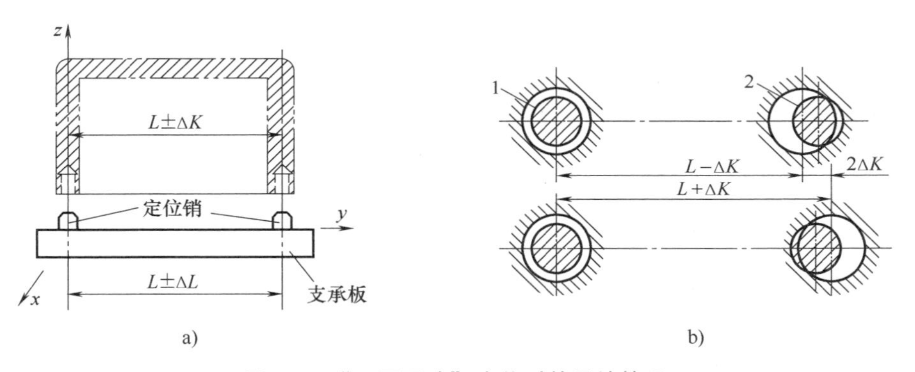

图 5-22　“一面两孔”定位时的干涉情况

1、2—定位销（短圆柱销）

图 5-22a 中，支承板限制工件$\widehat{x}$、$\widehat{y}$、$\vec{z}$ 三个自由度；图 5-22b 中短圆柱销 1 限制工件$\vec{x}$、$\vec{y}$ 两个自由度；短圆柱销 2 限制工件的$\vec{y}$、$\widehat{z}$ 两个自由度。可见$\vec{y}$ 被两个圆柱销重复限制，即产生了过定位，受工件孔距精度 $L\pm\Delta K$ 的影响，有部分工件无法装入。

为消除过定位的影响，常采用定位销“削边”的方法。这样，在两孔连心线的方向上，起到缩小定位销直径的作用，使中心距误差得到补偿。而在垂直于连心线的方向上，销 2 的直径并未减小，所以工件定位的转角误差没有增大，定位精度高。常用削边销的结构已标准化，如图 5-23 所示。为保证削边销的强度，一般多采用菱形结构（A 型），故又称为菱形销，应用较多。B 型结构简单，容易制造，但刚性较差。在安装削边销时，削边方向应垂直于两销的连心线。

5.2.4 定位误差的分析

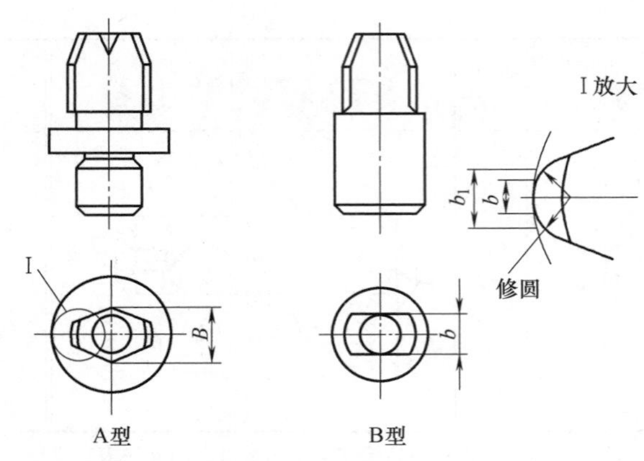

图 5-23 削边销的结构

1. 定位误差的产生及其原因

定位误差是由于工件在夹具上定位不准确而引起的加工误差。例如，在一根轴上铣键槽，要求保证槽底到轴心的距离为 H。如果采用 V 形块定位，键槽铣刀按规定尺寸 H 调整好位置如图 5-24 所示。实际加工时，由于工件外圆直径的尺寸不统一，会造成外圆中心位置发生变化。若不考虑加工过程中产生的其他加工误差，仅由于工件圆心位置的变化也会使工序尺寸 H 发生变化。此变化量（即加工误差）是由于工件定位而引起的，故通常称为定位误差，常用 Δ_{DW} 表示。

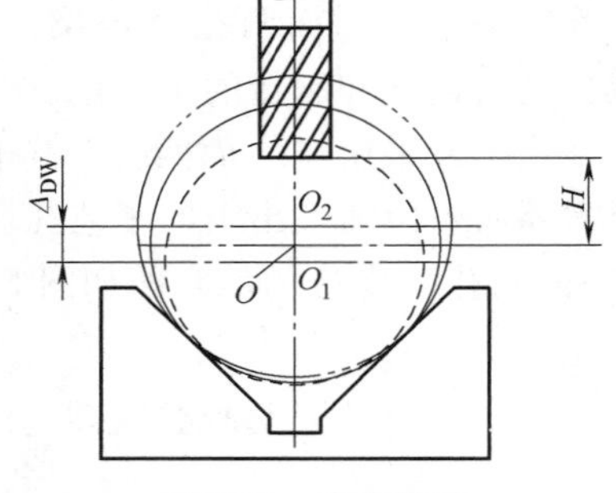

图 5-24 定位误差

定位误差的来源主要有以下两方面：

1）由于工件的定位表面或夹具上的定位元件制作不精确引起的定位误差，称为基准位置误差，通常用 Δ_{JW} 表示。如图 5-24 所示，其定位误差就是由于工件定位面（外圆表面）尺寸不够精确而引起的。

2）由于工件的工序基准与定位基准不重合而引起的定位误差，称为基准不重合误差，常用 Δ_{JB} 表示。例如，图 5-25 所示工件以底面定位铣台阶面，为了保证尺寸 a 的精度，即工序基面为工件顶面。如刀具已调整好位置，则由于尺寸 b 的误差会使工件顶面位置发生变化，从而使工序尺寸 a 产生误差。

在采用调整法加工时，工件的定位误差实质上就是工序基准在加工尺寸方向上的最大变动量。因此，计算定位误差首先需要找出工序尺寸的工序基准，然后求出其在加工尺寸方向上的最大变动量即可。

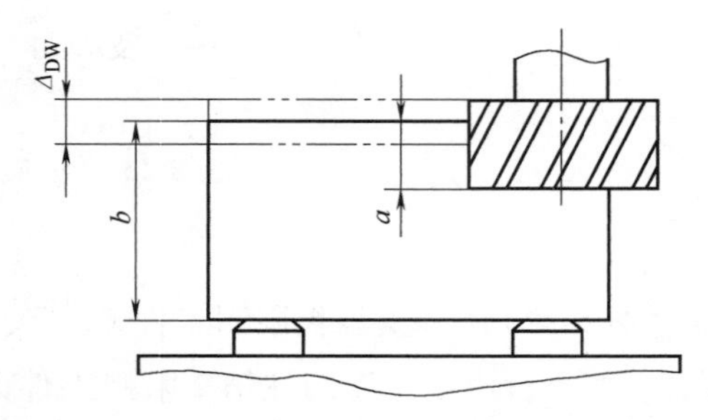

图 5-25 由于基准不重合引起的定位误差

2. 定位误差的计算

通常，定位误差可按下述方法进行分析计算：

（1）用几何法计算定位误差 采用几何方法计算定位误差通常要画出工件的定位简图，并在图中画出工件变动的极限位置，然后运用几何知识求出工序基准在工序尺寸方向上的最大变动量，即为定位误差。

例 5-1： 如图 5-26 所示为孔销间隙配合的情况。若工件的工序基准为孔心，试确定孔销间隙配合时的定位误差。

解：参考图 5-26a，当工件孔径为最大，定位销直径为最小时，孔心在任意方向上的最大变动量均为孔与销的最大间隙，即无论工序尺寸方向如何（只要工序尺寸方向垂直于孔的轴线），孔销间隙配合的定位误差通常为：

$$\Delta_{DW}=D_{max}-d_{min} \tag{5-5}$$

式中　Δ_{DW}——定位误差；

D_{max}——工件上定位孔的最大直径；

d_{min}——夹具上定位销的最小直径。

在某些情况下，工件上的孔可能会与夹具上的定位销维持固定边接触，如图 5-26b 所示。此时可求出由于孔径变化而造成孔心在接触点与销子中心连线方向上的最大变动量为：

$$\frac{1}{2}(D_{max}-D_{min})=\frac{1}{2}T_D \tag{5-6}$$

即孔径公差的一半。若工件的工序基准仍然是孔心，且工序尺寸方向与固定接触点和销子中心连线方向相同，则有：

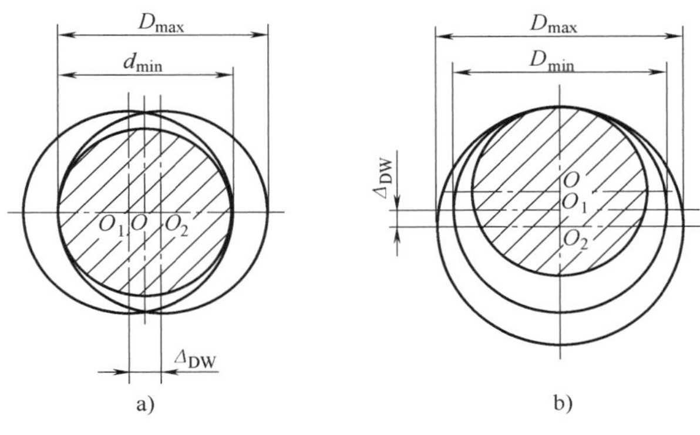

图 5-26　孔销间隙配合时的定位误差

$$\Delta_{DW}=\frac{1}{2}(D_{max}-D_{min})=\frac{1}{2}T_D \tag{5-7}$$

式（5-7）即为孔销间隙配合并保持固定边接触的情况下定位误差的计算公式。式中 D_{max}、D_{min} 分别为定位孔的最大和最小直径，T_D 为孔径公差。在这种情况下，孔在销上的定位实际上已由定心定位转变为支承定位的形式，定位基准变成了孔的一条母线，如图 5-26b 所示为孔的上母线。此时的定位误差是由于定位基准与工序基准不重合造成的，这种误差属于基准不重合误差，与销子的直径公差无关。

（2）用微分法计算定位误差　如前所述，定位误差实质上就是工序基准在加工尺寸方向上的最大变动量。这个变动量相对于基本尺寸而言是个微量，因而可将其视为某个基本尺寸的微分。找出以工序基准为端点的在加工尺寸方向上的某个基本尺寸，对其进行微分，就可以得到定位误差。下面以 V 形块定位为例进行说明。

例 5-2：　工件在 V 形块上定位铣键槽，如图 5-27 所示，试计算其定位误差。

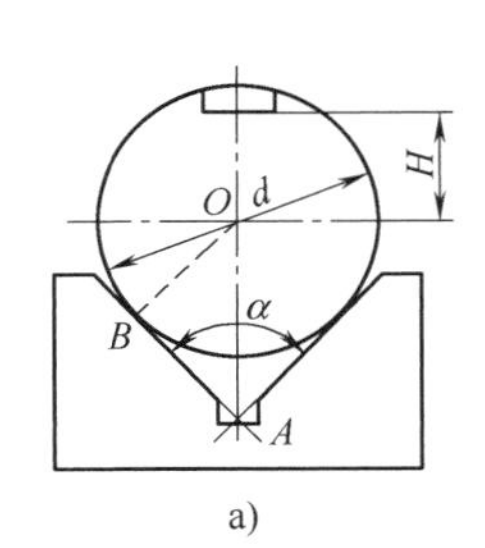

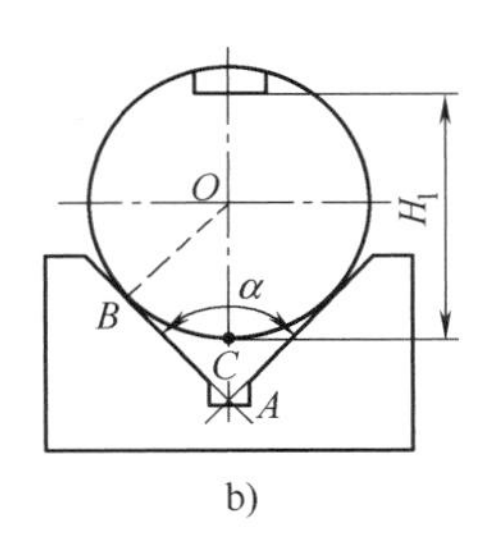

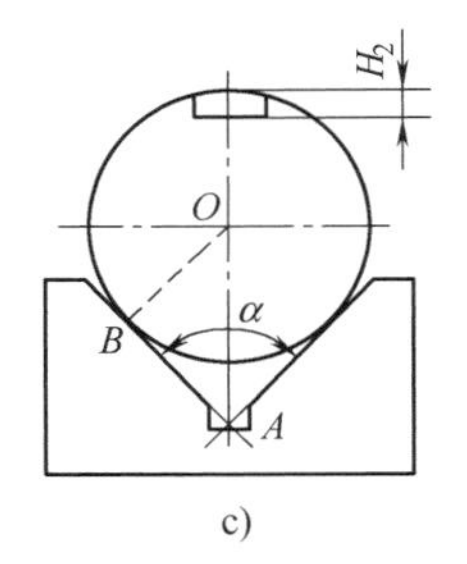

图 5-27　V 形块定位误差计算

解：工件在V形块上定位铣键槽时，与夹具有关的两项工序尺寸和工序要求是：①槽底至工件外圆中心的距离H如图5-27a所示，或槽底至工件外圆下母线的距离H_1如图5-27b所示，或槽底至工件外圆上母线的距离H_2如图5-27c所示；②键槽两侧面对外圆中心的对称度。

对于第二项要求，若忽略工件的圆度误差和V形块的角度误差，则可以认为工序基准（工件外圆中心）在水平方向上的位置变动量为零，即使用V形块对外圆表面定位时，在垂直于V形块对称面方向上的定位误差可以视为零。下面计算第一项要求的定位误差。

首先考虑第一种情况（工序基准为圆心O，如图5-27a所示），可以写出O点至加工尺寸方向上某一固定点（如V形块上两斜面的交点A）的距离：

$$\overline{OA}=\frac{\overline{OB}}{\sin\dfrac{\alpha}{2}}=\frac{d}{2\sin\dfrac{\alpha}{2}} \tag{5-8}$$

式中　d——工件外圆直径；

α——V形块两斜面夹角。

对式（5-8）求全微分，得到：

$$\mathrm{d}(\overline{OA})=\frac{1}{2\sin\dfrac{\alpha}{2}}\mathrm{d}(d)-\frac{d\cos\dfrac{\alpha}{2}}{4\sin^2\left(\dfrac{\alpha}{2}\right)}\mathrm{d}(\alpha) \tag{5-9}$$

用微小增量代替微分，并将尺寸（包括直线尺寸和角度尺寸）误差视为微小增量，同时考虑到尺寸误差可正可负，各项误差取绝对值，就可以得到工序尺寸H的定位误差为：

$$\Delta_{\mathrm{DW}}=\frac{T_d}{2\sin\dfrac{\alpha}{2}}+\frac{d\cos\dfrac{\alpha}{2}}{4\sin^2\left(\dfrac{\alpha}{2}\right)}T_\alpha \tag{5-10}$$

式（5-10）中T_d和T_α分别为工件外圆直径公差和V形块的角度公差。若忽略V形块的角度公差，可以得到V形块对外圆表面定位，当工序基准为外圆中心时，在垂直方向（图5-27中的尺寸H方向）上的定位误差为：

$$\Delta_{\mathrm{DW}}=\frac{T_d}{2\sin\dfrac{\alpha}{2}} \tag{5-11}$$

若工件的工序基准为外圆表面的下母线C（相应的工序尺寸为H_1），如图5-27b所示，则可用相同的方法求出其定位误差。这样C点至A的距离就为：

$$\overline{CA}=\overline{OA}-\overline{OC}=\frac{d}{2}\left(\frac{1}{\sin\dfrac{\alpha}{2}}-1\right) \tag{5-12}$$

取全微分，并忽略V形块的角度公差，可得到V形块对外圆表面定位，当工序基准为外圆表面下母线时（对应工序尺寸H_1）的定位误差为：

$$\Delta_{DW}=\frac{T_d}{2}\left(\frac{1}{\sin\dfrac{\alpha}{2}}-1\right) \tag{5-13}$$

用完全相同的方法还可以求出当工序基准为外圆表面上母线时（对应工序尺寸 H_2）的定位误差为：

$$\Delta_{DW}=\frac{T_d}{2}\left(\frac{1}{\sin\dfrac{\alpha}{2}}+1\right) \tag{5-14}$$

使用微分法计算定位误差，在某些情况下要比几何法简明。

5.3 常见的夹紧机构

工件在定位元件上定好位后，通常需要采用夹紧装置将工件牢固地夹紧，保证工件在加工过程中不因外力（切削力、工件重力、离心力、惯性力或其他力影响）作用而发生位移或振动。工件的加工质量及装夹操作都与夹紧装置有关，所以夹紧装置在夹具中占有重要的地位。

5.3.1 夹紧装置的组成和基本要求

1. 夹紧装置的组成

夹紧装置组成的示意图如图 5-28 所示，夹紧装置主要由以下三个部分组成：

（1）力源装置　力源装置是产生夹紧原始作用力的装置，对机动夹紧机构来说，它是指气动、液压、电力等动力装置。力源来自人力的，称为手动夹紧。

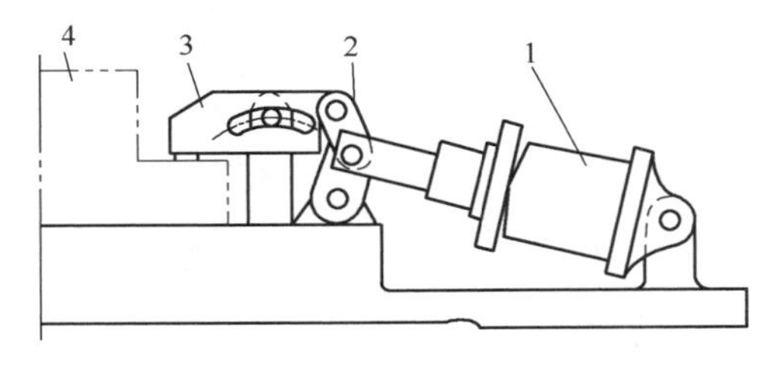

图 5-28　夹紧装置组成示意图

1—力源装置　2—中间传动机构

3—夹紧元件　4—工件

（2）中间传动机构　中间传动机构是指把力源装置产生的力传递给夹紧元件的中间机构。中间传动机构的作用如下：

1）改变作用力的方向。如图 5-28 所示，气缸作用力的方向可由铰链杠杆机构改变为垂直方向的夹紧力。

2）改变作用力的大小。为了把工件牢固地夹住，有时往往需要有较大的夹紧力，这时可利用中间传动机构（如斜楔、杠杆等）将原始力增大，以满足夹紧工件的需要。

3）起自锁作用。在力源消失以后，工件仍能得到可靠的夹紧。这一点对于手动夹紧特别重要。

（3）夹紧元件　夹紧元件是夹紧装置的最终执行元件，它与工件直接接触，把工件夹紧。

2. 对夹紧装置的基本要求

夹紧装置的设计和选用是否合理，对保证工件的加工质量，提高劳动生产率，降低加工成本和确保工人的生产安全都有很大的影响。一般来说夹紧装置的基本要求是：

1）夹紧时不得破坏工件在夹具中占有的正确位置。

2）夹紧力要适当，既要保证在加工过程中工件不移动、不转动、不振动，同时又不能在夹紧时损伤工件表面或使工件产生明显的夹紧变形。

3）夹紧机构要操作方便、迅速、省力。大批大量生产中应尽可能采用气动、液动等高效夹紧装置，以减轻工人的劳动强度和提高生产率。在小批量生产中，则可以采用结构简单的螺钉压板，此时也要尽量设法缩短辅助时间。手动夹紧机构所需要的力一般不允许超过100N。

4）结构应该紧凑简单，具有良好的结构工艺性，同时尽量使用标准件。手动夹紧机构还须有良好的自锁性。

5.3.2　确定夹紧力三要素的原则

确定夹紧力就是要确定夹紧力的作用点、方向和大小这三个要素。只有夹紧力的作用点分布合理、方向正确、大小适当，才能获得良好的加工效果。

1. 夹紧力作用点的选择

夹紧力作用点是指夹紧元件与工件接触的位置。夹紧力作用点的选择，应包括正确确定作用点的数目和位置。选择夹紧力作用点时要注意下列三个问题：

1）夹紧力作用点应落在定位元件的支承范围内，以保持工件定位稳定可靠，在加工过程中不会产生位移和偏转。图5-29a所示的作用点不正确，夹紧时力矩将会使工件产生转动；图5-29b所示是正确的，夹紧时工件稳定可靠。

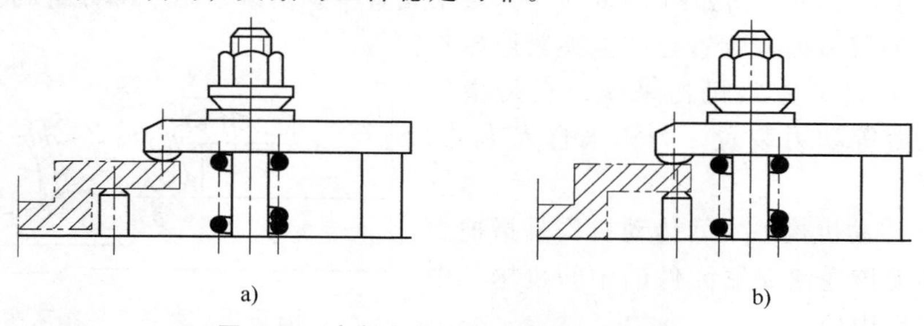

图5-29　夹紧力作用点应在定位元件上方

a）不正确　b）正确

2）夹紧力作用点应作用在工件刚性最好的部位上，以避免或减少工件的夹紧变形。这一点对薄壁工件更显得重要。图5-30a所示的夹紧力作用点不正确，夹紧时将会使工件产生较大的变形；图5-30b所示是正确的，夹紧变形很小。

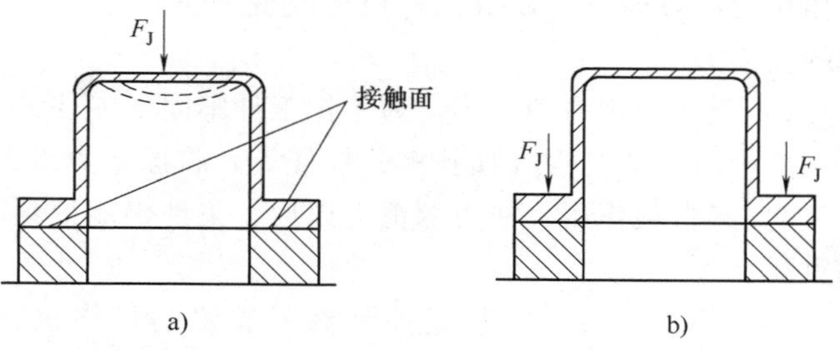

图5-30　夹紧力作用点应作用在工件刚性最好的部位

a）不正确　b）正确

为了避免夹紧力过分集中，可

设计特殊形状的夹紧元件，增加夹紧面积，减小夹紧变形。如图 5-31 所示，其中图 5-31a 为具有较大弧面的卡爪，以减少夹压薄壁套筒时的变形；图 5-31b 增加一摆动压块来增大夹紧力的作用面积，减小局部夹紧变形；图 5-31c 在压板下增加了一个锥面垫圈，使夹紧力通过锥面垫圈均匀地作用在薄壁工件上，以免工件被局部压扁。

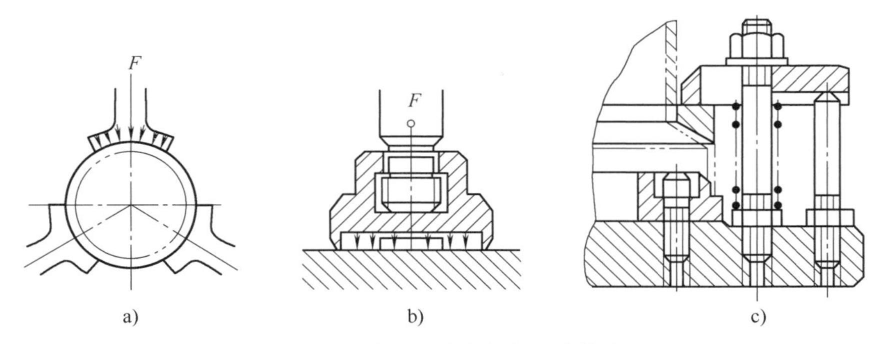

图 5-31　减小工件夹紧变形的措施

3）夹紧力作用点应尽量靠近加工表面，以提高夹紧刚度，防止或减少工件的振动。如图 5-32 所示，在拨叉上铣槽，由于主要夹紧力的作用点距加工面较远，所以在靠近加工表面的地方设置了辅助支承，增加了夹紧力 F_{J2}。这样，提高了工件的装夹刚性，减少了加工时的工件振动。

2. 夹紧力作用方向的选择

1）夹紧力的方向应垂直于主要定位基面。如图 5-33 所示，工件孔与左端面有一定的垂直度要求，镗孔时，工件以左端面与定位元件的 *A* 面接触，限制三个自由度，以底面与 *B* 面接触，限制两个自由度，夹紧力垂直于 *A* 面（F_{J1}），这样不管工件左端面与底面有多大的垂直度误差，都能保证镗出的孔轴线与左端面垂直。若夹紧力方向垂直于 *B* 面（F_{J2}），则会由于工件左端面与底面的垂直度误差而影响被加工孔轴线与左端面的垂直度。

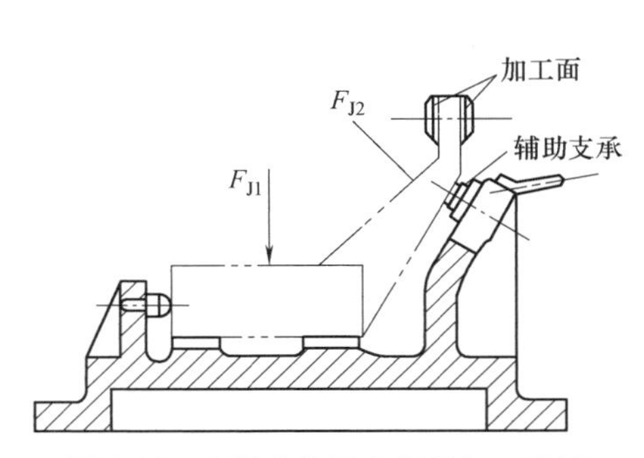

图 5-32　夹紧力作用点靠近加工表面

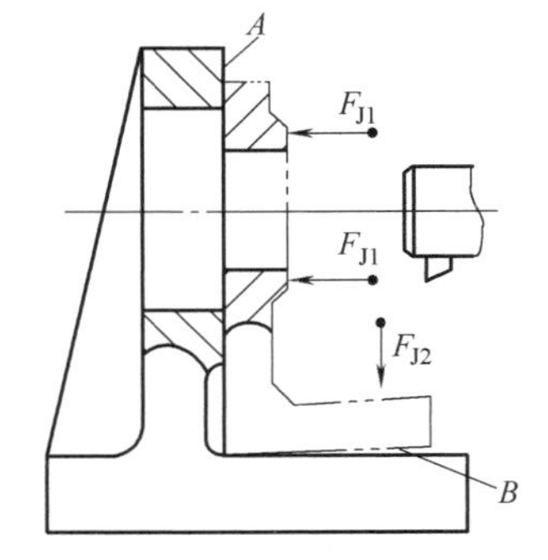

图 5-33　夹紧力方向垂直主要定位基面

2）夹紧力的方向最好与切削力、工件重力方向一致，这样既可减小夹紧力，又可简化夹紧结构和便于操作。图 5-34a 所示为钻削时轴向切削力 F_x、夹紧力 F_1 和 F_2、工件重力 *G* 都垂直于定位基面的情况，三者方向一致，钻削扭矩由这些同向力作用在支承面上产生的摩擦力矩所平衡，此时所需的夹紧力最小。图 5-34b 所示为夹紧力 F_1、F_2 与轴向切削力 F_x 和

工件重力 G 方向相反，这时所用的夹紧力除了要平衡轴向力 F_x 与重力 G 之外，还要由夹紧力产生的摩擦阻力矩来平衡钻削扭矩，因此需要很大的夹紧力。

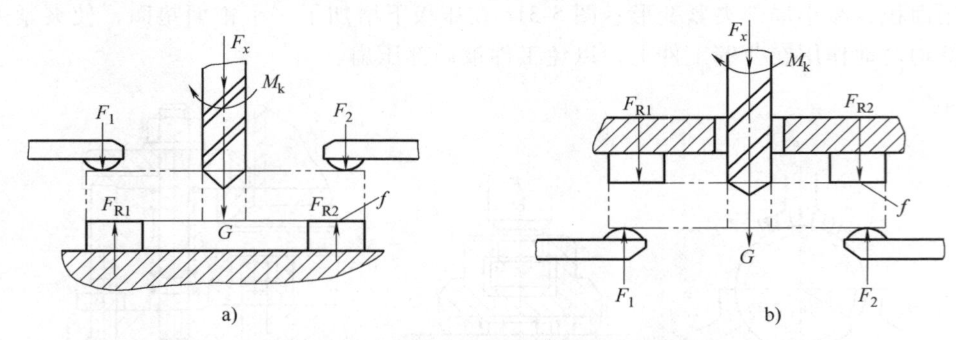

图 5-34　夹紧力方向对夹紧力大小的影响

a）夹紧力与轴向切削力、工件重力同向　b）夹紧力与轴向切削力、工件重力反向

3. 夹紧力大小的估算

计算夹紧力是一个很复杂的问题，一般只能粗略地估算。因为在加工过程中，工件受到切削力、重力、离心力和惯性力等力的作用，从理论上讲，夹紧力的作用效果必须与上述作用力（矩）相平衡。但是在不同条件下，上述作用力在平衡系中对工件所起的作用各不相同。在一般切削加工小工件时起决定作用的因素是切削力（矩），加工笨重大型工件时，还须考虑工件的重力作用。此外，影响切削力的因素也很多，例如，工件材质不均匀，加工余量大小不一致，刀具的磨损程度以及切削时的冲击等因素都使得切削力随时发生变化。为简化夹紧力的计算，通常假设工艺系统是刚性的，切削过程是稳定的。在这些假设条件下，建立工件受力情况的力学模型，根据切削原理公式或计算图表求出切削力，然后找出在加工过程中最不利的瞬时状态，按静力学原理求出夹紧力大小。为了保证夹紧可靠，还要再乘以安全系数才能得到实际需要的夹紧力，计算公式如下：

$$F_J = KF' \tag{5-15}$$

式中　F'——由静力平衡计算求出的夹紧力；

F_J——实际需要的夹紧力；

K——安全系数，一般取 $K=1.5 \sim 3$，粗加工取大值，精加工取小值。

5.3.3　典型夹紧机构

1. 斜楔夹紧机构

利用斜面直接或间接压紧工件的机构称为斜楔夹紧机构。几种利用斜楔夹紧机构夹紧工件的实例如图 5-35 所示。图 5-35a 为利用斜楔直接夹紧工件。工件装入后，锤击斜楔大头，夹紧工件。加工完毕后，锤击斜楔小头，松开工件。由于用斜楔直接夹紧工件的夹紧力较小，且操作费时，所以实际生产中应用不多，多数情况下是将斜楔与其他机构联合起来使用。图 5-35b 是将斜楔与滑柱合成一种夹紧机构，可以手动，也可以气压驱动。图 5-35c 是由斜楔与压板组合而成的夹紧机构。

斜楔受作用力 F_Q 以后产生的夹紧力 F_J，可按斜楔受力的平衡条件求出。由图 5-36a 可

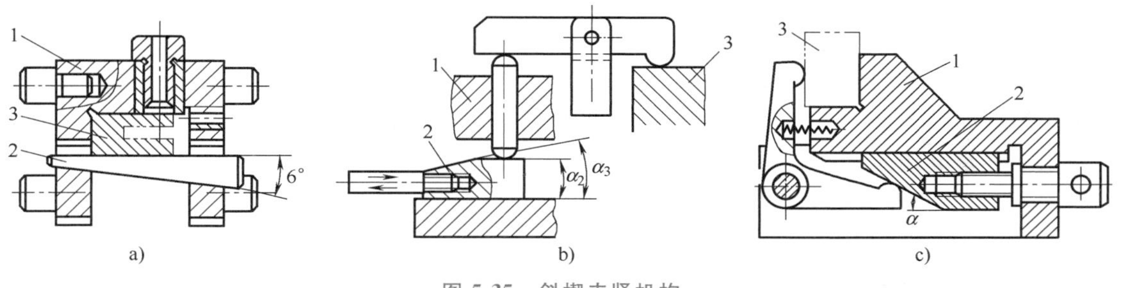

图 5-35　斜楔夹紧机构

1—夹具体　2—斜楔　3—工件

知，斜楔与工件相接触的一面受到工件对它的反力（即夹紧力）F_J 和摩擦力 F_1 的作用，而斜楔与夹具体相接触的一面受到夹具体给它的反力 F_N 和摩擦力 F_2 的作用。在上述五个力的作用下，斜楔处于平衡状态。

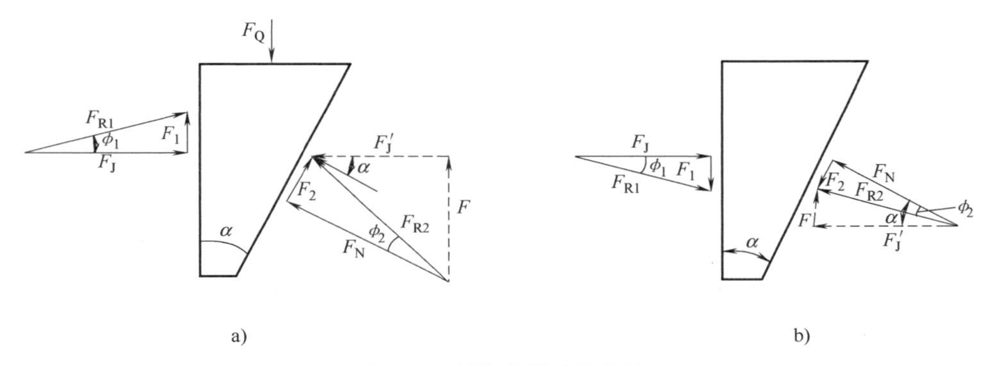

图 5-36　斜楔夹紧受力分析

将 F_J 与 F_1 合成为 F_{R1}，摩擦角为 ϕ_1；将 F_N 和 F_2 合成为 F_{R2}，摩擦角为 ϕ_2。再将 F_{R2} 分解成为水平分力 F_J'和垂直分力 F。根据静力学平衡条件得

$$F_J' = F_J \tag{5-16}$$

$$F_Q = F_1 + F \tag{5-17}$$

因为

$$F_1 = F_J \tan\phi_1 \tag{5-18}$$

$$F = F_J \tan(\phi_2 + \alpha) \tag{5-19}$$

所以

$$F_J = \frac{F_Q}{\tan\phi_1 + \tan(\phi_2 + \alpha)} \tag{5-20}$$

式中　α——斜楔的斜角，一般取 $\alpha = 10° \sim 14°$；

ϕ_1、ϕ_2——斜楔与工件、斜楔与夹具体间的摩擦角（一般钢、铁光滑表面的摩擦系数取 f=0.1～0.15，即 $\phi \approx 5°45' \sim 8°32'$）。

2. 螺旋夹紧机构

由螺钉、螺母、垫圈和压板等元件组成的夹紧机构称为螺旋夹紧机构。螺旋夹紧机构结构简单，夹紧力大，自锁性能好，且有较大的夹紧行程，故目前在夹具设计中被广泛采用。

（1）单个螺旋夹紧机构　直接用螺钉或螺杆夹紧工件的机构如图 5-37 所示。图 5-37a 为用螺钉头部直接压紧工件的一种结构。为了保护夹具体不致过快磨损和简化修理工作，在夹

具体中倒装一钢质螺母，若夹具体较薄时，还可增加螺旋的拧入长度，使夹紧更为可靠。为了防止螺钉头直接与工件表面接触而造成损伤，或防止在旋紧螺钉时带动工件一起转动，可在螺钉头部装上摆动压块，这种压块只随螺钉上下移动而不与螺钉一起转动。常见摆动压块的结构类型如图 5-38 所示，A 型的端面是光滑的，用于夹紧已加工表面；B 型的端面有齿纹，用于夹紧毛坯面。

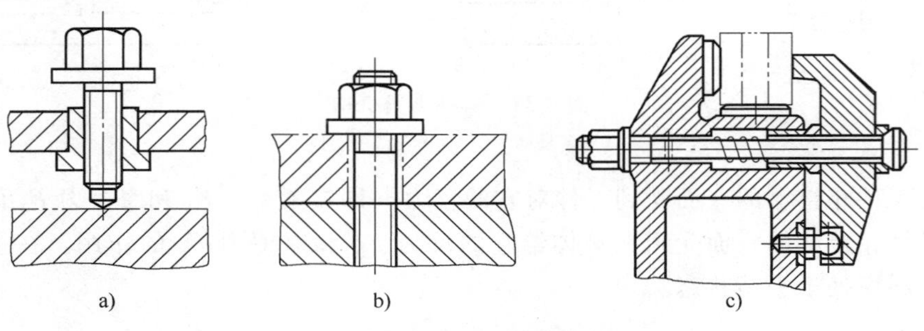

图 5-37 单个螺旋夹紧机构

（2）螺旋压板夹紧机构 螺旋压板夹紧机构是一种应用最广的夹紧机构，三种典型的螺旋压板夹紧机构如图 5-39 所示。图 5-39a 为移动压板，图 5-39b 为转动压板，图 5-39c 为翻转压板。从外力 F_Q 和夹紧力 F_J 的关系看，图 5-39a 结构效率最低，当 $l=L/2$ 时，$F_J=F_Q/2$。图 5-39c 结构效果最好，$F_J=2F_Q$。如果要改变夹紧力的大小，可通过改变外力作用点、夹紧点及支承点的相对位置关系来实现。

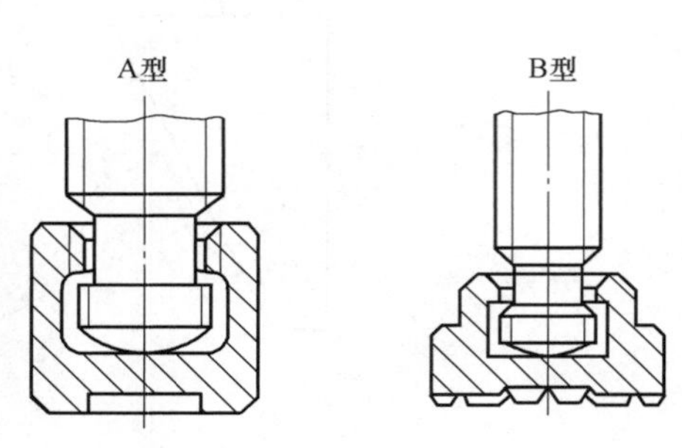

图 5-38 摆动压块的结构类型

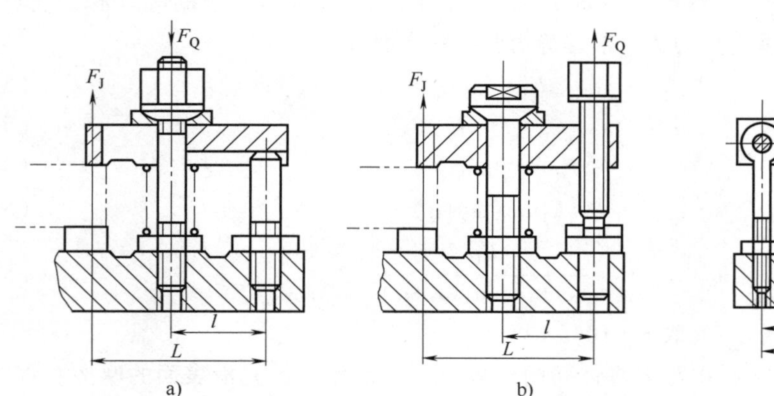
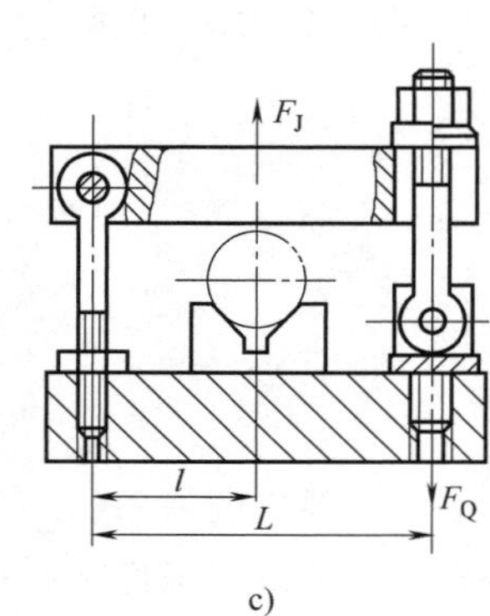

图 5-39 典型的螺旋压板夹紧机构

3. 偏心夹紧机构

用偏心件直接或间接夹紧工件的机构称为偏心夹紧机构。常用的偏心件是圆偏心轮和偏心轴，常见的圆偏心夹紧机构如图 5-40 所示。图 5-40a 为用圆偏心轮直接夹紧，图 5-40b、图 5-40c 为圆偏心轮与其他元件组合使用的夹紧机构。

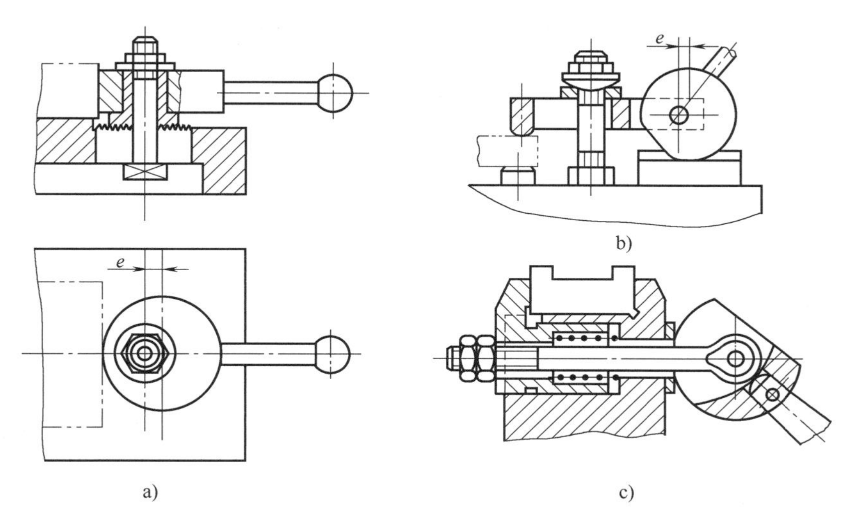

图 5-40　圆偏心夹紧机构

偏心夹紧机构操作方便，夹紧迅速，但是夹紧力和夹紧行程都较小。一般用于切削力不大、振动小的场合。

4. 定心夹紧机构

在机械加工中常遇到以轴线或对称中心为设计基准的工件，为了使定位基准与设计基准重合，就常常采用定心夹紧机构。定心夹紧机构具有在实现定心作用的同时将工件夹紧的特点。工件的对称中心与夹具夹紧机构的中心重合，与工件接触的元件既是定位元件，又是夹紧元件（称为工作元件）。工作元件的动作通常是联动的，能等速趋近或退离工件，所以能将定位基面的公差对称分布，使工件的轴线或对称中心不产生位移，从而实现定心夹紧作用。

定心夹紧机构主要用于要求准确定心和对中的场合。此外，由于定位与夹紧同时进行，缩短了辅助时间，可提高劳动生产率，因此在生产中广泛应用。

如图 5-41 所示是加工阶梯轴上 $\phi30_{-0.033}^{\ 0}$ 外圆柱面及端面的车床夹具。工件以 $\phi20_{-0.021}^{\ 0}$ 圆柱面及端面 C 在弹性筒夹 2 内定位，夹具体 1 以锥柄插入车床主轴的锥孔中。当拧紧螺母 3 时，其内锥面迫使弹性筒夹 2 收缩将工件夹紧。反转螺母 3 时，弹性筒夹 2 涨开，松开工件。

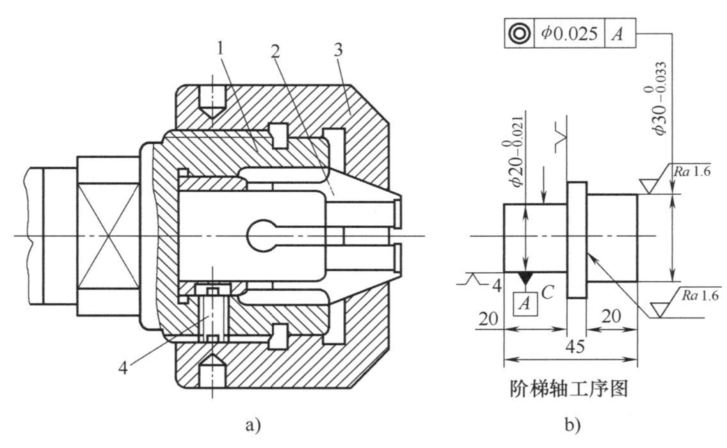

图 5-41　轴向固定式弹簧夹头
1—夹具体　2—弹性筒夹　3—螺母　4—螺钉

在如图 5-41a 所示的弹簧夹头上，当螺母迫使筒夹收缩时，由于筒夹的厚度均匀，径向变形量相等，故在装夹工件过程中，将定位基面的误差沿径向均匀分布，使工件的定位基准（轴线）总能与筒夹轴线重合，定心精度很高。

5.3.4 典型精密夹具及夹持技术示例

1. 刀柄

刀柄是一种夹紧工具，是机床主轴与加工刀具或其他附件工具的连接件，起到连接机床主轴和切削刀具并传递力矩的作用。刀柄种类很多，包括机械式刀柄、应力式刀柄、侧固式刀柄、液压刀柄，等等，其中液压刀柄代表了目前刀柄夹具的最高精度等级和技术水平。

有别于传统刀柄系统，液压刀柄的拧紧只需一个加压螺栓，当螺栓拧紧时便会推动活塞的密封块在刀柄内产生一个液压油压力，该压力均匀地从圆周方向传递给钢制膨胀壁，膨胀壁再将刀具夹紧。

德国雄克（SCHUNK）公司利用静压膨胀夹持技术开发出的液压刀柄系列，可使系统径向圆跳动误差精度和重复定位精度控制在3μm以下。由于刀柄内有高压油液压力，当刀具被夹紧时，内藏的油腔结构及高压油的存在大大地增加了结构阻尼，可有效防止刀具和机床主轴的振动。实际应用表明，使用这种夹紧系统不仅可以提高加工精度和质量，而且还能使刀具在切削加工中的使用寿命得到成倍提高。此外，液压刀柄夹具不但具有免维护功能和抗污能力，而且易于使用，能更安全地夹紧刀具。因为，在紧固刀具时，夹紧压力可以将刀柄上的任何油或杂质导引到膨胀套筒的小沟槽中，这样就可以清理装夹用表面区域，并让其保持干燥，消除打滑现象，保证主轴的扭矩可以很好地传递给刀具，液压刀柄夹具的内部结构原理图如图5-42所示。

图 5-42 液压刀柄夹具的内部结构原理图

1—加压螺栓（用扳手旋动加压螺栓，带动活塞移动） 2—驱动活塞（压缩液压油，提高油腔内的压力） 3—膨胀壁和腔体（对工件做均匀对称的夹持） 4—刀柄夹具本体 5—长度调节螺栓（调节刀具夹持的长度） 6—刀具（或者其他夹持工件） 7—环槽（装夹时，用来储存一些油污和杂质）

以下为液压刀柄夹具的一些典型特点：

1）在液压刀柄夹具直径为20mm时，夹持扭矩高达900N·m。

2）在液压刀柄夹具直径为32mm时，夹持扭矩高达2000N·m。

3）回转精度和重复精度保持在0.003mm以内。

4）用于多种工艺加工，铣、钻、铰、攻丝等。

5）刀具寿命延长40%，极大的节省耗材成本。

6）无需特殊工具，即可实现快速换刀。

7）夹紧到“死位”，可靠性高。

2. 液压心轴

液压心轴是利用液压膨胀原理进行夹持工作的。其原理为：将液压油充满心轴内的空腔，通过活塞加压，使压力均匀的传递到油腔内的每个部位，因为油腔内壁的厚度不同，所以心轴会在腔壁薄的一侧向外膨胀，产生的变形量可以实现对于工件的有效夹持。心轴可完成内撑和外夹两种功能，因薄壁内各处所受的油压均匀，所以液压心轴对于所夹持工件的夹持力稳定，且精度极高。根据上述原理开发出的静压膨胀心轴，作为一种高精密夹具，已广泛应用于精密的车削、磨削、铣削、测量和齿轮加工等夹持方案中。静压膨胀心轴的跳动和重复精度一般小于 3μm。主要应用领域为：齿轮加工、金属切削、木材加工和磨具制造等。静压膨胀心轴的内部原理结构图如图 5-43 所示。

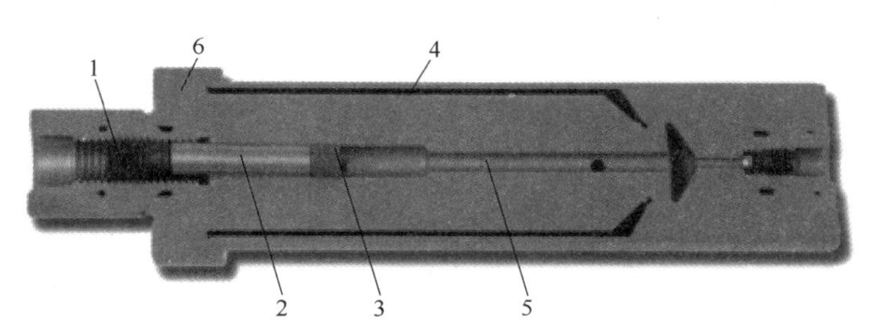

图 5-43　静压膨胀心轴的内部原理结构

1—驱动螺栓：夹紧到限位（无需扭矩扳手）　2—驱动活塞
3—密封栓：防止驱动孔径的油压泄漏　4—涨套：同轴涨紧
5—导油孔径：液压油通路　6—心轴基体：与涨套组合

液压心轴的油腔密封结构有两种：O-型圈式和焊接式，以下是两种液压心轴结构的对比分析：

1）O-型圈涨套：①有效的夹持长度开始于心轴连接面后 10mm；②膨胀率可实现 0.3%、0.5%、0.9%；③一般来说，直径超过 80mm，采用 O-型圈涨套；④通过螺钉或定位销固定涨套；⑤维护性、维修性好；⑥价格偏高。

2）焊接式涨套：①有效的夹持长度开始于心轴连接面后 5mm；②膨胀率最大可实现 0.3%；③一般来说，直径小于 80mm，采用焊接式；④涨套通过焊接式固定；⑤价格便宜。

液压膨胀心轴是轴对称结构，因此，心轴膨胀壁的变形分析可以作为弹性力学中的空间轴对称问题进行分析。考虑到理论分析的一般性，研究时采用有凸起的心轴来进行理论分析。参照德国雄克公司提供的相关工程图样，建立心轴膨胀壁模型如图 5-44 所示。心轴中心处固定，油液通过加压螺栓加压于膨胀油腔中，可采用柱坐标系分析膨胀壁最终的应力变形数据。

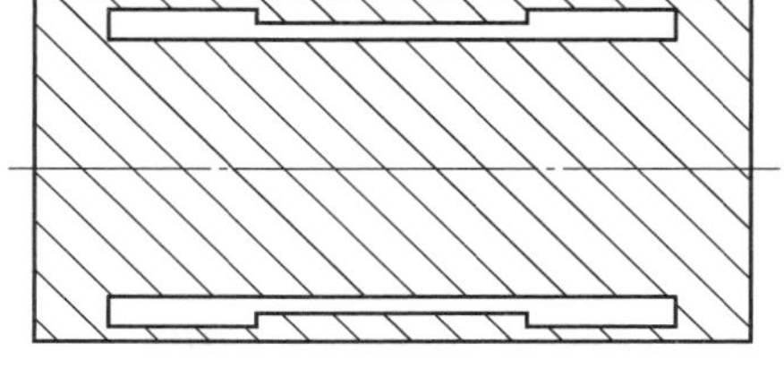

图 5-44　心轴膨胀壁模型

由于对称性，根据弹性力学基本理论，由径向平衡条件和轴向平衡条件，可推导出空间轴对称问题的平衡微分方程为：

$$\begin{cases}\dfrac{\partial\sigma_r}{\partial r}+\dfrac{\partial\tau_{zr}}{\partial z}+\dfrac{\sigma_r-\sigma_\theta}{r}+K_r=0\\[2ex]\dfrac{\partial\sigma_z}{\partial z}+\dfrac{\partial\tau_{rz}}{\partial r}+\dfrac{\tau_{rz}}{r}+Z=0\end{cases}\tag{5-21}$$

式中，K_r 和 Z 分别为径向和轴向的体力分量。

同样，由于对称性，可推导得出空间轴对称问题的几何方程为：

$$\begin{cases}\varepsilon_r=\dfrac{\partial u_r}{\partial r}\\[2ex]\varepsilon_\theta=\dfrac{u_r}{r}\\[2ex]\varepsilon_z=\dfrac{\partial w}{\partial z}\\[2ex]\gamma_{rz}=\dfrac{\partial u_r}{\partial z}+\dfrac{\partial w}{\partial r}\end{cases}\tag{5-22}$$

最后，由胡克定律可以得到空间轴对称问题的物理方程为：

$$\begin{cases}\varepsilon_r=\dfrac{1}{E}[\sigma_r-\mu(\sigma_\theta+\sigma_z)]\\[2ex]\varepsilon_\theta=\dfrac{1}{E}[\sigma_\theta-\mu(\sigma_r+\sigma_z)]\\[2ex]\varepsilon_z=\dfrac{1}{E}[\sigma_z-\mu(\sigma_r+\sigma_\theta)]\\[2ex]\gamma_{zr}=\dfrac{1}{G}\tau_{zr}\end{cases}\tag{5-23}$$

其中，

$$G=\frac{F}{2(1+\mu)}$$

由方程组（5-21）、方程组（5-22）、方程组（5-23）可以对膨胀壁应力变形问题进行求解。但是求解出的结果含有待定系数，故需要考虑边界条件。假设油压为 pMPa，则在没有工件时，心轴膨胀壁的受力情况如图 5-45 所示。

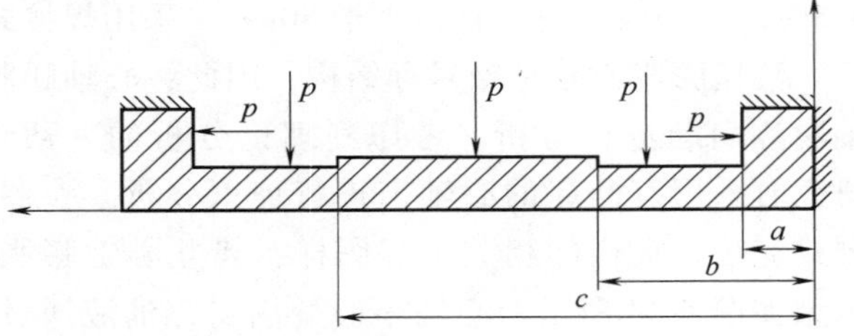

图 5-45　心轴膨胀壁受力情况

假设油腔最底端的半径为 r_1，凸起部分的半径为 r_2，最上端的半径为 r_3，可以看出这是一个混合边界问题，其边界条件为：

$$\begin{cases}\sigma_r\big|_{r=r_1,z=a,c;r=r_2,z=b}=-p,\tau_{r\theta}\big|_{r=r_3}=0\\ \mu_r\big|_{r=r_3}=0,\mu_r\big|_{z=0}=0,\mu_\theta\big|_{r=r_3}=0\end{cases}\tag{5-24}$$

首先不考虑工件，采用位移解法进行求解。将几何方程（5-22）代入物理方程（5-23）得：

$$\begin{cases}\sigma_r=\dfrac{E}{1+\mu}\left(\dfrac{\mu}{1-2\mu}e+\dfrac{\partial u_r}{\partial r}\right)\\[2ex]\sigma_\theta=\dfrac{E}{1+\mu}\left(\dfrac{\mu}{1-2\mu}e+\dfrac{u_r}{r}\right)\\[2ex]\sigma_z=\dfrac{E}{1+\mu}\left(\dfrac{\mu}{1-2\mu}e+\dfrac{\partial w}{\partial z}\right)\\[2ex]\tau_{zr}=\dfrac{E}{2(1+\mu)}\left(\dfrac{\partial u_r}{\partial z}+\dfrac{\partial w}{\partial z}\right)\end{cases}\tag{5-25}$$

其中，

$$e=\left(\frac{\partial u_r}{\partial r}+\frac{u_r}{r}+\frac{\partial w}{\partial z}\right)$$

再将式（5-25）代入平衡微分方程（5-21），并采用记号

$$\nabla^2=\left(\frac{\partial^2}{\partial r^2}+\frac{1}{r}\ \frac{\partial}{\partial r}+\frac{\partial^2}{\partial z^2}\right)$$

可以得到：

$$\begin{cases}\dfrac{E}{2(1+\mu)}\left(\dfrac{1}{1-2\mu}\ \dfrac{\partial e}{\partial r}+\nabla^2 u_r-\dfrac{u_r}{r^2}\right)+K_r=0\\ \dfrac{E}{2(1+\mu)}\left(\dfrac{1}{1-2\mu}\ \dfrac{\partial e}{\partial z}+\nabla^2 w\right)+Z=0\end{cases}\tag{5-26}$$

式（5-26）就是空间轴对称问题采用位移解法时所用的基本微分方程。体力分量 K_r 相对于油液压力 p 来说可以忽略不计，即 $K_r=0$；又因为 z 方向的体力为 0，即 $Z=0$。故基本微分方程（5-26）可以化简为：

$$\begin{cases}\dfrac{1}{1-2\mu}\cdot\dfrac{\partial e}{\partial r}+\nabla^2 u_r-\dfrac{u_r}{r^2}=0\\ \dfrac{1}{1-2\mu}\cdot\dfrac{\partial e}{\partial z}+\nabla^2 w=0\end{cases}\tag{5-27}$$

采用欧拉公式 $r=e^t$ 可以由式（5-27）第一个式子解得径向位移分量 u_r，且 u_r 是 r 的函数，再结合式（5-27）第二个式子和边界条件（5-24）可以计算出模型在 $r=0$ 处的位移。

当心轴夹紧工件后，膨胀壁的应力和位移通过循环迭代的方法进行计算求解。先计算出心轴外壁的位移，因为心轴外壁和工件接触部分的位移是相对的，所以相对工件而言，位移已知，就可以采用应力解法根据位移求应力。然后将工件计算得到的位移再施加到心轴上计算应力，如此不断循环迭代求解，最终得到工件和心轴平衡结果下的膨胀壁的应力和位移。

在实际应用中可以简化要求，液压心轴的最大膨胀量要大于需求膨胀量才能选择使用。在计算心轴膨胀量时，需注意以下三个因素：工件公差，传递安全扭矩的心轴膨胀量及工件与心轴的安全配合间隙。

具体计算案例如下：

工件名称：主减速齿轮，工件简化图样如图 5-46 所示。

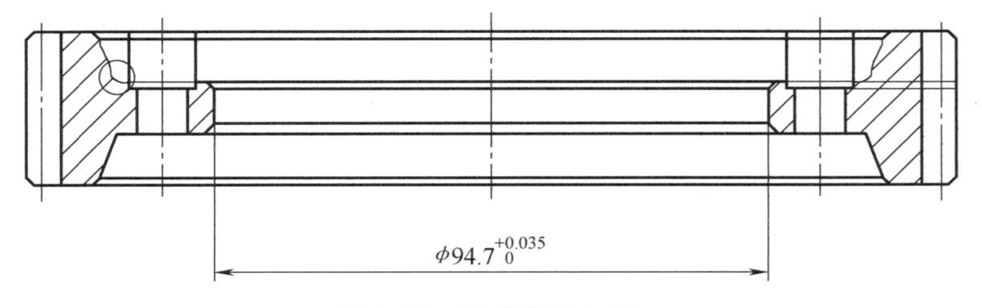

图 5-46　工件简化图样

液压心轴膨胀夹持处为图中位置 C，尺寸为 $\phi 94.7^{+0.035}_{0}$mm，端面定位面如图中位置 A，本工件加工部位是图中位置 B，具体如图 5-47 所示。

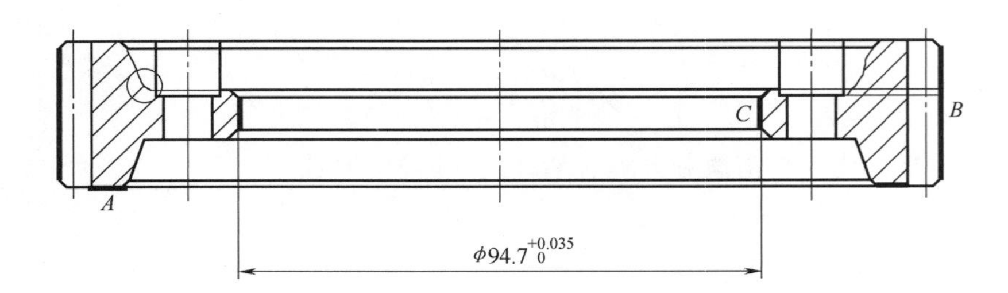

图 5-47 工件不同位置标注

此心轴的最大膨胀值为：

夹持直径×膨胀率＝ϕ94.7mm×0.3%（理论结合实践得出的经验值）＝0.284mm

工件加工过程中需求的间隙值计算过程如下：

工件设计公差	柄径 $\phi 94.7^{+0.035}_{0}$	0.035mm
工件、心轴间隙	手动装夹	0.010mm
加工中安全扭矩传递的膨胀量	磨削	0.030mm
工件加工需求的总膨胀量		0.075mm

两个值进行比较：0.284mm>0.075mm，则此工件可满足使用高精度液压心轴的条件。

除此之外，对于自动化装夹来说，工件在自动装夹到液压心轴上时，也需要最大的安装间隙，即安装间隙要大于自动装夹机器人的定位与运动精度之和才能保证自动化装夹的安全性。

液压膨胀心轴作为机械制造和生产中的一个重要部件，除了精度高、夹持力稳定外还有诸多显著优势。首先，液压膨胀心轴的膨胀夹紧时间短，能够快速实现对于工件的夹紧。其次，现场技术人员比较注重的一点是保养维护与使用寿命。由于心轴为高精度密闭件，所以保养和维护都相对简单、方便。另外，液压心轴最显著的优势是它特殊而灵活的设计，可以按照客户的意愿来设计心轴，以最大限度地满足实际生产需要。同时还可根据实际情况配备各种型号的配套零件。

液压心轴的驱动方式灵活，可由不同方式完成加压如图 5-48 所示：

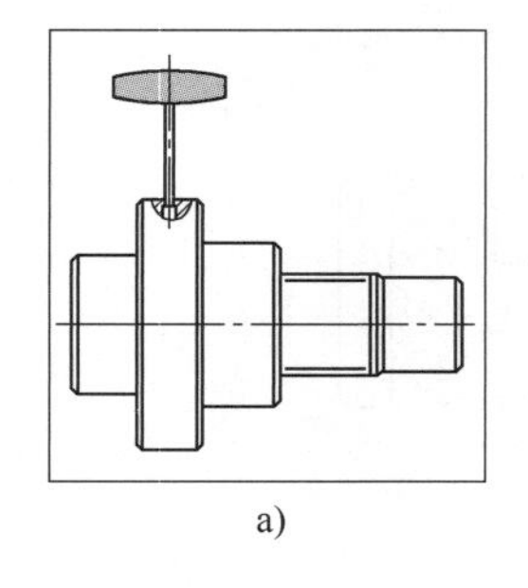

a)

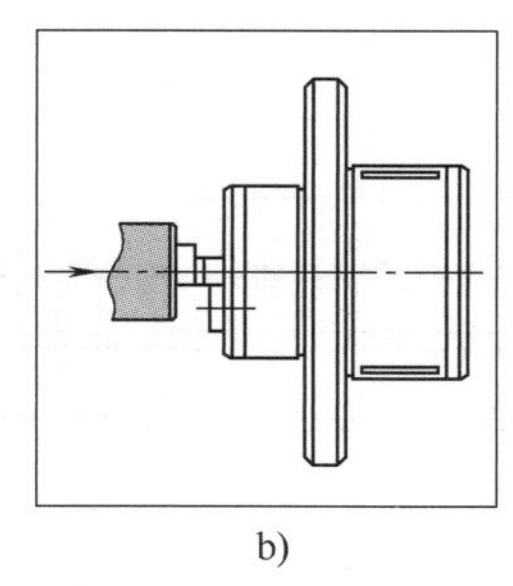

b)

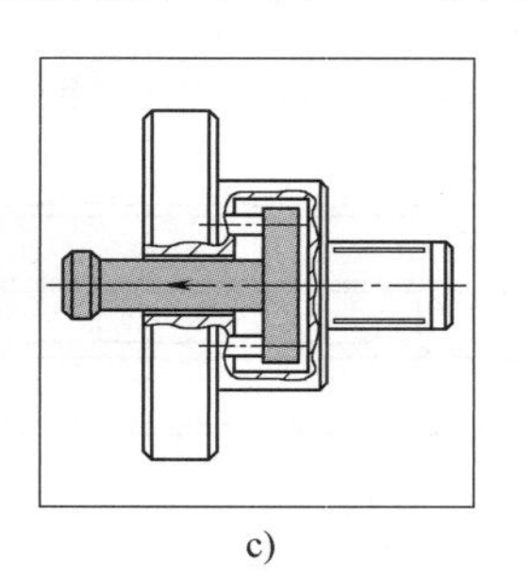

c)

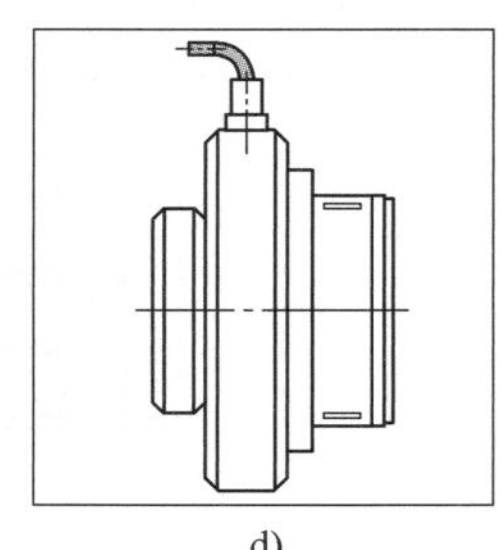

d)

图 5-48 液压心轴的加压方式

a）手动（内六角扳手） b）自动（油缸或推杆） c）自动（油缸或拉杆） d）自动（液压单元）

液压心轴夹持典型案例如图 5-49～图 5-52 所示：

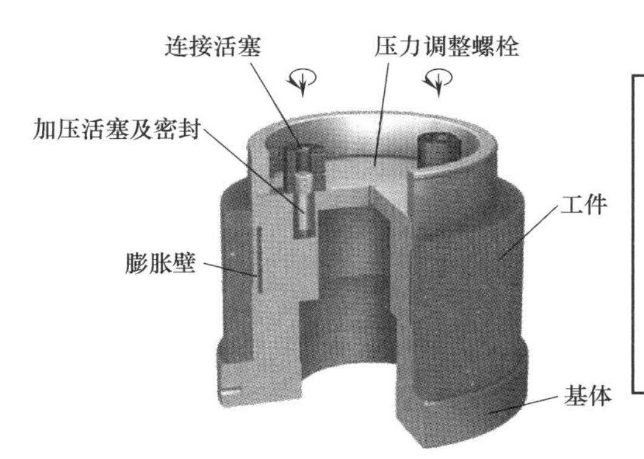

- ✧ 驱动：手动，轴向加压，压力精调螺栓
- ✧ 接口：法兰圆柱面
- ✧ 机床：车床、车铣复合加工中心
- ✧ 工件：壳体、连接管件
- ✧ 应用：钻孔、铣削、镗孔
- ✧ 优势：无变形夹持，定心精度高

图 5-49　液压心轴用于车、铣加工

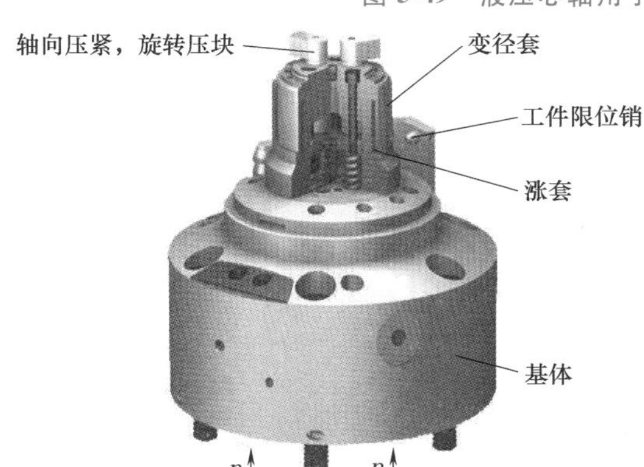

- ✧ 驱动：轴向直接驱动
- ✧ 接口：圆柱凹槽
- ✧ 机床：加工中心
- ✧ 工件：差速器主小齿轮罩
- ✧ 应用：钻孔、铣削、镗孔
- ✧ 优势：定心精度高达0.006mm
- ✧ 特别说明：
  - 夹持力可调
  - 辅助夹持通过可旋转压板
  - 工件定心采用液压夹紧系统

图 5-50　液压心轴用于差速器主小齿轮罩的加工

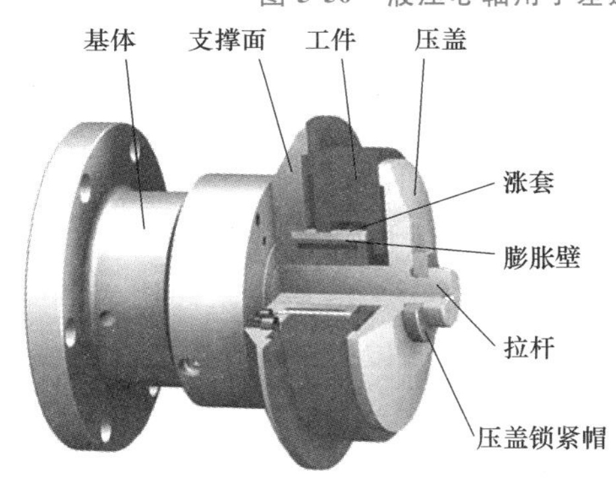

- ✧ 驱动：压杆自动驱动
- ✧ 接口：法兰连接
- ✧ 机床：滚齿机
- ✧ 工件：齿轮
- ✧ 应用：滚齿加工
- ✧ 优势：无间隙、无需调整的自动中心夹紧
- ✧ 提示：自动拉紧通过闭合的筒夹；高精度的夹持孔面(0.01mm)滚出的齿面在装配后可获得最佳的跳动精度

图 5-51　液压心轴用于行星齿轮架的滚齿工序

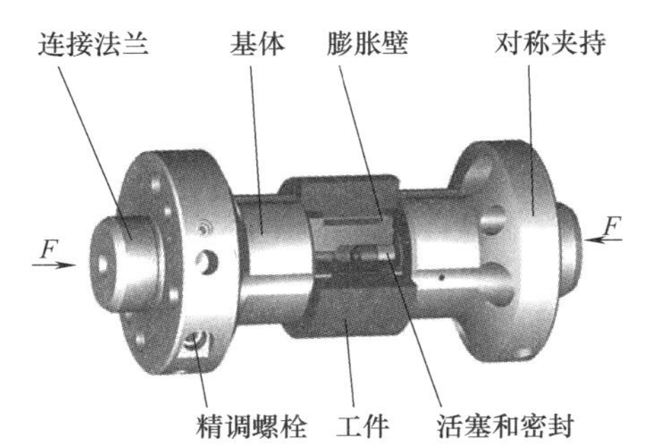

- ✧ 驱动：轴向压杆，自动
- ✧ 接口：主轴的圆柱法兰面
- ✧ 机床：插齿机
- ✧ 工件：齿轮
- ✧ 应用：插齿加工
- ✧ 特点：相对于被加工区域存在完全对称的孔，通过径向调整，插齿后齿轮获得更高的回转精度。齿轮附加地被轴向夹紧。回转精度控制在3μm之内，工件自动装夹
- ✧ 优势：定位精度高，装夹迅速

图 5-52　液压心轴用于齿轮的插齿工序

3. 虎钳

虎钳是台虎钳的简称，是用来夹持工件的通用夹具。装置在工作台上，用以夹稳加工工件。虎钳是钳工必备的工具，也是“钳工”名称的来源，因为钳工的大部分工作都是在虎钳上完成的。

随着工业水平的发展，虎钳发展成为两大类：一是台虎钳，钳工用虎钳，主要用以夹持工件，完成如锯、锉、錾，以及工件的装配和拆卸等工作；二是机用虎钳，又称为精密虎钳，是配合机加工时用于夹持工件的一种机床附件。

气动虎钳：由压缩空气驱动钳口移动的动力虎钳，多用于机床或加工中心在大批量生产加工中使用的快速夹具。

气动虎钳的优势：

1）空气作为气压传动的工作介质，取之不尽，来源方便，用过以后直接排入大气，不会污染环境。

2）工作环境适应性好。在易燃、易爆、多尘埃、辐射、强磁、振动和冲击等恶劣的环境中，气压传动系统工作都是安全可靠的。

3）空气黏度小，流动阻力小，便于介质集中供应和远距离输送。

4）气动控制动作迅速，反应快，可在较短的时间内达到所需的夹持力。

5）气动元件使用寿命长，可靠性高，易于实现标准化、系列化和通用化。

气缸活塞通过压缩空气而上下移动，基爪通过一个斜面连接至活塞，因此可向外或向内移动。虎钳的启动力取决于气动压力和活塞表面，夹持力则取决于启动力和传动比。虎钳的结构原理如图 5-53 所示。

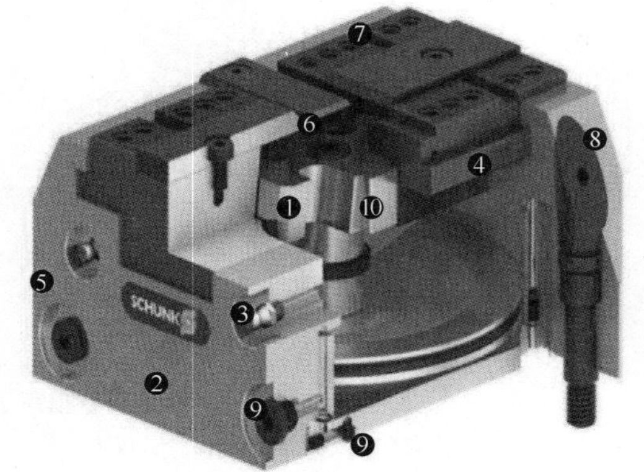

图 5-53 虎钳结构原理图

1—楔式驱动（在操作中提供持续的高夹持力） 2—基体（更高精度，使用寿命长） 3—润滑系统（实现最高效率） 4—长卡爪导向（最佳的内外圆夹持支撑） 5—紧凑设计（增加机床工作空间） 6—特殊密封（提高抗污染性） 7—标准卡爪接口（适用所有标准卡爪） 8—优化的外轮廓（便于切削排除） 9—夹持装置的控制（从侧面或底面） 10—在机体内导向的活塞（补偿机加工切削力）

4. 机械手

机械手是用于机器人末端的一种标准的抓取工具，利用不同的机械手组合方式和手指形状的设计来适应不同的工件，在先进的自动化生产中已广泛被应用。按手指数量分为两指、三指，四指和六指等，或按照动作类型分为平动式、张角及内涨式等，同时也可按驱动类型分为气爪和电爪，典型的两指平动式气爪如图 5-54 所示。

以较为著名的德国机械手系统生产和供应商为例，其机械手系统由抓取模块、转位模块和推进模块组成，被广泛应用于各行业自动化工程中。从小型电子元器件组装、CNC 机床自动上下料到汽车工业大型构件的抓取，其机械手系统都能给出有效的解决方案。下面将以雄克 PGN 系列二指平动机械手为例做简要介绍：

(1) PGN-plus 二指平动机械手　采用楔块结构，多齿导轨，重复精度为 0.01mm。抓取力大，最大可达 21800N，可抓取工件重量在 0.62~80.5kg 之间。可以根据客户不同的需求，选择不同选件达到高温防护、防腐蚀和防尘等功能。适用于要求长手指场合，操作时最大程度减少外形干涉。机械手内部的结构原理如图 5-55 所示。

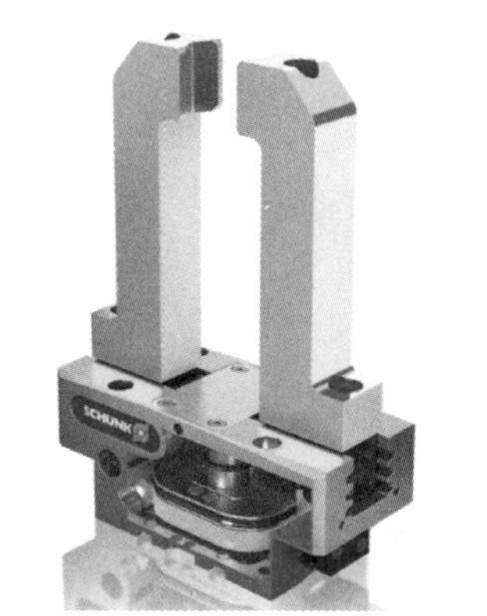
图 5-54　典型的两指平动式气爪

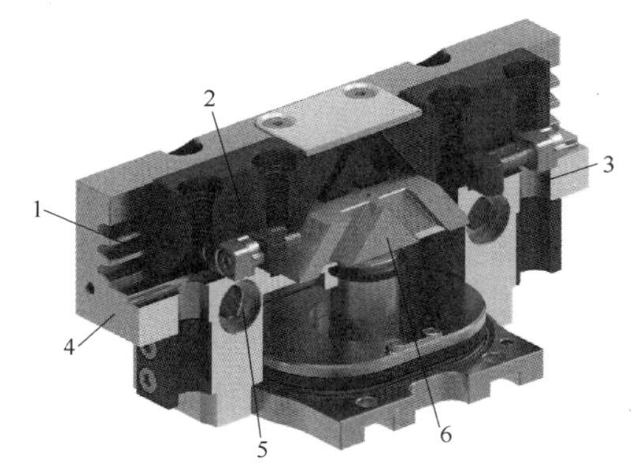

图 5-55　机械手内部结构原理

1—多齿导轨：通过间隙最小的基爪导轨实现高承载力，适用于长手指　2—基爪：用于连接特定工件的机械手手指　3—传感器系统：壳体中装有接近开关托架以及可调式操作感应块　4—壳体：采用高强度的氧化铝合金，使得重量大大减轻　5—定心和安装方法：适用于通用型机械手安装　6—楔式结构：可实现大功率传动和同步抓取

（2）功能说明　压缩气体推动椭圆形活塞上下移动。楔式结构通过一定角度的活动表面，将此运动转化为两个基爪的横向同步抓取运动。

（3）PGN-plus-P 新型二指机械手　新款 PGN-plus-P 机械手，是 PGN-plus 机械手的升级版，通过不断优化多齿导轨，使气动通用机械手具备了更广泛的应用场景。新款 PGN-plus-P 机械手与独特的机械手附件系统配合使用，适合几乎所有自动化应用。

雄克公司在原有的 T 形槽导轨基础上进行改进，使可加装的机械手指长度加长 30%，却能获得 100%的手指负载提升。之后的改进版 PGN-plus-P 机械手手指长度加长 50%，负载增加高达 120%。获得专利的多齿导轨的 6 个承载轴肩之间具有更大的支持尺寸，可施加更大的转矩，并可使用更长的手指。此外，PGN-plus-P 机械手通过多齿导轨中的润滑剂槽实现了爪手的永久润滑，保证了整个使用寿命的长周期内免维护。PGN 系列机械手手指长度及负载增加量的对比如图 5-56 所示。

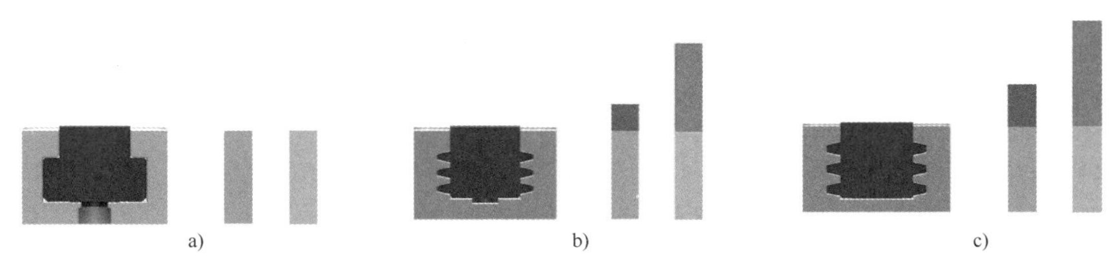

图 5-56　PGN 系列机械手手指长度及负载增加量对比

a）PGN　b）PGN-plus　c）PGN-plus-P

（4）PGN-plus-E 机械手　PGN-plus-E 机械手是雄克公司开发的世界上第一款配备多齿导轨、IO-Link 和 24V 驱动装置的带永久润滑的简便电动机械手。PGN-plus-E 机械手将气动

机械手 PGN-plus-P 的出色性能特点直接转换到机电搬运领域。通过二进制信号进行的数字启动简化了调试，可以快速集成到现有系统。PGN-plus-E 机械手导轨轮廓中的连续润滑槽设计可确保永久的高度工艺稳定性和较长的使用寿命以及最低的维护要求，最后通过无刷直流伺服电动机来驱动机电一体化的通用型机械手，实现即插即用。

PGN-plus-E 机械手具有较大的抓取力和较高的力矩，在实际生产中更方便使用。机械手手指可以预先定位，高抓取力的同时重复精度可达 0.01mm。可在发生错误或需维护时发送请求诊断的消息，调试简便，迅速集成至现有系统。作为外部控制器不占用控制柜的空间，搬运较大重量的工件时，最多可提高 50% 的抓取力，有效降低成本，使工业生产系统更加紧凑和高效。电动机械手的内部结构如图 5-57 所示。

图 5-57　电动机械手的内部结构

在自动化工业生产中，影响机器人手爪选型的关键因素还有：工件重量、机器人行程、工件材质、空间干涉情况、手指长度重量设计、开闭节拍、使用环境、额外受力的大小、抓取和运动方式及运动学数据等。

5.4 复杂夹具的智能设计

5.4.1 夹具智能设计的意义

为了提高夹具设计质量，缩短夹具设计周期，人们一直在探索新的夹具设计技术，其中包括硬件和软件两方面：在硬件方面，除组合夹具外，球锁夹具、柔性夹具、可重组夹具、模块化夹具、真伪相变夹具和带传感器的智能夹具等受到了工业界和学术界越来越多的关注；在软件方面，夹具并行设计、智能设计、基于实例推理设计和夹具优化设计等也受到了学术界的重视。上述问题对于高效和高精加工夹具的敏捷设计具有重要的意义，主要体现在：

（1）缩短夹具开发周期　夹具设计是产品开发链上的一个关键节点，无论是传统制造业还是现代柔性制造中都缺其不可。据有关资料统计显示：以我国机械工业的现有水平，生产准备周期一般占用整个产品研制周期的 50%～70%，工装的准备周期占生产准备周期的 50%～70%，夹具设计与制造周期又占工装准备周期的 70%～80%。因此，通过夹具硬件结构的创新设计和融合多种技术的软件系统的开发应用，可以有效缩短夹具准备周期，提高加工效率，进而推进产品快速上市。

（2）提高夹具设计质量　随着产品朝精密化、轻量化等方向发展，精密薄壁件的加工任务越来越多，加工难度越来越大，尤其在航空航天企业，产品具有结构复杂、精度要求高、薄壁、变厚度等特点，加工变形现象普遍存在，变形控制难度大。在设计精密薄壁件的夹具时，装夹方案的优化设计是关键问题，由于装夹位置、夹紧力、装夹顺序不当造成的工件报废现象时有发生。对于这类零件的夹具设计，可以通过数值分析与模拟仿真找到优化的元件布局、夹紧力等，从而从装夹角度对加工变形进行控制。另外，借助已有的夹具模板、流程、知识、实例，进行夹具的变异和分析，不仅可以规范夹具设计过程，而且可以提高设计质量。

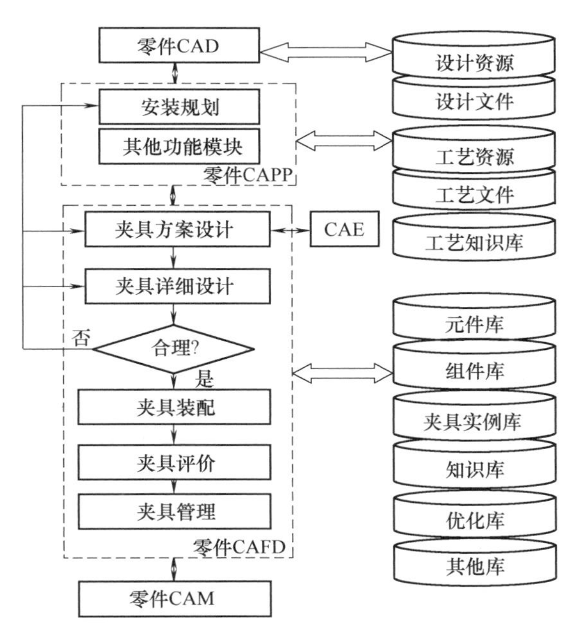

图 5-58　CAFD 集成流程

（3）提高产品开发链信息集成度　计算机辅助工装设计（Computer Aided Frock Design，CAFD）是产品开发过程链中的重要一环，与前后节点间有着丰富的信息和过程联系，如图 5-58 所示。安装规划根据 CAD 输出的零件设计要求，规划从毛坯到成品整个加工过程中的装夹方案，确定定位基准面和夹紧面，为后续夹具设计提供依据。一般将安装规划归入计算机辅助工艺设计（Computer Aided Process Planning，CAPP），作为 CAPP 的组成模块。夹具方案设计最富创造性，其核心任务是根据 CAPP 输出的定位和夹紧面信息，以及 CAD 输出的待加工工件几何形状等信息，确定合理的定位和夹紧方案。夹具详细设计的主要工作是选择夹具元件，确定夹具元件尺寸参数，完成夹具元件布局设计，使夹具定位和夹紧方案具体化和实体化。夹具评价的主要任务是对已设计完成的夹具，进行有关性能评价，如定位误差分析、刚度和稳定性分析等。夹具装配的主要任务是生成夹具元件、组件模型，并进行组装，形成符合装夹要求的装配图，为计算机辅助制造（Computer Aided Manufacturing，CAM）环节提供装夹模型等信息，以便进行加工仿真、干涉分析。夹具管理主要完成对夹具装配图及相关设计信息的有效管理。

5.4.2　夹具敏捷设计流程分析

夹具敏捷设计流程是指导夹具敏捷设计的基础，主要由以下步骤组成，如图 5-59 所示：

（1）夹具设计集成　包括信息集成和并行设计过程集成两部分内容。信息集成实现 CAFD 与 CAD、CAPP、CAM 间信息的共享与交换；过程集成实现夹具设计流程定制、执行和监控等任务。

（2）夹具方案设计　根据集成模型信息，采用实例推理等方法确定初步的定位和夹紧位置、定位点和夹紧点个数等，并反馈更改建议。

（3）夹具优化设计　根据夹具方案信息，对夹具装夹位置及夹紧力大小等进行优化设计，从减少工件变形等角度找到优化的布局和夹紧力，并反馈更改建议、输出优化结果。为缩短优化时间，可以采用实例推理和重用思想，搜索相似的优化模型，并对相关数据进行修改，使之与真实零件匹配，然后进行优化分析等工作。

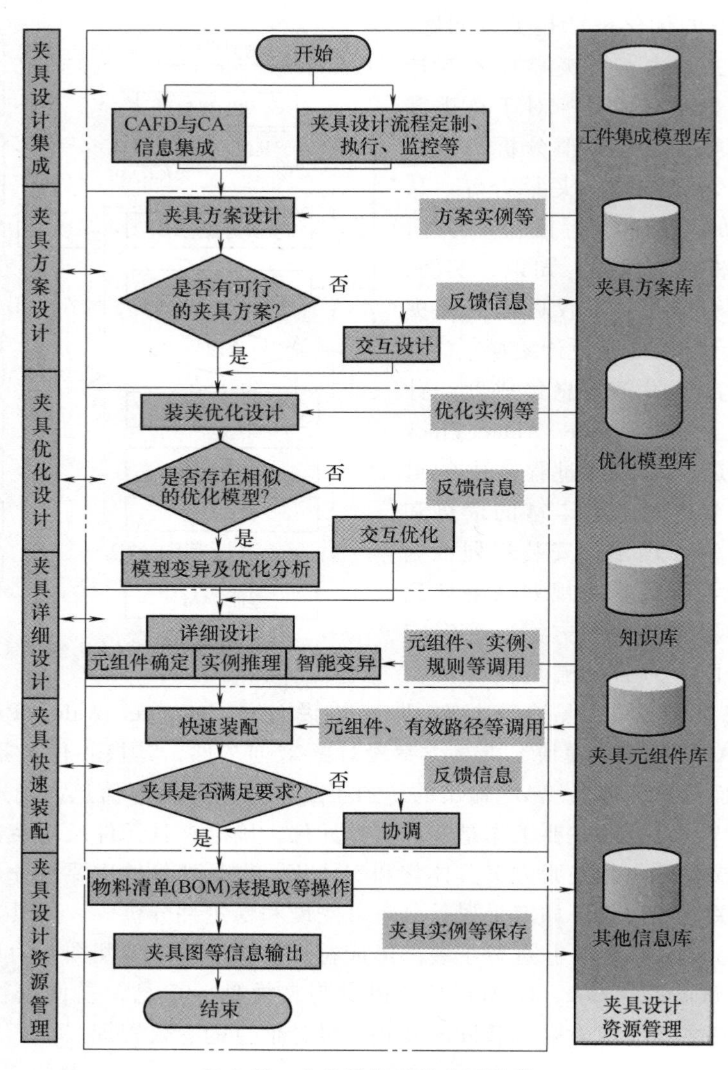

图 5-59　夹具敏捷设计主要流程

(4) 夹具详细设计　在夹具方案设计和优化设计基础上，通过实例推理等方法，从夹具实例库中搜索相似实例，基于夹具设计资源进行智能选择。

(5) 夹具快速装配　根据元组件及相关信息（如特征面等）搜索实例库，根据装配路径及特征匹配规则完成夹具装配。对装配结构进行评价，如果满足要求，则输出其他模块和系统所需的信息；如果不能满足要求，则进行局部协调或反馈更改建议。

(6) 夹具设计资源管理　基于模块化设计和合理化设计思想，对夹具设计中的各类资源进行有效管理，以支持夹具设计全过程中对资源的使用和处理需求。

在上述夹具敏捷设计过程中融合了多种设计方法，其中并行设计是夹具设计集成的核心；模块化设计和合理化设计是夹具设计资源有效管理的基础；实例推理方法是夹具设计重用和智能变异的关键，它贯穿于方案设计、优化设计、详细设计和装配设计各个阶段；优化设计是控制精密件装夹变形的有效方法，也是夹具设计与夹具分析集成的重要内容。

5.4.3 夹具敏捷设计中的关键技术

结合系统结构与设计流程的分析，夹具敏捷设计的关键技术有：夹具并行设计技术；夹具模块化设计及其应用；夹具优化设计及变形控制技术；夹具快速装配技术。

（1）夹具并行设计技术　并行设计是并行工程的核心。并行工程起源于美国防御分析研究所 R. I. Winner 提出的“并行工程是产品和它的生产支持过程并行设计的系统化方法”。1988 年 12 月，美国防御分析研究所并行工程小组给出了如下的定义：并行工程是一种集成产品及其相关过程（包括制造过程和支持过程）进行并行设计的系统化方法。这种方法试图使产品开发人员在设计一开始就考虑到产品生命周期中从概念形成到产品报废处理的所有因素，包括质量、成本、进度计划和用户要求。并行工程与传统产品开发的最大本质区别是它把产品开发各个阶段看成是集成的过程，而不是孤立的设计活动，因此并行工程是缩短产品开发周期和上市时间的最有效的方法之一。

基于产品数据管理（Product Data Management，PDM）的夹具并行设计集成框架如图 5-60 所示，它分为表示层、逻辑层和数据层。表示层是夹具设计时用户交互的部分；逻辑层是夹具设计功能模块的集合；数据层建立在关系数据库和网络之上，用于管理各类数据和知识。

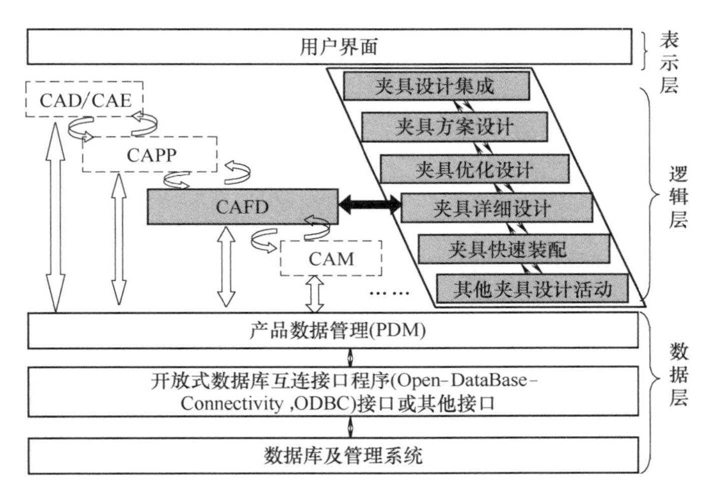

图 5-60　基于 PDM 的夹具并行设计集成框架

把并行工程理念应用于夹具敏捷设计中，一方面是为了在产品设计、工艺设计等阶段尽早发现装夹问题，及时改进和完善产品设计和工艺设计；另一方面是为了在夹具设计的初期尽早考虑夹具的可装配性、可制造性和可拆卸重用性等问题，争取夹具设计一次成功，以提高夹具的设计速度。按照夹具设计特点，并行设计技术在夹具敏捷设计中的应用主要体现在：夹具设计过程与产品设计、工艺设计等主线的过程并行；夹具 CAD 与夹具 CAPP、夹具 CAM 等的并行；夹具方案设计、优化设计和详细设计等活动的并行；支持夹具并行设计的设计资源及集成框架等。为了实现夹具并行设计，需要构建 CAFD 与 CAX 间信息共享和过程平行平台。PDM 是实现信息集成和过程集成的框架，是实现夹具并行设计的有效途径。

（2）夹具模块化设计及其应用　夹具模块化设计是指综合考虑产品对象，把产品分解为不同用途和性能的模块并使其标准化，通过迅速选择不同模块（必要时设计部分专用模块）组成产品的一种方法。产品模块化设计一般按模块划分、模块创建和模块组合的步骤进行。基于产品模块化设计思想，将夹具元组件按照功能划分为不同的结构模块，当建立起合理的夹具元组件模块后，通过不同模块的配置或组合，完成夹具的快速设计。模块化设计在夹具敏捷设计中的应用主要体现在：元组件模块的分类；元组件模块的尺寸驱动与自动建模；元组件模块的组合与变异。

夹具模块化设计是夹具可重构性的基础，是支持夹具快速变异设计的有效方法之一。夹具模块化设计的主要类型如图 5-61 所示。

1）共享元件模块化：通过更换通用模块，生成不同场合使用的夹具（如更换夹具基础板后，铣床夹具变为车床夹具）。提高夹具中元组件的通用性，实际上就是鼓励共享元件的模块化。

2）互换元件模块化：夹具的变异通过选择不同类别的夹具元件实现，这些元件可以“换进”或“换出”，类似于计算机中更换不同大小的硬盘一样。

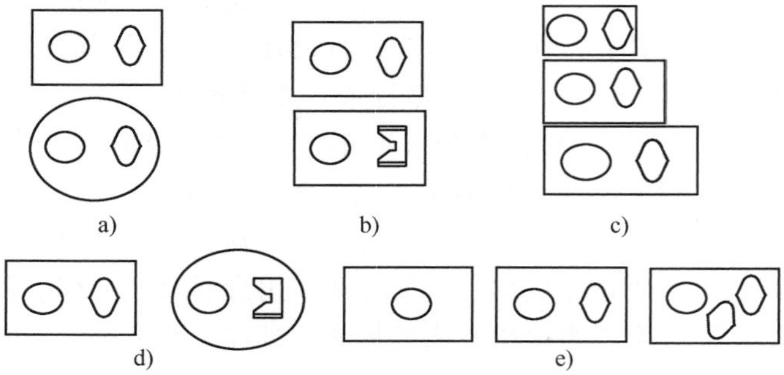

图 5-61 夹具模块化设计类型

a）共享元件模块化 b）互换元件模块化 c）“量体裁衣”模块化 d）“组合型”模块化 e）“总线型”模块化

3）“量体裁衣”模块化：根据不同的夹具设计需求改变主要元件（如基础板）的尺寸规格。

4）“组合型”模块化：夹具产品通过模块的适当组合构成，它的典型例子就是在企业中获得广泛应用的组合夹具。

5）“总线型”模块化：把带有标准接口的元组件装配到标准的夹具结构中，例如，把快速气压夹紧装置装配到基础板的不同位置上，就可达到对不同工件的夹紧目的。

夹具模块通常划分为定位模块、夹紧模块和基础件模块等类别，每一类别可以根据具体情况进行细分。每一类模块有不变模块和可变模块之分，其中不变模块是指通用的夹具元组件模块，在使用中其结构常固定不变，有时可对结构（针对由多个夹具元件组成的模块）进行局部位置调整；可变模块包括可换模块和可驱动模块，其中可换模块指可以更换部分元件的夹具元组件模块；可驱动模块指可以进行元件尺寸驱动的模块，如压板组件模块，可根据夹紧面的实际高度驱动螺栓的长度尺寸，保证压板夹紧到工件上。在模块划分的基础上，借助柔性建模平台完成模块的建立，通过对不同模块的驱动、建模和组合形成满足不同需求的夹具，就可实现夹具模块化设计，最大限度提高夹具设计的敏捷性。

（3）夹具优化设计及变形控制技术　优化设计是建立在最优化数学方法和计算机及其计算技术基础上的，可以实现产品性能、质量和成本等设计指标最佳化的一种现代工程设计方法。优化设计时，设计者根据设计要求，在全部可能的方案中利用数学手段等，计算出若干个设计方案，按预定的要求，从中选择出一种最好的方案，因而，优化设计所得到的结果，在设计者预定的要求内，不仅是可行的，而且是最优的。优化设计过程包括：定义优化设计问题；建立优化设计问题的数学模型；选择优化计算方法；确定必要的数据和设计初始点；编写包括优化模型和优化算法的计算机程序，通过求解获得最优设计参数；对结果数据和设计方案进行合理性等分析，其中优化建模和优化计算是关键。

（4）夹具快速装配技术　夹具快速装配是夹具敏捷设计系统的重要内容之一。目前的 CAFD 系统主要以人机交互为主，由用户从元件库中调出元件，根据 CAD 提供的编辑功能，交互组装出夹具装配图。夹具快速装配具有智能化和快速化的特点，可以自动调用、更换、删除、调整和协调元组件模块和相应位置，能根据有效路径实例、装配关系信息和约束信息等进行元组件之间几何分析和逻辑决策，调用元组件组装算法，自动拼装夹具装配图。

5.5 本章小结

夹具的基本作用是在加工过程中确定工件位置并在外力作用下保持定位不变，是工艺系统或机床的重要组成部分。夹具设计的原理具有普遍性，既可以用于某个零件某一道工序的夹具设计，也可用于机床本身重要部件的设计。例如：机床主轴与刀具之间的结构联系就可看成是夹具联系，普通莫式锥柄与主轴的定位关系是五点定位，而高速机床用的 HSK 短锥柄则是过定位。在智能化制造需求的驱动下，多品种小批量的个性化加工日益增加，智能夹具的敏捷设计及快速响应也日益重要。夹具的敏捷设计技术不仅能缩短夹具的开发周期、提高夹具的定位装夹质量，还能提高个性化定制生产背景下的车间信息集成和自动化能力。模块化的夹具设计技术将和车间的模块化生产过程融为一体，夹具的变形控制技术能提升加工精度保障产品质量，自动化夹具快速装配技术将为无人工厂的实现提供可能。

思　考　题

5-1　什么是六点定位原理？

5-2　根据六点定位原理，分析图 5-62 中所示各定位元件所限制的自由度。

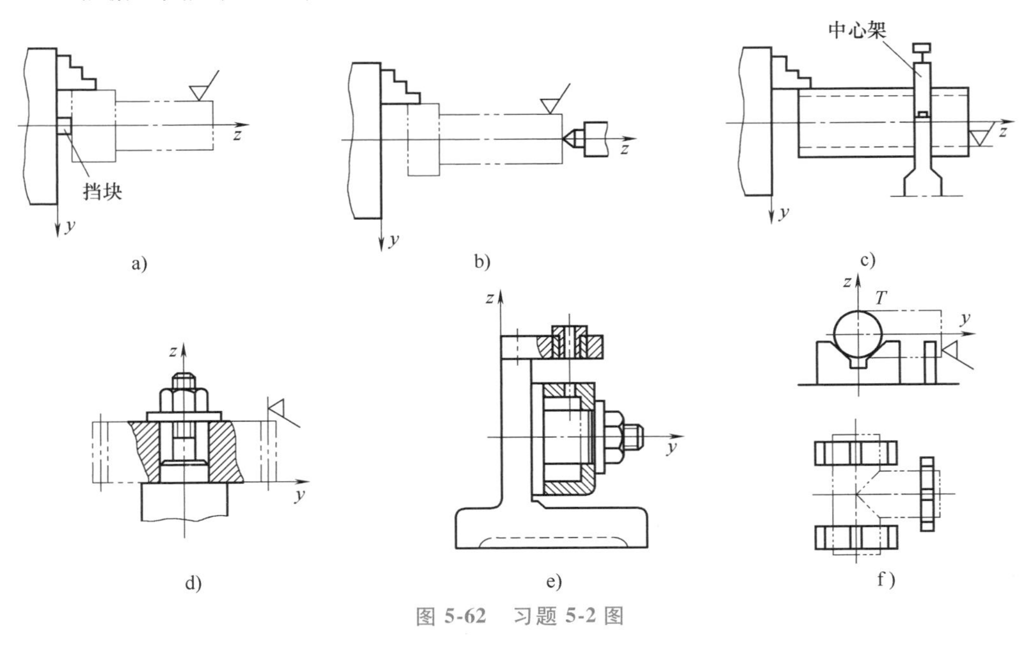

图 5-62　习题 5-2 图

5-3　指出图 5-63 中所示定位元件所限制的自由度，并判断有无过定位与欠定位。如果有，如何改进？

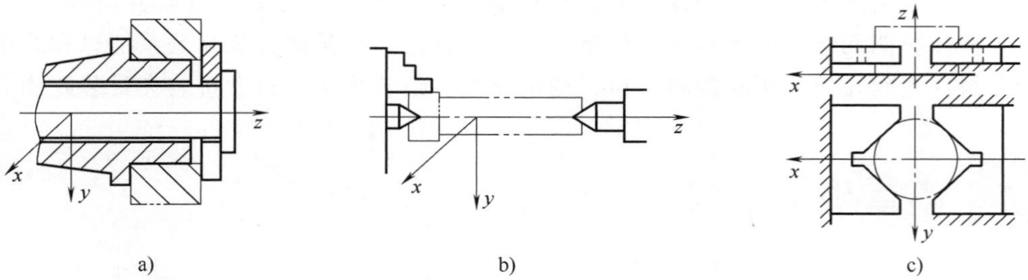

图 5-63　习题 5-3 图

5-4　什么是不完全定位，工程实际中是否允许不完全定位？

5-5　定位误差通常由哪些原因引起，如何减少定位误差的影响？

5-6　指出图 5-64 中所示定位、夹紧方案设计中不正确的地方，并试图改进。

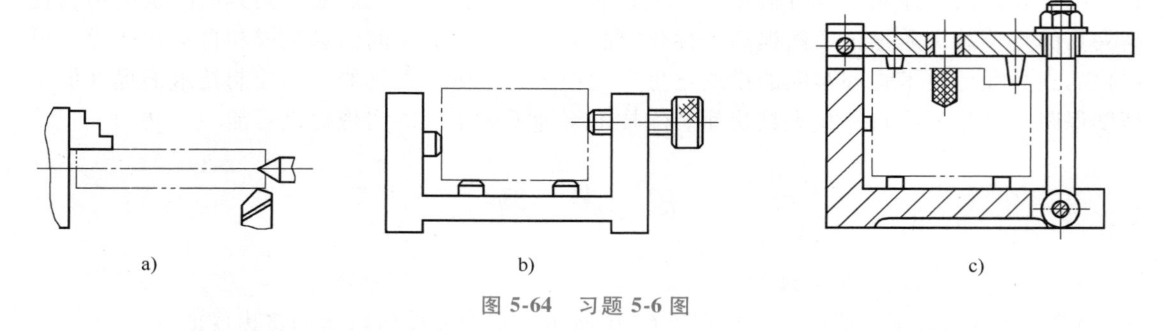

图 5-64　习题 5-6 图

5-7　图 5-65 所示的工艺过程分别为：a）过球心打一孔（保证通孔直径 D）；b）在圆盘中心钻一孔；c）在轴上铣一槽，保证尺寸 H 和 L；d）在套筒上钻孔，保证尺寸 L。试为以上四个工艺过程选择定位基准和定位元件，并确定夹紧力的作用点与方向。

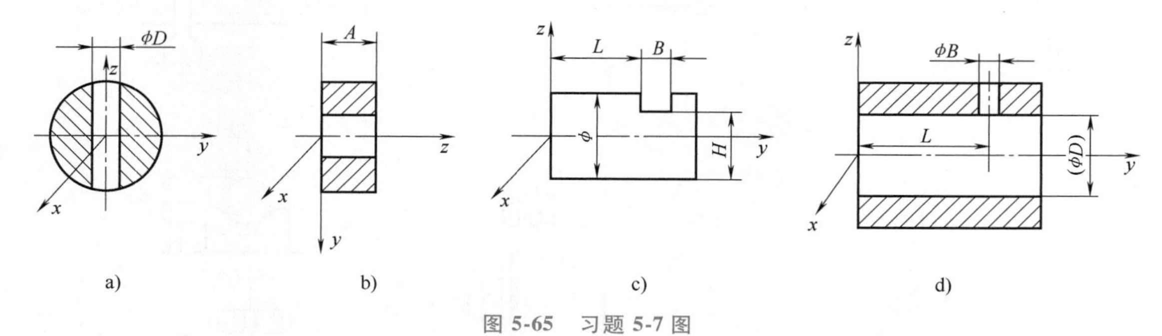

图 5-65　习题 5-7 图

5-8　夹紧力的三要素是什么，分别如何确定？

5-9　夹具的智能设计技术离不开 PDM、CAD、CAPP 等信息技术的支持，还有哪些最新的信息技术在未来可以用于夹具的设计及应用？

5-10　在未来，模块化的夹具设计技术将与模块化车间、模块化生产相结合，请思考夹具的模块化设计与车间信息系统的接口应该如何联系（即夹具的模块化设计需要车间信息系统提供哪些数据，设计后的夹具信息应当反馈到车间的哪个部门）？

参考文献

[1] 王先逵. 机械制造工艺学 [M]. 3版. 北京: 机械工业出版社, 2013.

[2] 周宏甫. 机械制造技术基础 [M]. 北京: 高等教育出版社, 2010.

[3] 卢秉恒. 机械制造技术基础 [M]. 北京: 机械工业出版社, 2018.

[4] 陈蔚芳. 夹具敏捷设计若干关键技术研究 [D]. 南京: 南京航空航天大学, 2007.

[5] 刘金山. 复杂夹具智能设计系统关键技术及应用研究 [D]. 南京: 南京航空航天大学, 2007.

[6] QUIRYNE N M, NAERT I, STEENBERGHE D V. Fixture design and overload influence marginal bone loss and future success in the Brånemark ® system [J]. Clinical oral implants research, 1992, 3 (3): 104-111.

[7] MENASSA R J, DEVRIES W R. Optimization methods applied to selecting support positions in fixture design [J]. Journal of Manufacturing Science & Engineering, 1991, 113 (4): 412-418.

[8] NEE A Y C, WHYBREW K. Advanced fixture design for FMS [M]. New York: Springer Science & Business Media, 2012.

[9] BOYLE I, RONG Y, BROWN D C. A review and analysis of current computer-aided fixture design approaches [J]. Robotics & Computer Integrated Manufacturing, 2011, 27 (1): 1-12.

[10] IVANOV V, PAVLENKO I, LIAPOSHCHENKO O, et al. Determination of contact points between workpiece and fixture elements as a tool for augmented reality in fixture design [J]. Wireless Networks, 2019 (2): 1-8.

[11] IVANOV V, PAVLENKO I, VASHCHENKO S, et al. Information system for computer-aided fixture design [M]. Industry 4.0: Trends in Management of Intelligent Manufacturing Systems. Springer, 2019: 121-132.

[12] LOW D W W, NEO D W K, KUMAR A S. A study on automatic fixture design using reinforcement learning [J]. International Journal of Advanced Manufacturing Technology, 2020, 107 (5): 2303-2311.

[13] YU K. Robust fixture design of compliant assembly process based on a support vector regression model [J]. The International Journal of Advanced Manufacturing Technology, 2019, 103 (1-4): 111-126.

[14] SCHWARTZ L C M W, ELLEKILDE L P, KRUGER N. Automated fixture design using an imprint-based design approach & optimisation in Simulation [C]. 2019 Third IEEE International Conference on Robotic Computing (IRC), 2019.

[15] VUKELIC D, AGARSKI B, BUDAK I, et al. Eco-design of fixtures based on life cycle and cost assessment [J]. International Journal of Simulation Modelling, 2019.

第 6 章　机械加工质量分析与控制

本 章 摘 要

本章内容简介

保证机械零件加工质量是保证机械产品质量的基础，本章以四个小节对机械加工质量做具体阐述。机械加工质量包括机械加工精度和表面质量两方面的内容，前者指机械零件加工后宏观的尺寸、形状和位置精度，后者主要指零件加工后表面的微观几何形状精度和物理机械性质质量。研究零件的机械加工精度，重点研究工艺系统原始误差的物理、力学本质，掌握其基本规律，分析原始误差和加工误差之间的定性与定量关系。机器零件的使用性能如耐磨性、疲劳强度和耐蚀性等在很大程度上取决于主要零件的表面质量。随着产品性能的不断提高，一些重要零件必须在高应力、高速、高温等条件下工作，因而表面质量问题变得更加突出和重要。

本章关键知识点

1. 机械加工精度的定义；
2. 影响机械加工精度的因素与原始误差；
3. 机械加工表面质量的定义与内容；
4. 影响机械加工表面质量的因素；
5. 机械加工质量的智能检测和控制方法。

本章难点

1. 工艺系统的受力、刚度与热变形；
2. 加工误差的统计分析计算与点图法。

6.1　机械加工精度与原始误差

6.1.1　机械加工精度概述

1. 机械加工精度

机械加工精度是指加工后零件的实际几何参数（尺寸、形状、表面相互位置）与理想几何参数的符合程度。符合程度越高，则加工精度越高，即加工误差越小。

零件的加工精度包括的内容：尺寸精度、几何形状精度和相互位置精度。

在机械加工中，由于工艺系统中各种因素影响，使加工出的零件不可能与理想的要求完全符合。零件加工后的实际几何参数对理想几何参数的偏离程度，称为加工误差。由此可见，加工精度和加工误差是从两个不同的角度来评定加工零件的几何参数。

2. 影响机械加工精度的因素

零件加工精度主要取决于在切削过程中工件和刀具之间的相互位置。由于多种因素的影响，由机床、夹具、刀具和工件构成的机械加工工艺系统中的各种误差，在不同的条件下，以不同的方式反映为加工误差。因此，把工艺系统的误差称为原始误差。工艺系统的误差是“因”，是根源；加工误差是“果”，是表现。

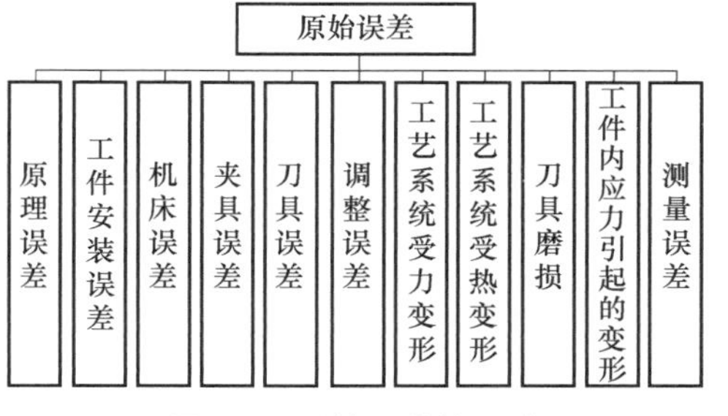

图 6-1　原始误差的组成

加工中可能产生的原始误差如图 6-1 所示。

6.1.2　原始误差对加工精度的影响

1. 原理误差

加工原理误差是因采用了近似的切削刃轮廓或近似的加工运动而产生的。在实际生产中，采用近似加工方法，可以简化机床结构和刀具的形状，降低生产成本。例如，滚切渐开线齿轮有两种原理误差：①用法向直廓基本蜗杆滚刀或阿基米德基本蜗杆滚刀，代替渐开线基本蜗杆滚刀，由于滚刀的切削刃形状误差引起的加工误差；②由于滚刀的切削刃数量有限，滚切出的齿形不是连续光滑的渐开线，而是由若干短折线组成，从而引起误差。

因此，只要把原理误差限制在一定的范围内，采用近似的加工方法是完全允许的。

2. 机床误差

机床误差是机床的安装误差、制造误差和磨损等引起的，它是影响工件加工精度的重要因素之一。机床误差的项目很多，下面重点分析对工件加工精度影响较大的误差，如：机床导轨导向误差、机床主轴回转误差和传动链误差等。

（1）机床导轨导向误差　机床导轨是机床各主要部件相对位置和运动的基准，它的精度直接影响工件的加工精度，这里引出一个重要的概念，即误差敏感方向。一般情况下，加工表面的法线方向为误差敏感方向，在无特殊说明的情况下，即加工表面的法向定为 Y 向，切向为 Z 向，Y 向为误差敏感方向。

现以车床导轨误差为例来分析其对加工精度的影响如图 6-2 所示。

1）车床导轨在垂直面内的直线度误差如图 6-2a 所示。

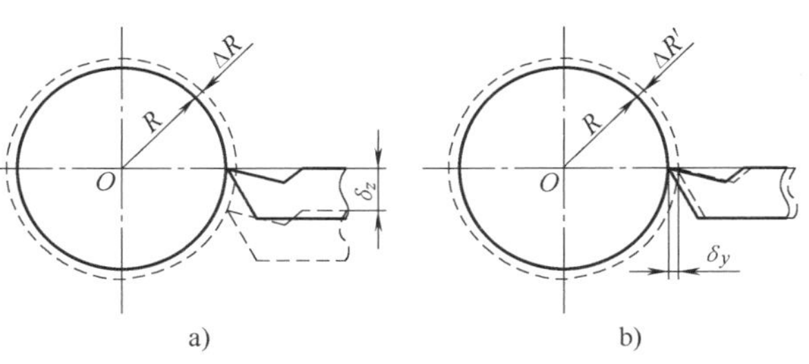

图 6-2　刀具在不同方向上的位移量对工件直径的影响

由导轨在垂直面内的弯曲使刀尖在垂直面内位移量为 δ_z，引起工件上的半径误差 ΔR，则

$$(R+\Delta R)^2=\delta_z^2+R^2 \tag{6-1}$$

忽略 ΔR^2 项，得：
$$\Delta R\approx\frac{\delta_z^2}{2R}$$

即工件上的直径误差为：
$$\Delta D\approx\frac{\delta_z^2}{2R}$$

2）车床导轨在水平面内的直线度误差如图 6-2b 所示。由导轨在水平面内的弯曲使刀尖在水平面内位移量为 δ_y，引起工件在半径上的误差 $\Delta R'$，因 $\Delta R'=\delta_y$，所以在工件直径上的加工误差将为 $\Delta D=2\delta_y$。

现假设 $\delta_y=\delta_z=0.1\text{mm}$；$D=40\text{mm}$，则

$$\Delta R=\frac{0.1^2}{40}=0.00025\text{mm}$$

$$\Delta R'=0.1\text{mm}=400\Delta R$$

可见，$\Delta R'$比 ΔR 大 400 倍。也就是说，在垂直面内导轨的弯曲对加工精度的影响很小，可以忽略，而在水平面内同样大小的导轨弯曲就不能忽略不计。

3）前后导轨的平行度（扭曲）。车床的 V 形导轨有了平行度误差 δ 以后，引起了加工误差 Δy，如图 6-3 所示，由几何关系可知：$\Delta y : H\approx\delta : A$，即

$$\Delta y\approx\frac{H\delta}{A} \tag{6-2}$$

一般车床 $H\approx\frac{2}{3}A$，外圆磨床 $H\approx A$，因此这项原始误差对精度的影响很大，不能忽略。

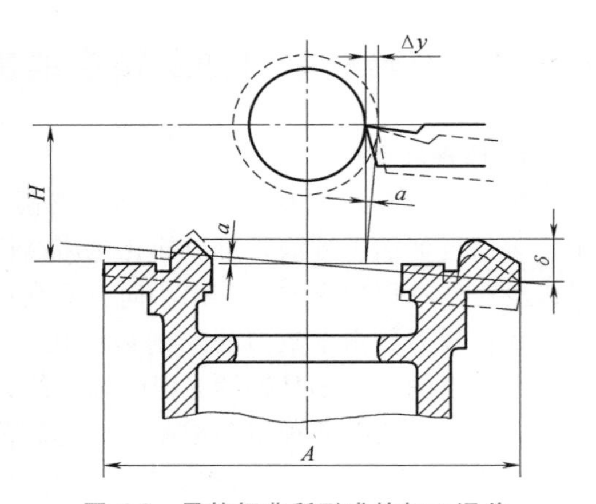

图 6-3　导轨扭曲所形成的加工误差

（2）机床主轴回转误差

1）机床主轴回转误差的概念。机床主轴是用来装夹工件或刀具，并传递主切削运动的关键零部件，它的误差直接影响着工件的加工精度。理论上，当主轴回转时，其回转轴线的空间位置应该固定不变，但实际上，由于主轴部件本身存在各种误差，会使主轴回转轴线的空间位置每一瞬间都在变动。

机床主轴的回转精度是机床主要精度指标之一。它在很大程度上决定着工件加工表面的形状精度。主轴的回转误差主要包括径向圆跳动、轴向窜动和角度摆动三种基本形式。

2）主轴回转误差对加工精度的影响。对于不同的加工方法，不同形式的主轴回转误差对加工精度的影响是不同的。

① 主轴的纯径向圆跳动。它会使工件产生圆度误差，但加工方法不同（如车削和镗削），影响程度也不尽相同。

② 主轴的纯轴向窜动。它对内、外圆加工没有影响，但当加工端面时，会使车出的端面与圆柱面不垂直。加工螺纹时，轴内窜动会产生螺距的周期性误差。

③ 主轴的纯角度摆动。由于主轴的纯角度摆动使回转轴线与工作台导轨不平行，车削外圆时工件成锥形；镗削内孔时，镗出的孔将成椭圆形。

3）影响主轴回转误差的主要因素。引起主轴回转误差的主要原因是轴承误差及其间隙、与轴承配合的轴颈（孔径）误差及切削过程中主轴受力、受热后的变形等。当主轴采用滑动轴承时，主轴回转精度主要是受到主轴颈和轴承内孔的圆度误差影响。当主轴采用滚动轴承时，主轴回转精度不仅取决于滚动轴承本身的精度（包括内、外圆滚道的圆度误差，滚动体的形状，尺寸误差），而且还与轴承配合件（主轴颈、轴承座孔）的精度和装配精度密切相关。

4）提高主轴回转精度的措施。

① 提高主轴部件的制造精度和装配精度，首先应提高轴承的回转精度。可选用高精度的滚动轴承，或采用高精度静压轴承和动压滑动轴承（多油楔）等。其次是提高配合表面（如箱体支承孔、主轴轴颈）的加工精度，实际生产中，常采用分组选配和定向装配方法，使误差相互补偿或部分抵消，以减小轴承误差对主轴回转精度的影响。

② 对滚动轴承进行预紧。适当预紧可以消除间隙，产生微量过盈，以提高轴承的接触刚度，并对轴承内、外圈滚道和滚动体的误差起到均化作用，从而提高主轴的回转精度。

③ 使主轴的回转误差不反映到工件上。直接使工件在加工过程中的回转精度不依赖于主轴，是保证工件形状精度的最简单而又最有效的方法。如在外圆磨床上磨削外圆柱面时如图 6-4 所示，为避免主轴回转误差的影响，工件由头架和尾架的两个固定顶尖支承，主轴只起传动作用，工件的回转精度完全取决于顶尖和中心孔的形状精度和同轴度。在镗床上加工箱体类零件上的孔时，可采用镗模加工，如图 6-5 所示，刀杆与主轴为浮动连接，则刀杆的回转精度与机床主轴回转精度无关，工件的加工精度仅由刀杆和导套的配合质量决定。

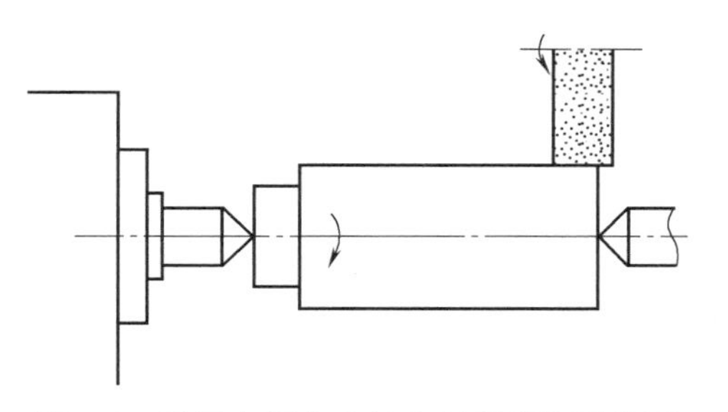
图 6-4　用固定顶尖支承外圆磨削外圆柱面

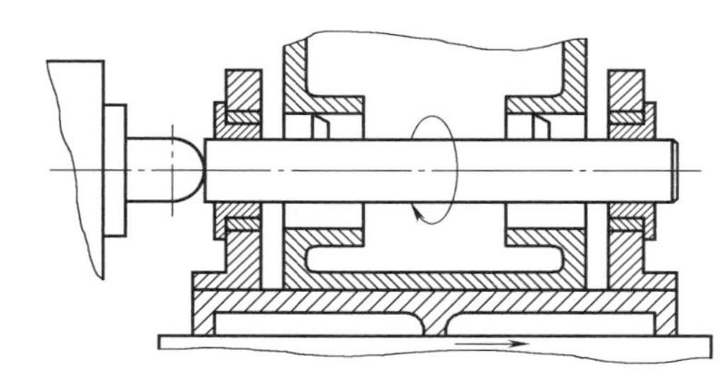
图 6-5　用镗模镗孔

（3）传动链误差　某些表面的加工，如齿轮、蜗轮、螺纹表面的形成，要求刀具和工件之间有严格的运动关系，如车削丝杠螺纹时，要求工件转一圈刀具应相应移动一个导程，这种关联的运动关系是由机床的传动系统即传动链来保证的。

如图 6-6 所示，若传动链中第 j 个元件有转角误差 $\Delta\phi_j$，则传递到工件台面产生的转角误差为：

$$\Delta\phi_{jn}=K_j\Delta\phi_j \tag{6-3}$$

以图 6-6 Y3180 滚齿机为例，假定齿轮 2 的转角误差为 $\Delta\varphi_2$，其导致的传动误差 $\Delta\varphi_{2n}$ 按式（6-4）计算。

$$\Delta\varphi_{2n}=K_2\Delta\varphi_2=\Delta\varphi_2\times\frac{28}{28}\times\frac{28}{28}\times\frac{28}{28}\times i_{差}\times i_{分}\times\frac{1}{96}=K_2\Delta\varphi_2 \tag{6-4}$$

$$K_2=\frac{1}{96}i_{差}\times i_{分} \tag{6-5}$$

式中　K_j——第 j 个元件的误差传递系数。

由于所有的传动件都可能存在误差，因此，各传动件引起的工件台总的转角误差为：

$$\Delta\varphi_Z = \sum_{j=1}^{n} \Delta\varphi_{jn} = \sum_{j=1}^{n} K_j \Delta\varphi_j \tag{6-6}$$

为了提高传动链的传动精度，可采用如下的措施：

1）尽可能缩短传动链，减少误差源数 n。

2）尽可能采用降速传动，因为升速传动时 $K_j>1$，传动误差被扩大；降速传动时 $K_j<1$，传动误差被缩小；尽可能使末端传动副采用大的降速比（K_j 值小）；末端传动元件的误差传递系数等于 1，它的误差将直接反映到工件上，因此末端传动元件应尽可能地制造得精确些。

3）提高传动元件的制造精度和装配精度，以减小误差源 $\Delta\phi_j$，并尽可能地提高传动链中升速传动元件的精度。

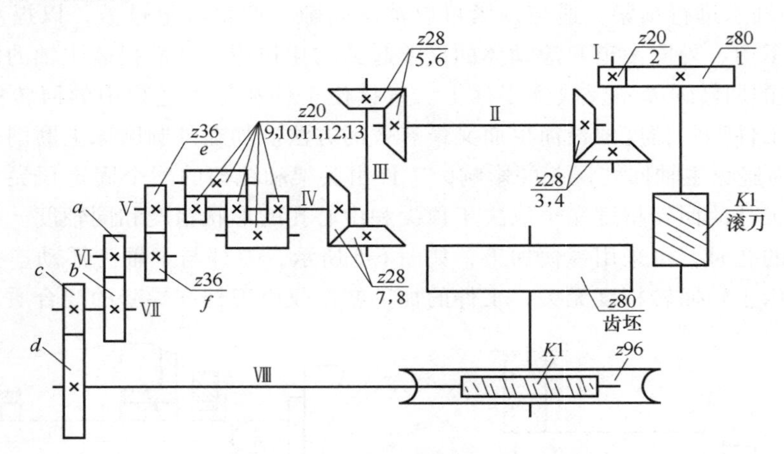

图 6-6　Y3180 型滚齿机传动链图

3. 工艺系统的受力变形

切削加工中，由于工艺系统在各种力（如切削力、夹紧力、传动力、重力和惯性力等）的作用下会发生变形，破坏刀具和工件间在静态下的正确位置，从而产生加工误差。

（1）工艺系统的刚度　工艺系统的刚度是指加工表面法向切削分力 F_y（单位为 N）与在该力方向上工件与刀具之间相对位移 y（单位为 mm）的比值。

$$k_{系统} = \frac{F_y}{y(在\ F_x、F_y、F_Z\ 共同作用下的\ y\ 方向的变形)} \tag{6-7}$$

因此，整个工艺系统的刚度为：

$$k_{系统} = \frac{1}{\dfrac{1}{k_{机床}} + \dfrac{1}{k_{夹具}} + \dfrac{1}{k_{刀具}} + \dfrac{1}{k_{工件}}} \tag{6-8}$$

（2）工艺系统受力变形对加工精度的影响

1）切削力作用点位置变化对加工精度的影响。切削过程中，工艺系统的刚度会随着切削力作用点位置的变化而变化，工艺系统的受力变形亦随之变化，而引起工件形状误差。先假定工件短而粗，刚度很高，它在受力下的变形比机床、夹具、刀具的变形小，可以忽略不计，则工艺系统的总位移完全取决于机床头尾座（包括顶尖）和刀架（包括刀具）的位移，如图 6-7 所示。

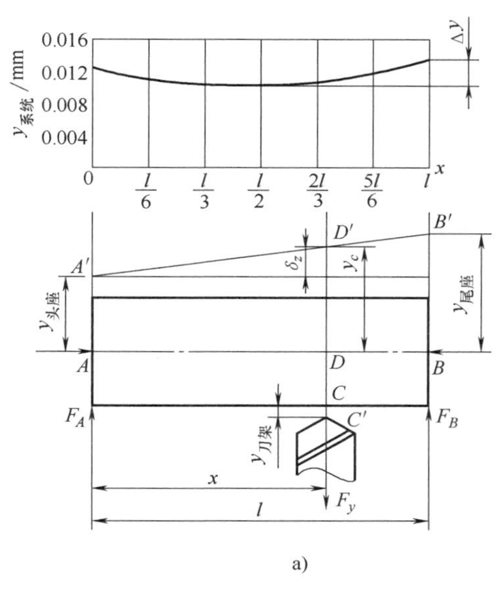

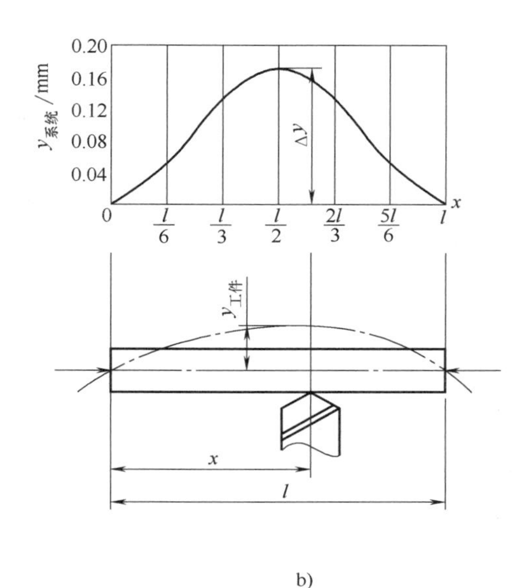

图 6-7　工艺系统的变形随施力点位置的变化情况

当车刀走到图 6-7 所示的位置时，则在切削点处的位移 y_x 为：

$$y_x=\frac{F_y}{k_{头座}}\left(\frac{l-x}{l}\right)^2+\frac{F_y}{l_{尾座}}\left(\frac{x}{l}\right)^2 \tag{6-9}$$

$$y_{刀具}=\frac{F_y}{k_{刀具}} \tag{6-10}$$

工艺系统的总位移：

$$y_{系统}=y_x+y_{刀具}=F_y\left[\frac{1}{k_{刀具}}+\frac{1}{k_{头座}}\left(\frac{l-x}{l}\right)^2+\frac{1}{k_{尾座}}\left(\frac{x}{l}\right)^2\right] \tag{6-11}$$

工艺系统的刚度：

$$y_{系统}=\frac{F_y}{y_{系统}}=\frac{1}{\frac{1}{k_{刀具}}+\frac{1}{k_{头座}}\left(\frac{l-x}{l}\right)^2+\frac{1}{k_{尾座}}\left(\frac{x}{l}\right)^2} \tag{6-12}$$

设 $F_y=300\text{N}$，$k_{头座}=60000\text{N/mm}$，$k_{尾座}=50000\text{N/mm}$，$k_{刀具}=10000\text{N/mm}$，顶尖间距离 600mm，则沿工件长度上工艺系统的位移如图 6-7a 所示：

x	0 （头座处）	$\frac{1}{6}l$	$\frac{1}{3}l$	$\frac{1}{2}l$ （工件中间）	$\frac{2}{3}l$	$\frac{5}{6}l$	l （尾座处）
$y_{系统}$	0. 0125mm	0. 0111mm	0. 0104mm	0. 0103mm	0. 0107mm	0. 0118mm	0. 0135mm

工件轴向最大直径误差（鞍形）为：

$$(y_{尾座}-y_{中间})\times2=[(0.0135-0.0103)\times2]\text{mm}=0.0064\text{mm} \tag{6-13}$$

再假定工件细而长，刚度很低，机床、夹具、刀具在受力下的变形可以忽略不计，则工艺系统的位移完全取决于工件的变形，如图 6-7b 所示。当车刀走到图示的位置时，在切削力作用下工件的中心线产生弯曲。根据材料力学的计算公式，在切削点处的位移为：

$$y_{工件}=\frac{F_y}{3EI}=\frac{(l-x)^2x^2}{l} \tag{6-14}$$

仍设 $F=300\text{N}$，工件尺寸为 $\phi30\text{mm}\times600\text{mm}$，$E=2\times10^5\text{N/mm}^2$，则沿工件长度上的位移见下表（参阅图 6-7b）：

x	0（头座处）	$\frac{1}{6}l$	$\frac{1}{3}l$	$\frac{1}{2}l$（工件中间）	$\frac{2}{3}l$	$\frac{5}{6}l$	l（尾座处）
$y_{系统}$	0	0.052mm	0.132mm	0.017mm	0.132mm	0.052mm	0

故工件轴向最大直径误差（鼓形）为 0.17mm×2=0.34mm，比上面的误差要大 50 倍。

综合以上两例的分析，可以推广到一般情况，即工艺系统的总位移为图 6-7a 和图 6-7b 的位移的叠加，即

$$y_{系统}=F_y\left[\frac{1}{k_{刀具}}+\frac{1}{k_{头座}}\left(\frac{l-x}{l}\right)^2+\frac{1}{k_{尾座}}\left(\frac{x}{l}\right)^2+\frac{(l-x)^2x^2}{3EIl}\right] \tag{6-15}$$

$$k_{系统}=\frac{1}{\frac{1}{k_{刀具}}+\frac{1}{k_{头座}}\left(\frac{l-x}{l}\right)^2+\frac{1}{k_{尾座}}\left(\frac{x}{l}\right)^2+\frac{(l-x)^2x^2}{3EIl}} \tag{6-16}$$

由此可见，工艺系统的刚度在沿工件轴向的各个位置是不同的，所以加工后工件各个横截面上的直径尺寸也不相同，造成了加工后工件的形状误差（如锥度、鼓形、鞍形等）。

2）误差复映。当毛坯加工余量和材料硬度不均匀时，会引起切削力的变化，进而会引起工艺系统受力变形的变化而产生加工误差。

如图 6-8 所示为车削某一有较大圆度误差的毛坯，当刀尖调整到要求尺寸的虚线位置时，在工件转一圈过程中，背吃刀量在 a_{p1} 与 a_{p2} 之间变化，切削力也相应地在 F_{max} 到 F_{min} 之间变化，工艺系统的变形也在最大值 y_1 到最小值 y_2 之间变化，由于工艺系统受力变形的变化，会使工件产生和毛坯形状误差（$\Delta_{毛坯}=a_{p1}-a_{p2}$）相似的形状误差（$\Delta_{工件}=y_1-y_2$），这种现象称为误差复映现象。

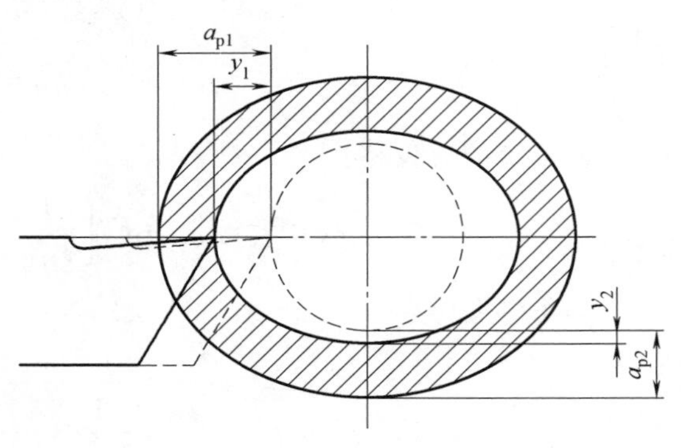

图 6-8 毛坯误差的复映

令

$$\varepsilon=\frac{\Delta_{工件}}{\Delta_{毛坯}} \tag{6-17}$$

式中 ε——误差复映系数，它定量地反映了毛坯误差经加工后减小的程度。

当工艺系统刚度越高，ε 越小，毛坯复映到工件上的误差也越小。当毛坯的误差较大，一次走刀不能满足加工精度要求时，需要多次走刀来消除 $\Delta_{毛坯}$ 复映到工件上的误差，多次走刀总 ε 值计算如下：

$$\varepsilon_S = \varepsilon_1 \varepsilon_2 \cdots \varepsilon_n \tag{6-18}$$

由于 ε 是远小于 1 的系数，所以经过多次加工后，ε 已降到很小的数值，加工误差也逐渐减小，从而达到零件的加工精度要求（一般经过 2~3 次走刀即可达到 IT7 的精度要求）。

3）夹紧力引起的加工误差。当加工刚性较差的工件时，若夹紧不当，会引起工件变形而产生形状误差。例如，用三爪卡盘夹紧薄壁套筒车孔，如图 6-9a 所示，夹紧后工件呈三棱形，如图 6-9b 所示，车出的孔为圆，如图 6-9c 所示，但松夹后套筒的弹性变形恢复，孔就形成了三棱形，如图 6-9d 所示，所以，生产实践中，常在套筒外面加上一个厚壁的开口过渡套，如图 6-9e 所示或采用专用夹盘，如图 6-9f 所示，使夹紧力均匀地分布在套筒上。

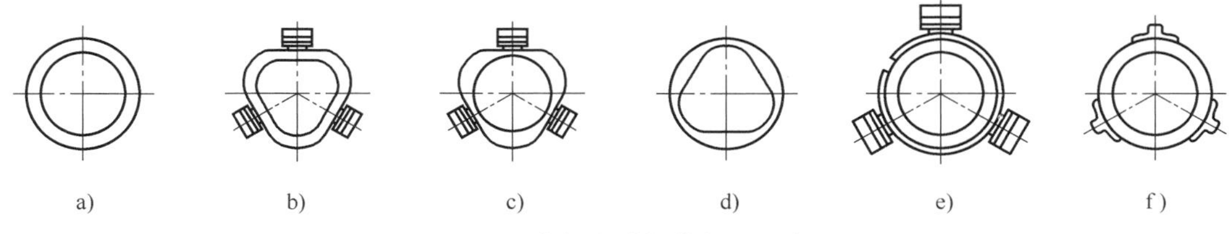

图 6-9　夹紧力引起的加工误差

4）由重力引起的加工误差。在工艺系统中，由于零部件的自重也会引起变形，如龙门铣床、龙门刨床刀架横梁的变形，镗床镗杆下垂变形等，都会造成加工误差。龙门刨床在刀架自重下引起的横梁变形如图 6-10 所示，造成了工件加工表面的平面度误差，通过提高横梁的刚度可减小这种影响。

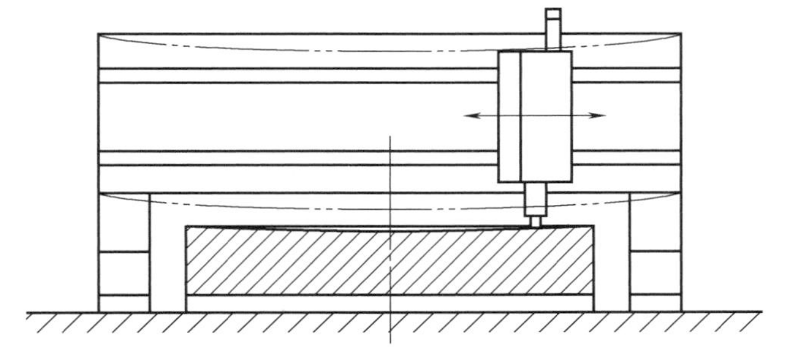

图 6-10　重力引起的加工误差

（3）减小工艺系统受力变形的主要措施　减小工艺系统受力变形，是保证加工精度的有效途径之一，生产中常采取以下措施：

1）合理的结构设计。在设计工装时，应尽量减少连接面的数量，防止有局部低刚度环节出现。在设计基础件、支承件时，应合理选择零件结构和截面形状、尺寸，并在适当部位增添加强肋都会有良好的效果。

2）提高接触刚度。影响连接表面接触刚度的因素，除连接表面材料的性质外，最关键的是接触表面的表面粗糙度、接触情况和形状误差。通常通过铲、刮、研等方法来提高零件接触面的配合质量，增大实际接触面积，并在连接面间施加适当预紧力，以提高接触刚度。

3）采用合理的装夹方式。在夹具设计或工件装夹时，都必须尽量减少弯曲力矩。此外，常用增加辅助支承的方法来提高工件的刚度。

4）采取适当的工艺措施。合理选择刀具几何参数（如增大前角，让主偏角接近 90°等）和切削用量（适当减少进给量和背吃刀量）以减小切削力（特别是 F_y），有利于减少受力变形。

4. 工艺系统的热变形

在机械加工中，工艺系统受到各种热的作用而引起的变形叫热变形。这种变形同样会破坏刀具与工件间相对运动的准确性，造成工件的加工误差。

热变形对加工精度影响较大，特别是在精密加工中，由热变形引起的加工误差约占总加工误差的40%~70%。

引起工艺系统热变形的热源可分为内部热源和外部热源两大类。

- 工艺系统热源
  - 内部热源
    - 切削热
    - 摩擦热（电动机、轴承、齿轮副、液压系统等）
  - 外部热源
    - 环境温度（气温变化、室内局部温差等）
    - 辐射热（阳光、照明灯、暖气设备等）

（1）工件热变形对加工精度的影响　工件热变形的热源主要是切削热，在热膨胀的状态下达到的加工尺寸，冷却后会收缩变小，甚至超过公差范围。

工件热变形对加工精度的影响与加工方式、工件的结构尺寸及工件均匀受热等因素有关，轴类零件在车削或磨削时，一般是均匀受热，温度逐渐升高，其直径也逐渐胀大，胀大部分将被刀具切去，待工件冷却后则形成圆柱度和直径尺寸的误差。

一般轴类零件粗加工时在长度上的精度要求不高，常不考虑其受热伸长，但在车床上两顶尖间车削细长轴时，其受热伸长较大，两端受顶尖限位而导致弯曲变形，加工后将产生圆柱度误差。这时，可采用弹性或液压尾顶尖。

精密丝杠磨削时，工件的受热伸长会引起螺距的累积误差。如磨削丝杠就是一个突出的例子。若丝杠长度为3m，每磨一次温度就升高约3℃，则丝杠的伸长量为：

$$\Delta L=\alpha L\Delta T=(3000\times12\times10^{-6}\times3)\text{mm}=0.1\text{mm} \tag{6-19}$$

而6级丝杠的螺纹螺距累积误差在全长上不允许超过0.02mm，由此可见热变形的严重性。

在铣、刨、磨平面时，工件都是单面受热，由于上下两表面受热不均匀而使工件向上凸起，中间切去的材料较多，冷却后被加工表面呈凹形。这种现象对于加工薄片类零件尤为突出。

（2）刀具热变形对加工精度的影响　大部分切削热被切屑带走，传给刀具的热量只占小部分。但是刀具的体积小，热惯性小，所以还是有相当高的温升和热变形。如图6-11所示，三条曲线中的A表示了车刀在连续工作状态下的升温变形过程；B表示切削停止后，刀具冷却的变形过程；C表示在加工一批短小轴类零件时，由于刀具间断切削而温度忽升忽降所形成的变形过程。间断切削刀具总的热变形比连续切削要小一些，最后其波动量保持在δ范围内。

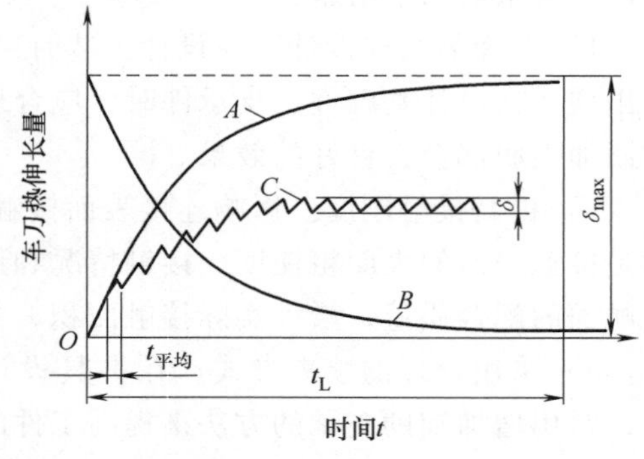

图6-11　车刀的热伸长量

（3）机床热变形对加工精度的影响　机床在工作过程中，受到内外热源的影响，各部分的温度将逐渐升高。由于各部件的热源不同，机床结构不同，使各部分的温升和变形均有较大的差别，从而破坏机床在静态时的几何精度，造成加工误差。由于各类机床的结构、加工方式和热源精度影响程度也不同，因此应对具体情况作具体分析。

减少机床热变形对加工精度影响的基本途径如下：

1）结构措施。

① 热对称结构。机床大件结构和布局对机床的热态特性有很大的影响，近年来国内外都进行了系统的研究，提出了所谓对称结构的设计思想。以加工中心机床为例，在受热影响下，单立柱结构产生相当大的扭曲变形；而双立柱结构由于左右对称，仅产生垂直方向的平移（这种单向的原始误差，很容易用垂直坐标移动的修正量来补偿掉）。因此，双立柱式结构的机床主轴相对于工作台的热变形比单立柱结构小得多。

② 在设计上使关键件的热变形避开加工误差的敏感方向。车床主轴箱和床身连接的结构如图 6-12 所示，图 6-12a 比图 6-12b 有利，因前者的主轴轴心线对于安装基准而言，只有 Z 方向的热位移，不在加工误差的敏感方向上，因此它对加工精度的影响很小，而后者除了 Z 方向的热位移外还产生 Y 方向的热位移，它对加工精度有直接的影响。

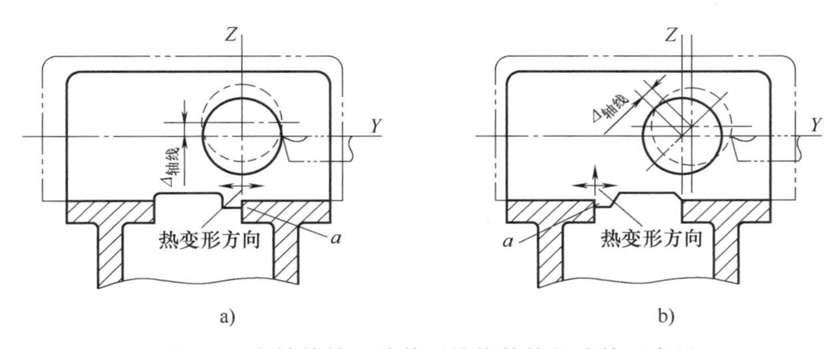

图 6-12　主轴箱的两种装配结构的热位移的示意图

③ 合理安排支承的位置，使产生热变形（对加工精度有直接影响）的有效部分缩短如图 6-13 所示。图 6-13a 的结构就比图 6-13b 的结构好。因为控制砂轮架 Y 方向位置的丝杠的有效长度，在图 6-13a 中为 L_1，比图 6-13b 中的 L 要短，因热变形所产生的加工误差较小。

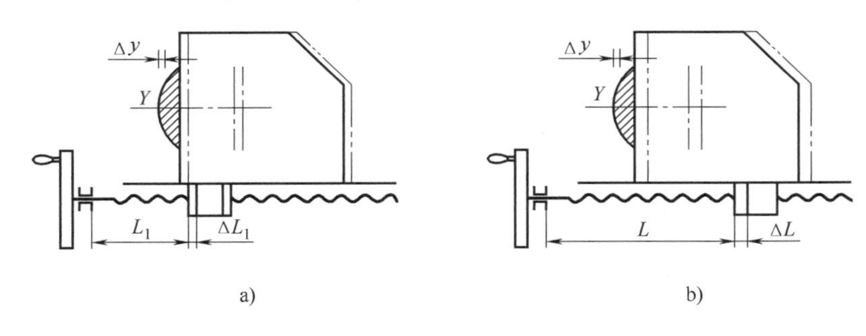

图 6-13　支承位置对砂轮架热位移的影响

④ 对发热量大的热源（如装入式电动机、泵、油池和轴承等）采用足够冷却的措施：扩大散热表面，保证良好的自然冷却条件（不形成热空气袋），使用强制式的空气冷却、水冷却和循环润滑等措施。

⑤ 均衡关键件的温升，避免弯曲变形，平面磨床采用热空气来加热温升较低的立柱后壁如图 6-14 所示，以均衡立柱前后壁的温升，这样可以显著地降低立柱的弯曲变形。热空气从电动机风扇排出，通过特设的管道导向防护罩和立柱后壁的空间，再排出到外面。在这

种情况下，被加工工件的端面的平面度可以降低到未采取均衡措施前的1/4～1/3，这种方法又称为热补偿法。

⑥ 隔离热源可以从根本上减少机床的热变形。不少试验证明，将油池（连同油泵、阀等）、切削液箱等作为独立的单元从机床中移到外面以后，机床的热变形可显著地下降。

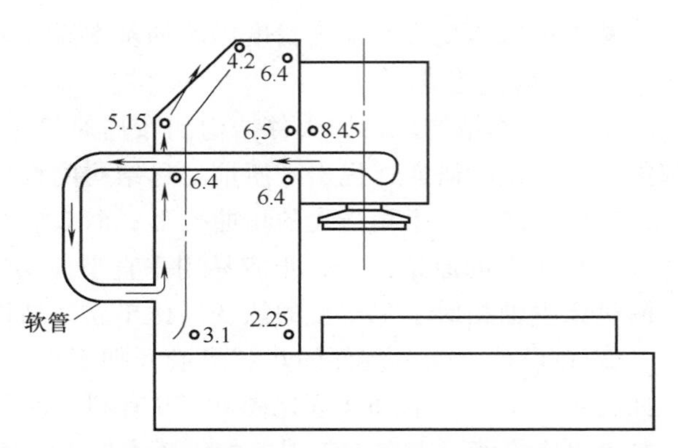

图 6-14　在平面磨床上用热空气均衡立柱后壁温度场

（“o”表示测量温度的地方，数字的单位是℃）

2）工艺措施。

① 在安装机床的区域内保持恒定的环境温度，如均匀安排车间内加热器，取暖系统等的位置，使热流的方向不朝向机床，以及建立车间门斗或帘幕等。此外，精密机床还不应受到阳光的直接照射，以免引起不均匀的热变形。

② 将精密机床中的坐标镗床、螺纹机床和齿轮机床等安装在恒温室中使用。恒温精度应严格控制（一般精度取±1℃，精密级±0.5℃，超精密级为±0.01℃）。恒温基数则可按季节适当地加以变动（春、秋季取20℃，夏季取23℃，冬季取17℃）。

③ 让机床在开车后空转一段时间，在到达或接近热平衡后再进行加工，在加工有些精密零件时，尽管有不切削的间断时间，但仍让机床空转，以保持机床的热平衡。

（4）工件内应力引起的变形　在除去外部载荷后，仍残留在工件内部的应力称为内应力（或残余应力）。具有内应力的零件处于不稳定的状态，其内部组织有强烈地要恢复到一个稳定的、没有内应力状态的倾向。在常温下，特别是在外界条件发生变化时（例如，环境温度变化、继续进行切削加工、受到撞击等），内应力的暂时平衡就会被打破而进行重新分布，这时工件将产生变形，甚至造成裂纹等现象，使原有的加工精度丧失。

内应力产生的原因如下：

1）毛坯制造和热处理过程中产生的内应力。在铸、锻、焊、热处理等加工过程中，由于各部分热胀冷缩不均匀以及金相组织转变时的体积变化，使工件内部产生了很大的内应力。毛坯结构越复杂，各部分的壁厚越不均匀，散热条件相差越大，产生的内应力就越大。

如图 6-15a 所示，铸造在浇注后由于壁 *A*、*C* 比较薄，散热容易，冷却快；壁 *B* 较厚，冷却慢。当壁 *A*、*C* 从塑性状态冷却到低温弹性状态时，壁B尚处于高温塑性状态，故壁 *A*、*C* 冷却收缩，不受壁 *B* 阻碍。但当壁 *B* 亦冷却到低温弹性状态时，壁 *A*、*C* 的温度已降低很多，收缩速度变得很慢，但这时壁 *B* 收缩较快，因而受到了壁 *A*、*C* 的阻碍，结果使壁 *B* 产生拉应力，而壁 *A*、*C* 就产生压应力，形成了相对平衡的状态。

如果在铸件壁 *C* 上切开一个缺口，如图 6-15b 所示，则壁 *C* 的内应力消失。铸件在壁 *B*、*A* 的内应力的作用下，壁 *B* 收缩，壁 *A* 膨胀，铸件发生弯曲变形，

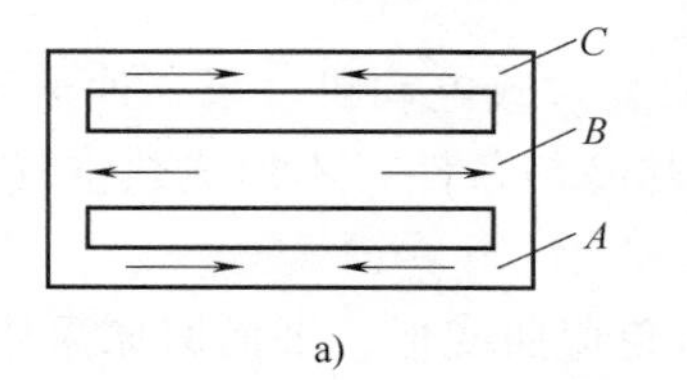

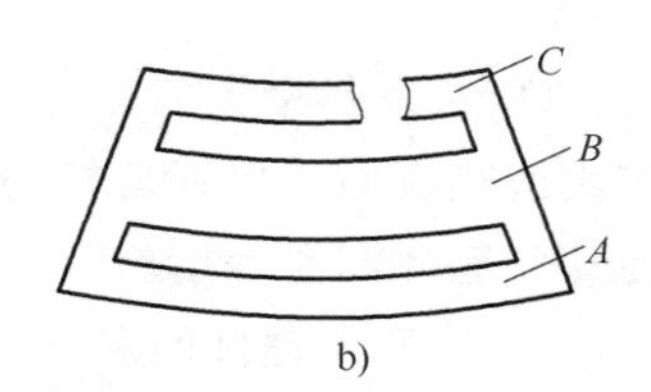

图 6-15　铸件内应力引起的变形

a）毛坯　b）切后变形

直至内应力重新分布，达到新的平衡为止。

2）冷校直产生的内应力。薄板类、细长轴类零件加工后常发生弯曲变形，如图 6-16 所示。弯曲的工件需要校直，必须使工件产生反向弯曲，并使其产生一定的塑性变形。在外力 F 的作用下，工件的应力分布如图 6-16b 所示，在轴心线的两条虚线之间为弹性变形区，虚线之外为塑性变形区，当外力 F 去除后，内层弹性变形后要恢复，但会受到外层塑性变形的阻碍，其结果使上部外层产生残余拉应力，上部里层产生残余压应力，下部外层产生压应力，下部里层产生残余拉应力，如图 6-16c 所示。冷校直虽然减少了弯曲变形，但内部组织处于不稳定状态，如再进行加工，又会引起新的弯曲变形。

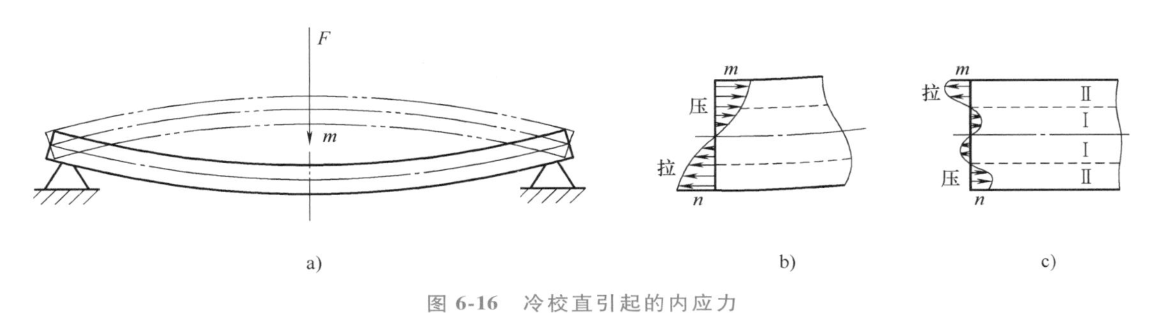

图 6-16　冷校直引起的内应力

3）减小和消除内应力的工艺措施。

① 合理设计零件结构。在设计零件的结构时，尽量简化零件结构，减小壁厚差，使壁厚均匀，提高零件的刚度等，均可减少毛坯在制造中产生的内应力。

② 合理安排工艺过程。例如，将粗、精加工分开，使粗加工后有充足时间让内应力重新分布，保证工件充分变形，再经精加工后，就可减小变形误差。又如，在加工大件时，如果粗、精加工在一个工序内完成，这时应在粗加工后松开工件，使其消除部分应力，然后以较小的夹紧力夹紧工件后再对其进行精加工。

③ 对工件进行热处理和时效处理。例如，对铸、锻、焊件进行退火和回火；零件淬火后进行回火；粗加工后进行时效处理；对精度要求高的零件，如床身、丝杠、主轴等，往往在加工过程中多次进行时效处理。

（5）提高加工精度的措施　提高加工精度的措施大致可归纳为以下几个方面：

1）直接减少原始误差法。在查明影响加工精度的主要原始误差因素之后，设法对其直接进行消除和减小。细长轴的加工，传统的方法都采用中心架或跟刀架，可以有效地减小工件受到径向力的作用产生的变形，但是细长轴的加工往往还要受到轴向力作用产生的变形和由于热伸长导致的弯曲变形。针对后两种变形，生产实际中采用大进给量反向切削的方法，可有效地消除轴向切削力引起的弯曲变形。

轴向切削力引起工件弯曲变形的理由有以下三点：

① 当细长轴的一头被夹持在卡盘中间，另一头施以轴向切削力时，若在一根杆子上施加一个偏置压力，就容易产生弯曲变形，何况这根杆子又很细长，所以弯曲变形特别大。

② 工件有了上述弯曲变形后，在高速回转下，由于离心惯性作用，又加剧了变形，并引起了振动。

③ 工件在切削热的作用下必然产生热伸长，一根一米长的细长轴，温升 40℃的轴向伸

长量达0.5mm，而卡盘和尾座顶尖之间的距离又是固定的，工件在轴向就没有伸缩的余地，因此产生了轴向力，加剧了工件的弯曲。

采用大进给反向切削细长轴的加工方法，包括以下几点主要内容：

① 进给方向由卡盘指向尾座，这与一般车削法的进给方向刚好相反。这样一来，轴向切削力 F_z 对工件的作用（从卡盘到切削所在点的一段）是拉伸而不是压缩（图6-17b），而在切削所在点到尾顶尖一段，则因采用了可伸缩的活顶尖，就不会把工件压弯。

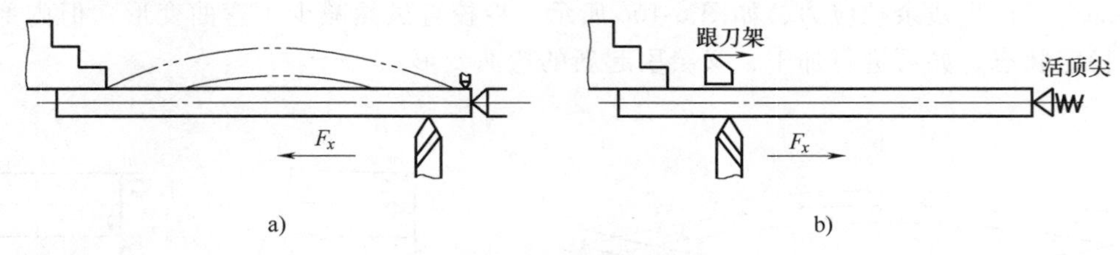

图6-17 顺向进给和反向进给车削细长轴的比较

② 采用了大进给量和大的主偏角车刀，增大了 F_z 力，工件在强有力的拉伸作用下，还能消除径向的颤动，使切削平稳。

③ 伸缩性的活顶尖使工件在热伸长下有伸缩的余地。

④ 在卡盘一端的工件上车出了一个缩颈部分（图6-18），缩颈直径 $d \approx D/2$（D 为工件坯料的直径）。工件在缩颈部分的直径减小了，柔性就增加了，起了万向接头的作用，消除了由于坯料本身的弯曲而在卡盘强制夹持下轴心线歪斜的影响。

在用粗车刀车出50~80mm一段长度以后，装上跟刀架。跟刀架的支承块装在刀尖后面1~2mm处，然后进行全长度的粗车。精车时跟刀架的支承块装在刀尖前面，以粗车过的表面作为支承基面，以避免支承块在已经精车了的表面上划出痕迹（图6-19）。

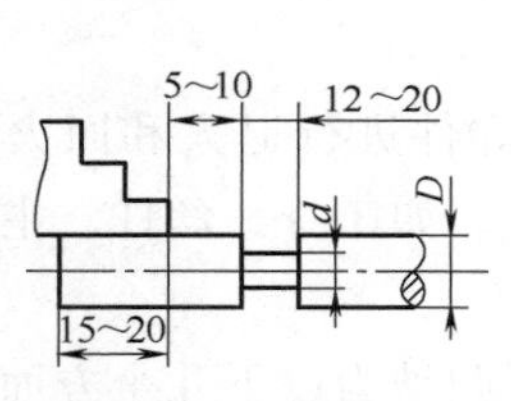

图6-18 缩颈法

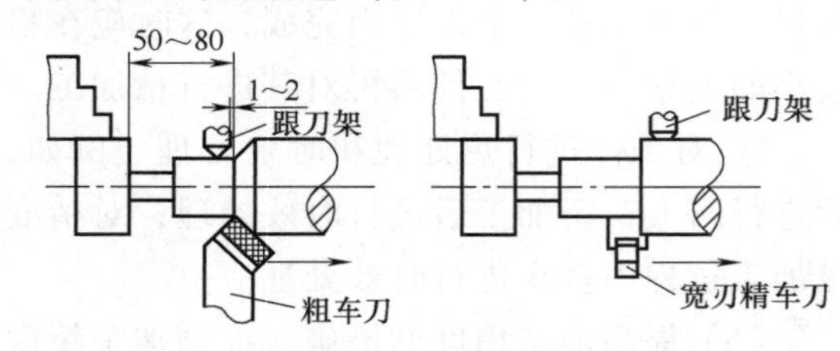

图6-19 跟刀架安装法

2）误差补偿法。误差补偿法就是通过人为地制造出一种新的原始误差去抵消工艺系统中某些关键性原始误差或利用原有的一种原始误差去抵消另一种误差的做法，如大型龙门铣床的横梁在制造过程中就有意将其导轨做成向上凸起的几何形状，目的是在横梁安装后，在其自重和铣头重量的作用下，使横梁整体向下弯曲，则原来向上凸起的导轨也随之向下变形而成为直线如图6-20所示。

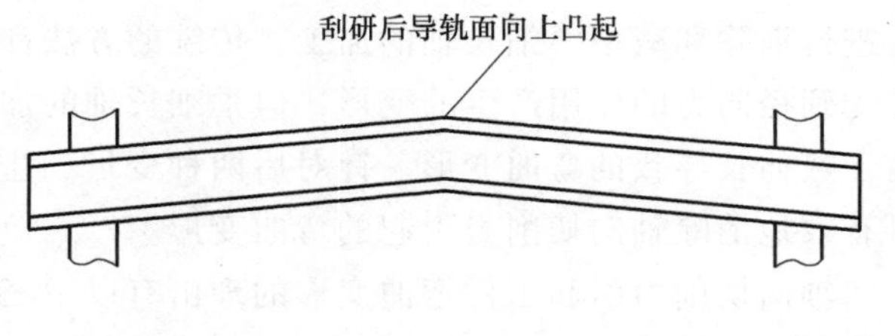

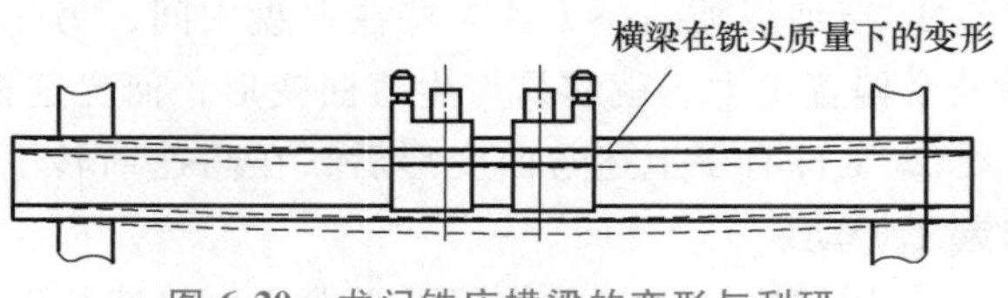

图6-20 龙门铣床横梁的变形与刮研

3）误差分组法。误差分组法常用于减小或消除以下两类由于上一工序毛坯制造精度而造成本工序加工超差的问题。选用这种方法保证本工序加工后的精度，比采取直接提高本工序的加工精度或通过提高上一工序的加工精度更简便易行：

① 通过误差复映规律，引起了本工序的尺寸误差和形状误差的扩大。

② 通过定位误差的作用，引起了本工序各表面间位置误差的扩大。

误差分组法的实质是：把毛坯按照误差的大小分为 n 组，这样每组毛坯误差的范围就缩小为原来的 $1/n$，从而大大减小了由于误差复映规律或定位误差而造成的加工后尺寸超差的问题。

4）误差转移法。转移误差和转移变形在实质上并没有什么区别。只是前者指的是工艺系统的静误差，而后者指的是工艺系统的动误差。现在先来看一下转塔车床应用误差转移的例子，在生产中采用“立刀”安装法，这样一来转塔转位误差 Δ 就处于 z 的方向，而非误差的敏感方向，由 Δ 而产生的加工误差 Δy 就小到可以忽略不计。

5）误差平均的方法。在现场中，经常看到一些几何精度要求很高的轴和孔采用研磨方法来达到。研具本身并不要求具有很高的精度，但它却能在和工件做相对运动的过程中对工件进行微量的切削，最初是工件和研具的表面粗糙的最高点相接触，在一定的压力下，高点先磨损（主要是工件磨去得多，研具磨去得少），然后接触面扩大，高低不平处逐渐接近，几何形状的精度也逐渐提高。这种表面间相对研擦和磨损的过程，也就是误差不断减少的过程，称为误差平均的方法。

6.2 加工误差的统计分析方法

对于生产实际中经常因复杂的因素而出现的加工误差问题，不能简单地用前面阐述的单因素估算方法来衡量其因果关系。

1. 加工误差的性质

区分加工误差的性质是研究和解决加工精度问题极为重要的一环。各种加工误差，按它们在一批零件中出现的规律来看，可以分为两大类：系统性误差和随机性误差。

（1）系统性误差　当连续加工一批零件时，这类误差的大小和方向保持不变，或是按一定的规律而变化。前者称为常值系统性误差，后者称为变值系统性误差。

原理误差，机床、刀具、夹具、量具的制造误差，调整误差，工艺系统的静力变形都是常值系统性误差，它们和加工的顺序（或加工时间）没有关系。机床、夹具和量具的磨损在一定时间内可以看作是常值系统性误差。

机床和刀具的热变形、刀具的磨损量都是随着加工顺序（或加工时间）而有规律地变化的，因此属于变值系统性误差。

（2）随机性误差　在加工一批零件中，这类误差的大小和方向是不规律地变化着的。毛坯误差的复映、定位误差、夹紧误差、多次调整的误差、内应力引起的变形等都是随机误差。

对于上述两类不同性质的误差，其解决途径也不一样。一般说来，对于常值系统性误差，可以在查明其大小和方向后，通过相应的调整或检修工装的办法来解决，有时候还可以人为地用一种常值误差去抵偿本来的常值误差。而随机性误差没有明显的变化规律，很难完全消除，只能对其产生的根源采取适当的措施以缩小其影响。

2. 加工误差的统计分析方法

由于在一批工件的加工过程中，既有变值系统性误差，也有随机性误差因素在起作用，所以就需要用统计分析的方法。常用的统计分析方法有如下两种：

（1）分布曲线法　检查一批精镗后的活塞销孔直径，图样规定的尺寸及公差为 $\phi28_{-0.015}^{\ 0}$，抽查件数为 100。把测量所得的数据按尺寸大小分组，每组的尺寸间隔为 0.002mm，见表 6-1。

表 6-1　活塞销孔直径测量结果

组别	尺寸范围/mm	中点尺寸 x/mm	组内工件数 m	频率 m/n
1	27.992～27.994	27.993	4	4/100
2	27.994～27.996	27.995	16	16/100
3	27.996～27.998	27.997	32	32/100
4	27.998～28.000	27.999	30	30/100
5	28.000～28.002	28.001	16	16/100
6	28.002～28.004	28.03	2	2/100

表中 n 是测量的工件数（$n=100$）。如果用每组的件数 m 或频率 m/n 作为纵坐标，以尺寸范围的中点 x 为横坐标，就可以作成如图 6-21 所示的折线图。图中还表示了：

分散范围 = 最大孔径 - 最小孔径 =(28.004-27.992)mm=0.012mm；

$$\text{分散范围中心(即平均孔径)}=\frac{\sum mx}{n}=27.9979\text{mm};$$

$$\text{公差范围中心}=\left(28-\frac{0.015}{2}\right)\text{mm}=27.9925\text{mm}。$$

从图 6-21 中可以看出：阴影部分［公差范围（28.000～28.004）占 18%］就表示了废品部分，但它的分散范围 0.012mm 比公差带 0.015mm 小，理论上不应产生废品，但还是有 18% 的工件尺寸超出了公差上限，造成这种结果的原因是分散范围中心与公差带中心不重合，如果能够设法将分散中心调整到与公差范围中心重合，所有工件将全部合格。具体地讲，镗孔时要将镗刀伸出量调整得短一些才好。因此应该消除常值系统性误差 $\Delta_{系统}=(27.9979-27.9925)\text{mm}=0.0054\text{mm}$。

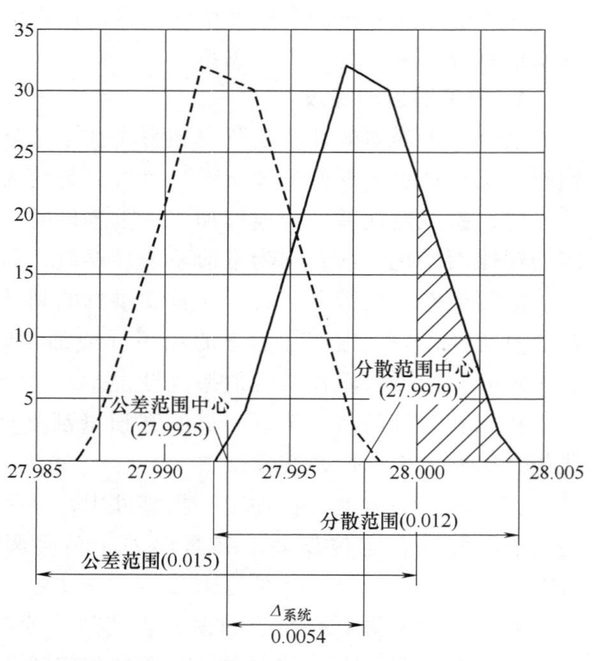

图 6-21　活塞销孔实际直径尺寸分布折线图

在研究加工误差问题时，常常应用数理统计学中一些“理论分布曲线”来近似地代替实际分布曲线，其中应用最广的便是正态分布曲线（或称高斯曲线），它的方程式用概率密度函数 $y(x)$ 来表示：

$$y(x)=\frac{1}{\sigma\sqrt{2\pi}}\exp\left[-\frac{(x-\bar{x})^2}{2\sigma^2}\right] \tag{6-20}$$

式中　x——工件尺寸；

$\bar{x}$——工件平均尺寸（分散范围中心），$\bar{x}=\dfrac{\sum_{i=1}^{n}x_i}{n}$；

σ——均方根误差，$\sigma=\sqrt{\dfrac{\sum_{i=1}^{n}(x_i-\bar{x})^2}{n}}$；

n——工件总数。

图 6-22a 中阴影部分的面积 F 为尺寸从 $\bar{x}$ 到 x 间的工件的频率：

$$F(\bar{x}-x)=\frac{1}{\sigma\sqrt{2\pi}}\int_{\bar{x}}^{x}\exp\left[-\frac{(x-\bar{x})^2}{2\sigma^2}\right]dx \tag{6-21}$$

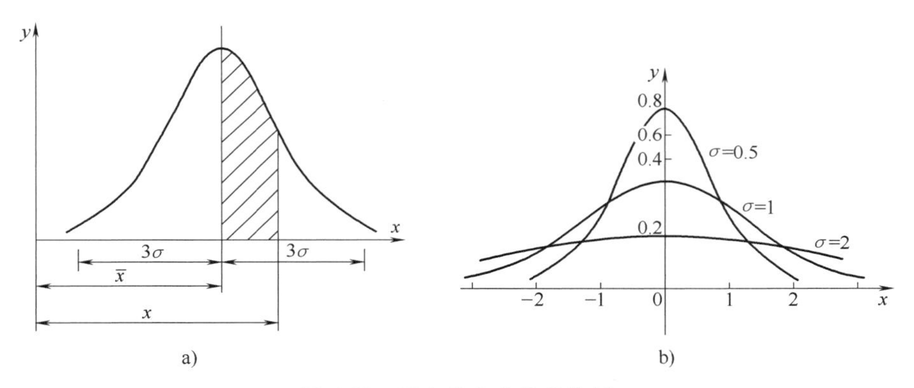

图 6-22　正态分布曲线的性质

在实际计算时，可以直接采用前人已经做好的积分表，见表 6-2。

表 6-2　$F=\dfrac{1}{\sigma\sqrt{2\pi}}\int_{\bar{x}}^{x}\exp\left[-\dfrac{(x-\bar{x})^2}{2\sigma^2}\right]dx$ 积分表

$\frac{x-\bar{x}}{\sigma}$	F	$\frac{x-\bar{x}}{\sigma}$	F	$\frac{x-\bar{x}}{\sigma}$	F	$\frac{x-\bar{x}}{\sigma}$	F	$\frac{x-\bar{x}}{\sigma}$	F
0	0.0000	0.14	0.0557	0.28	0.1103	0.42	0.1628	0.62	0.2324
0.01	0.0040	0.15	0.596	0.29	0.1141	0.43	0.1664	0.64	0.2389
0.02	0.0080	0.16	0.0636	0.3	0.1179	0.44	0.1700	0.66	0.2454
0.03	0.0120	0.17	0.0675	0.31	0.1217	0.45	0.1736	0.68	0.2517
0.04	0.0160	0.18	0.0714	0.32	0.1255	0.46	0.1772	0.7	0.2580
0.05	0.0199	0.19	0.0753	0.33	0.1293	0.47	0.1808	0.72	0.2642
0.06	0.0239	0.2	0.0793	0.34	0.1331	0.48	0.1844	0.74	0.2703
0.07	0.0279	0.21	0.0832	0.35	0.1368	0.49	0.1879	0.76	0.2764
0.08	0.0319	0.22	0.0871	0.36	0.1406	0.5	0.1915	0.78	0.2823
0.09	0.0359	0.23	0.0910	0.37	0.1443	0.52	0.1985	0.8	0.2881
0.1	0.0398	0.24	0.0948	0.38	0.1480	0.54	0.2054	0.82	0.2939
0.11	0.0438	0.25	0.0987	0.39	0.1517	0.56	0.2123	0.84	0.2995
0.12	0.0478	0.26	0.1026	0.4	0.1554	0.58	0.2190	0.86	0.3051
0.13	0.0517	0.27	0.1064	0.41	0.1591	0.6	0.2257	0.88	0.3106

（续）

$\frac{x-\bar{x}}{\sigma}$	F	$\frac{x-\bar{x}}{\sigma}$	F	$\frac{x-\bar{x}}{\sigma}$	F	$\frac{x-\bar{x}}{\sigma}$	F	$\frac{x-\bar{x}}{\sigma}$	F
0.9	0.3159	1.2	0.3849	1.65	0.4505	2.2	0.4861	3.2	0.49931
0.92	0.3212	1.25	0.3944	1.7	0.4554	2.3	0.4893	3.4	0.49966
0.94	0.3264	1.3	0.4032	1.75	0.4599	2.4	0.4918	3.6	0.499841
0.96	0.3315	1.35	0.4115	1.8	0.4641	2.5	0.4938	3.8	0.499928
0.98	0.3365	1.4	0.4192	1.85	0.4678	2.6	0.4953	4	0.499968
1	0.3413	1.45	0.4265	1.9	0.4713	2.7	0.4965	4.5	0.499997
1.05	0.3531	1.5	0.4332	1.95	0.4744	2.8	0.4974	5	0.49999997
1.1	0.3643	1.55	0.4394	2	0.4772	2.9	0.4981		
1.15	0.3749	1.6	0.4452	2.1	0.4821	3	0.49865		

实践证明若引起系统性误差的因素不变，引起随机误差的多种因素的作用都微小且在数量级上大致相等，则加工所得的尺寸将按正态分布曲线分布。

正态分布曲线具有下列特点：

1）曲线呈钟形，中间高，两边低。这表示尺寸靠近分散中心的工件占大部分，而尺寸远离分散中心的工件是极少数。

2）工件尺寸大于 $\bar{x}$ 和小于 $\bar{x}$ 的同间距范围内的频率是相等的。

3）表示正态分布曲线形状的参数是 σ。如图 6-22b 所示，σ 越大，曲线越平坦，尺寸越分散，也就是加工精度越低；σ 越小，曲线越陡峭，尺寸越集中，也就是加工精度越高。

4）一般正态分布曲线的分散范围为 $\pm 3\sigma$。

6σ 的大小代表了某一种加工方法在规定的条件下（毛坯余量、切削用量、正常的机床、夹具、刀具等）所能达到的加工精度。所以在一般情况下我们应该使公差带的宽度 T 和均方根误差 σ 之间具有下列关系：

$$T \geqslant 6\sigma \tag{6-22}$$

工艺能力是用工艺能力系数 C_p 来表示，它是公差范围 T 和实际加工误差（分散范围 6σ）之比，即

$$C_p = \frac{T}{6\sigma} \tag{6-23}$$

根据工艺能力系数 C_p 的大小，可以将工艺分为 5 个等级：

① $C_p > 1.67$ 时，工艺为特级，说明工艺能力过高，不一定经济；

② $1.67 \geqslant C_p > 1.33$ 时，工艺为一级，说明工艺能力足够，可以允许一定的波动；

③ $1.33 \geqslant C_p > 1.00$ 时，工艺为二级，说明工艺能力勉强，必须密切注意；

④ $1.00 \geqslant C_p > 0.67$ 时，工艺为三级，说明工艺能力不足，可能产出少量不合格品；

⑤ $C_p \leqslant 0.67$ 时，工艺为四级，说明工艺能力不行，必须加以改进。

一般情况下，工艺能力不应低于二级。

（2）点图法　点图法的要点就是按加工的先后顺序作出尺寸的变化图，以暴露整个加工过程中误差变化的全貌。

点图的用法有多种，下面主要阐述点图在工艺稳定性的判定和工序质量控制方面的应用。

所谓工艺的稳定，从数理统计的原理来说，一个过程（工序）的质量参数的总体分布，其平均值 $\bar{x}$ 和均方根差 σ 在整个过程（工序）中若能保持不变，则工艺是稳定的。为了验

证工艺的稳定性，需要应用 $\overline{x}_i$ 和 R_i 两张点图。

不难理解，$\overline{x}_i$ 和 R_i 的波动反映了工件平均值的变化趋势和随机误差的分散程度。

在 $\overline{x}$-R 图上分别画出中心线和控制线，控制线就是用来判断工艺是否稳定的界限线。

$\overline{x}$ 图的中心线为：

$$\overline{\overline{x}} = \frac{\sum_{i=1}^{K} \overline{x}_i}{K} \tag{6-24}$$

R 图的中心线为：

$$\overline{R} = \frac{\sum_{i=1}^{K} R_i}{K} \tag{6-25}$$

$\overline{x}$ 图的上控制界限为：

$$UCL = \overline{\overline{x}} + A\overline{R} \tag{6-26}$$

$\overline{x}$ 图的下控制界限为：

$$UCL = \overline{\overline{x}} - A\overline{R} \tag{6-27}$$

R 图的上控制线为：

$$UCL = D\overline{R} \tag{6-28}$$

R 图的下控制界限取零，即：

$$LCL = 0 \tag{6-29}$$

一般情况下，组数 m 取 4 或 5，式中 A 和 D 的数值是根据数理统计的原则而定出的，如下所示：

每组个数 m	A	D
4	0.73	2.28
5	0.58	2.11

图 6-23a 是精镗活塞销孔的一个例子，$\overline{x}$ 图中共有 6 个数据点超出控制线，R 图中有 2 个点超出控制线，说明了工艺是不稳定的，虽然根据这批工件尺寸计算出的 6σ 并没有超过公差带 T。这里要着重指出加工质量是否符合公差要求与加工过程是否稳定不是一回事。

图 6-23b 所示为一台半自动内圆磨床上加工轴承内环孔的 $\overline{x}$-R 图。$\overline{x}$ 图中的点有明显上升趋势，这是热变形影响的典型现象。任何一种产品点图上的点，总是有波动的，但要区别两种不同的情况：第一种情况只有随机的波动，属于正常波动，这表明工艺过程是稳定的；第二种情况为异常波动，这表明工艺过程是不稳定的。一旦出现异常波动，就要及时寻找原因，使这种不稳定的趋势得到消除。表 6-3 是根据数理统计学原理确定的正常波动与异常波动的标志。

表 6-3　正常波动与异常波动的标志

正常波动	异常波动
1. 没有点超出控制线 2. 大部分点在中线上下波动，小部分在控制线附近 3. 点没有明显的规律性	1. 有点超出控制线 2. 点密集在中线上下附近 3. 点密集在控制线附近 4. 连续 7 点以上出现在中线一侧 5. 连续 11 点中有 10 点出现在中线一侧 6. 连续 14 点中有 12 点以上出现在中线一侧 7. 连续 17 点中有 14 点以上出现在中线一侧 8. 连续 20 点中有 16 点以上出现在中线一侧 9. 点有上升或下降倾向 10. 点有周期性波动

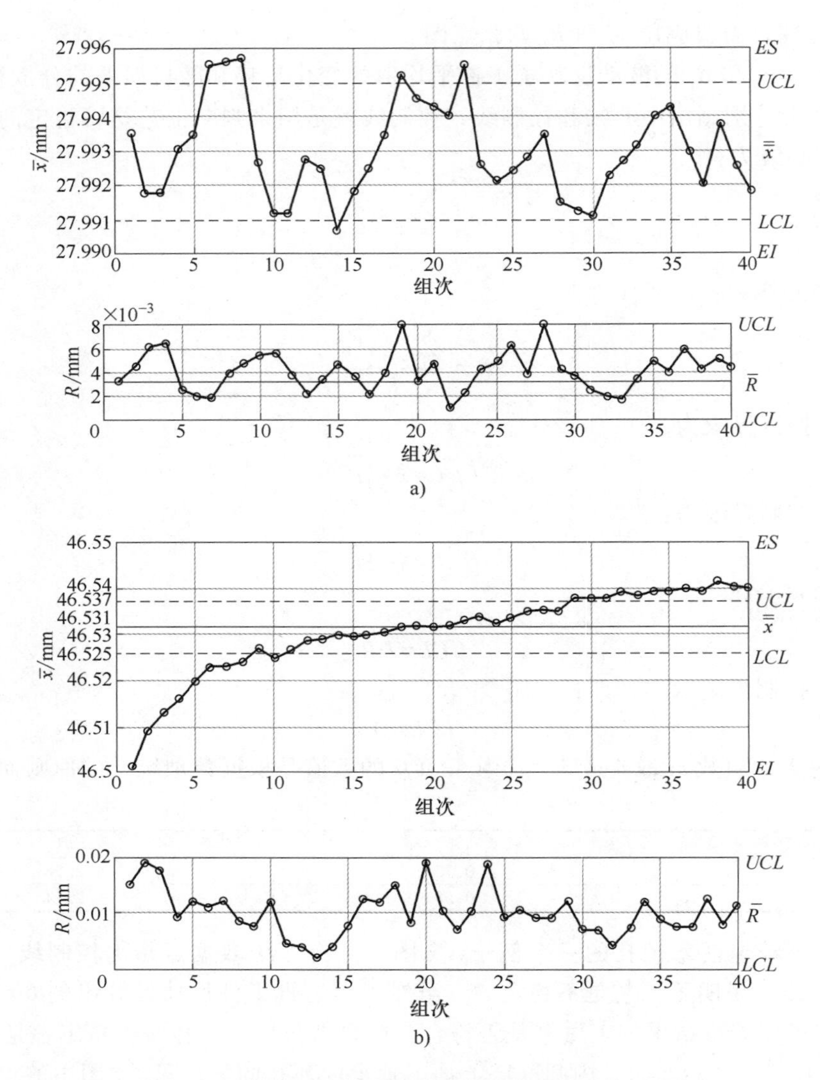

图 6-23　精镗活塞销孔和磨床轴承内环孔的 $\bar{x}$-R 图

与工艺过程加工误差分布图分析法比较，点图分析法的特点是：①所采用的样本为顺序小样本；②能在工艺进行过程中及时提供主动控制的资料；③计算简单。

6.3 机械加工表面质量

6.3.1 机械加工表面质量概述

加工表面质量是指由一种或几种加工、处理方法获得的表面层状况（包括几何的、物理的、化学的或其他工程性能的）。

1. 加工表面的一般描述

加工表面几何形状可以按相邻两波峰或波谷之间的距离（即波距）的大小区分为表面粗糙度和波度，如图 6-24 所示。图中，表面粗糙度指加工表面微观几何形状误差，主要由机械加工中切削刀具的运动轨迹，以及一些物理因素所引起，其波高与波距的比值一般小于 1∶50。波度指介于宏观几何形状误差（即形状和位置误差）与微观几何形状误差（即粗糙度）之间的周期性几何形状误差，主要由切削刀具的低频振动和位移造成，其波距一般在 1~10mm 之间，波高与波距的比值一般为 1∶50 至 1∶1000。考虑到工艺系统的高频振动和加工过程中的物理因素，表面粗糙度与波度可以用图 6-24b 表示，图中 H_1 为粗糙度高，H_2 为波度高。

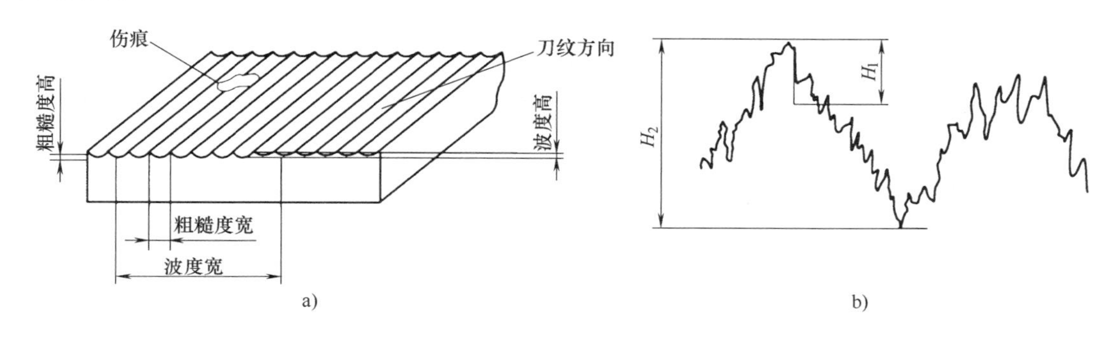

图 6-24　加工表面的几何描述

a）表面纹理　b）表面粗糙度与波度

表面层的材料在加工时会产生物理、力学以及化学性质的变化。在去除工件表层余量的加工过程中，金属表面受到楔入、挤压、断裂的复杂力学作用，可能产生弹性、塑性变形和残余应力。同时由于切削区局部的高温作用。环境介质（如冷却润滑液、空气等）的物理、化学作用，表层的物理、力学性能，主要是硬度、残余应力、金相组织等会发生很大变化。

2. 加工表面质量的主要内容

一般来说，表面质量包括以下两项基本内容：

1）加工表面粗糙度和波度。表面粗糙度参数可从轮廓算术平均偏差 Ra、轮廓最大高度 Ry 两项中选取，在常用的参数值范围内推荐优先选用 Ra。一般将波度合并到表面粗糙度中研究。

2）加工表面层材料物理、力学性能的变化主要包括加工表面层的加工硬化、残余应力、金相组织变化等三方面内容。

6.3.2　表面质量对零件使用性能的影响

1. 表面质量对零件耐磨性的影响

零件的耐磨性主要与摩擦副的材料及润滑条件有关，但在这些条件已经确定的情况下，零件的表面质量就起决定的作用。当两个零件的表面互相接触时，实际只是在一些凸峰顶部接触，因此实际接触面积只是名义接触面积的一小部分。当零件上有了作用力时，在凸峰接触部分就产生了很大的单位面积压力。表面越粗糙，实际接触面积就越少，凸峰处的单位面积压力也就越大。当两个零件做相对运动时，在接触的凸峰处就会产生弹性变形、塑性变形及剪切等现象，即产生了表面的磨损。即使在有润滑的情况下，也因为接触点处单位面积压力过大，超过了润滑油膜存在的临界值，因而油膜被破坏，形成干摩擦。

在一般情况下，工作表面在初期磨损阶段（图 6-25 的第Ⅰ部分）磨损得很快。随着磨损的发展，实际接触面积逐渐增大，单位面积压力也逐渐降低，从而磨损将以较慢的速度进行，进入正常磨损阶段（图 6-25 第Ⅱ部分）。此时在有润滑的情况下，就能起到很好的润滑作用。过了此阶段又将出现急剧磨损的阶段（图 6-25 的第Ⅲ部分）。这是因为磨损继续发展，实际接触面积越来越大，产生了金属分子间的亲和力，使表面容易咬焊。此时即使有润滑油也将被挤出而产生急剧的磨损。

从图 6-26 可以知道初期磨损量与表面粗糙度间的关系。一对摩擦副在一定的工作条件下通常有一最佳粗糙度，过大或过小的粗糙度均会引起工作时的严重磨损。

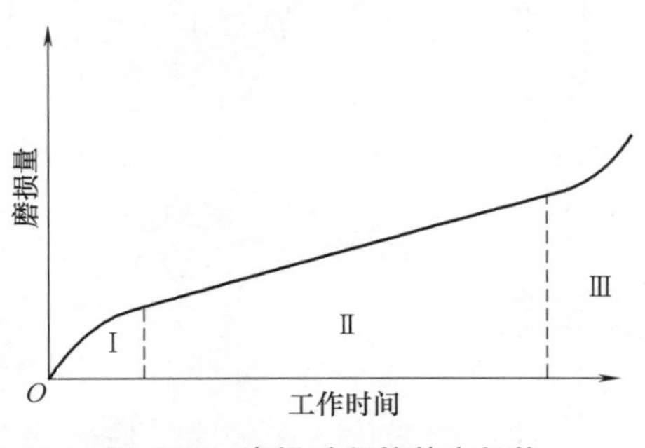

图 6-25　磨损过程的基本规律

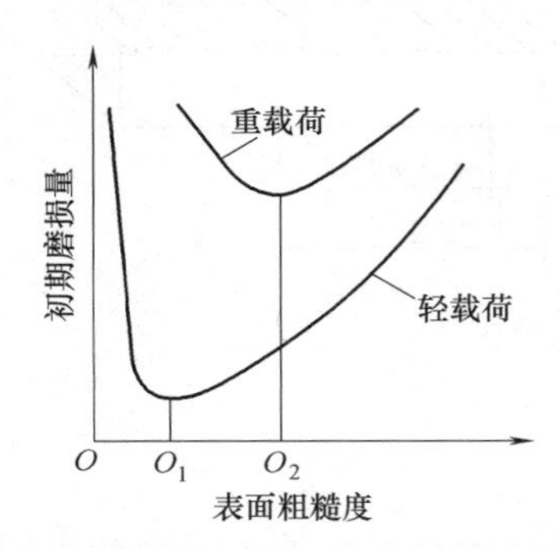

图 6-26　初期磨损量与表面粗糙度的关系

表面粗糙度的轮廓形状及加工纹路方向也对耐磨性有显著的影响，因为表面轮廓形状及加工纹路方向能影响实际接触面积与润滑油的存留。

表面变质层会显著地改变耐磨性。虽然最外层的非晶粒吸附层很薄，但对摩擦常起着主要作用。表面层的冷作硬化减少了摩擦副接触部分处的弹性和塑性变形，因而减少了磨损，但是硬化程度与耐磨并不成线性关系，在硬化过度时，磨损会加剧，甚至产生剥落，所以硬化层也必须控制在一定的范围内。图 6-27 为 T7A 钢的冷硬程度与耐磨性的关系曲线，当 T7A 钢的硬度因冷作硬化而提高到 380HBW 左右时，耐磨性最佳，再进一步加强冷作硬化，耐磨性转而恶化。

表面层产生金相组织变化时，由于改变了基本材料原来的硬度，因而也直接影响其耐磨性。

2. 表面质量对零件疲劳强度的影响

在交变载荷的作用下，零件表面的粗糙度、划痕和裂纹等缺陷容易引起应力集中而产生和扩展疲劳裂纹，造成疲劳损坏。试验表明，对于承受交变载荷的零件，减小表面粗糙度可以使疲劳强度提高 30%～40%。加工纹路方向对疲劳强度的影响更大，如果刀

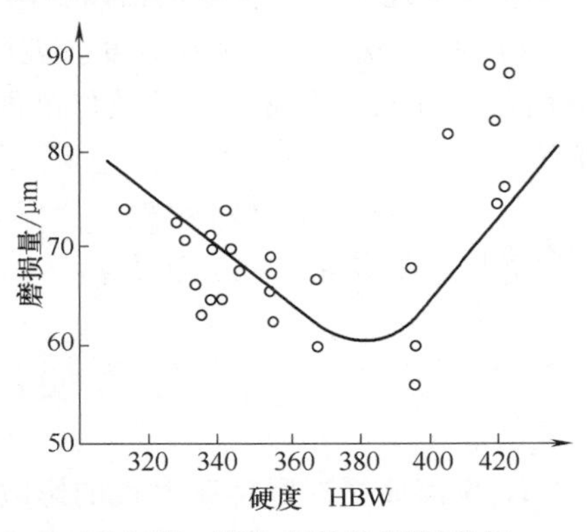

图 6-27　T7A 钢的冷硬程度与耐磨性的关系曲线

痕与受力方向垂直，则疲劳强度将显著降低。不同材料对应力集中的敏感程度不同，因而效果也就不同。一般来说，钢的极限强度越高，应力集中的敏感程度就越大。

表面层的残余应力对疲劳强度的影响极大。表面层的残余压应力能够部分地抵消工作载荷施加的拉应力，延缓疲劳裂纹的扩展，因而提高零件的疲劳强度。而残余拉伸应力容易使已加工表面产生裂纹，因而降低疲劳强度。带有不同残余应力表面层的零件，其疲劳寿命可相差数倍至数十倍。

表面的冷作硬化层能提高零件的疲劳强度，这是因为硬化层能阻碍已有裂纹的扩大和新的疲劳裂纹的产生，因此可以大大降低外部缺陷和表面粗糙度的影响。

3. 表面质量对零件耐蚀性的影响

当零件在潮湿的空气中或在有腐蚀性的介质中工作时，常会发生化学腐蚀或电化学腐蚀。化学腐蚀是由于在粗糙表面的凹谷处容易积聚腐蚀性介质而发生化学反应。电化学腐蚀是由于两个不同金属材料的零件表面相接触时，在表面的粗糙度顶峰间产生电化学作用而被腐蚀掉，所以降低表面粗糙度可以提高零件的耐蚀性。

零件在应力状态下工作时，会产生应力腐蚀，加速腐蚀作用。表面存在裂纹时，更增加了应力腐蚀的敏感性。表面产生冷作硬化或金相组织变化时亦常会降低抗腐蚀能力。

4. 表面质量对配合质量的影响

间隙配合零件的表面如果粗糙度太大，初期磨损量就大，工作时间一长，配合间隙就会增大，以至改变了原来的配合性质，影响了间隙配合的稳定性。对于过盈配合表面，轴在压入孔内时表面粗糙度的部分凸峰会挤平，而使实际过盈量比预定的小，影响了过盈配合的可靠性，所以对有配合要求的表面都要求较低的粗糙度。

5. 其他影响

表面质量对零件的使用性能还有一些其他的影响，例如：对没有密封件的液压油缸、滑阀来说，降低粗糙度可以减少泄漏，提高其密封性能；较低的表面粗糙度可使零件具有较高的接触刚度；对于滑动零件，降低粗糙度能使摩擦系数降低、运动灵活性提高，并减少发热和功率损失；表面层的残余应力会使零件在使用过程中继续变形，失去原来的精度，降低机器的工作质量等。

6.3.3　影响表面粗糙度的因素

1. 切削加工影响表面粗糙度的因素

（1）刀具几何形状的复映　刀具相对于工件做进给运动时，在加工表面留下了切削层残留面积，其形状是刀具几何形状的复映，如图 6-28 所示。对于车削来说，如果背吃刀量较大，主要是以刀刃的直线部分形成表面粗糙度，此时可不考虑刀刃圆弧半径 r_ε 的影响，按图 6-28a 的几何图形可求得：

$$H=\frac{f}{\cos k_r+\cos k_r'} \tag{6-30}$$

如果背吃刀量较小，工件表面粗糙度则主要由刀刃的圆弧部分形成，此时按图 6-28b 的几何图形可求得：

$$H = r_{\varepsilon}(1-\cos\alpha) = 2r_{\varepsilon}\sin^{2}\frac{\alpha}{2} \approx \frac{f^{2}}{8r_{\varepsilon}} \tag{6-31}$$

式中 H——残留面积高度；

f——进给量；

K_{r}——主偏角（$k_r \neq 90°$）；

K_{r}'——副偏角；

r_{ε}——刀尖圆弧半径。

由上述公式可知，减小 f、K_{r}、K_{r}'，以及增大 r_{ε}，可减小残留面积的高度。此外，适当增大刀具的前角以减小切削时的塑性变形程度，合理选择冷却润滑液和提高刀具刃磨质量以减小切削时的塑性变形和抑制刀瘤、鳞刺的生成，这也是减小表面粗糙度值的有效措施。

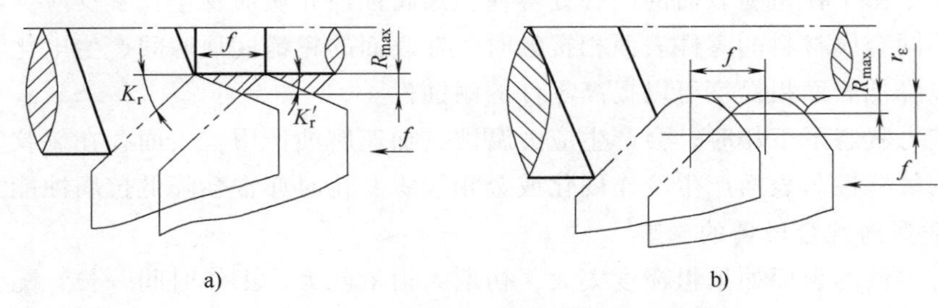

图 6-28 车削时工件表面的残留面积

（2）工件材料的性质 切削加工后表面粗糙度的实际轮廓之所以与纯几何因素所形成的理论轮廓有较大的差异，主要是由于切削过程塑性变形的影响。

加工塑性材料时，由刀具对金属的挤压产生了塑性变形，加之刀具迫使切屑与工件分离的撕裂作用，使表面粗糙度值增大。工件材料韧性越好，金属的塑性变形越大，加工表面就越粗糙。中碳钢和低碳钢材料的工件，在加工或精加工前常安排做调质或正火处理，就是为了改善切削性能，减小表面粗糙度值。

加工脆性材料时，其切屑呈碎粒状，由于切屑的崩碎而在加工表面留下许多麻点，使表面粗糙。

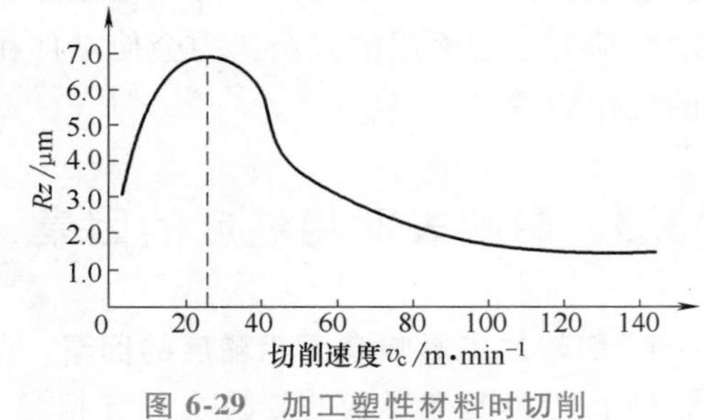

图 6-29 加工塑性材料时切削速度对表面粗糙度的影响

（3）切削用量 切削速度对表面粗糙度值的影响很大。加工塑性材料时，若切削速度处在产生积屑瘤和鳞刺的范围内，加工表面将很粗糙，如图 6-29 所示。若将切削速度选在积屑瘤和鳞刺产生区域之外，如选择低速宽刀精切或高速精切，则可使表面粗糙度值明显减小。

进给量对表面粗糙度的影响甚大，见式（6-30）、式（6-31）。背吃刀量对表面粗糙度也有一定影响。过小的背吃刀量或进给量，将使刀具在被加工表面上挤压和打滑，形成附加的塑性变形，会增大表面粗糙度值。

2. 磨削加工影响表面粗糙度的因素

像切削加工时表面粗糙度的形成过程一样，磨削加工表面粗糙度的形成也是由几何因素和表面金属的塑性变形来决定的。

从几何因素的角度分析，磨削表面是由砂轮上大量磨粒刻划出无数极细的刻痕形成的。被磨表面单位面积上通过的砂粒数越多，则该面积上的刻痕越多，刻痕的等高性越好，表面粗糙度值越小。

从塑性变形的角度分析，磨削过程温度高，磨削加工时产生的塑性变形要比刀刃切削时大得多。磨削时，金属沿着磨粒的两侧流动，形成沟槽两侧的隆起，使表面粗糙度值增大。

影响磨削表面粗糙度的主要因素有：

（1）砂轮的粒度　砂轮的粒度号数越大，磨粒越细，在工件表面上留下的刻痕就越多越细，表面粗糙度值就越小。但磨粒过细，砂轮容易堵塞，反而会增大工件表面的粗糙度值。

（2）砂轮的硬度　砂轮太硬，钝化了的磨粒不能及时脱落，工件表面受到强烈的摩擦和挤压作用，塑性变形加剧，使工件表面粗糙度值增大。砂轮太软，砂粒脱落过快，磨料不能充分发挥切削作用，且刚修整好的砂轮表面会因砂粒脱落而过早被破坏，工件表面粗糙度值也会增大。

（3）砂轮的修整　修整砂轮的金刚石工具越锋利，修整导程越小，修整深度越小，则修出的磨粒微刃越细越多，刃口等高性越好，因而磨出的工件表面粗糙度值也越小。粗粒度砂轮若经过精细修整，提高砂粒的微刃性与等高性，同样可以磨出低粗糙度的工件表面。

（4）磨削速度　提高磨削速度，单位时间内划过磨削区的磨粒数多，工件单位面积上的刻痕数也多；同时提高磨削速度还有使被磨表面金属塑性变形减小的作用，刻痕两侧的金属隆起小，因而工件表面粗糙度值小。

（5）磨削径向进给量与光磨次数　增大磨削径向进给量，塑性变形随之增大，被磨表面粗糙度值也增大。

磨削将结束时不再做径向进给，仅靠工艺系统的弹性恢复进行的磨削，称为光磨。增多光磨次数，可显著降低磨削表面粗糙度值。

（6）工件圆周进给速度与轴向进给量　工件圆周进给速度和轴向进给量小，单位切削面积上通过的磨粒数就多，单颗磨粒的磨削厚度就小，塑性变形也小，因此工件的表面粗糙度值也小。但工件圆周进给速度若过小，砂轮与工件的接触时间长，传到工件上的热量就多，有可能出现烧伤。

（7）冷却润滑液　冷却润滑液可及时冲掉碎落的磨粒，减轻砂轮与工件的摩擦，降低磨削区的温度，减小塑性变形，并能防止磨削烧伤，使表面粗糙度值变小。

6.3.4　表面层物理力学性能的影响因素

1. 表面层的冷作硬化

（1）冷作硬化的产生　机械加工时，工件表层金属产生严重的塑形变形，金属晶体产生剪切滑移，晶格扭曲，使金属表层的强度、硬度提高，塑性下降，这就形成了冷作硬化。

（2）表面层冷作硬化的衡量指标　衡量工件表面层冷作硬化的指标有下列三项：表面层的显微硬度 HV 硬化层深度 h；硬化程度 N。N 的计算式为：

$$N=\frac{HV-HV_0}{HV_0}\times 100\% \tag{6-32}$$

式中　HV_0——金属原来的显微硬度。

（3）影响冷作硬化的主要因素　在切削加工过程中，凡使第Ⅲ变形区的塑性变形增加的因素都使冷作硬化程度增大。如采用较大的刃口圆弧半径、较小的后角等。此外，切削速度的增大一方面使塑性变形不充分，另一方面使工件温度上升，增加了回复作用，故对减小冷作硬化程度有双重的作用。所以冷作硬化与切削刃形状、切削条件及被加工材料有关。

2. 加工表面金相组织变化

（1）金相组织变化的产生　金相组织变化主要发生在磨削过程中。磨削时，由于切削微刃具有很大的负前角，且磨削速度很高，其切除单位体积金属所耗的能量为车削的几十倍，造成工件表面很大的温度变化（磨削区瞬间可达1000℃以上），因而易造成工件表层金相组织变化，又称磨削烧伤。

磨削淬火钢时，磨削烧伤主要有回火烧伤、退火烧伤和淬火烧伤三种形式。

回火烧伤：磨削区温度超过马氏体转变温度（一般中碳钢为300℃），表层中的淬火马氏体发生回火而转变成硬度较低的回火索氏体或托氏体组织。

退火烧伤：磨削区温度超过相变温度，马氏体转变为奥氏体，当不用切削液进行干磨时，冷却较缓慢，使工件表层退火，硬度急剧下降。

淬火烧伤：与退火烧伤情况相同，但在充分使用切削液时，工件最外层刚形成的奥氏体因急冷形成二次淬火马氏体组织，其硬度比回火马氏体高，但很薄（仅几微米），其下层为硬度较低的回火组织，使工件表层总的硬度仍是降低的。

磨削烧伤作为磨削加工的缺陷，严重时将使零件的使用寿命成倍下降，甚至无法使用，故生产中应尽力避免。

（2）磨削烧伤的防止　防止磨削烧伤的主要途径是控制磨削用量、合理选用砂轮、改善冷却方法等措施，以尽量降低磨削区的温度。

3. 加工表面的残余应力和磨削裂纹

机械加工中工件表面层组织发生变化时，在表面层及其与基体材料的交界处就会产生相平衡的应力。这种应力即为表面层的残余应力。表面残余应力的产生，有以下三种原因：

（1）冷态塑性变形引起的残余应力　在切削或磨削过程中，工件表面受到刀具或砂轮磨粒后刀面的挤压和摩擦，表面层产生伸长塑性变形，此时基体金属仍处于弹性变形状态。切削过后，基体金属趋于弹性恢复，但受到已产生塑性变形的表面层的牵制，从而在表面层产生残余压应力，里层产生残余拉应力。

（2）热态塑性变形引起的残余应力　切削或磨削过程中，工件被加工表面在切削热的作用下产生热膨胀，此时基体金属温度较低，因此表面层产生热压应力。当切削过程结束时，工件表面温度下降，由于表面层已产生热塑性变形在冷缩时受到基体的限制，故表层产生残余拉应力，里层产生残余压应力。

（3）金相组织变化引起的残余应力　切削或磨削过程中，若工件被加工表面温度高于材料的相变温度，则会引起表面层的金相组织变化。不同的金相组织有不同的密度，马氏体密度为7.75g/cm^3，奥氏体密度为7.96g/cm^3，珠光体密度为7.78g/cm^3，铁素体密度为

7.88g/cm^3。以淬火钢磨削为例，淬火钢原来的组织是马氏体，磨削加工后，表层可能产生回火，马氏体变为接近珠光体的托氏体或索氏体，密度增大而体积减小，工件表面层产生残余拉应力。

（4）磨削裂纹　磨削裂纹和残余应力有着十分密切的关系。在磨削过程中，当工件表层产生的残余应力超过工件材料的强度极限时，工件表面就会产生裂纹，这就叫做磨削裂纹。无论是残余拉应力还是残余压应力都会导致工件产生裂纹，只是残余拉应力更为严重。磨削裂纹的产生会使工件承受反复载荷的能力大大降低。

综上所述，机械加工后工件表面层的残余应力是冷态塑性变形、热态塑性变形和金相组织变化这三者综合作用的结果。在不同的加工条件下，残余应力的大小、符号及分布规律可能有明显的差别。切削加工时起主要作用的往往是冷态塑性变形，表面层常产生残余压应力，从力学性能而言对零件的使用是有利的。磨削加工时，通常热态塑性变形或金相组织变化引起的体积变化是产生残余应力的主要因素，所以表面层常存有残余拉应力，它对零件的使用是不利的。表面层残余应力可通过时效处理消除。

4. 提高和改善零件表面层物理力学性能的措施

表面层物理力学性能对零件的使用性能及寿命有很大影响，尤其对于承受高负荷和交变载荷的零件，要求表面有高的强度及残余压应力。无屑加工是提高表面层物理力学性能的有效方法。如挤压齿轮，冷轧花键，滚压内、外圆柱面等，这些方法都通过塑性变形成形，经变形强化的零件表面同时具有残余压应力，耐磨性和疲劳强度均较高。此外，还有对零件表面进行抛丸强化，使表面层产生冷作硬化和残余压应力。

6.3.5　提高表面质量的加工方法

1. 减小表面粗糙度值的加工方法

减小表面粗糙度值的加工方法相当多，其共同特征在于保证极薄的金属切削层。

（1）可提高尺寸精度的精密加工方法　这类加工方法都要求极高的系统刚度、定位精度、极锐利的切削刃和良好的环境条件，常用的有金刚石超精密切削、超精密磨削和镜面磨削。这些方法不仅可以减小加工表面的粗糙度值，而且还可以提高尺寸精度。

（2）光整加工方法　在一般情况下，用切削、磨削加工难以经济地获得很低的表面粗糙度值，此外应用这些方法时对工件形状也有种种限制。因此，在精密加工中常用粒度很细的油石、磨料等作为工具对工件表面进行微量切削、挤压和抛光，以有效地减小加工表面的粗糙度值。这类加工方法统称为光整加工。

光整加工不要求机床有很精确的成形运动，故对所用设备和工具的要求较低。在加工过程中，磨具与工件间的相对运动相当复杂，工件加工表面上的高点比低点受到磨料更多、更强烈的作用，从而使各点的高度误差逐步均化，并获得很低的表面粗糙度值。

1）超精加工。用细粒度的磨条为磨具，并将其以一定的压力压在工件表面上。用这种加工方法可以加工轴类零件，也能加工平面、锥面、孔和球面。

如图6-30所示，当加工外圆时，工件做回转运动，砂条在加工表面上沿工件轴向做低频往复运动。若工件比砂条长，则砂条还需沿轴向做进给运动。超精加工后可使表面粗糙度值 $Ra \leqslant 0.08\mu m$，表面加工纹路为相互交叉的波纹曲线。这样的表面纹路有利于形成油膜，提高润滑效果，且轻微的冷塑性变形使加工表面出现残余压应力，提高了抗磨损能力。

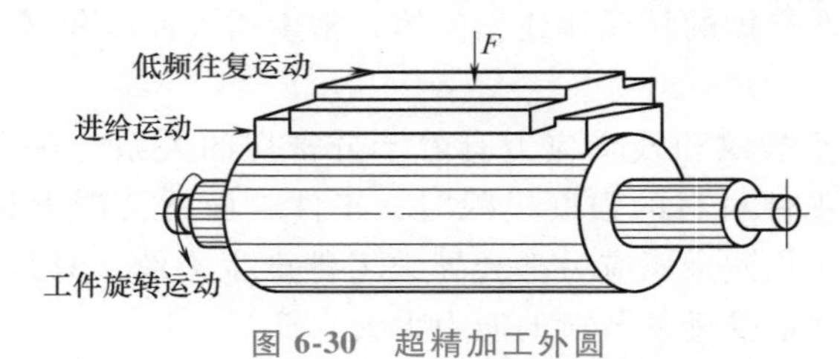

图 6-30　超精加工外圆

2）珩磨。珩磨的加工原理与超精加工相似。运动方式一般为工件静止，珩磨头相对于工件既做旋转又做往复运动。珩磨是最常用的孔光整加工方法，也可以用于加工外圆。

珩磨条一般较长，多根磨条与孔表面接触面积较大，加工效率较高。珩磨头本身制造精度较高，珩磨时多根磨条的径向切削力彼此平衡，加工时刚度较好。因此，珩磨对尺寸精度和形状精度也有较好的提升效果。加工精度可以达到 IT5~IT6 级精度，表面粗糙度值 Ra 为 0.01~0.16μm，孔的椭圆度和锥度修正到 3~5μm 内。珩磨头与机床浮动连接，故不能提高位置精度。

3）研磨。研磨是用研磨工具和研磨剂从工件上研去一层极薄表面层的精加工方法。研磨剂一般由极细粒度的磨料、研磨液和辅助材料组成。研具和工件在一定压力下做复杂的相对运动，磨粒以复杂的轨迹滚动或滑动，对工件表面起切削、刮擦和挤压作用，也可能兼有物理化学作用，去除加工面上极薄的一层金属。

4）抛光。抛光是在毡轮、布轮、皮带轮等软研具上涂上抛光膏，利用抛光膏的机械作用和化学作用，去掉工件表面粗糙度峰顶，使表面达到光泽镜面的加工方法。

抛光过程去除的余量很小，不容易保证均匀地去除余量，因此，只能减小粗糙度值，不能改善零件的精度。抛光轮弹性较大，故可抛光形状较复杂的表面。

2. 改善表面层物理力学性能的加工方法

表面强化工艺可以使材料表面层的硬度、组织和残余应力得到改善，有效地提高零件的物理力学性能。常用的方法有表面机械强化、化学热处理及加镀金属等，其中机械强化方法还可以同时降低表面粗糙度。

（1）机械强化　机械表面强化是通过机械冲击、冷压等方法，使表面层产生冷塑性变形，以提高硬度，减小表面粗糙度值，消除残余拉应力并产生残余压应力。

1）滚压加工。用自由旋转的滚子对加工表面施加压力，使表层塑性变形，并可使粗糙度的波峰在一定程度上填充波谷如图 6-31 所示。

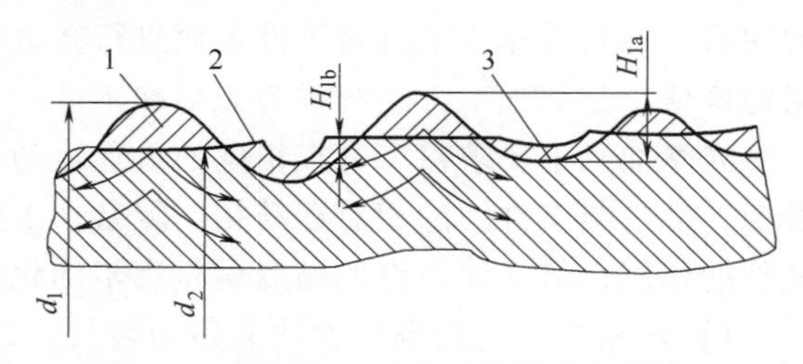

图 6-31　滚压加工时表面粗糙度变化情况

1—峰　2—谷　3—填充层

d_1、d_2—滚压前、后的直径

H_{1a}、H_{1b}—滚压前、后的表面粗糙度的波峰和波谷

滚压在精车或精磨后进行，适用于加工外圆、平面及直径大于 $\phi30$ 的孔。滚压加工可使表面粗糙度值 Ra 从 1.25~10μm 降到 0.08~0.63μm，表面硬化层深度可达 0.2~1.5mm，硬化程度达 10%~40%。

2）金刚石压光。用金刚石工具挤压加工

表面。其运动关系与滚压不同的是，工具与加工面之间不是滚动。

图 6-32 所示为金刚石压光内孔的示意图。金刚石压光头修整成半径为 1~3mm，表面粗糙度值 $Ra<0.02\mu m$ 的球面或圆柱面，由压光器内的弹簧压力压在工件表面上，可利用弹簧调节压力。金刚石压光头消耗的功率和能量小，生产率高。压光后表面粗糙度值 Ra 可达 0.02~0.32μm。一般压光前、后尺寸差别极小，约在 1μm 以内，表面波度可能略有增加，物理力学性能显著提高。

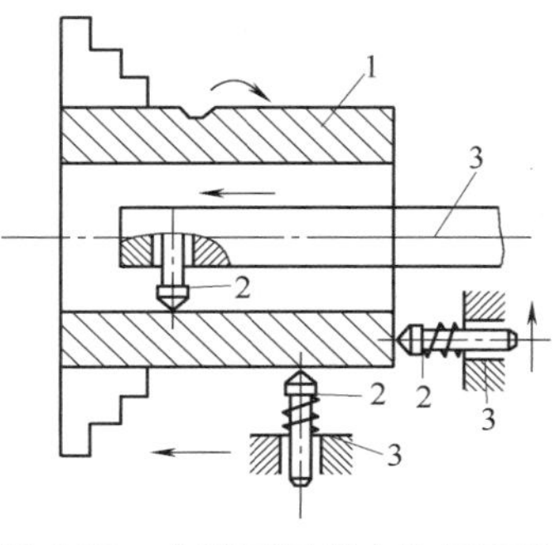

图 6-32　金刚石压光内孔示意图
1—工件　2—压光头　3—心轴

3）喷丸强化。利用压缩空气或离心力将大量直径为 0.4~2mm 的钢丸或玻璃丸以 35~50m/s 的高速向零件表面喷射，使表面层产生很大的塑性变形，改变表层金属结晶颗粒的形状和方向，从而引起表层冷作硬化，产生残余压应力。

利用喷丸强化可以加工形状复杂的零件。硬化深度可达 0.7mm，粗糙度值 Ra 可从 2.5~5μm 减小到 0.32~0.63μm。若要求更小的粗糙度值，则可以在喷丸后再进行小余量磨削，但要注意磨削温度，以免影响喷丸的强化效果。

4）液体磨料喷射加工。利用液体和磨料的混合物来强化零件表面。工作时将磨料在液体中形成的磨料悬浮液用泵或喷射器的负压吸入喷头，与压缩空气混合并经喷嘴高速喷向工件表面。

液体在工件表面上形成一层稳定的薄膜。露在薄膜外面的表面粗糙度凸峰容易受到磨料的冲击和微小的切削作用而除去，凹谷则在薄膜下变化较小。加工后的表面是由大量微小凹坑组成的无光泽表面，其表面粗糙度值 Ra 可达 0.01~0.02μm，表层有厚约数十微米的塑性变形层，具有残余压应力，可提高零件的使用性能。

（2）化学热处理　常用渗碳、渗氮或渗铬等方法，使表层变为密度较小，即比容较大的金相组织，从而产生残余压应力。其中渗铬后，工件表层出现较大的残余压应力时，一般大于 300MPa；表层下一定深度出现残余拉应力时，通常不超过 20~50MPa。渗铬表面强化性能好，是目前用途最为广泛的一种化学强化工艺方法。

6.4　机械加工质量的智能检测和控制方法

6.4.1　加工精度检测和控制

1. 测头在线测量原理简介

在数控系统中利用测头实现在线实时测量已成为现代数控机床加工精度检测的发展趋势。在 CNC 加工准备阶段，可以使用测头快速建立工件坐标系，省去大量人工操作时间的同时，也可以排除人为因素对操作精度的影响，保证坐标系精度的一致性；在 CNC 加工过程中，CNC 可以通过测头自动检测已加工部分的几何精度，自动修正坐标系或自动刀补，对加工产品精度进行在线修正，提高最终产品合格率，如图6-33所示。

图 6-33　测头应用示意图

检测工件精度的测头按测量方式可分为触发式、扫描式等。在机床加工中应用的主要为触发式测头，触发式测头基本结构如图6-34所示。当探针接触被测物体时，探针弯曲并绕测头内部支点转动，造成探针与支撑结构的接触点结构处电阻发生变化，当电阻变化到达一定阈值时产生触发信号。触发信号通常为跳变的方波电信号，由于方波电信号前缘很陡（一般在微秒级），将其作为锁存信号可以保证锁存坐标的真实性。高精度的测头测量精度可达1μm。

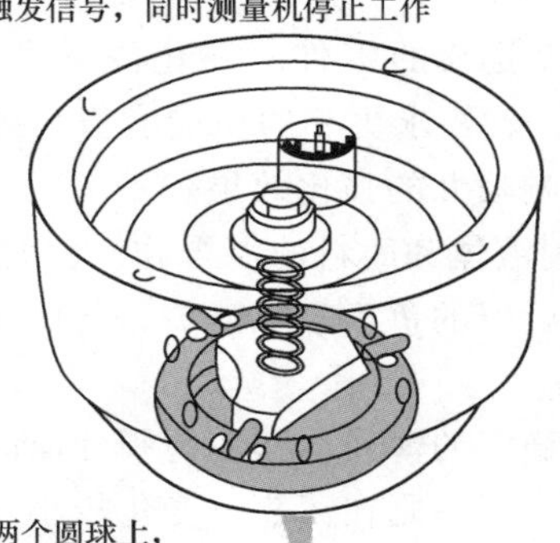

图 6-34　触发式测头基本结构

在应用于数控机床的在线测量中，测头测量系统通常由测头和接收器两部分组成。测头通常装在与机床结构匹配的刀柄上；而接收器则放置于机床上某一固定位置。在使用测头前，需对测头半径，整体长度等相关信息进行标定。在使用过程中，测头接触工件发出触发信号后，通过电缆、红外线或无线电波等方式将触发信号发出，由接收器接收触发信号并传输至数控机床（Computer Numerical Control，CNC）（图6-35），由CNC根据需要进行处理。

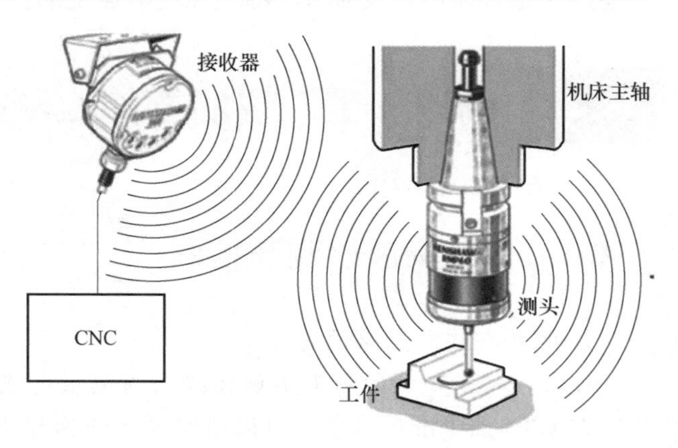

图 6-35　铣床中测头与CNC交互示意图

2. 测头在线测量应用案例

某客户需要通过测头在线测量修正夹

具上八个相同工件在 x、y、z 三个方向的尺寸（图 6-36），方案为对于加工后的工件在 x、y、z 方向共九个测点，具体测点分布如图 6-37 所示，根据误差情况判断是否进行尺寸修正加工。

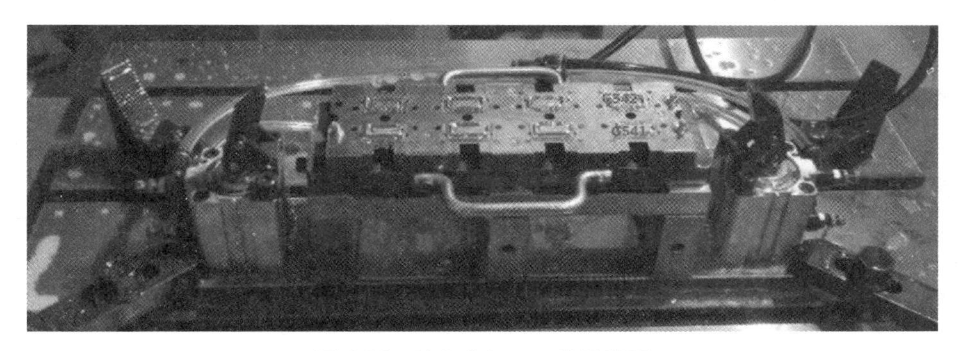

图 6-36　某客户加工工件示意图

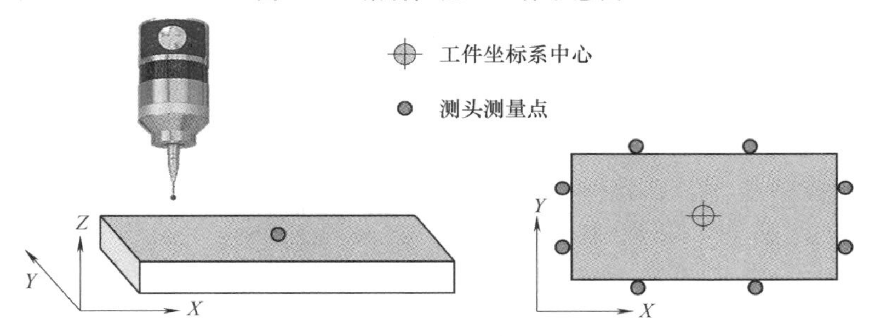

图 6-37　具体测点分布

为实现该方案，在 CNC 进行 G 代码编程（采用 i5 CNCG 代码指令集，图 6-38 所示为 i5 智能系统测头检测编程引导功能界面），从而分别执行这八个工件中九个测点的测量动作。其中，某个工件 Y 方向某测点的测量程序示例如下：

；将测头移动至 G550 坐标系下的点 X75. 681-18. 95，作为测量的起始位置

G0 G90 G550 X75. 681 Y-18. 95

；将测头以保护性定位的方式沿 Z 轴移动至 Z1. 8，如中途测头被触发，则停止

CYCLE9810（9999，9999，1. 8）

；测头沿 Y 轴探测公称尺寸为-18. 939 的工件表面，如被触发则将测得的坐标值记录在 R99 参数中

CYCLE9811（9999，-18. 939，9999，0，0，1，99）

；通过计算，将测得的结果与公称尺寸的差值写入参数 R71，便于后续程序调用

R71=R99-18. 939

；将测头退回至安全高度 Z15 位置

CYCLE9810（9999，9999，15）

3. 视觉检测

视觉检测系统使用电荷耦合器件（Charge Couple Device，CCD）、镜头及光源对加工工件上的特征位置进行拍照取像，通过图像处理机（PC 或数控系统等）对采集图像数据进行图像处理。图像处理机通过软件算法对图像中的特征进行提取，结合相机的标定参数，计算该特征的物理位置和尺寸，根据位置和尺寸对加工工件进行定位和测量。视觉检测系统硬件

主要由工业相机、镜头、光源及防护，辅助支架和线缆等组成，如图 6-39 所示。其中光源、镜头与相机为成像设备主体，分别起到提供稳定光照、聚焦成像和采集图像的作用。

相比于上节中介绍的测头检测系统，视觉检测系统为非接触式检测，并能够一次性检测更为丰富的特征（圆弧，曲线等），从而提高检测效率；同时在对某些测头无法探测的二维特征（直径很小的孔等）进行检测时，视觉检测系统也有着测头检测系统无法相比的优势。

随着智能数控系统的发展，图像处理机与 CNC 的结合越发紧密，在如 i5 等新的智能数控系统中，已经将图像处理软件完全集成于 CNC 控制器中，如图 6-40 所示，从而提高了视觉检测系统与 CNC 控制交互同步性及灵活性，如图 6-41 所示。

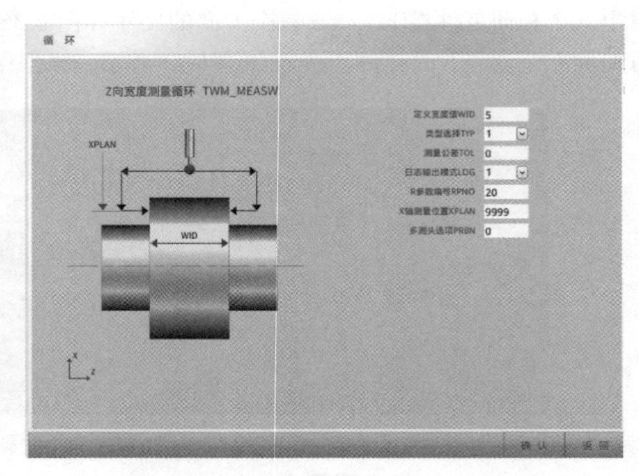

图 6-38　i5 智能系统测头检测编程引导功能界面

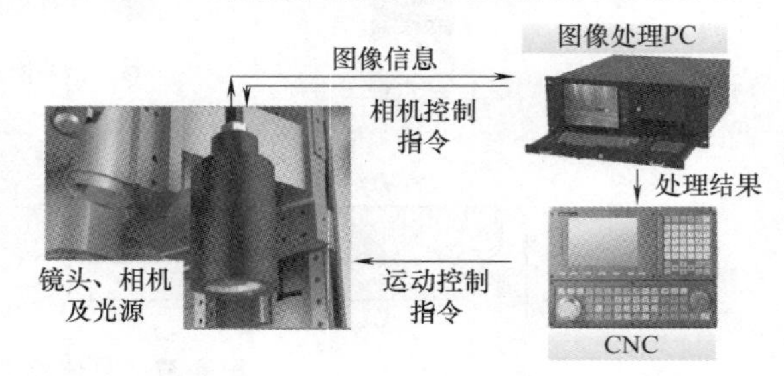

图 6-39　传统 CNC 中视觉检测系统组成

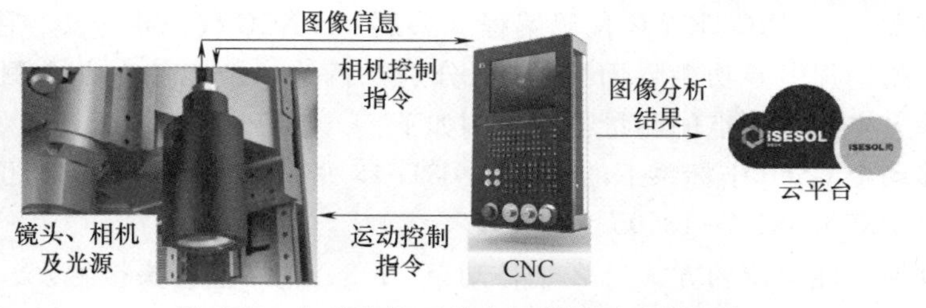

图 6-40　智能数控系统中视觉检测系统组成

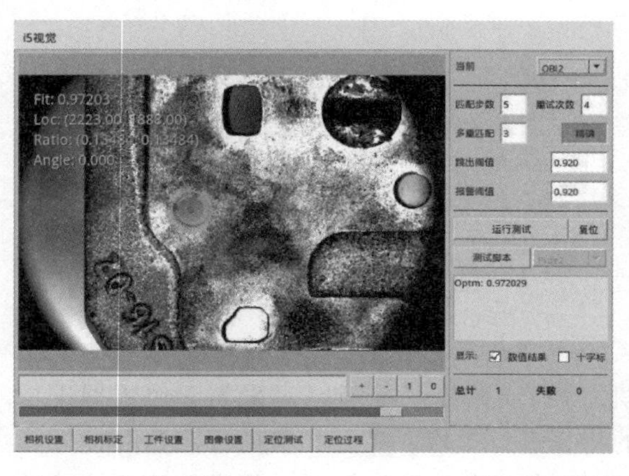

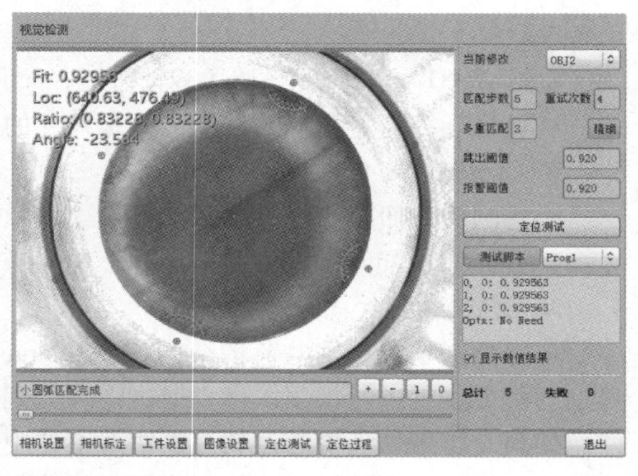

图 6-41　视觉检测软件示意图

为保证检测效果，数控机床中的视觉检测系统硬件通常安装在主轴或者刀盘附近的位置，而在数控机床加工中，切屑、切削液及切削液喷溅产生的雾气等因素均会对视觉检测相机及镜头造成影响。因此对于应用在数控机床加工中的视觉检测系统，对相机、镜头及其附属部件做好防护设计，从而避免水、雾、切屑对测量精度及相机寿命的影响十分重要，如图 6-42 所示。

图 6-42　i5 视觉检测套件 i5Vision 的工作环境测试及相机防护

4. 视觉检测应用案例

（1）某品牌手机按键槽和耳机孔加工

在某品牌手机按键槽和耳机孔加工中，由于每批工件装夹后的位置都会发生微小变化，导致无法进行加工。而按键槽和耳机孔的尺寸太小，不适合用物理探针去寻找具体位置，因此采用视觉检测的方法，识别按键槽和耳机孔上的直线、圆弧等特征，准确判断按键槽和耳机孔的位置，方便机床对装夹位置的快速识别和加工，如图 6-43 所示。

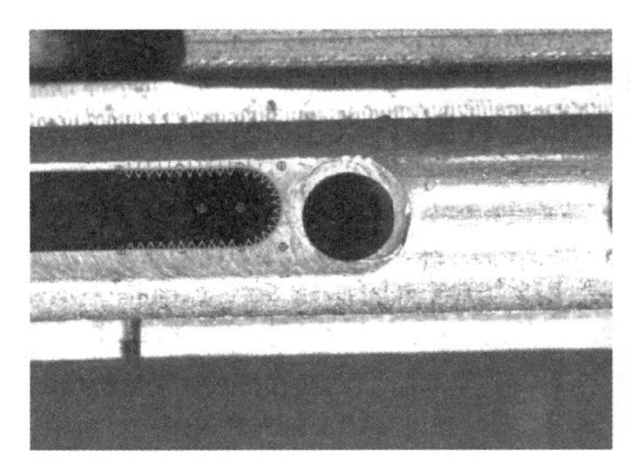

图 6-43　视觉检测在金属手机按键槽和耳机孔加工中的应用

（2）液压阀孔珩磨加工

在该应用案例中，使用视觉检测方法在机检测液压阀孔的尺寸和位置，用于珩磨加工，如图 6-44 所示。

6.4.2 表面质量检测和控制

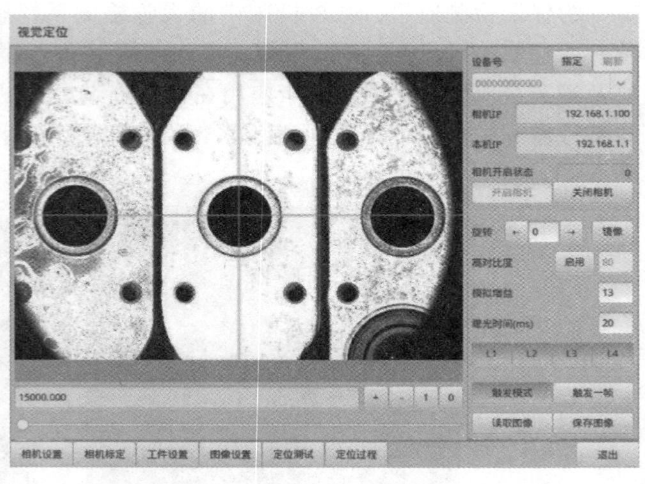

图 6-44 视觉检测在液压阀孔珩磨加工中的应用

1. 颤振抑制

铣削具有多刃断续切削、半封闭式加工，以及变切削厚度等特点，其加工过程机理复杂，比较容易产生振动现象。铣削中的振动可分为自由振动、强迫振动、自激振动及混合振动。

其中自由振动为加工系统在外部干扰力或冲击等扰动作用下发生的振动现象，这种振动在扰动过后会因加工系统的阻尼作用很快衰减下来；强迫振动为在周期性外力激励下引起的振动，其来源是多方面的，如由基础传递过来的强迫振动，由机床运动部件引入切削过程的强迫振动，由切削本身的连续性或切屑形成的不连续性所激起的强迫振动等；自激振动为切削过程中，在无周期性外力作用下由于加工系统本身特性激起的一种剧烈振动，即切削颤振；混合振动既包含强迫振动，又包含自激振动，是两者综合作用的结果。其中颤振是金属切削过程中刀具与工件之间产生的一种十分强烈的相对振动，是影响加工质量和限制切削效率的主要因素，它不仅降低刀具的使用寿命，而且损害机床精度，如图 6-45 所示。

根据切削颤振产生的机理，又可将其分为再生型颤振、振型耦合型颤振和负摩擦型颤振，其中再生型颤振是由于上一次切削所形成的振纹与本次切削的振动位移之间的相位差异导致刀具切削厚度的不同而引起的颤振，在加工中最为常见。

由于颤振对加工质量及加工设备的危害，学者及数控系统厂商均对颤振抑制进行了研究，产生了大量研究成果。在理论研究中，Tobias 提出了可以用稳定性叶瓣图（Stability Lobes Diagram）（图 6-46）来描述无颤振主轴转速与临界轴向切削深度之间的关系。在加工中可以根据稳定性叶瓣图来选择安全的切深与主轴转速。

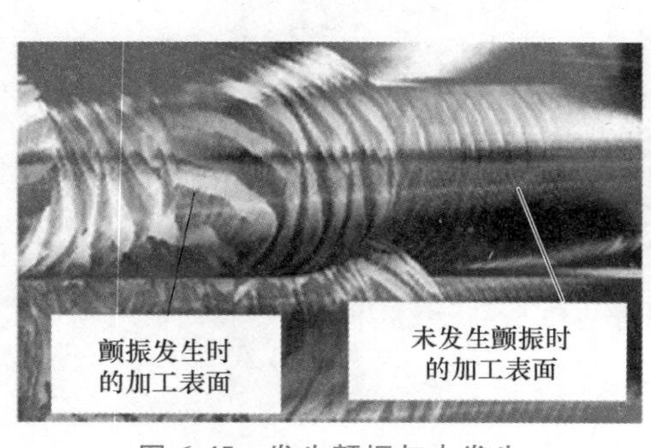

图 6-45 发生颤振与未发生颤振时的加工表面对比

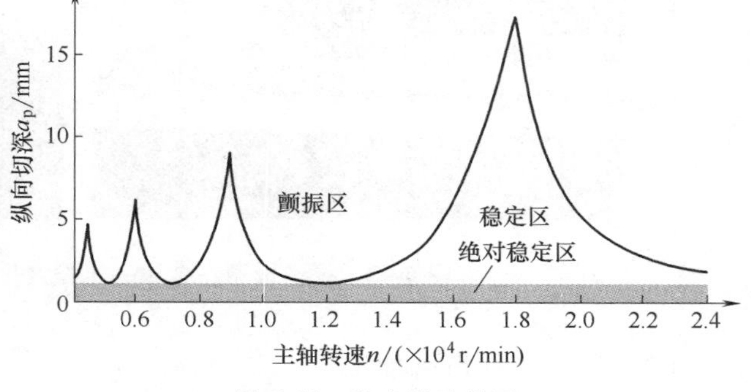

图 6-46 稳定性叶瓣图

在实际应用中，稳定性叶瓣图的结果受诸多因素的影响。刀具几何参数（直径、齿数等）、工件材料特性、工艺系统动态特性（主轴-刀具系统的模态参数）都会对稳定性叶瓣图的结果产生影响。为获得准确的稳定性叶瓣图通常要进行大量准备工作，因此为在实际中更方便快速地对颤振进行抑制，一些研究者和数控系统厂商推出了一系列产品。

CUTPRO 是一款由加拿大 UBC 大学教授 Y. Altintas 及其团队开发的用于数控机床切削颤振预测、切削动力学仿真的应用软件。CUTPRO 软件集模态分析、系统传递函数测量、数据采集和分析、主轴设计与分析、CNC 加工仿真于一体，可实现铣削、车削、钻削和镗削等加工方式的切削颤振、加工过程以及虚拟 CNC 等仿真。CUTPRO 切削动力学仿真软件可作为传统 CAM 仿真软件的补充应用在加工过程量预测和优化，以及机床应用性能的评估中，并提供更为完整的过程参数预测。图 6-47 为 CUTPRO 软硬件示意图。

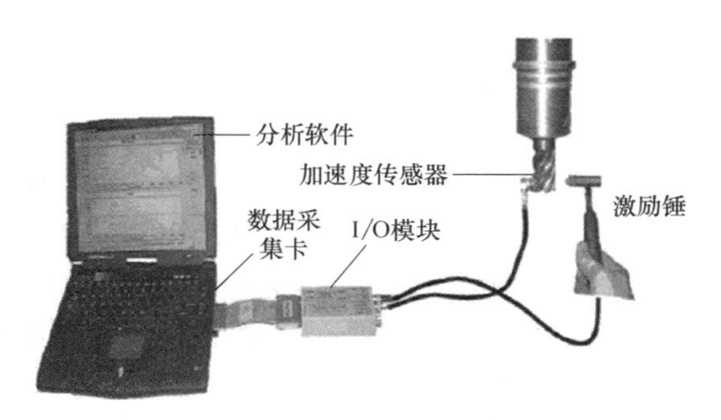

图 6-47　CUTPRO 软硬件示意图

DMG 机床通过主轴上安装的加速度传感器采集加工中的振动频率，颤振检测器判断是否有颤振产生，当判断出现颤振时，按如下公式调整主轴转速至 n_i。

$$i_b = \mathrm{int}\frac{f\times 60}{n\times N} \tag{6-33}$$

$$n_i = \frac{f\times 60}{N\times i} \tag{6-34}$$

式中　f——检测出的颤振频率，单位 Hz；

n——当前主轴转速，单位为 r/min；

N——刀具齿数；

i——小于或等于 i_b 的正整数，如 $i_b=4$，i 可取值 1，2，3，4。

i5 智能系统通过基于 i5OS 架构，可支持加速度传感器方案或根据各轴电机电流对颤振是否发生及颤振频率进行计算以适应不同成本要求，通过 CNC 实时改变主轴转速，达到颤振抑制的目的。图 6-48 为某铣床发生颤振时的频谱图。

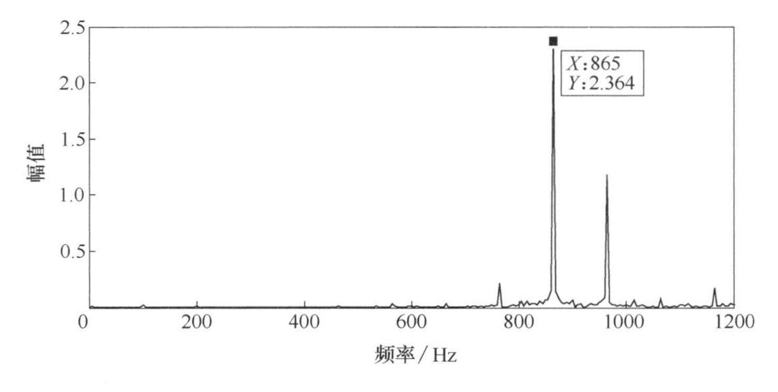

图 6-48　某铣床发生颤振时的频谱图

2. 反向补偿

在数控机床轴反向运动过程中，间隙、摩擦等非线性因素对控制的影响较大，表现为在电机反转时，反馈速度比理论速度会产生较大的滞后。因此在加工圆弧或其他带有反向运动的特征时，在反向处将会留下象限凸起的条纹，影响加工表面质量及加工精度。图 6-49 为在进行圆弧测试时反向误差在各轴反向处的表现，可以看出在间隙及摩擦力等非线性因素的影响下，圆弧四个反向处（虚线圆圈内）出现了较大的跟随误差。

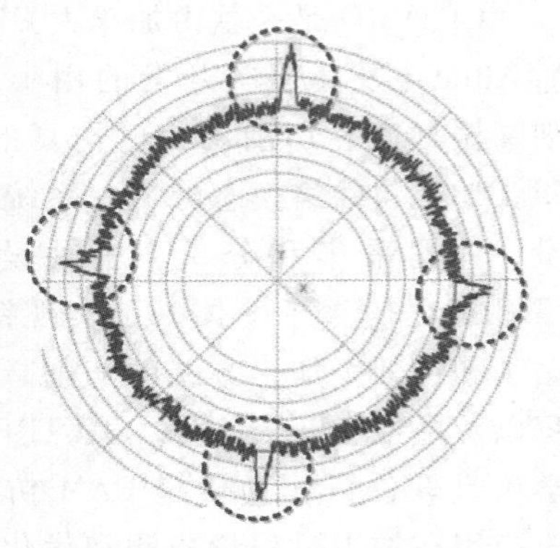

图 6-49　反向误差示意图

减小反向误差的方法可以分为基于摩擦模型的补偿和基于前馈脉冲的补偿。前者主要对数控机床伺服进给系统在运动过程中的摩擦力矩进行建模，并根据摩擦模型在伺服驱动电流环施加补偿力矩实现补偿。在摩擦模型的研究中比较著名的模型有 Stribeck 模型、Dahl 模型及 LuGre 模型，这些模型从不同角度对动静接触面间的摩擦特性进行了描述，但由于影响数控机床伺服进给系统摩擦特性的因素众多（如温度、润滑等），固定的模型难以适应复杂的加工情况，因此在商用数控系统中多采用基于前馈脉冲的补偿方法。

基于前馈脉冲的补偿方法通过将人为设定的反向补偿量补偿至速度环，改善电机由于传动环节的影响造成的滞后，降低在反向运动时的位置误差。

i5 智能系统中基于 i5OS 的智能反向补偿功能（Quadrant Error Compensation，QEC），它是一种基于前馈脉冲的补偿方法。QEC 功能通过对机床加工时运动轨迹的“学习”，计算出用于推算补偿输出的补偿指标，并根据补偿指标推算出适用于该工件的最佳补偿输出参数。在获得最佳补偿参数后，操作者可以使用 QEC 功能的相关界面，对补偿效果进行观测及调优。i5 智能系统中 QEC 功能的使用流程如图 6-50 所示，补偿效果如图 6-51 所示。

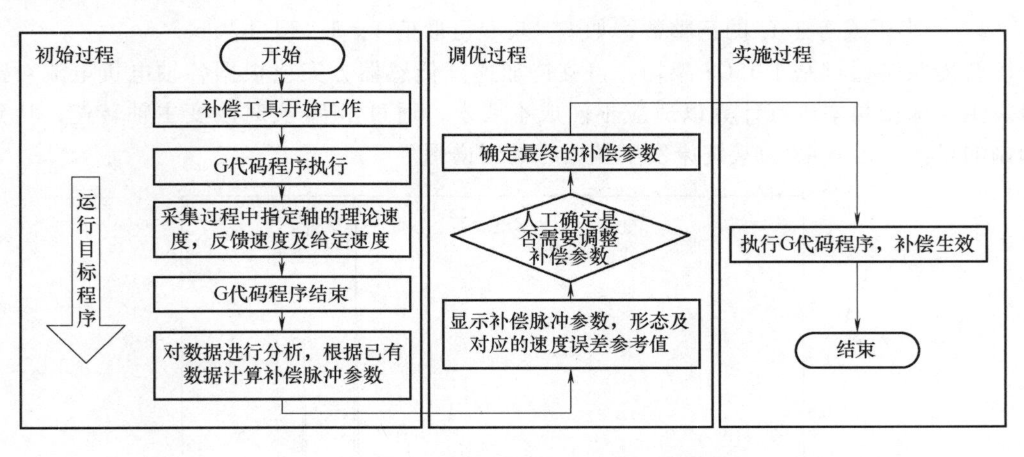

图 6-50　i5 智能系统中 QEC 功能的使用流程

与已有反向补偿相比，基于 i5OS 的 QEC 反向补偿方法可以更好地适应不同工件，如图 6-52 所示。

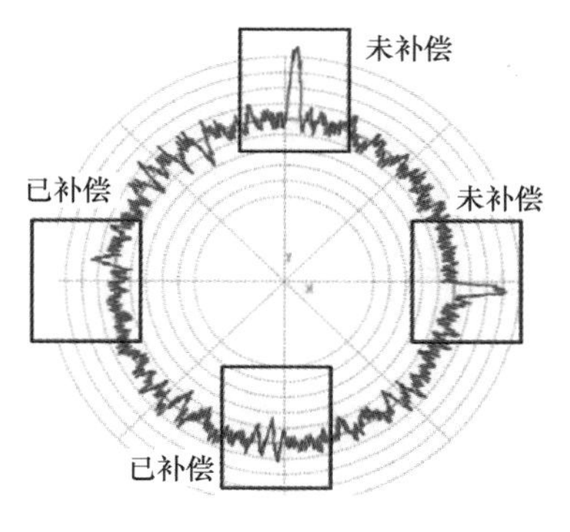

图 6-51　QEC 功能的补偿效果

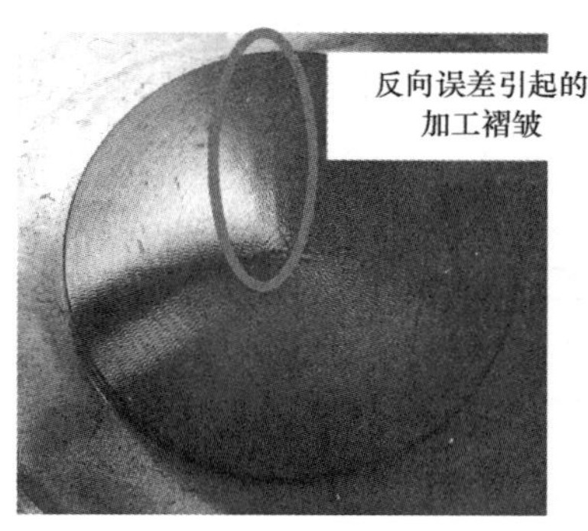

图 6-52　QEC 反向补偿前后加工效果对比

6.5 本章小结

产品质量主要由机械加工精度和表面质量决定，本章系统讨论了产品质量与加工过程之间的因果关系——工艺系统的原始误差，给出了工艺系统原始状态下的原始误差和工艺过程中的原始误差，并以误差敏感方向为例介绍了原始状态下的原始误差与加工误差的映射关系；通过工艺系统刚度、加工热变形等掌握重要的加工过程原始误差要素。从误差的统计学性质出发可以把加工误差分为系统性误差和随机误差，通过工艺过程能力分析和点图法等优化与控制手段改进加工质量。这其中讨论的影响因素、机理与算法即是智能工艺过程控制的理论基础，也是人工智能在制造领域的重点发展方向。

思　考　题

6-1　在卧式铣床上按图 6-53 所示装夹方式用铣刀 A 铣削键槽，经测量发现，工件两端处的深度大于中间的，且都比未铣键槽前的调整深度小。试分析产生这一现象的原因。

6-2　外圆磨床磨削图 6-54 所示轴类工件的外圆 ϕ，若机床几何精度良好，试分析所磨外圆出现纵向腰鼓形的原因。

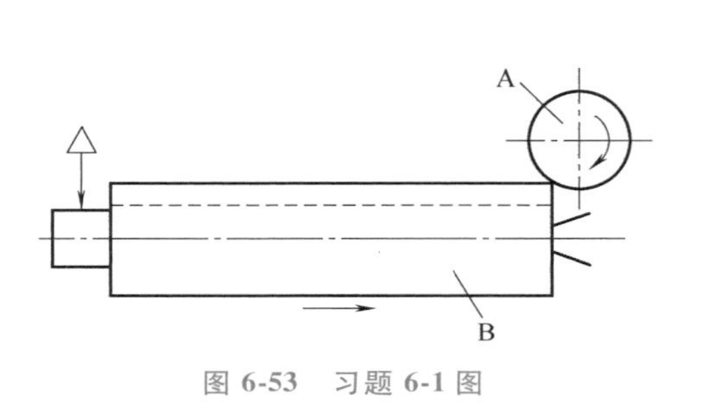

图 6-53　习题 6-1 图

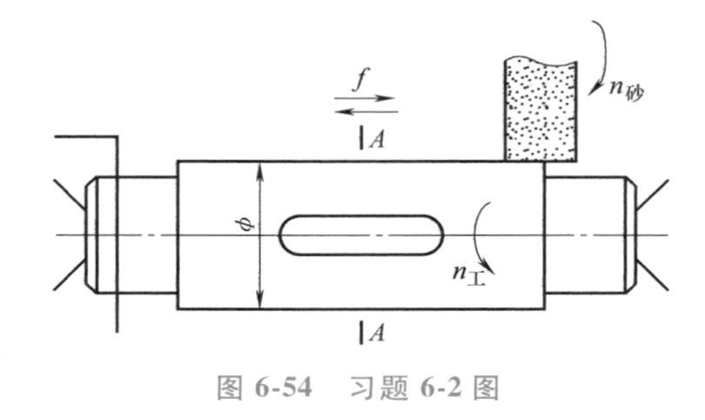

图 6-54　习题 6-2 图

6-3　在外圆磨床上磨削某薄壁衬套 A，如图 6-55a，衬套 A 装在心轴上后，用垫圈、螺母压紧，然后顶在顶尖上磨衬套 A 的外圆至图样要求。卸下工件后发现工件呈鞍形，如图 6-55b 所示，试分析其原因。

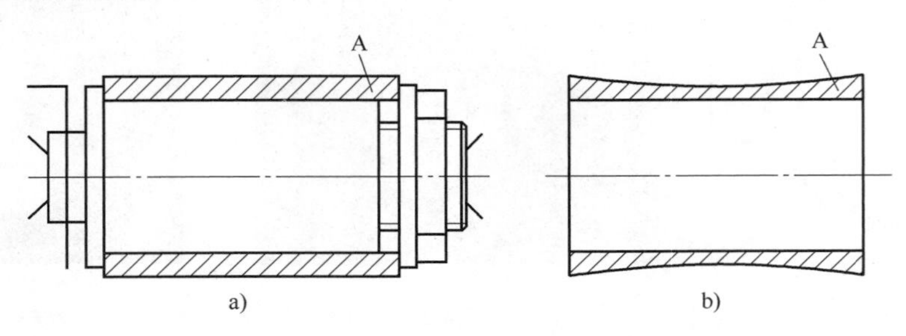

图 6-55　习题 6-3 图

6-4　车削一批轴的外圆，其尺寸要求为 $\phi20_{-0.1}^{\ 0}$mm，若此工序尺寸按正态分布，均方差 $\sigma=0.025$mm，公差带中心小于分布曲线中心，其偏移量 $e=0.03$mm。试指出该批工件的常值系统性误差多大？随机误差的分布范围是多少？并计算合格品率及不合格品率各是多少？

6-5　为什么在切削加工中一般都会产生冷作硬化现象？

6-6　什么是回火烧伤？什么是淬火烧伤？什么是退火烧伤？

6-7　试述机械加工中工件表面层产生残余应力的原因。

6-8　机械加工表面质量含义包含哪些主要内容？

6-9　试从刀具结构方面举出三种减少切削过程中自振的措施。

6-10　为什么有色金属用磨削加工得不到较低的表面粗糙度？通常为获得较低的表面粗糙度的加工表面，应采用哪些加工方法？

6-11　机械加工过程中为什么会造成被加工零件表面层物理力学性能的改变？这些变化对产品质量有何影响？

6-12　车套筒的端面时，可由外圆向中心进给或由中心向外圆进给，试比较两种进给方法哪一种抗振性好。

6-13　在切削加工中，进给量 f 越小，表面粗糙度值是否越小？

6-14　在相同的切削条件下，比较切削钢件与工业纯铁，钢件与有色金属工件，哪种材料冷硬现象大？为什么？

6-15　磨削加工工件表面层产生残余应力的原因与切削加工产生残余应力的原因是否相同？为什么？

6-16　为什么磨削加工容易产生烧伤？如果工件材料和磨削用量无法改变，减轻烧伤现象的最佳途径是什么？

6-17　为什么有色金属用磨削加工得不到较低的粗糙度？通常为获得较低的粗糙度，加工表面应采用哪些加工方法？若需要磨削有色金属，为减小表面粗糙度应采取什么措施？

6-18　切削加工中的冷作硬化程度主要取决于什么条件？影响切削加工表面冷作硬化的主要影响因素有哪些？

6-19　车削外圆时，车刀安装高一点或低一点哪种情况抗振性好？镗孔时，镗刀安装高一点或低一点哪种情况抗振性好？为什么？

6-20　为什么机器零件一般总是从表面层开始破坏的？加工表面质量对机器使用性能有哪些影响？

6-21　为什么刀具的切削刃钝圆半径 r_n 增大及后刀面磨损 VB 增大，会使冷作硬化现象增大？而刀具前角 γ_0 增大，会使冷作硬化现象减小？

6-22　试简述加工表面产生压缩残余应力和拉伸残余应力的原因。

6-23　高速精镗 45 钢工件的内孔时，采用主偏角 $K_\gamma=75°$、副偏角 $K'_\gamma=15°$的锋利尖刀，当加工表面粗糙度要求 $Rz=3.2\sim6.3$mm 时，问：

1）在不考虑工件材料塑性变形对表面粗糙度影响的条件下，进给量 f 应选择多大合适？

2）分析实际加工表面粗糙度与计算值是否相同，为什么？

3）进给量 f 越小，表面粗糙度值是否越小？

参考文献

[1]　海克斯康测量技术（青岛）有限公司．实用坐标测量技术［M］．北京：化学工业出版社，2007.

[2]　刘强，李忠群．数控铣削加工过程仿真与优化［M］．北京：航空工业出版社，2011.

[3]　李鑫，吴响亮，仇健．切削动力学仿真软件 CUTPRO 铣削过程仿真模块应用初探［J］．CAD/CAM 与制造业信息化，2014（7）：56-59.

[4]　庞新福．平面铣削加工过程计算机仿真分析［D］．昆明：昆明理工大学，2008.

[5]　陈成．数控铣床强迫振动和切削颤振试验研究［J］．现代制造工程，2013（12）：49-54.

[6]　卢晓红，王凤晨，王华，等．铣削过程颤振稳定性分析的研究进展［J］．振动与冲击，2016，35（1）：74-82.

[7]　向红标．开放式伺服系统的摩擦建模与补偿研究［D］．天津：天津大学，2010.

第 7 章　智能化工艺设计

本 章 摘 要

本章内容简介

智能化工艺设计是决策自动化、知识工程技术在工艺设计领域应用的结果，又称为计算机辅助工艺规划（Computer Aided Process Planning，CAPP），借助于计算机软硬件、信息处理技术和支撑环境，通过向计算机输入被制造对象的几何模型信息和材料、热处理、批量等工艺信息，由计算机进行数值计算、逻辑判断和推理等功能，协助工艺人员生成制造对象的工艺路线和工序内容等工艺文件，进行工艺信息的管理和维护。CAPP 系统主要由信息建模、工艺决策、工艺数据库/知识库、人机界面、工艺文件管理/输出五大模块组成。本章还以国产工艺设计软件为例，介绍了智能化工艺设计流程。

本章关键知识点

1. CAPP、CAD 与 CAM 的意义与关系；
2. CAPP 专家系统的组成结构和工作原理；
3. 智能化机加工工艺设计系统的组成。

本章难点

未来 CAPP 发展的方向与人工智能技术。

7.1　智能化工艺设计系统

7.1.1　概述

传统的制造工艺设计主要是根据工艺设计人员的个人经验对所要加工的零件、装配的产品进行工艺过程分析，对制造资源进行选取，根据制造要求完成工艺参数的选择。这种工艺规划方式的主要问题在于人为因素对最终的制造质量影响很大，由于工艺设计人员个人知识与经验的不同，导致对于同一零件、产品，不同工艺人员选取的工艺参数不尽相同，加工装配后的零部件、产品质量也各不相同。

伴随着人工智能、云计算、大数据、虚拟现实、增强现实、数字孪生等新技术在制造行业的应用，工艺的表现手段逐渐多样化，工艺设计结果可在平板电脑、手机移动终端、可穿戴设备（眼镜）上展示，还可实现基于云端的工艺设计。

由“传统的以个人经验为主的设计模式”向“基于知识、建模和仿真的科学设计模式”的转变，逐渐成为工艺设计发展的必然趋势。智能化工艺设计的主要特点在于对制造资源及工艺参数的选择过程中引入数据库、知识库、大数据、云平台等数据处理技术和智能算法，引入虚拟现实和仿真手段对工艺规划进行仿真与优化。

智能化工艺设计的过程不仅仅依靠工艺设计人员个人的知识与经验，而是参考多名工艺设计人员的工艺数据，对具有相同特征的零部件及产品进行工艺规划。借助知识工程技术，通过对大量相同类型产品、零部件所积累的工艺案例的分析，可推理出适合当前零部件及产品的工艺方案，这样所获得的工艺方案相比单一工艺设计人员提出的工艺方案更加合理，大大减小了人为因素对制造质量的影响。同时，本次制造过程信息与制造质量参数同样会被存储起来，并通过云数据进行数据共享，为其他工艺设计提供参考。

虚拟现实技术与工艺仿真相结合，可构建多源信息融合系统仿真环境，具有沉浸性、交互性和构想性，既可以发挥工艺仿真工具的预测能力，又能将工艺设计人员置身于虚拟世界中，将人的经验融合到工艺仿真过程中，对感受到的信息进行分析，从而更好地预测和决策。工艺设计人员可完全沉浸到虚拟环境中进行工艺设计过程中的各种仿真分析活动，对加工装配过程进行预测，及早发现加工装配中可能存在的问题与不足，进而提出改进意见与优化方案。例如，选取的机床、工装夹具、刀具是否合理，刀具路径是否存在干涉，选取的加工参数是否合理等。

工艺设计智能化包含工艺设计流程显性化、流程化、模块化和工艺设计活动智能化、闭环化两个方面内容。采用系统工程方法对工艺设计活动进行仿真验证和闭环优化，从而实现知识融入流程、知识融入设计。实现工艺设计智能化，需要从以下几个方面来实施：

（1）对设计数据的完整继承　据不完全统计，目前制造企业设计三维化普及率已经超过 90%，但工艺设计还停留在“表格+工艺简图”的卡片阶段，这就导致工艺无法继承设计结果。在数据格式转换、人为读图及理解过程中，容易造成信息丢失。为了解决这个问题，需要将产品及工艺设计环境统一，在三维环境下进行工艺设计。由于与设计环境一致，三维工艺能够实现对设计数据的完整继承，无须进行格式转换，不会因为人为因素导致数据丢失和设计意图的误解。另外，三维工艺还能实现与设计的同步变更，使得工艺可以提前介入设计，真正做到设计工艺一体化协同。

（2）工艺设计与仿真　与二维设计环境比，三维设计环境最大的优势是所见即所得，工艺中间状态可用三维模型准确表达，加工和装配动作可用动画模拟，还可模拟零件装夹方式、加工刀路轨迹、装配动画等。工艺资源可以以三维模型直接体现，辅助工艺仿真实现，并能分析工艺的可达性和合理性，提前发现工艺潜在的问题。对零件工艺可运用特征识别技术实现快速建模，并与设计模型关联实现同步变更；对装配工艺可分析装配约束，实现装配路径自动规划。

（3）工艺结果的管理　借助产品生命周期管理（Product Lifecycle Management，PLM）系统将工艺结果实现统一管理，走审批流程、批量发放。

（4）工艺执行　三维工艺设计结果输出基于网页的轻量化模型，可通过浏览器直接浏览，交互式操作；无须打印纸质工艺卡片，真正意义上实现无纸化生产。结合制造执行系统（Manufacturing Execution System，MES），下发生产任务时直接将工艺设计结果 URL 地址附加在生产任务中，实现同步下发。

7.1.2　智能化工艺设计系统的发展历程

智能化工艺设计是决策自动化、知识工程技术在工艺设计领域应用的结果，又称为计算机辅助工艺规划（Computer Aided Process Planning，CAPP）。CAPP 系统是指借助于计算机软硬件、信息处理技术和支撑环境，通过向计算机输入被制造对象的几何模型信息和材料、热处理、批量等工艺信息，由计算机进行数值计算、逻辑判断和推理等功能，协助工艺人员生成制造对象的工艺路线和工序内容等工艺文件，进行工艺信息的管理和维护。简言之，CAPP 就是利用计算机来制定零件或产品的工艺过程的系统，可以帮助工艺设计人员完成工艺文件的拟定。如图 7-1 所示，工艺设计人员把产品或零件的设计信息和制造信息输入计算机，由计算机自动生成或通过人机交互的方式完成产品或零件的工艺路线和工序内容。

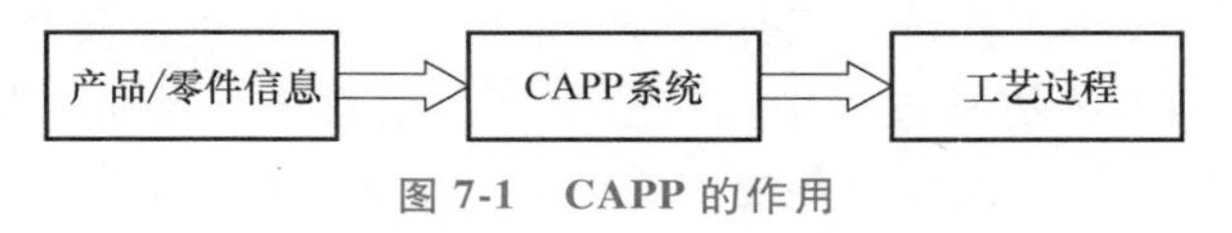

图 7-1　CAPP 的作用

计算机在工艺设计过程中的辅助作用主要体现在数值计算、数据存储与管理、图形处理和逻辑决策等方面。相较于传统的手工工艺设计，CAPP 系统可以解决手工工艺设计效率低、一致性差、质量不稳定、不易优化等问题。CAPP 系统可以使工艺人员从繁琐重复的事务性工作中解脱出来，迅速编制出完整而详尽的工艺文件。从发展的角度看，CAPP 系统可逐步全部或部分实现工艺设计的自动化、智能化，工艺过程的规范化、标准化与优化，从根本上改变工艺设计依赖于个人经验的状况，提高工艺设计质量，并将企业优秀的工艺规程完整的传承下去，为制定先进合理的工时定额及改善企业管理提供科学依据，使企业的生产更加规范有序。

CAPP 系统的发展历程如图 7-2 所示。CAPP 系统的研究开发始于 20 世纪 60 年代末，1965 年挪威学者 Niebel 提出利用零件的相似性去检索和修改标准工艺来制定相应的零件工艺规程的思想，1969 年世界上第一个 CAPP 系统——AUTOPROS 在挪威诞生，并于 1973 年正式推出商品化系统。美国学者是在 20 世纪 60 年代末至 70 年代初开始研究 CAPP 系统，并于 1976 年由设在美国的国际性组织 CAM-I（Computer Aided Manufacturing-International）推出颇具影响力的 Automated Process Planning 系统，成为 CAPP 系统发展史的里程碑。

人工智能技术（AI）在 CAPP 系统上的应用开始于 20 世纪 80 年代初。1981 年，法国学者 Descotte 和 Latcombe 较早开发出基于 AI 的 CAPP 系统——GARI。AI 技术的运用主要是用于解决传统的 CAPP 系统在专家领域知识的理解和推理上遇到的困难，借助 AI 技术可进一步提高工艺设计过程的自动化、智能化水平。运用 AI 技术的 CAPP 系统通常被称为专家系统（Expert System，ES）、知识库系统（Knowledge-Based System，KBS）或基于知识的专家系统（Knowledge Based Expert System，KBES）。

20 世纪 80 年代初，我国开始研究和开发 CAPP 系统，国内最早开发的 CAPP 系统是同济大学的 TOJICAP 修订式系统和西北工业大学的 CAOS 创成式系统。1995 年至 2010 年期间，我国市场上出现了一批有代表性的二维 CAPP 软件，包括开目 CAPP、天河 CAPP、思普 CAPP、大天 CAPP、艾克斯特 CAPP、天喻 CAPP 等。随着以产品三维模型为基础的数字化设计与制造技术的广泛应用，CAPP 系统进入三维时代，开目软件发布了三维可视化装配工艺规划软件 KM3DCAPP-A，山大华天软件发布了三维 CAPP 系统 SVMAN。

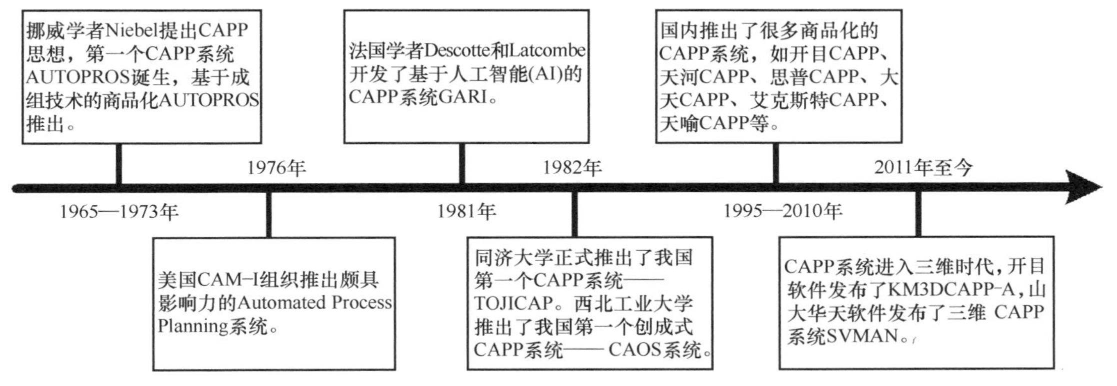

图 7-2　CAPP 系统的发展历程

经过 60 多年的发展，CAPP 系统经历了检索式、派生式、创成式、混合式、专家系统、工具系统等不同的发展阶段。

早期开发的 CAPP 系统主要是检索方式，即操作 CAPP 系统，首先检索出适合一组相似零件的标准工艺，然后通过编辑修改生成具体零件的工艺并打印输出。与传统的工艺设计相比，应用检索式 CAPP 系统可大大减少工艺设计人员重复繁琐的修改誊写工作，并能提高工艺文件质量。

随着计算机技术的发展，成组技术和逻辑决策技术被引入 CAPP 系统，许多以成组技术为基础的派生式系统和以决策规则为工艺生成基础的半创成式系统被开发出来。与传统的工艺设计相比，一个企业要应用这些 CAPP 系统，首先需要有经验的工艺设计人员进行工艺设计的标准化工作，选出优化的工艺路线或生成工艺的决策规则及各种加工参数，然后依据这些原始数据和其他要求开发 CAPP 系统。所以应用 CAPP 系统生成的工艺规程是企业工艺专家们的智慧结晶。

近年来，以人工智能为基础的 CAPP 专家系统以及着重 CAD/CAPP/CAM 集成的系统被开发出来。将 AI 技术融入到 CAPP 系统中，极大地推动了 CAPP 系统的智能化进程。针对工艺知识表示，引入了更加全面的知识表示方法，包括本体表示方法、基于 XML 的表示法以及语义网络表示方法等；针对推理决策，引入了加权推理、统计推理及基于多值逻辑的不精确推理等更精准的推理策略；针对系统结构，引入了多层次结构、多知识表示、多推理机制，以及分布式结构等。尤其是引入了很多智能理论与智能算法，包括混沌理论、模糊理论、Agent 理论，以及蚁群算法、遗传算法、人工神经网络等，这些智能技术的交叉运用，使得 CAPP 系统迈入了一个智能化的时代。

经过 60 多年的发展历程，CAPP 系统无论在深度上还是广度上都取得了进展。例如：

1）在设计对象上，所设计的零件从回转体零件、箱体类零件、支架类零件到复杂结构件等。

2）在涉及的工艺范围上，从普通加工工艺到数控加工工艺，从机械加工工艺到装配工艺、钣金工艺、热处理、表面处理工艺、特种工艺、数控测量机检测过程设计、试验工艺等。

3）在系统设计上，从单一的创成式、派生式或半创成式模式，到应用专家系统等人工智能技术，并具有检索、修订、生成、交互等各种功能综合的、融入智能决策的系统模式。

4）在系统应用上，从孤立的 CAPP 系统，到满足集成系统环境需求的 CAD/CAPP/CAM 集成化系统。

5）在系统开发上，从单纯的学术性探索和技术驱动的原型系统开发，逐步走向以应用和效益驱动的实用化系统开发。

基于知识的 CAPP 系统是目前研究的主流，采用开放的体系结构以满足不同企业不同专业的智能化系统的二次开发需求，采用交互式设计方式满足实用化要求，同时注重数据的管理与集成，是目前国内外 CAPP 学者公认的最佳开发模式。CAPP 系统结合人工智能、网络、虚拟现实、数据库等相关技术的进展，采用新的决策算法、发展新的功能，在并行、智能、分布、可视化等方面进行着有益的尝试。现代 CAPP 系统的发展正在逐步体现先进制造思想，成为以信息集成和工艺知识为主体并融合多种技术的快速工艺设计方法，进一步发展基于产品全生命周期工艺设计与信息管理一体化、智能化系统成为目前研究的热点。

7.1.3 智能化工艺设计系统的工作原理及系统类型

1. 派生式 CAPP 系统

派生式 CAPP 系统工作原理如图 7-3 所示，其基本思路是首先将相似零件分类成组，归并成零件族，总结出零件族的标准工艺；工艺设计时检索出相应零件族的标准工艺，并根据设计对象的具体特征加以修订，生成所需零件的工艺规程。通常人们把采用修订式方法的 CAPP 系统称为修订式、变异式或派生式 CAPP 系统。

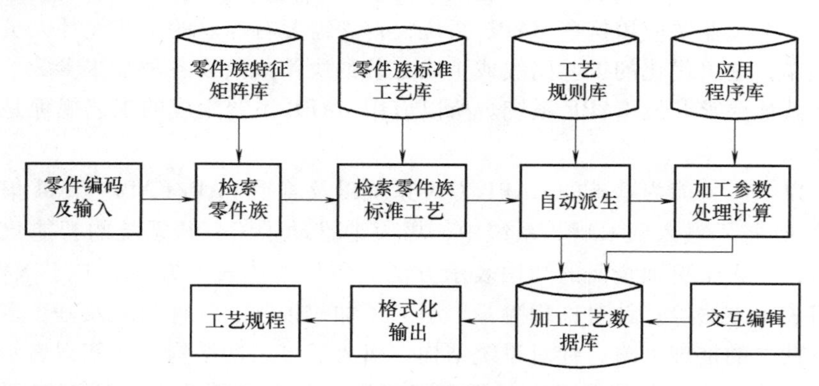

图 7-3 派生式 CAPP 系统工作原理

修订式工艺决策的基本原理是利用零件的相似性，即相似的零件有相似的工艺过程；一个新零件的工艺规程，是通过检索相似零件的工艺规程并加以筛选或编辑修改而成的。派生式 CAPP 系统的工作过程分为两个阶段，一是标准工艺准备阶段，二是标准工艺修订阶段。相似零件的集合称为零件族，能被一个零件族使用的工艺规程称为标准工艺规程。标准工艺规程可看成是为一个包含该族内零件的所有形状特征和工艺属性的假想复合零件而编制的。标准工艺规程通常以零件族族号作为关键字存储在数据文件或数据库中。

有了标准工艺规程，即可进行新零件的工艺设计。首先对新零件进行编码、划归到特定的零件族，根据零件族族号检索出该族的标准工艺规程，然后对标准工艺规程进行修订，修订过程包括筛选、编辑或修改，可由程序以自动或交互方式进行。

由于派生式 CAPP 系统是在已存在的标准工艺上进行修改的系统，因此程序简单，易于实现，有利于实现工艺设计的标准化。但这种系统需人工参与决策，自动化程度不高。此外，派生式 CAPP 系统以人的经验为基础，难以保证设计最优，且局限性较大，不易适应加工环境的变化。

2. 创成式 CAPP 系统

创成式 CAPP 系统工作原理如图 7-4 所示。创成式方法又称生成式方法，其基本思路是：将设计用的推理和决策方法转换成计算机可以处理的决策模型、算法及程序代码，从而依靠系统决策，自动生成零件的工艺规程。

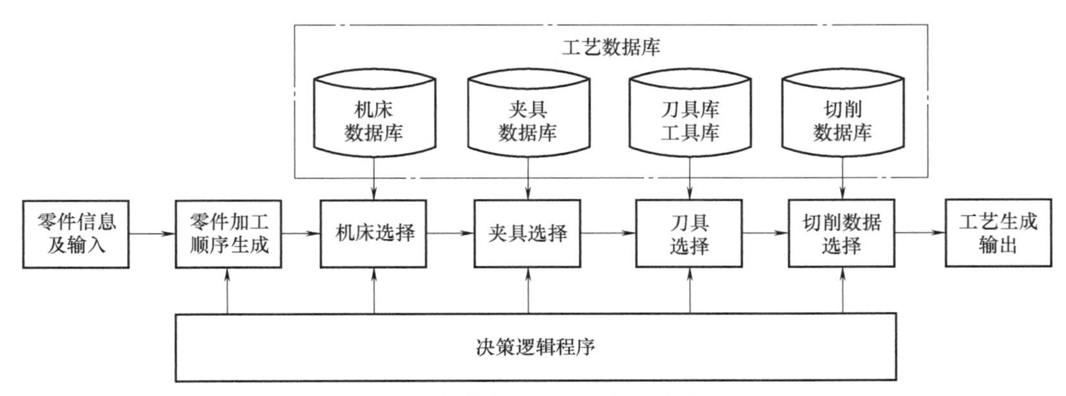

图 7-4 创成式 CAPP 系统工作原理

创成式 CAPP 系统实际上是一种智能化程序，但由于产品品种的多样性、工艺过程设计问题的复杂性及影响因素的不确定性等，导致建立这种系统的技术难度和工作量大。目前尚不能做到所有的工艺决策完全自动化。因此，人们把许多包含重要的决策逻辑，或者只有一部分工艺决策逻辑的 CAPP 系统也归入创成式 CAPP 系统。

许多 CAPP 系统，往往综合使用修订式方法和创成式方法。所以也有人提出半创成式方法的概念，并把这类系统称为半创成式 CAPP 系统。

3. CAPP 专家系统

CAPP 专家系统是一种具有工艺专家水平的计算机程序系统，它将工艺专家的知识和经验以知识库的形式存入计算机，并模拟工艺专家解决问题的推理方式和思维过程，运用这些知识和经验对工艺问题做出判断和决策。

CAPP 专家系统的构成如图 7-5 所示，知识库和推理机是 CAPP 专家系统的两大主要组成部分。知识库存储从工艺专家那里得到的工艺决策知识，是 CAPP 专家系统的核心。工艺设计经验性强、技巧性高，属于弱理论、强经验领域，工艺决策知识除了一部分可以从书本或有关资料中直接获取外，大多数还须从具有丰富实践经验的工艺专家那里获取。在工艺决策知识获取中，可以针对加

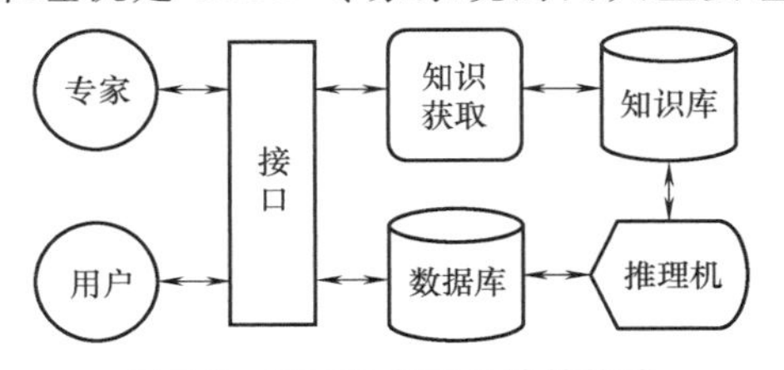

图 7-5 CAPP 专家系统的构成

工方法选择、刀具选择、工序安排等不同的工艺决策子问题，采用对现有工艺资料分析、讨论、提问等方式进行工艺决策知识的收集、总结与归纳。在此基础上，进行整理与概括，形成可信度高、覆盖面宽的知识条款，并组织工艺专家逐条进行讨论、确认，最后进行形式化。

在 CAPP 专家系统中，推理以知识库已有知识为基础，是一种基于知识的推理，其计算机程序实现构成推理机，推理机按一定的推理方法和搜索策略进行推理，从而得到问题的答案。推理是按某种策略由已知事实推出另一事实的思维过程。在 CAPP 专家系统中，工艺知识存储于知识库中，当需要应用知识为产品或零件设计工艺规程时，推理机从已知的产品、零件信息等原始事实出发，在知识库中搜寻相应的知识，从而得出中间结论，如选择出特征的加工方法；然后再以这些结论为事实推出进一步的中间结论，如安排工艺路线；如此反复进行，直到推出最终结论，即产品或零件的工艺规程。像这样不断运用知识库中的知识，逐步推出结论的过程就是推理。

在 CAPP 专家系统中，除了知识库和推理机外，还需要一个用于存放推理的初始事实或数据、中间结果，以及最终结果的工作存储器，即数据库。此外，还应包括人机接口、知识获取机构和解释机构等部分。

采用专家系统技术，可以实现工艺知识库和推理机的分离。在一定范围内或理想情况下，当 CAPP 专家系统应用条件发生变化时，可以修改或扩充知识库中的知识，而无须从头进行系统的开发。因此，CAPP 专家系统有利于系统维护、适应性好，并具有良好的开放性。

20 世纪 80 年代以来，国内外已开发了许多 CAPP 专家系统，并进行了应用。CAPP 专家系统决策的合理程度取决于系统所拥有的知识的数量和质量，由于工艺知识获取困难，CAPP 专家系统的广泛应用受到限制。

7.1.4 智能化工艺设计系统的组成

智能化工艺设计以可视化、知识化、智能化为设计原则，以知识工程为支撑，采用先进的技术，利用产品的三维模型，由工艺设计人员在三维环境中对产品的制造、装配等完整的工艺过程进行交互式的定义、分析和设计，包括建立产品各组成零部件的三维模型、加工方法、装配方法、工装/设备等制造资源规划、工艺仿真、工艺决策、三维工艺文件编制/输出等，并以三维工艺来指导生产现场的加工与装配，从而使制造人员能更加直观、准确、高效地完成加工与装配工作。智能化工艺设计系统的基本结构主要由信息建模、工艺决策、工艺数据库/知识库、人机界面、工艺文档管理/输出五大模块组成。

1. 信息建模

产品/零件信息的输入是智能化工艺过程设计的第一步。工艺人员在进行工艺过程设计时，首先通过阅读工程图样获取有关工艺设计所需的产品设计信息或是直接从 CAD 系统中获取所需的产品设计信息。由于计算机不能像人类那样能够直接阅读图样、CAD 模型等原始资料并自动将有关信息存入，所以还需要人类将原始资料以计算机能够理解和表达的形式——数据格式进行描述，然后以约定的数据结构由计算机进行处理。信息建模就是对产品或零件抽象性和概况性的形式化描述。对产品/零件的信息描述应易于被计算机接受和处理；

易于被工艺人员理解和掌握以及易于信息共享。产品/零件信息描述的准确性、科学性和完整性将直接影响所设计的工艺过程的质量、可靠性和效率。对于机械加工工艺过程设计而言，这些原始信息是指产品零件的结构形状和技术要求。表示产品零件和技术要求的方法有多种，如常用的工程图样和 CAD 系统中的零件模型。对于智能化工艺设计系统，必须将这些有关的产品设计信息转换成 CAPP 专家系统能“读”懂的信息。

2. 工艺决策

工艺决策是 CAPP 专家系统进行工艺设计的关键，是制约系统实用化、通用化、智能化的核心。工艺决策是根据产品设计信息，参照具体的生产环境条件，利用工艺经验知识确定产品的工艺过程。总体来看，工艺决策主要解决以下三种类型的问题：①加工方法选择、工装设备选择等选择性问题；②工序、工步安排与排序等规划性问题；③工序尺寸计算等计算性问题。

对于计算性问题，可建立数学模型和算法加以解决；对于选择性问题和规划性问题，智能 CAPP 专家系统所采用的基本工艺决策方法有以下几种：派生式工艺决策方法、创成式工艺决策方法、基于知识的方法、人工神经元方法、混合式、基于 3D 的定量化工艺决策方法、基于虚拟现实的三维装配工艺决策方法等。

3. 工艺数据库/知识库

工艺决策所用的数据有加工和装配方法、余量、工艺参数、机床、刀具、夹具、工具、量具、辅具，以及材料、工时、成本核算等多方面的信息，所需的工艺知识包括工艺决策逻辑、决策习惯、经验、规则等。存储和管理工艺设计所需的数据信息和知识，并便于应用、扩充和维护，是智能化工艺设计的基础。

4. 人机界面

提供用户和系统间的交互，实现用户的输入响应和输出响应。

5. 工艺文档管理/输出

工艺文档作为 CAPP 专家系统的工艺文件输出，是指导加工装配制造的重要性文件，通常以工艺卡片形式表示，如加工工艺过程卡片/工序卡等。随着工艺设计向三维化方向转变及 CAD/CAPP/CAM 集成的需求，系统应能够输出三维工艺指导文件、轻量化零部件三维模型、工艺资源模型等，以实现工艺指导的可视化。

7.2 智能机械加工工艺设计

机械加工工艺设计的主要任务是根据零件模型获取零件结构和设计要求等信息，确定各加工表面的加工方法和所需资源，完成零件工艺路线拟定，即从毛坯状态到半成品或者成品状态的转变，如图 7-6 所示。

智能机械加工工艺规程设计主要包括加工特征识别、特征加工方案决策、资源选择决策、工序优化排序划分、切削参数优化决策等几个方面，如图 7-7 所示。智能机械加工工艺设计以零件信息为输入，通过加工特征自动识别、知识库中的加工方法与加工特征对应关系，基于加工特征类型、精度及表面粗糙度等信息自动匹配形成特征加工方案。在此基础上进行资源选择、工序排序划分、切削参数决策等工艺设计活动。由于资源选择、工序排序划

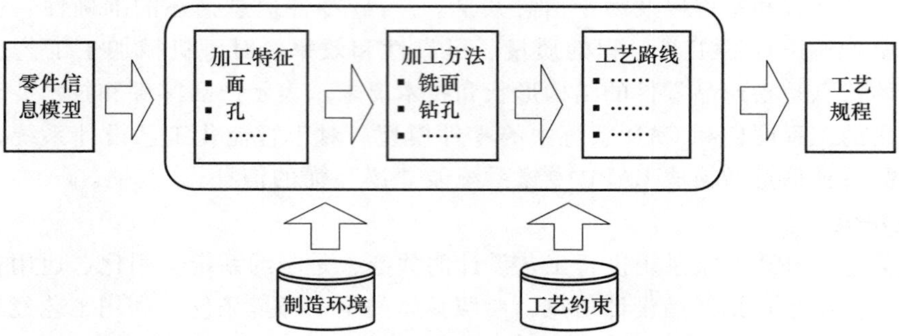

图 7-6　零件的工艺设计过程

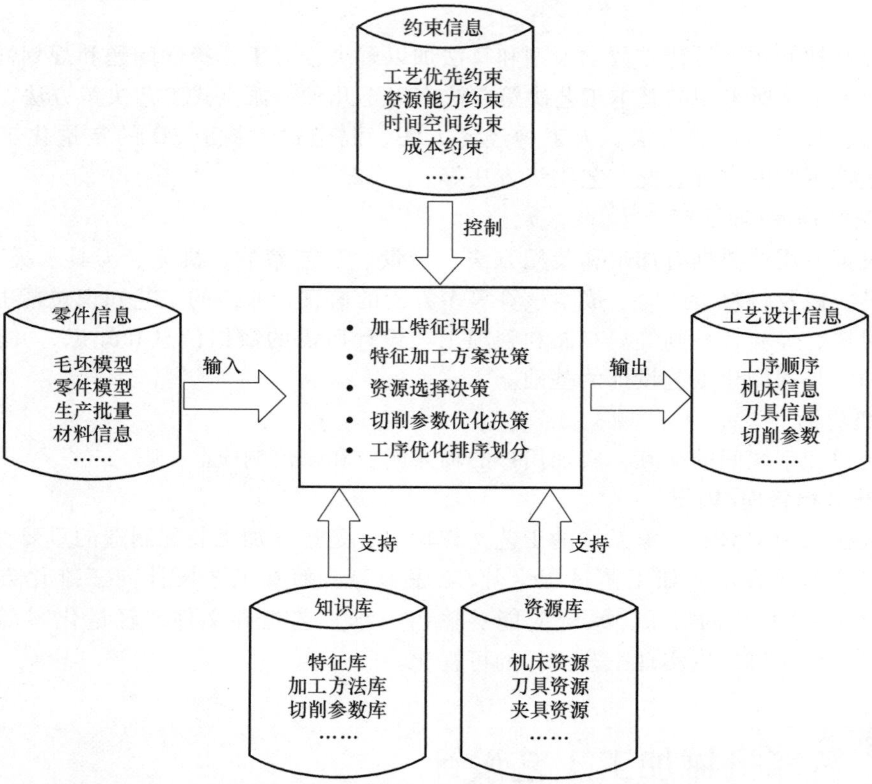

图 7-7　零件的智能机械加工工艺规程设计过程

分等决策相互制约、相互影响，因此需要进行并行决策，可根据定义的评判标准来满足工艺的优选性，通过工艺约束及集成信息模型的支撑，以加工单元为单位进行资源的选择以及工序的排序。切削参数的选择通常是在机床、刀具等资源条件已知、保证加工要求的条件下，按照一定的优化目标得到切削深度、进给量，以及切削速度等参数信息。在完成智能化工艺设计的各个环节之后，得到最终的工艺设计信息，形成完整的工艺路线。

由于以工艺卡片或工程图样为基础的二维 CAPP 专家系统存在工艺信息难以表达清楚、生产制造部门误读二维图样、无法进行工艺过程仿真等诸多问题，CAPP 专家系统正逐渐向以三维模型为基础的工艺设计、工艺信息、工艺仿真转变。“基于三维模型”“基于知识”

“智能化”“集成化”成为 CAPP 专家系统的发展方向。

7.2.1 智能机械加工工艺设计系统结构

智能机械加工工艺设计系统的结构可以分为：用户层、功能层和知识层，如图 7-8 所示。

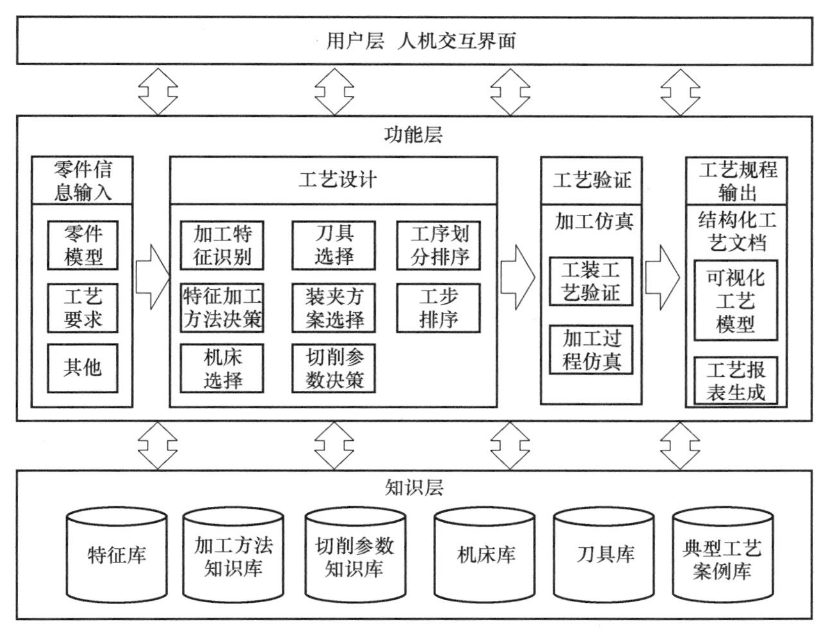

图 7-8 智能机械加工工艺设计系统结构

1）用户层：主要是软件的实际操作界面，提供面向人机交互的三维机械加工工艺设计，能够实现用户的输入响应和输出响应，同时更加直观的操作界面能给用户更方便快捷的操作体验。

2）功能层：通过模块化的思想将要实现的功能进行集成以完成机械加工工艺设计，包括零件信息输入、工艺设计、工艺验证和工艺规程输出。其中工艺设计模块包括加工特征识别，特征加工方法决策，机床、刀具、装夹方案选择，切削参数决策，工序划分排序，工步排序等。

3）知识层：主要用于存储和管理工艺设计所需的知识，包括特征库、加工方法知识库、切削参数知识库、机床库、刀具库、典型工艺案例库等。作为智能化工艺设计的基础，制造资源数据库与工艺知识库对工艺资源和知识进行有效的使用、扩充和维护，使之支撑工艺设计。

7.2.2 零件信息输入

在进行工艺方案设计之前，必须获取零件的结构和设计信息。通常作为 CAPP 专家系统输入信息的是 CAD 软件生成的包含几何特征信息的零件模型及公差标注信息。由于 CAD 与

CAM 的巨大进步，三维模型已经成为主流设计数据，并且已经由单纯的面向几何拓扑信息的零件模型与面向特征的零件模型发展成集成产品定义信息的模型。零件模型及信息是工艺规划的基础，零件加工特征识别与表示是工艺设计的核心问题之一。加工特征识别是从零件 CAD 模型中获得具有一定工程意义的几何形体，是工艺数字化的关键。加工特征是按照一定拓扑关系组成的特定形体的组合，是零件产品信息的集合。通过对零件的加工特征信息进行形式化和抽象化，可以将加工特征分类，以便更高效地、更系统地管理零件的相关信息。加工特征作为零件加工过程中特征的表现形式，其形状特征可以从几何模型中提取出来；其反映产品大小如尺寸信息，以及用于加工制造的非几何信息可以从 CAD 模型的标注信息中提取。

加工特征识别的过程包括以下四个阶段：

1）加工特征提取阶段：从零件实体模型中按照一定规则，获得若干零件实体模型的局部结构表达。

2）加工特征识别阶段：将零件实体模型的局部结构与特征库中预定义的特征模式对比，获得特征的类型，该步骤是加工特征识别过程中最为关键的一步。

3）参数识别阶段：从局部结构的几何模型中获得加工特征的参数信息，如尺寸、公差、表面粗糙度等信息。其前提是在零件模型数字化定义阶段，零件的尺寸、表面粗糙度、热处理等信息以显性或隐性方式标注于三维模型。

4）加工特征组织阶段：将以上获得的加工特征进行组合聚类，获得符合实际加工要求的特征解释。

图 7-9 所示为柴油机缸体加工特征识别过程，通过毛坯和零件模型信息的对比，识别出缸体的待加工特征（橙色部分）。

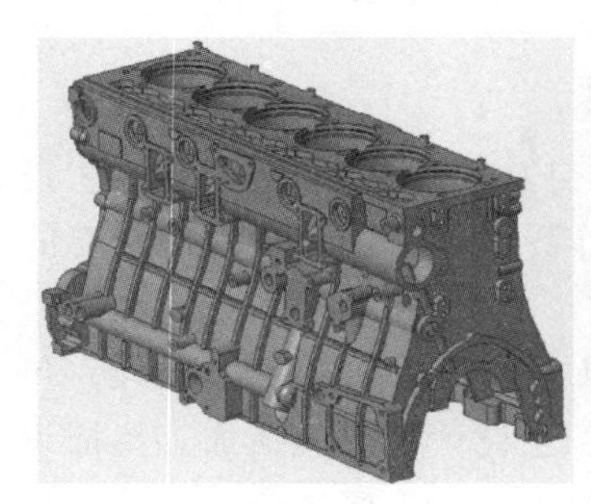
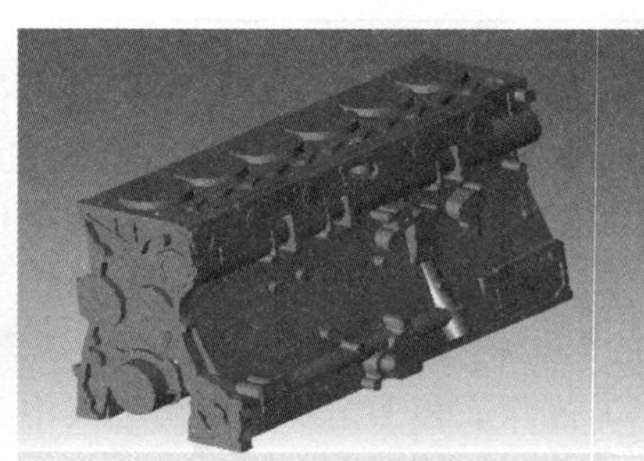

图 7-9 柴油机缸体加工特征识别过程

7.2.3 加工工艺决策

加工工艺规划最重要的两个功能是特征加工方案选择和加工操作排序优化。特征加工方法决策经验性强，需要综合考虑零件加工特征的类型、尺寸和精度，还受到机床性能、刀具等因素的影响，其决策结果是最终工艺路线规划的基础。工艺路线决策通过将加工方法决策结果（加工操作）进行合理排序并分配到工序，形成完整的工艺方案。

为了利用推理算法进行工艺路线规划实现 CAPP 专家系统的核心功能，必须对加工工艺决策问题构建相应的数学模型。如图 7-10 所示为加工工艺决策体系的整体架构。从设计数据到最终工艺方案的获得是一个多约束的驱动过程，包括选择零件表面的加工方法、确定定位基准、安排加工路线、选择加工机床、刀具和夹具等。这些过程不是如图中所示简单地串行执行，它们往往相互穿插、交替进行，因此建立数学模型时必须统筹考虑，满足全局需求，不能让建立的模型仅仅满足某个子过程的表达而在求解其余过程时产生冲突。

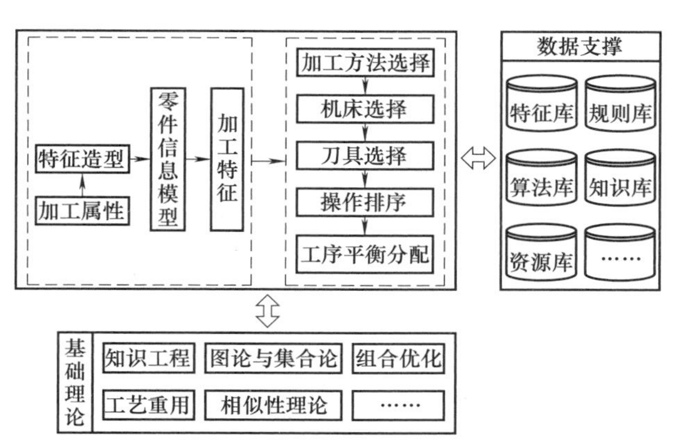

图 7-10　加工工艺决策体系的整体架构

1. 特征加工方案决策

所谓特征加工方案，是针对特定的加工特征的加工方案。加工方案包括两个要素：①加工方法种类；②加工方法链。如单个孔的加工方案可以为：钻→扩→粗铰→精铰，方案中有钻、扩、铰三种加工方法，同时加工方法链的长度为 4，特征加工方案通常还包含加工过程中所用到的制造资源。

产品零件可以看作由基本的加工特征构成，由于加工特征与加工方法的多对多映射关系、工艺设计原则的复杂多态性，以及制造资源的动态多样性，同一个加工特征会有多个可行的备选加工方案。特征加工方案的决策过程应根据企业不同加工方法信息和制造资源状况，对决策者关注的影响方案质量的多项指标进行综合评价，以选择更合适的方案。

零件特征加工方案的决策是指为零件上各个待加工的特征确定加工方案（加工链），它是 CAPP 专家系统的基础，直接影响到加工路线的优化决策和加工资源的选择。其过程是先将零件表面分解为一些基本特征，如圆柱面、内孔、平面等，再根据其他条件确定这些基本特征的加工方案。影响加工方案选择结果的因素有很多，不仅包括零件工艺要求的影响，还包括设备、工艺人员的经验，以及工艺习惯等影响。目前，选择加工方案的方法主要有：基于决策表或决策树、产生式规则、神经网络、模糊推理、多色集合理论、混合方法等。

2. 工艺路线决策

工艺路线决策是在特征加工方案决策基础上，将获得的加工操作排序、分组，确定工序数量及顺序。工艺路线优化的影响因素包括加工方法、机床、夹具、刀具，以及工艺约束等。因此，这是一个附有约束条件的组合优化问题。工艺路线生成最终得到的是一个最优的加工顺序，所以其优化变量是所有加工操作的排序。优化模型描述为：

$$
\begin{aligned}
&\min f(x) \\
&\text{s.t. } h_i(x)=0, i=1,2,\cdots,n \\
&\qquad g_j(x)<0, j=1,2,\cdots,m \\
&\qquad x\in\boldsymbol{\Omega}
\end{aligned}
$$

式中　x——状态变量；

$\boldsymbol{\Omega}=\{x_1,x_2,\cdots,x_k\}$——所有状态构成的解空间，即所有加工操作序列的集合；

$f(x)$——目标函数；

$h_i(x)$、$g_j(x)$——约束条件。

所谓最优工艺路线就是指在满足约束条件的前提下，其目标函数值最小。

在装夹方式、所用刀具和机床都已确定的情况下，它们的频繁变换既造成了加工效率的降低、加工成本的增加，同时也会对加工精度产生不利的影响。因此，工艺路线的优化目标是在保证加工质量的前提下，尽量减少装夹次数、换刀次数和机床变换次数。

智能算法的研究和发展为解决工艺路线的决策问题提供了新的途径。综合考虑加工所使用的机床、刀具、夹具等对零件加工精度、加工成本、加工效率的影响，以精度高、效率高、成本低为优化目标，将加工序列的优化问题转化为在满足加工操作之间约束关系的情况下，寻找制造资源的变换次数最少的加工操作序列的问题，其模型如图 7-11 所示。

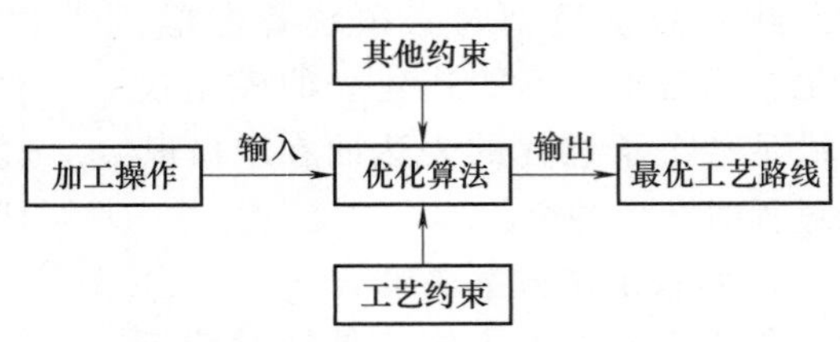

图 7-11　工艺路线优化模型

7.2.4　知识库

工艺规划过程需要大量的工艺知识，需要构建知识库来支撑。工艺知识的确切性、可用性和完善性是评价一个工艺规划系统好坏的关键。因此，如何将有效信息进行获取、存储、管理、表达是建立工艺知识库的关键。

工艺知识的分类，前人已经做了相当多的研究，根据分类标准和分类对象的不同可分为“工艺资源知识”和“工艺规则知识”，“静态知识”与“动态知识”等。目前对工艺知识的分类多是基于知识的本身，在实际应用过程中并不能保证工艺设计人员的应用得心应手。

企业长期生产活动中总结出的工艺知识可分为事实型知识与经验型知识两类。事实型知识是国家标准或企业标准中明确的工艺规定，如机床性能参数、材料性能参数等。经验型知识是工艺设计人员在长期设计活动中总结出的经验数据和规则。加工工艺知识分类如图 7-12 所示，这种知识分类方式是直接面向工艺设计过程的，其中制造资源知识主要包括工艺设计过程中需要的工艺装备知识，如刀具、夹具等方面的知识，以及加工设备知识，如普通车床、铣床、磨床等方面的知识。工艺方法知识主要包括加工特征所采用的各种加工方法，包括车削、铣削、磨削等，加工特征的几何形状、材料和要求的精度不同，采用的加工方法不同。工艺参数知识是特征加工过程中，根据不同的特征信息选择的特征加工参数，包括切削深度、进给量及切削速度等。工艺决策知识由经验性规则（如加工方法选择规则，机床、刀具、夹具、量具选择规则等）、过程性算法及对工艺决策过程进行控制的知识等组成。

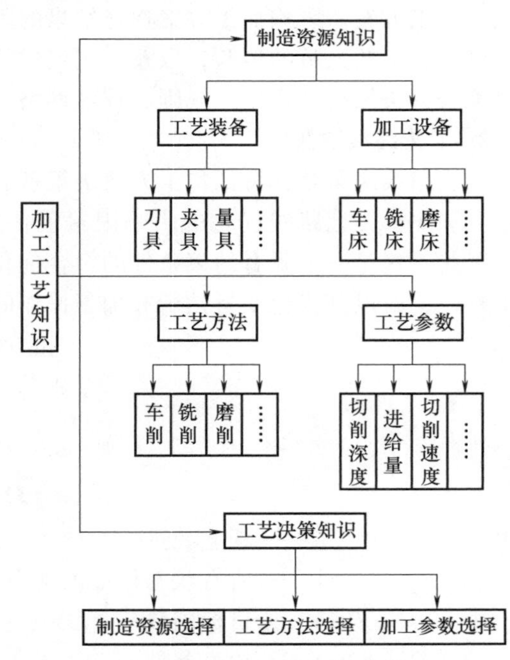

图 7-12　加工工艺知识分类

7.3 智能装配工艺设计

20 世纪 80 年代初，随着计算机技术的发展与普遍应用，出现了计算机辅助装配工艺规划（Computer-aided Assembly Process Planning，CAAPP）技术。计算机辅助装配工艺规划技术，也称为装配 CAPP 技术，其本质上就是应用计算机模拟人进行装配工艺编制，并自动或交互生成装配工艺文件的方法。

随着装配 CAPP 系统在企业的应用，促进了装配工艺设计的规范化、标准化，并累积了大量的装配工艺数据信息，开发具有一定智能化的装配 CAPP 系统的条件日益成熟。智能装配工艺规划不仅能够提供一种系统搜索满意装配工艺的手段，而且能够提供可以按照可装配性、可维护性、可用的装配资源，以及整个装配成本的高低等要求，对产品进行优劣分析的一种有力工具。

由于不同机械结构之间装配工艺差别较大，装配 CAPP 系统具有很强的专用性。由于自动生成装配工艺规程的复杂性，目前智能装配 CAPP 系统相关研究成果以理论探索为主，尚未有成熟的工具软件在实际工程中得到应用，目前工程中的装配 CAPP 系统主要采用检索式和派生式的工艺规划方法。未来的装配工艺设计，是一种智能的、集成的、基于建模和仿真的科学设计，所谓集成的装配过程建模与仿真方法，主要是从生产的实际问题出发，建立面向现场的真实感仿真环境，通过综合考虑工装夹具、装配精度和物理特性、线缆和管路及结构件交叉装配等一体化的集成装配过程仿真与分析，实现在实物试装前预知产品最终的装配性能，并对工艺参数进行优化。

7.3.1 智能装配工艺设计系统结构

智能装配工艺设计技术主要包括产品装配建模、装配工艺规划、装配过程仿真、装配精度分析和装配工艺管理、装配设计结果输出等，智能装配工艺设计系统的体系结构如图 7-13 所示。

1）用户层：用户层作为与系统交互的接口，包括交互的界面、权限分配等功能；用户通过人机交互界面方便地运用系统的各种功能。

2）功能层：主要包括产品装配建模、装配工艺规划、装配过程仿真、装配精度分析、装配工艺管理和装配设计结果输出等功能模块。其中装配建模是基础，是智能装配规划的依据。装配工艺规划是目的，主要包括装配序列规划、装配路径规划和装配资源规划三个方面，是智能装配规划的关键环节和核心内容，也是实现装配过程仿真的基础。装配过程仿真和装配精度分析是手段，一方面可以帮助用户直观地了解装配结果和装配过程，另一方面可以帮助用户正确选择装配顺序和装配路径，提早发现工艺设计过程中不合理之处，为工艺评估和优化提供依据。由于自动生成装配顺序和路径的复杂性，装配过程仿真逐渐成为装配工艺设计中最重要的研究内容，包括装配路径规划、仿真及人机工程仿真，并由几何仿真向物理仿真转变。产品的装配质量和装配性能与整个装配工艺过程密切相关，因此需要从整个装配工艺过程角度来优化工艺参数。另外，装配工艺设计过程管理和设计知识管理是装配工艺

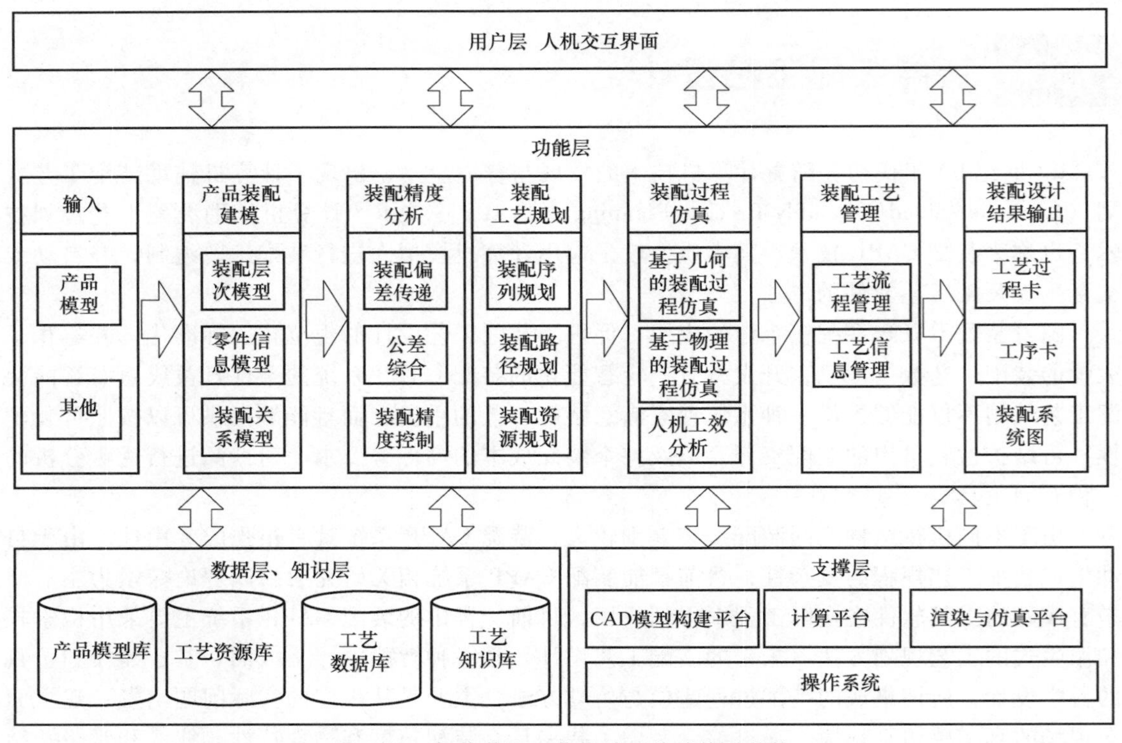

图 7-13 智能装配工艺设计系统的体系结构

设计的重要内容。

3）数据层：用于存放产品装配工艺设计过程中所有与工艺相关的数据信息，包括产品模型库、工艺资源库，以及工艺数据库、工艺知识库。其中产品模型库用于存放产品设计部门发放的产品模型，包括产品设计相关信息和数据等；工艺资源库用于存放装配过程中的通用工具、专用工具、检测仪器、工艺设备和辅料消耗件等资源，方便在工艺设计过程中资源的调用；工艺数据库存放产品在工艺设计过程以及装配过程中产生的工艺数据，供查询、修改、存储等；工艺知识库提供工艺设计的参考标准和准则。

4）支撑层：主要包括 CAD 模型构建平台、计算平台、渲染与仿真平台和操作系统。

7.3.2 装配建模

装配建模的目的在于建立完整的产品装配信息表达，为装配工艺规划提供信息源。装配模型不仅要描述零、部件本身的信息，而且还要描述零、部件之间的装配关系及拓扑结构。由于产品 CAD 模型信息往往只提供几何信息及拓扑信息，不能对装配规划提供全面的技术支持，且模型之间数据的一致性差，因此需要在继承 CAD 模型信息的基础上，建立具有完整信息的装配模型，包括物理信息和几何约束信息，并能够满足装配规划与分析的精度要求。同时，零件模型信息满足装配仿真实时交互、实时显示和干涉检测的要求。目前，装配建模方法主要包括图结构建模、层次建模和混合建模三种方法。

（1）图结构建模方法　图结构建模方法是以图结构的形式描述装配体中零件之间的几

何约束关系，该方法建模的优点是装配关系的表达比较直观，但常常会导致与零件的真实结构不一致，也不能准确地描述零件之间的层级关系，这样不利于零件之间约束关系的求解。

（2）层次建模方法　层次建模方法则是以树的表现形式并遵照一定的装配规则将装配体的各个零部件划分为多个层次，可以体现出设计师的设计意图和装配体的组成结构，该方法的缺点是各装配体之间的装配约束关系的表达不够清晰。通常可将装配模型分为四个层次：零件属性层、面片显示层、装配关系层、过程信息层，各个层次间通过零件索引号进行数据间的约束与映射，从而实现模型信息层级之间的相互关联。

零件属性层的信息获取可以从 CAD 数据接口中导出，并根据导出数据中存储的层级信息进行提取、解析和重构。主要包括：零件编号、名称、物理属性、方位属性、几何拓扑信息等。其中，几何拓扑信息包括几何面的曲面描述和组成该面的环、边、点等边界信息；同时，几何拓扑信息还包括该面所包含的三角面片索引信息。

1）面片显示层：三角面片节点信息描述了组成装配体的各三角面片的位置坐标、主要应用于装配过程中装配体模型的显示与拆装过程中的干涉检测。

2）装配关系层：装配关系是对零件之间的相对位置和配合关系的描述，它反映零件间的相互约束关系，是建立产品装配模型的关键。同时，装配关系是装配序列规划的一个前提条件。装配关系主要包括零件之间的位置关系、连接关系与运动关系三大类。位置关系描述了基本模型几何元素之间的相互关系，连接关系和运动关系用来表达配合特征。装配约束是当前装配建模系统表达装配关系的主要形式，如图 7-14 所示。

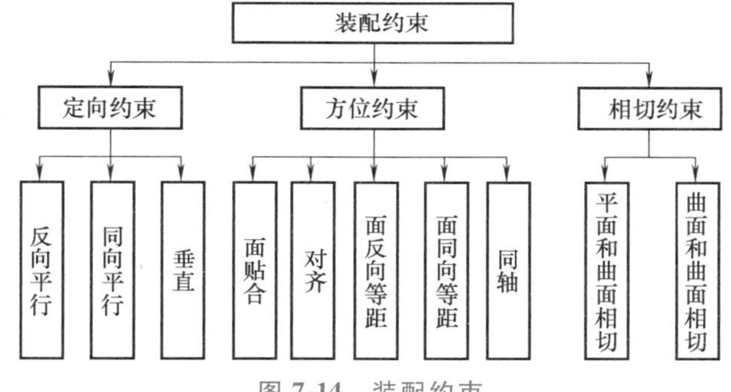

图 7-14　装配约束

（3）混合建模方法　混合建模方法兼容了上述两种建模方法的优点，是以层级结构为主要元素并辅以装配关系，但用该方法构建的模型在同一装配模型中存在两种结构，增加了模型维护难度。

7.3.3　装配顺序规划

装配顺序的好坏直接影响着产品的可装配性，以及装配的操作难度、操作时间、工夹具数目和劳动强度等，因此如何获取一个好的装配顺序就显得尤为重要。

装配顺序规划又称为装配序列规划（Assembly Sequence Planning，ASP），是装配规划最基本的组成部分，也是产品装配过程中的一项重要任务，是装配 CAPP 系统领域研究的一个重要课题。

装配序列规划的目的是根据设计阶段产品零件的几何形状及相互关系，在保证装配过程可以正确实施的前提下，寻找出可以使得装配时间最少、装配复杂度最低和并行度最高的序列。装配序列规划主要的内容是在满足装配精度约束和工艺装配约束的前提下，寻找装配难度尽量小、装配时间尽量少的装配序列，以实现优化产品性能和缩减装配成本的目标。

装配序列规划属于一类满足几何、物理及机械结构等约束的优化问题，即如何从大量可行的装配序列中搜索出最优的装配序列，必然涉及计算机的存储和计算效率。因此，装配序列规划成了人工智能、计算几何、制造、机器人等领域共同关注的问题。

在装配顺序自动规划方面，目前一些主要的方法包括：①通过推理产生所有装配优先约束，继而得到装配顺序；②基于“可拆即可装”的思路，获得产品的装配顺序；③通过人工智能领域中的专家系统启发式算法等来获得产品装配顺序等。虽然利用计算机来代替手工编制工艺能够在一定程度上提高工艺规划的效率，减轻人的重复劳动，但完全依赖计算机的推理来自动生成产品的装配顺序，对于复杂的装配问题很难得到令人满意的结果，特别是当产品的零部件数目较多时，其装配序列存在着“组合爆炸”问题，从而导致计算复杂性很高，效率低下。

7.3.4 装配路径规划

装配路径规划是从产品的装配起点出发，根据装配环境的特点及待装配零部件与其他零部件的相对位置关系等信息进行路径求解，并最终获得一条满足装配要求的无碰撞路径。早期的装配路径规划是由设计者根据自身经验以人工方式实现：设计者根据设计图样、技术文档及物理样机，通过分析产品设计图中零部件的几何外形特点，结合产品装配顺序的制定结果完成零部件的装配路径规划。由于依赖物理样机及依赖操作人员经验的特点，利用人工在分析、验证产品工艺设计时，存在研制费用高、效率低的问题。此外，由于设计方案往往需要反复的修改和验证，此方式还会耗费较大的人力与物力，并导致产品设计验证的周期较长。这将不可避免地延迟产品研发进度，增加研发和制造成本，从而无法保证设计方案的可行性与经济性。

近年来，计算机辅助设计与制造技术（CAD/CAM）的快速发展为装配路径规划提供了有力的支持。在计算机上完成产品的三维建模并搭建虚拟装配场景，在装配路径规划过程中直接对产品零部件的三维模型进行操作，规划其装配路径，实现装配过程仿真，并及时对装配工艺及产品零部件进行修改及完善，可提高装配质量并提高设计效率，降低研发成本。目前 DELMIA、Tecnomatix、华天软件 SVMAN 等优秀的计算机辅助设计制造软件提供了装配工艺设计仿真模块，利用这类工具为产品进行装配路径设计时，需要操作人员根据当前的约束条件并依靠经验逐步移动零部件，记录可行的路径点，直到生成一条无碰撞的装配路径。这种装配路径规划方式直接对产品的数字化模型进行操作，具有高效、低成本的优点，但由于这种方式较高程度地依赖于设计人员的经验，故仍存在许多不足。当前，在面向装配过程的虚拟装配仿真中，实现路径的自动生成是装配路径规划的一个重要发展方向。

路径规划问题的核心是为零部件求解出一条有效的运动路径，使其能安全地从指定的起始状态运动至指定的终止状态。在产品的完整设计周期中，对其进行装配序列规划、装配过程设计是重要的环节，其中是否存在有效的装配路径是验证的主要参考依据之一。此外，在面向装配过程的装配仿真规划中，还面临着装配路径的优化，对装配路径生成过程的控制等问题。

智能装配路径规划方法的特点是模拟人或其他生物的生命行为与功能，并将其应用于装配路径规划中，这类技术中常用到的方法有遗传算法、粒子群算法和蚁群算法等。

通常，给定的装配路径求解问题存在多个路径解，实际应用中需选择一条最符合要求的路径，选择的准则有平滑的路径、最短的路径、成本最低的路径等。

7.3.5　装配过程仿真

装配过程仿真是在生成装配工艺的基础上利用计算机图形学、模型技术等，以可视化干涉检查的手段，充分考虑人机工程等重要因素，模拟零部件间的装配过程从而验证产品的可装配性，实现产品可装配性的评估和优化。

装配过程仿真给工艺人员提供了一个三维的虚拟装配环境来验证和评价其装配过程和装配方法。在此环境下，规划人员可以在产品开发的早期仿真装配过程、验证产品的工艺性、获得完善的制造规划。装配过程仿真可以交互式或自动地建立装配路径，动态分析装配干涉情况，有助于确定最优装配和拆卸操作顺序，优化产品装配的操作过程。装配过程中，更多的装配问题与现场的装配环境相关，所以在复杂的工装、夹具、设备环境下，动态装配过程仿真对复杂零部件的装配更能发挥作用。它把产品、资源和工艺操作结合起来来分析产品装配的顺序和工序的流程，并且在装配制造模型下进行装配工装的验证、仿真夹具的动作、仿真产品的装配流程，评价装配的工装、设备、人员等影响下的装配工艺和装配方法，检验装配过程是否存在错误，零件装配时是否存在碰撞，验证产品装配的工艺性，达到尽早发现问题、解决问题的目的。

装配过程仿真能带来以下好处：①通过早期检测和沟通产品设计问题，降低了工程变更数量和成本；②通过早期的虚拟验证，减少了存在的问题，减少车间安装、调试和量产的时间；③通过人因仿真确保了人体操作的合理性和安全性，提高了装配的可行性；④提高制造资源的利用率，降低了成本；⑤减少了工装夹具的更改，降低了工装夹具的制造成本；⑥通过仿真多个制造场景，使生产风险最小化；⑦装配工艺仿真可以与产品设计同步进行，实现并行工程；⑧降低了制造成本；⑨提高了产品的制造质量。

1. 基于几何的虚拟装配仿真

以几何参数为输入的虚拟装配仿真，忽略零件材料、质量、形状、重力等物理参数的影响，主要着眼于对装配顺序和装配路径的规划，通过几何参数输入控制模型运动，形成以几何模型为主的装配过程仿真。当前虚拟装配技术主要以零部件几何模型为研究对象，通过输入位移、转角等几何参数进行装配控制，忽略了零部件质量、材料、转动惯量等物理属性，以及速度、加速度、角速度等运动属性，导致虚拟装配过程与实际装配过程存在较大差异，仿真真实感不足。

2. 基于物理属性的装配过程仿真

实际装配中，除了零部件的几何形状，零部件间以及零部件与装配环境间的物理作用会对产品的装配性能和装配质量产生更大影响。基于物理的虚拟装配仿真充分考虑零部件的材料、质量和受力等物理持性，在外力（矩）的作用下，通过碰撞检测和动力学仿真，驱动装配件运动到目标位置，反映现实中零件运动的本质规律，仿真结果更加真实。

图 7-15 所示为基于物理属性的装配系统，操作人员通过力反馈器等输入输出设备对虚拟装配系统中的模型进行操作，以力为输入参数输入操作信息，虚拟装配软件系统通过建立多刚体动力学方程，对模型在输入力的条件下的运动参数进行计算，零部件根据计算所得的运动参数在场景中形成连续运动过程，运动结果通过显示设备形成视觉反馈，作用力参数通

过力反馈设备形成触觉反馈。

3. 人机工效分析

目前在复杂产品装配过程中还无法实现无人操作，手工装配仍然是目前复杂装配最通用的方法。手工装配是借助于通用或专用工夹具，如工作台、力矩扳手、铆钉枪等实施产品的装配。虽然人工装配具有装配一致性差、效率低等缺点，但在人的智能和经验指导下，装配活动极具柔性和匠心。

在传统装配工艺设计过程中，人与装配作业之间很多现实因素往往未能得到充分的考虑，缺乏相对可靠且以人为中心的装配作业可行性分析手段。人机工程是在仿真环境中加入人体模型及全面的人因评价标准，利用模型完成装配操作，借此模拟实际装配人员在此环境中工作时的状态、安全性以及劳动量。如图 7-16 所示，人机工程仿真能详细评估人体在特定工作环境下的一些行为表现（如动作时间、工作姿态好坏和疲劳强度等的评估），装配过程中的人机工程分析是主要针对可操作性、舒适性和可见性等装配作业的可行性分析。

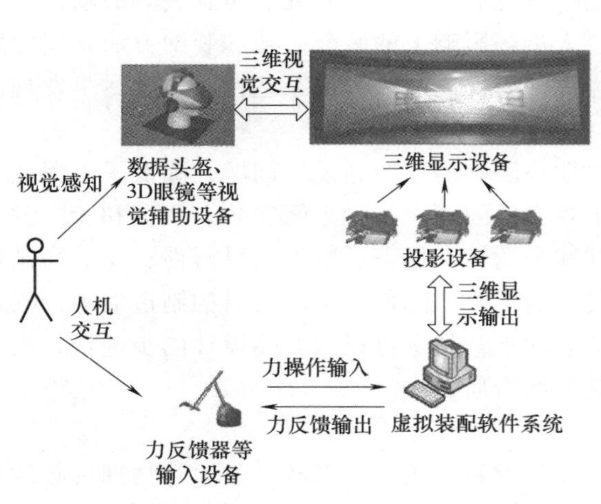

图 7-15 基于物理属性的装配系统

图 7-16 人机工程仿真

1）可操作性：评估人体是否能够使用相应工具完成零部件沿着已规划的装配路径且按照先后顺序被安装至装配位置的整个作业过程。

2）舒适性：当前装配作业及整个任务完成过程中，评估是否存在致使人体及其心理状态不适或伤害的装配作业。

3）可见性：装配作业过程中零部件或其他工艺资源是否在操作人员的操作视线范围之中，且操作视角是否满足人体正常视角范围等。

7.3.6 装配精度分析

产品装配精度在很大程度上决定了产品的装配质量。目前，主要通过装配工艺准备阶段的装配精度分析与控制，保证产品精度。在具体的装配过程中，装配体之间的装配顺序不同，会引起零部件上的配合特征在装配过程中对应不同的定位方式，配合接口处也会产生不同的变形误差等，这些因素产生的误差在装配过程中不断累积融合，最终对装配偏差产生影响。影响装配精度的误差源主要分为三类：①零件在加工过程中产生的制造误差；②零件装配过程中产生的定位误差和配合误差；③零部件的装配变形误差。

装配精度分析也称为公差累积分析，目的在于分析单个零件的变动范围对装配精度的影响。装配精度分析包括公差分析和公差分配。公差分析是根据现有零部件公差，通过迭代计算，确定是否能满足装配要求，而公差分配则是一个相反的过程。装配精度分析基本方法有三种：极值法、概率法，以及蒙特卡洛法。极值法考虑了产品可能出现的极端情况，适用于要求零件 100%互换的产品设计。概率法考虑了各尺寸的实际分布情况，同时允许放宽组成环公差，经济性好，适合大批量生产。蒙特卡洛法又称随机抽样法，无论状态函数和随机变量是否为非正态分布，只要仿真模拟次数足够多，就能得到比较精确的合格率。早期公差分析是以二维图样为基础，依赖于尺寸链和公差带图，通过传统的尺寸链计算分析方法进行设计，常规的计算手段与计算方法工作量大，计算效率低并且校核困难。

装配精度分析要根据产品实际装配情况，并结合装配约束关系和接触情况，建立误差传递模型图，分析计算现有公差设计是否能满足产品技术要求，分析流程如图 7-17 所示。

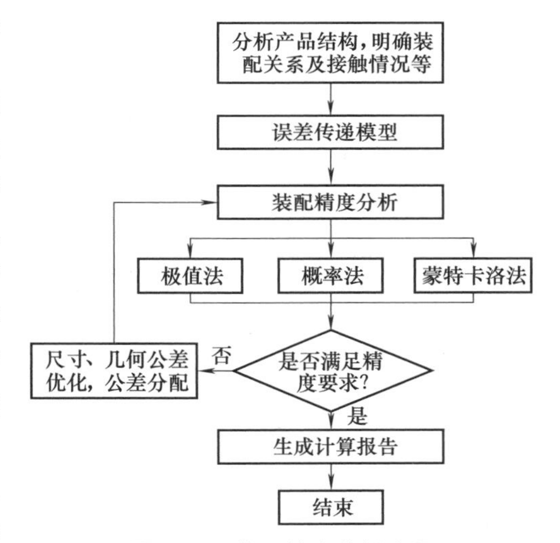

图 7-17　装配精度分析流程

装配工艺包括装配公差要求、零组件装配顺序、零组件定位方案等内容，其中装配公差要求是装配精度控制的目标，零组件装配顺序和定位方案决定了装配偏差传递和累积的方向。依据装配工艺确定的装配约束关系、装配顺序和定位方式，定位零件之间的连接点，建立零件的基准参考结构，并以此为基础建立偏差传递路径；依据偏差传递路径创建装配体多维矢量环，建立装配精度预测模型。

基于装配工序精度模型进行装配精度计算，得到装配精度计算结果，判断装配精度计算结果是否超差。若装配精度未超差，进行下一关键装配工序精度分析；若装配精度超差，分析装配精度超差原因，通过调整修配量大小、选择调整件及优化定位方案等方法对装配工艺进行定量调整，保证装配精度满足设计要求。

由于制造各环节偏差源对最终装配精度的影响程度不同，即敏感度不同，精度控制实现的难易程度也不同。因此，在精度预测过程中，通过分析每个偏差源的敏感度，重点削减敏感度大的偏差源，可以有效降低产品制造成本。

未来，基于理论模型的装配工艺设计结果，通过“装”“测”“控”相结合的技术手段，结合生产现场的实际装配工况与实物制造过程中的大量数据信息，构建与装配现场的产品与工装完全对应和一致的虚拟模型，即工艺孪生模型（Digital Twin Model，DTM），用以实时模拟仿真与分析产品下一步装配过程中的行为与装配性能，进行装配工艺设计结果的闭环优化反馈设计，控制装配精度并指导装配现场操作，可为装配质量的一致性提供保障。

7.4 三维工艺设计软件介绍

国产华天软件 SVMAN 是基于三维产品模型的计算机辅助工艺设计（3DCAPP）系列产品，该产品以产品数据为基础、交互式设计为手段、工艺知识库为核心，实现了一体化的三维工艺设计与管理。SVMAN 包括三维装配工艺设计系统 SVMAN-A 和三维机械加工工艺设计系统 SVMAN-M。SVMAN 将工艺设计思路和方法融入到三维产品模型的可视化交互过程中，以三维模型、动画等形式，模拟产品的制造过程，并将工艺设计发布至终端，指导现场生产。

7.4.1 系统架构

SVMAN 以三维工艺为核心，其技术架构如图 7-18 所示。从架构上可以分为以下几个层次：

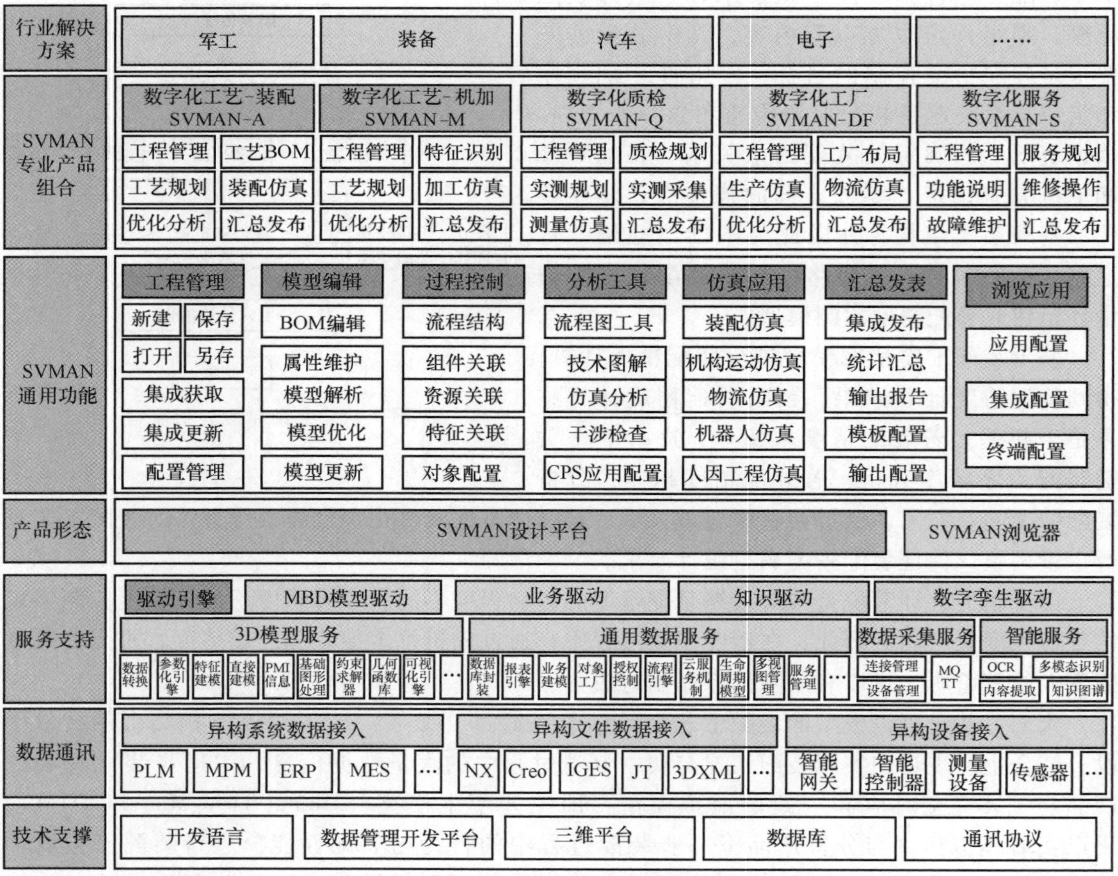

行业解决方案：军工　装备　汽车　电子　……
SVMAN 专业产品组合：
数字化工艺-装配 SVMAN-A：工程管理　工艺BOM　工艺规划　装配仿真　优化分析　汇总发布
数字化工艺-机加 SVMAN-M：工程管理　特征识别　工艺规划　加工仿真　优化分析　汇总发布
数字化质检 SVMAN-Q：工程管理　质检规划　实测规划　实测采集　测量仿真　汇总发布
数字化工厂 SVMAN-DF：工程管理　工厂布局　生产仿真　物流仿真　优化分析　汇总发布
数字化服务 SVMAN-S：工程管理　服务规划　功能说明　维修操作　故障维护　汇总发布
SVMAN 通用功能：
工程管理：新建　保存　打开　另存　集成获取　集成更新　配置管理
模型编辑：BOM编辑　属性维护　模型解析　模型优化　模型更新
过程控制：流程结构　组件关联　资源关联　特征关联　对象配置
分析工具：流程图工具　技术图解　仿真分析　干涉检查　CPS应用配置
仿真应用：装配仿真　机构运动仿真　物流仿真　机器人仿真　人因工程仿真
汇总发表：集成发布　统计汇总　输出报告　模板配置　输出配置
浏览应用：应用配置　集成配置　终端配置
产品形态：SVMAN设计平台　SVMAN浏览器
服务支持：
驱动引擎　MBD模型驱动　业务驱动　知识驱动　数字孪生驱动
3D模型服务：数据转换　参数化引擎　特征建模　直接建模　PMI信息　基础图形处理　约束求解器　几何函数库　可视化引擎　…
通用数据服务：数据库封装　报表引擎　业务建模　对象工厂　授权控制　流程引擎　云服务机制　生命周期模型　多视图管理　服务管理　…
数据采集服务：连接管理　设备管理　MQTT
智能服务：OCR　多模态识别　内容提取　知识图谱
数据通讯：
异构系统数据接入：PLM　MPM　ERP　MES　…
异构文件数据接入：NX　Creo　IGES　JT　3DXML　…
异构设备接入：智能网关　智能控制器　测量设备　传感器　…
技术支撑：开发语言　数据管理开发平台　三维平台　数据库　通讯协议

图 7-18　SVMAN 技术架构

（1）技术支撑层　主要是SVMAN数字化制造平台的开发技术栈、依托的数据管理开发平台、三维平台、三维数据转化，以及轻量化平台等。

（2）数据通讯层　主要体现SVMAN平台与异构系统集成，异构模型文件转换获取，以及异构设备的接入。

（3）服务支持层　主要体现基于三维模型的基础服务，基于数据管理和业务模型构建的通用数据服务，应用于数字孪生的数据采集服务，以及应用于工业智能的智能化服务组件等。服务支持层为SVMAN四大驱动引擎，包括基于MBD的模型驱动，基于业务驱动，知识驱动，以及数字孪生驱动。

（4）产品形态层　结合数字化制造软件产品特点，分为SVMAN设计平台和SVMAN浏览器两个产品形态，设计平台主要用于基于三维的业务开展及设计等，浏览器主要用于基于三维的工艺、质量、服务和运营数据的浏览，以及集成应用。

（5）SVMAN通用功能层　主要用于SVMAN设计及浏览平台的通用基础功能的实现，包括工程项目管理，模型的处理及传递，面向工艺、质量、服务和运营的业务建模仿真、分析及数据发布等。

（6）SVMAN专业产品组合层　面向专业业务应用，在SVMAN数字化制造平台上，通过插拔式组合构建专业的产品，包括三维装配工艺设计软件SVMAN-A，三维机加工工艺设计软件SVMAN-M，三维质量实测规划软件SVMAN-Q，三维数字化工厂软件SVMAN-DF，三维数字化服务软件SVMAN-S等。

7.4.2　三维装配工艺设计软件功能

三维装配工艺设计系统围绕装配工艺设计活动，提供结构件装配、柔性线缆装配、变形件装配、装配工艺详细设计、干涉检查、公差分析、工艺输出浏览等功能。根据产品装配模型提供的结构信息，在三维产品模型基础上，实现产品装配工艺的数字化规划和仿真。三维工艺设计的成果可下放到装配制造车间，直观地指导生产。同时，SVMAN-A与PDM、工艺过程管理（Manufacturing Process Management，MPM）、MES等系统的集成，可实现工艺数据的统一管理和共享复用。

1）三维产品数据浏览支持产品CAD设计模型的轻量化和导入浏览；支持以BOM为核心的模型导入浏览；支持PMI信息的转换和浏览。

2）装配工艺BOM设计采用结构化工艺设计模式，支持产品BOM、工艺、工厂、资源的关联设计。在三维环境下，以可视化方式完成装配工艺BOM结构的调整、零部件分配、装配工艺设计及全列表编辑和统计汇总。通过关联设计BOM与工艺BOM，实现多种情形下的BOM对比分析更改。

3）工艺路线规划支持多工艺路线的编辑和工艺视图的解析分析。根据产品模型提供的结构化信息，采用几何推理和人工指导拆卸相结合的方法进行装配序列规划。在三维环境下进行交互式工艺规划及防干涉检查，确定组件分配方案，规划装配路径，选取合适的工装工具和装配方法，定义工序工步内容，确定每道工序的质量控制内容与检测方法，最终输出可视化的装配工艺方案。内置典型工艺路线，自定义工艺路线知识库。工艺规划人员可以从知识库中获取典型工艺路线，实现工艺路线快速规划和分工。

SVMAN-A 还可以查看焊点、焊缝等特征，利用焊点的自动分配及变更分析，有效提高焊接工艺的设计效率。系统还能对焊点进行工艺技术图解，为焊接工艺的工作指导乃至焊接机器人的编程提供依据。

4）三维装配工艺仿真通过装配工艺仿真，可以定义装配和路径，实现直观的三维装配工艺指导，分析可能发生的质量问题，减少实际操作的错误，并支持装配干涉检查、装配动画录制，三维装配工艺的输出。

5）工艺文件多样化输出。SVMAN-A 将结构化的工艺设计结果和三维装配工艺动画输出为 Excel、PDF、卡片等形式的三维工艺文件，或以三维工艺浏览器形式或者网页形式进行工艺发布，可在 PDM 系统或车间终端浏览工艺模型和内容。

7.4.3 三维机加工工艺设计软件功能

SVMAN-M 以工艺设计过程为主线，通过与三维模型的交互，可视化地完成制造工艺的设计。支持模型智能分析、工艺知识积累与重用、工艺路线辅助决策，能快速地完成工艺设计，帮助企业大幅度提高三维工艺设计效率。SVMAN-M 建立在一个支持异构 CAD 模型转换的三维设计环境中，提供数据转换、加工特征识别、特征加工方案设计、工艺详细设计、工序模型设计、工序模型 PMI 标注、加工仿真、工艺输出等功能。

（1）特征识别与特征操作　可进行平面、孔、孔系、外圆柱、型腔等加工特征的自定义和半自动识别。SVMAN-M 从零件的三维模型中智能分析出常见加工特征，并利用三维交互式技术来保证识别的正确性。如果想要分析哪些面可以组成型腔，点击模型中的一个面，系统可计算出这个面所在的型腔。

（2）特征加工方案设计　根据加工特征，工艺师可以直观地、快速地完成工艺编制。SVMAN-M 支持关键重要加工面（特征）的加工工艺路线设计，根据加工特征的工艺属性，快速选定特征的加工路线。

（3）工序设计　可进行工序、工步的资源定义、加工参数设计、基于工步操作内容的工件模型状态显示，支持热处理工序、表面处理工序的详细参数设计，支持车削、平面铣、钻孔、型腔铣等操作的工序模型快速构建、工序模型标注等功能。

（4）毛坯模型设计　根据零件模型，可实现棒料、方料、盘类、多轴段类，以及铸锻件毛坯模型自动、半自动式设计，并支持可识别格式的毛坯模型导入。

（5）工艺输出与仿真　SVMAN-M 以工艺过程和工序模型为基础，以三维模型和动画等形式直观模拟加工过程，并输出 NC 代码。通过与 CAM 软件集成，实现工艺仿真和数控编程。

（6）工艺管理　通过与工艺管理系统的集成，统一管理工艺数据与工艺过程，共享工艺数据和资源。工艺设计结果以网页、卡片等形式发布，利用专用工艺浏览器，在 PC、平板电脑、手机等各类终端浏览。

（7）工艺知识库　工艺知识库满足企业经验积累和调用。SVMAN-M 以加工特征为单元，把企业的实际资源定义到工艺知识库中。工艺师只需将选项提交系统，然后从提供的推荐方案中选择即可。

该三维机加工工艺设计系统具有一定的“智慧”。如果想要知道某个面的加工方法，系统就根据一些条件，从知识库中去搜索方案以供选择。如果想要一个毛坯，系统就可以根据零件模型在三维环境下得到一个毛坯模型。如果想要中间状态的工件，点击毛坯模型上的面或零件模型中的加工特征，系统就自动去除材料（体积）。

思考题

7-1 为什么 CAPP 是连接 CAD 与 CAM 的桥梁？

7-2 简述派生式 CAPP、创成式 CAPP 的基本原理、相关技术和特点。

7-3 简述 CAPP 专家系统的组成结构和工作原理。

7-4 未来 CAPP 系统发展的方向是什么？

7-5 CAPP 系统中应用了哪些人工智能技术？

7-6 简述智能化机加工工艺设计系统的核心功能。

7-7 简述智能化装配工艺设计系统的核心功能。

参考文献

[1] 刘献礼，刘强，岳彩旭，等. 切削过程中的智能技术 [J]. 机械工程学报，2018，54 (16)：45-61.

[2] 胡权威，胡光龙，李潇，等. 基于全三维的数字化工艺信息集成与智能工艺设计 [J]. 航天制造技术，2017 (2)：53-57.

[3] 刘检华，孙清超，程晖，等. 产品装配技术的研究现状、技术内涵及发展趋势 [J]. 机械工程学报，2018，54 (11)：2-28.

[4] 张志贤，刘检华，宁汝新. 虚拟装配中基于多刚体动力学的物性装配过程仿真 [J]. 机械工程学报，2013，49 (5)：90-99.

[5] 智能制造时代，三维 CAPP 生机勃发 or 消亡衰败？（回顾篇）[EB/OL]. (2016-10-03) [2018-03-01]. http：//www. toberp. com/html/solutions/14019320898. html.

[6] 邵新宇，蔡力钢. 现代 CAPP 技术与应用 [M]. 北京：机械工业出版社，2004.

第8章 智能制造工艺典型案例

本 章 摘 要

本章内容简介

本章介绍汽车制造、飞机制造和电子产品制造中典型的智能制造工艺案例，这些行业产品本身的技术发展带来其制造工艺的发展与变革，即新的工艺、人工智能技术与工艺技术的融合、人机融合技术的发展，智能制造工艺技术也必定促进“人-技术-生产组织”系统协调发展。

本章关键知识点

1. 汽车发动机的智能加工概要；
2. 新能源汽车动力总成制造工艺；
3. 人工智能在飞机舱段装配的应用；
4. 移动机器人与人机系统在智能制造中的应用。

本章难点

1. 发动机缸体缸盖加工中的零点快换夹持技术；
2. 机器视觉在生产加工和质量检测中的应用；
3. 电子产品智能制造中的柔性生产系统。

8.1 汽车智能制造工艺案例

8.1.1 发动机制造技术的发展

发动机是燃油车的心脏，是其最主要的组成部分之一，它的质量直接影响其性能。发动机的主要零件具有精度高、结构复杂等特点，其制造工艺水平普遍高于其他汽车零件。

发动机的机械加工技术发展过程大致有以下特点：

1）除适应单一品种大批量生产的传统自动生产线以外，还广泛适用于柔性生产线。

延安250型越野汽车

2）柔性制造系统（FMS）应用到发动机主要零件的加工中。

3）专用加工中心发展迅速，出现了由专用加工中心组成的柔性线。

4）新材料、新工艺、新设备得到进一步发展和应用。

5）计算机集成制造系统（Computerintegrated Manufacturing System，CIMS）。

6）高速加工技术应用非常普通。

发动机的生产过程和组织形式具有两个特点：专业化和多品种生产。专业化是为了扩大生产规模，降低生产成本，提高经济效益；多品种生产是发动机生产的另一特点，在设计过程中考虑产品的系列化，通过改变部分零件的尺寸来扩大其功率范围。产品系列化是多品种生产的前提。由于产品的系列化和生产的专业化需要不断提高发动机制造水平，因此大量的先进制造工艺和设备在发动机厂获得广泛应用并重视其过程质量控制。

进入 21 世纪以来，汽车发动机制造在产品、制造工艺、刀具、生产管理方面都进行了一系列变化。与传统的发动机制造不同，轻量化趋势比较明显，缸体零件用铝合金替代铸铁。缸盖产品简单化，不采用以前的顶置凸轮轴的形式，使得缸盖加工更加容易。工艺上不断优化，曲轴除了采用车-车拉技术以外，还开发了新的高速外铣工艺，使柔性更好。凸轮轴采用套装式代替整体式，加工简单、柔性好；应用连杆涨断工艺的企业越来越多，工艺日趋成熟。采用新工艺，使得刀具和设备适应高速化和柔性化的需要；刀具大量采用涂层硬质合金、聚晶金刚石（Polycrystalline Diamond，PCD）和立方氮化硼（Cubic Boron Nitride，CBN）材料，切削速度大大提高；普遍使用空心短锥刀柄（Hohl Schaft Kegel，HSK）夹头。采用复合型加工工艺和刀具，节省设备投资和加工时间，如采用钻铣螺纹整体刀，完成钻孔、倒角、铣螺纹一次成型的多功能刀具。提高铸造精度和质量，使得在机械加工时，加工余量少。

在生产组织和管理方面也发生了很多变化，很多服务性的部门社会化，甚至有些专业性很强的油品、切削液、刀具和设备备件都有专业公司来负责，一些专业的维修也有专业公司来服务。

1. 发动机发展

（1）轻量化　研究表明，一辆轿车的质量若能减少 10%，则其燃油经济性可提高 3%～4%，同时汽车的排放也会降低。为此，各国的汽车制造厂家为了使发动机轻量化、高速化、高功率化，并且有较高的耐久性，最好的办法是使用铝缸体如图 8-1 所示。它的优点：①铝

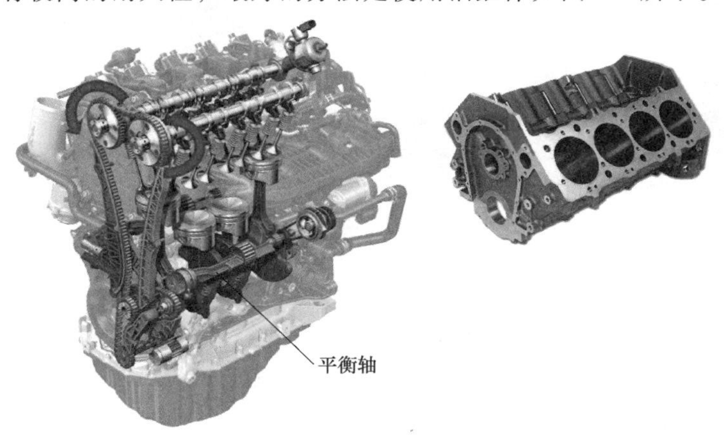

图 8-1　发动机与发动机缸体

的导热性好，提高发动机的压缩比，对提高功率也十分有利；②缸体和缸盖的膨胀率相同，减少热应力，同时提高缸体和缸盖结合面的刚性；③重量轻。

（2）缸盖结构　缸盖的结构一般是凸轮轴轴承孔一体的整体式铝缸盖，为了工艺加工方便，将整体缸盖一分为二或分成三个部分。凸轮轴不放置在缸盖上，而装在罩壳内，如图 8-2 所示。

图 8-2　发动机缸盖

（3）凸轮轴　凸轮轴的作用就是控制气阀的开启和关闭。第一个变化是，四气门和五气门的凸轮轴为了去重，采用轻量化中空凸轮轴，如图 8-3 所示。

图 8-3　发动机中空凸轮轴

第二个变化，按常规而言，凸轮轴的毛坯一般是一根铸件或锻件，再进行粗加工、热处理，最后磨削而成。而新的凸轮轴制造方法如图 8-4 所示，就是用了装配式毛坯件，将预制凸轮和相关部件装配到一根钢管上，焊接固定其轴向和角向位置，增加了柔性，但是提高了成本。

（4）平衡轴与平衡轴体　在三缸发动机中，为了减少振动，使得发动机运行更加平稳，产品中增加了一个平衡轴系，如图 8-5 所示。目前，大众汽车集团 2000 年左右用于 POLO 的 1. 2L 4 气门发动机装有平衡轴体。由于这个部件能明显平衡发动机振动，同时改善发动机运转，在 2L 的四缸发动机中也配有平衡轴系，目前普遍使用平衡轴取代平衡轴体，如图 8-1 所示。

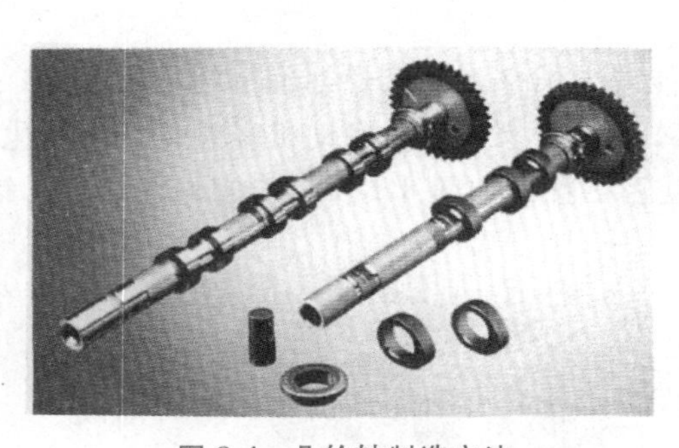

图 8-4　凸轮轴制造方法

图 8-5　发动机平衡轴体

2. 发动机加工工艺发展

（1）产品变化引起工艺的变化

1）带铸铁缸套的铝缸体，预先将表面有锯齿形的缸套放入铸模，然后浇铸，铸铁部分离上平面 2~4mm。为了有利于缸体上平面加工，铸铁缸套粗加工在毛坯厂完成，留 1mm 余量。在工艺安排时，缸孔、主轴承孔放在后面加工，而上、下平面，四个侧面在前序加工完成。

2）缸盖变成一个长方体，加工比以前容易。因为无凸轮轴轴承孔的加工，可以用专用的简易加工中心，实现高速和柔性变化。

3）用装配式凸轮轴以后，凸轮的热处理、装配都在供货厂家进行，提供半成品给制造厂家，工艺为：车主轴颈+磨主轴颈+粗、精磨凸轮+抛光+清洗。

（2）三个重要趋势

1）高速化。高速加工可以提高生产率，缩短交货时间。机床要有高的主轴转速、高进给速度、高加/减速度。大量采用涂层硬质合金刀具，金属陶瓷，陶瓷CBN、PCD刀具，如缸盖线，大量采用高速加工中心。

2）淬硬零件加工。硬切削可简化工艺、节约成本并具有柔性。例如，凸轮轴加工，过去在加工轴颈时，用车削和磨削，现在改用CBN车削刀具一次完成并达到要求的表面粗糙度，无需磨削，可减少大量投资。

3）干式加工。优点是可以满足环保的要求，降低总成本。例如，缸体缸孔粗加工，采用陶瓷刀片不加乳化液。目前国外很重视干式加工，通常采用喷雾-准干式加工。

（3）柔性化　日本工厂较多在传统的自动线局部工位用CNC机床和加工中心来实现柔性加工，这类生产线叫柔性自动线（Flexible Transfer Line，FTL），主要适合同族类的产品，从严格意义上来说，还是刚性自动线的设计概念。

缸盖和缸体加工主要采用专用加工中心构成柔性制造系统，从传统的柔性制造系统（Flexible Manufaturing System，FMS）起步的年产量5万件到传统自动线的年产量20万件。

如要规划一条全柔性的适合大批量生产的柔性生产线，以适应市场的不确定性，并适应新产品及环保要求等。由于缸体多为铸件，需要较少的工件装夹次数，因而采用自动生产线更经济。目前采用混合生产线成为一种新趋势，即部分切削在传统自动生产线上完成，缸体前后端面和侧面的加工，采用柔性生产线。

（4）高效率　以日本汽车制造业为例，平均每5年切削效率提高28%，其中切削速度平均提高19%，进给量平均提高8%，而最近几年切削效率提高的幅度在30%以上。目前制造发动机主要零件的生产节拍已经缩短到了30~40s，比十几年前缩短了50%以上。

例如，灰铸铁材料缸体的铣削加工，用高速加工中心机床，刀具采用CBN刀片，切削速度可达到700~1500m/min。铝合金材料的缸体、缸盖铣削加工广泛采用PCD刀具，由于高速回转时会产生很大的离心力，故刀体采用高强度铝合金材料制作。凸轮轴和曲轴则用CBN砂轮进行高速磨削。

为了提高曲轴和凸轮轴的孔加工效率，采用内冷的硬制合金钻头，代替过去的高速钢钻头。攻丝也采用硬制合金丝锥来提高速度，甚至曲轴攻丝也采用无切削丝锥。

（5）连杆涨断工艺应用较普遍　目前大部分工厂都采用连杆涨断工艺。与国外相比，国内工厂在工废率和装配时产生的连杆爆口存在差距。目前国外达到工废0.8%，装配的爆口几乎为零。其中支承块的间隙控制是涨断工艺的关键。

（6）在曲轴车拉的基础上结合采用高速外铣　近几年，曲轴主轴颈和连杆颈的加工，一般都是采用车拉工艺来完成。但连杆颈轴线不在一条中心线上，如三缸、六缸发动机，加工存在难度。目前，有一种加工工艺方案为：主轴颈用车拉，连杆颈用高速外铣。

（7）曲轴平衡机　新的改进是：不平衡量校正采用极坐标优化高速钻削校正。过去用的是高速钢钻头，新方法是曲轴的钻削采用整体硬质合金钻头。钻头芯部有切削液孔，能进行大进给量钻削。

(8) 缸孔的激光珩磨　近年来表面激光造型珩磨加工工艺正在逐渐使用，为了同时达到缸孔表面的粗糙度和储油性能，需要通过特殊的加工技术，也就是用激光造型珩磨才能达到加工要求，同时还不会影响缸孔表面的加工质量。采用激光珩磨后，可以降低油耗量，延长三元催化器的寿命，降低排放，减少磨损。另外，目前柴油机也广泛用于轿车，柴油发动机体积小，功率大，缸体铸造时加入了TiC，为了将缸孔表面的TiC冲掉，去除产生的毛刺，同时达到表面储油量，开发了高压液体珩磨，工艺为：粗珩+精珩+高压液体珩磨+抛光。

(9) 曲轴磨床　普遍采用CBN砂轮高速磨削凸轮轴，目前曲轴的加工也逐渐开始使用CBN砂轮加工。一般四缸曲轴，只要是发动机升程有变化，工艺方案为：主轴颈用多砂轮，连杆颈分别用双砂轮。如果要加工四缸、五缸和六缸曲轴，就要采用CBN单砂轮或双砂轮磨曲轴，砂轮每修整一次，可加工600~800件。

8.1.2　发动机缸体缸盖智能加工工艺案例

1. 传统的缸体缸盖机加工典型工艺

汽车发动机的缸体缸盖作为汽车发动机的五大核心部件之一，其制造工艺一直是发动机生产中的重点和难点，其加工精度和一致性的好坏直接影响一个系列汽车的性能。随着市场竞争的日益加剧，市场需求也随之趋于多样化、小众化。汽车新品的更新速度更是不断加快。原有的单一品种、大批量生产的缸体生产线已然不能完全适应实际生产的需要，而是向着适应多品种、变批量、低成本等柔性生产线模式发展。

缸体缸盖是典型的箱体零件，形状一般为六面体多孔薄壁件，各面的加工一般采用铣削的加工方式，其上各种孔系加工一般采用钻、铰、镗、扩、削、攻丝等加工方式。传统的加工工艺流程一般采取分散型直连式工艺排布，缸体缸盖需要通过所有的加工设备才能完成加工，想要提高产线效率，只能依靠缩短单个工序的加工时间或提高加工节拍来完成。缸体的传统制造工序见表8-1，缸盖的传统制造工序见表8-2。

表8-1　缸体的传统制造工序

工位	工位内容描述	设备技术特点
OP10	毛坯上线，检查	
OP20	粗铣缸体前后端面	专机或加工中心
OP30	粗铣缸体顶平面	专机或加工中心
OP40	粗铣缸体底平面，瓦盖结合面及止口面	专机或加工中心
OP50	粗镗缸体曲轴半圆孔	专机或加工中心
OP60	半精铣底平面，钻铰底面定位销及底面孔加工	专机或加工中心
OP70	钻凸轮轴孔，主油道孔	专机或加工中心
OP80	粗镗缸孔	专机
OP90	粗、精铣缸体两侧面	专机或加工中心
OP100	前后端面孔系加工	专机或加工中心
OP110	顶面水孔，缸盖定位销孔及深油孔加工	专机或加工中心
OP120	缸体挺杆孔，缸盖紧固螺栓孔加工	专机或加工中心
OP130	精铣底平面，瓦盖结合面，缸盖紧固螺栓孔及瓦盖螺栓孔加工	专机或加工中心
OP140	零件中间清洗	
OP150	瓦盖装配	

（续）

工位	工位内容描述	设备技术特点
OP160	凸轮轴孔，挺杆体定位销孔及前后端面销孔加工	专机或加工中心
OP170	前后两端面精铣	专机或加工中心
OP180	精镗主轴孔，第四主轴承止推面，凸轮轴孔	专机
OP190	精铣顶平面，精镗缸孔	专机
OP200	缸孔珩磨	专机
OP210	零件的终清洗	专机
OP220	缸体油道、水道密封测试	
OP230	压凸轮轴衬套	
OP240	总成检查及下线	

表 8-2　缸盖的传统制造工序

工位	工位内容描述	设备技术特点
OP10	铣顶面，钻螺孔，钻铰定位孔	GROB G300 CNC，Renishaw 探头自动探测铣面深度
OP20	铣燃烧室面，排气面，精铰定位孔	GROB G300 CNC，Renishaw 探头自动探测铣面深度
OP30	铣凸轮轴半圆孔，钻 OCV 孔	GROB G300 CNC
OP40	铣平面，钻安装孔并攻丝	GROB G300 CNC
OP50	加工排气管安装孔，钻涨紧器孔、孔，铣出水管	GROB G300 CNC
OP60	铣进气面，加工进气管安装孔，钻铰喷油器孔	GROB G300 CNC
OP70	钻导管底孔，锪弹簧座平面	GROB G300 CNC
OP80	加工座圈孔，精铰导管底孔	GROB G300 CNC
OP90	钻攻顶面安装孔	GROB G300 CNC
OP100	钻攻瓦盖安装螺孔，精铣顶面	GROB G300 CNC
OP110	过程清洗	沉浸式清洗，定点定位清洗，吹干，真空吸干，冷却通道降温
OP120	油道、水道泄漏测试	JWFROEHLICH 测漏模块，流量法和压降法
OP130	压装导管和座圈	常温液压压装，Sciemetric 敲击位移及力检测
OP140	安装瓦盖	BOSCH 自动拧紧枪，TELESIS 打瓦盖标记
OP150	精铣燃烧室面，精铰定位孔	GROB G500 CNC，Renishaw 探头自动探测铣面深度
OP160-170	加工进气导管座圈，精铰进气孔	GROB G300 CNC
OP180	精加工火花塞孔和 OCV 孔，加工凸轮轴传感器孔	GROB G300 CNC
OP190	加工凸轮轴孔	GROB G500 CNC
OP200	最终清洗	沉浸式清洗，凸轮轴定点定位清洗
OP210. 1	闷盖、水道通气管安装	BOSCH 拧紧枪
OP210. 2	水道、燃烧室泄漏测试	JWFROEHLICH 测漏模块，流量法
OP210. 3	安装油道阻尼销，油道泄漏测试	JWFROEHLICH 测漏模块，减压法
OP210. 4	下线合格标记打印	TELESIS 打标记

2. 采用零点快换后的缸体缸盖智能加工工艺分析

（1）工件材料选择　在材料方面，缸体缸盖通常采用铸铁或合金铸铁，但近几年铝合金的缸体使用越来越普遍，因为铝合金缸体具有重量轻、导热性良好的特点。加工时切削液的容量可适当减少，冲击噪声和机油消耗也可相应减少。而且铝合金缸体和铝合金缸盖热膨胀相同，工作时可减少冷热冲击所产生的热应力。

（2）加工流程　在加工流程方面，首先从大表面切除多余的加工层，以便保证后续精加工时减小变形量。将容易发现内部缺陷的工序靠前安排。把各深孔加工流程靠前安排，以免因产生较大的内应力影响后续的精加工。先面后孔，提高孔的加工精度。粗、精分开，有利于及时发现废品，降低生产成本。最大限度的减少工序，相关孔集中在一台机床上加工，可以减少重复定位产生的定位误差，提高位置精度，提高生产效益。

针对缸体的加工材料及实际加工工艺需求分析，加工过程中需直面解决的问题如下：①工件的重量大，移动受限；②不易安装，定位精度要求高；③液压驱动，加工过程需要保压设计；④工件结构复杂，刚性好，为框架结构；⑤加工工序复杂，加工过程要求高；⑥多工序为专机专用，不能重复使用；⑦自动化上下料困难，装夹点多，夹紧监控复杂；⑧需要最大限度缩短加工辅助时间，提高工序流转效能。

通过综合整个工序流程，发现工件在多工序间流转，无通用接口，各工序间装调时间长。工序涉及广泛，主要包括机加工、搬运、清洗、压装和检验等。如果从夹具入手，找到连接不同工序间的通用夹具接口，则可有效地缩短加工的辅助时间，同时配以机器人爪手即可完成自动化上下料等难题。

加工工艺解决方案：应用零点快换夹持系统。

零点快换夹持系统（图 8-6~图 8-9），是一个独特的定位和锁紧装置，以随行夹具的形式固定于工件上，能保持工件从一个工位到另一个工位，一个工序到另一个工序，或一台机床到另一台机床，零点始终保持不变。这样可以节省加工过程中重新找正零点的辅助时间，保证工作的连续性，提高工作效率，保证夹持的稳定性，增加使用寿命。

图 8-6　零点快换的内部特点

图 8-7　用零点快换夹持的缸盖

1）零点快换系统的特点：①定位迅速、重复精度高；②夹持稳定可靠，且结构简单；③便于更换，且调整时间短；④结构及设计模块化、标准化；⑤具备状态检测功能，和自洁功能；⑥可适应自动化加工的工装要求；⑦具备随行夹具功能，为工序间流转节约时间。

2）用零点快换系统后的优势：①单面拉紧，一面夹持，五面加工；②缸盖为框架结构，刚性好，拉紧无变形；③夹具极为简化，定位夹紧销寿命长，一年免维护；④避免因加长刀具引起的夹具干涉，刀具刚性好，标准化程度高；⑤与非切削工序集成。

3）装有快换销钉的缸盖加工工艺特点：①重复定位精度，小于 0.01mm；②适合自动上下料；③夹持力高达 16000N；④集成的监控保证工艺可靠；⑤与压装、检验、质检兼容；

⑥缸盖面铣削误差补偿；⑦适用于柔性换线。

与传统缸体加工产线相比，其应用零点快换夹持系统后的优势明显：不仅夹持的精度更高，夹持方式更简便，夹持通用性也更好。此外，在工业生产中，还必须考虑的一个重要因素就是经济性，因为经济因素永远都是促进改变和革新的重要内驱力。表 8-3 即为在多个维度比较应用传统液压夹持方案和应用零点快换夹持方案的结果。通过比较结果可以清晰地看出，采用先进的零点快换夹持系统不但没有提高生产成本，反而在提高整体产线效率的同时，还能节省产线前期投入和后期维护的成本，在兼容性、自动化程度、废品率控制，乃至加工工序调整方面都有明显的优势。

图 8-8　装有快换销钉的缸盖

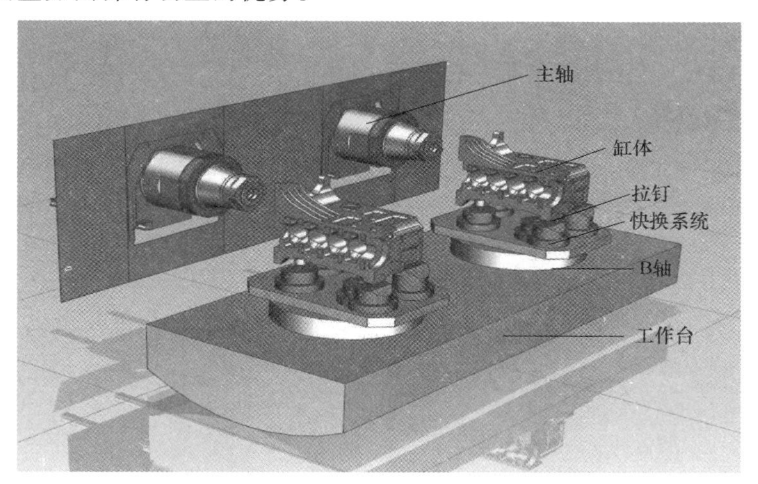

图 8-9　缸体利用零点快换夹持的机床内部空间示意图

表 8-3　传统液压夹持方案和应用零点快换夹持方案的比较

内容	传统液压夹具	Schunk 快换夹具	对比结果
夹具投资成本	常规数量(非标)	略少(标准)	成本节省
产线兼容性	无法兼容	兼容	夹具数量可以减少
自动化	实现困难	完全自动化	产线改造更有优势
加工工序调整	6	4	工序集中,质量可控
刀具变化	干涉,非标刀具	干涉少,标准刀具	刀具成本节省明显
废品率	3%	0.5%	主要存在于磕碰、划伤
人工成本	20 人	10 人	人工成本节省明显
维护成本	定期更换易损定位件	几乎零维护	维护成本降低
更换工件时间	30s	10s	如果按照单机 60s 加工节拍计算,按照每天 24h 生产,按 10 台设备计算,计算数据如左侧
更换工件时间(单件总更换时间)	240s	40s	
一天加工的数量	1440 个	2160 个	
一个月加工的数量	43200 个	64800 个	
一年加工的数量	518400 个	777600 个	

3. 具体应用案例：发动机缸体加工工艺

因为发动机缸体种类繁多，各厂商采用的加工方式也不尽相同，以下仅以发动机缸体及曲轴支架为应用案例，如图 8-10 所示，介绍应用快换夹持技术后发动机缸体加工工艺的过程控制。

（1）产品示例（图 8-10）

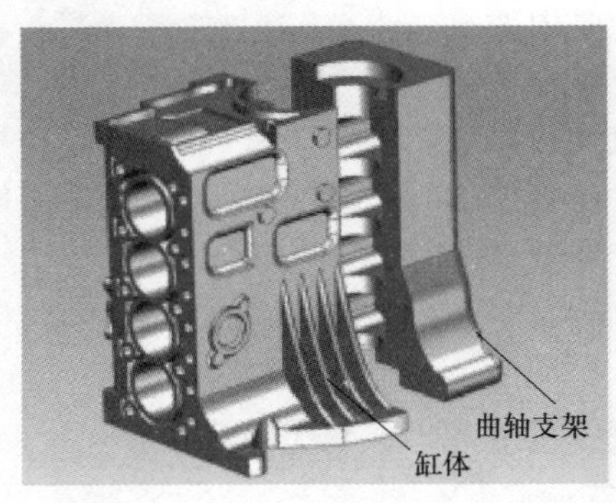

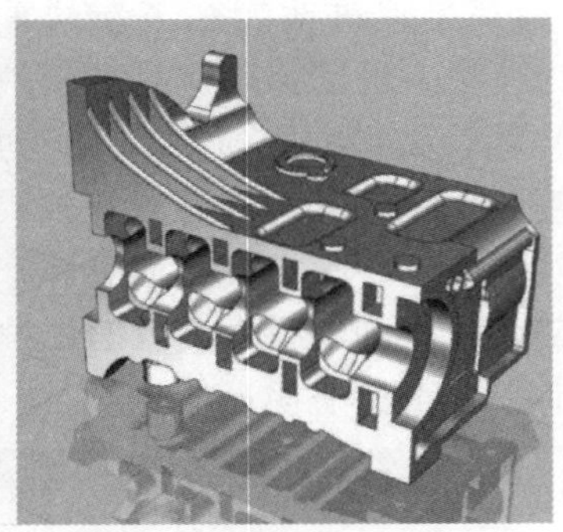

图 8-10　发动机缸体及曲轴支架

（2）机床性能介绍（图 8-11）

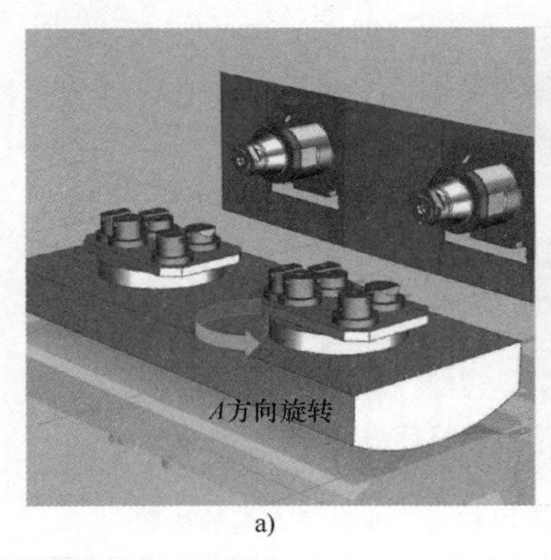

a)

b)

图 8-11　卧式加工中心（A 轴可 360°旋转）和立式加工中心（B 轴可 360°旋转）
a）卧式加工中心　b）立式加工中心

实际加工过程中，因缸体的结构复杂，需要多工序配合完成。零点快换夹持系统不仅能完成短时间内的定位和夹紧，同时也能使工件灵活地适应于各种加工工序中，真正完成一面夹持、五面加工。最大限度地减少工序数量，增加机床效率的同时，减少加工辅助时间。使工件在不同工序间有效流转，将不同工序有效地串联起来，如图 8-12、图 8-13 所示。

（3）快换模块与销钉定位原理　在托盘形式的夹具系统中，仅左上的销钉 A 为定位销，而左下的销钉 A 为夹紧销，右上的销钉 A 为削边销，右下的销钉 B 为辅助支撑销。模块通过上述的区别设计，将使固定于缸体上的拉钉标准化和系统化，完成迅速定位和夹紧的功能，如图 8-14 所示。

（4）工序分布中的产品工艺分析

1）上缸体加工线。

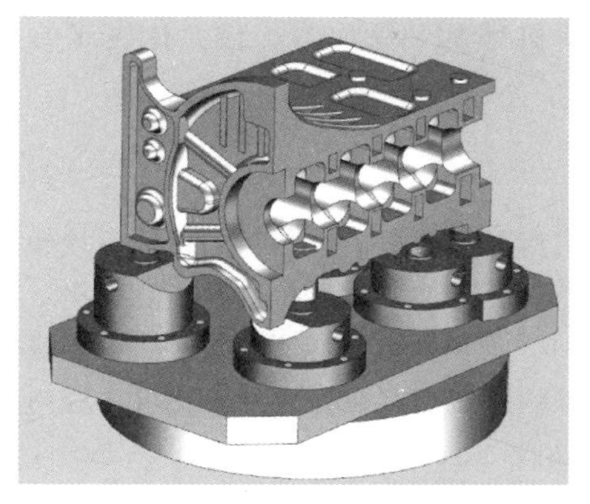

图 8-12　快换模块在机床垂直放置

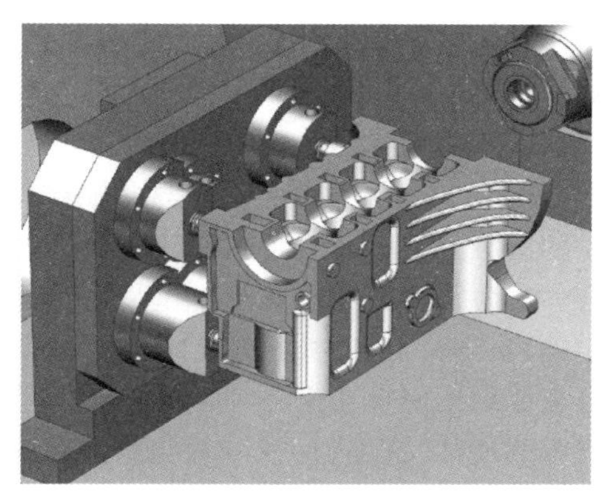

图 8-13　快换模块在机床水平放置

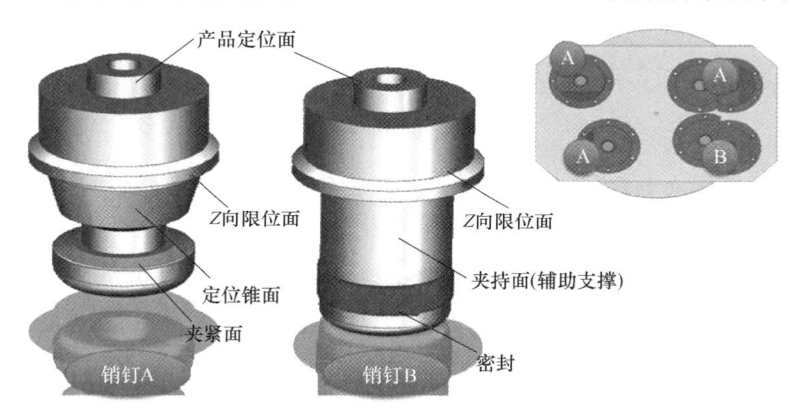

图 8-14　零点快换中销钉的分布

OP10：安装拉钉。

OP20/OP20B：加工顶面和底面，打孔（底面螺丝孔），工序 OP20 加工示意图如图 8-15 所示。

拉钉安装完成后，即为工件安装了各工序间的标准接口，使工件可以在各工序间完成快速夹紧及定位的功能，这也是随行夹具的优势之一。

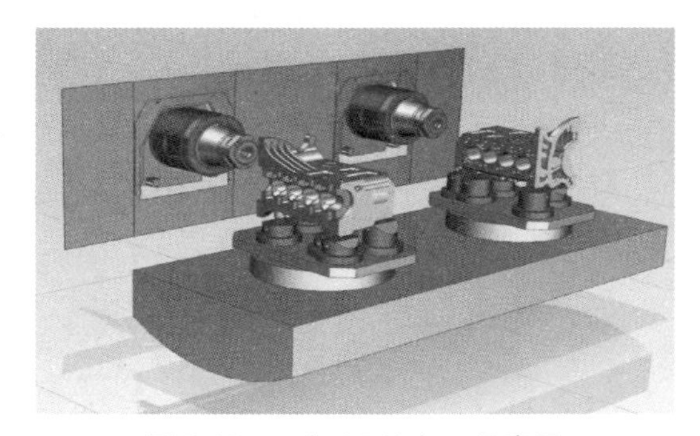

图 8-15　工序 OP20 加工示意图

2）曲轴支架加工线。

OP10：使用非标液压夹具，固定产品 *A* 基准面，通过 *A* 轴的回转，实现正表面及两个侧面的加工。

OP20：使用非标液压夹具，固定产品反面，通过 *A* 轴的回转，实现正表面及两个侧面的加工。

OP30：SPC 清洗。

区别于在传统加工工序中的分散直连加工方式，现在的生产线多采取集中式布局。应用零点快换夹持系统后，因其可应用于多轴机床实现五面加工的特性，所以能最大程度的将不同工序内容集中到一台机床上，大幅度减少缸体的装夹次数，最大化机床的使用效率。

3）上下缸体合并自动化线。

OP60：自动化装配，缸体与曲轴支架安装。

德国雄克（SCHUNK）公司的零点快换系统，采用专利的短锥定心工艺设计。接触型面闭合，具备自锁功能。重复定位精度小于 0.005mm，能更准确地完成缸体对接工作。在完成定位装夹时，允许机器人径向位置最大偏差为 4mm，倾斜角最大偏差为 23°。零点快换系统能更好地适应自动化产线的需求，同时底部中心柱销配置出气口，清洁空气可对腔内异物进行有效清洁，保证 3~5 年内免维护和使用寿命。

4）合并后的加工，如图 8-16 所示。

OP70：加工前后端面。

OP80：加工螺栓孔及凸台面。

SPC 清洗。

OP90：加工光孔。

OP100：加工顶底面螺栓孔。

SPC 清洗。

OP110：精加工顶面及底面。

OP120：精加工销孔、油道孔。

OP130：精膛缸孔及曲轴孔。

a) b) c) d)

图 8-16 合并后加工示意（自动化装配线）图

a）OP70/80 加工示意图 b）OP90/100 加工示意图 c）OP110/120 加工示意图 d）OP130 加工示意图

通常在加工中心上加工复杂零件，工序要最大程度的集中，即在一次装夹中尽可能地完成本台机床所能加工的大部分或全部工序。应用零点快换夹持系统，能够实现缸体的一面夹持、五面加工，使刀具和夹具的干涉减到最小，使加工系统柔性化程度更高，工序更趋向集中。可以进一步减少机床数量和缸体装夹的次数，减少不必要的定位误差。此外，对于同轴度要求较高的孔系，可通过顺序换刀来完成该同轴孔系的全部加工，然后再依次加工其他坐标位置的孔，以消除重复定位误差产生的影响，提高该孔系的同轴度。对于相互有几何公差要求的孔系和面，应尽量在同一机床上一次定位装夹完成孔系的精加工，有利于提高相互关联的孔系的几何公差。只有在精密夹具的配合下，才能充分发挥机床和刀具的全部性能，保证加工精度和工艺要求。

5）去毛刺工序。

OP140：去毛刺。

OP150：SPC 清洗。

OP160：压堵盖（水道/油道堵盖）。

6）珩磨。

OP170：珩磨。

SPC 清洗。

7）精修。

OP190：根据检测结果，精修曲轴孔，如图 8-17 所示。

OP200：根据检测结果，精修前后端面及变速箱安装销孔，如图 8-18 所示。

SPC 清洗。

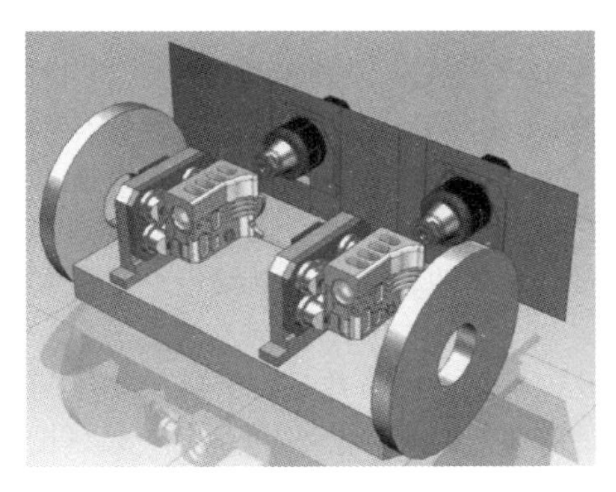

图 8-17 OP190 加工示意

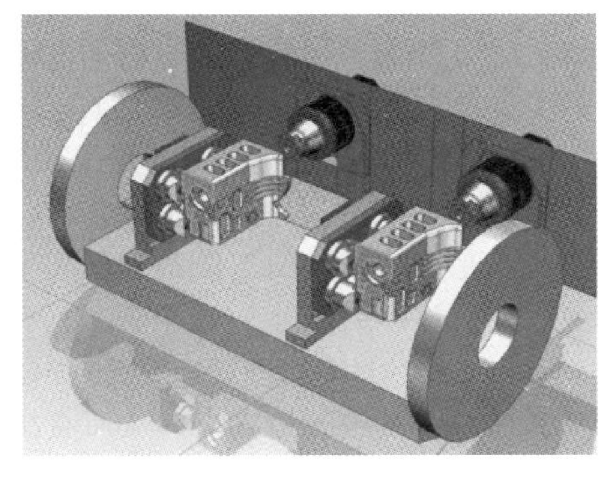

图 8-18 OP200 加工示意

为了保证精加工的精度和表面质量，通常精加工的最后一刀应连续加工而成，以避免出现接刀痕。零点快换夹持系统的夹点少，能最小化松夹后的变形量，且每个状态都有监测反馈。另外，零点快换夹持系统本身属于随行夹具，有效夹持贯穿于加工始终，使产线更容易实现生产的完全自动化。

8）特殊清洗。

OP210：清洗。

9）将缸体和曲轴支架分拆。

OP220：将缸体与曲轴支架拆开。

10）最终清洗。

OP230：最终清洗。

11）工序结尾。

OP240：拆销钉。

油道、水道密封测试。

外观检查。

下料、结束。

纵观整个加工工序，发动机缸体缸盖的加工包括了机加工、搬运、清洗、检验、压装等多个环节。有了零点快换系统的夹持解决方案，使缸体缸盖可以快速装夹、快换，节省了大量加工辅助时间，同时自动化生产的节拍也得以加快，整体效率都得以提高。

然而，对于像缸体缸盖这样复杂工件的加工，企业或投资者更多关注于怎样在保证工艺要求不变的前提下，进一步简化加工工序，缩短加工流程，使投资更具效能。在此前提下，雄克（SCHUNK）与多家著名发动机生产企业一起，实现了更加智能的发动机缸体缸盖产线工序优化。

4. 具体应用案例：发动机缸盖加工工艺

发动机缸盖的加工多是以加工中心为主，配备少量的辅助机构组成，各设备之间以输送轨道连接。从柔性角度出发，大部分加工工序都在加工中心内完成。因为加工工艺的要求不能变，所以留给工序的改进空间就不是很大。但由于零点快换系统对于工件的加工过程中的灵活性有很大的提升，因此对于生产线工序的排布方面也就更加灵活。

对于一条柔性加工生产线的工序流程，一般分为分散型和集中型两种。分散型是指工序依次分散的生产线，其加工件要通过所有的加工设备才能完成加工的全过程。集中型指的是生产线上尽可能选用相同型号的加工设备，把不同的工序内容集中到一台加工设备上完成，用尽量少的装夹次数，完成高效加工。

图 8-19 所示的工艺布局图即是采用了集中型柔性产线的布局方式，由零点快换系统贯穿始终，采用单工序站并联排布的方式，将原有的发动机缸盖加工从 6 道工序减少到 4 道工序。其特点是当某一台加工设备出现故障时，可用同一工序的相同设备继续生产，最大限度地避免停线、停产的风险。

该布局方式大大缩短了生产的过程链，相关的设备及辅助设备数量也会减少，车间占地面积及其维护费用也随之减少，从而直接降低了项目前期的固定资产投资和生产成本。随着乘用车市场的不断细分，各种车型层出不穷，对于各车企来说其发动机的投资生产周期也会随之缩短。另外，一个新车型的销售数量和生产数量是要遵循市场变化曲线的，所以对于发动机产线的产能需求是逐步增加的或者说是实时变化的。工序站内并联的排布方式，能最大限度地根据市场变化而灵活地增加或减少产能。对于一个发动机企业来说，一条生产线具有高柔性的同时，具备可根据市场变化而调节生产产能的能力和降低投资风险的能力无疑是非常智能的体现。

此外，在有效地整合机床、刀具和自动化等不同技术领域专家的经验后，还能增加整个系统的自适应能力和自组织能力。通过切换零点快换系统，不但提升了整个生产线的兼容性，更可实现共线生产或并线生产等生产范围的拓展，实现制造工艺、柔性生产和精益自动化的完美融合。

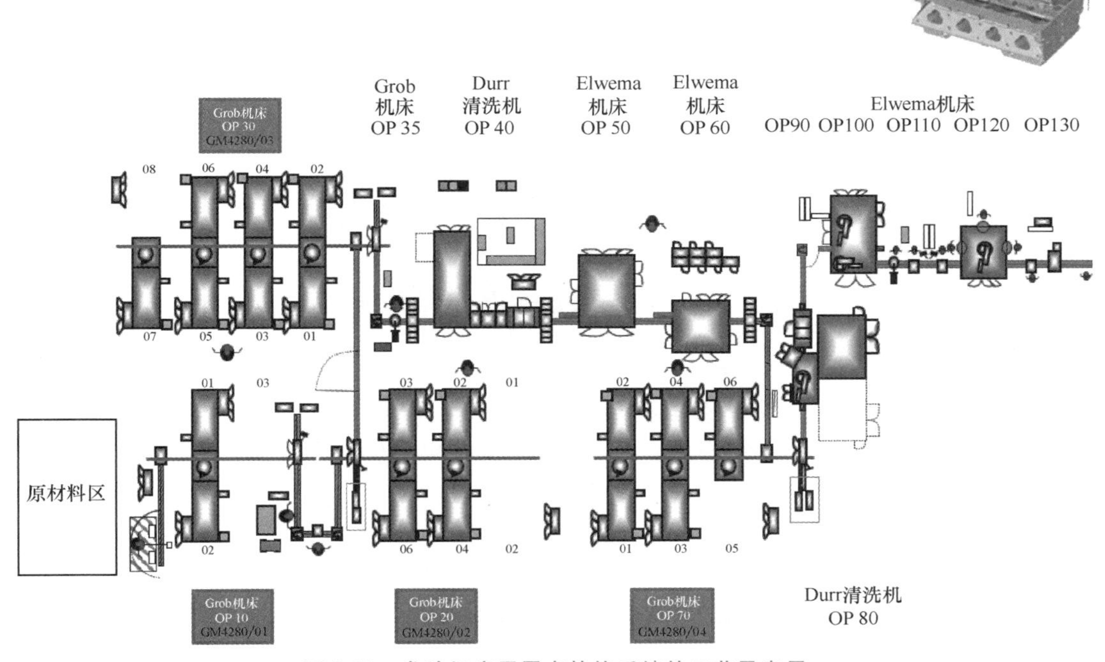

图 8-19 发动机应用零点快换系统的工艺及布局

8.1.3 新能源汽车动力总成发展与制造技术

1. 新能源汽车的发展

1993 年 9 月美国推出了新一代汽车合作伙伴（The partnership for a New Generation of Vehicles，PNGV）计划，美国联邦政府和美国三大汽车公司为实现 PNGV 计划投入了大量的资金和技术力量。美国三大汽车公司进行了分工合作，围绕节能、减排、环保等领域，全面研究新能源、能源储备、电子技术、新型材料、制造技术及车辆轻量化，开发和制造了多种新型概念车，推动电动汽车、燃料电池汽车和混合动力汽车达到规模经济效益。

欧盟在欧洲推出能源和电动汽车的研究计划，推出的 FP（Framework Program）系列计划中，“能源环境可持续发展”项目，对燃料电池及其相关技术进行了广泛的研究。2008 年金融危机后，欧盟提出了“环保型经济的中期规划”，打造具有国际水平和全国竞争力的绿色产业，同时各国也有各自的研究计划。

日本由于石油几乎全部依靠进口，自 20 世纪 70 年代起就开始了对电动汽车的研究和开发，丰田公司 1997 年在全球率先开始销售量产混合动力汽车普锐斯，丰田的氢燃料电池车 Mir 充氢需 3.5min，5kg 氢气可续航 650km。

“十一五”期间我国为发展节能、减排及环保汽车，制定了我国电动汽车的发展规划“三纵、三横”的重大专项计划。2020 年 10 月，国务院常委会会议通过了《新能源汽车产业发展规划》；2020 年 11 月 2 日，国务院办公厅印发《新能源汽车产业发展规划（2021—2035)》，展示了我国新能源汽车战略路线图。

根据我国汽车工业协会的数据（图 8-20），2023 年新能源汽车销量完成 789.4 万辆，同比增长 33.4%。

图 8-20 2015—2023 年新能源汽车销量及增长率

2. 电动汽车的“三电”系统

（1）电动机 与传统能源汽车不同，电动汽车的核心是“三电”技术，即电动机、电池和电控技术。目前电动汽车常用的驱动电动机有直流电动机、交流感应电动机、永磁无刷直流电动机、永磁同步电动机及开关磁阻电动机。

（2）电池管理系统 电池管理系统的基本功能框图如图 8-21 所示，其与动力电池紧密结合在一起，对电池各项指标进行检测并控制，实现与其他系统的通信。

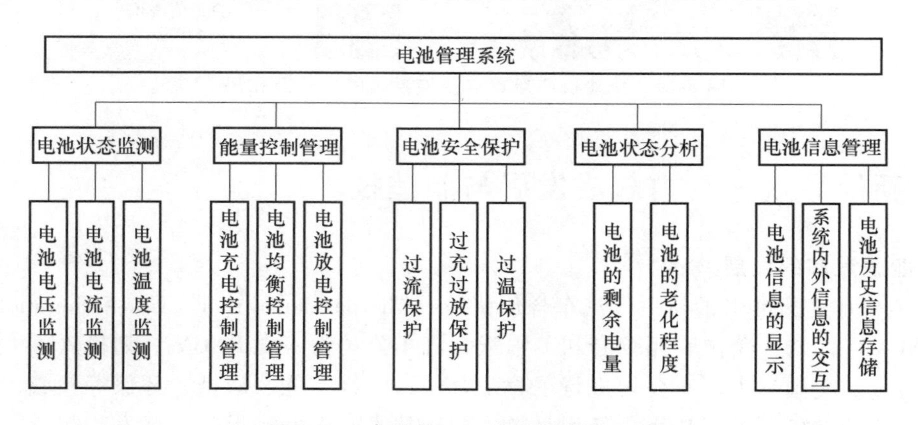

图 8-21 电池管理系统的基本功能框图

高可靠性及高安全性的一体化控制器集成化程度高，有益于电动汽车的总布置，有益于电动汽车的轻量化、标准化，有益于信息传输的实时性和可靠性，同时一体化控制器可以进一步降低整车故障率、增强整车安全性，大幅度降低电动车成本，促进电动汽车市场的商业化。

（3）电池 纯电动汽车的电池技术是其核心竞争力。目前，动力电池主要分为三大体系，分别是三元锂电池、磷酸铁锂电池和锰酸铁锂电池。其中，磷酸铁锂电池和锰酸铁锂电池凭借着较低的价格和稳定的性能，大量应用于电动汽车和电动客车，市场份额呈现增长态势。

电池也可以分为方壳电芯、软包电芯和圆柱电芯。方壳电芯在整个市场占据压倒性的优势。在新能源乘用车和纯电动客车市场，都占有绝对的地位。软包电芯主要用于插电式客车市场，圆柱电芯主要局限于部分纯电动乘用车。

电池技术发展对新能源汽车（New Energy Vehicle，NEV）产品有关键性影响，电池技术路线：磷酸铁锂→三元锂电池→固态电池。未来要达到更高的能量密度目标需要转变到固态电池的技术体系。技术特点：固态电极+固体电解液，系统能量密度高，由于电解质无流动性，易通过内串联组成高电压单体，有望达到 500W · h/kg，安全性高，没有引发电解液燃烧的问题。

3. 新能源动力总成制造工艺

电动汽车动力总成的关键制造技术主要体现在电机系统、电池系统，以及电控系统的制造上。与传统汽车相比，电动汽车装配线的工艺变化最为突出。

在电动汽车中，电动机系统涉及到电动机、控制系统、机械减速及传动装置等部件的制造，以及电池模组和电池包的装配工艺。

（1）电动机　交流感应电动机结构图如图 8-22 所示。涉及电动机壳体加工、后端盖加工、电动机整体装配加工和转子加工。

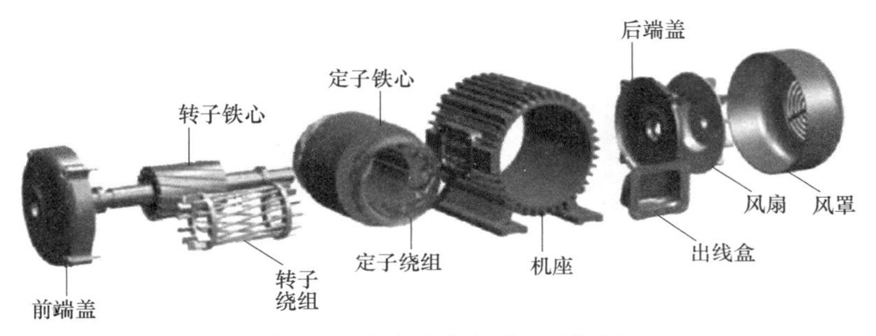

图 8-22　交流感应电动机结构图

电动机的核心工艺过程是铜线绕入定子的工艺，目前有多种将铜线绕入定子槽的制造工艺，如从波绕技术、Hairpin 发卡式线成型工艺（图 8-23）和扇绕技术等。

图 8-23　Hairpin 发卡式线成型工艺

转子轴加工工艺有感应淬火、硬加工及内齿轮磨削等。目前汽车电动机已经成为整车厂投资的热点。

（2）电池　目前，大部分车企都在投资建电池工厂。动力电池组装自动化生产主要包括分配组装工艺、自动焊接工艺、半成品组装工艺、测试工艺、PACK（锂电池电芯组装成组的过程）检测工艺以及 PACK 包装工艺。

图 8-24 所示为电池装配典型工艺流程示例：壳体组装或焊接→电池模组入箱→电气线路及零件安装［安装线束，安装电池管理系统（Battery Management System，BMS）系统等］→在线电气测试→整包合盖密封（涂胶/螺栓拧紧）→最终测试（线末检测、电气测试、绝缘性检测、充电等）→密封测试→下线。

其中，铝合金热熔自攻丝铆接（Flow-drill Screws，FDS）是电池壳体紧固的新工艺，通过螺钉的高速旋转软化待连接的板材，最终再形成螺栓联接，其工艺过程如图 8-25 所示。

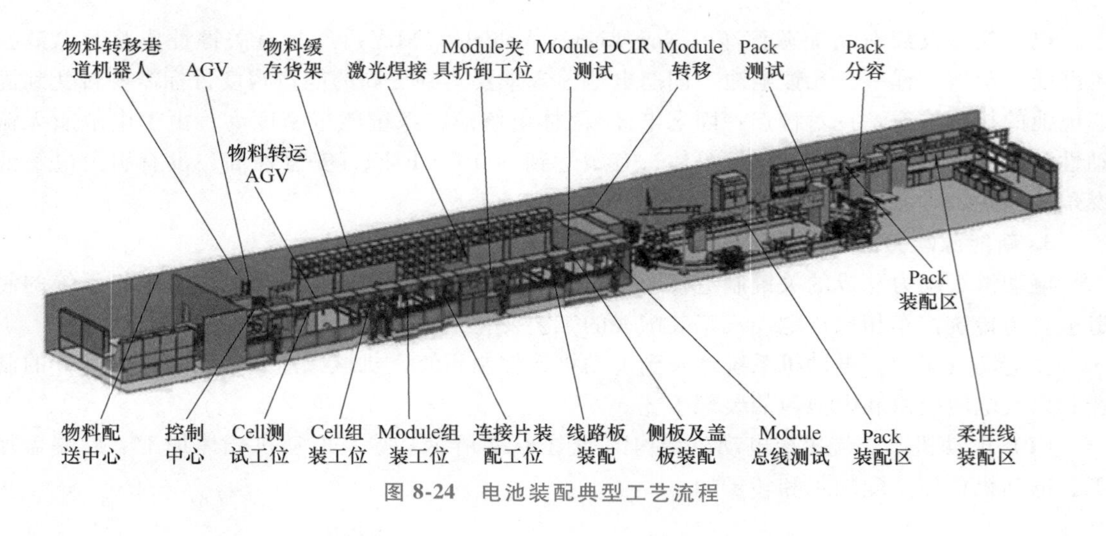

图 8-24 电池装配典型工艺流程

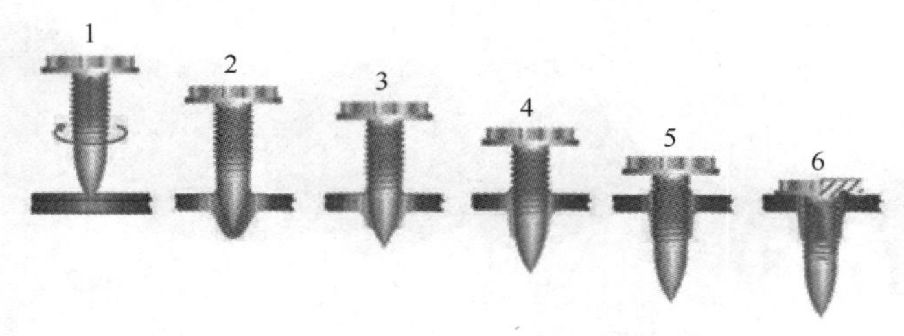

图 8-25 FDS 工艺过程

1—旋转加热（Warming Up） 2—钻孔（Penetration of the Material） 3—扩孔（Forming of the Draught） 4—攻丝（Thread Forming） 5—全螺纹接合（Full Thread Engagement） 6—拧紧（Tightening）

（3）电驱动总成制造技术 随着电驱动总成不断发展，其新的制造技术主要围绕轻量化、高速化、低噪声及一体化。

1）一体化压铸。三电系统通常占新能源汽车质量的30%~40%。与传统汽车相比，新能源汽车三电系统将导致整车质量增加，三电系统会额外增加200~300kg的质量。新能源汽车动力总成系统比传统汽车重1.5~4.0倍，因而减轻新能源汽车动力总成系统的重量是新能源汽车轻量化的主要研究方向。目前三电系统的电动机壳体、电控壳体、电池构件及电池箱都在使用铝压铸产品。

2）强力珩齿。由于电动汽车中电动机的高转速——15000~30000r/min，严苛的噪声限制NVH（噪声、振动与声振粗糙度），因而需要高精度的动力齿轮（4~5级），更小的波纹度和表面粗糙度，更小的几何公差来降低不稳定性，需要采用强力珩齿工艺，其特点是相对于磨齿，机床具有更小的退刀间隙，与传统磨齿的直线型纹路不同，其齿面纹路为鱼刺纹，具有更好的NVH特性，适合高速旋转的电动机轴。

3）切削工艺。电动机是新能源汽车的核心部件，要求其制造具有高精度、高效率和高可靠性，例如，对壳电动机体孔加工的镗刀采用轻量化合金钢整体镗刀，多台阶PCD导条式可调镗铰刀，多切削刃、内冷设计等，相较于单刃镗刀，可提高效率6倍以上。电动机轴花键的加工以往主要采用车削、铣削、滚切和磨削等加工方法。新工艺采用滚轧刀，通过数控机床进给，刀具可以在任意位置切入工件，而不像传统的搓齿工艺，工件成形圈数受齿条长度限制。随着电驱动的一体化，电动机轴最受青睐的加工方式还是冷挤压成形工艺，冷挤压的工件尺寸准确、强度高。从生产厂家角度讲，冷挤压工艺节约材料，生产率高，适用面广。

8.1.4　其他汽车智能制造案例

1. 视觉技术与协作机器人的应用

协作机器人（Collaborative Robot，Cobots）是与人类协作的新一代机器人，协作机器人可以与人类肩并肩协作，没有任何障碍，并且在生产过程中提供更大的灵活性。在设置人类机器人协作中，当人类控制和监控它们生产时，协作机器人以极高精度执行单调和对人类繁重的工作。协作机器人补充了人类的工作，使人类可以在生产过程中关注其他领域。市场研究公司预计到 2023 年，协作机器人市场价值将达 42.8 亿美元。

火花塞是发动机中有代表性的精密零件，其安装位置位于发动机气缸盖内部，对于火花塞的拧紧扭矩及定位精度有着较高要求。火花塞的装配可在人工预装火花塞后，由拧紧设备分步自动拧紧。但对于工序排布紧凑、空间小、柔性化的生产线，也可采用视觉技术引导协作机器人实现火花塞安装、拧紧工艺全自动化。将火花塞拧紧与视觉技术相结合，实现从上料→抓取→拧紧→换料的火花塞同步拧紧全工艺过程，打破传统工艺，实现发动机火花塞同步全自动化拧紧工艺（图 8-26、图 8-27）。

a)

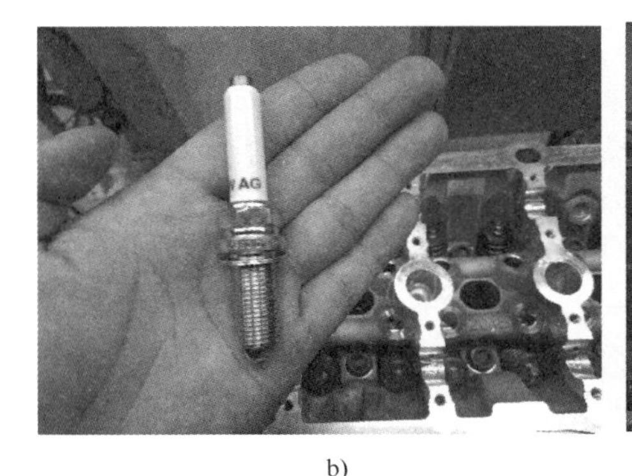

b)

c)

图 8-26　发动机气缸火花塞拧紧工艺

a）发动机气缸火花塞拧紧工位　b）火花塞　c）发动机气缸

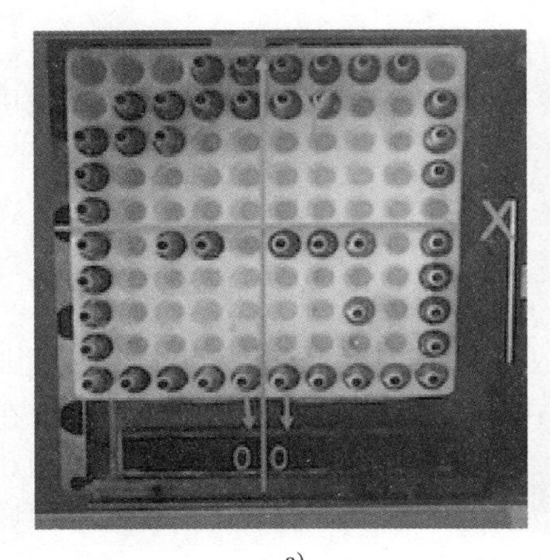

a) b)

图 8-27 发动机气缸火花塞盒及协作上料机器人

a）发动机气缸火花塞盒 b）协作上料机器人

协作机器人拧紧工艺包括以下六个要点：

1）机器人运动的视觉引导：为充分利用现有空间，满足生产节拍需求。在满足机械手力臂受力的情况下，结合视觉技术规划机器手抓取、拧紧、复位的路线。

2）机器人视觉引导算法：为解决机器人漏抓和漏拧问题，采用分隔排序的方式，拍摄料盒图像找特征，找出像素零坐标，将料盒图像一分为二，对两边每个位置的火花塞进行编号，若火花塞料盒中有空缺，程序会自动重新排序。

3）设计专用抓取套筒：为解决火花塞自动吸取与拧紧找帽的问题，结合火花塞顶端材质特点，采用自带磁铁，内置弹簧结构的专用套筒。

4）设计分步拧紧程序：火花塞拧紧扭矩较大，容易造成套筒卡滞和定位板松动的问题。通过优化拧紧单元连接，设计分步拧紧程序，两把拧紧枪分步骤拧紧（间隔 1s），实现了大扭矩同步不同时拧紧。

5）设计轴式套筒连接：将轴输出头与高精度拧紧枪连接使用，优化连接部位，以解决原输出头卡销单边受力而产生的异常损坏。

6）设计自动补料及换料机构：结合视觉技术，在程序识别空料盒的情况下，料架气缸自动翻转，满料盒自动填补，空料盒自动下翻至料架底层。在提升设备工作效能的同时，打通全自动化工艺最后一个补料环节。

图 8-27b 所示机器人使用的程序通过位置偏移法，双循环逻辑计算，以及函数运算法，大大减少了机器人程序语句，只需要 24 条位移命令、2 条循环命令、25 条判断命令、8 条执行命令和 25 条调用函数运算命令。在 PLC 程序中增加计数功能，每次成功取走一个火花塞后记一次数，满 100 次后清零计数器。如果一盒火花塞不是满盒，只有一半或者只有几个，可以在 OP 面板上的计数框里输入料盒里已使用火花塞的数量，机器人便会从剩余火花塞的第一个开始抓取，直到抓完料盒里的火花塞。

5G 技术将对人机协作提供重要技术支撑。在人机协作场景下，保障现场作业安全是最重要的考量要素，设备的实时反应能力尤为重要。由于 5G 技术延迟可低至 0.5 毫秒，有助于避免厂内机器在安全作业机制上反应延滞。例如，奥迪联合爱立信启动了人机交互试点项目，其中的运用案例是通过 5G 技术连接自动化生产机器人，实现无延时实时通讯，解决了生产过程中的人身安全问题（图 8-28）。

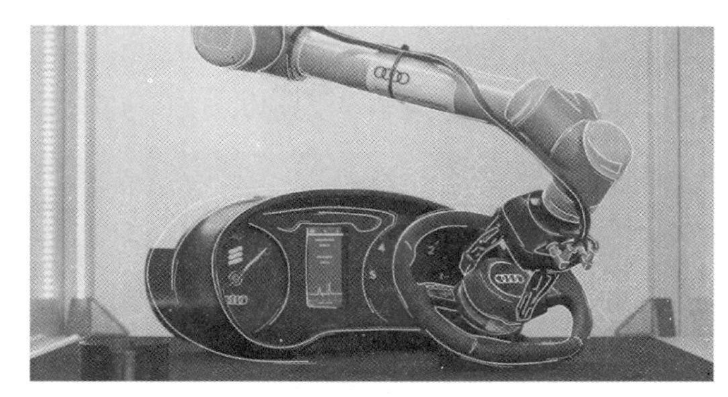

图 8-28　奥迪自动化生产机器人

2. 质量管理——视觉检测技术

以某发动机曲轴增加深油孔探测功能 AF170 为例，原采用的 MARPOSS AF170 终检自动测量机（图 8-29）分组测量主轴颈、连杆颈的直径和跳动的最终值。测量直径时，测量传感器会经过深油孔，并将其过滤掉，不检测深油孔。直至 AF170 下线后目视工位，由人工目检产品缺陷，包括深油孔是否加工。由于前道 AF40 深油孔漏加工，且 AF170 后目检未能检出，产品流入装配，一旦装入整车，会造成发动机咬死。如在 AF40 后道滚道加装机器视觉识别，将额外耗费近 10 万元的相机硬件、线缆、工装夹具费用，以及大量人力进行改造，并且效果不明。

图 8-29　MARPOSS AF170 终检自动测量机

为此，根据 MARPOSS AF170 终检测量直径时，工件旋转过油孔的特点，尝试通过直径测量传感器数据采样实现监控，即变原来的过滤为现在的特征点采集。其难点在于：①之前在直径测量时，为过滤掉油孔的采样数据，而此次为只采样油孔数值，该动态公式无参考可寻；②有/无油孔数值区别如何判定，如何通过实验证明？实践中的实施方法如下。

1）准备 1 根人为封堵工件和 1 根正常工件作为对比（图 8-30）（封堵轴模拟深油孔未加工状态）。

a)

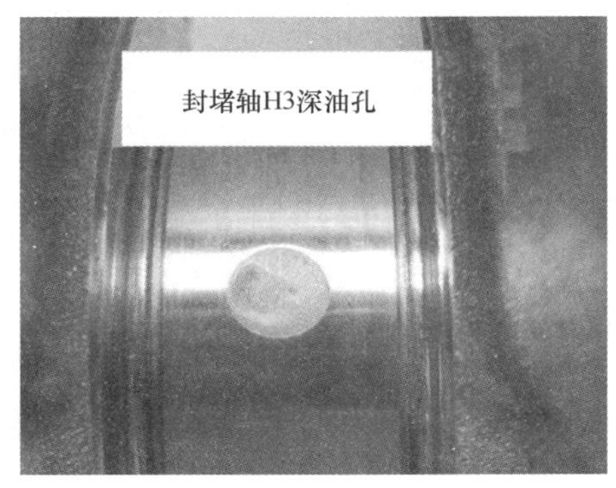

b)

图 8-30　工件

a）正常工件深油孔　b）封堵轴深油孔

2）DSA传感器数据采集对比：对比H3的直径测量采样，过深油孔时，正常油孔最大探测深度为600μm左右，封堵油孔最大探测深度为150μm左右（图8-31，由于封堵表面不平滑，未打孔工件最大探测深度为50μm左右）。

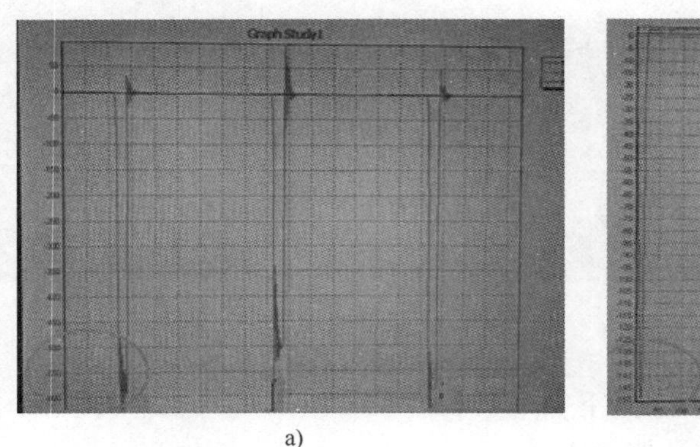

a)

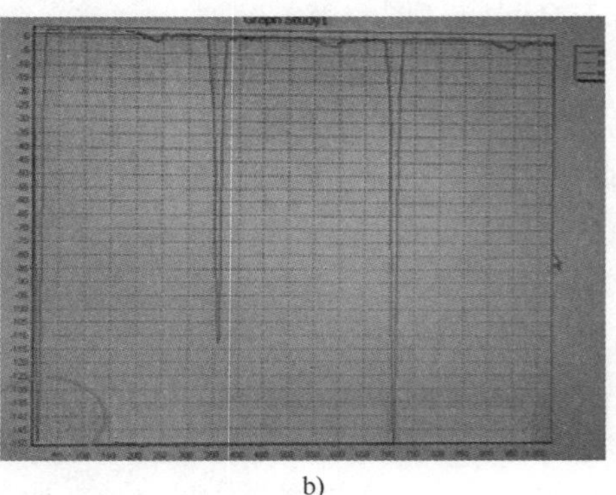

b)

图8-31 DSA传感器采集数据结果

a）正常工件，峰值600μm b）封堵件，峰值150μm

3）测量程序内增加M13测量项，编辑静态公式-T5，动态公式为：

ifmanualthenterminate（）‘自动状态下’

lowfilter（k1，0.866，mv）‘低通滤波’

m=range（）‘范围内M值取最大值-最小值’

同时定义公差范围，下公差为400，上公差为1000。

正常工件及封堵件，AF170上线测试结果如下：正常工件值为557.6，在公差400~1000之内，值在绿区。而封堵件值为117.5，值超差，测量机报警。在不增加额外备件费用的前提下，利用原有测量仪及传感器进行功能拓展，实现100%自动检测并报警，避免质量风险（图8-32）。

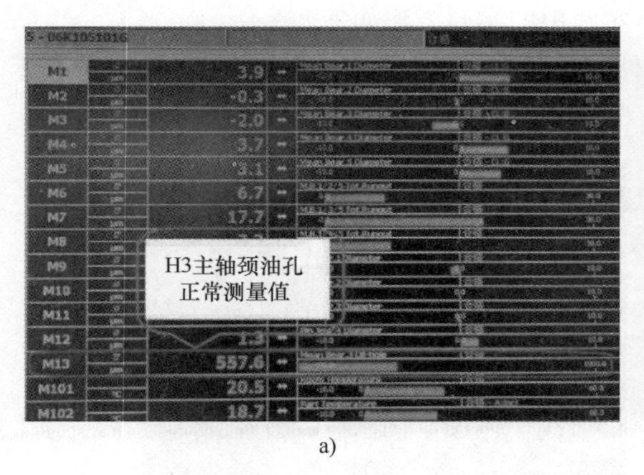

a)

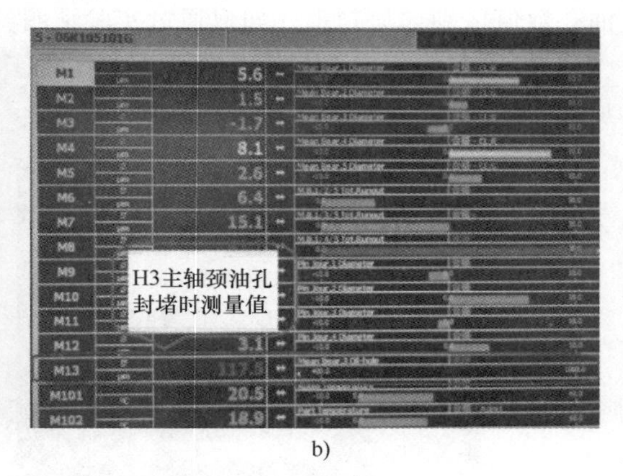

b)

图8-32 AF170上线测试结果

3. 质量提升——缺陷视觉识别检测

连杆是发动机中重要的动力传输部件（图8-33），它连接了活塞和曲轴，将燃烧室内的热能转化为发动机的动力。连杆的精度极高，最小的尺寸公差仅有3μm。连杆有一道特殊的加工工艺，通过激光涨断的方式将连杆的杆盖和杆身分离。在涨断过程中可能会出现爆口缺陷（图 8-34）。缺陷带来的危害：①失圆性，爆口会降低连杆连接处强度，连杆在高速运动中孔径可能变形失圆造成发动机咬死；②清洁度，爆口会影响产品零件清洁度，脱落颗粒也可能导致发动机咬死故障。

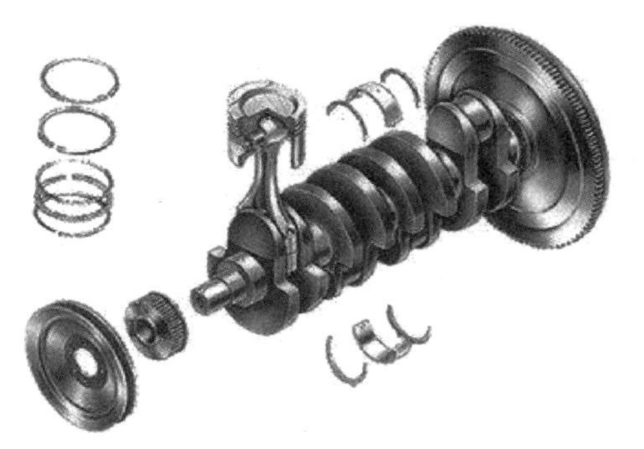

图 8-33　连杆机构组成

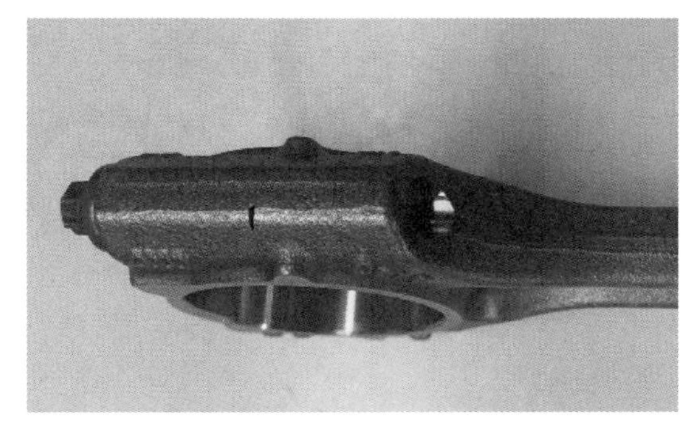

图 8-34　爆口缺陷

对比了目视人工检测、智能相机检测和相机+算法检测三种爆口缺陷检测方法（图 8-35）：

1）人工检测的问题是识别率低、人员工作负荷大、硬件成本高；

2）智能相机检测的问题是侧面爆口识别率高、人员工作负荷小、硬件成本高；

3）工业相机+自主算法检测，识别率高、人员工作负荷小、硬件成本费用低，因此选用这种方法。

a)

b)

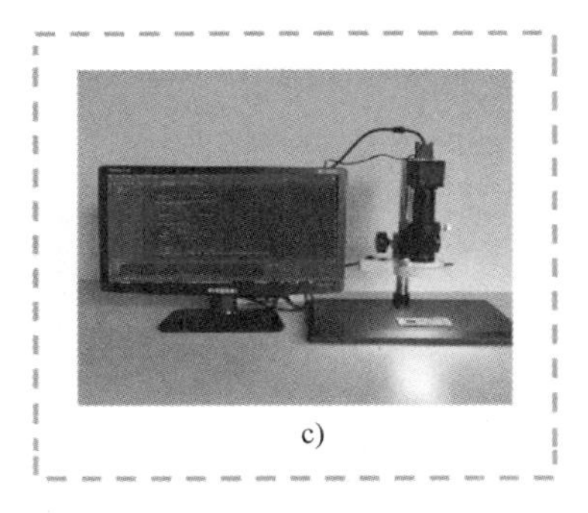

c)

图 8-35　爆口缺陷检测三种方法

a）目视人工检测　b）智能相机检测　c）相机+算法检测

为此搭建图像采集实验台，收集一批连杆线爆口缺陷零件，拍摄了 1000 多张样本照片，并用 Labeling 算法进行缺陷标注。基于样本数据集通过 YOLO V3 的算法模型，根据实际业务需求，开发爆口目标识别检测算法，并进行了算法训练和参数调整。接下来对模型进行了评价，并使用训练最优的模型进行缺陷预测，以实现准确的模型预测。目前该算法模型已直接应用于实际工况下的缺陷识别检测，并利用现场收集的新增缺陷样本，定期对模型进行再训练，增强模型泛化能力，提升模型识别准确率，如图 8-36 所示。

4. 设备智能化管理——实时监控系统

在某发动机工厂内，每天有约 150 万条记录数据产生，包括螺栓扭矩、测试数据、发动

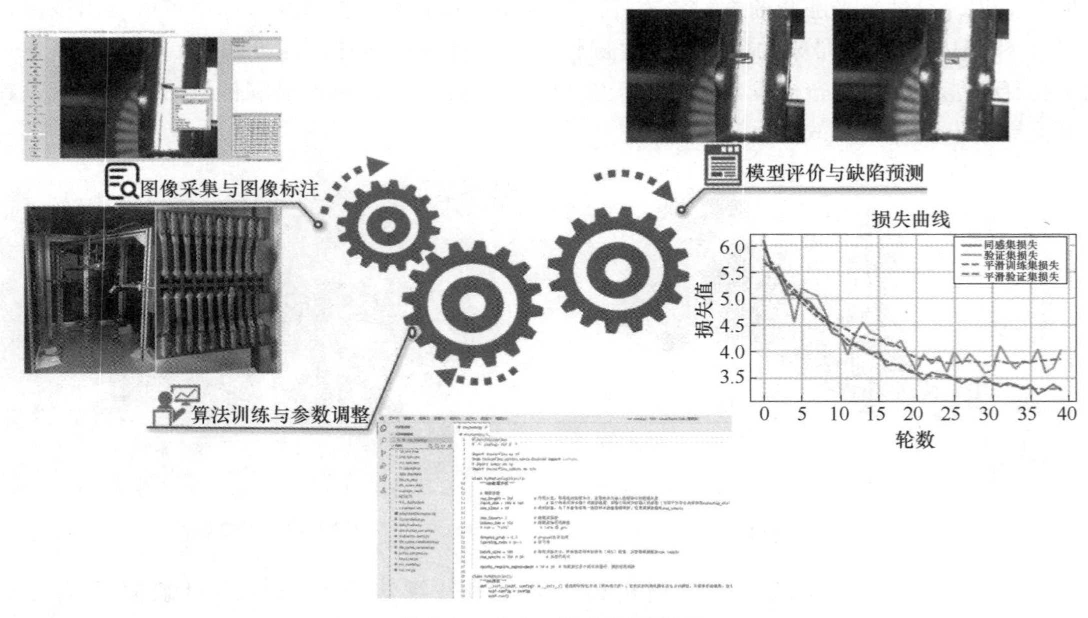

图 8-36 相机+算法检测模型

机扭矩、人员信息、设备故障信息等，螺栓扭矩累计近 10 亿条记录，如图 8-37 所示。这些数据既可作为质量追溯依据，又可对其进行深入挖掘，将其转化成更有价值的信息，以便基于事实和数据分析快速做出决策，实现“智慧工厂”。

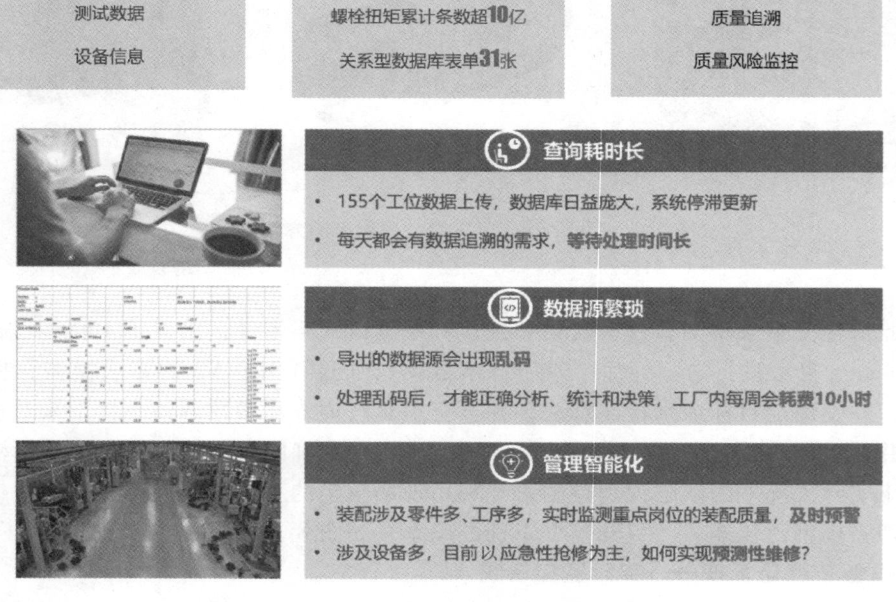

图 8-37 某发动机生产车间数据资源特点

具体做法如下：

1）在“机器人”班组的大屏幕显示机器人设备状态是否有故障和返工等信息，及时进行干预。

2）维修班组监控设备实时报警状态。

3）物流工可以监控设备待料、加料信息。

4）班组管理可以根据实时产量信息，寻找原因，保证产量。

5）智能决策：瓶颈工位工艺优化、人员岗位合理化排布、设备故障处理建议措施。

6）消息推送：异常信息和决策建议及时推送至终端，并及时干预。

7）底层数据：生产数据来源于各设备，设备运行依靠的是 PLC，包含拧紧设备、压装设备、测试设备，等等。人机交互（Human-Machine Interaction，HMI）界面可以和设备进行交互。

8）数据流：设备工序完成后，发动机相关的生产数据会通过射频识别技术（Radio Frequency Identification，RFID），经控制与通信链路系统（Control&Communication Link，CC-Link）现场总线上传至现场工控机（TEAM-PC）中的临时文件夹，再通过交换机上传至服务器经解压处理后，存储至结构化查询语言（Structured Query Language，SQL）数据库。

9）采集数据库中的数据：使用 Python 编写 SQL Server 的脚本，在本地电脑运行代码，即能高效采集数据库中相应的数据，如拧紧数据、测试数据、前 1h 的产量信息、人员操作信息等。

10）抓取 PLC 中实时数据：使用 Python 编写代码，在本地电脑运行代码，即能实时采集设备 PLC 中的数据，如设备待料消息、设备故障信息等。后续考虑将这类信息存储至新建数据库中，为后续故障分析打下数据基础；

11）数据处理：主要使用的是 Python 中第三方库“pandas”和“numpy”进行数据统计分析处理。使用“PyQt5”设计界面。

12）使用“Python-Snap7”实时采集现场所有设备 155 个工位的 PLC 数据，对采集的数据如生产数据、设备传感器数据，进行分类清洗处理，实时监控设备状态、发动机装配质量。实时监控功能及时做出干预，可以提升设备开动率 1%，为设备运行提供进一步保障，如图 8-38 所示。

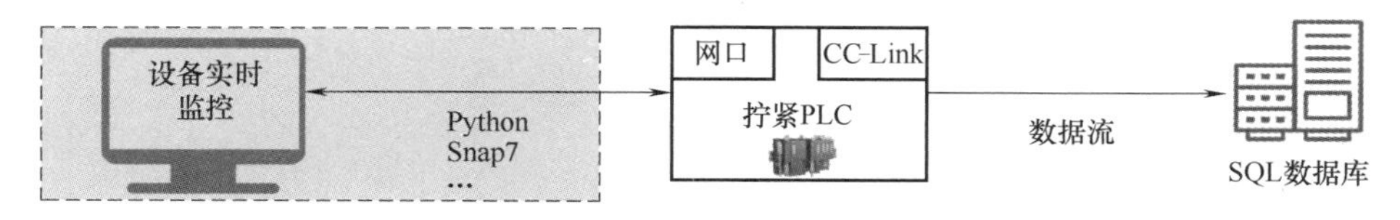

图 8-38　数据采集流程

5. 奥迪工厂智能制造的应用案例

在奥迪公司董事会公布的“Audi. Vorsprung. 2025.”品牌战略规划中，至 2030 年建成以无人驾驶运输系统、控制塔、辅助信息系统为核心，形成集运输、生产、研发为一体的智能系统。

（1）无人驾驶运输系统　在奥迪智能工厂中，零件物流运输全部由无人驾驶系统完成，如图 8-39 所示。转移物资的叉车也实现自动驾驶，实现真正的自动化工厂。在物料运输方面不仅有无人驾驶小车参与，无人机也将发挥重要作用。

（2）VR 虚拟装配及 AR 装配辅助系统　借助 VR 技术来实现虚拟装配，如图 8-40 所示，以发现研发阶段出现的问题。设计人员可以对零件进行预装配，以观测未来实际装配效果。

图 8-39　无人驾驶系统完成零件物流运输

图 8-40　VR 虚拟装配应用

基于数据眼镜的 AR 装配辅助系统可以对看到的零件进行分析，发现缺陷与问题。提示工人何处需要进行装配（图 8-41），并可对最终装配结果进行检测。

图 8-41　AR 装配辅助系统

8.2　航空智能制造工艺案例

飞机制造工艺受认证流程严格约束，工艺改进升级偏保守，所使用的刀具、工作的员工都需要认证。然而飞机上有许多轻量化的柔性大构件由于型号多且手工生产比例大，所以其公差范围相对较大。即便是同一部件也常常具有个性化的工艺，即单件批量。许多机型从研发到退役时间跨度长达 60 余年，这要求维护、修理和大修（Maintenance，Repair and Overhaul，MRO）等需不断更新和升级，同型号飞机的几何尺寸可有厘米级范围的变化，还由于个性化设备的安装，如天线或传感器，有关位置也在这个范围内变动。由于受结构尺寸等限制，飞机纯流水线制造取代“就地制造”还难以实现。

目前各大飞机制造商正在努力将工业 4.0 引入飞机的生产和维护中，例如：波音公司的“黑钻石”项目通过持续的工艺自动化提高效率；在“机身自动立式制造”（FAUB）项目中，采用机器人钻了 60000 个铆接接头孔，如图 8-42 所示。

歼击机

图 8-42　机身自动立式制造

在飞机结构装配工艺中，机身部分的装配属于最昂贵且最容易出错的工艺。相比之下，发动机则是 MRO 中最复杂和最需要保障安全性的关键部件之一，因此对相应的拆卸、安装和诊断这些复杂的工艺提出了非常高的质量要求。以下为一些飞机智能制造的具体案例。

8.2.1　机身舱段的智能装配工装

飞机机身通常由筒状壳体舱段组装而成，其装配工艺很大程度仍然是手工装配，为了支承舱段装配，通常需要加工与最终实际轮廓一致的一系列模板，机身装配中使用的这些模板和其他形状的功能部件都以部件形式专门设计制造，并通过局部可调工装补偿这些部件的公差，至今对于不同舱段使用这种非智能工装仍然具有挑战。

德国萨尔布吕肯机电一体化与自动化技术中心（ZEMA）在 RePlaMo 项目中研发了一种可变装配方案，用于支承不同的舱段，该方案采用模块化技术按任务需求配置了不同机电一体化模块，如图 8-43 所示。此外，其结构模块含钢制塔状结构和可调节连接器，这样就可以轻松构建出个性化并同时兼具柔性的装配模板。

上位控制系统控制协调所有单元模块，每个模块也配有自己专属的控制器，并在其中设置了各自的运行模式。装配工艺规划时首先根据各部件及其受力情况进行仿真，规划各部件路径，通过信息变换完成操控设备的目标位姿计算。借助投影激光器和激光跟踪器将实际系统与仿真系统相联，投影激光器向工人显示仿真得到的模块大致位置，激光跟踪器则记录测量数据，仿真模型利用该数据与实际系统进行匹配。通过执行一个短距运动测试并追踪操控装置的末端执行器位姿，可以采集其在基准坐标系中的系统参数，在此过程中不仅仅是确定舱段的位姿，而且也要捕获其实际的几何形状，这里需要通过测量几个周向布置的测量目标来确定实际轮廓，然后这些数据通过与 CAD 模型进行比对获得最优的拟合，并用于计算执

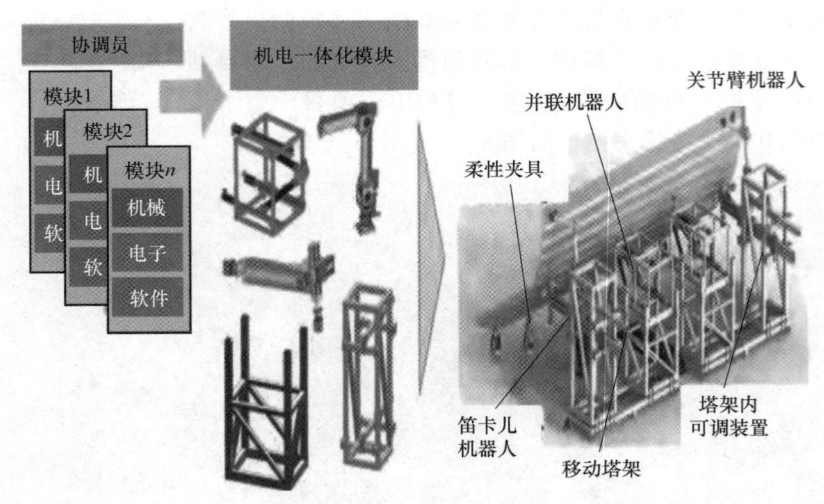

图 8-43 RePlaMo 方案示意图

行器的修正向量。

8.2.2 移动机器人与人机系统

由于飞机整机及主要构件（如机翼、尾翼或发动机）的尺寸大，在其大空间自动化生产中的大量工艺过程多采用通用系统，通常对于大空间的连续加工工艺（如机身外壳的圆周铣削）需要配套大型工装，而对于那些大量且更繁琐的不连续工艺，其子工序又局限于大空间内的一个较狭小的工作范围，虽然移动机器人可独自改变工作位置以进行下一步操作，但人工改变位置一定是最灵活的解决方案。为此采用的自动化方法是使用人机系统，通过降低自动化程度支持工人的手动操作。下面描述了移动和便携式系统及不同自动化程度的两个人机系统。

1. 机身外部工作的移动机器人

由于要在飞机上进行大量不同类型的检查，导致飞机维护的目标会不断变化，机身蒙皮检查就是一项经常且耗费大的任务。例如，抗雷击控制检测需要检查机身表面碳纤维结构的分层情况，对于某些机型还要检查裂纹情况，需要根据检查的类型使用不同的传感器，使用的传感器有电涡流探头和次声探头及热成像传感器。目前检查任务仍然需要人工操作，并且要求工人具有丰富经验才能得出正确的结论，同时为了便于工人检查，需花费大量时间用梯子和脚手架搭建工作平台。

在铝制机身的波音 737 Classic 飞机上，需要定期在蒙皮的不同区域进行裂纹检测，传统的检查用电涡流探头沿检查区域移动并需要人工在相位图上搜索裂纹类型的特征。汉堡工业大学 IFPT 飞机制造技术研究所在其“Thermas”研究项目中与合作伙伴研发了移动机器人系统“MORFI”，可以自动地执行该检查过程，如图 8-44 所示。该机器人的任务是，将热成像传感器置于待检查的位置并垂直于表面。此机器人方案与类似的方法相比其特色不是开发用于特定任务的专用机器人，而是开发普遍适用的移动机器人。为此，它必须能够在整个机身的外表面自由移动，并且传感器座在其工作位置能进行六个自由度的调整。

为能在垂直或突出的位置处移动，必需配有附着系统，以便在钣金接头、维修处和铆钉头等粗糙表面处也能可靠地工作。机器的连续运动通过两个相对运动的连接框架的交替运动来完成，运动中总有一个连接框架要与机身牢固地连接，通过这种方式实现机器人步进式运动。

图 8-44　移动机器人 MORFI 在飞机上的实践验证

除法兰外仪器的许用质量和结构空间都定义为机械接口。此外，还配供能源和信息交互接口，以尽可能广泛地覆盖需执行的任务及使用的工具，即如果机器人的任务发生变化，则可按接口规范更换工具，无需更改机器的结构。

机器人的控制器使用机床控制器，控制驱动工业级伺服电动机。通过采用两个并联运动机构的串联，实现了独特的混合运动，进而实现了该机器人所必需的轻量化结构。使用更加稳健可靠的驱动技术可以简化设备的产业化过程，一则可以使用已集成的安全功能，另外，也容易快速地采购相关产品及其备件。采用机床控制器的另一个好处是使用经受考验的人机界面，可以通过简单的 NC 程序控制移动机器人，简化对操作人员的培训，并且易被接受。

为了能使这类机器普遍适用于不同的任务，必须要提供一种独立于工艺过程的定位系统。在飞机生产中，高价值传感器应用在高精度的位置检测中。因此，使用激光跟踪器或基于激光的三角测量系统用于精确地连接诸如机舱舱段等大型结构。对于精度要求较低的工艺过程，如物流，可以使用基于无线电的这类不太精确定位的传感器。在飞机维护检查领域，现有的位置检测系统目前已达到其极限，原因是位置检测系统要维修大量具有不同状态和不同机龄的飞机，这造成即使是同一系列的飞机其几何形状也具有高分散度。为了能够使用各传感器系统捕获精确位置，每架飞机都需要其当前状态的个性化数字模型，然而在实践中由于耗费巨大无法实施，无法实施的原因还是飞机上的位置确定很大程度上仍然依靠人工完成，自动化程度较低。为此，在后续项目“AutoPro”中研发了新的定位系统，允许在飞机具有复杂几何分散度的情况下确定位置，项目的目标是通过定位系统使移动机器人能够在飞机表面上进行导航。

该系统采用分段方法实现，如图 8-45 所示。在第一阶段，通过绝对测量传感器确定机器人在飞机上的位置，由于前述的几何分散度问题，这一阶段只是确定相对位置，可能不精确，但粗略位置足以准确确定空间局部特征组的分类。在第二阶段，飞机结构上的这些局部特征组，特别是用于连接飞机蒙皮的纵梁和隔框的铆钉为系统提供参照。对于运转中的飞机可用热像仪对铆钉进行可靠检测，且相比于在可见波长范围内移动的系统更稳健。

根据铆钉位置能确定大多数工艺所需的机器人的当前位置，这一位置相对于飞机结构具有高精度。将此方法集成到移动机器人中就为其普遍使用创造了重要的先决条件。此外，这又能很好地与裂纹检测相结合。

2. 用于加工的移动机器人

可移动机床能完成位置变动的工艺过程自动化，目前这些工作通常由人工完成。自动化的需求通常源于提高工艺的质量和稳健性，其主要难点是难以经济地开展这类自动化工作，

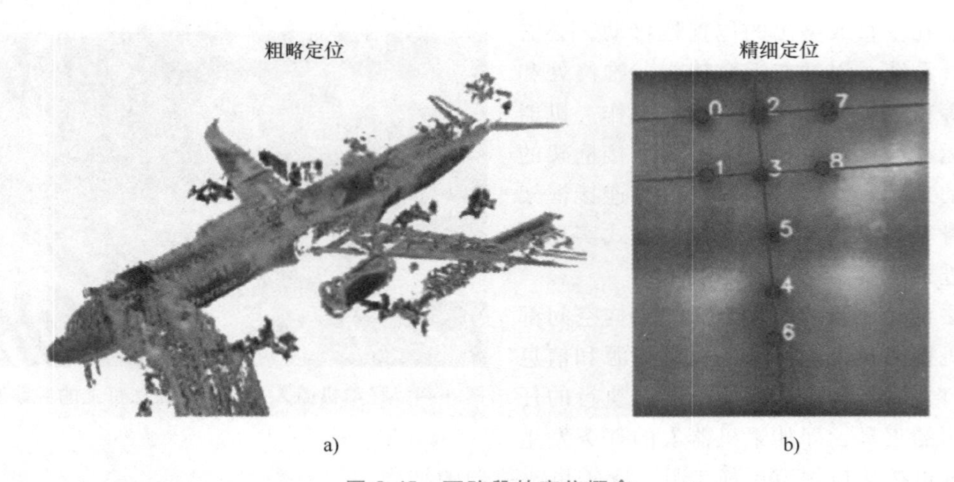

图 8-45 两阶段的定位概念

a）三维扫描数据的粗略定位 b）基于局部特征的精细定位

原因是需要研发昂贵的专用机器。解决此问题的方法是使用标准的自动化组件，如小型工业机器人。

修复由碳纤维增强塑料（Carbon Fiber Reinforced Plastics，CFRP）制成的大型航空结构是工艺位置变动的一个典型例子，在新一代商用飞机（波音 787、空客 A350）中，机身和机翼主要由 CFRP 制成，这些结构相对损坏比较频繁，而且又无法在短时间内拆除和更换，需要在紧迫的时间下直接在飞机上进行修理，此类修理现今仍然采用叠板铆接方式进行，但这种修复方法在修理 CFRP 结构时，点状集中力的传递导致结构负载能力显著降低，因此必须在设计中考虑此影响，这也导致了在飞机中无法充分发挥 CFRP 轻质结构的潜力。

适应 CFRP 材料特性的修复可通过楔状结构材料黏接实现，而且几乎可以完全恢复结构的初始强度。然而这种黏接工艺的强度受各种工艺参数的影响且波动较大，其中一个重要的不确定因素是目前人工磨削的嵌接连结结构，也因此目前通常不允许对航空器的关键安全结构进行黏接修复。

为改变此情况，航空业正在努力把作为黏合修复准备工作的嵌接结构制造工艺实现自动化，从而建立一个长久的健壮、可靠的结构黏接工艺链。汉堡工业大学 IFPT 研究所在“CAIRE”项目开发了基于多关节工业机器人的便携式移动处理系统，如图 8-46 所示。它由一个基本单元、一个加工单元、一条电缆线，以及一个装配系统和安全系统组成。通过开发专门的固定系统，加工单元可以通过真空夹具固定在多曲率的自由曲面上，以防止装配系统在加工期间坠落，随后通过在构件上的四个行驶点来定

图 8-46 基于多关节工业机器人的便携式移动处理系统

义工作区域。为了便于使用，操作员可以借助力控制器手动将机器人引导至边界点，接着由传感器控制自动化的数字化过程，机器人用激光传感器跟踪未知表面，并通过其内部测量系统确定其几何形状，由此定义出磨尖轮廓和深度，随后磨尖过程按前述数字化构件表面自动展开并生成相应的加工程序，机器人执行程序，通过近吸式的抽气装置消除有害纤维粉尘的排放。相关实验测试表明该系统的加工精度要比手动磨削高出许多，且对于复杂形状的轮廓表面也未增加额外的加工时间。后续的 CFRP 贴片生产也获得显著的加速，因为各个贴片层的轮廓同样可通过软件计算出来，并可通过数控切割台自动切割。由于工业机器人作为系统的核心部件，所以将来能用较少的花费扩充功能，如集成质量保证或表面处理功能。

3. 人机系统

除了前面所述飞机制造中的特殊几何特征外，飞机生产、维护和修理中还有大量强体力要求的作业（如提升重物、架空作业等）。由于人口变化以及由此导致的员工平均年龄的增加，使得这个问题进一步加剧。而由于对柔性的要求，通常这类工作的自动化不经济或技术不可行。

对此的解决方案是使用人机系统，即将人和机器的特点结合到一个整体系统中，结合人的优点（特别是认知能力、柔性）和机器的优势（重物搬运、精确性等）。人机系统有不同的使用方法，从提升辅助设备到外骨骼，再到协作机器人。下面介绍的是支持系统，帮助人们完成体力或质量要求高的挑战性任务。

IFPT 研究所在“SupCrafted”项目中开发了铣削加工的支持系统，用于前面介绍的嵌接结构加工，为 CFRP 修复提供支持。该支持系统能帮助没有专业知识的员工执行精确的预设几何形状的楔状结构加工，且工艺过程同时存档。与前面采用移动机器人的全自动化方案相比，工人仍然处在工艺链中，并主动干预加工工艺过程。除此之外，工人还对工艺过程的改进负责，大幅简化了认证工作。

该方案由一个三轴运动机构实现，该机构只含一个电动机轴，借助真空吸盘在工件上固定，在末端执行器上安装铣削主轴和激光传感器，如图 8-47 所示。其中两个轴由操作人员操纵被动运动，并在大致平行于通常略微弯曲工作表面的平面中移动。第三轴实现进给，并根据其所在平面中的位置及存储的嵌接结构几何形状进行自动控制。为得到生成理想几何形状所需输入的参数，利用在该机构上安装的激光传感器将前道工序的误差及其周围区域数字

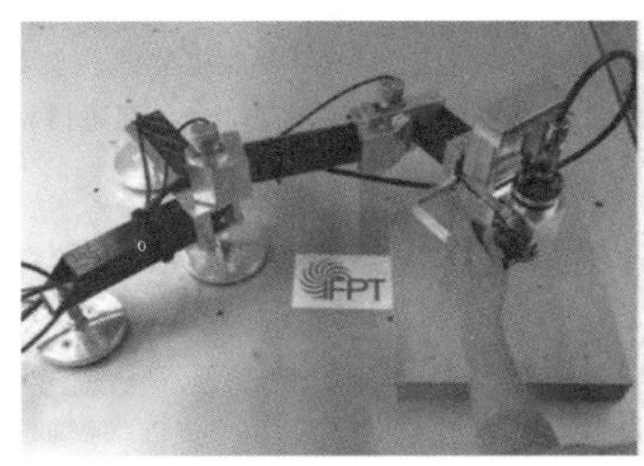

a)

b)

图 8-47　“Sup Crafted”应用展示

a）“SupCrafted”的应用展示　b）机身上的应用场景展示

化，并确定误差位置和影响程度。其特别的挑战在于把操作工集成到进给控制回路中，由此报告操作工其手动控制运动部分的“质量”并且获得改进指示。与全自动方案相比，由于三个轴和小工作空间的限制，该系统仅用于部分嵌接结构加工，其特点是直观的可操作性、成本低、体积小和重量轻。

德国赫尔穆特施密特大学“Smart ASSIST”工作组开发了一个“人机混合系统”（Human Hybrid Robot，HHR），如图 8-48 所示，此方法将生物机械（人的器官）和技术要素（如技术系统、工具和技术功能）串行或并行耦合，以便能够同时发挥人和技术各自的优点，并为此开发了包含硬件模块和软件模块的模块化系统，这些模块可以相互组合并匹配特定任务和使用者。

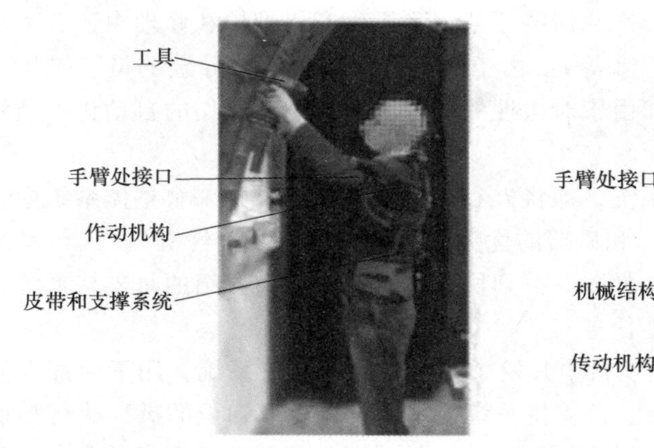

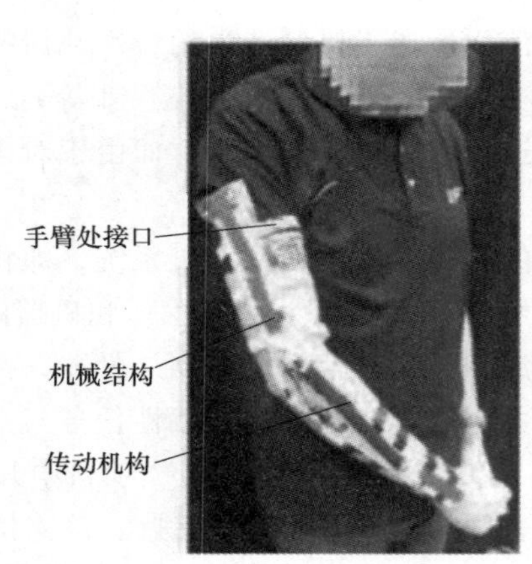

图 8-48　人机混合系统实例

支承系统及其应用示例：它能够减轻视线内或高于视线的工作负担，并因此改善了人因功效。通过重力平衡补偿并将力转移到其他能承受载荷的身体部位，在典型的飞机制造工作中可极大地减轻肩部和颈部的负担。

有不同的方法可用于人和技术系统的结合，以及在两个子系统之间传递力，例如，工具和前臂可以与一种“起重系统”固定，以便优先将部分受力通过脊柱结构传到骨盆上（仅为避免过度受力，但原则上不能减轻负载）。另外一种方法则是上臂连接支承。为了平衡力，可以使用被动元件（如气压弹簧）或主动元件（作动器）。

另外，也可通过柔性和刚性元件的适当组合支持四肢的弯曲和拉伸，例如：由（软）纸板条或易于变形的塑料元件制成的机械结构连接到坚硬的支持关节。传感器检测到运动意图并由适当的执行机构（如电动马达、气动人工肌肉）支持，此例可用于减轻吊装任务。

8.2.3　航空发动机的智能装配和检查

1. 涡轮叶片的装配

在发动机大修中时间和成本压力尤为明显，为了减少飞机因发动机维护而停飞的时间，必须提前准备需要更换的发动机。鉴于停机损失及其额外成本，在大修过程中减少发动机维修的通过时间是非常有意义的。

发动机翻修中压缩机和涡轮机叶片的手动安装占了大部分时间，如图 8-49 所示，例如，对于型号为 CFM56 的高压压缩机，必须整理并安装匹配九级压缩组约 550 个叶片，并须确保规定的间隙尺寸，以及避免出现不平衡。汉堡工业大学 IFPT 研究所在“AutoMoK”研究项目中，实现了发动机叶片的全自动安装。项目以 CFM56 发动机的高压压缩机为例，由于发动机压缩机转子结构相似，该径向叶片的装配形式可转移到其他压缩机上。该项目的主要目标是提高装配工艺的生产率及大量的归档工作，并按规定追溯装坏的部件。

图 8-49　径向安装涡轮叶片的压缩机转子

人工过程的关键部分是费力组装合适的叶片组，在转子圆周径向安装 68~72 个叶片，形成一个长公差链，每个叶片都影响生成的间隙尺寸。由于飞机运行造成的磨损或更换损坏的叶片，无论如何都需要对叶片组进行个性化，有针对性的安装。使用宽窄不同的叶片调整间隙尺寸，这些叶片的宽度略有不同，因而可以按照所需的比例关系达到要求的标称尺寸。此外，可通过有针对性地分配叶片来使重量差异最小化，从而避免由此导致的不平衡。具体方法是通过预先选择所必需的叶片数量来减少操作和装配步骤，翻修之后用标记标识全部叶片，实现对叶片的唯一标识。在其他工步中使用测量系统记录安装叶片组所必需的信息，如叶片的质量及其宽度等。由于长公差链和窄公差带宽导致每个叶片的公差小于 0.01mm，这对叶片宽度的测量精度提出了很高的要求。通过对数据库零件个性化信息的管理，可在叶片实际安装之前选择合适的叶片及其在转子上的最佳分布。用标准工业机器人完成零部件在准备区、测量系统和装配区之间的运送，由于叶片形状具有较大的倾斜度，所以在运送时须用凹槽卡住，在工业机器人上安装了力矩传感器，检测夹紧状态并在松开时平衡运动。

要素化构成的工艺涉及大量个性化零部件及其信息的管理，管理零部件全生命周期的过程档案和多次返修重大变更的档案，这也是制订装配计划的基础。

2. 燃烧室检查

检查是维护的重要工作，只有检查出损伤，才可能在后续的维修中得以修复，此过程中损伤信息是影响维修的重要输入变量。在日常飞行中发动机燃烧室的零部件伴随燃烧过程承受高热和机械载荷，沿凹坑和凸起部分形成裂纹。如果裂纹在材料中扩展，极端情况下可导致零部件失效。因此必须在早期就能可靠地检测到裂纹。为此，目前常使用耗时长的手动着色探伤法。IFPT 研究所开发了应用光学测量手段的自动化解决方案，可以可靠识别微米级的重要裂纹，并给出裂纹的几何形状，以便用于后续的修复工艺过程。

在三维光学测量方法中，二维白光干涉仪（White Light Interferometry，WLI）既满足高分辨率的要求，同时又在变化的表面和工业照明条件下依然保持稳定。但是在上述分辨率下使用 WLI，基于当前的芯片技术，测量空间仅为几立方毫米。小量程组合导致生成了大量的燃烧室零部件记录，而运行中产生的整体和局部变形都在毫米范围内，因此需要系统有自动处理及几何形状适应能力。

迄今为止，对这些仅被少量使用的测量技术而言，对振动的敏感性仍是一个特殊的挑战。测量时不允许把外部或处理系统本身的振动引入传感器，因为会降低记录的质量而且会导致测量噪声。针对此问题已经找到一种成功的解决方案，通过采用专用的芯片技术，无振动、自由度冗余操作技术和运动策略，以及与工业级振动解耦技术，降低了对振动的敏感性。

由于这些零部件的公差要求严格，固定路径的测量会导致被测表面不能可靠地处于测量空间范围内，某些情况下观察不到损伤区域。为此，在研发的操纵系统中，通过工业机器人引导 WLI，并通过外部旋转轴定位旋转对称部件，如图 8-50 所示。除了用 WLI 检查裂纹外，系统还匹配使用了额外的大量程、低分辨率的激光线扫描仪（Laser Line Scanner，LLS），激光线扫描仪对真实个性化的表面进行高速的初始数字化，所生成的几何数据针对具体零部件，为 WLI 的机器人创建或匹配路径。

图 8-50　用于发动机部件自动裂纹检测的演示单元

两个传感器的工具中心点（Tool Center Point，TCP）必须高精度标定，因为校准对于检查过程的精度至关重要。TCP 使用估计或优化方法确定，它使用机器人上的两个传感器测量空间固定球作为输入变量。

用 WLI 在全自动化工艺中获得了零件表面 12 亿个三维点和超过 50000 张照片，如图 8-51 所示。每张照片通过其位姿变换到公共坐标系中，并且使用迭代算法进行互相关系的精准记录，然后通过图像处理在数据子集中检测裂纹，整个自动化的工艺过程目前小于 7h。与手动检查不同的是，零部件检查的独特几何形状数据和裂纹数据，可数字化地用于后续工艺过程并使用这些数据进行自动修复。

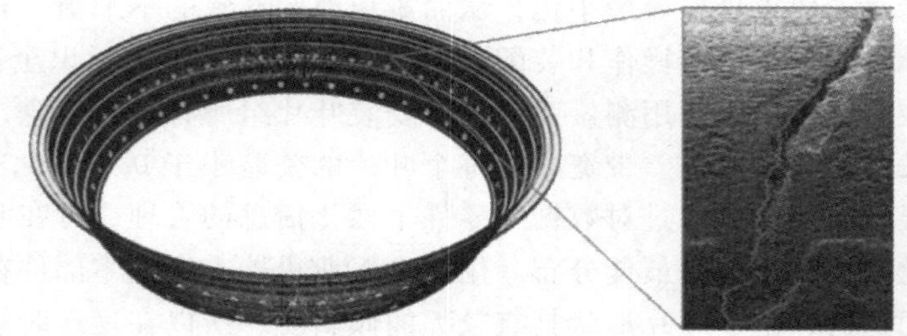

图 8-51　用 WLI 测量数据生成的燃烧室自动检测裂纹放大图

8.3　电子产品智能制造工艺案例

8.3.1　作为工厂数字化典范的电子产品生产

基于工业 4.0 的制造系统应能以尽可能低的成本、尽可能全自动化的方式，单件批量地生产高差异的客户定制产品。在此过程中，通过时间和换装成本要低、产品质量要高，废品率可忽略不计。产品生产的工艺参数和测试数据，所安装的部件和材料及所有交付批次都应该完全可追溯。生产用的机器设备应能及时自主地识别问题，为诊断和维修提供技术支持，甚至能够自主排除故障。

得益于电子模块的标准化组装技术和统一的装配过程，部分高差异性的产品仍可在同一条流水线上大批量生产。焊膏印刷机、自动贴片机、焊接炉和测试系统具有高度柔性的原因是能在运行中加载数控程序，具有在一分钟内更换元件的供给系统，包括自动更换工具和工装（如吸管、插针适配器等）。软件支持的换装过程优化了现有装配线和贴片机的订单分配，为供料器提供了理想的位置，并且通过合适的贴装顺序最小化贴片机头的移动路径。

通过射频识别技术（RFID）、条形码或数据矩阵码（Data Matrix Code，DMC）在各装配点、测试点和物流点检测和定位工件、印刷电路板、元件和光纤布拉格光栅（Fiber Bragg Grating，FBG）。RFID 标签可以粘到平面电路板上，集成到印刷电子电路中，嵌入到多层印刷电路板的中间层中或制成集成元件。由此可为各电子模块建立详细的生产过程报告，从而保证了可追溯性。

电子产品装配的缺陷率通常低于 100ppm（在半导体制造中以万亿分之一为单位计算缺陷，$1ppm=10^{-6}$），首件合格率远高于 99%。由于关键电子元件有准确的寿命模型，因此电子模块可靠性明显高于机械功能模块。通过受控的过程及大量的过程监控和过程检测实现电子产品极高的质量标准。在电子产品生产中，在每个工艺步骤之后都必须鉴定工件的质量，如图 8-52 所示。

第一部国产雷达

图 8-52　基于综合质量控制和数据关联的工艺过程监控

其工艺过程概要是：精细压印 100μm 的焊膏之后，使用光学 3D 测试系统确定每个焊膏沉积点的位置、旋转方向、尺寸和形状，以及整个打印图像变形情况，误差在几微米内。然后将偏差传给打印机，打印机对齐模板，调整工艺参数或清洁模板以便改进后续的操作。也可以将信息转发给贴片机，使得相关电子元件的位置调整到与焊膏沉积点相适应的位置。贴片后用图像处理系统测量电路板组件（从上部/下部）的一致性和位置。在回流焊后用自动光学检查（Automated Optical Inspection，AOI）系统来验证焊点的质量（位置、尺寸、形状、表面）。最后，所有组件都须经过电气测试其功能（在线测试流程或飞针测试）。通常采用老化或磨合测试避免早期缺陷，通过对大数据的挖掘处理，根据模式研究，查找非显性的错误原因。

下面的案例来自西门子安贝格电子工厂，展示其工业 4.0 技术的实施：

1. 工艺自动化和信息自动化

电子产品生产的特点是刚性连接的生产线、生产工艺高度标准化和高度自动化。下面以安贝格工厂生产的三个主要产品系列，如图 8-53 所示为例介绍电子产品装配，仅涉及其中的贴片、电路板焊接，以及把电子组件安装在外壳中的工艺过程。其智能装配工艺广泛应用于表面安装技术（Surface Mounting Technology，SMT）上，同时也能推广应用于插入式封装技术（Through Hole Technology，THT）、压入技术或电子制造中其他工艺技术。

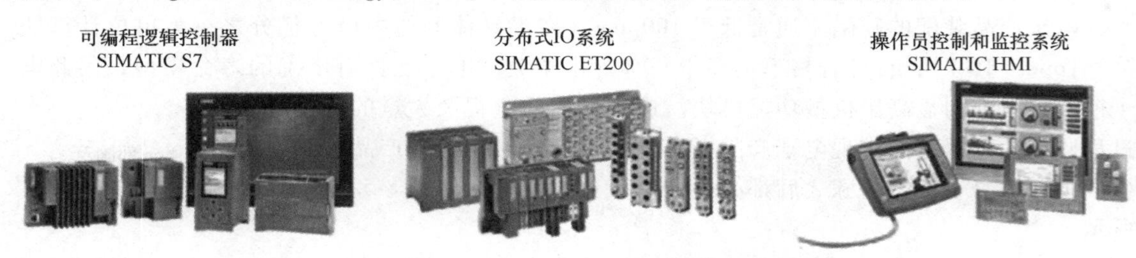

图 8-53　安贝格工厂的 1600 种产品组成了三个主要产品系列

表面贴装的工艺过程主要包括焊膏涂敷、元件贴片和回流焊接等步骤，然后是检测和处理工艺，如图 8-54 所示是安贝格工厂表面安装器件（Surface Mount Device，SMD）的工艺链，典型的高度自动化的物流。安贝格工厂的生产类型为批量制造，无配置类产品类型，没有任何可重构产品，是全自动化生产，依靠传送带生产。

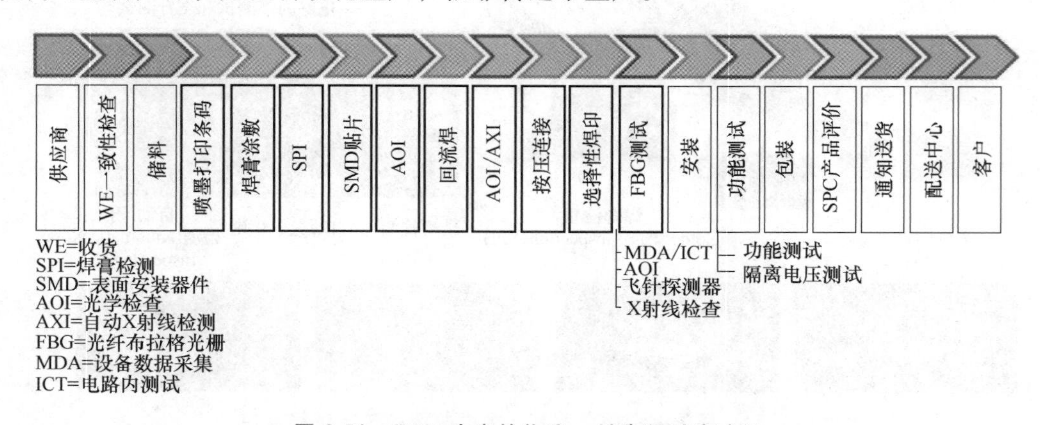

图 8-54　SMD 生产的物流、制造和测试过程

物料运输用了 85000 个欧洲标准箱，通过条形码识别，如图 8-55 所示。通过全自动自治的物料供应系统 15 分钟内即可从中央仓库提取到生产元器件，无人工运输规划。中央物料仓库通过地下室的传送带与生产车间的九个分散存储单元连接，从而最大限度地节约了昂贵生产场地的物料储存和物料运输成本。此外，大约有 300 个物料上下点直接连接在 SMD 和装配线的终端工位，实现点对点服务。系统通过在循环使用的料箱上的条形码或 RFID 标签找到运输路线，实现自主物流控制。

除了生产流程本身和物流外，现代电子产品生产中的信息流也是高度自动化的，被采集

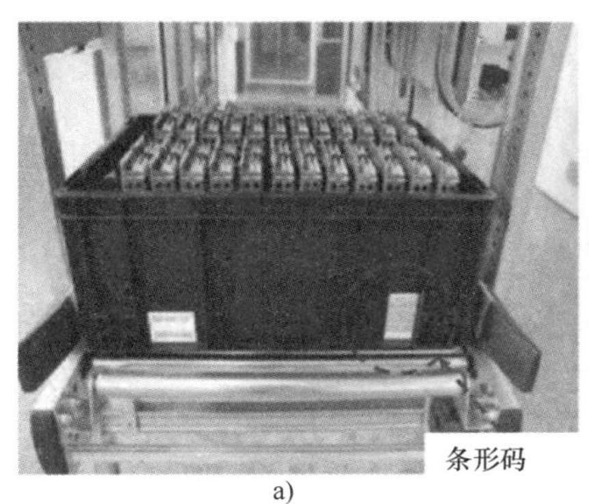

a)

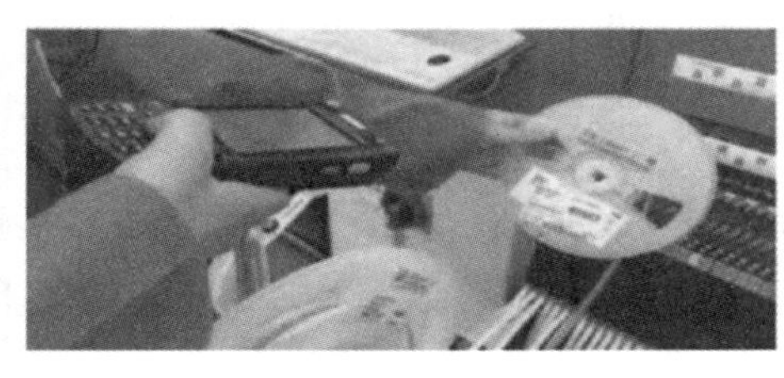

b)

图 8-55　条形码识别

a）带条形码的欧洲标准容器　b）唯一标识的元件带卷，用于设置控制和自主物料运输

并存储在 Siemens Teamcenter 中的数据记录构成了可追溯系统和信息物理生产系统的基础，其信息自动化包括：

1）机器数据及企业数据的采集。

2）平面电路板上条形码的自动采集。

3）工作指令和程序的自主加载。

4）生产步骤的独立反馈。

5）检测结果的存储。

除数据采集外，对信息的直接管理也非常重要，清晰表达工作指令。例如，在统计过程控制（Statistical Process Control，SPC）工位上补充进行的人工视觉检测印刷电路板（Printed Wiring Boar，PWB），在 CAD 文件中突出显示待测元件，以便让员工借助增强现实技术明确识别出平面电路板上的元件，另外的应用是为额外的人工装配过程提供信息支持。例如，POKA-YOKE 防错系统按照元件的安装顺序打开相应的抽屉。在自动装配中，自动显示物流控制和换装控制，显示在哪个时间段哪个送料器需要补料。此外，还能可视化产出、质量、节拍时间、设备情况、元件当前库存、下一个所需元件的存储位置或设备综合效率（Overall Equipment Effectiveness，OEE）。借助 Simatic IT 系统，应用电子计划、订单调度和生产状态反馈实现自动化的生产控制。生产计划和执行都按产品结构化实施，成线设备可根据批量和种类组成不同的配置，甚至配置成单件生产的柔性生产线。

2. 可追溯性

按照德国工业标准 DIN EN ISO 9000：2015-11，可追溯性是“通过记录标识来追踪某一要素的过程、应用或位置的能力，能够对每个产品、每个过程和每台设备追溯何时、何地、由谁制造、加工、检测、储存、运输、运行、使用和报废”。通过对所有物理对象（如容器、印刷电路板、材料包、产品和机器）的全面编码，实现在线数据管理和唯一标识。此外，还可以自动采集运行数据、生产数据、测试数据和质量数据，以及分析历史数据，最终确保产品、数控程序、机器和物料的正确分配。

可追溯性程度可以使用两个维度和五步模型来评估，如图 8-56 所示。

1）第一步是物料可追溯性，包括产品序列号及所使用的物料。为此，需要记录物料数据并与适当的物料标识一同存储在 Simatic IT 系统中。通常为元件料卷或 SMD 元件料卷，生

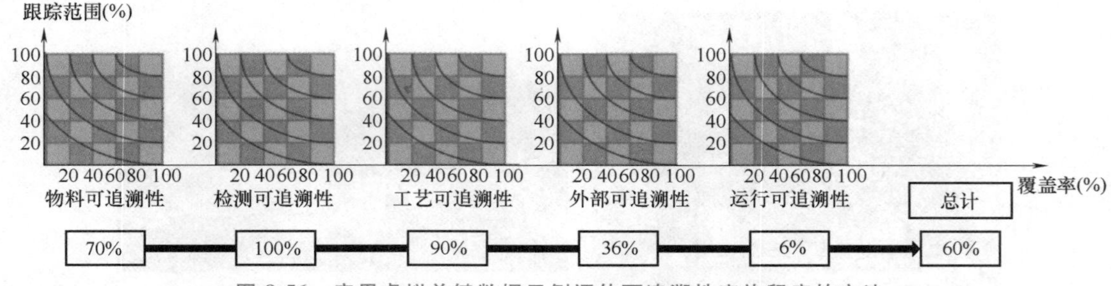

图 8-56 应用虚拟关键数据示例评估可追溯性实施程度的方法

成编码标签并粘贴在料卷上，建立工厂内部数据与制造商的批次信息的关联。在 SMD 流水线中，第一道工步通常是打印、激光刻蚀或胶粘条形码或二维码到印刷电路板上。为每个条形码都生成一个制造识别号，并对每一个识别编号创建一份档案。该档案无缝记录了所有工艺步骤和测试步骤、必要的维修，以及与其他标识关联的信息或者应用的数控程序。伴随着生产过程，该档案还补充了记录生产的过程和测试结果。图 8-57 展示了产品的自动识别、相关程序的加载，以及产品档案的创建。

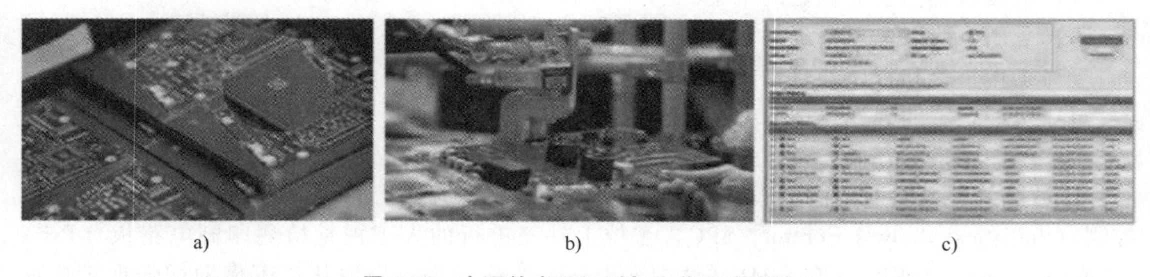

a) b) c)

图 8-57 全面的产品识别与工艺可追溯性

a）全面的产品识别 b）与生产机器通信 c）工艺步骤的独立可追溯性

2）第二步是检测可追溯性。追踪检测过程和可能的维修过程及其数据。每个元件的检测及维修过程的数量及类型都会被无遗漏地记录，包含在线检测、AOI 控制、电路内测试（In-Circuit Test，ICT）、功能和系统测试，以及存档电气检测数据和修复数据。按产品存储数据，工艺计划的每一步对检测步骤和工艺步骤都明确“通过”或“失败”。

3）第三步是工艺可追溯性。追溯使用何种工艺和参数来生产产品，它无缝记录了工艺计划中的所有工步。通过基准工艺计划与实际工艺计划的平衡，确保所有必需的工艺步骤得到处理。此外，还可以依据记录的工艺步骤优化工艺计划。在工艺方面会自动记录所有相关参数，如回流焊接过程中使用的曲线，包括温度、速度或残余含氧量，以及使用的生产线、设备和环境条件。

广泛使用物料可追溯性、检测可追溯性和工艺可追溯性是实现工艺过程互锁的前提条件。在设备初始检测时，基于物料标签的可追溯性数据用于唯一清楚地识别和验证 SMT 元件。此过程不仅要检查是否把正确的元件配给了正确的送料器，而且还要检查元件的相关参数，如是否在有效期内、料包的状态数据或者对湿度敏感组件的开包要求等，由此进行备案或锁定有关过程。此外，在自动化生产期间，在每道工艺过程之前要比较产品和后续过程设定参数。例如在焊接过程中，检查焊接工序、焊接框架和夹具是否与识别的产品匹配，各道工艺过程之间实行互锁匹配，在此检查各个元件模组是否已完成了先前所有的工艺步骤，且所有先前的检查都是“通过”；如果“失败”，则发生互锁。互锁时，模组组件要么被分拣到一个缓存区里，要么转移到返工区，或者干脆完全停工。随后，员工去排除故障。实施自主自动化的精益原则可防止有故障的模组进一步的加工增值。检测到错误后，停止加工或分拣有缺陷的产品。接着请求技术支持来解决问题，以确保终端客户可持续性地免受缺陷产品的影响。

追踪数据还用于系统性地避免风险和潜在错误，以及持续改进生产流程和工艺。可显示当前质量等级，并且检测产品的质量偏差，并在质量达到公差极限之前自动采取措施。此外，还可用于优化物料流以及维护和停机计划。

4）第四步是外部可追溯性。为了预防和系统性地避免错误，可以追溯从物料供应商到中间供应商再到终端客户的所有关键且值得关注的模组、产品和工艺。通过追溯也可以得到关于供应商的元件来源，客户使用产品，以及再销售等问题的答案。因此，可以创建有针对性的补救措施，来避免产品因故障或不合格而被召回的成本。

5）最后一步是运行可追溯性。它描述客户运行和使用条件的可追溯性，记录使用类型和使用位置，包括占主导地位的环境条件。记录的典型数据有位置、运行时间和持续时间、产出、负荷、运行强度、设备参数、环境条件或周边的生产设备。由此可见，运行追踪涵盖了客户的应用及运行，并考虑了运行条件和使用条件。

3. CPS 识别及互联

信息物理系统的特点是将真实的物理对象和工艺过程与被信息化处理的、虚拟的对象和工艺过程通过开放的、部分全球化的和随时随地互联的信息网络连接在一起，前提是每个对象都有一个明确可识别的名称或识别码。由此可知，物料可追溯性、产品可追溯性、检测可追溯性和工艺可追溯性是创建信息物理系统的前提条件。CPS 联网可实现“数字孪生”的映射，以此为每个物理对象分配一个数字身份，通过条形码或二维码、RFID 芯片或迷你计算机，以及实时传输和存储数据给予这些数字身份，与此所有处于可追溯性框架下的对象都可被关联起来，这也是创建自主运动和决策、彼此通信和与环境通信的基础。

图 8-58 展示了通过跨工艺过程的生产数据和质量数据的关联关系处理，实现压印工艺过程的优化。复杂模组生产过程中的相互作用只能通过数字化的统计数据分析方式获取，图

图 8-58　生产和质量数据的跨工艺过程关联

8-58 所示的 SMD 工艺过程从混合模组到 01005 规格（0.4mm×0.2mm）元件的 SMD 过程，按模板印刷后的统计过程检验 SPI 无缺陷，各焊盘的焊膏体积差异小于 10%。即使在贴装和焊接过程中，也不能在单个过程的层面上发现异常。然而，在 AOI 中却能观察到缺陷率显著增加，发现立碑缺陷率增加的原因是 01005 焊料沉积物在较大的 0603 元件附近熔化不均匀。以工艺数据和检测数据相关联为基础，对 SMD 生产进行数字化，由此在增加的异常统计结果的基础上可以自动推导出设计规则，以此获得的信息和得出的因果关系又可在虚拟空间用于保障后续产品和生产工艺过程。

信息物理系统的建立不仅使得柔性生产和客户定制生产成为可能，并且能够在虚拟的全部工艺流程保障基础上减少生产缺陷。

8.3.2 柔性生产系统

生产系统的柔性化是满足客户个性化快速响应能力需求的结果，柔性既包含产量柔性，又包含变型柔性。产量柔性指生产系统适应产量波动的能力；变型柔性描述了生产系统制造不同产品的能力，或生产系统适应产品变化的能力。在工业 4.0 的进程中，柔性首先意味着摆脱刚性连接的生产线，刚性线的硬件和软件有精确定义的功能范围。目标是动态生产系统，在动态系统中各种智慧产品通过带 CPS 功能的工艺流程模块自主查找生产路线，然后驶向加工它们的工位。不管对大批量生产还是单件的批量生产，动态生产系统都必须能经济地生产。

在电子产品的生产中，经典生产线通常按工艺顺序用传送带连接各工艺过程，即从焊膏印刷到元件贴装和焊接，再到质量分析。刚性连接的生产线可实现高效、高质量的批量生产，但会遭遇到柔性生产策略、快速变更生产顺序和多条生产线平衡等限制。

西门子安贝格工厂生产型谱有 1100 种不同平面电路板，批量从 10 至 10000 件变化，但仍能高效地生产。以下介绍其提升产量柔性和变型柔性的方法：

1. 自主的柔性运输路线

由西门子 SCADA 软件视窗控制中心（Windows Control Center，WinCC）执行自主运输控制，以此实现精细的生产作业控制。通过 RFID 对工件载体进行唯一编码或用条形码标记运输容器，以此自主控制产品加工的路径。

2. 旁路装配工位

此外，还有带旁路方式的总装线。该方式下产品只许驶向必须的工位，如果这些工位正好被占用，则进入“停歇过程”，由此可实现最多四个不同的加工订单并行装配。旁路装配组合了手动工位和自动工位。通过自动工位与手动工位的交换进一步提高了自动化程度，从而实现装配线经济地扩大产量。

3. 离线流程

如上所述，SMD 生产是一种高度标准化的流程。但是，由于某些产品的变型型号，例如，故障安全产品（Fail-safe Product）或防爆元件，需要包含更高级别的验证功能的非标准测试，因此通用的在线方式并不总能满足要求。主要体现在电路内测试、飞针测试、快速功能测试或功能测试等匹配检测的周期延长，使得这些产品的生产不能够满足规定的节拍，成为了生产线上的瓶颈。为避免产线整体利用率的下降，对于某些测试工艺使用离线结构。在生产中，由于作为自动机单机的单台设备或单个加工单元接入生产流程，且不与刚性运输系统连接，所以离线结构具有高度的柔性。

离线结构还支持单件的批量生产。离线结构可生产个性化的产品，为此还要研发创新的生产设备方案，例如，对飞针测试的测试管理程序研发，通过扫描条形码自动执行与产品匹配的数控程序。提高变型柔性的另一种方法是尽可能晚地在产线上构造变型型号。

4. 换装优化

除了刚性连接之外，制约生产线柔性的瓶颈主要是贴装系统，贴装系统必须能以高技术水准适应尽可能宽的元件型谱并无缺陷工作。由于贴装系统的切换导致的工艺过程和产品组合的变化，也显著影响到各生产线的生产。因此，贴装的切换必须要确保停机和辅助时间尽可能短。

为了能够柔性地响应产品型号变更，实现高效的切换流程尤为重要。在此，切换优化起着关键作用，例如，使用“快速换模法”（Single Minute Exchange of Die Procedure，SMED）优化换装时间。根据订单类型的不同，自动贴装机约每四到八个小时换装一次。使用 Siplace Pro 软件制定换装工艺规划，规划基于多层优化模型制定，即依据已划分的订单分批和可用的贴装系统实施不同阶段的优化。第一优化层的目标瞄准生产订单实现跨生产线、换装最小化的调度。第二层目标谋求单条生产线的生产节拍均衡，然而，这个优化仅针对生产线上的自动贴装机。第三层和第四层分别优化送料器的布置和各元件的贴装顺序。

8.3.3　人机交互

尽管电子产品生产具有自动化程度很高、柔性化，以及工艺过程自动化的特征，但人仍然构成了现代电子产品生产的支柱。由于电子产品的复杂性和微型化不断提升，人已逐渐达到能力极限，人为活动又总是缺陷的起因。因此，将人与零缺陷生产联系起来的想法有重要意义。

生产和测试工艺过程的自动化主要任务就是减轻人的例行工作活动，使缺陷最小化的关键因素是对系统的直观操作，包括消除可能的缺陷，以及基于能力模型实施对未来创新技术的持续培训。员工自我负责和在行的决策以结构化和面向应用的信息为基础，通过大数据的收集和评定，员工能通过辅助系统得到工作支持。

图 8-59 展示了一种在生产过程中支持员工操作的方法。人机辅助系统自主地识别每个装配工位上的对象，基于已实现的高度可追溯性，即时显示已知对象数据和档案数据，显示每步工作的详细且经编排的信息，在此过程中，网络服务可按工位提供所需的数据，如数控程序、档案信息、质量信息或交互式工作指令。防错设计的工位为员工提供支持，例如，只打开当前装配需要的材料抽屉或使用智能拧紧系统监控转角、扭矩、转速和螺钉数量。

具有增强现实功能的视觉检测为维修工位提供支持，在照片上用 CAD 数据增强，或者以虚拟工作指令方式自动按顺序显示元件及其测试内容。由于所有要检查的元件和接头位置都能与给定的说明一目了然地采集出来，所以也能确保对高度变型产品的加工和检验。此外，还可实现身体姿势符合人因工程学、达到较短的测试持续时间和较深的测试程度。

未来，虚拟元素对现实的支持还可以转移到其他生产领域，例如，使用数据眼镜进行机器设置或维护，可以进行不受地点约束的检验，因为不一定非要在测试工作场所才能看到信

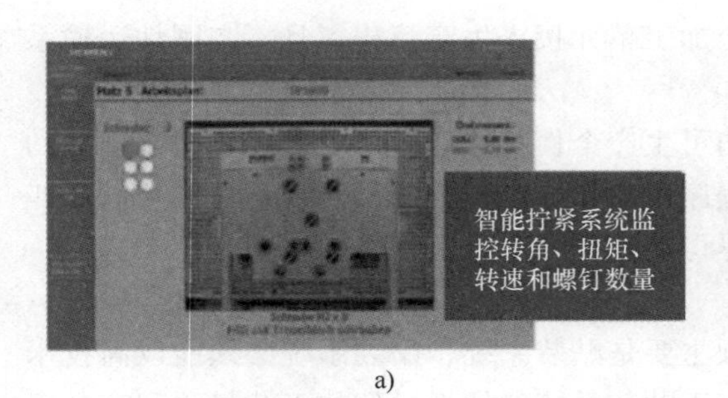

a)

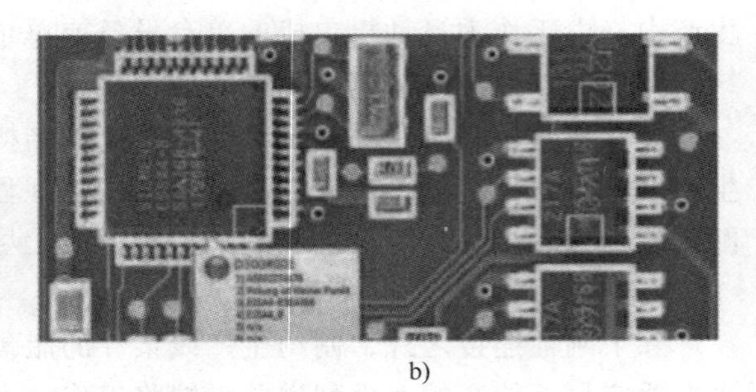

b)

图 8-59　生产过程中支持员工操作的方法
a）在生产过程中通过交互式工作指令的操作支持　b）增强现实元素的操作支持

息丰富的图像，比如可以在设置和拼接时使用这种眼镜，仅显示下一个及当前需求的信息。员工通过擦拭眼镜或有意识地注视“增强”符号几秒钟来确认接受处理需求，由此启动原材料的供应。随后用色彩突出显示相关的进料器。通过眼镜上的相机记录条形码，省去了使用个人数字助理（Personal Digital Assistant，PDA）的手动扫描。过程的完成状态也可自动可视化地识别出来，同样可以可视化控制是否已经正确选择了送料器。数据眼镜的好处在于避免了观看屏幕以及在 PC 上选择组件的动作，显示要设置的进料器，避免了混淆。通常展示给使用者较少量但重要的信息。

8.4 本章小结

本章选择的智能制造工艺应用案例仅仅是智能制造工艺应用的冰山一角。从本书选择的案例可以看出，人工智能必须与专门的工艺领域技术紧密结合，才能实现领域专家的能力。智能制造工艺过程的应用范围非常广泛，横向围绕工艺过程链，纵向围绕具体工艺过程的控制与集成展开应用。

未来通过工艺技术本身的改进与变革，以及通过物理空间和赛博空间（Cyberspace）更加紧密的结合，在迈向智能制造的进程中将出现越来越多智能制造工艺的精彩案例。

思　考　题

8-1　简述零点快换夹具在发动机缸盖夹持中的特点和优势？

8-2　电动汽车“三电”系统由哪三部分组成？简要说明新能源汽车动力总成制造工艺。

8-3　说明移动机器人和人机系统在航空制造领域的应用和优势。

8-4　以涡轮叶片的装配和燃烧室检查为例，分析人工智能在航空领域制造的应用。

8-5　简述人机交互在电子产品制造工艺中的作用。

参　考　文　献

[1]　REINHART　G. HandbuchIndustrie 4.0［M］. München：Carl Hanser Verlag，2017.